Animal Welfare 2nd Edition

動物福祉の科学

理念・評価・実践

編著
Michael C. Appleby　Joy A. Mench
I. Anna S. Olsson　Barry O. Hughes

監訳
佐藤 衆介　加隈 良枝

緑書房

ANIMAL WELFARE, 2nd edition
Edited by Michael C. Appleby, Joy A. Mench, I. Anna S. Olsson, and Barry O. Hughes

© CAB International 2011. All rights reserved.

Japanese translation rights arranged with CAB INTERNATIONAL
through Japan UNI Agency, Inc.

Japanese translation © 2017 copyright by Midori-shobo Co., Ltd.
CAB International 発行の Animal Welfare 2nd ed の日本語に関する翻訳・出版権は，株式会社緑書房が独占的にその権利を保有する

執筆者一覧

Michael C. Appleby World Society for the Protection of Animals, 5th floor, 222 Gray's Inn Road, London WC1X 8HB, UK. E-mail: michaelappleby@wspa-international.org.

Richard Bennett School of Agriculture, Policy and Development, University of Reading, Reading RG6 6AR, UK. E-mail: r.m.bennett@reading.ac.uk.

Dominique Blache School of Animal Biology, Faculty of Natural and Agricultural Sciences, University of Western Australia, 35 Stirling Highway, Crawley, WA 6009, Australia. E-mail: Dominique.Blache@uwa.edu.au.

Alain Boissy Institut National de la Recherche Agronomique (INRA), UR 1213 Herbivores, Research Centre of Clermont-Ferrand — Theix, F-63122 Saint-Gènes Champanelle, France. E-mail: alain.boissy@clermont.inra.fr.

Xavier Boivin Institut National de la Recherche Agronomique (INRA), UR 1213 Herbivores, Research Centre of Clermont-Ferrand — Theix, F-63122 Saint-Gènes-Champanelle, France. E-mail: xavier@clermont.inra.fr.

Charlotte C. Burn The Royal Veterinary College, Hawkshead Lane, North Mymms, Hatfield, Hertfordshire AL9 7TA, UK. E-mail: cburn@rvc.ac.uk.

Andrew Butterworth Division of Food Animal Science, University of Bristol, Langford House, Bristol BS40 5DU, UK. E-mail: andy.butterworth@bristol.ac.uk.

Michael S. Cockram Sir James Dunn Animal Welfare Centre, Department of Health Management, Atlantic Veterinary College, University of Prince Edward Island, 550 University Avenue, Charlottetown, PEI C1A 4P3, Canada. E-mail: mcockram@upei.ca.

Richard B. D'Eath Scottish Agricultural College (SAC), West Mains Road, Edinburgh EH9 3JG, UK. E-mail: Rick.DEath@sac.ac.uk.

Ian J.H. Duncan Department of Animal and Poultry Science, University of Guelph, Guelph, Ontario N1G 2W1, Canada. E-mail: iduncan@uoguelph.ca.

Paul Flecknell Institute of Neuroscience, Faculty of Medical Sciences, Newcastle University, Framlington Place, Newcastle upon Tyne NE2 4HH, UK. E-mail: p.a.flecknell@ncl.ac.uk.

David Fraser Animal Welfare Program, Faculty of Land and Food Systems, and W. Maurice Young Centre for Applied Ethics, University of British Columbia, 2357 Main Mall, Vancouver V6T 1Z4, Canada. E-mail: david.fraser@ubc.ca.

Francisco Galindo Department of Ethology and Wildlife, Faculty of Veterinary Medicine, National Autonomous University of Mexico (UNAM), Mexico City 04510, Mexico. E-mail: galindof@unam.mx.

Paul H. Hemsworth Animal Welfare Science Centre, The Melbourne School of Land and Environment, University of Melbourne and the Department of Primary Industries (Victoria), Parkville, Victoria 3010, Australia. E-mail: phh@unimelb.edu.au.

Paul M. Hocking The Roslin Institute and Royal (Dick) School of Veterinary Studies, University of Edinburgh, Easter Bush, Midlothian EH25 9RG, UK. E-mail: paul.hocking@roslin.ed.ac.uk.

Stella Maris Huertas Facultad de Veterinaria, Universidad de la República (UDELAR), Lasplaces 1550 CP 11600, Montevideo, Uruguay. E-mail: stellamaris32@hotmail.com.

Barry O. Hughes 19 Comiston Drive, Edinburgh EH10 5QR, UK. E-mail: barry.hughes@waitrose.com.

William T. Jackson Flat 43, 4 Sanctuary Street, Borough, London SE1 1EA, UK. E-mail: DrWilliamJackson@hotmail.co.uk.

Bryan Jones Animal Behaviour and Welfare Consultant, 110 Blackford Avenue, Edinburgh EH9 3HH, UK. E-mail: bryanjones@abwc.wanadoo.co.uk.

Linda J. Keeling Department of Animal Environment and Health, Swedish University of Agricultural Sciences, 750 07 Uppsala, Sweden. E-mail: linda.keeling@hmh.slu.se.

Joergen B. Kjaer Institute for Animal Welfare and Animal Husbandry, Friedrich-Loeffler-Institut (FLI), Dörnbergstrasse 25-27, 29223 Celle, Germany. E-mail: Joergen.Kjaer@fli.bund.de.

Ute Knierim Department of Farm Animal Behaviour and Husbandry, Universität Kassel, Witzenhausen D-37213, Germany. E-mail: knierim@wiz.uni-kassel.de.

Ilias Kyriazakis University of Thessaly, PO Box 199, 43100, Karditsa, Greece and School of Agriculture, Food and Rural Development, Newcastle University, Newcastle upon Tyne NE1 7RU, UK. E-mail: ilias.kyriazakis@newcastle.ac.uk.

Shane K. Maloney Physiology: Biomedical, Biomolecular and Chemical Science, The University of Western Australia, 35 Stirling Highway, Crawley, WA 6009, Australia. E-mail: Shane.Maloney@uwa.edu.au.

Georgia J. Mason Department of Animal and Poultry Science, University of Guelph, Guelph, Ontario N1G 2W1, Canada. E-mail: gmason@uoguelph.ca.

Joy A. Mench Department of Animal Science, University of California, Davis, One Shields Avenue, Davis, CA 95616, USA. E-mail: jamench@ucdavis.edu.

Mike Mendl School of Veterinary Science, University of Bristol, Langford House, Bristol BS40 5DU, UK. E-mail: mike.mendl@bristol.ac.uk.

Ruth C. Newberry Center for the Study of Animal Well-being, Washington State University, Pullman, WA 99164, USA. E-mail: rnewberry@wsu.edu.

Christine J. Nicol School of Veterinary Science, University of Bristol, Langford House, Bristol BS40 5DU, UK. E-mail: C.J.Nicol@bristol.ac.uk.

Birte L. Nielsen Faculty of Agricultural Sciences, Department of Animal Health and Bioscience, Aarhus University, Blichers Allé 20, PO Box 50, DK-8830 Tjele, Denmark. Present address: Institut National de la Recherche Agronomique (INRA), UR1197, Bâtiment 325, F-78350 Jouy-en-Josas, France. E-mail: birte.nielsen@jouy.inra.fr.

I. Anna S. Olsson Institute for Molecular and Cell Biology, University of Porto, Rua do Campo Alegre, 823 4150-180 Porto, Portugal. E-mail: olsson@ibmc.up.pt.

Edmond A. Pajor Department of Production Animal Health, Faculty of Veterinary Medicine, University of Calgary, Alberta T2N 4N1, Canada. E-mail: eapajor@ucalgary.ca.

Clare Palmer Department of Philosophy, Texas A&M University, Bolton Hall, 4237 TAMU, College Station, TX 77843-4237, USA. E-mail: cpalmer@philosophy.tamu.edu.

Jeff Rushen Agriculture and Agri-Food Canada, PO Box 1000 Agassiz, British Columbia V0M 1A0, Canada. E-mail: Jeff.Rushen@agr.gc.ca.

Peter Sandøe Danish Centre for Bioethics and Risk Assessment, Faculty of Life Sciences, University of Copenhagen, Rolighedsvej 25, Frederiksberg C 1958, Denmark. E-mail: pes@life.ku.dk.

Marek Špinka Department of Ethology, Institute of Animal Science, Pratelstvi 815, 104 00 Prague — Uhrineves, Czech Republic. E-mail: spinka@vuzv.cz.

Andreas Steiger formerly Division of Animal Housing and Welfare, Vetsuisse Faculty, University of Bern, Bremgartenstrasse 109a, Postfach CH 3001, Bern, Switzerland. Current address: Breitenrain 64, CH 3032 Hinterkappelen, Switzerland. E-mail: steiger.andreas@bluewin.ch.

Claudia Terlouw Institut National de la Recherche Agronomique (INRA), UR 1213 Herbivores, Research Centre of Clermont-Ferrand — Theix, F-63122 Saint-Gènes-Champanelle, France. E-mail: claudia.terlouw@clermont.inra.fr.

Paul Thompson Michigan State University, 1611 Osborn Road, Lansing, MI 48915-1283, USA. E-mail: thomp649@msu.edu.

Bert Tolkamp Scottish Agricultural College (SAC), West Mains Road, Edinburgh EH9 3JG, UK. E-mail: Bert.Tolkamp@sac.ac.uk.

Ignacio Viñuela-Fernández Biological Services, University of Edinburgh, Chancellor's Building, 49 Little France Crescent, Edinburgh EH16 4SB, UK. E-mail: ignacio.vinuela-fernandez@ed.ac.uk.

Natalie K. Waran Jeanne Marchig International Centre for Animal Welfare Education, Royal (Dick) School of Veterinary Studies, University of Edinburgh, Easter Bush, Midlothian EH25 9RG, UK. E-mail: nwaran@ed.ac.uk.

Daniel M. Weary Animal Welfare Program, Faculty of Land and Food Systems, University of British Columbia, 2357 Main Mall, Vancouver, BC V6T 1Z4, Canada. E-mail: dan.weary@ubc.ca.

Françoise Wemelsfelder Scottish Agricultural College (SAC), West Mains Road, Edinburgh EH9 3JG, UK. E-mail: francoise.wemelsfelder@sac.ac.uk.

Nadja Wielebnowski Chicago Zoological Society, Brookfield Zoo, 3300 Golf Road, Brookfield, IL 60513, USA. E-mail: nadja.wielebnowski@czs.org.

Hanno Würbel Animal Welfare and Ethology, Justus-Liebig-University of Giessen, 35392 Giessen, Germany. E-mail: hanno.wuerbel@vetmed.uni-giessen.de.

※著者の役職名，所属，住所，メールアドレスは原書最新版より転載しています。
　直接お問い合わせの場合は，いま一度確認のうえご連絡下さい（編集部）。

監訳をおえて

　本書は，動物福祉の科学を網羅したすばらしい本である。我が国では未だに動物福祉，すなわちアニマルウェルフェアという言葉は，一般市民や実際に動物を扱う人々（生産者，実需者，動物園，実験動物関係者，動物取扱業者，伴侶動物飼育者など）にとって，馴染みのない言葉である。しかし，グローバル化のなかで動物の福祉について議論する場面が増えてきている。2014年には，牛肉の欧州への輸出にあたり，EUから欧州向けと畜場に対して，輸入品にも適用される動物福祉条項を含むEUのと畜規則（第19章参照）の遵守が求められた。2015年には，世界動物園水族館協会（WAZA）から日本動物園水族館協会がWAZAの倫理・動物福祉規約違反との理由で，会員資格の一時停止を通知された。2016年からは，2020年東京オリンピック・パラリンピック競技大会での食材調達方針が検討され，調達4原則のひとつに動物福祉が入る予定となっている。これらの動きは感情的なジャパン・バッシングではない。動物福祉の向上は動物のためだけでなく，持続的社会構築の柱のひとつとして世界的に認識されている。それは，動物福祉の低さを憂う人には自身の福祉の向上に，食用に動物を利用する人には生産物の質量の増加に，動物を観賞する人には見た目のよさに，動物実験をする人には結果の安定化に，ペット飼育者には動物の愛嬌のよさといった実利にもつながるからである。したがって，このような議論は今後ますます増えてくると予想される。

　本書は『Animal Welfare 2nd Edition』を翻訳したものである（第1版である『Animal Welfare』の日本語版は『動物への配慮の科学』〈2009年，チクサン出版／緑書房〉）。緒言で編著者のApplebyらが述べているように，2nd Editionは第1版から大幅に改訂されている。編著者は2名から4名に，著者は9カ国34名から13カ国46名（緒言では15カ国とあるが，正しくは13カ国）に増えている。しかも，第1版，第2版両方に執筆した著者は19名だけである。そのため，内容は60％以上が第1版以降に公表された論文の引用で，別書と言っても過言ではない。したがって，前述したように「動物福祉」の意味を的確に理解すべき時代背景もあり，本書の表題も『動物への配慮の科学　第2版』とせずに，『動物福祉の科学』とした。本書と第1版の日本語版『動物への配慮の科学』を，ぜひ一緒に読んでいただきたい。

　本書は5部構成になっている。第Ⅰ部では，動物の福祉向上に対する倫理的考察と科学概論である。第Ⅱ部は，福祉を阻害する主な要因を整理している。第Ⅲ部は，福祉とは動物の状態を意味することから，動物のどの状態を評価するのかを整理している。第Ⅳ部は，福祉向上を目指した物理環境，社会環境，ヒトによる取り扱いの改善，さらに遺伝的改良の可能性を論じている。第Ⅴ部は，動物福祉向上の経済学的考察，インセンティブと法的規制，そしてグローバル化が動物福祉に与える影響を検討している。きわめて根源的で基礎的な内容であることからまさに「科学」にふさわしい。本文は抽象的な結論から書きはじめることが多く，一部読みにくいと感じるところもあるかもしれないが，その後に具体的事例が必ず解説されているので安心して読み進めてもらいたい。

動物福祉向上への努力は，感情ではなく科学に裏打ちされた時に初めて世界的に効果を持つこととなる。本書を通じて，動物福祉を学ぶ学生や研究者はもとより，動物福祉のステークホルダー（利害関係者）である一般市民や実際に動物を扱う人々にも世界最先端の動物福祉の科学に接してもらえることを訳者ともどもうれしく思う。ただひとつ残念なことは，日本において重要な研究がなされているにも関わらず，本書でほとんど引用されていないことである。日本語で最先端の科学に接することで，次世代を担う読者の皆様には日本的発想を維持しながら世界的課題を解決する研究を期待したい。

　最後になったが，第1版とはまったく異なる内容にも関わらず，第1版に続き第2版の翻訳にご協力いただいた翻訳者の皆様，ならびに新たに加わってくれた翻訳者に感謝する。あわせて，翻訳・監修作業を常に見守り続け，きめ細かな編集をしてくれた緑書房の石井秀昌氏はじめ，編集部の方々に感謝する。『Animal Welfare 2nd Edition』を翻訳するに当たり第1版同様に東京大学大学院農学生命科学研究科教授（当時）の森裕司先生に監訳者に入ってもらう予定であった。誠に残念なことに，翻訳作業途中の2014年9月17日に逝去された。森裕司先生に本書を捧げる。

＊：第1版『動物への配慮の科学』と同様に「human」は生物的意味合いで使用している場合は「ヒト」とし，文化的意味合いを持つ場合には「人」または文脈により「人間」とした。また，「domestic animal」とは人に遺伝的・学習的に飼いならされた動物であることから，産業動物のみならず伴侶動物，実験動物も含む「家畜」とし，「farm animal」は「産業動物」と区別した。「laying hen」は一般には「採卵鶏」とするが，原典通りに「産卵鶏」とした。専門用語は「動物行動図説」（朝倉書店），「行動生物学辞典」（東京化学同人），「獣医学大辞典」（チクサン出版／緑書房），「新編畜産用語辞典」（養賢堂）によった。

2017年3月

佐藤衆介・加隈良枝

監訳者・翻訳者一覧

監訳者

佐藤　衆介　　帝京科学大学 生命環境学部 アニマルサイエンス学科
加隈　良枝　　帝京科学大学 生命環境学部 アニマルサイエンス学科

翻訳者および担当章 (50音順)

青山　真人	宇都宮大学 農学部 生物資源科学科	第6章	
植木　美希	日本獣医生命科学大学 応用生命科学部 動物科学科	第17章，第18章	
植竹　勝治	麻布大学 獣医学部 動物応用科学科	第13章，第15章	
尾形　庭子	パデュー大学 獣医行動科	第5章，第8章	
加隈　良枝	上掲	第1章，第2章	
菊地　貴子	麻布大学大学院 獣医学研究科 動物応用科学専攻	第14章	
小針　大助	茨城大学 農学部附属フィールドサイエンス教育研究センター	第3章，第4章	
佐藤　衆介	上掲	緒言，第19章	
瀬尾　哲也	帯広畜産大学 畜産生命科学研究部門 家畜生産科学分野	第7章，第12章	
竹田　謙一	信州大学学術研究院 農学系	第14章	
二宮　茂	岐阜大学 応用生物科学部 生産環境科学課程	第9章，第11章	
深澤　充	東北大学大学院農学研究科 陸圏生態学分野	第16章	
矢用　健一	国立研究開発法人農業・食品産業技術総合研究機構 畜産研究部門 畜産環境研究領域	第10章	

(所属は2017年5月現在のもの)

目　次

執筆者一覧　*4*
監訳をおえて　*8*
監訳者・翻訳者一覧　*10*
目次　*11*
緒言　*15*
Michael C. Appleby, Joy A. Mench, I. Anna S. Olsson, Barry O. Hughes

PART I　論点　Issues

第1章　動物倫理　*18*
Clare Palmer, Peter Sandøe

1.1　はじめに：倫理観の根拠を示すことの必要性　*18*
1.2　動物に対する人間の義務に関する5つの考え方　*20*
1.3　思想の結合と意思決定　*32*
1.4　結論　*33*

第2章　動物福祉を理解する　*35*
Linda J. Keeling, Jeff Rushen, Ian J.H. Duncan

2.1　はじめに　*35*
2.2　動物福祉の簡単な歴史　*38*
2.3　福祉と動物の主観的経験　*41*
2.4　健康，生産，繁殖　*42*
2.5　動物の福祉，自然な行動，動物の「自然性」　*45*
2.6　結論　*49*

PART II　問題点　Problems

第3章　環境からの刺激と動物の主体性　*53*
Marek Špinka, Françoise Wemelsfelder

3.1　はじめに　*53*
3.2　主体性と潜在能力のそれぞれの面　*54*
3.3　問題解決，探査および遊びにおける主体性と潜在能力の表現　*56*
3.4　主体性は適切な刺激に反応する　*58*
3.5　福祉における主体性や潜在能力の重要性　*59*
3.6　制限された環境における主体性と潜在能力の抑制の影響　*62*
3.7　主体性および潜在能力の表現はすべての動物で同じか？　*64*
3.8　主体性と潜在能力の統合特性：それは何を意味するのか？　*66*
3.9　結論　*67*

第4章　飢えと渇き　*73*
Ilias Kyriazakis, Bert Tolkamp

4.1　はじめに　*73*
4.2　自由に摂取させた際の動物の正常な摂食行動　*74*

4.3　1日摂取量が減少しないミールパターンの抑制　*76*
4.4　動物における食物摂取の量的および質的制限の影響　*77*
4.5　栄養不良と栄養不足の健康と福祉への効果　*84*
4.6　渇きと飲水行動　*85*
4.7　結論　*88*

第5章　痛み　*96*
Ignacio Viñuela-Fernández, Daniel M. Weary, Paul Flecknell

5.1　はじめに　*96*
5.2　痛みの神経生物学：簡単な概要　*97*
5.3　痛みの発生　*98*
5.4　動物の痛みの認識　*102*
5.5　疼痛管理　*107*
5.6　結論　*108*

第6章　恐怖とそれ以外のネガティブな情動　*112*
Bryan Jones, Alain Boissy

6.1　はじめに　*112*
6.2　恐怖と気質の評価法　*113*
6.3　動物の認知能力と情動や気分の評価　*121*
6.4　ネガティブな情動による損害　*127*
6.5　恐怖の軽減　*130*
6.6　結論　*130*

第7章　行動制限　*138*
Georgia J. Mason, Charlotte C. Burn

7.1　はじめに　*138*
7.2　動物福祉に重要な正常行動パターンの特定とその理由　*140*
7.3　欲求不満になった正常行動と動物福祉の例　*146*
7.4　刺激の少ない環境は動物を退屈させるか？　*154*
7.5　結論　*157*

PART III　評価　Assessment

第8章　健康と疾患　*164*
Michael S. Cockram, Barry O. Hughes

8.1　はじめに　*164*
8.2　疾患に対する炎症，免疫および病理学的応答　*167*
8.3　感染症　*168*
8.4　疾患の管理　*170*
8.5　生産関連の疾患　*172*
8.6　痛みと福祉　*173*
8.7　疾患の評価　*175*
8.8　ストックマンシップ　*176*
8.9　獣医師の役割　*178*
8.10　結論　*178*

第9章　行動　*184*
I. Anna S. Olsson, Hanno Würbel, Joy A. Mench

9.1　はじめに　*184*
9.2　正常行動と福祉　*185*
9.3　異常行動と福祉　*192*
9.4　動物福祉研究における行動の計測と実験　*198*
9.5　結論　*200*

第10章　生理指標　*205*
Dominique Blache, Claudia Terlouw, Shane K. Maloney

10.1　はじめに　*205*
10.2　ストレスの概念と生理学の関わり　*205*
10.3　動物福祉を評価するための生理指標　*211*
10.4　生理指標による動物福祉の評価の限界　*229*
10.5　結論　*230*

第11章　選好性と動機の調査　*236*
David Fraser, Christine J. Nicol

11.1　はじめに　*236*
11.2　初期に行われた選好性調査　*236*

11.3 動物の選好性を正確に特定する実験を確実に行う　238
11.4 その他の明確化すべき点　242
11.5 動物の選好性の強さを評価する　244
11.6 忌避の指標　247
11.7 動物の選好性と動機に関する知識を応用する　249
11.8 選好性と福祉との関係性を明確にする　250
11.9 結論　251

第12章　動物福祉を評価（および改善）するための実践的戦略　256
Andrew Butterworth, Joy A. Mench, Nadja Wielebnowski

12.1 はじめに　256
12.2 福祉を評価するために何を「尺度」にするべきか　257
12.3 尺度の開発および試験　258
12.4 新しい尺度の適用　259
12.5 評価の得点化　266
12.6 実験動物への適用：人道的なエンドポイント　269
12.7 結論　270

PART IV　解決策　Solutions

第13章　物理的環境　274
Birte L. Nielsen, Michael C. Appleby, Natalie K. Waran

13.1 はじめに　274
13.2 特定の変更　276
13.3 給餌方法　280
13.4 取り扱いと輸送　282
13.5 全体的なアプローチ　284
13.6 妥協　288
13.7 結論　288

第14章　社会状態　292
Francisco Galindo, Ruth C. Newberry, Mike Mendl

14.1 はじめに　292
14.2 群生活の進化：自然界における社会的集団の動態構造　294
14.3 管理された社会環境の不自然な構造　295
14.4 動物種の社会構造に関する知見を用いた飼育システムの設計　297
14.5 既存の飼育システムにおける社会性がもたらす福祉問題の解決　299
14.6 社会的に確立した群における問題の解決　304
14.7 社会的問題に対するその他の解決策　307
14.8 結論　308

第15章　ヒトの接触　314
Paul H. Hemsworth, Xavier Boivin

15.1 はじめに　314
15.2 ヒトの接触と家畜化　315
15.3 ヒトと家畜間の相互作用と関係　316
15.4 ヒト－動物関係の評価　318
15.5 動物－ヒト関係の発達と動物福祉上の意味　320
15.6 動物福祉に対するヒトの接触の効果　324
15.7 ヒト－動物関係の改善の機会　327
15.8 結論　328

第16章　遺伝的選抜　334
Paul M. Hocking, Richard B. D'Eath, Joergen B. Kjaer

16.1 はじめに　334
16.2 家畜化された品種の遺伝構造　335
16.3 近交の解消　336
16.4 遺伝的選抜　338
16.5 遺伝的選抜を制限する要因　338
16.6 遺伝的選抜に関する問題：遺伝的解決策　340
16.7 行動的問題　342
16.8 骨格的および生理的疾患　344

- 16.9 動物福祉の遺伝的改善のための新たな方法 *346*
- 16.10 動物福祉を改善するための遺伝的選抜の負の側面 *348*
- 16.11 結論 *349*

PART V 実行 Implementation

第17章 経済 *353*
Richard Bennett, Paul Thompson

- 17.1 はじめに *353*
- 17.2 経済的分析の展望 *355*
- 17.3 動物福祉における経済学の展望 *357*
- 17.4 経済学的観点からの分析と動物福祉：コストと利益を考察する *358*
- 17.5 動物福祉の政策手段 *363*
- 17.6 動物福祉に人々は「いくら支払おうとするか」：事例研究 *365*
- 17.7 結論 *366*

第18章 インセンティブと規則 *368*
Ute Knierim, Edmond A. Pajor, William T. Jackson, Andreas Steiger

- 18.1 はじめに *368*
- 18.2 法律 *370*
- 18.3 インセンティブと自主的な手段 *379*
- 18.4 結論 *382*

第19章 国際的な課題 *385*
Michael C. Appleby, Stella Maris Huertas

- 19.1 はじめに *385*
- 19.2 国際主義 *386*
- 19.3 貿易 *387*
- 19.4 輸送 *390*
- 19.5 と畜およびと畜前の取り扱い *393*
- 19.6 結論 *397*

索引 *401*

緒　言

　動物福祉への関心は世界へ広がり続け，動物福祉を守り，改善するための対策がますます必要とされてきている。これは今日急速に問題となっている気候変動や経済危機などを考えた場合，ある意味驚くべきことである。しかし，動物は私たちの世界においてきわめて重要な存在であることから，さほど驚くべきことでもないといえる。人間にとっての基本的課題といわれる持続性の実現には，生態学的（Ecological），経済的（Economic），倫理的（Ethical）な責任が必要とされるが，これら「3つのE」は，それぞれ動物について考えることに関わっている。なぜなら，動物の飼育管理は，飢餓，貧困，防疫，環境保護といった多くの課題に影響するからである。本書の第1版（Appleby, Hughes, 1997）において，私たちはMahatma Gandhiの言葉を引用した。

> 国家の偉大さ，その国におけるモラルの成熟度は，動物の扱われ方を見れば分かる。

　このような倫理的課題は依然として残るが，国際連合食糧農業機関（Food and Agriculture Organization of the United Nations, FAO）によって招集された専門委員会によって以下のように強調されたように（Fraserら，2009, p.1），同時に生態学的，経済的必要性もますます重視されてきている。

> 人間の福祉と動物の福祉は深く関わっている。多くの地域で，食料の安全な供給は動物の健康と生産力に依存し，それらは動物が受ける世話と栄養を基本としている。ヒトの病気の多くが動物に由来し，そのような動物の病気の予防はヒトの健康を守るためにも重要である。貧困者の多くが含まれるものの，おおよそ10億人の食料，衣類，生計，社会的地位，安全は動物に直接的に依存している。そして，そのような人々が有する動物の福祉は，生活の本質的要素になっている。また，動物との良好な関係は，多くの人々の安寧，社会的関わり，文化的な帰属意識の元となっている。

　1997年以降，世界中でより多くの専門家による研究が進展し，多くの専門教育コースがつくられ，動物福祉というテーマに関する数多くの変革があった。象徴的な事項を以下に挙げる。

- 欧州で，法律により産卵鶏のバタリーケージが段階的に廃止されたこと。
- 北アメリカの多くの農場で，生産企業や流通業者の判断により，妊娠豚のクレート（枠場）飼育が段階的に廃止されたこと。
- 世界動物保健機関（OIE，国際獣疫事務局）によって，産業動物，実験動物，伴侶動物のためのグローバルな動物福祉の指針が定められたこと。

● これまで動物福祉を規制することのなかった中国を含む多くの国で，動物福祉に関する法律の制定や提案がなされたこと。
● 国際連合において，動物福祉世界宣言の提案があったこと。

　そこで，本書の第1版の各章を改訂，あるいは差し替えるべく，新たな著者を迎え，各章を2～3名が担当し，取り扱う範囲を拡大した。問題の世界的な拡散ならびに産業動物以外における動物福祉の重要度の高まりは，様々な専門領域に及ぶ，15ヵ国，46名という多彩な著者たちが示している。そして，動物への人の関与という点で両極となる第12章「動物福祉を評価（および改善）するための実践的戦略」と第19章「国際的な課題」というまったく新しい2つの章が追加されている。60%以上が第1版以降に公表された論文の引用という事実からも，歴史的考察よりも現状の総括へと重点が移行している。また，第1版にあった有用な記載のいくつかを第2版では削除しなければならなかった。ぜひ第1版と併せて活用されることを望む。

　第1版と同様に，アニマルウェルフェアとアニマルウェルビーイングは同義語として扱い，一般に前者を使用している。動物福祉とは「全か無か」ではなく，最悪から良好までの連続する動物の状態をいう。ヒトももちろん動物であるが，便宜上，「動物」とは，一般的にヒト以外の動物に関して使われている。

　本書は5つのパートで構成されている。第Ⅰ部「論点（Issues）」は，動物福祉というテーマの背景と哲学を紹介する。第Ⅱ部「問題点（Problems）」は，動物と動物を取り巻く環境との関係に関わる事項を扱う第3章を皮切りに，動物福祉問題について述べる。ここでは，動物は環境との関係において単に受動的なだけでなく，能動的であるという重要な点を示している。続く4つの章は，イギリス産業動物福祉協議会（Farm Animal Welfare Council, FAWC）の提唱した5つの自由（2009）に類似したカテゴリーを用いた。不快に関する章はないが，これは，しばしば他の問題と関連して，あるいはそれらの問題の弱い反応として起こるため，このテーマのみに注目した研究はほとんどされていない。

　第Ⅲ部「評価（Assessment）」は，動物福祉の様々な評価方法を考える。福祉は，単純で単一の指標ではない。したがって，量や長さを測るような方法で測定することは不可能である。しかし，福祉は以前に概要を示したような様々な側面，ならびにそれらに関連する問題を考えることにより評価できる。第Ⅳ部「解決策（Solutions）」は，このような問題を改善し，福祉を高める方法を示す。本書の各章間で，問題点の考察と解決策の間に見られるように，いくらかの重複は避けられないが，これは補完的重複とするべきである。

　最後の第Ⅴ部「実施（Implementation）」では，問題解決の実施，すなわち解決法を実行に移す方法について触れる。特に輸送やと畜といった主要な動物福祉の課題に関する自覚と連携が，国際レベルでいかに動物に影響するかを論じる。動物福祉は1997年に予測されたよりもはるかに広範囲にわたる世界的場面で注目されている。

謝辞

　私たちは，共同執筆者ならびに本書の企画から完成に至るまでに議論と支援をしてくれた仲間に大いに感謝している。また，今回は執筆されていない第1版の著者にも感謝したい。なぜなら，『Animal Welfare』(『動物への配慮の科学』，チクサン出版社/緑書房，2009) は本テーマに対して有益な貢献をしたと信じているからである。本書も同じように貢献することを願う。

　Michael Appleby は，息子たち Duncan と Andrew の仕事への熱意と貢献，競い合うことが父に同様の熱意を呼び覚ましたことに感謝したい。

　Joy Mench は，夫 Clive Watson の忍耐と支援に関して感謝している。

　Anna Olsson は，父 Jan Olsson が動物行動学への関心を引きだしてくれたこと，Margareta Rundgren が本書に関する科学的関与への鼓舞をしてくれたことに感謝したい。

　Barry Hughes は，妻 Helen の忍耐と変わらぬ支援に感謝する。また，Ruth Harrison が，著書『アニマル・マシーン〈Animal Machine〉』(1964) によって動物福祉問題の現代的な視点を描き，David Wood-Gush が動物福祉問題を取り上げ，科学な議論が必要と認識した，独創的な役割を果たしたことを評価したい。

参考文献

Appleby, M. C. and Hughes, B. O. (eds) (1997) *Animal Welfare*. CAB International, Wallingford, UK.

FAWC (Farm Animal Welfare Council) (2009) *Five Freedoms*. Available at: http://www.fawc.org.uk/freedoms.htm (accessed July 2010).

Fraser, D., Kharb, R. M., McCrindle, C., Mench, J., Paranhos da Costa, M., Promchan, K., Sundrum, A., Thornber, P., Whittington, P. and Song, W. (2009) *Capacity Building to Implement Good Animal Welfare Practices:* Report of the FAO Expert Meeting, FAO Headquarters (Rome), 30 September-3 October 2008. Available at: ftp://ftp.fao.org/docrep/fao/011/i0483e/i0483e00.pdf (accessed July 2010).

Harrison, R. (1964) *Animal Machines*. Vincent Stuart, London.

I 論点

第1章
動物倫理

概要

本章では，動物に対する私たち人間の義務に関する様々な考えについて述べ，議論する。はじめに，なぜ動物倫理について考えることが必要なのか，なぜ感情に頼るだけでは不十分なのかという理由を説明する。次に，動物に対する私たち人間の義務の本質に関する契約主義（contractarianism），功利主義（utilitarianism），動物の権利（animal rights），文脈的アプローチ（contextual views），自然の尊重（respect for nature view）という5つの異なる考え方を示し，考察する。最後に，これらの考え方からいくつかの要素を組み合わせることができるかどうか，また，どのように決断すればよいのかということを簡潔に検討する。

1.1 はじめに：倫理観の根拠を示すことの必要性

本章では，私たちが動物と関わる際に，何が正しく何が間違っているかに関する様々な見方について述べ，考察する。何が正しく何が間違っているかは実際の問題ではないため，生物学やその他の自然科学で用いられる方法と同じでは解決することはできない。なかには，倫理上の問題が解決できるのかどうかさえ疑わしいと思っている人々もいるかもしれない。それどころか，これらの問題は単に感情か好みの問題と思われているかもしれない。私たちは，後者の考え方は問題をはらんでいるということを以下に示したい。

本書の主な焦点は，動物が人によって使われたり扱われたりする方法に関連する「実際の問題」を議論することである。最近まで倫理は，動物福祉に関する事実指向の科学に基づく研究の範囲にとどめるべきものと見られており，事実が確立された場合に限って，倫理的観点から許容できることとできないことの境界線をどこに引くかということを議論することが適切であると考えられてきた。

しかし，実際の知識としっかりとした倫理的判断の関係は単純ではない。たいてい事実の研究には暗黙の倫理的判断が存在している。例えば，産業動物の様々な飼養方式が動物福祉に与える影響について研究することは，動物が低い福祉によって苦しまない限り，食料生産のために動物を使うことは受け入れられるという仮説につながる。また動物福祉の評価は，倫理的に言うと動物の取り扱いの何が問題となるのかという仮説に依存する。痛みや他の苦しみを避けることなのか？ 喜びや他の肯定的な感情を与えることなのか？ 動物に自然な生活を送らせることか？ これらの疑問に対処し，動物福祉研究の基礎をなす暗黙の倫理的判断を正当化できるようになるには，私たちは事実を知るだけではなく，倫理的思考に精通し，それを実際に

行うことが必要である。

本章では，動物倫理に関する基本的な質問への，予想される答えに焦点を当てる。それらの質問とは，「動物は本来道徳的地位を持つのか？ もし持つのならば，私たちは動物に対してどのような義務を持つのか？ 動物が野生動物なのか，家畜化された動物なのかということは関係するのか？ 私たちは個々の動物に対してのみ，あるいは種や群に対しても義務を負うのか？ 私たちは，他の種類の義務と動物への義務を，どのように釣り合わせるのか？」といったものである。私たちは，これらの質問ひとつひとつに答えるのではなく，動物倫理に対して多元的なアプローチをとり，5つの異なる倫理的立場を示し，それぞれの答えを紹介する。私たちは，これらの見解のいずれかに同調することはしない。読者にはそれぞれの考え方の長所と，なぜ人々がその考え方に惹きつけられてきたのかを，よく考えてもらいたい。私たちは（本章の著者として），自身の見解を持ってはいるが，バランスのとれた方法で議論を紹介するよう試みた（もしかしたら見解がうまく隠せていないかもしれない）。

しかし私たちは，動物倫理は感情だけに基づくよりも，筋の通ったアプローチをとることが重要だと考えている。感情に頼ると，倫理に関する議論に入ること，特定の態度や実務が問題であるか有益であるのかという理由を他者に説明することが困難となる。動物の専門家たちの意見が，異なる考えを持つ人々によって真剣に受け止められるには，それぞれの動物倫理の違いを理解できることを示さなければならない。このためには，なぜ人々がある倫理的判断をするのかを理解する必要がある。しかし，倫理的判断とは何だろうか？ それは，個人の好みの単なる主張というわけではないようである。哲学者である James Rachels（1993, p.10）は，以下のように説明している。

> 誰かが「私はコーヒーが好きだ」と言う時，理由は必ずしも必要ない。彼はただ自分自身について発言をしているにすぎず，それ以上の理由はない。誰かのコーヒーの好みに関しては「合理的な擁護」などはなく，議論の余地もない。彼が正しく自分の好みを報告している限り，それは真実にほかならない。さらに，誰もが同じように感じるべきだということもなく，彼以外の世界中すべての人がコーヒーを嫌っていたとしても問題ではない。一方，もし誰かが何かについて「道徳的に間違っている」という場合，彼には理由が必要である。もしその理由が妥当であれば，他の人々はその効力を認めなければならない。

ここで Rachels は，私たちの倫理観を正当化するためには，理由を示すことが重要であると指摘している。その理由には「一貫性」が必要とされ，もしある場合に，倫理上の理由を認めるならば，それは他の似た場合においても理由のひとつとみなすべきである。この推論の過程は，Jeremy Bentham（1989, pp.25～26）により 1789 年に最初に発表され，動物は法で保護されるべきだと主張した以下の有名な一節に示されていることで分かるだろう。

> いつか動物たちが暴政によってしか決して奪われることのない権利を手に入れる，そんな日が来るかもしれない。フランス人はすでに，皮膚が黒いことは，誰かの気まぐれのために賠償もなく身を引き渡される理由とはならないことを知っている。同じように，いつの日か足の本数，皮膚に毛が生えているか，仙骨の末端の形状といったことが，同じ運命に身を委ねなければならない理由としては不十分であると認識される日が来るかもしれない。克服できない境界線を引くものがほかに

> あるだろうか？ 思考力，あるいはひょっとすると言葉による意志の伝達能力だろうか？ しかし，成長したウマやイヌは，生まれてすぐ，または1週間，さらには1カ月経ったヒトの乳児とは比較にならないほど理性的で社会的な動物である。そうだとしても実際には何が役立つだろうか？ 問題は，「彼らが考えることができるか？」でも，「話すことができるか？」でもなく，「苦痛を感じるか？」である。

Benthamは，人間に与えられている法的権利（例：拷問に反対する法的保護）がどのような根拠によるものかを尋ねている。私たちは現在，皮膚の色のような要因は基本的な法的権利を持つかどうかとは無関係であることを受け入れている。それでは，何が法的権利と関係する要因なのだろうか？ 彼が説明するひとつの可能性のある答えは，思考し言語を使用する能力を持つことである。そのため，思考力と言語が人間と動物を分け，そして人間だけに法的権利を与える根拠となっているのかもしれない。しかし，彼はこの種の返答に対して，次のような多くの疑問を挙げている。第一に，どうして思考することや言語は，法的権利があることと関係すると考えるのだろうか（例：皮膚の色よりも）？ 第二に，一部の動物たちは本当に思考する能力があると考えられる。第三に，一部の動物たちは少なくとも，一部の人（乳幼児，あるいは深刻な精神的障害を持つ人々）と同じような思考力があり，思考と言語は，すべての人と動物の間に明白な境界線を引くわけではない。

Benthamは，すべての人をある方法で扱い，すべての動物を別の方法で扱うべきということを一貫して議論できるのかどうか，私たちに考えさせる。以下に示す5つの考え方のうちのひとつ目は，私たちが道徳的に動物と人を一貫して区別できるという考えを支持するものである。

1.2 動物に対する人間の義務に関する5つの考え方

倫理学者は，多くの種類の道徳上の理論を区別する。そして，ある人の容認できる動物の利用に関する考えの背景には，基本的にそれらのうちのどれかがあるかもしれない。以下に，5つの主な理論的見解，すなわち，契約主義，功利主義，動物の権利，文脈的アプローチ，自然の尊重を示す。これらは，動物の利用に関する現在の議論に直接的な関わりを持っている。

● 1.2.1 契約主義

なぜ道徳的であるべきなのか？ これは，道徳哲学の中心的な疑問であり，これに対して契約主義者（contractarian）は，率直な答えを示す。つまり，人が道徳的であるべきなのは，それが自分自身の利益であるからというものである。他者へ配慮を示すことは，実際に自分自身のためであり，道徳的ルールは，社会のすべてのメンバーの利益となる最善の協定なのである。

ここに定義する契約主義的道徳観（この用語は，ここで私たちが議論していない他の思想にも用いられるかもしれない）とは，道徳的な社会に対して「契約する」ことのできる人々だけに適用されるため，これらのメンバーが誰なのかを定義することが重要である。哲学者のNarveson（1983, p.56）はこの定義を以下のように表現している。

> 道徳を契約という観点から捉えると，道徳は分別があり自立した自己本位の人間同士におけるある種の合意で，これらの人はそのような合意に加わることにより何か得るものがある。…（中略）…この道徳観の主な特徴は，なぜ私たちが道徳を持ち誰が当事者であるのかを説明することにあ

> る。道徳を持つのは長期的な自己の利益のためで
> あり，当事者というのは，以下の2つの特徴を両
> 方とも持つ者に限定される。①少なくとも長期的
> には，何もしない場合と比べて，それに同意する
> ことで何かを得る。②合意形成に加わり維持する
> ことができる。…（中略）…これらの要件からす
> ると，なぜ動物が権利を持たないかは明白だろ
> う。というのも，動物は両方の点が明らかに不足
> しているからだ。一方で，（例えば）動物を殺すこ
> とや「動物をただの道具扱いする」ことを自発的
> にやめることで人間が得られるものは，普通は何
> もない。他方，私たちが動物との間に合意を形成
> したいとしても，通常動物はそれができないので
> ある。

つまりこの考え方では，人々は他の人々の協力や関心に依存している。もし誰かがある集団のメンバーを悪く扱えば，その集団のメンバーは仕返しとしてその人を悪く扱うだろう。一方で，動物社会は，もし一部のメンバーを痛みの伴う実験に使ったとしても反撃してくることはない。そのため，人は自分の目的にとって十分な程度に動物を扱えばよい，ということになる。

人以外の動物は，将来の行動に関する契約や同意を取り交わすことができないため，契約主義的思想によれば，道徳的な社会に参加することはできない。この思想では，あらゆる動物の使用は，人間に収入，魅力的な食物，新しい医学的治療法のような利益をもたらすため，許されるのかもしれない。

動物が道徳的社会の一員ではないということは，動物の取り扱いが必ずしも契約主義的観点とは関係ないということを意味するわけではない。例えばもし人間が動物を好むなら，動物の利用が重要になるはずである。というのも，ある人にとっては好きなものを得ることは関心の的だからである。しかし，動物を契約主義的思想で見ることは，人間中心主義であるといえる。なぜなら，どんな動物の保護よりも人間の関心が第一であり，それに依存するためである。さらに考えられるのは，この思想における動物を保護するレベルは動物種により異なる可能性が高いということである。多くの人々はドブネズミやハツカネズミよりもネコやイヌを好むため，ネコやイヌに苦痛を引き起こすことは，ドブネズミやハツカネズミに対して同じだけの苦痛を引き起こすことよりも，さらに深刻な問題と捉えやすい。

この契約主義的思想は，多くの社会に共通する動物の取り扱いに対する態度と一致する。しかし，それは多くの問題を生じさせている。もし気にする人間がいなければ，動物をささいな理由で苦しめることは，本当に倫理的に問題ではないのだろうか？ 結局のところ，一部の人（例：幼い子ども）も，大人と対等に振る舞うことはできず，他の人間と契約を結ぶこともできない。もし他の契約者が反対しなければ，子どもを食べる，あるいは子どもを実験に使うことは道徳的に許されるのだろうか？ 犠牲者が人間であろうと動物であろうと，理由もなしに，あるいはささいな理由のために他者に苦しみを与えることは，それ自体が非道徳的であると多くの人は考える。この思想を表現する道徳論が「功利主義」である。

● 1.2.2　功利主義

功利主義の道徳論は，おそらく動物倫理に対する最もよく知られたアプローチである。功利主義は，形式上は結果主義である。つまり，道徳的な決定をする際に，結果のみが重要であり，私たちはいつもできる限り最善の結果をもたらすことを目指すべきだというものである。しかし，何をできる限り最善の結果とみなすのか？ この観点から功利主義はいくつかに分類

される。ひとつの主要な考え方は Jeremy Bentham によって推進されたもので，結果は「喜びを最大にし，苦痛を最小にする」という観点から評価されるべきである，というものである。もし動物が痛みや喜びを感じるならば，私たちがすべきことの計算に動物を含むべきである。実際この思想では，動物の痛みに比べてヒトの痛みを特別扱いすべき理由はなく，どこで起きようとも，痛みは痛みであると考える。このように，ある種の平等はとても重要である。あらゆる生物における痛みは，種に関わらず平等に考慮されるべきである。

最近の動物倫理では，この思想は哲学者 Peter Singer（1989, p.152）によって最も強く支持されている。Singer は，自身の立場を概説する際に，「利益（interests）」という言葉を用いている。もしある生物が苦しむならば，その生物にとって苦しみを避けることに利益がある。そしてその利益は，彼らがヒトであろうとなかろうと，他の生物の類似した利益と平等に扱われるべきである。

> 私は，多くの人々が，すべての人種の構成員に対して適用すべきだと認識している平等の原理を，ヒト以外の種に対しても広げることを強く主張する。Jeremy Bentham は，彼の倫理である功利主義システムの公式に，道徳的な平等の原則を取り入れた。それは，「各々にひとつの価値があり，ひとつ以上ではない」というものである。言いかえれば，ある行動により影響を受けるそれぞれの者の利益は考慮に入れられ，あらゆる他者の利益と同じ重みを与えられるべきである，ということである。のちの功利主義者 Henry Sidgwick は，その点を「ある個体の幸福は，（そう言ってよいなら）全体から見れば，他の個体の幸福以上ではない」と，述べている。
>
> 人種差別主義者は，自己の人種の利益と他の人種の利益の間に衝突が生じた時に，自己の人種に重みを置くことで，平等の原則を踏みにじっている。また種差別主義者は，他の種のより大きな利益よりも，自己の種の利益を優先させている。どちらの場合も平等の原則に反している。

功利主義者にとって問題になるのは，私たちの行為によって影響を受ける者の利益であり，人種や種は問題ではない。誰が受けることになろうと，利益が最大となることが何よりも勝る。この思想が急進的な結果をもたらす可能性もある。現代の集約畜産を例にしてみると，拘束型飼育システムで飼われるブロイラーや動物は苦痛を感じていることが多い。こういった動物の基本的な利益の一部は，生産の効率化と安価な肉の供給のためにあまり考慮されない。しかし，裕福な人々にとっては，肉の値段は基本的な関心事ではない。デンマークでは，一般消費者の食費は収入の10％ほどに過ぎない。そんな消費者がもし収入の30％あるいは50％を余分に払い，その分が動物の生活条件の改善に使われるのならば，これによって人間の福祉が大きく減らされることなく，動物福祉の非常に大きな改善と苦痛の大きな減少が見込める。そのため功利主義的観点によれば，私たちは集約的に飼養されている産業動物の扱いを根本的に変えるべきであるといえる。

実際に Singer（1979, p.152）は，私たち人間は菜食主義者になるべきだと主張している。これは，商業的に飼養されている動物の肉やその他の生産物を消費することが動物に苦痛をもたらしているためであり，それによって生み出される人間の喜びが苦痛に勝っているとはいえないからである（肉の消費を減らすべきという議論には他の功利主義的合意もある。それは，肉生産が環境，気候，および資源利用に影響すること，結果として感受性のある存在へネガティ

ブな影響を及ぼすことによる）。

しかし，功利主義は動物を殺すことは間違っているという原理を支持しているわけではない。殺すことは，苦痛を引き起こすかもしれず，またある動物が殺されたら，それはもはや肯定的な経験を持つこともできないという2つの理由から明らかに道徳的に問題だろう。そのため，殺すことは世界における苦痛を増加させるとともに，快楽を減少させるかもしれないが，これは必ずしもそうとはいえない。Singerは「動物が快適な生活を送っている限り，また最初の動物が殺されなければ存在していないであろう他の動物が，同じようなよい生活を代わりに送ることができるならば，食べるために動物を飼養し殺すことは，間違ってはいない。これは，このような方法で飼養されていると分かっている動物から肉を得られる人々にとっては，菜食主義が強制ではないことを意味している」と述べている（Singer, 1979, p.153）。

動物を殺すことへのこの功利主義的な考え方に対する懸念は，Michael Lockwood（1979, p.168）が示した難しい（架空の）「ディスポパピー」のケースによって示される。

> 多くの家族は，特に子どもがいる場合，子どもを楽しませてくれ，よく遊ぶ子犬であるうちはイヌを役立つものと考えるが，イヌがやや年をとり，食欲だけは旺盛なものの若々しい魅力がなくなってくると，厄介な荷物と感じるようになる。さらに，家族が休暇で旅行へ行く時に，イヌをどうするかということは常に問題となる。イヌを連れていくのは大変または不可能であり，友人に頼むには負担が大きく迷惑となり，ペットホテルに預けるのも費用がかかるうえ信頼することが難しいことも多い。すると，Singerの文章から想像すれば，人々は（実際に一部のペットオーナーがすでにしているように）毎回の休暇のはじまりにペットを痛みなく安楽死させ，戻ってきたら新しいペットを手に入れるというアイディアを思いつく。もしかすると，「ディスポパピー社」のような会社ができるかもしれない。この会社は動物を育ててしつけをし，購入したい人に供給して，返却されたら殺処分し，要求に応じて代わりの動物をまた提供する。Singerによれば，そのような実践は直接的には何も悪くないということになる。私たちは，個々の子犬がたとえ短くとも非常に幸せな一生を送るべきであり，実用のためだけに存在するわけではないと考える。

なかには，少し考えた後に，このような方法でイヌを取り換えることは理論的には許容できると受け入れる人々もいるかもしれない。しかしそういう人々も，関連する問題に直面することになる。つまり，明らかに予想されることは，もし私たちが新しい人をつくり，代わりにすることができるなら，苦痛なく人を殺すことができるのか，という考えである。この難しい問題は，Singer自身を含む功利主義者の一部において，自意識（self-consciousness）を持つかということに基づくさらなる区別を引き出している。自意識を定義することは難しいが，自意識のある動物は，生きることへの志向あるいは欲求を持つもので，そのような基本的欲求の中断は道徳的に関係があると，一部の功利主義者は主張している。また，彼らは痛みを最少にすることに加えて，あるいはその代わりに，世界中の特に自意識を持つ動物の最も基本的な欲求である生きることへの欲求の中断を最少化すべきであると主張している。

しかし，これではまだ本当にその問題を解決できるようにはみえない。基本的には，自意識のある人を痛みなく殺すことは，道徳的に許されるかのように聞こえるかもしれない。もし，ある人が殺されることで生じる損失の埋め合わ

せとして，殺された人がいれば存在しなかったであろう別の人が置き換えられ，その人が殺された人よりもよい生活を送ることができるかもしれない。一般に認めるように，功利主義者は人と動物を殺すことはまったく違う影響を持つと議論するかもしれない。人を殺すことは，動物を殺すことと異なり，普通は生存者にネガティブな感情的・社会的影響をもたらす。また，人を痛みなく殺すことの他の人々への影響は，明らかに的外れとみなされるかもしれない。

Singer（1999）は，著書『実践の倫理〈Practical Ethics〉（監注：翻訳書あり）』のなかで，生きるための新しい欲求の創造は，生き続けるための誰かの欲求の喪失よりも重みが置かれることではないと主張している。つまり，欲求は代替可能ではない。しかし，これは同じ欲求（例：生きることへのさらなる願望）の創造により単に代替できない欲求（例：生き続けるための願望）があることを推測させるため，功利主義のいくつかの根本的な打算的要素から離れはじめている。実際に，この種の思想（確実な利益の有無に関わらず，損害がただ容認できない）は，動物倫理への別のアプローチとより密接に関連する。それが権利思想である。

● 1.2.3　動物の権利思想

私たちは権利について法的と道徳的の2つの意味で考えることができる。法的権利とは法的システムのなかでつくられ，そのなかに存在する権利である。しかし，道徳的権利は法律によってつくられるものではなく，道徳的権利に基づく視点から議論する人々は，権利の起源について様々な異なる説明を与える。ひとつの伝統的な，ただし現在は賛否両論ある主張は，人間は自然に本来の権利を持つという直感的な認識に依存する。権利を所持することは，人間であるとはどういうことかということの一部にすぎない。

権利についての主張は，ここでは次の2つの理由から特に重要である。ひとつ目は，権利という用語が持つ特別な力である。「権利」という言葉は時に大まかに道徳的地位を持っていることを意味するために使われるが（この大まかな意味によりSingerはしばしば「動物権利の父」と呼ばれる），哲学者は一般にもっと限定的な意味で権利を理解している。この限定された意味では，生物が道徳的権利を持つということは，それらの権利が守られ，あるいは促進されるべきだというかなり強い主張を引き起こす。実際に，権利を持っていることは，しばしば切り札を持っていることであるように説明され，どんな競合する主張にも勝る主張と考えられる。2つ目は，一部の哲学者が道徳的権利という考えを人間以外にも広げ，動物たちも道徳的権利を持つことを議論してきたという事実がある。結局，それらの哲学者は，単に生物学的にヒトである（Homo sapiensである）ということが，権利を与えられるわけではないことを主張している。それよりも，人間の権利に根拠を与えているのは，特定の「能力（感覚能力や自意識のような）」を，種のメンバーが持つということであるに違いないとしている。もし権利を持つことが遺伝子ではなく「能力」に基づいており，一部の動物が関連する基本的な能力を有しているとしたら，これらの動物は権利を持っていると考えるべきだろうか？　この思想は，動物権利の支持者によって，特に哲学者Tom Regan（1984）の著書『The Case for Animal rights』において，多く取り入れられている。

Regan（2007, p.209）は，すべての「生活を経験する主体」は，道徳的権利を持つと考えられるべきだと主張する。生活を経験する主体とは，「他者に対する有用性に関わらず重要な

個々の福祉を持つ意識のある生物」だとしている。そのような生物は，欲望や好み，信念や感情を持ち，思い出したり予想したりする。彼らは，喜びや痛みを感じ，満足や失望を経験し，自身が時間を超えて持続する存在であるという感覚を持っている。Reganによれば，そのような生物は，彼らの性質や能力に基づく「生まれつきの内在する価値」を持っている。彼らは誰かの利用や利益のための単なる道具ではない。Reganが主張する内在する価値は，取り引きしたり，結果に影響する要因として計算に入れたり，代替したりすることはできない。それを持っている生物（Reganは，すべての精神的に正常な哺乳類の成体がこのカテゴリーに入ると主張している）は，生きることと自由への権利を含む基本的な道徳的権利を持つ。幼齢の哺乳類，鳥類，魚類，爬虫類，および一部の無脊椎動物は，生活を経験する主体であるとする証拠が明白ではない。しかし，私たちは彼らの内部世界についてはよく分からないため，Regan（1984）は道徳的な決定にはそれらの動物も内在的な価値を持っているかもしれないと仮定し，疑わしきは有利になるようにという態度をとるべきだと主張している。

Reganは，彼の権利思想が功利主義に反対であるとはっきりと提起している。彼は，功利主義者たちが，一部の生物が他者にとってよい影響をもたらすために傷つけられることは道徳的に受け入れられると考えている点で，根本的に間違っていると主張している。それどころか，「社会にとっての善という名目で，個々に対する非礼な扱いを認めることは，権利の思想では断じて許されることはない」と論じている（Regan, 1985, p.22）。このため，功利主義と権利思想は，一部の場合においてやり方が異なるが，実は原理も異なっているのである。Regan（2007, p.210）は，例えば動物実験と商業的な畜産について以下のように述べている。

> 権利思想の考えでは断固として廃止論を主張する。実験動物は私たちの毒味役ではない。また，私たちは彼らの絶対君主ではない。実験動物は組織的かつ日常的に，その価値は他者への有用性に還元できるかのごとく軽視されて扱われ，権利が侵害されている。…（中略）…商業的な畜産についても，権利思想の考えからは同じく廃止論を唱える。ここでの根本的な道徳的誤りは，動物たちがストレスの多い場所に閉じ込められたり，隔離されて飼育されること，痛みや苦しみ，彼らの要求や選択が無視されたり，減らされることではない。これらは誤りではあるが，根本的な悪ではない。商業的な畜産は，動物たちに個々の価値などなく，私たちにとっての資源であり，いくらでも替えのきく資源にすぎないという見方をし，取り扱うことを許してしまっている。これはより深い組織的な悪のしるしであり，結果なのである。

時には功利主義者と権利論者の判断が，動物実験や集約畜産の特定の場合に一致することもあるだろう。現在行われている一部の動物実験と，多くの集約畜産は絶えず両者から非難されるだろう。しかし，それらの判断のもとになる理由は異なる。功利主義者はまず，利益がコストに勝るとは見られない場合における苦痛や欲求不満に懸念を示す。一方で権利論者は，よい効果が得られるかどうかに関わらず，動物に内在する価値を尊重せず，動物の権利を侵害することを憂慮する。例えば，功利主義では動物が生き続けることの利益は，将来代わりとなる動物と動物生産による人間の利益の組み合わさった利益より大きいかもしれないと考える。しかし，このような功利主義の考え方は，権利思想の点からは，倫理的に嫌悪すべきものである。そのため，権利思想は廃止論的であり，一方功

利主義者は道徳的に許されるかどうかという考えに至る前に，動物の苦痛を含む実践についてその利益について尋ねるだろう。

Reganの権利思想では，殺すことは（痛みがなく別の生物が創造される場合でも），動物を害することにあるとしている。Regan (1984) は，動物を殺すことは「奪うこと」によって害することであると述べ，殺される動物はたとえその死が突然で予期せぬものだとしても，残りの一生に得られたであろうすべてのものを奪われることになるとした。確かに，生活を経験する主体を殺すことは，完全な動物に内在する固有の価値を損ない，その権利を侵すことによって最大の軽視を示すことであるといえる。

Reganの提示するような動物の権利思想は功利主義の妥当な代替となるが，それ自体が困難な問題を引き起こす。ひとつの問題は，権利の対立にどのように対処するかである。例えば，すべてのネズミの権利の尊重と，人間の健康や福祉の確保を両立させることは難しいかもしれない。もしこれらの「害獣」が「管理」されなければ，ネズミが私たちの食物を食べたり，病気をまん延させることで，脅威を引き起こすかもしれない。それは私たちとネズミのどちらの命を尊重するかということのようである。権利思想では，これについてどんな見解を述べるのだろうか？

Reganは疑いなく，私たちは自己防衛の権利があると考えている。例えば，もし私がクマに襲われたなら，これは「自分の命かクマの命か」という場合なので，私はクマを殺すかもしれない。また，もっと組織的かつ効率的に私たちの食物供給からネズミを引き離すことで，食物や病気に関する対立を避ける手段はいくつもあるだろうと提言するかもしれない。しかし，もしネズミによる人間の基本資源への脅威によって私たちの生活が本当に危険にさらされるなら，権利思想であっても，一種の自己防衛として彼らを殺すことは道徳的に許される可能性がある。

人間と動物は時折資源に対して「対立」するかもしれないが，人間が意図的に特に好みとする動物に資源を「分け与える」場合もある。一部の動物は，家族の一員として私たちとともに生活している。アメリカの家庭の1/3以上が1頭以上のイヌを飼い，約1/3の家庭が1頭以上のネコを飼っている（AVMA, 2007）。権利思想は，ペットに関してはどのような立場をとるのだろうか？

実は，この質問に対しては異なる答えが存在する。動物の権利思想支持者の一部は，Gray Francione (2000) のように，ペットを飼うことはペットが人の所有物であるという考えによるものと主張する。権利を持つ生物は，最も根本的に人の所有物として扱われるべきではないため，私たちはペットを飼うべきではないとする。しかしReganの説明では，少なくとも原理上は，その権利を侵害せずに人がペット（ここでは「伴侶動物」と呼ぶ方がよいだろう）と暮らすことは妥当であるとしている。というのも，動物に内在する固有の価値を尊重しながら一緒に暮らすことはできるため，ペットは必ずしも一緒に生活している人にとって「単なる道具」として扱われているわけではない。

しかし実際は，ペットを飼うことは権利思想に対して多くの疑問を投げかける。ペットとして飼われる動物は，しばしば彼らの意思や利益に反して閉じ込められる。繁殖を実践することは動物の自由を侵害し，一部の純血種では（たとえ形や大きさがとても人々に魅力的であろうとも）健康な生活を送ることができない動物を生み出す。避妊や去勢手術は，動物の性的および繁殖における自由を妨害し，この観点は，権

利の侵害をもたらす可能性がある（私たちはきっと人間の場合でこれを考えるだろうが，動物にとってこれらの自由にどういった意味があるのか知ることはとても難しい）。多くのペットは，他の動物の権利を侵害してつくられた肉食獣用の食事を与えられている（すべてのペットが全面的に菜食主義の食事で元気に過ごせるかどうかは，分かっていない）。一部のペット，特にネコの放浪する自由を許せば，野生動物に被害をもたらすかもしれない。これは個々の野生動物の権利の侵害という直接的な問題を掲げるわけではないが（以下で示すように，ネコは道徳的主体ではないため），少なくともペットを飼う人は間接的に，ペットの捕食に対して責任があることを否定するのは難しい。さらに，権利思想の観点では，ネコを室内に閉じ込めることが，ネコの自由に対する権利を奪うといえるかもしれない。これらの理由によって，Reganのような権利思想はペットの飼育者を必ずしも原則として非難はしないが，多くの一般的なペット飼育とはあまり調和するものではないだろう。

また，権利思想では，自己防衛を認め，原則として私たちが動物とともに生活することを認めるが，あくまでも動物の権利が十分に考慮される限りにおいてである。それでは，私たちに対して脅威を与えるわけでも，私たちの家に住むわけでもない野生動物は，私たちとは無関係に生活を送ることができるのだろうか？ 彼らに対する私たちの義務とは何なのだろうか？ この問題はしばしば権利思想にとって（また功利主義の観点にとってはなおさら）問題となると考えられている。例えば権利思想では，人間が野生動物の捕食者に対して野生動物の権利を守るべきということを意味するのか？ 功利主義者は，野生動物の苦しみを最小限にするために，嵐や山火事の場合の野生動物救護サービスを促進するべきなのだろうか？

Regan（1984）は，他の動物からの脅威に対抗して動物を守る義務はないと主張する。なぜなら，権利は道徳的主体，つまり権利を認識し尊重できる存在にのみあるからだと，述べている。アンテロープはライオンに対する権利を持っていない，なぜならライオンは道徳的主体ではないためで，ライオンは彼らの権利を脅かさない。そのため，人間はライオンからアンテロープを守るために行動する必要はない（人は道徳的主体であり，彼らの権利を脅かすため，人は他の人からアンテロープを守るべきではある）。Reganの思想では，少なくとも野生動物の権利に基づけば，人間は彼らを救護する義務を持っていないとしている。Reganは，権利は動物に，道徳的主体による特定の種類の「妨害」（痛みを負わせること，自由を抑制すること）からの保護を提供していると主張する。これは，道徳的主体によって危害が加わらなかった場合，人間が補助する義務があることを意味していない。

一方，功利主義者は，原因に関わらず苦しみや欲求不満を最小限にすることに関心があるため，この問題はさらに難しい。功利主義においてこの問題は野外におけるなすべき義務であるかのように聞こえる。ある功利主義者は，野生動物の苦しみを軽減するよう野外で実行することは，自然のシステムを乱すかもしれず，放置した場合よりも，時を経てさらなる苦しみを引き起こす可能性があると主張する。しかし，どちらの考え方も，ここで問題にならないとはいえない。Reganの権利思想は，どんな種類の援助についても（遠くで苦しんでいる人々に対するものも含めて）あまりに関与がなさすぎる。一方，功利主義者の観点では，人間が野生動物に対してとる行動が多くなりすぎることを示唆しているかもしれない。

これまでをまとめると，人と動物の関係は功利主義者と権利論者に純粋な道徳的不一致があるが，両者が一致する点もある。例えば，両者とも道徳的な決定をする時に最も重要なのは，(たとえどの能力が実際に関係しているかという点については異なっているにも関わらず)個々の動物の能力であるとする。どのように行動するかを決めるために，私たちは次のような質問をする必要がある。その生物は痛みを感じる能力を持っているのか？ その生物は生活の主体として経験することに関する能力を持っているか？ もしその答えが肯定であるならば(功利主義の場合，私たちの行動が及ぼし得る影響についていくつかの考えを持っているが)，私たちは何をするべきかということについて，ほぼ完全なマニュアルを持っている。しかし，私たちがこれから考えようとする文脈的アプローチでは，能力重視のアプローチは狭すぎて，私たちの動物に対する倫理的義務に関連する他の様々で重要な要素を無視していることになる。

● 1.2.4 文脈的アプローチ

いくつかの異なる見解は，動物倫理に対する「文脈的アプローチ」として，まとめて捉えることができるだろう。これらの見解は，動物の能力が道徳的判断と無関係ではなく非常に重要かもしれないが，私たちが何をするべきかについての包括的な指示を与えるのに十分ではない，という考えであることが共通している。文脈的アプローチを支持する者は，功利主義や権利思想について，以下のようなことを主張する。例えば，功利主義や権利思想において焦点が当たる動物の能力は，非常に狭い範囲でしか理解できていない。また，功利主義や権利思想は，人間と動物との間にある様々な関係をあまり重視せず，共感性のような人の感情に対して相当の余地を与えない。この考え方では，人間が特定の動物に対して事前の関わりに応じて持つかもしれない特別な義務についての議論が少ない。以下に私たちは，そのような文脈的アプローチを2つ検討する。

ある種の文脈的アプローチは，動物を含む他者と私たちのすべての関わりにおける，同情(sympathy)，共感(empathy)，ケア(care)のような，時に道徳的感情と呼ばれるものの役割を強調する。この観点は，ケアの哲学者である Nel Noddings (1984, p.149) が主張するように，動物(および人間)の苦しみに応答することを疑いなく含むが，功利主義や権利思想とはやや異なる解釈をする。

> 痛みは広い範囲で種の境界を越える。生物がもだえ苦しんだり，うめき声をあげていたり，狂おしくあえいでいたら，私たちはその痛みの表出に反応して，同情的な心のうずきを感じる。この感情や痛みは，私たちのなかにある感情を呼び起こし，「何かしなければ」と思わせるような感情転移が起こる。「私は何かすべきだ」という感情は，「私はこれをすべきではない」という否定的な形でも存在するかもしれない。痛みを防ぎたい，解消したい，という欲求は，ケアすることの本質的な要素であり，それを無視したり，逆らって行動するための合理的な説明を捏造したりすることは，自身の倫理に背くことになる。

「ケアの倫理」によると，動物に苦痛を与えることが悪いのは，苦痛が増す(功利主義)とか，権利を侵害する(動物の権利思想)といったことが主な問題ではなく，ケアの欠如や，関与する人に不適切な情緒的反応を引き起こすことが問題となる。この考えは，権利論者あるいは功利主義者の観点から簡単に利用ができない

異なる文脈において，動物が負っているものを区別するための根拠を与える。そのため，例えば人は彼らのペットと深い情緒的な関係を発展させ，特定の動物の福祉の状態（well-being）に敏感になる。人は自分のペットのことを大事に思って世話をするため，外的な脅威からペットを守り，獣医療による治療や食事を与え，ペットを家族の一員だと理解していることが多い。しかし，この情緒的な親密さは，普通は野生動物までは及ばず，ケアによる結びつきや同情は自身のペットに比べずっと弱い。つまりこのようなことから，同じような能力を持つ2頭の動物がいたとしても，これらの動物と人間の情緒的関係が異なれば，倫理的責任も異なるだろう。

　この種のケアの倫理は，人間の場合でも動物の場合と同じように議論を呼ぶ。批評家たちは，この思想によれば，人間は動物を個人的に知らない，あるいは彼らと思いやる関係をつくっていないことを理由に，遠くにいる見知らぬ存在に対し（それがヒトである場合とヒト以外である場合の両方で）まったく，あるいはほとんど義務を持たないということを示唆すると指摘している。動物側から見ると，私たちは動物がと畜場へ向かうところに遭遇しないようにする限り，どんな倫理的懸念もなく動物を食べることができるということになる。多くのケア倫理学者はこの結論に不満であり，最近では，私たちは遭遇したことがない相手の苦しみに対して同情を感じることができ，その同情は遠く離れた場所にいる動物を含む見知らぬ存在に対しても示され得るということを主張している。これは，親密な相手に対するほどの私たちの義務の強さは引き起こさないかもしれないが，遠くで苦しむ存在はケアの反応や同情を引き起こすため，なお道徳上の懸念であるとする。

　しかし，別の文脈的なアプローチは，人間の「感情」から人間の「関係」に焦点を移し，「関係」は特定の動物に対する人間の情緒的反応以上のものを含むと解釈する。このアプローチでは，例えば人間は野生動物に対して，家畜に対するのとは大きく異なる関係があり，そのために異なる道徳的な義務を持っているとされる。異なる人間の情緒的反応は，一定の役割を果たしているかもしれないが，これは主にそれらの反応のせいとはいえない。むしろ，人間は家畜に対しては野生動物と異なりその存在に責任があること，さらに選抜育種を通じ，家畜の性質（野生動物とは異なり，依存的で脆弱な性質であることが多い）に対しても責任があるためである。私たちは，依存的で脆弱なヒトの子どもについて，その親に子どもを守り，必要なものを与える特別な責任があると考える。この観点では，動物にも同じ推論が適用され得る。また，繁殖や飼育を通じた依存と脆弱さの創造とともに，人間の他の行動は一部の動物への特別な義務も生み出す。例えば，ある動物の集団が人間の開発によって移動させられ，また生き残りをかけて必死にもがいているとする。人間はこれらの動物たちを害し，彼らの脆弱さを増加させてきたため，彼らを助けるべき「特別な義務」がある。この種の特別な義務は，例えば自然に起きた干ばつや大雪のせいでもがいている動物に対しては存在しないであろう。まとめると，この関係性によるアプローチは，ある特定の文脈においてどんな義務があり得るかについて判断する前に，特に人間と特定の動物の相互作用や，その状況に対して原因となる責任といった，様々な異なる要因を考慮する。

　この考え方では解決が困難な状況が存在する。ひとつは，どのような因果関係が働いているとするのかに関するものである。例えば，売ることができない子猫を誰かが捨てるとする。もし私がこの子猫に出会ったら，私には子猫を

助けるべき個人的責任があるのだろうか？　子猫は人によって生ませられ，捨てられた。しかしこの思想において，私は他の人によって与えられた子猫の苦しみのすべてに責任があるのだろうか？　もし動物と人間との関係が，この思想が示唆する意味において道徳的に重要であると考えられるならば，他者の行為や，偶然メンバーであるというだけの集団による行為に対して，個人あるいは全体の道徳的責任を通じてどのように考えるかということの複雑な説明が必要である。

そのため，文脈的アプローチでは特定の能力（痛みを感じる能力のような）を持つことが，道徳的地位の根拠となるということを認めている。しかし，功利主義者や権利思想の見解と違い，人間はとる行動を決める前に，これ以上のことを知る必要があるということを彼らは支持する。しかし，功利主義，権利思想，文脈的アプローチには，ひとつの共通点がある。それは，動物を個として扱うということだ。私たちが動物をどう扱うべきかという点の基準は，個々の動物の能力であり，個々の動物に対する私たちの関係であるとする。ただし，別のアプローチでは，個々の動物から，「自然」とみなされるものや，特に野生の「種」のように自然と認識されている集団について関心を持ち，それらを守ることへと焦点を移している。

● **1.2.5　自然の尊重**

動物への道徳的な懸念は，必ずしも特定の個体の苦しみや権利，あるいは状態などに基づくわけではない。また，種の絶滅について述べられることもよくある。実際に，植物や昆虫の種の絶滅を含めることもある。そうなると，苦痛や権利を持つかということは問題ではない。ここで心配されることは，特定の自然な「形」，つまり種の喪失についてであり，種はそれぞれの種のメンバーとしての個体のなかに示される。ここでは動物の価値が個々の能力ではなく，貴重な種のメンバーであることによって認められる。

一部の種は人々にとって明らかに，あるいは潜在的に有用であり（例：医学的研究のための資源），また象徴としての高い価値を持つ種もあるが（ホッキョクグマなど），ここで問われていることがすべてではない。一部の倫理学者は，「種」自体に価値があるために守られるべきだと主張する（絶滅およびある種の遺伝的完全性に手を加えることの両方から）。この種の価値（Rolston〈1989, pp.252〜255〉が以下に述べるような）は，今まで考察してきた「個別主義的」考えの範囲を飛び出すものであるため，そういった考えの支持者からは拒絶される。例えば，Rolston は以下のような例を示している。

> 私たちが集団に対する義務を持ち得る，という考えに賛同できない者も多いだろう。…（中略）…Singer は，「種全体は自意識のある存在ではないため，その種の個々の動物の関心以上の意味は持たない」と主張している。Regan も，「権利の考えは個体の道徳的権利についてのひとつの考え方で，種は個体ではなく，権利の考えでは，生存をはじめとする何らかの道徳的権利を種について認識することはない」と主張している。…（中略）…しかし「種」への義務は，階層やカテゴリーに対する義務でも，感覚的な利害関係の集合体に対する義務でもなく，生命の持続性への義務である。種についての倫理では，その種が個々の利害や感覚性に比べていかに大きい事象なのかを見る必要がある。これをより明確にすることで，種が持続すべきであることが確信され得る。…（中略）…このように考えると，個体の生命とはその個体が内在的に所有しているものであると同時に，そ

> の個体を通り抜けるものでもある。個体は種に従属するものであり、その逆は成り立たない。遺伝子のセットは、そこにテロス（訳注：telos はギリシャ語で「目的」を意味する。動物や植物は、自分自身のなかに、実現すべき目的を持つという考え）がコードされているわけだが、個体の「所有物」でもあることは明らかである。…（中略）…ある生命の形を守ること、死を阻止すること、ある規範的な個性を長期にわたり維持するための再生すべてが、個体だけでなく種についてもある。ではそのレベルで生じる義務を妨げるものは何だろうか？　生存のための適切な単位こそが、道徳的関心の適切なレベルである。

　Rolston の考えでは、種の絶滅が単に人間や動物の福祉の影響のためだけではなく、それ自身が悪であり嘆かわしいことであるとする。もしシロナガスクジラが絶滅状態にあれば、これは動物福祉の問題ではない。例えば個々のクジラは、絶滅することで苦しむことはない。Rolston は、人間が後悔すると思われる種の喪失を悪いと述べるのは、物事の正しい順序に逆行するとしている。それよりも、人間は種を守るべき義務を持っている（彼らの損失を後悔する）ことも、種はそれ自体価値があるものだからである、とする。これはなぜか？　Rolston は、種は本来、生きている個体のように、生命をつなぐ存在なのであると主張する。種は他の生きている個体と同じように生まれ、自身を再生し、最後には死ぬ。彼の主張をさらに少し進めると、種はそのメンバーとは異なる関心を持っていると考えることさえできる。そのため、私たちは特定の種の残るすべての個体を飼育下繁殖のために動物園で飼育することができるかもしれない。このことは、それらすべての個体に福祉上の問題を引き起こすかもしれないが、種にとってはよいことなのかもしれない。その結果、種の存続と将来の繁栄につながるかもしれない。

　もしこの思想の焦点が自然、特に自然の種の尊重であるなら、そのような思想を持つ人たちは、家畜化された動物についてはどう考えるのだろうか？　家畜の遺伝子構成は無数の世代による影響を受け、形作られてきている。さらに最近では、少なくとも一部のケースで人間によって管理されている。このような方法でつくられた動物たちは、Rolston が述べている意味での「自然な」種のメンバーではない。実際、多くの家畜の個体は、人為的な環境から自然な環境へ連れ出されると、生活が極度に困難となるだろう。私たちは、そのような動物たちのことを、自然であるとともに人為的であると説明するかもしれない。

　この理由から、一部の環境倫理学者は、家畜を野生動物よりも価値の低い生物とみなす。環境倫理学者の J. Baird Callicott（1980, p.53）は家畜について、「生きている人工物であり、生態系に対する人間の働きの延長のひとつをなしている」と主張している。野生動物と違って、家畜は「従順で扱いやすく、馬鹿で依存的である」ように繁殖されている。実際、家畜は野生の自然らしさの価値を欠いているだけでなく、生息地を広げてはびこることによって、種の尊重が必要な生物に対して脅威を与えている。

　この種の考えに対するひとつの反論として、この立場の基礎となる野生か家畜かの区分は、それほどはっきりさせることはできないという主張がなされてきた。家畜はまだ野生動物と関係があり、実際にヨーロッパでは一度絶滅したオーロックス（aurochs、訳注：ウシの祖先種）のような野生動物種を自然な景観に戻すことを目指して、現在一部の動物が「再野生化（de-domestication）」のために戻し交雑されている。リスのような一部の「野生」（誰も飼いな

らそうとしなかったという意味での野生）動物は，世代を越えて人間の近くで進化してきた。現在，最も野生的な動物種でさえも，農業の拡大や気候変化などの人間の影響によって変化させられる傾向にある。こういった影響は，将来的には増大するだけだろう。Stephen Budiansky（1999）のようなこの考えに立つ別の評論家は，家畜化は Callicott の考え方よりもずっと肯定的にみなされるべきであると主張する。それはつまり，人間と動物種自体の両者にとって有益な契約（win-win）であるとしている。

ここでのさらなる懸念は，人間が動物の種を「変える」過程で使う方法に関するものかもしれない。「自然の尊重」の考えに立つ人は，野生動物の種を変えようとするすべての人間による試みを，道徳的に容認できないものであり，野生動物種の繁栄を脅かす人工物を生み出すと考えるかもしれない。しかし，人間が動物を変化させる一部の過程はより「自然な」ものであり，他の方法よりも道徳的に好ましいと主張する人々もいる。そのため，例えば農民によって何世紀にもわたり実行され時間をかけた選抜育種は，自然に起きたであろう変化を単に強調し，方向性を導いただけであると度々主張される。これらの伝統的実務は，遺伝子組み換えや集中的な選抜育種プログラムといった，人間の目的に適合するよう動物が変化させられる，激しい変化を伴う現代の動物に関する「工学」とはかなり異なることが主張されている。この考え方は，伝統的な意味での選抜育種と家畜化は比較的自然であるため道徳的に許されるが，一方で遺伝子組み換えや集中的な選抜育種プログラムは不自然で道徳的に許されないと理解されている。

これまでみてきた他の 4 つの思想と同じように，自然の尊重に基づく思想は広く検証されてきた。ひとつの問題は，人間も自然の一部であり，自然と複雑に関係しているという現状をかんがみると，何が自然で何が自然ではないのかを判断することが難しいということである。また別の問題として，私たちはなぜ自然が特別な価値を持っていると考えるべきなのかという理由に対する疑問が示される。例えば，もし遺伝子組み換えのような高度に人為的な過程が，痛みを伴う病気に対する動物の耐性を生み出すことができたとする。動物福祉を中心とする観点からは，そのような過程が動物の苦しみを減らすことができることは，道徳的に望ましいように思えるだろう。こうして私たちは，動物倫理に対する大きく異なるアプローチが，動物をどのように扱うべきかに関する実に広く様々な考え方を生み出し得る，ということを知ることになるのである。

1.3 思想の結合と意思決定

本章で，私たちは動物倫理に対して多くの異なったアプローチの要点を述べてきた。それらは，契約主義，功利主義，動物の権利，文脈的アプローチ，自然の尊重に関する思想である。これらの異なるアプローチは，本章のはじめに掲げた質問，「動物は単独で道徳的地位を持つのか？　もし持つのならば，私たちは動物に対してどのような義務を持つのか？」に対する様々な答えをきっと与えるだろう。私たちは，これらのアプローチのうちのひとつを（あるいはいくつかの他のアプローチをまとめて）選び，それ以外のものをすべて拒否しなければならないのか？　あるいは，異なるアプローチの魅力的な要素を組み合わせて，ある種の「混合（hybrid）思想」をつくる方法があるのだろうか？

一部の混合思想は妥当だと思われる。種の絶滅について道徳的な懸念を持ちながら，その種

の個体の福祉の状態は道徳的に重要だと考えることは完全に可能である。

また，種の保全と個別主義の思想は，両方ともよく同じ政策を推奨する。つまり，種を守ることは通常，その種の個体を守ることである。しかし時に，これら2つの価値は分離することがある。例えば絶滅危惧種を守る場合，その動物種の天敵となる動物が殺されなければならないだろう。この種の葛藤の場合，混合する思想を持つ者は，どちらの倫理的アプローチを優先させるかを決定しなければならないだろう。

別の混合思想のタイプとして，権利を支持する思想と，ある種の文脈的アプローチの思想の要素を組み合わせている場合もある。例えば，動物の能力は基本的な権利の保護を与えると主張するかもしれない。これは私たちに，あらゆる動物に対する道徳的責任のすべてを伝えないかもしれないが，ペットなどの特定の動物との関係のために，（権利思想のように）すべての一般的な動物に対してではなく，少数の動物に対してだけ特別な責務を追加で負うことになることを説明する。

異なるアプローチが対立しそうな状況で，特にひとつの思想が「基準」または優先権を与えられているものとすれば，思想を混合する根拠が多くあるようにみえる。しかし，すべての思想がよりうまく組み合わされるわけではない。最善の結果のための功利主義者の目標はよい結果を導くにも関わらず，私たちが決してとるべきでない行動があるとする権利論者の主張との間には大きな溝が存在する。しかしここにも，ある種の混合思想がうまく働くかもしれない。例えば，どれほど有益な結果をもたらす可能性があるとしても，動物に持続的な強い苦痛を経験させ得る一部の行為は，決して行うべきではないと主張されるかもしれない。しかし，この混合思想は，私たちがこれらの完全に容認でき

ない行動を慎む限り，功利主義者と同じような論理的思考ができるだろう。例えば，厳しく容赦ない痛みは決して与えるべきではないが，十分によい結果が後に続くのであれば，痛みなく動物を殺すこと，動物に軽い苦痛や不快を引き起こすことは許されるかもしれない。

1.4 結論

- 動物に関係する倫理的な決定をすることは，問題をはらみ，大いに論争があり，論理的な議論が要求される。また，多くの競合する思想が存在する。私たちは本章で5つの主要な思想の概要を述べた。

- 契約主義的思想は，人間の利益だけを考える。個々の人は，関係する個人と，他の協働する人間にとって利益を与える，人間のみの道徳的契約に属している。

- 功利主義的思想によると，私たちは単に関係するすべての人間の利益だけを考えるのではなく，関係する感受性を持つすべての生物の利益も考慮するべきとする。目的は感受性を持つ生物の利益を最大にすることで，不快に対する快の最善のバランスを生み出すことであるべきである。

- 動物の権利思想では，知覚を持ち高度な認知能力を持つ動物は，生きる権利，自由を持つ権利，敬意をもって扱われる権利を持つ。個体の権利は，他者の利益のために無視されてはならない。

- 文脈的アプローチでは，動物の能力と同じように，様々な他の要因が道徳的に重要となる。これらには，人間と動物の感情的な絆

や，人間が特定の動物に対して持つ特別な責任を含んでいる。

- 自然の尊重の思想では，自然な種の保護，遺伝的完全性や一部の自然の過程が，道徳的意義を持つと考えられ，動物はそれぞれの種の象徴として価値がある。

- 動物倫理に対するこれらの異なった理論的アプローチは，厳格で妥協しないものと理解するべきではない。例えば，これらの思想のひとつを別の思想と組み合わせる方法がある。

- これらのアプローチは，人間による動物の扱いについて，動物の苦痛，動物の道具化，動物の脆弱さと依存性，動物の自然な形といった，倫理的に問題となり得る点の異なる側面のそれぞれに焦点を当てる，様々なレンズのように考えることができるかもしれない。

謝辞

私たちは，本書初版の本章の共著者であった Roger Crisp と Nils Holtug の努力に感謝したい。また，本章の草稿に助言をくれた Mike Appleby と Anna Olsson にも感謝したい。

参考文献

AVMA (American Veterinary Medical Association) (2007) U.S. pet ownership 2007. Available at: http://www.avma.org/reference/marketstats/ownership.asp (accessed 13 December 2010).

Bentham, J. ([1789] 1989) A utilitarian view. In: Regan, T. and Singer, P. (eds) *Animal Rights and Human Obligations*. Prentice Hall, Englewood Cliffs, New Jersey, pp. 25-26.

Budiansky, S. (1999) *The Covenant of the Wild*. Yale University Press, New Haven, Connecticut.

Callicott, J. B. (1980) Animal liberation: a triangular affair. *Environmental Ethics* 2, 311-338.

Francione, G. (2000) *Introduction to Animal Rights: Your Child or Your Dog?* Temple University Press, Philadelphia, Pennsylvania.

Lockwood, M. (1979) Singer on killing and the preference for life. *Inquiry* 22, 157-171.

Narveson, J. (1983) Animal rights revisited. In: Miller, H.B. and Williams, W.H. (eds) *Ethics and Animals*. Humana Press, Clifton, New Jersey, pp. 45-60.

Noddings, N. (1984) *Caring*. University of California Press, Berkeley, California.

Rachels, J. (1993) *The Elements of Moral Philosophy*, 2nd edn. McGraw Hill, New York.

Regan, T. (1984) *The Case for Animal Rights*. Routledge, London.

Regan, T. (1985) The case for animal rights. In: Singer, P. (ed.) *In Defense of Animals*. Blackwell, Oxford, pp. 13-26.

Regan, T. (2007) The case for animal rights. In: Lafollette, H. (ed.) *Ethics in Practice*, 3rd edn. Blackwell, Malden, Massachusetts, pp. 205-211.

Rolston, H. (1989) *Environmental Ethics: Duties To and Values In the Natural World*. Temple University Press, Philadelphia, Pennsylvania.

Singer, P. (1979) Killing humans and killing animals. *Inquiry* 22, 145-156.

Singer, P. (1989) All animals are equal. In: Regan, T. and Singer, P. (eds) *Animal Rights and Human Obligations*. Prentice Hall, Englewood Cliffs, New Jersey, pp. 148-162.

Singer, P. (1999) *Practical Ethics*, 2nd edn. Cambridge University Press, Cambridge, UK.

I 論点

第2章
動物福祉を理解する

概要

本章では，動物福祉への科学的アプローチに関連して生じる主要な問題のうちのいくつかを紹介する（詳しくは他章で述べる）。動物福祉に関する人々の意見の不一致は，実際の動物福祉についての科学的質問と，私たちが動物をどのように扱い，気遣うべきかということについての倫理的質問とを同時に扱うことに起因する。これらの倫理的な質問は扱わないが，動物福祉とは何か，それをどのように評価するのかを理解するために過去にとられてきた異なるアプローチ，および動物福祉の科学に焦点を当てる。また，私たちは大まかな動物福祉の歴史を示し，動物福祉の科学の発展に関わったいくつかの重要な出来事に触れることで，動物福祉を社会的文脈のなかに置く。また，動物の福祉と健康，および動物福祉と自然な行動の関係について議論する。これらの関係は言うまでもなく明らかに見え，これらのアプローチに基づく福祉の評価は同じ結論を導くことが多いが，通常は配慮されない多くの事柄がある。例えば，良好な健康を定義することや，異なるタイプの疾患，症状，損傷によって動物が経験する苦しみの程度を比較することがどれほど難しいかといったことが含まれる。さらに，たとえ自然状態における動物の生存に寄与するために行動が進化したとしても，自然な行動のすべてが望ましいものではない。結局私たちの動物福祉への懸念は，動物が感受性を持つ（感じる能力を持つ）という事実に起因するため，感情は動物福祉の重要な部分，おそらく中心的な部分を担うだろうということを主張する。

▶ 2.1 はじめに

多くの人々は，動物がどのように扱われるべきなのかという問題に対し強い考えを持っているが，問題の複雑さを正しく理解していない。動物福祉と動物保護の分野は複雑であるが，実際は科学と社会が出合う他の分野に比べて理解することが難しいわけではない。しかし，議論は感情的になりやすいかもしれない。「動物福祉」という用語は広く一般的に使われており，メディア，社会，政策，経済，貿易，食料生産，社会が動物を守るために「すべき」ことに関する議論において，しばしば漠然と使われる。しかし，本章は動物福祉の科学を理解することに焦点を当てるため，「動物福祉」という用語を動物福祉の科学の意味で用いる。

「動物福祉」という言葉は，科学的な使用では人間が動物に対して配慮すべき倫理的義務よりも，動物の実際の状態に対して用いられる。このように，私たちは「福祉は動物の特徴であり，動物に対して与えられているものではない」（Broom, 1996），また，「動物福祉という用語は，個々の動物によって経験されるような動物の生活の質を表している」（Brackeら，1999）と考える。そのため，例えば，野生動物に対して人々の責任がなく，その動物の世話をすべき倫理的義務を持たないとしても，野生動

物が病気または栄養失調で苦しんでいる場合は，低い福祉の状態だと言うことができる。

動物福祉の科学的概念は，依然として発展途上である。これは，私たちが動物を扱う方法に関する倫理的な懸念に対処するための研究者たちによる試みから生じた。したがって，動物福祉の概念を理解するためには，人々が動物に抱いている懸念や関心を理解する必要がある。David Fraserと彼の同僚たち（Fraserら，1997；Fraser, 2008）は，人々が持つ最も重要な懸念を明らかにするために，産業動物の福祉に関する一般的な意見について調査している。現代の飼育システムが動物福祉に対する影響について，典型的な3つのタイプの質問がある。それらは，①動物は幸せか，あるいは痛みやその他の不快な感情で苦しんでいるか？（動物の感情すなわち情動についての懸念），②動物は健康で，生産的であるか？（動物の生物学的機能に関する能力についての懸念），③動物が正常行動を行うことができ，ある程度自然な生活を送ることができるか？（動物の生活の自然さについての懸念）である。動物福祉のこれらの側面は通常，公式な定義に含まれている。例えば，世界動物保健機関（OIE，国際獣疫事務局）は，もし動物が「健康で，快適で，十分な栄養を与えられ，安全で，生得的な行動を発現できており，なおかつ，痛み，恐怖，苦痛のような好ましくない状態に苦しんでいない」のであれば，その動物の福祉は良好であると定義している（OIE, 2010）。これらの側面は産業動物にとって重要なだけでなく，動物園動物，実験動物，伴侶動物の福祉についての懸念の大部分をも網羅している。これらについては，後の2.3～2.5節でさらに詳しく考察する。

動物福祉に関する様々な議論を読んでいくと，その定義にほとんど一致が見られないという印象を持つことが多いだろう（Keeling, 2004）。動物福祉に関する人々の意見の不一致の多くは，異なる利害関係者が，動物福祉の異なる側面を重要視するという事実から起こる。例えば，獣医師や農家は一般に疾患，損傷，成長率の悪さ，繁殖の問題などを重視する。動物を使用している医学研究者たちは，衛生的な状況と病気が発生しないことに専念する。対照的に，一般の人々の多くは，動物が痛み，恐怖，飢えのような不快な感情に苦しんでいるかどうかということに注目する。動物福祉に興味がある人々，特に有機製品の消費者にとって鍵となる懸念は，動物が比較的自然な生活を送ることができているか，その自然な行動を表現できているかどうかである。幸せで健康な動物を，おいしくて栄養のある畜産物と誤って結びつけている場合がある。これらの異なる観点はしばしば，一般に受け入れられる動物福祉の定義などないという印象を与える（図2.1）。

動物福祉は多面的であり，動物の健康，情動，行動と結びつくという認識は，基本的に動物福祉が良好あるいは不良な時の状態をリストアップするという動物福祉の定義につながる。そのような定義の一例として知られているのが，5つの自由（Five Freedoms）であり，良好な福祉を次のような自由，すなわち①飢餓と渇きからの自由，②物理的，熱の不快さからの自由，③苦痛，傷害または疾病からの自由，④恐怖および苦悩からの自由，⑤正常な行動ができる自由，と定義している（FAWC, 2009）。この定義は包括的であるという長所を持っているが，よい動物福祉のための機会と様々な異なる脅威との間での妥協（trade-off）につながるものが多い。例えば，産卵鶏を飼養する伝統的なバタリーケージは，ニワトリの巣作り行動の動機づけを妨げ，欲求不満を抱かせるため，正常行動を行う「自由」を奪うということが豊富な研究により示されている。非ケージシステム

図 2.1　部分を全体と勘違いすることの例
多くの読者はおそらく盲目の男たちとゾウのたとえ話になじみがあるだろう．ひとりは 1 本の足だけを感じゾウは 1 本の木のようだと話し，別のひとりは尾だけを感じそれは 1 本のロープのようだと信じている．これは何かの一部をもって全体だと勘違いしている人々の古典的な例である．動物福祉に関する議論の多くは，私たちは異なる側面に注目している異なるグループの人々が，動物福祉の多面性を完全に認識できていないのだということを示唆する
（画像引用：Miscellaneous Items in High Demand Collection,Prints & Photographs Division，アメリカ議会図書館　LC-USZ62-134246 より）

（監注：平飼いや多段式舎飼システム）や放牧（free-range）システムのような一部の代替システムでは，この行動をとることができるが，羽つつきやカニバリズム（cannibalism）のような，より不健康と損傷をもたらす有害な行動の増加に関係する傾向があり「苦痛，傷害，または疾病からの自由」を損ねることにつながる（Blokhuis ら，2007）．これらのことから「共通のものさし」となる動物福祉の概念がなければ，1 羽のニワトリの全体的な福祉が最もよく保護される時や場所を評価することはとても難しい．動物福祉への様々な異なる脅威を釣り合わせることを可能にする科学的な概念の欠如は，現在の動物福祉の科学における最も重大な弱点のひとつである．

しかし，よい動物福祉と考えていることに興味を持つ異なる関係者間での相違を過大評価してはいけない．実際には，動物福祉がよいのか悪いのかどうかについて現実生活での決定をしなければならない時，人々はある合意を達成することが可能である．例えば，Whay ら（2003）は，2 つの酪農場の乳牛の状態について様々な情報を示された時，どちらの農場がより高いレベルの福祉を保っているのかという点に関して，「専門家（獣医師，行動学者）」の間で多くの意見の一致を見出した．ほかにも，専門家協議の方法によって，福祉の良し悪しを構成するものについての合意がどのように達成されるかということを示す多くの事例がある（Anonymous, 2001；Hegelund, Sorenson, 2007；Leach ら，2008）．これらの結果は，適切な技術を持っている専門家であれば，どんな牧場でも動物や飼育環境，管理方法についての様々な情報を統合し，牧場の福祉のレベルにつ

 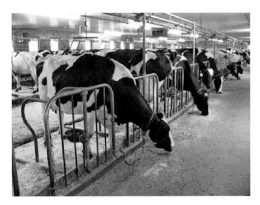

図 2.2　多くの現代の牧場に見られる明らかな「不自然さ」
写真のような「不自然さ」は，家畜の福祉について人々の心を乱してきたひとつの要因である。例えば，現代の酪農業を知らない多くの人々は，乳牛は屋外で飼われ，草を食べ，子牛と一緒にいるものと想定している。実際は，多くの先進国では生まれたばかりの乳牛の子と母は引き離され，多くの場合牧草地に出ることもなく屋内で飼われ，牧草ではなく穀物の飼料を食べている。そのような集約的な飼育システムに関連する福祉問題はあるが，屋外飼育に関連する福祉問題もある。動物の飼育方法の明白な「不自然さ」は，動物たちの福祉への影響についてほとんど情報を与えない

いて公正な合意を得ることができることを示している。そのような技術は，福祉の明白な定義がなかったとしても，動物福祉についての決断をする際に経験的な価値を持つ。すべての「専門家」が間違っている可能性は常にあるが，これは動物福祉の意味することについての意見の相違がある時よりも，情報の欠如がある時に最も頻繁に起こる。

2.2　動物福祉の簡単な歴史

　動物福祉への懸念は何も新しいことではない。ペットの飼い主，動物園の管理者，牧場主，獣医師は，世話している動物の状態を常に気にかけ，動物たちが健康できちんと養われていることを確実にしようとしてきた。よい健康がよい福祉に必須の要素であることは疑いようがない。しかし，「動物福祉の科学」として知られるようになってきた研究の領域は，一部の現代の畜産技術，特に集約畜産（図2.2），痛みを伴う実験を含む医学研究での動物使用の増加，動物自身にとってではなく人が動物を扱う際の利便性をより重視してデザインされた飼育環境に対する人々の懸念に大きく起因している。

　この最近の産業動物福祉への関心が生じた重要な出来事のひとつは，Ruth Harrison（1964）による『アニマル・マシーン〈Animal Machines〉（監注：翻訳書あり）』の出版である（図2.3）。この本は，過去数十年にわたって畜産現場で起こってきた多くの変化について述べている。それらの変化は，人々が一般的な畜産として思い描いている様子に反して，「不自然」と見られるものであった。この本は「工場的畜産」という言葉を導入し，集約畜産の実際，なかでも特に産卵鶏のバタリーケージ，ブタの分娩クレート，ヴィール子牛（監注：ヴィールとはイタリア料理やフランス料理の重要な牛肉食材である。子牛を体重150 kg位までミルクのみで育てるため，鉄分不足によりピンク色の牛肉となる）の飼養方法に焦点を当てた（図2.4）。これらの特定の畜産における問題は，研究と動物福祉法制の両方で特に多くを占める傾向となった。その少し後に，Peter Singer（1975），Tom Regan（1985）のような哲学者たちが，私たち自身の目的のために動物を搾取することに疑問を投げかけた。彼らが掲げた問

図2.3 「関心を持つ人々のひとり」
Ruth Harrison（『アニマル・マシーン』〈1964〉の著者）は科学者ではなかったが，動物の福祉に対する現代の畜産システムの影響について人々の増大する懸念を具体化させたことにより，動物福祉科学の発展の中心的役割を果たした。その研究の大きな部分として，人々の懸念への回答が含まれるという事実は，私たちが動物をどのように扱うかについて人々が抱く倫理的懸念に言及することなく，純粋に科学的に動物福祉を定義することはできないということを意味している。Ruth Harrison のよい伝記として，van de Weerd, Sandilands（2008）による論文がある
（画像引用：the library of Ruth Harrison より）

図2.4 ヴィール子牛のクレート（上），ブタの分娩クレート（中），産卵鶏のバタリーケージ（下）
これらの集約的な飼育システムは，産業動物の福祉への影響という点で最も注目を集めてきた課題となっている

題点，特に畜産や研究，そして動物が飼われている明らかに「不自然な」環境により動物にもたらされる苦しみの程度は，動物福祉の問題に対処するために様々な国が採用してきた法的ならびにその他の取り組みを決定してきた。

Ruth Harrison の著書への反応として，「集約畜産システムの下で飼育された動物の福祉についての調査」のため，イギリス政府により Brambell 委員会（Brambell Committee）が設立された。委員会が作成し，イギリス政府に提出されたレポート（いわゆる Brambell レポート）は，動物福祉に最も大きな影響を及ぼした文書のひとつである（Brambell Committee, 1965）。私たちはこのレポートから，委員会が動物の情動の問題や，これらの話題に関するセクションで健康と自然な行動について表明した部分を引用してきた。委員会によって検討された動物福祉に対して示された考え方，特定の問

題や懸念は，動物福祉とヨーロッパで取り入れられた動物福祉法制について行われた研究のテーマや性質に大きな影響を及ぼした。Brambellレポートの，特にヨーロッパにおける動物福祉に関する法的取り組みへの影響は，Veissieretら（2008）によってよく書かれている。

ヨーロッパの多くの国の政府が，特定の飼育方式の実施を禁止する法律を採用し，動物福祉に対する人々の懸念に対応してきた。スウェーデンとスイスの規制は，行動の剥奪の問題に対処し，許可されない飼育方式の詳細を決めたのが最も早く，おそらく最も顕著であった。例えば，スイス動物保護法（Swiss Federal Council, 1978, 1998改正）は，「動物の行動が妨げられない方法で飼われるべきである」と述べている。同様の動物福祉法がヨーロッパ各国で取り入れられ，その後の欧州連合（EU）法の基礎となった。1978年の「産業動物の保護に関する欧州協定」は，苦痛を避けること，飼育環境，栄養状態，管理システムが動物の「科学的知識に基づく生理的および行動的要求」（Council of Europe, 1978, p.15）に合致するべきことを保証する重要性に焦点を当てている。これら最後の要求事項，特に「行動的要求」への言及は，行動的要求とその種による違いのさらなる理解を目指す，多くの科学的研究を促進した。しかし，動物福祉の法律や公式の定義で，自然な行動に関連する概念に重要性が置かれることは，科学にとって問題を引き起こし得る。例えば，OIEの動物福祉の定義（OIE, 2010）は，「生得的な（innate）行動」に言及しているが，生得性（innateness）の科学的定義はない（Mameli, Bateson, 2006）。この点は，2.5節でさらに詳しく議論する。

EUで行われた調査では，動物福祉の問題が消費者の商品の購入決定に重要であることが示された（例：European Commission, 2007）。動物福祉は多くの国で生産物の品質の一部として受け入れられており（Blockhuisら，2008），消費者に対して生産物が動物福祉に配慮した方法によって生産されたことを保証しようとする「品質保証」制度の急増につながっている。最も早くに成功した独自の制度のひとつは，イギリスの王立動物虐待防止協会（RSPCA）のフリーダムフード（Freedom Foods）である。品質保証制度は，北アメリカにおいても産業動物の福祉問題に対処する最も一般的な方法となっている（Mench, 2008）が，制度の要求事項が実際どのように動物福祉と関係するのか検証できる方法はほとんどない。消費者は保証制度の発展における牽引役であり，少なくともヨーロッパの企業においては，動物を広い屋外のエリアで飼育することによって，福祉に対する一般の人々の認識を満足させようという動きが起こっている。しかし，動物を屋外で飼うことでよい福祉を保てるという保証はない。動物福祉へのそのような要求を検証するために，研究はますます，農場，輸送，と畜において，確実かつ実際に用いることのできる動物福祉の指標の正当性を評価することに向かっている。

さらに最近では，食物の国際化によって動物福祉の問題が現代の集約的な飼育システムに限られたことではなく，数百年とはいわなくとも，数十年にわたりほとんど変化していない伝統的な飼育システムでも起こるという意識の増加につながった。最近の国連食糧農業機関（Food and Agriculture Organization of the United Nations, FAO）の構想の一部は（2009），発展途上国での貧困を減らすひとつの方法として特に動物福祉の意識を向上させることを目指している。

動物福祉の科学は最初，動物がどのように扱われるべきかということへの関心から発展したが，これは50年経っても変わっていない。法

律の施行，認証制度の確認作業の一部として実際の現場で行われる動物福祉の評価や動物福祉の経済的側面については，以後の章でさらに詳しく取り上げる。このため本章では，動物の視点からの動物福祉の科学について議論することとする。

2.3 福祉と動物の主観的経験

前述したとおり，人間が動物に対して持つ倫理的な懸念は，動物が主観的経験を持つ能力，特に動物が痛みのほか，恐怖，退屈のような有害な精神状態で苦しむ能力を持つことの結果である。その結果，動物の感情すなわち情動を扱う科学的な方法の開発が，動物福祉の科学のなかで主要な役割を果たしてきた。Ruth Harrison（1964, p.3）が『アニマル・マシーン』のなかで産業動物の集約的な飼養実態を批判した時，Harrisonは動物の情動に注目していた。

> 今日，産業動物は，人間から様々なものを搾取されている。それは，すべての楽しみの略奪，ほぼすべての自然の本能に対する欲求不満などである。その結果，急性的な不快や退屈の発生，健康状態の悪化につながっている。このような状態になるまで搾取され，それが死ぬまで行われている。

1年後，Brambell委員会（1965）は，情動は福祉の重要な特徴であることを認めた。私たちは，委員会がその主張において実に遠くまで見通していたと考えている。

> 動物福祉は，動物の身体および精神の両方の健康を含む広い言葉である。そのため，動物福祉を評価しようとする試みは，動物の構造，機能，行動から得られる動物の情動に関する科学的証拠を考慮しなければならない。

動物自身の主観的すなわち情動的な経験と，それらの動物福祉にとっての重要性への関心は長い歴史を持つ（Preece, 2007）。1839年には，イングランドの獣医師で動物福祉への人道主義的アプローチをとったWilliam Youattが，19世紀のイングランドで観察した多くの動物の取り扱いについて批判した。そのリストは21世紀の読者にとって不思議なほど馴染みがあるものだろう。それらは，競走馬の早すぎる訓練開始時期，競馬の障害レース，新生子牛の輸送手段，ヴィール子牛の飼養，イヌの断尾や断耳，釣りでの生餌の使用，生きている動物の解剖などである。これらの批判をするにあたり，Youattは常に科学的な証拠を根拠としていた。例えば，と畜場の管理を語る時，動物を死なせるため放血する前に動物を気絶させる方法として，頚椎（首の）脱臼よりも頭を強打する方法を強く勧めている。彼は，頚椎脱臼部よりも下部は無感覚になるであろうけれども，脱臼部分より上にはおそらくいくらか感覚が残るため，福祉の低下につながるはずだとはっきりと説明している。Youattの言葉（1839, p.179）によると，「頭を強打することで，感覚の中心そのものに影響を与えることができる。つまり，私たちはすべての情動を壊滅することができる」としている。50年ほど後に，有名な生物学者でDarwinの弟子であったGeorge John Romanes（1884）が以下のように記述している。

> 喜びと痛みは，生物にとってそれぞれ有益あるいは有害な過程の主観的な付属物として進化してきたに違いない。そのため，生物があるものを求め，その他のものを避けるように進化した。

動物の感情すなわち情動の状態と，これらが動物福祉にどのように影響するかということに

対する，最近の飛びぬけた関心の高さは，特に情動が福祉において主要な役割を果たすことを提唱した Marian Dawkins と Ian Duncan の著書から来ている（例：Duncan, Dawkins, 1983）。さらに Duncan は，情動は福祉の要素として重要なだけでなく，唯一の問題となるかもしれないとも主張している（Duncan, 1996）。例えば，生物学的な要求に見合うだけ食べることのできない動物の場合を考えてみる。栄養素の不足は，動物の生物的機能を低下させる主な要因かもしれないが，福祉を低下させるのは，動物によるこの状態の主観的経験，つまり飢えの情動である。同じように，健康を損ない具合が悪いという基本的な状態と，福祉を低下させる具合が悪いという情動を二次的に経験することは，分けることが可能である。

動物が苦しんでいる時にだけ，動物の福祉が損なわれているとみなすことのひとつの利点は，これが動物福祉に対する異なる脅威に順番をつけるための共通のものさしとなることである。例えば，巣作りすることができない欲求不満は，他のニワトリから攻撃されることよりも，産卵鶏の福祉をより大きく低下させるかどうかという質問に，より苦しみを引き起こす原因を発見することで（理論的には）答えることができる。しかし，私たちの動物の取り扱いの結果，動物が苦しんでいないことが確実であれば，それで十分なのだろうか？　あるいは私たちは，動物に喜びを経験させるための機会を与えることを目指すべきなのか？　一部の研究者は，動物が特定の行動をすることができないことによる苦しみや，資源の欠如よりも，動物がある行動を行うことができること，価値のある資源を得ることにより得る喜びの程度こそが福祉を決定するため，これを共通のものさしとみなすべきだと主張している（Cabanac, 1992；Spruijt ら，2001）。

動物の感覚すなわち情動の重視に対してよく聞かれる批判は，これらが科学の領域を越えている，というものである。科学的な研究における本格的な情動の容認の突破口は，Donald Griffin（1975）の著書『動物に心があるか〈The Question of Animal Awareness〉』の出版であった。Ruth Harrison（1964）と Brambell 委員会（1965）に問われてきた質問の回答に苦しんでいた応用動物行動学者たちは，動物の感覚や情動を科学的に研究することが可能であることを認識しはじめた。今や動物の主観的感情の理解に科学的研究が適用できると広く受け入れられるようになってきており，最近の数多くの書籍や文献がそれを示している（Duncan, 2006；Brydges, Braithwaite, 2008；Dawkins, 2008；Mendle ら，2009；Reefmann ら，2009）。特に，動物の痛みの理解と測定においては大きな進展が見られており，現在産業動物においては痛みの評価と予防に関する急速に進展した多くの科学的研究に関する文献を利用できる（総説として Weary ら，2006）。さらに最近の研究では，無脊椎動物などを含む広い範囲の種における痛みの調査がはじまっている（Elwood ら，2009）。また，動物福祉が悪い場合の兆候よりもむしろ良好を示す可能性のある兆候を見つけることや，ポジティブな情動の研究にも関心が持たれている（Boissy ら，2007）。

2.4　健康，生産，繁殖

よい動物福祉には動物が健康である必要があり，疾患や損傷の発生は悪い福祉につながることは明らかに思える。適切な疾患の治療を怠ることは，動物のケアの基本原則に反しているとして広く非難されている。多くの不健康状態が非常に素早く治療される伴侶動物の場合，主な倫理的問題は，安楽死に対して慢性的な不健康

状態を治療することや，痛みを伴う治療をすることの相対的な利益に関することなどがある。動物の福祉と健康の関係は，産業動物に関係して最も関心が持たれてきた。多数の動物によく起こる健康上の問題に対処すると，治療費が高くなりすぎるためである。伝統的飼育システムでも現代の飼育システムでも，また集約的な管理でも粗放的な管理でも，産業動物は様々な健康問題で苦しみ，これらの問題の発生率は驚くほど高くなり得る。例えば平均で，アメリカの乳牛の25％が歩行異常（跛行，lameness）で（Espejoら，2006），ポルトガルのブロイラーの75％が趾蹠皮膚炎（FPD：脚の裏の皮膚炎）で苦しんでいる（Gouveiaら，2009）。

よい福祉のための良好な健康の重要性は，動物福祉においてほとんど論争とならない点のひとつである。これは，農場経営者は病気による経済的な費用を容易に理解し，また科学者は，よりよい動物福祉のための良好な健康の重要性を長く受け入れてきたためである。疾患が引き起こす問題の重大さは，Brambell委員会（1965）による文書のなかでも，良好な福祉に必須の部分として認識されていた。

> 動物における苦しみの主な原因は，人と同じく疾患である。私たちは疾患の発生や病んでいる動物を素早く認識し，適切な方法で治療あるいはと畜するという保証を強調したい。どんな集約的な飼育システムでも，これらの点のうちの片方もしくは両方を満たすかもしれないし，満たさないかもしれない。疾患に関しては，伝統的な方法が勝るという人もいれば，劣っているという人もいる。

しかし，疾患についての懸念は獣医師と農場経営者だけに関係する典型的な福祉上の懸念であると想定するべきではない。現代の集約的な飼育システムにおける疾患の図式は，一般の人々を「工業的畜産」に反対するよう仕向ける試みのなかで顕著だった。例えば，Singer（1975, pp.104～105）は，ブロイラーを収容する現代の飼育システムについて以下のように説明している。

> （ニワトリの）早い成長率は，肢体不自由や奇形の原因となり，生産者はブロイラーの1～2％を追加で処分する必要が出てくる。そして，非常に深刻な症状のニワトリのみが淘汰されるため，奇形によって苦しむニワトリの数は非常に多くなる。ニワトリは腐敗して汚く，アンモニアのたまった床敷の上に立ち，座らなければならず，脚の潰瘍，胸部の水疱，飛節のやけどで苦しむ。

疾患や損傷の評価は，動物福祉の指標としてこれまで長く使用されており，また多くの産業動物の福祉の評価においてよく記録されている。しかし，動物福祉を評価するために健康指標を用いることの主な難しさは，異なる様々な形の疾患と損傷と関連する苦しみの程度を判断することにある。Dawkins（1998, p.73）が説明するように，悪い福祉の兆候として不健康の症状を扱う時に鍵となる質問は，以下のようなものである。

> もしヒトが苦しいと思う症状を体験したなら，動物にそれと同じような症状が見られた場合，動物もヒトと同じように苦しいと感じているのだろうか？

Wellsら（1998, p.3034）は，さらに以下のように指摘している。

> （動物福祉についての懸念は）動物によって知覚される苦しみをもたらす疾患に向けられるようにみえる。臨床的な跛行は，罹患したウシにおいて

明らかな痛みの兆候が見られるため，動物福祉上の懸念として認識されてきた。

疾患の症状が明らかである臨床的な疾患に対して最も注意が払われてきた。しかし，研究者たちは最近，動物がストレス下にある，あるいは疾患になるリスクを抱えていることを示すかもしれない，無症状性の身体的変化を調べることで動物福祉の評価をすることに注目している（Moberg, 2000）。Mobergは，どんな負荷やストレッサーに対する動物の反応であっても，通常動物の正常な生物学的機能を支えるために使われる生物学的資源（例：時間，活力，栄養素など）が利用されること，どんなストレスであってもその強度を反応の生物学的コストという点で測定できることを主張している。ストレスが十分に強くあるいは長期的であると，動物は以下のような状況に陥るとしている（Moberg, 2000, p.13）。

> ストレス反応が他の生物学的機能を低下させるのに十分な量の資源を移行させる時に苦痛（distress）が生じる。これにより，動物は疾患の前段階に入り，疾患へと発展する危険があり，苦痛を経験する。

このように，免疫機能の変化のような，疾患の前段階としての変化は，ヴィール牛の肺や第四胃の病変といった病理的変化を招くかもしれない。これらのタイプの病変は，動物が生きていた時の福祉の状態の信頼できる指標として，と畜場で多く記録されている。そういった指標は，施設と管理のシステム間，または異なる生産者間でも，違いを明らかにするために使用することができる。

病理指標の使用は一般に受け入れられているが，低福祉の指標として非臨床性の変化を用いることには，多くの困難がある（Rushen, de Passille, 2009）。それらの困難の多くは，以下に示すような事実に起因している（Dawkins, 2006, p.79）。

> 非臨床性の変化の多くは，環境に対して動物が反応する際の適応手段の一部であり，また，交尾や獲物を狩るといった明らかに喜びをもたらす活動は，捕食者から逃げるといった明らかに嫌な活動と同様の変化を起こすため，福祉上の意味で解釈することは難しいに違いない。

さらに，ストレスのあらゆる兆候を福祉の低下と結びつけることは，特に以下の理由により危険である（Moberg, 2000, p.1）。

> ストレスは生活の一部であり，本質的に悪いものではない。私たちにとっての課題は，少しも脅威ではない生活上のストレスと，動物福祉に悪影響をもたらすストレスを区別することである。

このため，前述のような非臨床性の生理的あるいは免疫的変化は，何らかの苦しみと直接結びつく，あるいは健康不良を引き起こすことで，動物福祉を将来的に損ねる恐れのある長期的な変化につながる場合にのみ，動物福祉の評価のために使うことができるだろう。

産業動物の生産性に福祉が反映されるということは，明らかに思えるかもしれない。悪い福祉の乳牛は乳生産が少なく，悪い状態で飼われているブタやブロイラーは増体が低い（例：Curtis, 2007参照）。しかし，動物の福祉と生産性の関係は単純ではない。高いレベルの生産性は，成長促進剤（ホルモン，抗菌薬など）の使用のような特定の処置の結果として起こることが多い。さらに，ブロイラーやブタでは成長を早めるための，乳牛では高い牛乳生産のため

の遺伝的選抜が，特定の健康問題の発生増加に関連していることを示す証拠が増えている（Rauwら，1998）。明らかに，動物の福祉と生産性の関係は議論の余地がある。

　同じように，繁殖は福祉のよい評価項目のひとつである。例えば動物園動物の一部で見られるように，繁殖できないことは福祉問題の兆候であるとあたりまえに思えるかもしれない。しかしこのことは，繁殖の成功は常に福祉を評価するために使うことができることを意味していない。健康不良のせいで繁殖問題が起こる時，これは疑いなく悪い福祉の兆候であるが，牧場間の繁殖成績の良し悪しは，発情の発見，効果的な人工授精戦略，一般的な繁殖管理といった，動物福祉とは無関係の多くの要因によって起こる。実際，繁殖の成功自体は個体の生存にとって大きな脅威であり，それは野生動物ではより重大である。福祉を評価するために繁殖適応度の測定を使用することの議論において，Dawkins（1998, p.73）は主な問題を以下のように述べている。

> 　個体として長く生きるためだけでなく，動物は繁殖するために選択されてきた。遺伝子レベルの選択の影響により，個々の動物の健康，長寿，生存さえも，遺伝子伝播のために低下するかもしれない。明らかなこの例として，繁殖シーズンの間に動物に起こる身体的健康状態の低下を含む多大なるコストがある。

　BarnardとHurst（1996）はさらに微妙な事例として，実験用のげっ歯類において，個々の動物の福祉の低下によって，しばしば繁殖成功の増加が得られるということを紹介している。すなわち，高レベルのテストステロンは，雄マウスが高い繁殖成功を達成するために必要だが，免疫抑制作用を持つため，動物の病気に対する感受性は増加する。

　まとめると，ストレスまたは健康不良による生産性や繁殖の変化は，何らかの動物の苦しみを含む。そのため，動物福祉の変化の指標として役立てられるが，福祉と生産性あるいは繁殖に対する意欲や能力との関係は，単純なものではない。

2.5 動物の福祉，自然な行動，動物の「自然性」

　数千年もの間家畜化されてきた種であっても，現代の飼育環境と管理方法の「不自然さ」は，人々にとって最も重大な懸念のひとつとなっている。産業動物，実験動物，動物園動物たちが，通常のもっと自然な環境で行うであろう行動ができないため苦しむ可能性があることは，永続的な懸念のひとつである。Brambell委員会は，産業動物の集約的な屋内飼育システムから生じる行動抑制と欲求不満の問題に対し，特に注意を払った。このレポートの付録で，Thorpe（動物行動学者）は以下のように記述している（Brambell Committee, 1965, p.79）。

> 　私たちは，祖先種で発見され，家畜化の過程でまったくあるいはほとんど除外されなかったことから，すべてあるいはほぼすべての自然で本能的な衝動と，活動の特徴である行動パターンを完全に抑制する状態を限度としなければならない。

　この結果として，産業動物の福祉における初期の研究には，産業動物の現在の多くの品種がどれだけ彼らの祖先種が持つ行動レパートリーを保持しているのかを明らかにするための試みが含まれた（Jensen, 1989，図2.5）。また，動物園動物の飼育環境には多くの改善がなされ，より自然な環境を提供する飼育場がつくられた

図 2.5 動物が持つ自然な行動のレパートリー
現代の集約的な飼育システムに反対する議論として挙げられたのは、動物が自然な行動をとることを認めていないということである。この観点への批判は、現代の産業動物は多世代にわたり人為選択の対象とされてきたので自然な行動の多くを失っていると主張した。このため、産業動物の現在の品種を半自然環境に放すという実験が行われた。数世代にわたって分娩クレートに収容されてきたにも関わらず、ブタは、機会を与えられると典型的な巣作り行動を示し、彼らが進化させてきた行動レパートリーの多くを維持していることを示す

（図 2.6）。

最もよい動物の飼育方法がはっきりしない状況では、動物を自然な環境で飼育するべきだ、という意見はとても魅力的である。しかし、チワワのようなイヌ、高度に選択され人工授精で繁殖された産業動物、遺伝子組み換えがなされたマウスにとって、一体何が自然なのだろうか？ David Fraser は以下のように述べている（2008, p.174）。

> 人工的な状況によって引き起こされた動物福祉上の問題の例は多くあるが、動物福祉を保証する方法のひとつとして「自然な」環境を見ることは、重大な困難が伴う。あるひとつの種にとっての「自然な」環境を確かめることや、それを再現することは実際には不可能かもしれない。その問題は、長い家畜化の歴史を持つ動物では、さらに複雑になる。

多くの動物にとって、社会はすでに実用本位な見方をしているとみえるだろう。人々には動物園で野生動物に近寄ったり、伴侶として動物を飼ったりしたいという欲求がある。それゆえに自然環境に比べ、ある形の制限は受け入れられる。動物福祉の問題は、動物の環境をどの程度自然らしくすべきかということよりも、動物が自然な行動をどの程度まで示すことができるようにすべきかである。例えば、セグロカモメ（*Larus argentatus*）とニシセグロカモメ（*Larus fuscus*）の個体群は、ヨーロッパにおいて人工的な環境への適応に成功している。海の近くで海に根ざして暮らさずに、ゴミ置き場で食料を得て、ビルに巣をつくり、運動場の木に止まるが、このような人工的な環境でも本来の自然な行動をとることができる（Duncan, 1995）。「自然な行動」の概念の普及は一部の研究者によって差し控えられているにも関わらず、現代の畜産システムが多くの人々に引き起

図 2.6　より自然な環境に近い飼育場
特に動物園動物の自然な行動に関する知識は，飼育環境を改善するために有益な指針を提供できる。霊長類の場合，ロープやその他の適切な構造物を与えることがこの行動を取ることを可能にし，福祉を改善する可能性があり，同時に動物園の来園者も楽しませる

（写真提供：Yezica Norling）

こす不安の一部を捉えている（Špinka, 2006；Broom, 2008）。

　しかし，自然な行動を促進するという考えにはひとつの問題がある。それは，すべての自然な行動が望ましいわけではないということだ。実際のあるいは予想される捕食者への逃避反応は野生では適応的であるが，飼育下の閉じ込められた状況では問題につながり得る。例えば，飼育下の家禽の群れでパニック反応が起こると，他の個体の下敷きになって多くの個体が窒息死する（Hansen, 1976；Mills, Faure, 1990）。攻撃性と社会的順位の確立とその維持は，多くの家畜化された動物にとって自然であるが，限られた資源と逃げるための空間不足のため，順位の低い動物にとっては悪い影響を与えるかもしれない。養殖魚の多くの種は，より攻撃的な個体ほど給餌器からのエサを多く得ることができるため成長率がよい。しかし，この一部の個体における高い成長と引き換えに，他の個体の成長が妨げられるだけでなく，エサをめぐる競争の過程で他の魚が傷つくという状況が引き起こされる（Brännas ら，2008）。子殺しは多くの霊長類において自然な行動であり，野外生息地で多く観察されている（Hiraiwa-Hasegawa, 1998）。しかし，この行動が動物園で見られるのは，動物の福祉にとっても動物園の来園者にとっても望ましいことではない。このように，自然な行動はある個体の福祉を高め得るが，同時に同じ集団内の他個体の福祉の低下につながることがある。

　自然な行動と動物福祉の関係をよりよく理解するために，私たちは人間が家畜化した動物の進化的背景をよく理解する必要がある。Dawkins（2006）は，『A user's guide to Animal welfare science』という論文のなかで，進化的アプローチを促し，以下のように述べている。

　行動生態学者は，異なる種が彼らの適応度への脅威に反応するメカニズムを理解すること，「福

> 社」の構成要素を定義することにおいて主要な役割を果たしている。

しかしまた，以下のようにも述べている。

> 逆説的に，それは適応度への予想される脅威に対処するために進化したメカニズムである。それは彼ら自身に対する直接的な脅威よりも，福祉についてのさらなる懸念を引き起こす。

つまり，ここに動物福祉についての質問に答えるために自然な行動というアプローチを使う時の最も重大な難点がある。何が自然かということは人工的な環境において必ずしも適切ではなく，この人工的な環境において適切なものが家畜化した動物にとって必ずしも自然であるとは限らないのである。

「自然な行動」の概念の困難さのため，研究者はどの行動が動物にとってよい福祉を得るために重要なのかということの理解に，再び焦点を当てている。この研究はしばしば「行動要求」という言葉を用いて行われてきた。例えば研究者は，環境に誘因となる刺激が欠如しているなかで，自然な行動が動物にとって内的に動機づけられている場合に限り，もしその行動の実行が動物に適切なフィードバックを与えるために重要ならば，その行動は重要であると提唱した。例えば，乳牛の子牛は普通，ミルクを得るために乳首を吸うが，現代の多くの農場では子牛はバケツからミルクを与えられ，ミルクを得るために乳首を吸う必要はない。にも関わらず，ミルクを摂取することとは無関係に，吸乳行動の実行自体が，子牛の摂食動機を満足させる役割を果たしていることをある研究は示した（Rushen ら，2008）。さらに，もし子牛がその通常の状況でこの行動の実行が妨げられると，例えば他の子牛をしゃぶるなど，異常なやり方でその行動を示し続ける可能性がある（**図2.7**）。このように，動物福祉にとっての行動パターンの重要性は，その動機づけの源に依存する（第7章，第9章参照）。

そのうえ，動物の情動が行動の動機づけにおいて主要な役割を果たすことは広く認識されている。痛み，恐怖，欲求不満などのネガティブな情動は，「必要な状況」すなわち動物による即時の行動が求められている状況で最も起こることが示唆されている。対照的に，喜びや興奮のようなポジティブな情動は，「好機の状況」で多く起こり，適応度の向上が遠い未来にある場合でさえも，動物がその行動を実行する可能性を増加させる（Fraser, Duncan, 1998）。恐怖は，動物が捕食者から逃げるための動機づけと関連するネガティブな情動の例である。喜びは，遊び行動と関連するポジティブな情動の例である。言いかえれば，情動は生存メカニズムが働くことを許す，自然淘汰過程の一部である。この関係の一部は，自然な行動を定義しようとする最近のわずかな試みのひとつに以下のように記録されている（Bracke, Hopster, 2006）。

> これらの行動は喜びをもたらし，生物学的機能を促進するため，自然な行動は動物が自然な状態の下で現す傾向がある行動として定義されるかもしれない。

自然な行動の概念が難しいといっても，私たちが家畜の自然な行動についてのよりよい知識から利益を得ることができないわけではない。Marek Špinka（2006）は良好な産業動物福祉のための自然な行動の重要性について，以下の3つの事例を提案している。

> 第一に，動物が自身のニーズを満足させ，彼ら

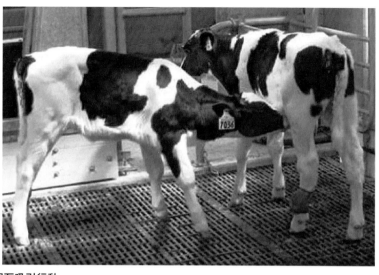

図 2.7　子牛の相互吸引行動
ミルクを得るための子牛の自然な行動は，母牛の乳首を吸うことである．現代の畜産では，子牛はバケツからミルクを飲むことが多い．しかし，子牛はしばしば吸引行動を異常な対象に示し続ける．このような行動を示し続けるという事実は，その動物にとっての通常の機能を達成するためにはもはや「必要」がない場合でも，その行動の実行が動物にとって重要であることを示す

の目標を達成させることは，これらのニーズと目標に，技術的な方法によって対処するよりも効果的であることが多い．第二に，各種の自然な行動はポジティブな情動経験と関連し，それらの行動をとることは動物福祉を直接的に高める．第三に，豊かで複雑かつ自然な行動をとることが，しばしば動物にとって社会的・身体的課題への適応を改善するような長期的な利益をもたらす．

　まとめると，自然な行動の全レパートリーを行う自由は動物福祉に必須ではないが，自然な行動を行う機会は現場における福祉の改善に効果的な方法かもしれない．

2.6　結論

- 異なる集団の人々がそれぞれ動物福祉の異なる側面を重要視する．これらの異なる側面は相互に関わり合っており，同じ鍵となる問題を中心に展開する．

- 動物の生理と行動は，自然状況下で健康と適応度を最大にするよう進化し，情動は行動を動機づけるための柔軟なメカニズムとして進化している．

- ネガティブな情動は，即座の行動が要求される状況で行動を動機づける．ポジティブな情動は，即座の行動を要求しないが，長期的な利益のある状況で行動を動機づける．ネガティブな情動は福祉を低下させ，ポジティブな情動は福祉を改善するということがさらに認められつつある．

- 動物福祉における健康の低下による影響の防止と理解にますます研究が向けられている．

- 情動の中心的な役割のため，将来の研究はますます動物の認知と情動へ向けられる可能性が高くなっている．

参考文献

Anonymous (2001) Scientists' assessment of the impact of housing and management on animal welfare. *Journal of Applied Animal Welfare Science* 4, 3-52.

Barnard, C.J. and Hurst, J.L. (1996) Welfare by design: the natural selection of welfare criteria. *Animal Welfare* 5, 405-433.

Blokhuis, H.J., Van Niekerk, T.F., Bessei, W., Elson, A., Guemene, D., Kjaer, J.B., Levrino, G.A.M., Nicol, C.J., Tauson, R., Weeks, C.A. and De Weerd, H.A.V. (2007) The LayWel project: welfare implications of changes in production systems for laying hens. *World's Poultry Science Journal* 63, 101-114.

Blokhuis, H.J., Keeling, L.J., Gavinelli, A. and Serratosa, J. (2008) Animal welfare's impact on the food chain. *Trends in Food Science and Technology* 19 (Suppl. 11) S75-S83.

Boissy, A., Manteuffel, G., Jensen, M.B., Moe, R.O., Spruijt, B., Keeling, L.J., Winckler, C., Forkman, B., Dimitrov, I., Langbein, J., Bakken, M., Veissier, I. and Aubert, A. (2007) Assessment of positive emotions in animals to improve their welfare. *Physiology and Behaviour* 92, 375-397.

Bracke, M.B.M. and Hopster, H. (2006) Assessing the importance of natural behavior for animal welfare. *Journal of Agricultural and Environmental Ethics* 19, 77-89.

Bracke, M.B.M., Spruijt, B.M. and Metz, J.H.M. (1999) Overall animal welfare assessment reviewed. Part 1: Is it possible? *Netherlands Journal of Agricultural Science* 47, 279-291.

Brambell Committee (1965) *Report of the Technical Committee to Enquire into the Welfare of Animal Kept under Intensive Livestock Husbandry Systems*. Command Paper 2836, Her Majesty's Stationery Office, London.

Brännas, E. and Johnsson, J.I. (2008) Behaviour and welfare in farmed fish. In: Magnhagen, C., Braithwaite, V.A., Forsgren, E. and Kapoor, B.G. (eds) *Fish Behaviour*. Science Publishers, Enfield, New Hampshire, pp. 593-627.

Broom, D.M. (1996) Animal welfare defined in terms of attempts to cope with the environment. *Acta Agriculturae Scandinavica, Section A - Animal Science* Supplement 27, 22-28.

Broom, D.M. (2008) Consequences of biological engineering for resource allocation and welfare. In: Rauw, H.W. (ed.) *Resource Allocation Theory Applied to Farm Animal Production*. CAB International, Wallingford, UK, pp. 261-274.

Brydges, N.M. and Braithwaite V.A. (2008) Measuring animal welfare: what can cognition contribute? *Annual Review of Biomedical Sciences* 10, T91-T103.

Cabanac, M. (1992) Pleasure: the common currency. *Journal of Theoretical Biology* 155, 173-200.

Council of Europe (1978) European Convention for the Protection of Animals Kept for Farming Purposes. *Official Journal of the European Communities* No. L323 (17.11.78).

Curtis, S.E. (2007) Commentary: performance indicates animal state of being:a Cinderella axiom? *Professional Animal Scientist* 23, 573-583.

Dawkins, M.S. (1998) Evolution and animal welfare. *Quarterly Review of Biology* 73, 305-328.

Dawkins, M.S. (2006) A user's guide to animal welfare science. *Trends in Ecology and Evolution* 21, 77-82.

Dawkins, M.S. (2008) The science of animal suffering. *Ethology* 114, 937-945.

Duncan, I.J.H. (1995) D.G.M. Wood-Gush Memorial Lecture: an applied ethologist looks at the question "why?". *Applied Animal Behaviour Science* 44, 205-217.

Duncan, I.J.H. (1996) Animal welfare defined in terms of feelings. *Acta Agriculturae Scandinavica Section A - Animal Science* Supplement 27, 29-35.

Duncan, I.J.H. (2006) The changing concept of animal sentience. *Applied Animal Behaviour Science* 100, 11-19.

Duncan, I.J.H. and Dawkins, M.S. (1983) The problem of assessing 'well-being' and 'suffering' in farm animals. In: Smidt, D. (ed.) *Indicators Relevant to Farm Animal Welfare*. Martinus Nijhoff, The Hague, The Netherlands, pp. 13-24.

Elwood, R.W., Barr, S. and Patterson, L. (2009) Pain and stress in crustaceans? *Applied Animal Behaviour Science* 118, 128-136.

Espejo, L.A., Endres, M.I. and Salfer, J.A. (2006) Prevalence of lameness in high-producing Holstein cows housed in freestall barns in Minnesota. *Journal of Dairy Science* 89, 3052-3058.

European Commission (2007) *Attitudes of Consumers Towards the Welfare of Farmed Animals, Wave 2*. Special Eurobarometer [Report] 229(2)/Wave 64.4 - TNJ Opinion and Social. Brussels, Belgium/Luxembourg.

FAO (Food and Agriculture Organization of the United Nations) (2009) *Capacity Building to Implement Good Animal Welfare Practices*, Report of FAO Expert Meeting Rome 30 September to 3 October 2008. Rome, Italy.

FAWC (Farm Animal Welfare Council) (2009) *Five Freedoms*. Available at: http://www.fawc.org.uk/freedoms.htm (accessed July 2010).

Fraser, D. (2008) Toward a global perspective on farm animal welfare. *Applied Animal Behaviour Science* 113, 330-339.

Fraser, D. and Duncan, I.J.H. (1998) 'Pleasures', 'pains' and animal welfare: toward a natural history of affect. *Animal Welfare* 7, 383-396.

Fraser, D., Weary, D.M., Pajor, E.A., Milligan, B.N. (1997) A scientific conception of animal welfare that reflects ethical concerns. *Animal Welfare* 6, 187-205.

Gouveia, K.G., Vaz-Pires, P. and da Costa, P.M. (2009) Welfare assessment of broilers through examination of haematomas, foot-pad dermatitis, scratches and breast blisters at processing. *Animal Welfare* 18, 43-48.

Griffin, D.R. (1975) *Animal Minds*. University of Chicago Press, Chicago, Illinois.

Hansen, R.S. (1976) Nervousness and hysteria of mature female chickens. *Poultry Science* 55, 531-543.

Harrison, R. (1964) *Animal Machines*. Vincent Stuart, London.

Hegelund, L. and Sorensen, J.T. (2007) Measuring fearfulness of hens in commercial organic egg production. *Animal Welfare* 16, 169-171.

Hiraiwa-Hasegawa, M. (1988) Adaptive significance of infanticide in primates. *Trends in Ecology and Evolution* 3, 102-105.

Jensen, P. (1989) Nest site choice and nest building of free-ranging domestic pigs due to farrow. *Applied Animal Behaviour Science* 22, 13-21.

Keeling, L.J. (2004) Applying scientific advances to the welfare of farm animals: why it is getting more difficult. *Animal Welfare* 13, 187-191

Leach, M.C., Thornton, P.D. and Main, D.C.J. (2008) Identification of appropriate measures for the assessment of laboratory mouse welfare. *Animal Welfare* 17, 161-170.

Mameli, M. and Bateson, P. (2006) Innateness and the sciences. *Biology and Philosophy* 21, 155-188.

Mench, J.A. (2008) Farm animal welfare in the USA: farming practices, research, education, regulation, and assurance programs. *Applied Animal Behaviour Science* 113, 298-312.

Mendl, M., Burman, O.H.P., Parker, R.M.A. and Paul, E.S. (2009) Cognitive bias as an indicator of animal emotion and welfare: emerging evidence and underlying mechanisms. *Applied Animal Behaviour Science* 118, 161-181.

Mills, A.D. and Faure, J.-M. (1990) Panic and hysteria in domestic fowl: a review. In: Zayan, R. and Dantzer, R. (eds) *Social Stress in Domestic Animals*. Kluwer, Dordrecht, The Netherlands, pp. 248-272.

Moberg, G.P. (2000) Biological response to stress: implications for animal welfare. In: Moberg, G.P. and Mench, J.A. (eds) *The Biology of Animal Stress*. CAB International, Wallingford, UK, pp. 1-21.

OIE (World Organisation for Animal Health) (2010) Chapter 7.1: Introduction to the recommendations for animal welfare. Article 7.1.1. In: *Terrestrial Animal Health Code, Volume 1*. Available at: http://www.oie.int/eng/normes/mcode/en_chapitre_1.7.1.htm (accessed 14 December 2010).

Preece, R. (2007) Thoughts out of season on the history of animal ethics. *Society and Animals* 15, 365-378.

Rauw, W.M., Kanis, E., Noordhuizen-Stassen, E.N. and Grommers, F.J. (1998) Undesirable side effects of selection for high production efficiency in farm animals: a review. *Livestock Production Science* 56, 15-33.

Reefman, N., Wechsler, B. and Gygax, L. (2009) Behavioural and physiological assessment of positive and negative emotion in sheep. *Animal Behaviour* 78, 651-659.

Regan, T. (1985) *The Case for Animal Rights*. Routledge, London.

Romanes, G.J. (1884, reprinted 1969) *Mental Evolution in Animals*. AMS Press, New York.

Rushen, J. and de Passillé, A.M.B. (2009) The scientific basis of animal welfare indicators. In: Smulders, F.J.M. and Algers, B. (eds) The assessment and management of risks for the welfare of production animals. In: *Food Safety Assurance and Veterinary Public Health, Volume 5. Welfare of Production Animals: Assessment and Management of Risks. Part 3 - Management of Risks for the Welfare of Production Animals*. Wageningen Academic Publishers, Wageningen, The Netherlands, pp. 391-416.

Rushen, J., de Passillé, A.M., von Keyserlingk, M. and Weary, D.M. (2008) *The Welfare of Cattle*. Springer, Dordrecht, The Netherlands, p. 303.

Singer, P. (1975) *Animal Liberation*. Avon Books, New York.

Špinka, M. (2006) How important is natural behaviour in animal farming systems? *Applied Animal Behaviour Science* 100, 117-128.

Spruijt, B.M., van den Bos, R. and Pijlman, F.T.A. (2001) A concept of welfare based on reward evaluating mechanisms in the brain: anticipatory behaviour as an indicator for the state of reward systems. *Applied Animal Behaviour Science* 72, 145-171.

Swiss Federal Council (1978, amended 1998) *Swiss Animal Protection Ordinance*. Bern, Switzerland.

van de Weerd, H. and Sandilands, V. (2008) Bringing the issue of animal welfare to the public: a biography of Ruth Harrison (1920-2000). *Applied Animal Behaviour Science* 113, 404-410.

Veissier, I., Butterworth, A., Bock, B. and Roe, E. (2008) European approaches to ensure good animal welfare. *Applied Animal Behaviour Science* 113, 279-297.

Weary, D.M., Niel, L., Flower, F.C. and Fraser, D. (2006) Identifying and preventing pain in animals. *Applied Animal Behaviour Science* 100, 64-76.

Wells, S.J., Ott, S.L. and Seitzinger, A.H. (1998) Key health issues for dairy cattle - new and old. *Journal of Dairy Science* 81, 3029-3035.

Whay, H.R., Main, D.C.J., Green, L.E. and Webster, A.J.F. (2003) Assessment of the welfare of dairy cattle using animal-based measurements: direct observations and investigation of farm records. *The Veterinary Record* 153, 197-202.

Youatt, W. (1839) *The Obligation and Extent of Humanity to Brutes, Principally Considered with Reference to the Domesticated Animals*. Republished in 2004, edited, introduced and annotated by Rod Preece. Edwin Mellen Press, Lewiston, New York.

II 問題点

第3章
環境からの刺激と動物の主体性

概 要

環境からの刺激は，楽しむ機会というよりも避けるべき問題と考えられ，克服するべきものである。しかし，こういった刺激のない生活は，ヒトにとっては暇で退屈なもので，個々の発達に伴う熱意や満足感を欠如させることになり得る。これは動物にとってよいことなのだろうか？ 本章では，環境からの刺激に対する対応の動物福祉における利点を考える。その利点とは，動物の主体性（agency）の表現とそれによる機能的潜在能力（コンピーテンス）の強化にあることについて述べる。主体性の様々な面を探ることで，環境からのチャレンジに対する反応に関する議論や，問題解決，探査，遊びなどの鍵となる反応のより詳細な議論，およびこれらの行動が制限された場合に動物の福祉にどのような影響があるのかを示す。本章の最後の節では，単調で予測可能な飼育環境が，いかに無気力や退屈を招き，動物が積極的にQOL（生活の質）の向上に取り組むことを妨げるかということについて考える。主体性は，生命体の各モジュール全体を通して働く総合的能力とみなされるべきであり，動物の総体的な福祉と健康に重要な状況を形作る。

▶ 3.1 はじめに

野生下の動物は，環境からの刺激を多く受ける。捕食者，飢餓，社会的競争，複雑性，天候，疾病などは，動物の健康や生命を脅かし，繁殖努力を阻害する。どのような種や個体においても，自然環境は，物理的状態の変動や共生する生物の活動により絶えず変化する液体のような状態にあって，複雑なものである。動物は時に特異的な卓越したスキルによって，また時に柔軟に反応することによって環境からの刺激をチャンスに変えるのが得手である。そのスキルが健康を維持し，生き残り，繁殖するのに不十分であったとしても。環境からの刺激は本質的または自然なもので，多すぎても厳しすぎても動物は適応できず死を招くなど，個々の福祉を悪化させる。

対照的に飼育下の動物は，刺激を受けることがほとんどもしくはまったくない，単純で単調かつ予測可能な環境下で生活している。動物はリラックスし，快適に生活している。しかし，本当は刺激のない環境に苦しんでいるのではないだろうか？ 欲求を満たせず，活動的に振る舞う機会もほとんど与えられない退屈な環境で過ごしている動物の福祉上の問題はどれくらいあるのだろうか？

この問題に入る前に，野生動物が刺激にどの程度対処しているか知る必要があるだろう。いくつかの刺激はほとんど新奇性がないが，それでも多くの刺激に対して時間，エネルギー，注意を払う必要がある。なぜなら，それらは危険

な兆候やチャンスを示唆するものだからである。例えば，季節ごとに温度ストレスへ適応することや安定的な社会順位を保持することは，刺激として厳しいものである。しかし，ここでは新奇性は重要ではないだろう。動物はこれらの刺激を特異な行動，生理的変化，反応により克服する。一方，捕食者の攻撃，社会的状況における突然の混乱，食料の得やすさの不規則な変化などといった予測が難しい刺激もある。このような刺激は，新しい解決策を見つけなければならないため，多くの動物は新奇な課題を抱えることになる。最初のタイプの刺激（社会的ストレス，飢餓，疾病）は他章で扱うこととし，本章では新奇性によるものに焦点を絞る。そのような刺激への動物の対処能力について，私たちの議論は「潜在能力」と「主体性」（White, 1959）という2つの鍵となる概念が中心となっている。私たちはこれらの用語を動物が新奇な刺激に立ち向かっている時の補完的側面を反映しているものと見ており，本章では動物福祉の研究との関連性を支持する事実とその解釈を探ることとする。

私たちは，「潜在能力」という用語を，ある場面での新奇な刺激に対処する動物の一連の認知・行動的経験，手段，戦略という意味で使用している。動物はどのようにして潜在能力を獲得し，強化するのだろうか？ 他の生物学的特性のように，動物は潜在能力のそれぞれ側面にからみ，支持する遺伝的性質を受け継いでいる。これらの性質は，成熟や感覚的経験の発達を通じて（Rogers, 2008），また，食物，安全性，パートナー，社会的絆などのために厳しく日々励んだ相互作用を通じた学習により現れる。もし潜在能力が外的刺激に対する反応の結果としてのみ強化されるならば，その過程は場当たり的で危険なものである。刺激を受けた際に解決策を探すのでは遅すぎる。したがって，潜在能力は動物にとって将来のために投資する価値があるものである。例えば，意外な出来事によりよく対処するため，自らをある程度の危険にさらし，時間やエネルギーを消費することなどがある。多くの動物は，物資の不足に備えて食物を貯めこみ，体に蓄える。同様に情報も集め，後に必要な時のために自身の能力を鍛える。

本章では，主に知識を収集し，将来使うスキルを強化するために，環境へ活発に関与する動物の性質を「主体性」と表記した。言いかえると，主体性はそのときどきの欲求を越えて活発に行動する動物の本質的な性質である。摂食，パートナーの探索，捕食者からの回避など，ある帰結へ向けた行動の連鎖において，動物は主に自分が持っているスキルを使うだろう。一方，探査や遊びなど主体性に基づく様式を通じて，新奇性への適応能力を構築する。しかし，実際は，日々起こる問題 – 解決活動はこの2つの面がより合わさっている。なぜなら環境の特性は，「古い刺激」と「新しい刺激」にきれいに分けることができず，動物の反応は受け身の決断と積極的な決断が合わさったものだからである。潜在能力と主体性は，刺激に備え，識別し，解決するという，その動物の生態学的ニッチにおいて意義のある能力の，それぞれ手続き的（より接触的）および機能的（より受け身的）側面を反映している（White, 1959）。

3.2 主体性と潜在能力のそれぞれの面

私たちは動物の主体性や潜在能力の主な特徴として何を知るべきだろうか？ この節では，環境からの刺激の様々な面について取り上げ，それらの見方と動物の主体性や潜在能力の補完的側面との関連性について示すこととする。

第一に，環境が「豊か」で「複雑」であるこ

とについてである。多くの動物種は，多数の情報とそれらの不測の関係が生じる複雑な生態システムのなかで生きている。環境の特徴間で明らかとなっている関係のいくつかは，真の因果関係を示しており，制御できる場合も少なくなく，それらの有用性はきわめて重要である。例えば，食物は非常に繊細で複雑な手がかりを通じてのみ区別される。そのため，動物は高度に発達した連合学習の能力を必要とする。

　第二に，自然環境の要素，特に生物は他の生物から利用されることに「抵抗する」。例えば，植物と動物は，硬い殻，毒針，毒の皮膚などの構造的または行動的防御を通じて他の生物に食べられないように自身を守る。したがって，動物はどうしたら効果的にそのような障害を克服でき，「オペラント学習」すなわち「道具的学習」能力を発達させられるかを学習する必要がある。

　第三に，環境は動物に対して常に「新しい」ものや状況，刺激を提示する。これらの性質をできるだけ早く学習することは重要であり，他の刺激が迫ってきた時に安全である。したがって，動物は新しいものに「検査的探査」反応を示しがちである。

　第四に，多くの野生動物は広い世界に住んでいる。つまり，動物は知識や活動の視野を広げる可能性のある環境に住んでいる。価値のある資源が，隣の岩陰や草むらに潜んでいる。したがって，検査的探査に加えて，「詮索的探査」が，動物の潜在能力を示す基本要素である。

　第五に，動物の視点から見ると，環境は非常に「確率的」である。つまり，環境のもつ多くの固有の性質の可変性のため，動物の同じ活動がいくつかの状況においては見られるが，他の場合は見られないことがある。この確率は時間により変わり，動物が集中的に従事することで気付くことができる隠れた規則性や不確実性と

の組み合わせも含む。時間，エネルギー，注意を効果的に割り当てるために，動物は環境の偶然性を監視しなくてはならない。例えば，「不確実性を査定」し，常に「情報を更新」できなければならない。

　第六に，環境変動性の多くの原因，特に他の動物によって創り出されたものは，動物の活動性を妨害し，自身の活動や行動を「制御不能」にする。そのため，動物は種特異的スキルや環境特異的スキルだけでなく，一般行動的，認知的，情動的「柔軟性」を持つ。予測できないことに対する優れた訓練方法のひとつは，「遊び」を通じたものである。

　最後に，自然環境に生きている他の生物も「知力」を持つ。同種や他種も環境に関する情報を集め，評価する。また，これはしばしば早く正確で，この利用可能な知識を使い，共有し，組み合わせることは，自身の経験や判断のみに頼るより効率的である。そのため，一般に動物は「観察的」かつ「社会的」学習を利用し，「他のものとコミュニケーション」することで上手に対処する。

　ここで挙げた刺激は，必ずしも包括的なものではない。しかし，それは動物が自然界で生き，繁殖するために必要な連合学習，操作的・道具的学習，社会的学習，情報の収集と更新，非定型的な出来事に直面した時の柔軟性または制御不能性，コミュニケーションのために洗練された能力といった，一連の大きな行動および認知活動の必要性を表している。これらの面は常に相互作用し，強化される。例えば，情報更新のために常に見回ることは，探査性を刺激する環境の新たな特徴を明らかにし，利用可能な食物に対して操作学習を用いる動機となるかもしれない。その結果，主体性と潜在能力の概念は，生存と福祉を最適化する，効果的で知的な行為の様々な面を統合する動物の可能性を意味

するとみなすことができるだろう。そのような視点は，研究者の間で大きくなりつつある。もはや選ばれたわずかな「高等動物」と呼ばれる種の特権ではなく，適応的に行動する生物の体系的な特徴としての「知性」とみなせるだろう。

3.3 問題解決，探査および遊びにおける主体性と潜在能力の表現

本節では，主体性と潜在能力モデルの優れた例として，問題解決，探査，遊びに焦点を合わせる。潜在能力に基づく機能的側面は問題解決で述べられ，主体性に基づく側面は遊びにおいて述べられることが主流だが，問題解決，探査，遊びの3つの面は主体性と潜在能力の関係をよく示している。

● 3.3.1 問題解決

以前に使用した行動による解決策が，例えば食物を入手する場合などに役に立たなくなると，問題解決状態になる。それから，動物はいったん元の欲求行動に切り替え，それらを調整する。しかしまた，動物は過去の自己の活動，成功および失敗の記憶と同様に，現在の感覚入力を超えた世界を理解するため，「オフライン状態の」より高いレベルでの認知的制御を使いはじめる (Toates, 2004)。そのため，問題解決ははじめ外的状況によって発動するが，多くの自由度を持ち，動物が実際の問題を解決する瞬間に続く認知過程の引き金となる。

Harlow (1950) は，パズルを操る，または解決する以外の報酬を与えない時でも，アカゲザルが複雑な6ステップの機械的なパズルを操作して開けることを学ぶことを明らかにし，問題解決自体が本質的な報酬となることを最初に紹介したひとりである。最近では，問題解決のための内発的動機づけの証拠は Langbein ら (2009) により示され，彼は矮性ヤギに報酬としての水と視覚的形状のセットを学習させたことを報告した。ヤギは後に自由に利用可能な水と識別作業を通して獲得する水の両方を提示された時でも，飲水活動の約1/3を認知作業に向けていた。このようなデータは，問題解決が手元の手近な問題を越え，問題がもう存在しない時でさえ，動物が行使し続ける活発な認知活動的要素を包含していることを示している。

この傾向は，より長期的な環境に適応する動物の能力に有益であるようにみえる。例えば，Bell ら (2009) は実験用ラットを用い，数週間頻繁に居住環境の空間的な構成を再配置し，10日間ごとにより複雑にする実験を行った。この劇的で豊かな認知能力が必要な空間に住んでいたラットは，その後の空間記憶と危険回避課題においてコントロールラットよりも早く学習した。また，Ernst ら (2005) が個々のブタを異なる音で給餌場に呼び寄せる自動給餌システムを利用した研究を行った。認知的に刺激されたブタは，通常のブタよりもホームペンにおける異常行動が少なく，新奇環境での恐怖が減少した。これはブタの適応能力 (Puppe ら, 2007) の改善を示している。

● 3.3.2 探査

探査は，情報収集を行う時に見られる行動系である (Wemelsfelder, Birke, 1997；Archer, Birke, 1983)。例えば，私たちはなじみのないアリーナに置かれた実験用ラットや，新しい牧草地に放されたウシを観測する時，新しい環境ですべての刺激を探査しながら動き回る動物を見るだろう。しかし，動物は新しい状況に対応して探査するだけではなく，自ら新しい環境に出向くなど活発に新奇性刺激を求める（これはしばしば「詮索的探査」と呼ばれる）。例えば，子豚は，新しいものが期待できる親しみのある場所に行くことを好む (WoodGush, Vestergaard, 1991)。したがって，示された探査には，例えば不毛な環境に置かれた動物に新しいものや状況を与える時に見ることができる探査活動の強いリバウンド反応のように，それ自体に動機づけがある（Stolba, WoodGush, 1981；WoodGush, Vestergaad, 1993）。

動物は，野性下で常に直面する環境の不明確性を減少させるため，Berlyne（1960）により「好奇動員」と呼ばれた探査の動機づけを進化させた（Inglis, 1983, 2000；Dallら，2005）。最近の研究で，探査動機の基礎となる神経機構が特定された。例えば，Cohenら（2007）は，すでにある知識の利用と新しい知識の検討の切り替えは，前脳のコリン作動性およびアドレナリン作動性のシステムが，環境の不確実性を予想できるかできないかをモニターし，前頭内側の脳組織がそれによる報酬とコストを伝え，青斑核ノルアドレナリン作動系がこれらの入力を統合し，行動を利用か検討にシフトさせるという脳システムの複雑な相互関係によって統合されていると主張している。また，集中的な研究が，進化モデル（Dallら，2005）または情報収集の社会的側面といった探査における他の多くの局面で行われている。例えば，Seppanenら（2007）は，動物が直接探査するだけでなく，間接的に同種または異種動物の合図や信号に対して特定の注意を向けることによって，環境を探査するという証拠を報告した。そのような研究すべてに共通するテーマが，活発な情報収集は動物に未来の重要な利益をもたらすということであり，したがって，それらはよく装備されており，それに従事することを強く動機づけられているのである。

● 3.3.3 遊び

遊びの定義における特徴のひとつは，自分自身のために食物を入手する，捕食者から逃げる，情報を収集するなど，完了目標を達成するということより，実施されること自体が本質的に動機づけられた活動ということである（Burghardt, 2005）。すなわち，遊びはいつも動物の子の発達に長期間よい効果があると考えられてきた。最近では，遊びに即時的効果があることも報告されている。

例えば，家庭犬は遊びの間，彼らの優劣関係を確認しているように見えるし（Bauer, Smuts, 2007），性成熟した実験用ラットは優位の雄との友好的な関係を維持するために社会的な遊びをする（Pellis, Pellis, 2009）。とはいっても，遊びの遅発的で持続的機能は，未だ非常に重要であると考えられている。動物が遊びのなかで学び，自身を訓練することは，たとえ遊びが妨害されたり機会が減ったりしたとしても（急速に衰える）身体の健康性または耐久性（Byers, Walker, 1995），ネコにおける獲物の捕獲（Caro, 1980），ミーアキャットにおける闘争の上達（Sharpe, 2005）などの特異スキルの機能は完全に発達するため，むしろ様々な種類の一般的な身体的または心理的な柔軟性の発達のためであると考えられる。これは，遊びが神経生物学的に「本格的な」成人型の社会行動，性行動，攻撃行動と明確に区別でき（Vanderschurenら，1997），遊びのレパートリーが「本格的な」行動と総合的に異なる多くの要素を含んでいるという事実に強く支持される（Petruら，2009）。

遊びには，新しさを創造することに向けたいくつかの特徴がある。「本格的な」行動において使用される要素と比べて，遊びの要素は不完全かつ大袈裟で，扱いにくい。また，遊びの要素はお互いに様々な順序で続き，多くの要素には，自身にハンディキャップをつけるという特徴がある。つまり，動物が自身の動きに対し制御不能となるような，本来不要で不都合な立場

や状況を課す（Petrůら，2009）。例えば，最も広く行われている遊びには，様々で活発な頭部回転，胴体のねじり，ピルーエットなどがある（Byers, 1984）。Petrůら（2008）は，ハヌマンラングールの研究において，遊びの頭部回転についての運動力学的解析を行い，それらがときどき極端に異なる位置に頭部を動かしながら，様々な順序で行われていることを明らかにした。そのような回転の間，視覚はおそらく高角速度のためぼやける。Špinkaら（2001）は，広く示されている遊びの主な機能のひとつが，予期せぬ状況や不幸に備えて訓練することであり，「リラックスした場」で，外的な力により自身を制御できない状況や決められた以外の状況にさらし，行動的，情動的状況をいかに扱うか訓練することであると示唆している。ネズミの模擬闘争に関する成書で，PellisとPellis（2009）は，幼獣の模擬闘争が予測不能な出来事に対する経験を強化し，その結果，情動反応を微調整する最適な方法が得られ，新奇で潜在的に危険な状況へ繊細で微妙な反応ができる動物をつくると結論づけている。PellisとPellisによると，ネズミの発育過程における模擬闘争の剥奪は，特異的・社会的・認識的スキルに影響を与えないが，その情動反応を調整する能力を損なう。したがって，遊びが行えなかった動物は，チャレンジングな状況下で，運動や社会的・認識的スキルを効果的に適用することができない。

　行動研究の様々な分野におけるこれらの例は，動物が意に沿わない状況でも直接役立つ様々な特異的スキルや適応能力により，環境との相互作用を持続的に行う一般的なスキルを有することを示し，支持している。

3.4 主体性は適切な刺激に反応する

　これまでの節の主体性・潜在能力理論の例は，動物が環境と関わることを本質的に動機づけられていることを示しているが，その前に特定の状況を満たす必要がある。すべてのタイプおよび強さの刺激が探査や遊びを等しく引き出すわけではない。中程度の刺激が積極的な反応を最も喚起するように思われる。これを明らかにするために，Hebb（1955）は，あまりに多すぎる新奇性は動物を驚かせるか，怯えさせ，恐怖またはストレス反応を起こさせるが，あまりに小さい新奇性は動物の注意を喚起しないと仮定して，最適なレベルでの探査行動の発生モデルを提案した。このアイディアは，動物は入力情報を最もよく同化できる時，最も一致しない入力情報が現れるのを好むという考えを提案したInglis（1983）によってさらに発展した。Watters（2009）はさらに，動物園においてこの概念を扱っており，動物園動物は保証がない，起こりそうにないといった不確実性を生むエンリッチメントとの相互作用を欲求していると言及している。例えば，遊び行動は動物自身の運動制御が難しくなる滑りやすい，またはある程度扱いにくいが怪我や災難の危険性は低い浅瀬，新雪，斜面，細く柔らかい枝，振り子状のものなどによって発現が刺激される傾向がある（Byers, 1977；Heinrich, Smolker, 1998；Petrůら，2009）。

　また，主体性は中程度の刺激で最も刺激されるだけではなく，動物の潜在能力にもよく影響する。この概念は，「ユーストレス（eustress）」の考え方と同じで，適度に刺激のある環境が，動物に対しより長期間その生存と福祉に明らかにポジティブに影響するストレス反応を喚起できるというものである（Langbein

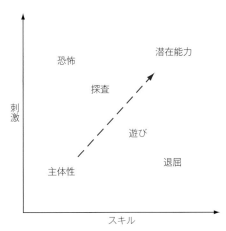

図 3.1 刺激の強さと動物のスキルの関係の概略

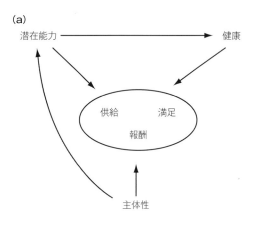

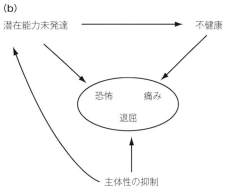

図 3.2 主体性が発現した場合（a）と抑制された場合（b）の福祉への影響

ら，2004；Moncek ら，2004）。Meehan と Mench（2007，p248）は，そのような情報をまとめて，「フラストレーションを引き出すかもしれないが，認知的で行動的スキルの適用で潜在的に解決できるか，または回避できる問題」と定義される「適切な刺激」の概念を提案している。**図 3.1** はこの概念を示している。動物のスキルに対して刺激が強すぎるなら，恐怖は主体性を低下させる。刺激がスキルに対して弱い場合，結果として退屈する。適切なレベルの刺激が主体性を刺激し，これに取り組むことが潜在能力を高める。また，刺激のタイプとその相対的レベルは，刺激を受けた動物の将来の主体性に影響を及ぼすかもしれない。例えば，相体的に高いレベルの不確実性や新奇性は，探査を刺激するかもしれないが，そのような状況に対して動物が自信を持つと，探査は遊び（Špinka ら，2001）に取って代わるかもしれない。

3.5 福祉における主体性や潜在能力の重要性

野生動物の生存と繁殖成功には，明らかに主体性や潜在能力が重要である。しかし，これらの能力は，飼育環境により生存とそれに付随する欲求が満たされている飼育下の動物の福祉にとって重要だろうか？ 以下のパラグラフでは，動物福祉における主体性と潜在能力の 3 つの妥当性について述べる。健康（Dowkins, 2008），自然性（Appleby, 1999；Frazer, Weary, 2005），全体性（Wemelsfelder, 2007；3.8 節参照）を含む，より複雑なアプローチが適切であるかもしれないが，**図 3.2a**（3.6 節で議論される**図 3.2b** も）では，感覚（すなわち感覚経験）が動物福祉の核になる（Duncan, 1996）という私たちの考えを示した。

第一に，どのような機能的結果を持っているかに関わらず，主体性の表現が動物の報酬となっているという証拠がある。前述の議論にあるように，動物は明確な形の外的報酬がなくて

も問題の解決に取り組み，これは彼らが学習の過程自体（Harlow, 1950）を楽しんでいるかもしれないことを示している。例えば，ブタ，ウシ，ニワトリおよび他の種は「コントラフリーローディング（contrafreeloading）」として知られる現象に従事する。すなわち，報酬が自由に利用できる状態であっても，報酬のために働く努力をする（Ingris ら，1997；de Jonge ら，2008；Hessle ら，2008；Lindqvist, Jensen, 2008）。魅力のない環境では，エサ報酬と関連する認知的作業の組み合わせによって，ネズミとヤギに暴食を引き起こすこともできる。これは，エサよりもエサのために働くことに価値を見出していることを支持するものである（Johnson ら，2004；Langbein ら，2009）。Kalbe と Puppe（2010）の研究から，オペラント給餌システムによるブタの長期的な認知的エンリッチメントが，ブタの脳の扁桃体における報酬に敏感な受容体の遺伝子発現に大きく影響するといった説を支持する生理学的証拠が明らかにされている。

さらに，いくつかの研究は，問題解決の過程が動物の気分に影響を与えることを示している。Hagan と Broom（2004）は，5頭の雌牛（処理群）にエサ報酬にアクセスするためにゲートを開ける方法を学習させ，ウシがゲートを開けることに成功した時の状態を自動でゲートが開く条件に置いた5頭の雌牛（コントロール群）と比較した。2つの群における心拍数と行動活力の変動を比較した結果は，動物の問題解決の過程に高い覚醒と興奮が関連していることを示唆し，これは動物の学習の進捗が意識を反映している可能性を示唆した。言いかえれば，「うまくいく」ということに対する理解や興奮である。これらの定量的データからは，これらが主にポジティブまたはネガティブな興奮（フラストレーションまたは楽しみ）のどちら

であったかどうかを言うことはできない。動物の「ボディランゲージ」に注目した定性的評価アプローチは，Wemelsfelder ら（2001, 2009）によって開発されたが，動物の実際の経験にさらに光を当てる。Langbein ら（2004）の矮性ヤギにおける道具的学習の研究では，学習過程と学習成功，さらに心拍数や心拍変動などの生理的指標間の相関関係を詳細に観察した。Hagen と Broom（2004）のように，観測された反応パターンは，「ポジティブなストレス」の観点から解釈する理解の行程と制御性を獲得することを反映している。しかし，この言葉はまだ抽象的な科学的理解を含んでいる。すなわち，まさに動物の実際の経験のためにこれが何を意味しているのか，より直接的な行動表現の定性的研究を必要としているということである（Wemelsfelder, 2007）。

問題解決以外の主体性の表現は，自己報酬と似ていることが明らかとなっている。遊びは明確な帰結がなく，リラックスして集中的に楽しんでいるように見えるため，たいてい自己報酬的行動とみなされる傾向がある（Fagen, 1992；Held, Špinka, 2011）。例えば，ワタリガラスは上下逆さに飛んだり，雪の斜面に対し背を下にして滑ったり，綱引したり，空中で「棒渡し」したりして遊ぶ（Heinrich, Smolker, 1998）。シベリアンアイベックスの子は，岩壁から空中にジャンプして，着地前に2, 3回頭をねじったり，蹴ったりする（Byers, 1977）。さらに，子豚はお互いに興奮して鳴きながら全速力で走りまわり，刺激し合う（Špinka, 未発表）。そのような行動の例は，遊びを引き起こす脳のオピオイドレベルの増加（Vanderschuren ら，1995）などで説明される。

また，獲得した情報がすぐに摂食，性行動，完了した時の報酬につながる他の行動に使用されない時でさえ，探査はポジティブな価値を持

つ。WoodGushとVestergaard（1991）は，ほとんど役に立たないものだとしても，子豚が見慣れたものがあるアリーナより新しいものがひとつ置かれたアリーナを選択することを示した。さらに，子豚が新しいものの近くで遊びを増加させたことは，探査からのポジティブな経験を示している。Newberry（1999）は，家禽がピートモスやわら束といったさほど重要ではない資源を活用するように，役に立たない新しいものを探査することに価値を置くことを明らかにした。

　主体性が福祉のためになるかもしれないという第二の考えは，主体性や潜在能力の自己形成特性によるものである。動物は可能な限り潜在能力を高めることで利益を得たり，主体性の発揮から潜在能力を生み出すため，潜在能力の正の強化環（図3.2）を通じて，主体性を基本とした活動に引き込まれる。Inglisら（2001）やInglisとLangton（2006）は，例えば，そのような出発点に基づく行動の数学モデル化が，コントラフリーローディングと潜在学習の研究において，実際に経験的に観測された行動を再現することを明らかにした。Csikszentmihalyi（1992）は，「フロー（流れ）理論（theory of flow）」と呼ばれる人間の潜在能力と幸福の相互作用の研究で知られている著者であるが，この理論は，ヒトの経験する幸福を知覚された刺激とスキル水準との相互作用の機能であると仮定する。知覚された刺激がスキルの水準より高いと，ヒトは新しいスキルを学ぼうとし，スキルが知覚された刺激より高いなら，ヒトはより多くの刺激を求める。このように，知覚された刺激とスキルはお互いを追いかけ合う。Csikszentmihalyiが「意識の順番と複雑性における再編成と発達」を導くと主張する，「フロー」として主観的に経験されるプロセスである（Moneta, Csikszentmihalyi, 1996, p.277）。知覚された刺激とスキルがともに高く，ヒトが何かに注意を向け，集中力と活動を維持して取り組んでいる時，「フロー」の最も大きな体験および関連する幸福が生じる。そのため，動物においても行動と認知的努力の重要なサイクルを開始し維持する機会は，「フロー」と同じ感覚を生み出し，結果，より長期間の福祉に大きく貢献するだろう。

　主体性による第三の福祉的効果は，潜在能力の向上が動物の身体的健康と適応度，その結果である満足などのポジティブな気持ちに与える影響から生じるものである。相互作用レベルの増加や運動性には，まず骨，筋肉，心臓の強化，肉体の耐久力の向上といった直接的・物理的なメリットがあるかもしれないが（Spangenbergら，2005, 2009；Schenckら，2008），改善された感覚刺激の調整は身体の健康と再建を強化し，より大きな神経の複雑さと可塑性を導くことが示された（Kleim, Jones, 2008）。もっと一般的には，活発な動物は，それらによって取得するスキルと情報を通して，より自信を持って日常的ニーズをよく満たすように振るうだろう。結局，よく食べられ，よく保護され，強く抑制されていた動物よりも社会的に高い地位を得る。そのような動物の適応能力の一般的な改良が，飼育下の環境でさえ，健康や適応度に影響するという証拠も多くなっている。例えば，空間的な難しい課題にさらされているラットは低い死亡率を示し（Bellら，2009），一方食物を入手するために音を識別することを教えられたブタは，これらの刺激に曝露されなかったブタより傷の治癒が早く，免疫力も高かった（Ernstら，2006）。このため，動物の主体性を発揮させることは，即時的に福祉に影響するだけではなく，より長期間の健康と適応度を改良すると思われる。

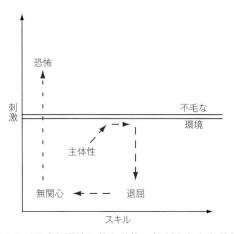

図 3.3 不毛な環境に住む動物の抑制された主体性の影響

3.6 制限された環境における主体性と潜在能力の抑制の影響

予測できない自然環境に適応した動物が、単純で制限された飼育下の環境で生まれ、育てられると何が起こるだろうか？ これは、動物の主体性、潜在能力の表現、それらに付随する行動と経験の豊かさに影響するだろうか？ また、本書で最も重要なことであるが、動物福祉のための行動と認知的な変化にとって何が重要なのだろうか？

主体性は動物の行動において本質的なものであり、それゆえ刺激がなく抑制的で変化がない環境でも、主体性は関与するだろう。しかし、そのような環境は、主体性が表現される頻度と多様性を制限するだろう。例えば、囲いは動物が外へ出て新奇なものを探す好奇的探査の表現を妨げ、時折検査的探査の機会がある程度にとどめるだろう。もし、社会的相手がまったくいないまたは少なければ、動物は社会的な遊びに従事できないだろう（Pellis, Pellis, 2009）。動物の主体性が抑制されると（**図3.3**）、潜在能力の発達もすぐ限界に達し、相互作用に対する動物の余裕も抑制されて停滞する（Von Frijtag

ら、2002）。

制限された環境で飼育された動物は、ホームペンでの行動（Gunn, Morton, 1995；Haskell ら、1996）や新奇なものに対する行動の多様性が減少し（Beattie ら、2000；Wemelsfelder ら、2000；Meehan, Mench, 2002）、横臥、睡眠、まどろみに大半の時間を費やすことを示す無視できない証拠がある（Gunn, Morton, 1995；Zanella ら、1996）。動物は、しばしば頭や耳を垂れながら、または半眼で手足の異常屈曲を伴いながら、さらに壁やストールに体を押し付けながら、ほとんど動かず横臥や佇立に長時間費やす。そのような不活発な姿勢は、無感動で、無気力、うつとして質的に特徴づけられる（WoodGush, Vestergaard, 1991；Martin, 2002）。さらに、ある行動パターンは、その実行にそれほど融通がきかず、固定的で衝動的に見える。例えば、飼育下におけるシロクマの常同的歩行は、巡回行動における欲求不満との関連性が考えられ（Clubb, Mason, 2004）、集約的に飼育されている動物の食料に由来する常同行動は、摂食の抑制との関連性がある（Mason, Mendl, 1997）。また、常同行動を示す動物は、新奇なことや予期していなかった出来事に対して、ひどく攻撃的な、または恐怖反応を示す（Broom, 1986）。

したがって、飼育下の動物は、物理的に動き、知覚された刺激に応じるかもしれないが、問題はそのような活動が正常な主体性の反応であるかどうかということである。動物が臨機応変に、また遊戯的に環境と相対するということは、生涯をよりよくすることに夢中で忙しいということだろうか？ 前のパラグラフで議論された、飼育下の動物で見られる行動パターンである受け身で変化のない硬直的特性は、これがそうでないかもしれないことを示唆する。Wemelsfelder（2005）は、それらの多面的複雑さ

から，そのような特性が，動物の行動を形作る「フロー」の慢性的混乱，主体性の潜在的抑圧または解体（図3.3）を反映していると提案している（Csikszentmihalyi, 1992；3.5節参照）。動物は実行が動機づけられている活動の維持が阻まれると，環境に対する取り組みが低下し，行動の多様性とフローはなくなる。

そのような取り組みの低下による福祉への影響は何だろうか？　第一に，主体性の抑制は様々な面で直接動物の情動に影響するだろう。まず，主体性を示すことができなければ，主体性に伴って生じるポジティブな情動を経験できないだろう（図3.2）。近年，動物の生活改善に対する福祉のポジティブな面，例えば，社会的な相互作用，探査，遊びなどに関連する面の重要性が増している（Boissyら, 2007；Napolitanoら, 2009）。福祉は，もはや健康性の機能や苦しみの除去のみから捉えられるのではなく，ポジティブな経験，より一般的なよい「QOL（生活の質）」として捉えられるものである（McMillan, 2005）。3.5節において，主体性の表現が，ポジティブな関心の高さ，探査や問題解決時の興奮性，遊びのリラクゼーション機能と娯楽性，潜在能力の発現や「フロー」の体験による幸福性や充実感に関連していると記述した。したがって，動物から主体性の機会を奪うと，自然に維持されてきたポジティブな経験のきっかけを失わせることになるだろう。そして，動物は喜び，楽しみまたは満足を経験するのか，またどのような環境下でそれは経験できるのか，これらの調査にはより多くの研究が必要である。

さらに，様々な著者により，主体性の抑制も退屈の経験や長期間における憂うつまたは無気力状態と関連することが示唆されている。Glanzer（1958）は，準最適レベルの情報処理が退屈を引き起こすと主張したが，加えて不毛な環境で成長している動物はそのような状態に適応しており，急性的には苦しまないかもしれないと主張した。また，Inglis（1983）は，動物は予想と実際の新奇性レベルの不一致に慣れ，はじめは退屈だが，結局落ち着くと主張している。そのため，飼育下の動物の受動性は，予測しやすい環境のために設計された適応戦略か生活史に基づく対応法と考えることができると主張するかもしれない。しかし，そのような主張が，飼育下の動物において実際に観測された行動過程にどの程度対応しているかという疑問がある。前述のように，Wemelsfelder（2005）は，飼育下の動物の多岐にわたる行動の兆候は，行動の「フロー」の慢性的混乱を反映しており，これを機能的適応形態とみなすべきでないと主張している。それよりも，そのような兆候は，人間の行動機構との相似性から見た場合，慢性の退屈，抑うつ，一般的な心理的消耗症を暗示していると考えられるだろう（Csikszentmihalyi, 1975；Harris, 2000参照）。動物におけるこの状況についての初期の議論は，慢性的な行動の剥奪と中途半端な状態を「辺獄」と特徴づけたMcFarland（1989）によって提示された。最近の実験報告では，不毛な環境で観測される動物福祉への影響を解釈するのに，退屈という用語が頻繁に使用されている（例：Newberry, 1999；Ernstら, 2005；Manteuffelら, 2009）。したがって，動物が環境との活発な関わりを通し，対処方法や楽しみを経験すると私たちが理解するならば，そのような関わりを長期間にわたって奪うことで動物に衰弱，退屈，憂うつなほどの暇を経験させるべきではない。

主体性の低下が福祉に影響するかもしれない第二の原因は，恐怖や不安感を強めたり，社会的適応を危険にさらす未発達の潜在能力の結果によるものである。潜在能力を訓練しないこと

は，動物が適切な予測能力を発達させ，それを活性化することを退行させるかもしれない。すなわち，知覚された環境の刺激の分類や評価がうまくできず，いったんそのような状況が起きた時に刺激に対処する準備ができないだろう。結果として，予期していなかった，または新奇な出来事は，動物をさらに驚かせ，興奮させ，利用可能な新しい情報を生かせないだろう。例えば，実験動物は，輸送や取り扱いを含む実験手順に順応しにくく（例：Rennie, Buchanan-Smith, 2006），産業動物では混雑して，騒がしく，初めて見る場所であると畜場などへの到着は特にストレスが大きいかもしれない（Deissら, 2009）。成長の早い時期に自然な量の遊びを剥奪されたネズミとブタでは，社会的な葛藤を解決する能力が低下し，より長い，またはより激しい喧嘩を起こしやすい（Newberryら, 2000；Pellis, Pellis, 2009）。したがって，不毛な環境で育った動物は，そのような退屈な環境で不活発に暮らしているというより，様々な刺激が発生すると，強烈な恐れや不安を感じ，適応できず，どうすればいいか分からなくなる状態でいるのかもしれない（Von Frijtagら, 2002；Chaloupkovaら, 2007）。

　主体性の低下が福祉に影響する第三の潜在的原因は，健康関連の効果にある。3.5節の終わりで説明したように，不毛な環境で生活する動物は，傷の治癒が遅く，より多くの痛みを経験しているようである（Ernstら, 2006）。より制限されたシステム下で生活している産業動物は，乳牛における乳房炎や歩行異常（跛行）（Levenら, 2008a, b），ブタの肢傷害（Kilbrideら, 2009a, b）のような，発生率が高く痛みがある生産関連疾患に苦しんでいることが多い。実際にこれらの疾患がどの程度健康に影響し，どの程度まで乏しい主体性の効果の結果であるかは，まだ立証されていない。

3.7 主体性および潜在能力の表現はすべての動物で同じか？

　動物が刺激のある環境で適応的に行動する能力は，動物が常に革新的あるいは複雑な方法で刺激に取り組むということを意味しない。動物は日々の課題に対して，実績があり有効な戦略，長く採用された行動ルーチン，簡単な経験則，環境からの直接的手がかりを使用する（例：McLinn, Stephens, 2006）。例えば，一定の場所にしばらく生息すると，環境に対する認知行程が少なくても，動物は素早く効率的にその環境内で動くことができるようになる（Stamps, 1995）。また，動物は群および個体ごとに，その環境で複数種の食物が利用可能であるが，それらの栄養が潜在的に等しくても，しばしば限られた食物のみ食べる（Toshら, 2009）。そのため，日々の多くの課題解決は熟練した，ルーチン的方法で実行される。しかし，ルーチンの習熟は（刺激が起こる時の）潜在能力の機敏性，柔軟性と主体性の自己駆動力で補完される。

　主体性の意義は基本的なものであるにも関わらず，その表現は種，年齢層，性別，個体間で大きく異なる。言いかえれば，行動ルーチンの適用と，主体性や潜在能力に関連した行動の間にある量的なバランスは，種，動物，状況により異なる。例えば，ヒト以外の霊長類は社会的遊戯行動に費やす時間割合が1～22％と幅広く（Lewis, Barton, 2006），この違いは社会的かつ感情的な反応性に関わる2つの脳の領域である扁桃核と視床下部の相対体積の違いと密接に関連する。一夫多妻型や乱婚型の哺乳類では，雄は雌より頻繁に社会的遊戯行動に参加するが，一夫一婦型の種では，両性間で違いはない（Chauら, 2008）。ドブネズミとハツカネズミ（Pellis, Pellis, 2009），カカオウムとケアオウム

(Diamond, Bond, 2004) などのように，近縁種であっても遊びの量と複雑さは大きく異なる。このような変異は，種の生態的地位によって要求が異なるために生じる。例えば，移住性のニワムシクイは，広い範囲にわたって探査を行う。これは，おそらく短時間立ち寄る場所ですぐに食物を見つける必要があるためで，定住性のサルディニアニワムシクイは，広い範囲を探査することをあまりしない (Mettke-Hofmann, Gwinner, 2004)。しかし，日々示される主体性の量が，種の知性に関連するわけではない。例えば，野生のオランウータンは，1本の木の上で数日間，多くの果実を座って食べ，眠って過ごすことで有名であるが (Lhota, 未発表)，反対にオオトカゲなどのいくつかの爬虫類は，食物を入手するために様々な新しい方法を駆使するため，明敏な学習者とみなされるかもしれない (Manrodら，2008)。

また，主体性の成育に伴う違いも顕著である。成育の後期では，主体性の表現は理論上減少するはずである。なぜならば，残りの生存期間が短縮することにより，将来の潜在能力の価値が減少するからである。実際，ドブネズミとハツカネズミにおいて，性成熟期前にピークを迎える探査行動のレベルがその後減少することが報告されている (Arakawa, 2007)。主体性のいくつかの面は，明確に定義された成育期間中に表現される。例えば，遊びはドブネズミ，ハツカネズミ，ネコ，ブタでは幼少期に最高水準がある典型的な逆さU字型発達を示す (Blackshawら，1997；Bayers, Walker, 1995)。

さらに，主体性の表現は同種であっても年齢や性別で大きく異なる。個々の動物が異なった方法で刺激に長い間反応することが認められており，この事実はしばしば「個体差」，「適応戦略」，「気質」という見出しのもと，過去20年間集中的な研究の焦点とされてきた (Croftら，2009；Jones, Godin, 2010)。このような研究は動物が探査し，遊び，社交的になる性質を含むものであるが，研究者は「個性の側面」とみなす傾向がある (Svartbergら，2005；Smith, Blumstein, 2008)。そのような違いから，いくつかの個体では，他の個体よりも規制的環境とその主体性に対する抑制効果を受けやすいという可能性が導かれ，実際に異なる個体が異なる方法で影響されるという事態が見られる。例えば，飼育下のオランウータンの研究では，「外向的」や「同調的」な個性の要素が高い動物と「神経症的傾向」要素が低い動物が主観的健全性アンケートにおいて高く評価された (Weiss, 2006)。

最終的には，1頭の動物でさえ，探査，遊戯，巡回する傾向が，場所，季節，1日の時間や気分の違いで異なるかもしれない。理論的に，これがコストより大きな利益を提供しそうなら，動物はそのような行動に従事するだろう (Dollら，2005)。多くの哺乳類は，栄養欠乏状況では遊びを劇的に抑制し，代わりに必要不可欠な食料確保と維持行動に集中する (Baldwin, Baldwin, 1976；Muller-Schwarzeら，1982；Stone, 2008)。この点から，遊びは「贅沢な行動」と考えられる可能性が示唆された (Lawrence, 1987)。遊びや場合によっては他のタイプの主体性より生存維持行動および繁殖行動に明確な優先順位があるかもしれないが，主体性型の行動は長期的に適応度に利益のあることが示されれば，早い時期にしばしば元に戻ることが多くの例で示されている。さらに，遊びを含む主体性型の行動は，食事前や混雑している屋内といった緊張している時に増加するかもしれない (Palagiら，2006；Tacconi, Palagi, 2009)。なぜならば，緊張を和らげる，好意的な意思を示すといったことを通して潜在能力を高めるからである。また，「贅沢な行動」とい

う用語も，主体性型の行動が動物福祉のプラス面からどの程度体系的に重要かということが軽視されているため，福祉的観点からみると紛らわしい言葉である（Held, Špinka, 2011）。

私たちが本章中で議論しているように，どのような動物福祉でも，主体性に従事する継続的機会，そしてその結果潜在能力を高めることが基本である。しかし，私たちが議論した主体性の表現量と質における変化は，飼育下の環境において主体性が抑圧されるように，福祉が明らかに危険にさらされるかは動物種や分類によって異なることを示している。

3.8 主体性と潜在能力の統合特性：それは何を意味するのか？

私たちは主体性と潜在能力の異なった表現，機能，利益について議論した。しかし，最終的に主体性は，組織の特定モジュールにわたって働く統合的能力であるということに注意することが重要である。神経科学の論文においては，共通する神経的動機づけ経路が特定モジュールをつなぎ，予期的で柔軟で報酬に敏感なパターンの行動と関連づけて，出現情報を統合していることが示されている（Van der Harst, Spruijt, 2007）。しかし，そのような統合システムについて議論している神経科学の論文で，主体性または潜在能力について取り上げているものはめったにない。「統合」は，必ずしも動物によって活発に行われた何かではなく，動物において起こる何かと考えられ，高次の神経の状態とみなすことができる行動組織の機能的特徴であると考えられる（例：Sterelny, 2001）。これはわずかな語彙の違いに見えるかもしれないが，哲学的にはそれが主体性について語るために意味することの中心にある。したがって，私たちは本章の最終節で，この概念に関する哲学的な議論について簡潔に触れる。

主体性の哲学的な議論は，どんな範囲まで人間と動物が「実施者」，すなわち自身が指揮するそれらの「作者」と考えられるかという問いに集中する傾向がある（Hyman, Steward, 2004；McFarland, Hediger, 2009）。伝統的にこのような関係において，主体性はまだ人間と動物を分けるひとつの能記（訳注：記号表記。文字や音声のこと）と考えられる。つまり，人間は洞察と先見で意図的に行動し，自分達の行為に責任を負うことができるが，動物は盲目的かつ本能的に行動するため，責任を負うことはできないということである。しかし，近年この根拠は変わりはじめている。動物が「意図的に」行動するかどうかという動物の志向性に関する問いは，種を絶えず広くカバーし急速に成長している研究分野の主題である（例：Hurley, Nudds, 2006）。この分野では，例えばブタの先見に関する証拠のように，動物行動に対する認知的仲介を支持する様々な事実が現れた（Špinka ら，1998）。そのような仲介が「本当の理解」を反映しているという科学的な見解は未だ深く分かれたままである。しかし，近年「低次」と「高次」のレベルの志向性に関する多くの話があり，基本的な認識力ではなく「メタ認知」であるが，本当の志向性を反映するわずかな動物種によって示された能力であると提案している研究もある（Smith, 2009）。現在のところ，「おそらく」意図的な行動と「本当の」意図的行動を明白に区別する基準を見つけることも非常に難しいままであり，そのような区分についての議論は，衰えず続いている。

しかし，第二の考え方として主体性が移行しているという伝統的な視点もある。この考えでは，主体性の概念は，動物全体の完全性を強調し，異なった概念的な分野において典型的に「低い」身体的行動と「高い」精神活動に分離される機械学的または情報モデルについて厳し

く議論するのに向いている。例えば，認知的方法は動物にあまり適用せず，主体性を合理的に処理しすぎるため批判された（例：Hurley, 2006；Steward, 2009）。一般に，より全体的なアプローチは，動物を統合された感覚のある生物とみなし，このような観点において主体性の概念は，最初に考えることで活動方向について注意を向けるのではなく，活動を志向する時，動物全体の中心的役割に注意を向ける（Hornsby, 2004；Hurley, 2006）。このような概念は，すべての行動を感覚で理解されるものとし，すべての動物の感覚を具体化するため，「盲目的」行動と「意図的」行動を見分ける必要性に直面する。その結果，感覚と知性は行動を組織する基本的で徐々に発達する特性であるとみなされることとなる。これが合理的であるか否かに関係なく，科学的に許容できる提案は，それを科学するために何をしたらよいかを意味する核心を突く質問となる。ここでは省略するが，動物福祉のためのこのアプローチの利点のひとつは，動物の経験が行動表現の集成的な特徴として想定されており，より直接的に観察可能で，それが純粋に「内的精神状態」とみなされるかどうかということよりも記述や解釈がしやすいということである（Wemelsfelder, 1997, 2007）。

本章で議論したテーマは，特にこれらのアプローチのどれかを支持してはいない。私たちは生理，健康関連，行動，認知的研究について，それぞれの節の関連していた場所で等しく示した。テーマは，動物が環境に積極的に取り組む傾向と能力について議論し，それを支持する科学的知見を提供し，巧みにかつ柔軟に，新しいまたは既存の刺激に対処することを学ぶことだった。私たちはこの能力が実在するものであり，特定の能力に加えて動物の健康とQOLを保証する重大な役割を担っていると考えている。主体性を動物行動学，動物福祉学，実践の

重大な話題として取り上げることは，動物がどう行動するかについてより鋭い観測を可能とする。そのため，科学的に関連した考えについて哲学的な討論情報を提供した。

3.9 結論

- 自然環境は，動物を多くの変化や新しい刺激に曝露する。私たちは，動物がそのような刺激に対処するために，統合的だが多面的な能力とみられる「潜在能力」があると主張する。

- 潜在能力は動物の主体性によって補強される。例えば，高度に環境と関わる動物の本来的性質は，知識の集積や将来のためのスキル向上とともに，瞬間的な必要性によって決まる。

- 主体性や潜在能力は，異なったレベルの組織統合に関係がある。同じように動物全体，すなわち動物福祉の特定の要素に注目することによって，分かりにくいとされる傾向がある福祉の側面を記述する機会を動物福祉の研究者に提供する。

- 動物福祉に関連する主体性と潜在能力の複合体には，少なくとも3つの理由が関連している。第一に，主体性の実施は，動物に直接報酬的に働く。第二に，何をしてもよいとされている時の主体性は，動物が高いスキルで高い刺激を満たす状態，すなわちヒトにおいて満足と呼ばれ，他の動物にもあるとされる状態に似ている。第三に，非常に有能な動物は無能なものより効率よく刺激に対処し，その結果，より健康的でおそれも少ない。

- 飼育下の環境が動物に主体性を発現する機会

を与えない場合，3つの面（即時的報酬価値，ポジティブな精神的気質の長期的構築，刺激に直面した時の健康と心理学的なバランスを維持する能力）すべてにおいて，よりよい福祉の達成を妨げる可能性がある。

謝辞

本書初版の共著者である Lynda Brike の貢献に感謝する。また，本著の編集者たちは，私たちの原稿を忍耐強く，有益なものとなるよう待ってくれた。Marek Špinka は，本章の執筆において grant No.GAČR P505/ 10/1411 と MZe MZE0002701404 を参考とした。

参考文献

Appleby, M.C. (1999) *What Should We Do about Animal Welfare?* Blackwell Science, Oxford, UK.

Arakawa, H. (2007) Age-dependent change in exploratory behavior of male rats following exposure to threat stimulus: effect of juvenile experience. *Developmental Psychobiology* 49, 522-530.

Archer, J. and Birke, L.I.A. (eds) (1983) *Exploration in Animals and Humans.* Van Nostrand Reinhold, London.

Baldwin, J.D. and Baldwin, J.I. (1976) Effects of food ecology on social play: a laboratory simulation. *Zeitschrift für Tierpsychologie* 40, 1-14.

Bauer, E.B. and Smuts, B.B. (2007) Cooperation and competition during dyadic play in domestic dogs, *Canis familiaris. Animal Behaviour* 73, 489-499.

Beattie, V.E., O'Connell, N.E., Kilpatrick, D.J. and Moss B.W. (2000) Influence of environmental enrichment on welfare-related behavioural and physiological parameters in growing pigs. *Animal Science* 70, 443-450.

Bell, J.A., Livesey, P.J. and Meyer, J.F. (2009) Environmental enrichment influences survival rate and enhances exploration and learning but produces variable responses to the radial maze in old rats. *Developmental Psychobiology* 51, 564-578.

Berlyne, D.E. (1960) *Conflict, Arousal, and Curiosity.* McGraw-Hill, New York.

Blackshaw, J.K., Swain, A.J., Blackshaw, B.W., Thomas, F.J.M. and Gillies, K.J. (1997) The development of playful behaviour in piglets from birth to weaning in three farrowing environments. *Applied Animal Behaviour Science* 55, 37-49.

Boissy, A., Manteuffel, G., Jensen, M.B., Moe, R.O., Spruijt, B., Keeling, L.J., Winckler, C., Forkman, B., Dimitrov, I., Langbein, J., Bakken, M. and Aubert, A. (2007) Assessment of positive emotions in animals to improve their welfare. *Physiology and Behavior* 92, 375-397.

Broom, D.M. (1986) Stereotypes and responsiveness as welfare indicators in stall-housed sows. *Animal Production* 42, 438-439.

Burghardt, G.M. (2005) *The Genesis of Animal Play: Testing the Limits.* MIT Press, Cambridge, Massachusetts.

Byers, J.A. (1977) Terrain preferences in the play behaviour of Siberian ibex kids. *Zeitschrift für Tierpsychologie*, 45, 199-209.

Byers, J.A. (1984) Play in ungulates. In: Smith, P.K. (ed.) *Play in Animals and Humans.* Basil Blackwell, Oxford, UK, pp. 43-65.

Byers, J.A. and Walker, C. (1995) Refining the motor training hypothesis for the evolution of play. *American Naturalist* 146, 25-40.

Caro, T.M. (1980) The effects of experience on the predatory patterns of cats. *Behavioral and Neural Biology* 29, 1-28.

Chaloupková, H., Illmann, G., Neuhauserová, K., Tománek, M. and Vališ, L. (2007) Pre-weaning housing effects on the behavior and physiological measures of pigs during the sucking and fattening periods. *Journal of Animal Science* 85, 1741-1749.

Chau, M.J., Stone, A.I., Mendoza, S.P. and Bales, K.L. (2008) Is play behavior sexually dimorphic in monogamous species? *Ethology* 114, 989-998.

Clubb, R. and Mason, G. (2004) Pacing polar bears and stoical sheep: testing ecological and evolutionary hypotheses about animal welfare. *Animal Welfare* 13 (Supplement 1), 33-40.

Cohen, J.D., McClure, S.M. and Yu, A.J. (2007) Should I stay or should I go? How the human brain manages the trade-off between exploitation and exploration. *Philosophical Transactions of the Royal Society B - Biological Sciences* 362, 933-942.

Croft, D.P., Krause, J., Darden, S.K., Ramnarine, I.W., Faria, J.J. and James, R. (2009) Behavioural trait assortment in a social network: patterns and implications. *Behavioral Ecology and Sociobiology* 63, 1495-1503.

Csikszentmihalyi, M. (1975) *Beyond Boredom and Anxiety.* Jossey-Bass, San Francisco, California.

Csikszentmihalyi, M. (1992) *Flow. The Classic Work on How to Achieve Happiness.* Rider, London.

Dall, S.R.X., Giraldeau, L.A., Olsson, O., McNamara, J.M. and Stephens, D.W. (2005) Information and its use by animals in evolutionary ecology. *Trends in Ecology and Evolution* 20, 187-193.

Dawkins, M.S. (2008) The Science of Animal Suffering. *Ethology* 114, 937-945.

Deiss, V., Temple, D., Ligout, S., Racine, C., Bouix, J., Terlouw, C. and Boissy, A. (2009) Can emotional reactivity predict stress responses at slaughter in sheep? *Applied Animal Behaviour Science* 119, 193-202.

de Jonge, F.H., Tilly, S.L., Baars, A.M. and Spruijt B.M. (2008) On the rewarding nature of appetitive feeding behaviour in pigs (*Sus scrofa*): Do domesticated pigs contrafreeload? *Applied Animal Behaviour Science* 114, 359-372.

Diamond, J. and Bond, A.B. (2004) Social play in kaka (*Nestor meridionalis*) with comparisons to kea (*Nestor notabilis*). *Behaviour* 141, 777-798.

Duncan, I.J.H. (1996) Animal welfare defined in terms of feelings. *Acta Agriculturae Scandinavica, Section A - Animal Science* 27, 29-35.

Ernst, K., Puppe, B., Schon, P.C. and Manteuffel, G.A. (2005) Complex automatic feeding system for pigs aimed to induce successful behavioural coping by cognitive adaptation. *Applied Animal Behaviour Science* 91, 205-218.

Ernst, K., Tuchscherer, M., Kanitz, E., Puppe, B. and Manteuffel, G. (2006) Effects of attention and rewarded activity on immune parameters and wound healing in pigs. *Physiology and Behavior* 89, 448-456.

Fagen, R. (1992) Play, fun, and communication of well-being. *Play and Culture* 5, 40-58.

Fraser, D. and Weary, D.M. (2005) Applied animal behavior and animal welfare. In: Bolhuis, J.J. and Giraldeau, L.A. (eds) *The Behavior of Animals. Mechanisms, Function and Evolution*. Blackwell Publishing, Malden, Massachusetts, pp. 345-366.

Glanzer, M. (1958) Curiosity, exploratory drive, and stimulus satiation. *Psychological Bulletin* 55, 302-315.

Gunn, D. and Morton, D.B. (1995) Inventory of the behaviour of New Zealand White rabbits in laboratory cages. *Applied Animal Behaviour Science* 45, 277-292.

Hagen, K. and Broom, D.M. (2004) Emotional reactions to learning in cattle. *Applied Animal Behaviour Science* 85, 203-213.

Harlow, H.F. (1950) Learning and satiation of response in intrinsically motivated complex puzzle performance by monkeys. *Journal of Comparative Physiology and Psychology* 43, 289-294.

Harris, M.B. (2000) Correlates and characteristics of boredom proneness and boredom. *Journal of Applied Social Psychology* 30, 576-598.

Haskell, M., Wemelsfelder, F., Mendl, M., Calvert, S. and Lawrence, A.B. (1996) The effect of substrateen-riched and substrate-impoverished housing environments on the diversity of behaviour in pigs. *Behaviour* 133, 741-761.

Hebb, D.O. (1955) Drives and the C.N.S. (Conceptual nervous system). *Psychological Review* 62, 243-254.

Heinrich, B. and Smolker, R. (1998) Play in common ravens. In: Bekoff, M. and Byers, J.A. (eds) *Animal Play: Evolutionary, Comparative, and Ecological Perspectives*. Cambridge University Press, Cambridge, UK, pp. 27-45.

Held, S.D.E. and Špinka, M. (2011) Animal play and animal welfare. *Animal Behaviour* (in press) doi:10.1016/j.anbehav.2011.01.007.

Hessle, A., Rutter, M. and Wallin, K. (2008) Effect of breed, season and pasture moisture gradient on foraging behaviour in cattle on semi-natural grasslands. *Applied Animal Behaviour Science* 111, 108-119.

Hornsby, J. (2004) Agency and actions. In: Hyman, J. and Steward, H. (eds) *Agency and Action*. Cambridge University Press, Cambridge, UK, pp. 1-23.

Hurley, S. (2006) Making sense of animals. In: Hurley, S. and Nudds, M. (eds) *Rational Animals?* Oxford University Press, Oxford, UK, pp. 139-171.

Hurley, S. and Nudds, M. (eds) (2006) *Rational Animals?* Oxford University Press, Oxford, UK.

Hyman, J. and Steward, H. (eds) (2004) *Agency and Action*. Cambridge University Press, Cambridge, UK.

Inglis, I.R. (1983) Towards a cognitive theory of exploratory behaviour. In: Archer J. and Birke L.I.A. (eds) *Exploration in Animals and Humans*. Van Nostrand Reinhold, London, pp. 72-117.

Inglis, I.R. (2000) The central role of uncertainty reduction in determining behaviour. *Behaviour* 137, 1567-1599.

Inglis, I.R. and Langton, S. (2006) How an animal's behavioural repertoire changes in response to a changing environment: a stochastic model. *Behaviour* 143, 1563-1596.

Inglis, I.R., Forkman, B. and Lazarus, J. (1997) Free food or earned food? A review and fuzzy model of contrafreeloading. *Animal Behaviour* 53, 1171-1191.

Inglis, I.R., Langton, S., Forkman, B. and Lazarus, J. (2001) An information primacy model of exploratory and foraging behaviour. *Animal Behaviour* 62, 543-557.

Johnson, S.R., Patterson-Kane, E.G. and Niel, L. (2004) Foraging enrichment for laboratory rats. *Animal Welfare* 13, 305-312.

Jones, K.A. and Godin, J.G.J. (2010) Are fast explorers slow reactors? Linking personality type and antipredator behaviour. *Proceedings of the Royal Society B - Biological Sciences* 277, 625-632.

Kalbe, C. and Puppe, B. (2010) Long-term cognitive enrichment affects opioid receptor expression in the amygdala of domestic pigs. *Genes, Brain and Behavior* 9, 75-83.

Kilbride, A.L., Gillman, C.E., Ossent, P. and Green, L.E.

(2009a) A cross sectional study of prevalence, risk factors, population attributable fractions and pathology for foot and limb lesions in preweaning piglets on commercial farms in England. *BMC Veterinary Research* 5: 30.

Kilbride, A.L., Gillman, C.E. and Green, L.E. (2009b) A cross sectional study of the prevalence, risk factors and population attributable fractions for limb and body lesions in lactating sows on commercial farms in England. *BMC Veterinary Research* 5: 31.

Kleim, J.A. and Jones, J.A. (2008) Principles of experience-dependent neural plasticity: implications for rehabilitation after brain damage. *Journal of Speech Language and Hearing Research* 51, S225-S239.

Langbein, J., Nurnberg, G. and Manteuffel, G. (2004) Visual discrimination learning in dwarf goats and associated changes in heart rate and heart rate variability. *Physiology and Behavior* 82, 601-609.

Langbein, J., Siebert, K. and Nurnberg, G. (2009) On the use of an automated learning device by group-housed dwarf goats: do goats seek cognitive challenges? *Applied Animal Behaviour Science* 120, 150-158.

Laven, R.A. and Holmes, C.W. (2008a) A review of the potential impact of increased use of housing on the health and welfare of dairy cattle in New Zealand. *New Zealand Veterinary Journal* 56, 151-157.

Laven, R.A., Lawrence, K.E., Weston, J.F., Dowson, K.R. and Stafford, K.J. (2008b) Assessment of the duration of the pain response associated with lameness in dairy cows, and the influence of treatment. *New Zealand Veterinary Journal* 56, 210-217.

Lawrence, A. (1987) Consumer demand theory and the assessment of animal welfare. *Animal Behaviour* 35, 293-295.

Lewis, K.P. and Barton, R.A. (2006) Amygdala size and hypothalamus size predict social play frequency in nonhuman primates: a comparative analysis using independent contrasts. *Journal of Comparative Psychology* 120, 31-37.

Lindqvist, C. and Jensen, P. (2008) Effects of age, sex and social isolation on contrafreeloading in red junglefowl (*Gallus gallus*) and White Leghorn fowl. *Applied Animal Behaviour Science* 114, 419-428.

Manrod, J.D., Hartdegen, R. and Burghardt, G.M. (2008) Rapid solving of a problem apparatus by juvenile black-throated monitor lizards (*Varanus albigularis albigularis*). *Animal Cognition* 11, 267-273.

Manteuffel, G., Langbein, J. and Puppe, B. (2009) From operant teaming to cognitive enrichment in farm animal housing: bases and applicability. *Animal Welfare* 18, 87-95.

Martin, J.E. (2002) Early life experiences: activity levels and abnormal behaviours in resocialised chimpanzees. *Animal Welfare* 11, 419-436.

Mason, G. and Mendl, M. (1997) Do the stereotypies of pigs, chickens and mink reflect adaptive species differences in the control of foraging? *Applied Animal Behaviour Science* 53, 45-58.

Matzel, L.D. and Kolata, S. (2010) Selective attention, working memory, and animal intelligence. *Neuroscience and Biobehavioral Reviews* 34, 23-30.

McFarland, D.J. (1989) *Problems of Animal Behaviour*. Longman, Harlow, UK.

McFarland, S.E. and Hediger, R. (eds) (2009) *Animals and Agency*. Brill, Leiden, The Netherlands.

McLinn, C.M. and Stephens, D.W. (2006) What makes information valuable: signal reliability and environmental uncertainty. *Animal Behaviour* 71, 1119-1129.

McMillan, F. (ed.) (2005) *Mental Health and Well-Being in Animals*. Blackwell Publishing, Oxford, UK.

Meehan, C.L. and Mench, J.A. (2002) Environmental enrichment affects the fear and exploratory responses to novelty of young Amazon parrots. *Applied Animal Behaviour Science* 79, 75-88.

Meehan, C.L. and Mench, J.A. (2007) The challenge of challenge: can problem solving opportunities enhance animal welfare? *Applied Animal Behaviour Science* 102, 246-261.

Mettke-Hofmann, C. and Gwinner, E. (2004) Differential assessment of environmental information in a migratory and a nonmigratory passerine. *Animal Behaviour* 68, 1079-1086.

Moncek, F., Duncko, R., Johansson, B.B. and Ježová, D. (2004) Effect of environmental enrichment on stress related systems in rats. *Journal of Neuroendocrinology* 16, 423-431.

Moneta, G.B. and Csikszentmihalyi, M. (1996) The effect of perceived challenges and skills on the quality of subjective experience. *Journal of Personality* 64, 275-310.

Muller-Schwarze, D., Stagge, B. and Muller-Schwarze, C. (1982) Play-behavior - persistence, decrease, and energetic compensation during food shortage in deer fawns. *Science* 215, 85-87.

Napolitano, F., Knierim, U., Grasso, F. and De Rosa, G. (2009) Positive indicators of cattle welfare and their applicability to on-farm protocols. *Italian Journal of Animal Science* 8 (1s - [Special Issue] 'Criteria and Methods for the Assessment of Animal Welfare'), 355-365.

Newberry, R.C. (1999) Exploratory behaviour of young domestic fowl. *Applied Animal Behaviour Science* 63, 311-321.

Newberry, R.C., Špinka, M. and Cloutier, S. (2000) Early social experience of piglets affects rate of conflict resolution with strangers after weaning. In: *Proceedings of the 34th International Congress of the ISAE [International Society for Applied Ethology]*, 14-18

October 2000, Florianopolis, Brazil, p.67.
Palagi, E., Paoli, T. and Borgognini Tarli, S. (2006) Short-term benefits of play behavior and conflict prevention in *Pan paniscus*. *International Journal of Primatology* 27, 1257-1270.
Pellis, S. and Pellis, V. (2009) *The Playful Brain. Venturing to the Limits of Neuroscience*. Oneworld Publications, Oxford, UK.
Petrů, M., Špinka, M., Lhota, S. and Šípek, P. (2008) Head rotations in the play of hanuman langurs (*Semnopithecus entellus*): a description and an analysis of their function. *Journal of Comparative Psychology* 122, 9-18.
Petrů, M., Špinka, M., Charvátová, V. and Lhota, S. (2009) Revisiting play elements and self-handicapping in play: a comparative ethogram of five old world monkey species. *Journal of Comparative Psychology* 123, 250-263.
Puppe, B., Ernst, K., Schon, P.C. and Manteuffel, G. (2007) Cognitive enrichment affects behavioural reactivity in domestic pigs. *Applied Animal Behaviour Science* 105, 75-86.
Rennie, A.E. and Buchanan-Smith, H.M. (2006) Refinement of the use of non-human primates in scientific research. Part III: refinement of procedures. *Animal Welfare* 15, 239-261.
Rogers, L.J. (2008) Development and function of lateralization in the avian brain. *Brain Research Bulletin* 76, 235-244.
Schenck, E.L., McMunn, K.A., Rosenstein, D.S., Stroshine, R.L., Nielsen, B.D., Richert, B.T., Marchant-Forde, J.N., and Lay, D.C. (2008) Exercising stall-housed gestating gilts: effects on lameness, the musculo-skeletal system, production, and behavior. *Journal of Animal Science* 86, 3166-3180.
Seppanen, J.T., Forsman, J.T., Monkkonen, M. and Thomson, R.L. (2007) Social information use is a process across time, space, and ecology, reaching heterospecifics. *Ecology* 88, 1622-1633.
Sharpe, L.L. (2005) Play fighting does not affect subsequent fighting success in wild meerkats. *Animal Behaviour* 69, 1023-1029.
Smith, B.R. and Blumstein, D.T. (2008) Fitness consequences of personality: a meta-analysis. *Behavioral Ecology* 19, 448-455.
Smith, J.D. (2009) The study of animal metacognition. *Trends in Cognitive Sciences* 13, 389-396.
Spangenberg, E.M.F., Augustsson, H., Dahlborn, K., Essén-Gustavsson, B. and Cvek, K. (2005) Housing-related activity in rats: effects on body weight, urinary corticosterone levels, muscle properties and performance. *Laboratory Animals* 39, 45-57.
Spangenberg, E., Dahlborn, K., Essén-Gustavsson, B. and Cvek, K. (2009) Effects of physical activity and group size on animal welfare in laboratory rats. *Animal Welfare* 18, 159-169.
Špinka, M., Duncan, I. and Widowski, T. (1998) Do domestic pigs prefer short-term to medium-term confinement? *Applied Animal Behaviour Science* 58, 221-232.
Špinka, M., Newberry, R.C. and Bekoff, M. (2001) Mammalian play: training for the unexpected. *The Quarterly Review of Biology* 76, 141-168.
Stamps, J. (1995) Motor learning and the value of familiar space. *American Naturalist* 146, 41-58.
Sterelny, K. (2001) *The Evolution of Agency and Other Essays*. Cambridge University Press, Cambridge, UK.
Steward, H. (2009) Animal agency. *Inquiry* 52, 217-231.
Stolba, A. and Wood-Gush, D.G.M. (1981) The assessment of behavioral needs of pigs under free-range and confined conditions. *Applied Animal Ethology* 7, 388-389.
Stone, A.I. (2008) Seasonal effects on play behavior in immature *Saimiri sciureus* in eastern Amazonia. *International Journal of Primatology* 29, 195-205.
Svartberg, K., Tapper, I., Temrin, H., Radesater, T. and Thorman, S. (2005) Consistency of personality traits in dogs. *Animal Behaviour* 69, 283-291.
Tacconi, G. and Palagi, E. (2009) Play behavioural tactics under space reduction: social challenges in bonobos, *Pan paniscus. Animal Behaviour* 78, 469-476.
Toates, F. (2004) Cognition, motivation, emotion and action: a dynamic and vulnerable interdependence. *Applied Animal Behaviour Science* 86, 173-204.
Tosh, C.R., Krause, J. and Ruxton, G.D. (2009) Theoretical predictions strongly support decision accuracy as a major driver of ecological specialization. *Proceedings of the National Academy of Sciences of the United States of America* 106, 5698-5702.
Van der Harst, J.E. and Spruijt, B.M. (2007) Tools to measure and improve animal welfare: reward-related behaviour. *Animal Welfare* 16 (Supplement 1), 67-73.
Vanderschuren, L.J., Stein, E.A., Wiegant, V.M. and Van Ree, J.M. (1995) Social play alters regional brain opioid receptor binding in juvenile rats. *Brain Research* 680, 148-56.
Vanderschuren, L.J., Niesink, R.J.M. and Van Ree, J.M. (1997) The neurobiology of social play-behavior in rats. *Neuroscience and Biobehavioral Reviews* 21, 309-326.
Von Frijtag, J.C., Schot, M., van den Bos, R. and Spruijt, B.M. (2002) Individual housing during the play period results in changed responses to and consequences of a psychosocial stress situation in rats. *Developmental Psychobiology* 41, 58-69.
Watters, J.V. (2009) Toward a predictive theory for environmental enrichment. *Zoo Biology* 28, 609-622.
Weiss, A., King, J.E. and Perkins, L. (2006) Personality

and subjective well-being in orangutans (*Pongo pygmaeus* and *Pongo abelii*). *Journal of Personality and Social Psychology* 90, 501-511.

Wemelsfelder, F. (1997) The scientific validity of subjective concepts in models of animal welfare. *Applied Animal Behaviour Science* 53, 75-88.

Wemelsfelder, F. (2005) Animal boredom: understanding the tedium of confined lives. In: Macmillan, F. (ed.) *Mental Health and Well-Being in Animals*. Blackwell Publishing, Oxford, UK, pp 79-93.

Wemelsfelder, F. (2007) How animals communicate quality of life: the qualitative assessment of animal behaviour. *Animal Welfare* 16 (Supplement 1), 25-31.

Wemelsfelder, F. and Birke, L.I.A. (1997) Environmental challenge. In: Appleby, M.C. and Hughes, B.O. (eds) *Animal Welfare*. CAB International, Wallingford, UK, pp. 35-47.

Wemelsfelder, F., Haskell, M., Mendl, M., Calvert, S. and Lawrence, A.B. (2000) Diversity of behaviour during novel object tests is reduced in pigs housed in substrate-impoverished conditions. *Animal Behaviour* 60, 385-394.

Wemelsfelder, F., Hunter, E.A., Mendl, M.T. and Lawrence, A.B. (2001) Assessing the 'whole animal': a free-choice-profiling approach. *Animal Behaviour* 62, 209-220.

Wemelsfelder, F., Nevison, I. and Lawrence, A.B. (2009) The effect of perceived environmental background on qualitative assessments of pig behaviour. *Animal Behaviour* 78, 477-484.

White, R.W. (1959) Motivation reconsidered: the concept of competence. *Psychological Review* 66, 297-333.

Wood-Gush, D.G.M. and Vestergaard, K. (1991) The seeking of novelty and its relation to play. *Animal Behaviour* 42, 599-606.

Wood-Gush, D.G.M. and Vestergaard, K. (1993) Inquisitive exploration in pigs. *Animal Behaviour* 45, 185-187.

Zanella, A.J., Broom, D.M., Hunter, J.C. and Mendl, M.T. (1996) Brain opioid receptors in relation to stereotypies, inactivity, and housing in sows. *Physiology and Behaviour* 59, 769-775.

II 問題点

第4章
飢えと渇き

概　要

　一般に飢えと渇きが，飲むことや食べることへの「引き金」と考えられている。そのため，「飢餓と渇きからの自由」の推奨は，混乱を招くといわれている。本章で，私たちは「正常な」摂食と飲水行動について考える。すべての動物は，摂食バウト（監注：一連の連続した摂取）やミール（監注：一回の食事）における，望ましい，すなわち「正常な」行動を持っている。これらの行動はとても柔軟で，福祉に強く影響する望ましい摂食行動から逸脱することを示す証拠がほとんどない。高品質な食べ物を自由に持続的に得られることは，過肥，肥満，その他の問題を招くため，飼養者は動物の行動に関わるある程度の量的・質的な摂食制限を課す。量的に制限された時と比較して，食物が質的に制限された時に観察される行動変化については研究間で統一された見解があるが，飢えの生理学的指標が認められた時の行動変化についてはほとんどない。これらの行動変化は，質的に制限された時の福祉改善のサインによって解釈される。摂取制限の一部は低栄養と考えられ，これは動物の疾病増加，能力低下，厳しい健康状態の悪化，突然死に影響することがよく知られている。栄養不良は，動物が不適切な栄養バランスの食物を与えられている時に生じる。ある種の栄養不良は，摂食制限と同じような問題を引き起こし，肥満を招く。栄養不良のいくつかのケースにおいては，行動の変化や福祉の低下を導くかどうかが議論されている。最後に，渇きの代替用語である「水制限」について，意図的なものと非意図的なものについて述べる。水は多面的な機能を持つため，短期間の制限でさえ健康や福祉に悪影響を及ぼす。また，飼養者が自由で持続的な水の利用や得やすさを常に考えているにも関わらず，非意図的に「水制限」が生じる事例が多くあるため，それらについても考える。

4.1　はじめに

　摂食と飲水はすべての動物において最も基本的な行動で，個々の繁殖成功と生存，すなわち進化的適応度に影響を与えるものである。飢えと渇きは，摂食と飲水という行動発現を誘導する動機と考えられ，結果として「あらゆる動機の中で最も基本的で，根源的で，やむことない2つの動機づけの状態」とされる（Webster, 1995）。このため，動物福祉の推奨事項として多くの規約に取り入れられている「5つの自由」の1番目に「飢餓と渇きからの自由」が挙げられている（例：FAWC, 1992；Animal Welfare Advisory Committee, 1994）。

　しかし，飢えと渇きは動物が食べはじめる，または飲みはじめるのに必要な「引き金」であると一般的に考えられているため（Le Magnen, 1985），「飢餓と渇きからの自由」の推奨事項は混乱を招くと主張された。極論的には，飢えと渇きは動物の病気，生理システムの機能不全，福祉の低下，死に通じるため，おそらく

この推奨事項は，食物と水が厳しく剝奪されることからの自由を指しているのだろう。しかし，これは問題の一方のみを示している。もう一方では，高品質な食物の非制限的な得やすさによる急激な体重増加，肥満，すべての健康・繁殖・福祉への悪影響が数多く観察されている（D'Eathら，2009）。そのため，「飢餓と渇きからの自由」は，高品質な食物の自由な摂食による過食が原因となる健康や福祉への悪影響を避けること，および推奨される摂食制限に関連する飢えを最小にするという相反する2つの側面を持ち，これが5つの自由の1番目ということに関するジレンマとなっている。そのような推奨事項と「飢餓と渇きからの自由」概念の明らかな競合は，「"ニワトリの飢え"のような表現に付随する意味の確実性の欠如」と最終判決が強調された訴訟を引き起こした（CIWF/Defra, 2003）。

食物（特にエネルギー）の摂取制限は，反芻動物の生産システムで一般的な方法で，ある低品質な食物の給与（質的制限），または，動物が摂取する高品質な食物量の制限（量的制限）により行われる。厳しい量的な食物制限下（栄養不足）では，動物は利用可能な食物はどんなものでもすぐに消費してしまうため，1日の残りの時間を食物なしで過ごすことになる。これは，通常の摂食行動を発現できていないことも意味し（他の5つの自由の項目とも競合する），何が正常な摂食行動を構成するのかということや，飢えを課す概念は何かという課題を提起する。このことから，本章では，食物を自由に摂取させた際の正常な摂食行動の仕組みについての説明からはじめる。それにより，次に議論する動物の行動と福祉に対する食物摂取の量的かつ質的制限の結果を判断できる。続いて，長期的な動物の健康や福祉に対する栄養不足や栄養不良の結果について述べる。これらの栄養状態はともに動物の摂食における極限状態と見られている。最後に，渇きに付随する問題と飲水行動について議論する。

4.2 自由に摂取させた際の動物の正常な摂食行動

多くの動物は，継続的もしくは手当たり次第に摂食はしないが，バウト内ではそうする。つまり，実際の摂食はバウト内では短い非摂食間隔で分断されるが，もし的確に同定できるとすれば，ミールでは長い非摂食間隔で分けられるということである。バッタ，ネズミ，ウシまで広範囲の動物で，満腹になるとミールを終了させる。そして，満腹がミール終了直後に摂食動機を低下させる（Metz, 1975；Le Magnen, 1985；Simpson, 1995）。その後，徐々に「飢え」が増加し，再び動物は別のミールをはじめる可能性を高める（図 4.1a）。これは，多くの種で観察される典型的摂食間隔の頻度分布を導く（図 4.1）。

摂食行動をミールに分類するため，そのような条件下では明らかに適切でない従来の量的対数生存分析や対数頻度分析（Slater, Lester, 1982；Langtonら，1995）に置きかわる新しい方法が近年開発されている（Tolkampら，1998；Yeatsら，2001；Howieら，2009a）。これらの方法は，対数変換した間隔の頻度分布に適合する混合関数に依存する。動物がミール中に飲水しない時，（ミール内およびミール間の）時間分布は一般的に対数正規分布となる（図 4.2a, b 参照）。しかし，飲水は多くの動物で通常のミールと結びつき（Bigelow, Houpt, 1988；Forbesら，1991；Zorrillaら，2005），これを考慮に入れるなら通常の摂食行動は適切に特徴づけられる（ウシ：Yeatsら，2001；ラット：Zorrillaら，2005）。図 4.2c は，ミール中に飲水する動物の摂食間隔に3つの塊が見ら

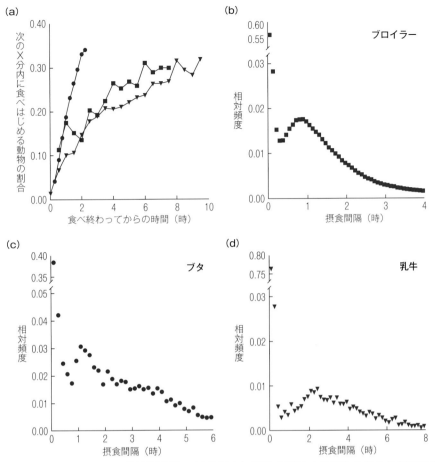

図 4.1 自由採食下の動物における最終摂食後の X 分以内に摂食を開始する動物の割合の規則的増加（ブロイラーは 15 分，乳牛と豚は 30 分，a）と，ブロイラー（■，b），ブタ（●，c），乳牛（▼，d）の典型的摂食間隔の頻度分布

グラフは，ブロイラーは Howie ら（2009a），ブタは Wilkinson（2007），乳牛は Yeates ら（2001）のデータから作成した

れることを示している（Tolkamp, Kyriazakis, 1999；Yeates ら，2001）。最終的にミール中だけ飲水する動物（新生子など）は，ミール中まったく飲水しない動物と同じような摂食行動機構を持っていると思われる（図 4.2d, b 比較）。

図 4.2 において特徴づけられる通常の摂食行動パターンは，ブロイラーのような強く選抜された産業動物においても，ほとんど生産形質に関する遺伝的選抜の影響を受けない（Howie ら，2009b）。これは，生産形質のため集約的に選抜された動物は常に飢えているという考えと矛盾する（Burkhart ら，1983；Bokkers, Koene, 2003）。さらに，濃厚飼料給与の乳牛と粗飼料を自由摂食できる乳牛の比較でも分かるように，動物が量的制限をかけられた時にも同じミールパターンが見られる（Tolkamp ら，2002）。

短時間の摂食行動における通常パターンの変化は，健康や福祉の問題の早期発見につながるかもしれない。例えば，Gonzalez ら（2008）は，歩行異常（跛行）のあるウシは，熟練した農場のスタッフがウシの状態に気付くずっと前に，短時間の摂食行動を変えることを発見し

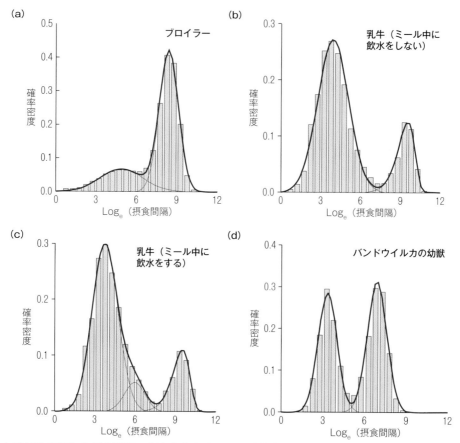

図4.2 自然対数変換した摂食間隔の頻度分布を適用した確率密度関数（PDFs）（棒グラフで示されたビン幅〈0.5 $\mathrm{Log_e}$〉で分割）
(a) ブロイラー（Howie ら, 2010），(b) ミール中に飲水をしない乳牛，
(c) ミール中に飲水をする乳牛（b, c ともに Yeates ら, 2001），(d) ミール中だけ飲水をするバンドウイルカの幼獣（Jacobsen と Amundin により提供。Jacobsen ら, 2003 参照）
ミールの基準は，ミール間隔が長い場合（ミール間）と短い場合（ミール中）の確率密度分布が交差する間隔の長さから推定される。細い線は個々の関数曲線，太い線は全体のモデルを示す

た。おそらく，跛行のウシは立位では肢が痛むため，摂食頻度を2倍または3倍することで，ミールの持続時間を減らしながらも摂取量を維持する。同じように，乳消費パターンの自動モニタリングによって，子牛の病気の罹患に伴う通常の哺乳行動の変化を検知できる可能性がある（Borderas ら, 2009）。

4.3 1日摂取量が減少しないミールパターンの抑制

食物が自由に持続的に得られなければ，前述のような摂食行動の通常パターンは示されないことは明らかである。しかし，そのような正常行動の表現が妨げられる摂食方式や状況があるかもしれず，それでも「望ましい」または「必要」な飼料摂取を達成している。このような状況の典型的な例は，自由摂食給餌であっても給餌器に対する個体密度が相対的に高い場合や，1日に1, 2回しか給餌がない場合である。

Elizalde と Mayne（2009）は，給餌器によるサイレージ給与に供するウシの数を増加させた時，平均1日摂取量に対する給餌器の競合には明確な影響はなかったが，1日の摂食時間が2/3以上減少し，摂食頻度が3倍になったこと

を観察した。給餌器当たりのブタの頭数を5頭から10頭，15頭，20頭に増加させた場合も，1日の摂取量や増体に影響はないが，1日の摂食時間が減少し，摂食頻度が増加した（Nielsenら，1995）。ブタが群で飼われ，ひとつの給餌器でのみ給餌されている時，望ましい概日パターンは見られなくなり（Laitatら，1999），摂食行動は完全にランダムになる（Nielsenら，1996；Wilkinson，2007）。同じことは，環境温が高く反芻動物の日中の摂食が妨げられる時にも見られ，早朝の摂食行動の増加とともに気温の下がる夜間に摂食行動を行うようになる（Brown, Lynch, 1972）。

　動物が飼料を1日に1, 2回，食べたいだけの量を食べることができる，あるいは特定の時間以外にも食物を摂取できる生産システムがある。その一例として，実際の摂食頻度を減少させるブタの「食欲増進」給餌システムがある。摂取しやすく（例：競争がないなど），消化率が高い食料が供給されると，動物は必要な摂取量を短時間で摂取することができるが，通常の概日パターンはまったく見られなくなる。ここで，望ましい概日パターンの欠如が（摂取量は維持されるが）長期的にまたは短期的に動物にとって重要なのかどうかという疑問が生じる。動物がこのように摂食を行う時，動物の生理状態にいくつかの規則正しい変動が予想される（詳細は4.4.4節参照）。短期間の摂食行動は，摂食環境や飼育条件を効果的に利用するための手段であるが，動物の内部状況における短期間の変動とはほとんど関連なく示される。そのため，おそらく動物の摂食パターンは，きわめて個性的であり，かつ同じ動物でも日によって異なる（例：ニワトリ，Forbes, Shariatmadari, 1996）。

4.4 動物における食物摂取の量的および質的制限の影響

● 4.4.1 必要性と戦略

　少ない努力で制限なく高栄養の食物をとることのできる動物は，脂質の形で貯蔵されている多量のエネルギーを摂取する。これはヒトだけでなく，伴侶動物（Gough, 2005；Czirjak, Chereji, 2008；Laflammeら，2008；Germanら，2009），展示動物（Schwitzer, Kaumanns, 2001），実験用げっ歯類（Mela, Rogers, 1998；Home Office, 2003），ある種の産業動物でも生じる得る（Meunier-Salaünら，2001；Mench, 2002；Tolkampraら，2007）。長期的に肥満を引き起こす高エネルギーの摂取は，糖尿病，心臓病，繁殖障害，がん，寿命の減少といった健康問題とも関連する（Berg, Smims, 1960, 1961；Kealyら，2002；Lawlerら，2005；German, 2006；Colmanら，2009）。そのような問題を避ける，または現存する過肥の状況を改善するため，一般的には，（必須栄養素ではないが）エネルギー摂取の制限が勧められる。原理的に，現在3つの方法がこれを達成するために用いられている。反芻動物の生産システムでは，過度の体重増加を避けるため（もしくは過肥の動物における緩やかな体重減少のため），一般にエネルギーの自由摂取量を減少させる低質食物（多くは粗飼料）の自由摂食を行う。典型的な例は，乾乳牛における濃厚飼料制限とサイレージ，乾草，稲わらなどの飽食が挙げられる。しかし，同じ効果は，非反芻産業動物（ブロイラーの種鶏や種豚）や伴侶動物（イヌ，ネコ）における高質な飼料への摂食制限でも達せられる。最後の選択肢として，この2つの方法を組み合わせたものがある。すなわち，摂食制限による福祉の低下を最小にするため，低質（一般にかさば

るもの）の飼料で制限給与を行うことである。動物の健康と福祉のためのこれらの方法の結果について、以下で議論する。

● 4.4.2 量的制限と摂食行動

量的食事制限条件下では，動物の摂食欲求はたいてい高く，どんな食物でも利用可能ならばすぐに摂取する。そして摂食後，満たされない摂食欲求の結果と考えられる様々な行動が起こる（D'Eath ら，2009）。一般的に量的制限は，摂食に関連する行動（Epling, Pierce, 1988；Dewasmes ら，1989；Koubi ら，1991；Weed ら，1997；Hebebrand ら，2003）や，全体的な活動性を増加させる（Savory, Lariviere, 2000；Hocking, 2004）。これらは，一般的に向ける対象を変えた口を使った行動で，ブロイラー種鶏の定点つつき（Sandilands ら，2005, 2006），ブタの鎖または柵への吸引行動，敷料がある時の穴掘り（Appleby, Lawrence, 1987），小型ネコの舌遊び（Shepherdson ら，1993），ミンクの歩き回り，巣箱内外の疾走，頭振り（Mason, 1993），ヒツジの毛むしり，毛かじり，柵かじり（Cooper ら，1994）などがある。給水器も対象となり，過剰飲水や水の漏出が頻繁に起こる（Rushen, 1985a, b；Sandilands ら，2005）。これらの転嫁的口唇行動は常同化し（反復的で不可逆的で明確な機能がないこと：Mason, Lantham, 2004），常同行動はブタ（Brouns ら，1994；Bergeron ら，2000）やニワトリ（Savory ら，1996）において食物の制限レベルとともに増加する。

摂食制限に関する常同行動やその他の「異常」行動に関連するいくつかの明確な観察が Rushen（1985b, p.1064）により繋留豚でなされている。Rushen は以下のように報告している。

柵に対する口吻の擦りつけ，給水器いじり，柵かじり，頭振りは明らかに添加行動で，給餌期間に関連する。これらは，給餌直前に起こる最終反応（柵かじり，擦りつけ，頭振り），または給餌直後の一時的反応に分類される。一時的反応は，穴掘りと結びついた長時間の飲水や短時間の素早い飲水，素早い擦りつけも含む。最後の２つの行動は，一連の流れで起こりがちである。しかし，真空吸引や鎖いじりも，給餌前後で同じくらいの頻度で起こる。

これらの観察は，その後 Appleby と Lawrence（1987）により，（異なるレベルの摂食制限のブタにおいて）確認された。このような常同行動は，摂食行動の表現を意味しており，環境の物理的状況により修飾されると広く信じられている（Lawrence ら，1993）。ある動物種（例：ミンク，小型ネコ）において，これらの行動は摂食前に行われるが，一度給餌されると多少の差はあってもなくなる（Mason, 1993）。他の動物（ブタ，ニワトリ）においては，摂食前は低いレベルで，摂食後に増加する（Terlouw ら，1991）。さらに，これらの行動のいくつかは，運動系（例：歩き回り）で，ほかは明らかに口唇系である（つつき，舌遊びなど）。

Terlouw ら（1991, p.988）は最初に，前述の食物に関連する常同行動の違いは，以下に示すような一時的な摂食行動連鎖の種特異的な違いにより説明できるとしている。

（狩猟）行動がミールに先立つ食肉類においては，常同行動は摂食行動前に見られる。ブタのような（食物を探り，食べる行動の）連鎖関係が長時間にわたり散在している雑食動物では，（飼料探査）行動が食物の嚥下により刺激されると考えられ，その結果ミール後に常同行動が見られる。

この考えはとても魅力的であるが，様々な飼養条件における動物の食物関連の常同行動を予想するには，十分に検証する必要があるだろう（Mason, Mendl, 1993）。

これらのタイプの行動は，食事制限下の動物に，より「自然な」摂食行動に向かわせる適切な生活環境を提供することで，大幅に減少する（Shepherdsonら，1993；Spoolderら，1995）。同じような減少は，食物の量が増加するが栄養量は変化しない場合に観察された（Robertら1993；Savoryら，1996）。それにも関わらず，一般的な活動レベルは，食事制限の程度を反映し続け高いままとなる。

● 4.4.3 質的制限と摂食行動

食物摂取量が制限された場合，前述のように動物は，重大な福祉上の問題を導く飢えやストレスを感じている（主に行動的）サインを見せる。これらの問題に関して，食物の質を低下させる方法が量的制限の代替として提案されている（Meunier-Salaünら，2001；Mench, 2002；Hocking, 2004；Ru, Bao, 2004）。そのような低質の飼料が提供される場合を質的制限という（Sandilandsら，2006）。これは，エネルギー摂取の抑制に効果的な方法である。なぜなら，自由摂取の動物は低質の飼料からはほとんどエネルギーを得られないからであり（Brounsら，1995；Savoryら，1996；West, York, 1998；Whittemoreら，2002；Tolkampら，2005；Johnstonら，2006），これはすでに反芻動物の農場においては日常的に行われている。過度の脂肪蓄積を避けるために（脂肪蓄積がある状態でもいくらか失うため），高質の飼料（濃厚飼料）摂取量の制限をされていても，反芻動物は少なくともひとつの自由に摂取できる低質の飼料資源を与えられている。これにより，反芻動物は通常の，もしくは「好ましい」様式で食物を摂取し，結果として飢えに関連する明らかなストレスのサインは観察されなくなる（Tolkampら，2002）。反芻動物は低質の飼料（乾草など）のみに接していると，大量の脂質を溜め込まず，代わりに以前与えられた高質の食事によって蓄積した脂肪を動員するだろう（Tolkampら，2006, 2007）。

非反芻産業動物（Meünier-Salaünら，2001；Hocking, 2004）や伴侶動物（Weberら，2007；Roudebushら，2008a, b）のために，自発的にエネルギー摂取量（必須栄養素でなく）を制限する，すなわち食物摂取の量的制限を狙った代替食物をつくる試みが行われている。これらの代替食物は通常，シュガービートパルプ（Whittakerら，2000；Danielsen, Vestergaard, 2001；Weberら，2007；Boschら，2009），ふすま，コーンコブ（Robertら，1993），オート麦殻（Sandilandら，2005）のようなかさや食物繊維の多い原料で高質の飼料を薄めることでつくられる。食欲抑制剤も使われ，伴侶動物ではL-カルニチン，デヒドロエピアンドロステロン（Roudebushら，2008a），ニワトリではフェニルプロパノールアミン（Oyawoye, Krueger, 1990），モネンシンナトリウム（Savoryら，1996），プロピオン酸カルシウム（Savory, Larviere, 2000）が用いられ，時には食物繊維と組み合わせて与えられている（Sandilandsら，2005, 2006）。

しかし，質的制限を狙った代替飼料が量的制限と比べて飢えを減らし，動物福祉を促進しているかどうかについては意見の分かれるところである（D'Eathら，2009）。食料摂取の質的制限は，量的制限と比べて一般的にいくつかの行動変化をもたらす。摂食や摂取欲求行動はより「自然に」見え，すなわち動物は自身の摂食行動を制御しており，食物がまだ残っていてもミールを終了し，より普通のミールパターンが

終日観察される（Saboryら，1996；Meünier-Salaünら，2001；Hocking, 2004）。しかし，「行動の自然性」は動物福祉の査定において，ある人々（Kiley-Worthington, 1989；FAWC, 1998における「正常な行動ができる自由」）では他の人々（Dawkins, 1990；Broom, Johnson, 1993；Duncan, 1993）より重要であると考えられている。

さらに，動物は一般に質的制限がされた食物に接した際，劇的な転嫁的口唇行動や常同行動の減少が見られる（D'Eathら，2009）。量的制限は，欲求不満を反映している（Masonら，2007）食後の口唇常同行動の発達に中心的な役割を果たしているといわれている（Dantzer, 1986；Appleby, Lawrence, 1987；Lawrence, Terlouw, 1993；Mason, Lantham, 2004）。それらは次善の環境条件で発達することから，福祉が減じられているサインとされる（Dantzer, 1986；Mason, Lantham, 2004）。そのため，転嫁的口唇行動や常同行動の減少は動物福祉の改善と解釈される（Bergeronら，2000；Danielsen, Vestergaard, 2001；Zonderlandら，2004；Sandilandsら，2005）。

その反面，摂食行動の持続時間は量的制限時よりも質的制限時の方が一般的に長いが，結果としては量的および質的制限管理下における摂食関連の口唇行動の総時間数がしばしば同程度となる（D'Eathら，2009）。口唇行動は代用可能で，摂食行動の不満に機能的に対応するはけ口となっており，このため質的制限での転嫁的口唇行動と常同行動の減少を福祉の改善のサインと解釈すべきではないだろう（Savory, Maros, 1993；Dailey, McGlone, 1997；McGlone, Fullwood, 2001）。量的制限の対照である質的制限下にある動物の常同的口唇行動の減少は，必ずしも飢えの減少のサインとはみなせない（D'Eathら，2009）。

● 4.4.4 飢えの生理的指標

飢えの計測や動物福祉の評価，または行動変化の背景にある生理的プロセスの理解を改善するため，いくつかの生理指標が，特にブロイラー種鶏や繁殖豚の研究において使われている。その指標は，グルコースや非エステル化脂肪酸（NEFA）のようなエネルギー基質や，インスリン，グルカゴンといったホルモンなどの血漿中濃度を含む。これらの濃度は，解釈の難しい定点サンプリングで得られ，特に量的制限を異なるミールパターンや持続時間となる他の給餌方式と比較する時（Rushenら，1999），1日のミールパターンに関連する特異的な変化を示し（deJongら，2003, 2005），これは体重や脂肪蓄積レベルにより異なる。例えば，deJongら（2003）はブロイラー種鶏において，量的制限の増加が血中グルコースレベルを変化させず，血中NEFAを低下させたことを観察した。そのため，彼らは飢えの測定に血中グルコース/NEFA比を使用することを提案した。しかし，この研究における処理間の血中NEFAの違いは単に脂肪蓄積における変異の結果かもしれない。deJongら（2005）は，24時間の分析結果がないことは，異なるミールパターンをもたらす（またはグルコースのピークが異なる）他の給餌方式を量的制限と比較するために，この指標を使うことを難しくしていると結論づけている。エネルギー基質濃度は，動物の飢えの経験に必ずしも対応しないが，動物の栄養状態によってよく変化する（D'Eathら，2009）。

グルココルチコイド（血漿コルチゾールまたはコルチコステロン濃度：PCC）は，広くストレス指標や動物福祉の指標として使われている（Mormèdeら，2007）。PCCは嫌悪的状況において一定範囲の反応として増加し，そのスト

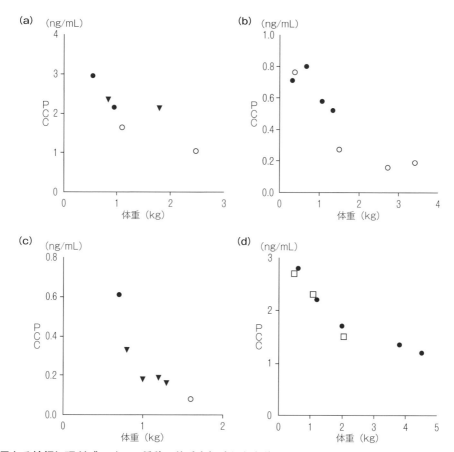

図 4.3 異なる給餌処理がブロイラー種鶏の体重を加味した血漿コルチコステロン濃度（PCC）へ及ぼす影響
データは各処理の平均を示し，(a) は Savory ら（1996），(b) は de Jong ら（2002），(c) は de Jong ら（2003），(d) は Sandilands（2005）から採用した
給餌方法は，種鶏用マニュアルに基づく量的制限（●），自由摂食（○），自由摂食と推奨制限量の間で制限（▼），高質な飼料または質的制限（例：低質な飼料を自由摂食させたニワトリ〈□〉）

レッサーの心理的要素が，反応の強さに対する主な決定因子である（Masonら，1968；Mason，1971；Wiss，1971；Veissier, Boissy，2007）。しかし，PCCを飢えの指標とした場合，いくつかの問題が発生する。これには，PCCが（給餌が期待される時の）興奮刺激に対して反応を上昇させて代謝の調整をする（Mormèdeら，2007）という役割があり，おそらく食物摂取の制限延期に関連する長期的飢えストレスよりも短期的飢えストレスのよい指標であるということがある。さらに，異なる給餌方式が行われている動物のPCCには，（少なくともブロイラー種鶏においては）齢と体重による複雑な影響があるようだ。PCCは，同じ齢ならば，高質の飼料を自由に摂食できるニワトリと比較して，量的および質的制限を受けているニワトリでたいてい高い。体重に関する処理間でも大きな違いがある。図4.3は，制限給餌のニワトリでも自由摂取のニワトリでも，PCC濃度は体重とともに減少し，異なる給餌方法下も同様であることを示唆している。そのため，ある齢における各給餌方法間で観察されたどのような違いも，量的制限に関連する飢えの結果として生じるストレスのよい指標というよりも，むしろ処理間の体重の違いによる影響を示すものなのかもしれない。

ニワトリにおけるストレスの研究において，GrossとSiegel（1983）は，異なる給餌処理に対する反応において，ストレスの統合的指標として有用とされるPCCよりも，より一貫性を持って血液の偽好酸球のレベルが上昇し，リンパ球が低下することを明らかにした。偽好酸球／リンパ球比は，その後，ニワトリの動物福祉評価方法に頻繁に使われている（Maxwellら，1990，1992；Savoryら，1992，1993，1996；Hockingら，1993，2001，2002）。しかし，偽好酸球／リンパ球比を測定したすべてのニワトリの研究を比べると，結果は非常に困惑するものとなっている。いくつかの研究では，より厳しいレベルの量的および質的制限でこの比は上昇し，他の研究では低下あるいはそのまま変化しない（D'Eathら，2009）。

要約すると，質的制限がストレスの生理指標により評価された場合，動物福祉を改善するという強い証拠は得られていない。

● 4.4.5 質的制限は量的制限よりも動物福祉にとってよいのか？

飢えの生理指標を考慮した際に得られた結果とは対照的に，食物が質的に（反対に量的に）制限された時の行動変化については研究間で広く認められている（D'Eathら，2009）。これらの行動変化は，何名かの研究者により，動物福祉の改善のサインとして解釈されたが，これに異議を唱えるものもあった。これらの異議は正常行動対異常行動の重要性についての異なる視点とは別に，動物の明らかな摂食の「帰結」についての異なる前提から起こった。

何名かの研究者は（Savoryら，1996；Savory, Lariviere, 2000），慢性的飢えのレベルは，いかなる動物（少なくとも幼獣）の増体量の低下も慢性的飢えによるものであるという意味を含んでいるため，増体量に直接影響すると考えている。産業動物研究において広く支持されている立場は，ある生理的ステージでの目標を，相対的な成長（または泌乳量，成熟サイズ，体の栄養蓄積レベル）に絞っていることである。この目標は，与えられたエネルギーと栄養要求に関連する（遺伝的に決定している）最大能力のレベルとよく一致する（Kyriazakis, 1997）。これは，「制約下での要求量の摂食」として特徴づけられる動物への給餌戦略ということになる。（Own, 1992；Kyriazakis, 1994；Dayら，1997，1998；Weston, 1996；Emmans, 1997）。この視点では，質的制限は，例えば消化管での食物消化を制約するため，動物の欲求の達成を妨げることとなる（Dayら，1997；Emmans, 1997；Tsarasら，1998；Whittemoreら，2002）。そのような動物は，時に「代謝的」飢えを経験しているとみなされるため（Dayら，1997；Saboryら，1996），質的制限に量的制限を超える真の動物福祉の利点があるとは考えられていない。

ある文献では，成熟した動物においてエネルギーバランスを回復する，特に栄養不足に伴う体重を長期的に回復させる生理的メカニズムの優位性が強調されている（Schwarzら，2000；Wynneら，2005）。他の研究では，厳しく制御されている体重の「設定点」はない可能性を示し，体重は食物の質を含む他のいくつかの要因に依存するとしている（Mela, Rogers, 1998；Howarthら，2001；Levitsky, 2005；Rollsら，2005；Tolkampら，2007）。

動物が摂食量を決定することに関する別の視点は，ターゲットすなわち「設定点」の代わりに，コストと利益のバランスにより摂食量と成長のより柔軟なゴールを持っているというものである（Illiusら，2002の総説参照）。この視点では，コストと利益のバランスは，利用可能な食物の質により変化する。食物は，体の維

持，成長，繁殖のためのエネルギーやその他の栄養素を供給する役割があるが，外的および内的コストもある。外的コストは，捕食者への曝露，摂食中の環境コスト，他の活動に有効に費やすことができる時間を摂食に費やす機会のコストを含んでいる。内的コストは，①活力や寿命を減らす酸化的代謝による組織のダメージ，②毒や寄生生物への曝露（Hutchingsら，2000，2003），③摂食寿命の減少につながる歯の摩耗増加（Owen-Smith, 1994）を含む。

また，これまでの固定的な制約論と矛盾する様々な観察もこの視点を支持する。例えば，泌乳期や寒冷時などエネルギー要求が高い時，同じ食物でも摂取量を増加させる動物の潜在能力などである（Ketelaars, Tolkamp, 1992, 1996；Illiusら，2002）。実際，消化管のある部分（例：胃や筋胃の大きさなど）のサイズや機能は，いくつかの条件下において個々の動物での制約要因になるようであるが，多くの場合，これは絶対的ではない（van Gilsら，2003）。もしこれがダーウィンの言う適応度を高めるなら，自然選択下で変化する（Barboza, Hume, 2006）。さらに，多くの動物種にとって自由摂取量を下げるための（主要な栄養でなく）エネルギー摂取制限（例えば，カロリー制限：CR）は，きわめて有益で効果のあることが明らかにされている。このような制限を行う種は，線虫（*Caenorhabditis elegans*）からミバエ（*Drosophila melanogaster*），げっ歯類，霊長類にまで及ぶ（Berg, Simms, 1960, 1961；Finkel, Holbrook, 2000；Ramseyら，2000；Huntら，2006，Terman, Brunk, 2006，Colmanら，2009）。CR は一般的に活力を上げ，病気の発動を遅らせ，寿命を伸ばす。

さらには，健康と寿命に明らかに悪影響をもたらす食物の摂食制限がないにも関わらず（例：高エネルギー食物の摂取と高レベルの脂肪蓄積が可能），動物が長期的な自分の健康と寿命を考え，食物の摂取を控えようとすることは直感に反している。動物が食べられる時にできるだけ食べるという行動は，動物が摂食量を最適化するために手がかり（cue）（環境からの手がかりと同様な内的手がかり）を使うという点からよく理解されている。良質な食物が低コストで得られる時，もし動物がその（短い）「絶好のチャンス」（Collier, Johnson, 1990）の間，維持以上の高いエネルギー摂取をすると，そのような行動が進化し，利益となる。これは，（良質な）食物が得られなかった時，または非常にコストがかかる時に利用する蓄えとなるだろう。しかし，この行動は，動物が自然環境外に出て，持続的に良質の食物を低コストで摂食できる時，脂肪を蓄積しやすくする（Stubb, Tolkamp, 2006）。この観点から考えると，低品質の食物の提示は，動物にエネルギー消費量を決めさせることができる。これは低コストで良質な食物を常に得ることができない自然環境の状況を模倣している。このことから，質的制限は量的制限よりも飢えのレベルが低い。

要約すると，何名かの研究者は，代替食物が正常な摂食行動を発現させ，満足感を促進すると考えられることから，それらの給餌は動物福祉を改善すると結論づけている（Robertら，1993；Zuidhofら，1995；Zonderlandら，2004）。この視点は，例えば，繁殖豚には「高エネルギー飼料と同等で十分な量がある食物もしくは高繊維の食物を与える」という欧州連合（EU）の指針要件に反映されている（Council of Europe, 2001）。これは，法律（例：オランダなど。De Leeuw, 2004）や行為準則（訳注：イギリスの法的文書）（例：イギリス。Defra, 2003）を通じて加盟各国の状況に基づいて実施される。また何名かの研究者は，相反する証拠や代替飼料の動物福祉上の利点の解釈

について議論した（Dayら，1997；Meunier-Salaünら，2001；Mench, 2002；Hocking, 2004；Ru, Bao, 2004；deJongら，2005）。また，あるグループの研究者は，福祉上の利点についても証拠はないと言及している。彼らは，飢えの指標である口唇行動と活動性が量的制限と代替飼料間で同じであるとし，もし栄養要求やエネルギー要求が満たされないままの状態なら，「代謝的飢え」は起こると主張している（Lawrenceら，1989；Owen, 1992；Savoryら，1996；Dailey, McGlone, 1997；Savory, Lariviere, 2000；McGlone, Fullwood, 2001）。

4.5 栄養不良と栄養不足の健康と福祉への効果

エネルギー，栄養，水の剥奪が，病気，低成長，低繁殖性，健康の著しい低下，結果としての死を招くという事実はよく確立されており，初期の栄養学の関心事であった。もし，動物が栄養獲得や水獲得に失敗した場合，体内での蓄積物（脂肪，タンパク質，骨中の主要なミネラルなど）が生理機構の維持に動員される可能性がある。育成豚は，エネルギー制限下で脂肪を減らし，わずかにタンパク質を増加させるが（Kyriazakis, Emmans, 1992），授乳している哺乳動物は食物量を制限されると，体蓄積栄養を乳生産に利用することが知られている。そのような状態が続けば，「負のエネルギーバランス，または負の栄養バランス」が，健康の悪化や病気，死を招くこととなる。これは通常，栄養不足といわれ，直接的または意図的に，実際の（畜産の）結果として頻繁に生じる。また，食物は自由に摂取可能であるが，動物が十分に利用できないといった，非直接的な形でも生じ，この原因として給餌器における厳しい競争や，暑熱のために十分に食物を摂食できなかったり，摂食行動を調整できなかったりすることが挙げられる。栄養不足が健康に及ぼす結果は比較的よく立証されているため，本章で挙げた内容以外は詳細に述べない。しかし，緩やかな栄養不足でも免疫システムの機能に有害な影響をもたらしたり，母親の栄養不足が子の長期的な健康に有害な影響を与えたりすることなどについては，最近の証拠を示したい。直接的な栄養不足の場合，動物は免疫機能よりも妊娠や泌乳などの生産機能を優先する。そのような優先性は感染抵抗力を低下させ，長期的な健康の低下を招く可能性もある（Coop, Kyriazakis, 1999）。非直接的な栄養不足の場合も，妊娠の各ステージにおける母親の栄養状態が，子の長期的な代謝的健康性に影響するという事例が増えている（Harding, 2001）。

さらに考えられる興味深いケースは，動物が不適切な栄養バランス（エネルギー含量に関連するひとつまたはいくつかの栄養素の過不足）の食物が与えられている時に生じる栄養不良である。栄養不良が質的制限とは異なると考えられることは強調されるべきである。質的制限の場合，たいてい食物のエネルギー含量は不活性物質で薄められただけのもので，まだ適量の栄養を含んでいる。一方で，栄養不良はたいがい逆のケースとなる。管理や生産的必要性を満たすため，産業動物が意図的に栄養不良にさらされるケースなどがある。ヴィール子牛は，一般的にペールミート（監注：淡いピンク色の肉）と呼ばれる肉生産のため，鉄分の不足した液状の飼料を与えられ（van Putten, 1982），新たに離乳した子豚は，離乳時のミルクから固形飼料への急激な食事変化に伴う下痢予防のために低タンパク質飼料を与えられる（Wellockら，2009）。しかし，栄養不良の一般的なケースは，エサの配合が群の個体ではなく群の平均レベルをターゲットとしているため，ひとつの飼料で個体ごとの特異的要求を満たすことができ

ないことにより生じるものである（Wellockら，2004）。

動物は不足した栄養素を摂取量の増加により満たそうとする。低タンパク質飼料が給与されているブタは，ビタミンA不足の産卵鶏のように（Ogunmodede, 1981），タンパク質不足を補うために摂取量を増加させる（Kyriazakisら，1991）。このような状況は反芻動物では見られず，可消化エネルギーをタンパク質で満たすタイプの動物は，飼料のタンパク質含量の影響を受けやすい（Leng, 1990；Kyriazakis, 2003）。しかし，制限されていない他の栄養素の量が多くなることによる負の影響により，時々（特異的な）栄養不良の程度が大きくなる，または環境もしくは物理的制約によって，動物が不足する栄養素を十分に満たせないことがある。栄養不良が，どの程度動物の健康に影響するのかを示唆する証拠はあまりない。しかし，不足している栄養素の必要量を満たすために食物を必要以上に与えることは，過肥につながる。過肥は肉生産のために育てられている産業動物においては，短い生涯から重要な問題として取り上げられていないが，成畜，伴侶動物，展示動物においては，短命に関連することから問題となるかもしれない。

野生下もしくは放牧下においては，栄養不足，もしくは栄養不良の動物は，通常栄養要求が満たされるまで，またはある制約限界（摂食に要する時間など）まで直接食物を探し，摂取する（摂食行動）。

粗放的な（自然なままの）環境で飼育されているヒツジは栄養素が乏しい可食パッチ間で摂食するため，1日20～25 kmくらい歩きまわることが知られているが（Squires, Wilson, 1971），放牧状況下で濃厚飼料が少量しか与えられていないブタでは（例：Edinburgh Pig Park〈監注：ブタの正常行動を調べるため，森林・草原からなる広大な場所でブタを放牧したエジンバラ大学の実験地〉），50％以上の時間を摂食に費やした（Stolba, Wood-Gush, 1989）。栄養要求が満たされず摂食行動が制限されている状況の動物（例：集約畜産下の産業動物，実験動物）では，すでに述べたように，この摂食行動が代替として利用できる刺激に向けられる（Lawrenceら，1993）。Jensenら（1993）は，エネルギーとの関係で低タンパク質飼料を与えられていたブタでは，バランスのとれた飼料を与えられていたブタよりも，佇立したり，歩きまわることに多くの時間を費やし，わらをまさぐったり，直接的な口唇行動に従事することを観察した。つまり，より軽度の栄養不良でさえ動物の行動に，さらに言えば動物福祉に重大な影響があるのか否かということが議論のテーマである。

4.6 渇きと飲水行動

4.6.1 水制限

RollsとRollsは『Thirst』というタイトルの著書（1982）で，以下のように主張している。

> それは水分欠乏による主観的感覚で，この定義によれば，ヒトにおいてのみ研究され得る。しかし，水を奪われた時，ヒトも含めた動物は水を探し，摂取する欲求に至る。「渇き」はこの欲求状態の名称として，先の叙述とは異なる方法で使われ得る。

しかし，動物の場合は「水摂取のための欲求」または「飲水の傾向」を渇きという言葉で置き換えることは，もはや有効ではないだろう。なぜなら，「欲求」や「傾向」の行動決定は，内的要因（生理状態や食習慣）と外的要因

（環境温度，水源へのアクセス，水質）の相互関係の結果であるからである。

しかし，一方で水はひとつの栄養素として扱われ（なくなれば死につながることから，酸素の次に重要と考えられている〈Forbes, 1995〉），動物は飢えと同様に「水分不足」とみなされる。本章で使うべき定義は，「水を摂取することの機能が生理的要求を満たすことのみである」ということである。これら生理的機能について，BrooksとCarpenter（1990, p.116）が以下のように述べている。

> ①体温調節，②ミネラル恒常性の維持，③消化最終産物の排泄，④食物から摂取した非栄養素の排泄，⑤薬物や薬物残さの排出，⑥満腹の達成，⑦行動欲求の充足

これら7つの機能に，私たちは口腔内や胃内で食物を湿らせる「潤滑」の機能を追加する（Forbes 1995）。大方の見解では，⑥や⑦は生理的機能として考えられていないが，私たちが取り入れていくべき考え方である。なぜなら，水は多くの生理的機能を担うため，いかなる厳しい水制限も，他の栄養やエネルギー制限より厳しく，緊急的な結果をもたらすからである。

前述の視点では生理的欲求を上回る水欲求を除外している。このタイプの欲求は二次飲水（Rolls, Rolls, 1982），補助飲水（Rushen, 1985b），贅沢飲水（Fraserら，1990）といわれる。飢餓誘導性飲水（Yangら，1981），定期誘発性多飲症（Falk, 1961）を含めた例では，通常体重が80％まで減少し，通常間隔で少量の食物が与えられている動物は過飲水となる。しかし，これらの例は異常な行動であり，特定の実験的または飼養環境下でのみ誘導される（Rolls, Rolls, 1982）。これらの重要性については本節の「問題点」の部で短く述べるが，これ以上は考察しない。

短期間の飲水行動については，対応する摂食行動と比べほとんど注意が払われていないが，それは摂食と同じような「発現（bouting）」を示すと考えられるためである。液状の飼料を給餌された動物（例：バンドウイルカの幼獣。詳細は図4.2d）の結果は，この考えを強く支持している。さらに，通常の飲水行動は，摂食行動と同様に動物の健康や福祉に対する侵害性に影響されると考えられている。そのため，自由な飼料摂取が可能ななかでの動物の通常の様式の短期的な飲水行動の変化は，健康や福祉問題の早期発見につながる可能性がある（Borderasら，2009）。

● 4.6.2　水制限の原因

水の制限は①いつ，どれくらい飲むかということを意図的に制限する場合，②身体的，環境的および社会的要因の結果として，非意図的に制限される場合の2つのカテゴリーに分類される。①は集約的に飼育されている産業動物（主にブタ，ニワトリ）で起こり，②は集約的および粗放的に飼育されている産業動物で普通に起こる。半乾燥地帯や乾燥地帯，高温環境で粗放的に飼育されている動物（特に反芻動物）は，明らかに飲水制限下にあるが，ここではこれ以上触れないこととする。

意図的な水制限

主にニワトリやブタで用いられている，水の供給が1日のうち一定時間制限される，あるいは水を含んだエサを与えられる生産システムがある（リキッドフィーディングシステムやウェットフィーディングシステム）。また，ブタは水とエサの好ましい割合を飼槽内のバルブにより調整することができる場合がある（Brooks, Carpenter, 1990）。このシステムの利

点は，水やエサが自動で供給できる点であり，何名かの研究者は，この方法による生産性の増加を報告している（Danish National Committee for Pig Breeding and Production, 1986）。水制限プログラムは，この種の動物で多用される給餌制限プログラムによる過剰飲水や，湿性便を減らすための手法として，ブロイラー飼育農家や養豚農家で採用されている。

これらの生産システムと実践方法は，水の果たす多くの生理的機能や水要求の増加を導く付加実態を考慮していない（Brooks, Carpenter, 1990）。このようなシステムは，特に体温を調整しなければならない高温環境で採用される場合や，高タンパク質または高ミネラルの飼料が給与されている場合（以下参照）にリスクを伴うため，生産性と福祉的観点から，正当化は限定的であろう。

非意図的な水制限

集約的に飼養されている動物に対する非意図的制限は，たいてい配管のつまりや破裂など水供給システムの故障による。しかし，配水システムにも様々な程度の制限がある。例えば，水の供給速度は，3～6週齢の離乳子豚（Barberら，1989）や10～14週齢の育成豚（Nienaber, Hahn, 1984）の飲水量と成長を制限する。水の供給速度が遅いシステム下のブタは，飲水時間が長いが，摂取量は供給速度が速いシステムの場合より少ない。給水器の不適当なデザインは，高温下で飼養されているヤギの水摂取量に同様に影響を与える（Brooks, Carpenter, 1990）。社会的競争や給水器へのアクセスのしやすさも水制限の原因となり，特に反芻動物のようにほぼ食事回数とも関係する1日数回の大量飲水を行う動物で問題となる。

特に（ドライフードを給与されており）水の供給量に強く依存するブタやニワトリにおいて（NAC, 1974），水質（汚染度，ミネラル・毒性物質の含有）も，飲水量に重要な役割を果たしている。ブタは汚れていない水を好み（Brooks, Carpenter, 1990），ニワトリでは薬剤（例：解熱剤）の混入などで水質が落とされている場合，通常の水摂取量の75％まで落ちる（Yeomans, Savory, 1989）。高濃度の鉱物や毒物を含む水が，産業動物の飲水量を減らすことが確認されている。また，近年では，高泌乳牛などにおいて，水質がどの程度影響するのかということの再評価に関心が高まっている。

意図的飲水制限と同じように，前述した要素の重要性は高温下や特定の飼料を与えられている時に高くなる。飼料の高タンパク質含量（尿を通じて脱アミノ生成物を排出しなければならない），高ミネラル含量（特にナトリウムやカリウム〈Wahlstromら，1970〉），高保水力（消化管が水を捕捉する〈Kyriazakis, Emmans, 1995〉）は，水制限の影響を悪化させる。

温帯地域において粗放的に管理されている反芻動物では，一般に水の要求を食物を通じて満たすと考えられている（Lynchら，1972）。これは含水量の高い草や根菜を摂取している場合，おそらく正しい。しかし，利用できる草が減少した場合，または生理的状況が変化した場合（泌乳中など），動物にとって厳しい水制限になるかもしれない。水は多くの人に「忘れられた栄養素」として考えられるようになっている。なぜなら，飼養者は水を飲むことができることを当然のことと考えるからである。私たちは水制限が生じるわずかな状況について議論し，これが動物福祉や生産性に反した結果を持つことを予想した。私たちは，本章で述べたアプローチが，「飢えと渇き」とそれらにより生じる厳しい制限のひとつの基本的な概念の進展であると信じている。

4.7 結論

- すべての動物は，複数のバウトやミールからなる望ましい，すなわち「普通の」摂食行動をとる。摂食行動は柔軟で，摂食環境を効果的に利用する動物の能力を反映している。望ましい摂食行動からの逸脱が，動物福祉に重要な悪影響を持つことを示唆する証拠はほとんどない。

- 高品質な食物に対する自由な連続的摂食は過肥や体重増加を招くため，飼養者はある程度の摂食制限を動物に課す。そのような制限は量的または質的なもので，両方とも動物の行動，さらには福祉への影響に関連する。

- 量的制限に対し，質的制限時に観察される行動の変化は様々な研究で広く認められている。しかし，飢えの生理的指標の変化についてはほとんどない。質的制限時のこれらの行動の変化は，何名かの研究者により動物福祉の改善のサインとして解釈されるが，これに異議を唱える人たちもいる。

- 本章で取り上げたいくつかの摂食制限は栄養不足と考えられ，動物への影響は，病気，低成長，繁殖性，厳しい健康性の悪化，結果としての死などが確認されている。

- 栄養不良は不適切な栄養バランス（例：エネルギー含量に関連して，ひとつもしくは複数の栄養素の不足や過多）の食物が与えられている時に生じる。厳しい栄養不良は栄養素の制限と同じ問題を引き起こし，さらに過肥を起こす。しかし，栄養不良のわずかな問題が重要な行動の変化と動物福祉の悪化を導くかどうかは議論の余地がある。

- 私たちは「渇き」という用語の代わりとして，意図的または非意図的に生じる「水制限」という用語を提案した。水の果たす多くの生理的機能のため，短期的な制限でさえ健康や福祉の悪化を招く。自由で持続的な水の利用可能性について飼養者が常に考えているにも関わらず，水制限が非意図的に生じる多くの事例がある。

参考文献

Animal Welfare Advisory Committee (1994) *Annual Report, 1994*. Ministry of Agriculture and Forestry, Wellington, New Zealand.

Appleby, M.C. and Lawrence, A.B. (1987) Food restriction as a cause of stereotypic behavior in tethered gilts. *Animal Production* 45, 103-110.

Barber, J., Brooks, P.H. and Carpenter, J.L. (1989) The effects of water delivery rate on the voluntary food intake, water use and performance of early weaned pigs from 3 to 6 weeks of age. In: Forbes, J.M., Varley, M.A. and Lawrence、T.J.L. (eds) *The Voluntary Food Intake of Pigs*. Occasional Publication of British Society of Animal Production No. 13, Edinburgh, pp. 103-104.

Barboza, P.S. and Hume, I.D. (2006) Physiology of intermittent feeding: integrating responses of vertebrates to nutritional deficit and excess. *Physiological and Biochemical Zoology* 79, 250-264.

Berg, B.N. and Simms, H.S. (1960) Nutrition and longevity in the rat. II Longevity and the onset of disease with different level of food intake. *Journal of Nutrition* 71, 255-263.

Berg B.N. and Simms, H.S. (1961) Nutrition and longevity in the rat. II Food restriction beyond 800 days. *Journal of Nutrition* 74, 23-32.

Bergeron, R., Bolduc, J., Ramonet, Y., Meunier-Salaün, M.C. and Robert, S. (2000) Feeding motivation and stereotypies in pregnant sows fed increasing levels of fibre and/or food. *Applied Animal Behaviour Science* 70, 27-40.

Bigelow, J.A. and Houpt, T.R. (1988) Feeding and drinking patterns in young pigs. *Physiology and Behavior* 43, 99-109.

Bokkers, E.A.M. and Koene, P. (2003) Eating behaviour and preprandial and postprandial correlations in male broiler and layer chickens. *British Poultry Science*, 44, 538-544.

Bokkers, E.A.M., Koene, P., Rodenburg, T.B., Zimmerman, P.H. and Spruijt, B.M. (2004) Working for food under conditions of varying motivation in broilers. *Animal Behaviour* 68, 105-113.

Borderas, T.F., Rushen, J., von Keyserlingk, M.A.G. and de Passille, A.M.B. (2009) Automated measurement of changes in feeding behavior of milk-fed calves associated with illness. *Journal of Dairy Science* 92, 4549-4554.

Bosch, G., Verbrugge, A., Hesta, M., Holst, J.J., van der Poel, A.F.B., Janssens, G.P.J. and Hendriks, W.H. (2009) The effects of dietary fibre type on satietyrelated hormones and voluntary food intake in dogs. *British Journal of Nutrition* 102, 318-325.

Brooks, P.H. and Carpenter, J.L. (1990) The water requirement of growing-finishing pigs - theoretical and practical considerations. In: Haresign, W. and Cole, D.J.A. (eds) *Recent Advances in Animal Nutrition*. Butterworths, London, pp 115-136.

Broom, D.M. and Johnson, K.G. (1993) *Stress and Animal Welfare*. Chapman and Hall, London.

Brouns, F., Edwards, S.A. and English, P.R. (1994) Effect of dietary fiber and feeding system on activity and oral behavior of group-housed gilts. *Applied Animal Behaviour Science* 39, 215-223.

Brouns, F., Edwards, S.A. and English, P.R. (1995) Influence of fibrous feed ingredients on voluntary food intake of dry sows. *Animal Feed Science and Technology* 55, 301-313.

Brown, G.D. and Lynch, J.J. (1972) Some aspects of water-balance of sheep when deprived of drinking water. *Australian Journal of Agricultural Research* 23, 669-684.

Burkhart, C.A., Cherry, J.A., Vankrey, H.P. and Siegel, P.B. (1983) Genetic selection for growth-rate alters hypothalamic satiety mechanisms in chickens. *Behavioural Genetics* 13, 295-300.

Collier, G. and Johnson, D.F. (1990) The time window of feeding. *Physiology and Behavior* 48, 771-777.

Colman, R.J., Anderson, R.M., Johnson, S.C., Kastman, E.K., Kosmatka, K.J., Beasley, T.M., Allison, D.B., Cruzen, C., Simmons, H.A., Kemnitz, J.W. and Weindruch, R. (2009) Caloric restriction delays disease onset and mortality in rhesus monkeys. *Science* 325, 201-204.

Compassion In World Farming Ltd. v Secretary of State for the Environment, Food and Rural Affairs (Defra) (2003) Court of Appeal - Administrative Court, November 27, 2003, EWHC 2850 (Admin) Judgment of the Honourable Mr Justice Newman, Case No: CO/1779/2003. High Court of Justice, Queen's Bench Division, Administrative Court, London.

Coop, R.L. and Kyriazakis, I. (1999) Nutrition-parasite interaction. *Veterinary Parasitology* 84, 187-204.

Cooper, J.J., Emmans, G.C. and Friggens, N.C. (1994) Effect of diet on behaviour of individually penned lambs. *Animal Production* 58, 441 (abstract).

Council of Europe (2001) Council Directive 2001/88/EC of 23rd October 2001 amending Directive 91/630/EEC laying down minimum standards for the protection of pigs. Official Journal of the European Communities, 316, 1-4. http://ec.europa.eu/food/animal/welfare/farm/pigs-undu-scoic-en.htm.

Czirjak, Z.T. and Chereji, A. (2008) Canine obesity - a major problem of pet dogs. *Fascicula: Ecotoxicologie, Zootehnie si Tehnologii de Industrie Alimentara* 7, 361-366.

Dailey, J.W. and McGlone, J.J. (1997) Oral/nasal/facial and other behaviors of sows kept individually outdoors on pasture, soil or indoors in gestation crates. *Applied Animal Behaviour Science* 52, 25-43.

Danielsen, V. and Vestergaard, E.M. (2001) Dietary fibre for pregnant sows: effect on performance and behaviour. *Animal Feed Science and Technology* 90, 71-80.

Danish National Committee for Pig Breeding and Production (1986) *Svinearl og-Production*. The National Committee for Pig Breeding, Health and Production, Copenhagen.

Dantzer, R. (1986) Behavioral, physiological and functional aspects of stereotyped behavior: a review and a re-interpretation. *Journal of Animal Science* 62, 1776-1786.

Dawkins, M.S. (1990) From an animal's point of view: motivation, fitness and animal welfare. *Behavioral and Brain Sciences* 13, 1-61.

Day, J.E.L., Kyriazakis, I. and Rogers, P.J. (1997) Feeding motivation in animals and humans: a comparative review of its measurements and uses. *Nutrition Abstracts and Reviews Series B*, 67, 69-79 and *Nutrition Abstracts and Reviews Series A*, 67, 107-117.

Day, J.E.L., Kyriazakis, I. and Rogers, P.J. (1998) Food choice and intake: towards a unifying framework of learning and feeding motivation. *Nutrition Research Reviews* 11, 25-43.

D'Eath, R.B., Tolkamp, B.J., Kyriazakis, I., Lawrence, A.B. (2009) 'Freedom from hunger' and preventing obesity: the animal welfare implications of reducing food quantity or quality. *Animal Behaviour* 77, 275-288.

Defra (Department for Environment, Food and Rural Affairs) (2003) *Code of Recommendations for the Welfare of Livestock: Pigs*. Defra Publications, London.

de Jong, I.C., van Voorst, S., Ehlhardt, D.A. and Blokhuis, H.J. (2002) Effects of restricted feeding on physiological stress parameters in growing broiler breeders. *British Poultry Science* 43, 157-168.

de Jong, I.C., van Voorst, A S. and Blokhuis, H.J. (2003)

Parameters for quantification of hunger in broiler breeders. *Physiology and Behavior* 78, 773-783.

de Jong, I.C., Enting, H., van Voorst, A. and Blokhuis, H.J. (2005) Do low-density diets improve broiler breeder welfare during rearing and laying? *Poultry Science* 84, 194-203.

De Leeuw, J.A., Jongbloed, A.W. and Verstegen, M.W.A. (2004) Dietary fiber stabilizes blood glucose and insulin levels and reduces physical activity in sows (*Sus scrofa*). *Journal of Nutrition* 134, 1481-1486.

Dewasmes, G., Duchamp, C. and Minaire, Y. (1989) Sleep changes in fasting rats. *Physiology and Behavior* 46, 179-184.

Duncan, I.J.H. (1993) Welfare is to do with what animals feel. *Journal of Agricultural and Environmental Ethics* 6 (Supplement), 8-14.

Elizalde, H.F. and Mayne, C.S. (2009) The effect of degree of competition for feeding space on the silage dry matter intake and feeding behaviour of dairy cows. *Archivos de Medicina Veterinaria* 41, 27-34.

Emmans G.C. (1997) A method to predict the food intake of domestic animals from birth to maturity as a function of time. *Journal of Theoretical Biology* 186, 189-199.

Epling, W.F. and Pierce, W.D. (1988) Activity-based anorexia: a biobehavioral perspective. *International Journal of Eating Disorders* 7, 475-485.

Falk, J.L. (1961) Production of polydipsia in normal rats by intermittent food schedule. *Science* 133, 195-196.

FAWC (Farm Animal Welfare Council) (1992) FAWC updates on the five freedoms. *Veterinary Record* 131, 357.

FAWC (1998) Report on the Welfare of Broiler Breeders. FAWC, London.

Finkel, T. and Holbrook, N.J. (2000) Oxidants, oxidative stress and the biology of ageing. *Nature* 408, 239-247.

Forbes, J.M. (1995) *Voluntary Food Intake and Diet Selection in Farm Animals*. CAB International, Wallingford, UK.

Forbes, J.M. and Shariatmadari, F. (1996) Short-term effects of food protein content on subsequent diet selection by chickens and the consequences of alternate feeding of high- and low-protein foods. *British Poultry Science* 37, 597-607.

Forbes, J.M., Johnson, C.L. and Jackson, D.A. (1991) The drinking behaviour of lactating cows offered silage ad lib. *Proceedings of the Nutrition Society* 50, 97A.

Fraser, D., Patience, J.F., Phillips, P.A. and McLeese, J.M. (1990) Water for piglets and lactating sows, quantity, quality and quandaries. In: Haresign, W. and Cole, D.J.A. (eds) *Recent Advances in Animal Nutrition*. Butterworths, London, pp. 137-160.

German, A.J. (2006) The growing problem of obesity in dogs and cats. *Journal of Nutrition* 136, 1940S-1946S.

German, A.J., Holden, S.L., Bissot, T., Morris, P.J. and Biourge, V. (2009) A high protein high fibre diet improves weight loss in obese dogs. *The Veterinary Journal* 183, 294-297.

Gonzalez, L.A., Tolkamp, B.J., Coffey, M.P., Ferret, A. and Kyriazakis, I. (2008) Changes in feeding behavior as possible indicators for the automatic monitoring of health disorders in dairy cows. *Journal of Dairy Science* 91, 1017-1028.

Gough, A. (2005) Obesity in small animals and longevity in dogs. *Veterinary Times* 35, 10-11.

Gross, W.B. and Siegel, H.S. (1983) Evaluation of the heterophil lymphocyte ratio as a measure of stress in chickens. *Avian Diseases* 27, 972-979.

Harding, J.E. (2001) The nutritional basis of the fetal origins of adult disease. *International Journal of Epidemiology* 30, 15-23.

Hebebrand, J., Exner, C., Hebebrand, K., Holtkamp, C., Casper, R.C., Remschmidt, H., Herpertz-Dahlmann, B. and Klingenspor, M. (2003) Hyperactivity in patients with anorexia nervosa and in semistarved rats: evidence for a pivotal role of hypoleptinemia. *Physiology and Behavior* 79, 25-37.

Hocking, P.M. (2004) Measuring and auditing the welfare of broiler breeders. In: Weeks, C.A. and Butterworth, A. (eds) *Measuring and Auditing Broiler Welfare*. CAB International, Wallingford, UK, pp. 19-35.

Hocking, P.M., Maxwell, M.H. and Mitchell, M.A. (1993) Welfare assessment of broiler breeder and layer females subjected to food restriction and limited access to water during rearing. *British Poultry Science* 34, 443-458.

Hocking, P.M., Maxwell, M.H., Robertson, G.W. and Mitchell, M.A. (2001) Welfare assessment of modified rearing programmes for broiler breeders. *British Poultry Science* 42, 424-432.

Hocking, P.M., Maxwell, M.H., Robertson, G.W. and Mitchell, M.A. (2002) Welfare assessment of broiler breeders that are food restricted after peak rate of lay. *British Poultry Science* 43, 5-15.

Home Office (2003) Home Office Guidance Note: Water and Food Restriction for Scientific Purposes. Her Majesty's Stationery Office, London.

Howarth, N.C., Saltzman, E. and Roberts, S.B. (2001) Dietary fiber and weight regulation. *Nutrition Reviews* 59, 129-139.

Howie, J.A., Tolkamp, B.J., Avendaño, S. and Kyriazakis, I. (2009a) A novel flexible method to split feeding behaviour into bouts. *Applied Animal Behaviour Science* 116, 101-109.

Howie, J.A., Tolkamp, B.J., Avendaño, S. and Kyriazakis, I. (2009b) The structure of feeding behavior in commercial broiler lines selected for different growth rates. *Poultry Science* 88, 1143-1150.

Howie, J.A., Tolkamp, B.J., Bley, T.A.G. and Kyriazakis, I. (2010) Short-term feeding behaviour has a similar structure in broilers, ducks and turkeys. *British Poultry Science* 51, 714-724.

Hunt, N.D., Hyun, D.H., Allard, J.S., Minor, R.K., Mattson, M.P., Ingram, D.K. and de Cabo, R. (2006) Bioenergetics of aging and calorie restriction. *Ageing Research Reviews* 5, 125-143.

Hutchings, M.R., Kyriazakis, I., Papachristou, T.G., Gordon, I.J. and Jackson, F. (2000) The herbivores' dilemma: trade-offs between nutrition and parasitism in foraging decisions. *Oecologia* 124, 242-251.

Hutchings, M.R., Athanasiadou, S., Kyriazakis, I. and Gordon, I.J. (2003) Can animals use foraging behaviour to combat parasites? *Proceedings of the Nutrition Society* 62, 361-370.

Illius, A.W., Tolkamp, B.J. and Yearsley, J. (2002) The evolution of the control of food intake. *Proceedings of the Nutrition Society* 61, 465-472.

Jacobsen, T.B., Mayntz, M. and Amundin, M. (2003) Splitting suckling data of bottlenose dolphin (*Tursiops truncatus*) neonates in human care into suckling bouts. *Zoo Biology* 5, 477-488.

Jensen, M.B., Kyriazakis, I. and Lawrence, A.B. (1993) The activity and straw directed behaviour of pigs offered foods with different crude protein content. *Applied Animal Behavioural Science* 37, 211-221.

Johnston, S.L., Grune, T., Bell, L.M., Murray, S.J., Souter, D.M., Erwin, S.S., Yearsley, J.M., Gordon, I.J., Illius, A.W., Kyriazakis, I. and Speakman, J.R. (2006) Having it all: historical energy intakes do not generate the anticipated trade-offs in fecundity. *Proceedings of the Royal Society of London, Series B* 273, 1369-1374.

Kealy, R.D., Lawler, D.F., Ballam, J.M., Mantz, S.L., Biery, D.N., Greely, E.H., Lust, G., Segre, M., Smith, G.K. and Stowe, H.D. (2002) Effects of diet restriction on life span and age-related changes in dogs. *Journal of the American Veterinary Medical Association* 220, 1315-1320.

Ketelaars, J.J.M.H. and Tolkamp, B.J. (1992) Toward a new theory of feed intake regulation in ruminants 1. Causes of differences in voluntary feed intake: critique of current views. *Livestock Production Science* 30, 269-296.

Ketelaars, J.J.M.H. and Tolkamp, B.J. (1996) Oxygen efficiency and the control of energy flow in animals and humans. *Journal of Animal Science* 74, 3036-3051.

Kiley-Worthington, M. (1989) Ecological, ethological, and ethically sound environments for animals: toward symbiosis. *Journal of Agricultural Ethics* 2, 323-347.

Koubi, H.E., Robin, J.P., Dewasmes, G., Lemaho, Y., Frutoso, J. and Minaire, Y. (1991) Fasting-induced rise in locomotor activity in rats coincides with increased protein utilization. *Physiology and Behavior* 50, 337-343.

Kyriazakis, I. (1994) The voluntary food intake and diet selection of pigs. In: Wiseman, J., Cole, D.J.A. and Varley, M.A. (eds) *Principles of Pig Science*. Nottingham University Press, Nottingham, UK, pp. 85-105.

Kyriazakis, I. (1997) The nutritional choices of farm animals. In: Forbes, J.M., Lawrence, T.L.J., Rodway, R.G. and Varley, M.A.(eds) *Animal Choice*. Occasional Publication of the British Society of Animal Science No. 20, Edinburgh, pp. 55-65.

Kyriazakis, I. (2003) What are ruminant herbivores trying to achieve through their feeding behaviour and food intake? In: 't Mannetie, L., Ramirez-Aviles, L., Sandoval-Castro, C.A., Ku-Vera, J.C. (eds) *Matching Herbivore Nutrition to Ecosystems Biodiversity*. Universidad Autonóma de Yucatán, Mérida, Mexico, pp 154-173.

Kyriazakis, I. and Emmans, G.C. (1992) The effects of varying protein and energy intakes on the growth and body composition of pigs. 1. The effects of energy intake at constant, high protein intake. *British Journal of Nutrition* 68, 603-613.

Kyriazakis, I. and Emmans, G.C. (1995) The voluntary food intake of pigs given foods based on wheat bran, dried citrus pulp and grass meal, in relation to measurements of food bulk. *British Journal of Nutrition* 73, 191-207.

Kyriazakis, I., Emmans, G.C. and Whittemore, C.T. (1991) The ability of pigs to control their protein intake when fed in three different ways. *Physiology and Behavior* 50, 1197-1203.

Laflamme, D.P., Abood, S.K., Fascetti, A.J., Fleeman, L.M., Freeman, L.M., Michel, K.E., Bauer, C., Kemp, B.L.E., van Doren, J.R. and Willoughby, K.N. (2008) Pet feeding practices of dog and cat owners in the United States and Australia. *Journal of the American Veterinary Medical Association* 232, 687-694.

Laitat, M., Vandenheede, M., Desiron, A., Canart, B. and Nicks, B. (1999) Comparison of feeding behaviour and performance of weaned pigs given food in two types of dry feeders with integrated drinkers. *Animal Science* 68, 35-42.

Langton, S.D., Collett, D. and Sibly, R.M. (1995) Splitting behavior into bouts - a maximum-likelihood approach. *Behaviour* 132, 781-799.

Lawler, D.F., Evans, R.H., Larson, B.T., Spitznagel, E.L., Ellersieck, M.R. and Kealy, R.D. (2005) Influence of lifetime food restriction on causes, time, and predictors of death in dogs. *Journal of the American Veterinary Medical Association* 226, 225-231.

Lawrence, A.B. and Terlouw, E.M.C. (1993) A review of the behavioural factors involved in the development and continued performance of stereotypic behaviors in pigs. *Journal of Animal Science* 71, 2815-2825.

Lawrence, A.B., Appleby, M.C., Illius, A.W. and Macleod, H.A. (1989) Measuring hunger in the pig using operant conditioning: the effect of dietary bulk. *Animal Production* 48, 213-220.

Lawrence, A.B., Terlouw, E.M.C. and Kyriazakis, I. (1993) The behavioral effects of undernutrition in confined farm animals. *Proceedings of the Nutrition Society* 52, 219-229.

Le Magnen, J. (1985) *Hunger*. Cambridge University Press, Cambridge, UK.

Leng, R.A. (1990) Factors affecting the utilisation of 'poor quality' foragers by ruminants particularly under tropical conditions. *Nutrition Research Reviews* 3, 277-303.

Levitsky, D.A. (2005) The non-regulation of food intake in humans: hope for reversing the epidemic of obesity. *Physiology and Behavior* 86, 623-632.

Lynch, J.J., Brown, G.D., May, P.F. and Donnelly, J.B. (1972) The effect of withholding drinking water on wool growth and lamb production of grazing Merino sheep in a temperate climate. *Australian Journal of Agricultural Research* 23, 659-668.

Mason, G.J. (1993) Age and context affect the stereotypies of caged mink. *Behaviour* 127, 191-229.

Mason, G. and Latham, N. (2004) Can't stop, won't stop: is stereotypy a reliable animal welfare indicator. *Animal Welfare* 13 (Supplement 1), 57-69.

Mason, G. and Mendl, M. (1993) Why is there no simple way of measuring animal welfare? *Animal Welfare* 2, 310-319.

Mason, G., Clubb, R., Latham, N. and Vickery, S. (2007) Why and how should we use environmental enrichment to tackle stereotypic behaviour? *Applied Animal Behaviour Science* 102, 163-188.

Mason, J.W. (1971) Re-evaluation of concept of nonspecificity in stress theory. *Journal of Psychiatric Research* 8, 323-333.

Mason, J.W., Wool, M.S., Mougey, E.H., Wherry, F.E., Collins, D.R. and Taylor, E.D. (1968) Psychological vs. nutritional factors in the effects of 'fasting' on hormonal balance. *Psychosomatic Medicine* 30, 554-555.

Maxwell, M.H., Robertson, G.W., Spence, S. and McCorquodale, C.C. (1990) Comparison of hematological values in restricted-fed and ad-libitum-fed domestic fowls: white blood cells and thrombocytes. *British Poultry Science* 31, 399-405.

Maxwell, M.H., Hocking, P. and Robertson, G. (1992) Differential leukocyte responses to various degrees of food restriction in broilers, turkeys and ducks. *British Poultry Science* 33, 177-187.

McGlone, J.J. and Fullwood, S.D. (2001) Behavior, reproduction, and immunity of crated pregnant gilts: effects of high dietary fiber and rearing environment. *Journal of Animal Science* 79, 1466-1474.

Mela, D.J. and Rogers, P.J. (1998) Food, Eating and Obesity. The Psychobiological Basis of Appetite and Weight Control. Chapman and Hall, London.

Mench, J.A. (2002) Broiler breeders: feed restriction and welfare. *World's Poultry Science Journal* 58, 23-29.

Metz, J.H.M. (1975) *Time Patterns of Feeding and Rumination in Domestic Cattle*. Communications of the Agricultural University, Wageningen, The Netherlands, Bull. 75-12.

Meunier-Salaün, M.C., Edwards, S.A. and Robert, S. (2001) Effect of dietary fibre on the behaviour and health of the restricted fed sow. *Animal Feed Science and Technology* 90, 53-69.

Mormède, P., Andanson, S., Auperin, B., Beerda, B., Guemene, D., Malnikvist, J., Manteca, X., Manteuffel, G., Prunet, P., van Reenen, C.G., Richard, S. and Veissier, I. (2007) Exploration of the hypothalamic-pituitary-adrenal function as a tool to evaluate animal welfare. *Physiology and Behavior* 92, 317-339.

NAC (National Academy of Sciences) (1974) *Nutrients and Toxin Substances in Water for Livestock and Poultry*. Washington, DC.

Nielsen, B.L., Lawrence, A.B. and Whittemore, C.T. (1995) Effect of group size on feeding behaviour, social behaviour, and performance of growing pigs using single-space feeders. *Livestock Production Science* 44, 73-85.

Nielsen, B.L., Lawrence, A.B. and Whittemore, C.T. (1996) Feeding behaviour of growing pigs using single or multi-space feeders. *Applied Animal Behaviour Science* 47, 235-246.

Nienaber, J.A. and Hahn, G.L. (1984) Effects of water flow restriction and environmental factors on performance of nursery-age pigs. *Journal of Animal Science* 59, 1423-1429.

Ogunmodede, B.K. (1981) Vitamin A requirement of broiler chicks in Nigeria. *Poultry Science* 60, 2622-2627.

Owen, J.B. (1992) Genetic aspects of appetite and feed choice in animals. *Journal of Agricultural Science* 119, 151-155.

Owen-Smith, N. (1994) Foraging responses of kudus to seasonal changes in food resources: elasticity in constraints. *Ecology* 75, 1050-1062.

Oyawoye, E.O. and Krueger, W.F. (1990) Potential of chemical regulation of food intake and body weight of broiler breeder chicks. *British Poultry Science* 31, 735-742.

Ramsey, J.J., Harper, M.E. and Weindruch, R. (2000) Restriction of energy intake, energy expenditure and aging. *Free Radical Biology and Medicine* 29, 946-968.

Robert, S., Matte, J.J., Farmer, C., Girard, C.L. and Martineau, G.P. (1993) High-fiber diets for sows: effects on stereotypies and adjunctive drinking. *Applied Animal Behaviour Science* 37, 297-309.

Rolls, B.J. and Rolls, E.T. (1982) *Thirst*. Cambridge University Press, Cambridge, UK.

Rolls, B.J., Drewnowski, A. and Ledikwe, J.H. (2005) Changing the energy density of the diet as a strategy for weight management. *Journal of the American Dietetic Association* 105 (5, Supplement), 98-103.

Roudebush, P., Schoenherr, W.D. and Delaney, S.J. (2008a) An evidence-based review of the use of nutraceuticals and dietary supplementation for the management of obese and overweight pets. *Journal of the American Veterinary Medicine Association* 232, 1646-1655.

Roudebush, P., Schoenherr, W.D. and Delaney, S.J. (2008b) An evidence-based review of the use of therapeutic foods, owner education, exercise, and drugs for the management of obese and overweight pets. *Journal of the American Veterinary Medicine Association* 233, 717-725.

Ru, Y.J. and Bao, Y.M. (2004) Feeding dry sows ad libitum with high fibre diets. *Asian-Australasian Journal of Animal Sciences* 17, 283-300.

Rushen, J. (1985a) Stereotypies, aggression and the feeding schedules of tethered sows. *Applied Animal Behaviour Science* 14, 137-147.

Rushen, J. (1985b) Stereotyped behaviour, adjunctive drinking and the feeding periods of tethered sows. *Animal Behaviour* 32, 1059-1067.

Rushen, J., Robert, S. and Farmer, C. (1999) Effects of an oat-based high-fibre diet on insulin, glucose, cortisol and free fatty acid concentrations in gilts. *Animal Science* 69, 395-401.

Sandilands, V., Tolkamp, B.J. and Kyriazakis, I. (2005) Behaviour of food restricted broilers during rearing and lay - effects of an alternative feeding method. *Physiology and Behavior* 85, 115-123.

Sandilands, V., Tolkamp, B.J., Savory C.J. and Kyriazakis, I. (2006) Behaviour and welfare of broiler breeders fed qualitatively restrictive diets during rearing: are there viable alternatives to quantitative restriction? *Applied Animal Behaviour Science* 96, 53-67.

Savory, C.J. and Lariviere, J.M. (2000) Effects of qualitative and quantitative food restriction treatments on feeding motivational state and general activity level of growing broiler breeders. *Applied Animal Behaviour Science* 69, 135-147.

Savory, C.J. and Maros, K. (1993) Influence of degree of food restriction, age and time of day on behavior of broiler breeder chickens. *Behavioural Processes* 9, 179-190.

Savory, C.J., Seawright, E. and Watson, A. (1992) Stereotyped behavior in broiler breeders in relation to husbandry and opioid receptor blockade. *Applied Animal Behaviour Science* 32, 349-360.

Savory, C.J., Carlisle, A., Maxwell, M.H., Mitchell, M.A. and Robertson, G.W. (1993) Stress, arousal and opioid peptide-like immunoreactivity in restricted-fed and ad-lib-fed broiler breeder fowls. *Comparative Biochemistry and Physiology Part A: Molecular and Integrative Physiology* 106, 587-594.

Savory, C.J., Hocking, P.M., Mann, J.S. and Maxwell, M.H. (1996) Is broiler breeder welfare improved by using qualitative rather than quantitative food restriction to limit growth rate? *Animal Welfare* 5, 105-127.

Schwartz, M.W., Woods, S.C., Porte, D., Seeley, R.J. and Baskin, D.G. (2000) Central nervous system control of food intake. *Nature* 404, 661-671.

Schwitzer, C. and Kaumanns, W. (2001) Body weights of ruffed lemurs (*Varecia variegata*) in European zoos with reference to the problem of obesity. *Zoo Biology* 20, 261-269.

Shepherdson, D.J., Carlstead, K., Mellen, J.D. and Seidensticker, J. (1993) The influence of food presentation on the behaviour of small cats in confined environment. *Zoo Biology* 12, 203-216.

Simpson, S.J. (1995) Regulation of a meal: chewing insects. In: Chapman, R.F. and de Boer, G. (eds) *Regulatory Mechanisms in Insect Feeding*. Chapman and Hall, New York, pp. 26-45.

Slater, P.J.B. and Lester, N.P. (1982) Minimising errors in splitting behaviour into bouts. *Behaviour* 79, 153-161.

Spoolder, H.A.M., Burbridge, J.A., Edwards, S.A., Simmins, P.H. and Lawrence, A.B. (1995) Provision of straw as a foraging substitute reduces the development of excessive chain and bar manipulation in food restricted sows. *Applied Animal Behaviour Science* 43, 249-262.

Squires, V.R. and Wilson, A.D. (1971) Distance between food and water supply and its effect on drinking frequency, and food and water intake of Merino and Border Leicester sheep. *Australian Journal of Agricultural Research* 22, 283-290.

Stolba, A. and Wood-Gush, D.G.M. (1989) The behaviour of pigs in a semi-natural environment. *Animal Production* 48, 419-425.

Stubbs, R.J. and Tolkamp B.J. (2006) Control of energy balance in relation to energy intake and energy expenditure in animals and humans: an ecological perspective. *British Journal of Nutrition* 95, 657-675.

Terlouw, E.M.C., Lawrence, A.B. and Ilius, A.W. (1991) Influences of feeding level and physical restriction on development of stereotypies in sows. *Animal Behaviour* 42, 981-991.

Terman, A. and Brunk, U.T. (2006) Oxidative stress, accumulation of 'garbage', and aging. *Antioxid Redox Signal* 8, 197-204.

Tolkamp, B.J. and Ketelaars, J.J.M.H. (1992) Toward a new theory of feed-intake regulation in ruminants 2. Costs and benefits of feed consumption: an optimization approach. *Livestock Production Science* 30, 297-

317.

Tolkamp, B.J. and Kyriazakis, I. (1999) To split behaviour into bouts, log-transform the intervals. *Animal Behaviour* 57, 807-817.

Tolkamp, B.J., Allcroft, D.J., Austin, E.J., Nielsen, B.L. and Kyriazakis, I. (1998) Satiety splits feeding behaviour into bouts. *Journal of Theoretical Biology* 194, 235-250.

Tolkamp, B.J., Friggens, N.C., Emmans, G.C., Kyriazakis, I. and Oldham J.D. (2002) Meal patterns of dairy cows consuming diets with a high or a low ratio of concentrate to grass silage. *Animal Science* 74, 369-382.

Tolkamp, B.J., Sandilands, V. and Kyriazakis, I. (2005) Effects of qualitative food restriction during rearing on the performance of broiler breeders during rearing and lay. *Poultry Science* 84, 1286-1293.

Tolkamp, B.J., Emmans, G.C. and Kyriazakis, I. (2006) Body fatness affects feed intake of sheep at a given body weight. *Journal of Animal Science* 84, 1778-1789.

Tolkamp, B.J., Yearsley, J.M., Gordon, I.J., Illius, A.W., Speakman, J.R. and Kyriazakis, I. (2007) Predicting the effects of body fatness on the intake and performance of sheep. *British Journal of Nutrition* 97, 1206-1215.

Tsaras, L.N., Kyriazakis, I. and Emmans, G.C. (1998) The prediction of the voluntary food intake of pigs on poor quality foods. *Animal Science* 66, 713-723.

van Gils, J.A., Piersma, T., Dekinga, A. and Dietz, M.W. (2003) Cost-benefit analysis of mollusc-eating in a shorebird II. Optimizing gizzard size in the face of seasonal demands. *Journal of Experimental Biology* 206, 3369-3380.

van Putten, G. (1982) Welfare in veal calf units. *Veterinary Record* 111, 437.

Veissier, I. and Boissy, A. (2007) Stress and welfare: two complementary concepts that are intrinsically related to the animal's point of view. *Physiology and Behavior* 92, 429-433.

Wahlstrom, R.C., Taylor, A.R. and Seerley, R.W. (1970) Effects of lysine in the drinking water of growing swine. *Journal of Animal Science* 30, 368-373.

Weber, M., Bissot, T., Servet, E., Sergheraert, R., Biourge, V. and German, A.J. (2007) A high protein, high fiber diet designed for weight loss improves satiety in dogs. *Journal of Veterinary Internal Medicine* 21, 1203-1208.

Webster, A.J.F. (1995) *Animal Welfare - A Cool Eye Towards Eden*. Blackwell Science, Oxford, UK.

Weed, J.L., Lane, M.A., Roth, G.S., Speer, D.L. and Ingram, D.K. (1997) Activity measures in rhesus monkeys on long-term calorie restriction. *Physiology and Behavior* 62, 97-103.

Weiss, J.M. (1971) Effects of coping behavior in different warning signal conditions on stress pathology in rats. *Journal of Comparative and Physiological Psychology* 77, 1-13.

Wellock, I.J., Emmans, G.C. and Kyriazakis, I. (2004) Modelling the effects of stressors on the performance of populations of pigs. *Journal of Animal Science* 82, 2442-2450.

Wellock, I.J., Houdijk, J.G.M., Miller, A.C., Gill, B.P. and Kyriazakis, I. (2009) The effect of weaner diet protein content and diet quality on the long-term performance of pigs to slaughter. *Journal of Animal Science* 8, 1261-1269.

West, D.B. and York, B. (1998) Dietary fat, genetic predisposition, and obesity: lessons from animal models. *American Journal of Clinical Nutrition* 67, 505S-512S.

Weston, R.H. (1996) Some aspects of constraints to forage consumption by ruminants. *Australian Journal of Agricultural Research* 47, 175-197.

Whittaker, X., Edwards, S.A., Spoolder, H.A.M., Corning, S. and Lawrence, A.B. (2000) The performance of group-housed sows offered a high fibre diet *ad libitum*. *Animal Science* 70, 85-93.

Whittemore, E.C., Kyriazakis, I., Tolkamp, B.J. and Emmans, G.C. (2002) The short-term feeding behavior of growing pigs fed foods differing in bulk content. *Physiology and Behavior* 76, 131-141.

Wilkinson, S. (2007) The short-term feeding behaviour of commercially reared group-housed growing-finishing pigs. MRes thesis, University of Edinburgh, Edinburgh, UK.

Wynne, K., Stanley, S., McGowan, B. and Bloom, S. (2005) Appetite control. *Journal of Endocrinology* 184, 291-318.

Yang, T.S., Howard, B. and MacFarlane, W.V. (1981) Effects of food on drinking behaviour of growing pigs. *Applied Animal Ethology* 7, 259-270.

Yeates, M.P., Tolkamp, B.J., Allcroft, D.J. and Kyriazakis, I (2001) The use of mixed distribution models to determine bout criteria for analysis of animal behaviour. *Journal of Theoretical Biology* 213, 413-425.

Yeomans, M.R. and Savory, C.J. (1989) Altered spontaneous and osmotically induced drinking for fowls with permanent access to quinine. *Physiology and Behavior* 46, 917-922.

Zonderland, J.J., De Leeuw, J.A., Nolten, C. and Spoolder, H.A.M. (2004) Assessing long-term behavioural effects of feeding motivation in group-housed pregnant sows; what, when and how to observe. *Applied Animal Behaviour Science* 87, 15-30.

Zorrilla, E.P., Inoue, K., Fekete, E.M., Tabarin, A., Valdez, G.R. and Koob, G.F. (2005) Measuring meals: structure of prandial food and water intake of rats. *American Journal of Physiology - Regulatory Integrative and Comparative Physiology* 288, R1450-

Zuidhof, M.J., Robinson, F.E., Feddes, J.J.R., Hardin, R.T., Wilson, J.L., McKay, R.I. and Newcombe, M. (1995) The effects of nutrient dilution on the wellbeing and performance of female broiler breeders. *Poultry Science* 74, 441–456.

II 問題点

第5章 痛み

概要

動物の痛みは，外科手術，疾患の経過，飼育場所，飼育方法の結果など，様々な状況で発生する重要な動物福祉のテーマである。私たち人間の能力には限界があるため，個々の動物が経験する苦痛の評価が難しい。生理的および行動的反応は，疼痛を評価する指標として用いられている。私たちの痛みに対する認識が深まることで，動物の管理，使用，痛みへの対処法の変更がもたらされるはずである。

5.1 はじめに

痛みは，International Association for the Study of Pain（1979, p.250）によって「実際の，または潜在的な組織損傷に関連する不快な感覚および感情的な経験，またはそのような損傷の観点から説明されるもの」と定義されている。この定義は，AnandとCraig（1996）によって強調されているように，言語と自己申告に大きく依存しており，動物の痛みを理解するための使用には限界がある。彼らは，自己申告の痛みは「遠心性」の回答のひとつに過ぎず，申告できないことが無痛を前提としないことを強調している。この批判を受け，Molony（1997, p.293）は動物の痛みの定義を自己申告以外の遠心性の反応に焦点を当て，以下のように説明しようとしている。

> 動物の痛みは，組織の完全な損傷または損傷する危険がある時に動物が経験する嫌悪感覚や感情である。痛みは，損傷を軽減，回避するために動物の生理反応や行動を変化させる。しかし，痛みがあることで損傷の再発は減少し，回復を早めることなどにつながる。

疼痛評価の目的で使われている，痛みに関連した生理的および行動的変化については後述する。さらに，Molonyの定義は痛みが持つ多次元的な性質に言及していて，感覚によるもの（痛みの部位，強度および種類に関連するもの）だけでなく，感情的なものも含んでいる。つまり，動物自身の痛みの認識である。一般的に私たちと密接に関係し，生体組織，生理，行動が似ている動物種では，おそらくヒトと同じような機序で痛みを経験すると考えられる。しかし，私たちと似ていない動物種の痛みを推測することはより困難であろう。

痛みを経験する特定の種の能力を議論するうえで重要なことは，痛覚と痛みを区別することである。痛覚は，侵襲刺激を検出し反応する能力に関連する。痛みは，中枢神経系の処理による不快感情の経験も含んでいる。痛覚と痛みの感情的な側面の両方が，おそらく進化の過程で

> **ボックス 5.1　特定の動物種の痛みを経験する能力の調査と科学上の議論の基準（Sneddon, 2004 から改変）**
>
> - 侵害受容器（主に有害痛覚刺激に反応する感覚受容体）の存在
> - （感覚感情的な）痛みの経験を異なったレベルで処理できる脳構造の存在
> - 脳で侵害受容器と「痛み中枢」を結びつけているより高次な脳構造
> - 痛みの調整に関係しているオピオイド受容体とオピオイドの存在
> - 痛み刺激に対する反応：痛み刺激の検知の結果として、遠心性反応が引き出されるかどうか、そしてこの反応がどのような種類の認識も伴わず、純粋に自動的である（反射作用）かどうかを確かめることは重要である
> - 鎮痛薬治療に対する反応：薬で痛みの症状が軽減するか、あるいは排除できた場合に痛みの存在の証拠となる
> - 痛み関連の回避学習の発現：経験を通して痛み刺激を避けることを学習する動物の能力
> - 正常行動の抑制：動物が痛みを感じていると、摂食などの正常行動は減少し、異常行動が現れるかもしれない

防衛機能として発達したため、多くの動物種にその存在が認められるのだろう。痛覚と痛みの区別は除皮質動物（訳注：大脳皮質を除去した動物）で最初に見られる応答であり、また麻酔下の脊髄で脳幹以下のレベルでも観察される（Sherrington, 1906）。痛みの認識に機能的な皮質、または同等の脳の構造が必要だとするならば、除皮質動物や麻酔下の個体は痛覚を示すが痛みに反応しているとはいえない。ヒトのデータからは、痛みの感情的な部分は皮質活動による（例：Baliki ら、2006）という見解が支持されているが、一部の認識には皮質を必要としない可能性がある。魚の痛みに関する最近の研究では、特定の種が痛みを経験するかどうかの評価基準について議論がなされている。Sneddon（2004）は、ボックス 5.1 に要約されている Bateson（1992）の基準に基づいた科学的な議論のための大枠を提案している。なお、ボックス 5.1 の提示項目は、痛みの経験のために全か無かの試験を提供するのではなく、動物の経験を総合的に評価するために考慮されるべき証拠について提供している。

痛みは、主要な動物福祉の問題である。さらに、食料、水、隠れ場所を見つけるための動物の能力を妨害することから、福祉と生存率に悪影響を与える可能性がある。また、免疫抑制、傷の回復を妨げる代謝変化を引き起こし、健康へ悪影響を与える。神経の損傷や炎症に起因する知覚過敏、継続的（慢性）疼痛状態は特に重要な課題となる。このような痛みは、歩行異常（跛行）などの疾患に関連して発生し、手術や日常的に行われる去勢、断尾術で十分な鎮痛処置が施されなかった場合にも生じる。

近年、動物の疼痛管理は大幅な進歩を遂げたにも関わらず、最高水準に達したとはいえない。これは痛みの認識や評価が困難であること、限られた治療法が用いられていることに起因するといえる。これらの点について、本章で詳しく説明していく。

5.2　痛みの神経生物学：簡単な概要

痛みは、解剖学的および生理学的に特殊化した末梢感覚ニューロンの集団が、実際のまたは潜在的な組織損傷を検出することで、薄い有髄 Aδ 線維または無髄 C 線維によって知覚される。これらの侵害受容器は、自由神経終末に局在する感覚タンパク質として特徴づけられ、有害な（機械的、熱的、化学的）刺激を求心性線維に沿って脊髄の後角に伝達する。侵害受容器

の神経伝達物質は脊髄後角ニューロンを活性化し，それは引込め反射と侵害刺激に対する反応を脳へ伝達する。この上行性の活性は痛みの経験（図5.1）として解釈することができ，大脳皮質に至る過程で複数の中継局（視床，網様体，橋，扁桃体）によって変調される。これらの侵害受容経路を介した伝達は，各神経軸での上行と下行（阻害または促進）の変調に影響されている。痛みに関するより詳しい神経生理学の総説については，BasbaumとJessell（2000）を参照してほしい。

これらの侵害受容経路における長期的な変化（神経可塑性）は，通常の急性「侵害受容性の痛み（保護的な役割を持っている）」から一般的には有用ではない「病的な」疼痛状態への移行に重要である。さらに，これは組織の損傷，炎症，神経損傷に発展することがある（総説については，Woolf，Salter，2000参照）。病的な疼痛状態は，潜在的に痛みを伴う刺激に対する過敏症を特徴とし，臨床的に誘引のない突出痛（任意の刺激のない状態で生じる痛み）だけでなく，痛覚過敏（侵害刺激に対する過剰応答）および異痛（優しい接触のような非侵害刺激に対する疼痛反応）として現れる。痛みに対する過敏症は，脊髄の末梢感覚神経および中枢神経の両方のレベルで発生する。炎症に続いて，侵害受容器は損傷した細胞，炎症性細胞，末梢および感覚神経終末から放出された化学物質に感作されている。末梢の過敏性は一般に治療や治癒により解消されるが，末梢神経の損傷や炎症によって脊髄に引き起こされる侵害受容入力の持続は，脊髄中心神経の感作を引き起こし，慢性的過剰痛覚および異痛症の原因となる。慢性疼痛は治療が難しく，明らかに動物福祉上の問題が発生する。そのため，この脊髄中心部の感作を防ぐには，去勢や断尾術のような痛みを伴う管理や外科処置において，適切な鎮痛の重要性が強調されるべきだろう。

5.3 痛みの発生

5.3.1 産業動物

動物の痛みでよく知られている例として，産業動物に施される処置がある。例えば，ヒツジのミュールシング（訳注：排泄腔周囲でのハエウジ症予防のため，その周辺を皮膚ごと切除する術），ウシの除角や刻印，家禽の断嘴，ブタの去勢，断尾がある。これらの処置はすべて痛みを引き起こすが，多くの場合，麻酔薬や鎮痛薬なしで実行される。いくつかのケースでは，生産者が動物は痛みを経験しない，もしくは痛みをあまり感じないと考え，鎮痛薬を使用しないこともある。他の場合には，痛みは治療が困難でその対処は非実用的または非経済的なため使用できないと考えられている。

このような処置に伴う痛みを回避するひとつの方法は，これらの処置が本当に必要であるかどうかについて再考することである。例えば，乳牛の断尾は雌牛の衛生状態と究極的には乳房の健康を改善するという考えから一部の国で一般的に行われている。もし，断尾が本当に乳房の衛生とウシの健康を向上させる場合は意味があると主張できるかもしれないが，数千頭のウシを使って断尾する場合としない場合を比較した一連の実験では，これを証明することができなかった（Schreiner，Ruegg，2002）。結果，今では多くの酪農家が断尾をしていない。

場合により必要があると考えられる処置は，選択育種によって回避することができる。その最たる例として，無角牛（遺伝的に角がない）の開発がある。この方法は肉用牛の一部の品種で成功し，除角を行う必要性の排除につながった。

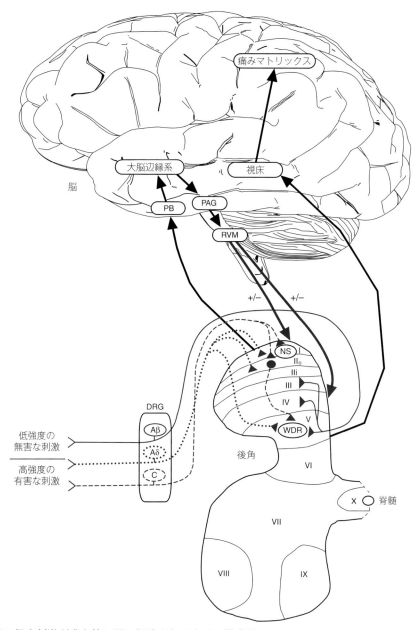

図 5.1 末梢の侵害刺激が求心性に脳に伝達されるまでの模式図

侵害受容性の入力は，Aδ（……）と表面の後角 laminae Ⅰ と Ⅱ₀ に終結する C 線維（----）を通過し，さらに深部後角の lamina Ⅴ に入る。痛覚特定ニューロン（NS）は表面の後角の C 線維に接触する。痛覚情報が辺縁系に達する前に，脊髄結合腕傍核路（左の太い矢印線）を経由して，小脳脚核部位（PB）に，取り次がれる。深い後角のニューロンからの情報が脊髄視床路（右の太い矢印線）を経て視床に届き，そこから「痛みマトリックス」を構成する皮質エリアに到達する。中脳水道周囲灰白質（PAG）と吻側延髄腹側野（RVM，➝）から出るノルアドレナリンとセロトニン経路の遠心性制御が脊髄処理の調整の役割を果たす

DRG：背側神経節，WDR：広作動域ニューロン

(D'Melio, Dickenson, 2008)

処置に関連する疼痛は，時には単純な改良によって軽減することができる。例えば，子豚は多くの場合，永久的なマークとして耳に切り込みを入れられていたが，代用として耳タグをつけるようにしたことが挙げられる。Marchant-Fordeら（2009）は，これら2つの方法を比較し，どちらも痛みを伴うものの，その程度は切り込みを入れるよりも耳タグをつける方が少ないことが分かった。しかし，代用法が常に優れているわけではない。Marchant-Fordeらの別の研究によると，同腹の子豚の顔や母豚の乳房を傷付けないために行われる子豚の犬歯の処置は，先端を研削する方が従来の切断するアプローチよりも痛みが少ないと予想されたが，研削は切断より長い時間がかかるため，子豚の発声をより引き起こすことが分かった。

● 5.3.2 実験動物

産業動物とは異なり，多くの国で実験動物に痛みを伴う処置を行う場合は，実験目的に正当な理由がない限り麻酔および鎮痛処置の実施が義務づけられている。しかし，痛みの緩和の方法は，特に小型げっ歯類の場合，統一された見解はない（Coulterら，2009；Stokesら，2009）。この理由のひとつは，痛みの発生を認識できなかったためと考えられており（Richardson, Flecknell, 2005），実験動物の痛みに関する最近の研究の多くは，術後の痛みの認識を改善することに焦点を当てることで，よりよい治療プロトコールの開発を目的としている。

この点を改善するための難題のひとつとして，動物の取り扱い経験豊富な人々は，しばしば痛みの評価にも熟練していると私たちが誤解しているということがある。これはおそらく，特に高度な訓練を受けた獣医師，研究者，実験動物の世話を担当する技術者に当てはまる。RoughanとFlecknell（2006）は，何百人もの専門家の能力を判定するため，盲目試験で鎮痛薬を様々な用量で使用した手術後のラットのビデオから痛みを評価する試験を行った。参加者は，まずビデオを見て，自らの専門的な経験と視覚的尺度のみで痛みを評価した。参加者はその後，手術後の疼痛行動（例：腰を曲げる姿勢，身もだえ，けいれん）を理解するためのトレーニングを10分受け，ビデオを再評価した。訓練前には専門家の54%が痛みの程度を区別することができたが，トレーニングを受けた後は75%にまで改善した。この結果は経験豊かな専門家にも改めて痛み評価における明確な基準とトレーニングの価値を説明したことで得られた。

痛みの研究における厄介なトピックは，痛みを意識できる動物へ意図的に痛みを与える必要があることである。研究における動物の使用を削減し，苦痛を減らすよう処置を改善する努力をしているにも関わらず，痛みの研究では動物の使用が増加している。例えば，最近の書誌的分析によると，過去20年にわたり痛みの研究における動物の使用が着実に増加している（Mogilら，2009）。

● 5.3.3 伴侶動物

ネコとイヌの痛みを伴う手術は通常麻酔下で行われるため，その際は痛み以外の福祉の問題を扱うこととなる。伴侶動物の痛みに対する治療の歴史は長く，いくつかの洗練された疼痛治療のプロトコールが開発された。

特に興味深いことは，種類の違う鎮痛薬を組み合わせて異なるタイプの痛みをコントロールすることである。例えば，局所麻酔薬は術中の急性疼痛管理に適している一方で，非ステロイド性抗炎症薬（NSAID）は術後の疼痛管理に適している。全身麻酔を使用し痛みを防ぐことができる場合でも，手術によって引き起こされ

る外傷が周囲の神経を感作することがある。局所麻酔と全身麻酔を組み合わせることで，この感作を防ぎ，術後の痛みを軽減し，回復を助けることができる。例えば，最近の研究では，切開部の領域周囲に局所麻酔薬を投与することで，ネコの卵巣子宮摘出術における全身麻酔薬の使用量を低減できることが示された（Zilberstein ら，2008）。

痛みに注意を払い，治療する価値があると判断するには，文化的要因が重要な役割を果たしている。カナダの獣医師の調査では，卵巣子宮摘出術を受けたイヌやネコの約半数が術後の疼痛管理を受けている（Hewson ら，2006）。この処置の判断は二極化しており，ほとんどまたはまったく鎮痛薬を使用しない獣医師と，毎回必ず術後の疼痛管理を行う獣医師がいた。この治療における相違の多くは獣医師の動物の痛みの認識の違いによって説明することができる。若い獣医師（卒業直後）は動物が痛みを感じているとの認識を持つ割合が高かった。

処置により発生する痛みの研究に加えて，伴侶動物では変形性関節炎などの疾患に関連する慢性疼痛についての研究も行われている。この痛みを治療するうえでのひとつの限界は，ある種の薬剤の継続的な使用が，胃潰瘍などの合併症を引き起こすことである。今では，ネコにおいて変形性関節症により引き起こされる慢性疼痛に新しいクラスの NSAID が利用可能で，ほとんどまたはまったく副作用がないため，有効な治療を提供することができる（Gunew ら，2008）。

● 5.3.4　野生動物

野生動物に関する痛みの研究は比較的少ない。おそらく，野生動物が経験する痛みに人為的な行為や無処置が原因となることが少ないからだろう。しかし，飼育下の野生動物に対する痛みを伴う処置，狩猟，釣りに関連した痛みは，注目すべき例外といえる。

一例としては，シカにおける角芽の除去がある。シカの角は，伝統的に中国医学でよく用いられるが，その除去は痛みを引き起こす。この痛みは，局所麻酔薬の周回麻酔により制御できるが，角芽の販売業者は，麻酔薬が角製品に混ざることに懸念を示している。角芽の周りに圧力をかけたゴムリングを使用し，鎮痛を行う圧迫法が薬物を使わない代替法として示唆されている。しかし，産業動物に行われる痛みを伴う処置と同様に，動物の保定が必要である。動物を保定することは，生理学的なストレス応答を引き起こすばかりでなく，痛みの評価に有用な行動の多くを制限することにもなる。これらの問題を回避するために，Johnson ら（2005）は，両方の処置についてアカシカの脳波（EEG）の応答を比較した。その結果は，局所麻酔が角の除去に対する EEG 反応の制御に効果的であることを示した。これとは対照的に，圧迫法は角の除去による痛みに無効であったばかりでなく，圧迫自体が疼痛反応（図 5.2）を引き起こしていた。

魚の痛みに関する知覚は，近年科学文献上で多くの議論を生んでいる。何人かの研究者は，発達した前頭前野を持たない（魚などの）動物は，意識的に痛みを経験することができないと考えている。これは脳の前頭前皮質はヒトにおいて意識的な経験を可能にするうえで重要な構造と考えられており，魚はこれを持たないためである。しかし，種が違えば同様の機能が異なる構造により行われていることがある。Braithwaite と Huntingford（2004, p.S88）は，以下のように述べている。

> 鳥類と哺乳類の視覚システムを比較すれば，両者の構造的相違は明らかであるが，同時に，異な

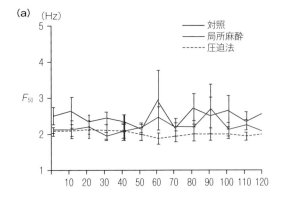
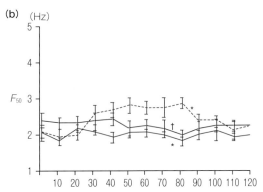
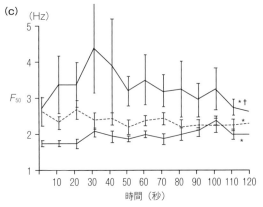

図5.2　脳波（EEG）結果（周波数中央値 F_{50}〈Hz〉；平均±SEM）

（a）ベースライン，（b）鎮痛薬処置，（c）角芽除去
アカシカ（*Cervus elaphus*）を，2%リドカインによる周回麻酔（局所）およびゴムリングによる圧迫（圧迫法，Johnsonら，2005）によって鎮痛処置された実験群と対照群（鎮痛薬なし）に分け，脳波反応を測定することでハロタン麻酔下で各芽切除のための鎮痛法の比較実験を行った
(Veterinary Anaesthesia and Analgesia 32, 61-71, Wiley-Blackwell.)

る経路や神経構造を通して同じタイプの知覚が処理されていることが分かる。

したがって，魚では痛みを伴う刺激が他の脳構造を通じて不快だと知覚される可能性がある。魚は分類学的および神経解剖学的に多様であるため，痛みの経験が種によって異なる場合がある。最近の研究では，同じ種類の刺激を与えても魚の応答は種によって異なることが示されている。ゼブラフィッシュやニジマスは唇への酢酸の注射に反応し呼吸を増加させ，泳ぐ速度を上げることが分かっているが，同じかそれ以上の刺激をコイに与えても同様の反応を示さなかった（Reillyら，2008）。これらの結果から，コイは痛みをあまり感じないと推測するべきではない。なぜなら，単に痛みへの反応の仕方が異なるだけかもしれないからである。

5.4　動物の痛みの認識

● 5.4.1　痛みに対する生理的反応

痛みや侵害刺激はストレッサーであるため，生物学的ストレス反応を引き起こす。したがって，このようなストレス反応の発生は，動物における疼痛の存在を推論するために使用されている。前述したように，ストレス反応は痛みの意識的知覚の有無に関わらず観察され，侵害受容経路の活性化のみでも発生する。明確な証拠として，意識経験ができない麻酔下の動物を使った研究によれば，侵害受容器痛覚刺激は心拍数および血圧の上昇などのストレス反応を生成することがある。疼痛に対するこれらの生理的応答の解釈は，組織損傷に対するストレス反応も考慮しなくてはならないため，不明瞭である。

例えば，外科的処置も飼育管理のために行う

尾や陰嚢へのゴムリング装着もストレス反応を引き起こす（Bailey, Child, 1987；Thornton, Waterman-Pearson, 1999）。一部は侵害受容器の活性化により，一部は痛みの知覚により，そして一部は組織損傷により起こるストレス反応といえる（Haga, Ranheim, 2005）。加えて，麻酔処置がストレス反応を起こし，意識がある動物では，保定やその他の処置が同じくストレス反応を引き起こす可能性があることが示された（Derbyshire, Smith, 1984）。

　このような限界があるにも関わらず，痛みを伴うと仮定された処置に対する生理的反応は，これらの処置による痛みの程度を評価する際に使用されている。痛みの発生とその強度が評価されていることを証明するこのような研究のために，以下の基準が満たされるべきである。

1. 反応は痛みの可能性（例：組織の外傷の程度）により異なるはずである。
2. 適切な対照群を加えることで他の変数に対するストレス反応を定量化することができる。

　他の潜在的なマーカー（例：行動反応）を加えることで，痛みの生理学的指標がより妥当となる。

心血管系および呼吸器の応答

　ヒトは急性疼痛に対してカテコールアミン放出を伴うストレス反応を示し，心拍数と血圧が顕著に上昇する。これらの応答は，実質的に適用される痛みの評価表をつくる目的で，動物で評価されている。今日までの結果は期待外れなものであるが（Cambridgeら, 2000；Priceら, 2003），おそらくこれらの反応に他の多数の要因が影響を与えていると考えられる。心拍数および血圧の変化は，動物やヒトにおける麻酔深度を監視するために日常的に使用されている。これは神経筋遮断薬によって動物の活動が制限されているためであり，これらが麻酔を監視する手段として推奨されている。しかし，知覚が戻ったことを示すこれらの心血管パラメーターの上昇程度は確立されていない。ヒトでは麻酔中の意識の測定は，EEG（脳波計）が使用されつつあり（例：バイスペクトル指数モニタ），これは条件によっては動物に適用することができる技術である（Murrell, Johnson, 2006；Otto, 2008）。

　心拍数の単純な変化は，痛みの指数として特に有用であるとは証明されていないが，心拍変動（HRV）を評価することは有用な可能性がある（Rietmannら, 2004）。ただしHRVは疼痛または痛覚の特定の尺度ではなく，他の要因もHRVに影響を及ぼし得ることに注意しなければならない。

内分泌応答

　ウシの除角（McMeekanら, 1998），子羊の去勢と断尾といった痛みを伴う処置への内分泌応答（Molony, Kent, 1997）は，広範囲に研究されてきた。前述したように，これらは痛みの間接的なマーカーで，子羊における処置の段階的な応答と行動マーカーとの関連性を示すことで，評価のための貴重な情報となる（Lesterら, 1996）。

神経生理学的および電気生理学的応答

　最初期遺伝子の*c-fos*のようなバイオマーカー産生の刺激は，侵害受容器刺激の発生やその強度を決定するために使用されている（Coggeshall, 2005）。ブタでは，外科的処置後の*c-fos*の活性化が実証されており，この活性化が局所麻酔薬投与によりブロックされることが示されている（Lykkegaardら, 2005）。同

様にラットでは、ペントバルビタール（pH＞10）の腹腔内投与はc-fosを活性化するが、局所麻酔薬とペントバルビタールを同時に注入することによってブロックすることができる（Svendsenら、2007）。これらや他のバイオマーカーは、慎重に制御された条件下で死後に評価されることから、より広範に痛みを評価するための応用というよりも、主に研究手段として有用であるといえる。

侵害受容器の活性化や侵害刺激（例：炎症）により末梢および中枢神経系に変化が起きるが、その測定は疼痛の存在を推論するためにも使用されている。痛覚過敏および異痛症の発達は、定量的感覚試験（後述）により評価した場合、処置が痛みを引き起こす可能性を指標化できることを示す。軽度麻酔下における動物の脳波の主な変化は、異なる種で痛みを伴う刺激の活性化を示す例として用いられている（Johnsonら、2005）。このアプローチは、ウシの除角などの処置における痛みの程度をもとに、より人道的な方法を模索するために提案されている。特に、痛みを軽減させることのできる方法が模索されている（Murrell, Johnson, 2006）。

これらのマーカーの多くは侵害受容器の活性化に対応するが、痛みの意識的知覚の活性化とは対応しないことを認識することは重要である。しかし、これらの方法は少なくとも痛みの経験の可能性を実証できているという点で有益だといえる。最近の画像技術の進歩により、痛みの処理に関連した脳領域の活性化を評価するための研究が可能となった。侵害刺激に応答した脳構造の活性の実証は、この情報が脳の中枢で処理されていることを示している。関与する脳領域が、単に一次的な体知覚領域ではなく、痛みの感情的成分と（ヒトにおいて）関連づけられている領域であるということは、同様の反応が動物で起きている可能性を意味している。

言いかえれば、これらの動物は単に侵害受容器の痛覚ではなく、痛みを経験しているといえる（Hessら、2007）。現在、このような研究は麻酔下の動物で行われており、侵害受容器刺激への処置を示しているにすぎず、意識下で痛みの経験について調べられているわけではないことに注意することが重要である。

● 5.4.2　定量的感覚試験

定量的感覚試験（QST）技術は、ヒトの神経状態の評価において、感覚機能の特定の状態を定量化するために使用されている。その方法は、精神物理的、非侵襲的で、一般的な物理的刺激（例：熱）を適用して、刺激の強度の変化やその検出に対する患者の報告によって、限界を決定するというものである。

QST技術は、動物では、潜在的に痛みを伴う刺激に対する組織の感受性の変化を評価する手段として、侵害受容性応答を検出するように調整されている。この場合QSTは、特定の解剖学的部位に対し標準化された侵害刺激（機械的または熱的）を与えて動物の引込め反射または回避反応を誘発する。この方法は限界レベルを知る試験となる。QSTによく用いられる指数は、反応時間（刺激開始から引込め反射までの経過時間）と侵害受容閾値（回避反応を誘発するのに必要な最小限強度）である。

QST技術やプロトコールの信頼性を高めるため、再現性と感度の基準を満たす必要がある。再現性は、試験に使用した個体を短時間隔離した後に再び測定した値が、評価試験により得られた測定値と一致することと定義することができる。再現性は、刺激に反応する動物の学習に影響を受けることがあり、それが悪影響を与える。実際侵害される前に（Chambersら、1990）、反応を示しているのかどうかは刺激される部位の正確な位置で確認することができる

(Haussler ら，2007)。感度は，測定量の変化を検出するための能力を指す。多くの研究で鎮痛治療後に侵害受容閾値の増加が示され，またいくつかの研究では，手術後または慢性疼痛を持つ動物での侵害受容閾値の減少が示されている（Welsh, Nolan, 1995；Ley ら，1996；Lascelles ら，1997, 1998；Slingsby ら，2001；KuKanich ら，2005）。

しかし，どの QST の方法も高感度で疾患の進行または治療効率を調べる手段として臨床的に有用であるとはいえない。多くの要因が，QST 測定値に影響を与える。機械的侵害受容閾値は，例えばウマの場合，組織や体の部位により異なる。骨性指標（bony landmark）の測定時よりも，軟部組織で測定した場合の方が閾値は低く，また，頚椎の棘上で測定した方が腰仙椎領域で測定するより低かった（Haussler, Erb, 2006）。特に臨床症例を対照動物（痛みがあるものではない）と比較した場合，潜在的に QST 測定値に影響する要因として，性別，身長，体重，年齢がある。QST のさらなる限界は，測定に動物の協力が必要であることである。つまり，動物の気質が制限要因となり得る。

● 5.4.3 痛みの行動評価

反応のタイプ

行動の変化は，長きにわたって痛みに関する科学的，臨床的評価に使用されてきた。最も分かりやすい例には，日常的な処置として行われる除角や刻印に対し動物が回避反応である暴れや逃避を示すことである。例えば，子山羊の角芽は焼きごてを用いて除去されるが，子山羊はこの処置に対し対照群（偽手術として同じ保定が行われる）の倍以上に激しく暴れる（Alvarez ら，2009）。いくつかの研究では，暴れの量を非常に洗練された方法で定量化している。Schwartzkopf-Genswein ら（1998）は，動物が焼印される時に使う保定具に対して加えられる力を評価するために，歪みゲージやロードセルを使用して肉用牛の暴れを定量化した。

痛みを伴う処置の他の行動反応は必ずしも逃避行動と関連づけられていない。例えば，親の世話と保護に依存している若い動物は，多くの場合，痛みに反応して発声する。最も研究されている分野として，痛みに対する子豚の発声反応がある。例えば，Leidig ら（2009）は，自動スペクトログラフ解析で，局所麻酔薬の使用により去勢の際の子豚の発声反応が大幅に減少することを示した。実際に発声反応の低下は，去勢，断尾，歯の切断およびその他の処置の代替法を評価するために使用されている（Marchant-Forde ら，2009）。高齢動物は痛みを示すために発声する必要はあまりないが，発声反応はいくつかの状況で観察される。例えば Grandin（1998）は，商業的と畜場を点検し，動物の約 10％が痛みを伴う突きやスタニング（失神）処置の失敗時に，より多く発声することを見出した。これに基づき，発声は現在，多くのと畜場で福祉を評価するうえでの監査の要点として含まれている。

痛みに対する行動反応は，それが例えばウシが断尾後の尾の先端を舐めていたり，角芽を除いた後に頭をこするなど，患部に直接向けられている場合は明瞭に理解することができる。もし患部が刺激されていると，これらの反応はより激しくなる。例えば去勢された子羊は陰嚢を触診されると，背を丸めて飛び跳ねる bucking をする（Thornton, Waterman Pearson, 1999）。

他の例では，負傷後の疼痛反応はあまり特異的ではなく，痛みを経験した動物は歩行や摂食などの活動レベルの低下を示す。体重や成長の減少につながる飼料摂取量の減少など，動物に明らかな悪影響を及ぼす行動の変化は，間違いなく福祉の観点から解釈することが容易であ

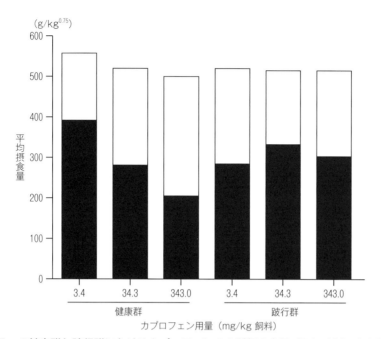

図5.3 ブロイラーの健康群と跛行群におけるカプロフェンの3種類の容量（3.4, 34.3, 343.0mg/kg飼料）を含む飼料（薬物投与〈色つき〉と無投与〈色なし〉）に対する平均摂食量（g/kg$^{0.75}$）
健康なニワトリは高用量の薬物飼料の摂食を避けた。しかし，跛行しているニワトリは薬物の入った飼料に対して好みを示した

(Danburyら, 2000)

る。いくつかの例では，行動の変化により，動物が経験した疼痛の性質を洞察することができる。Moyaら（2008）は，偽手術を行ったブタと比較して，去勢豚は切開部の悪化のためか去勢後に歩行時間が減少し，犬座姿勢をとることを観察した。

前述のすべての反応は，適切な鎮痛処置をすれば軽減できるだろう。実際，鎮痛薬投与の有無は，疼痛反応を検証する重要な方法として認識されている。この論理から，いくつかの研究では，動物が選択した鎮痛薬の量を使って痛みを評価するという次の段階に移った。Danburyら（2000）は，ニワトリに2色のエサを与え，片方には鎮痛薬を入れた。健康なニワトリと比較して，跛行しているニワトリは鎮痛薬入りの飼料を多く摂取し，跛行が最も激しいニワトリで最も摂取量が多かった（図5.3）。

科学的に興味深い課題は，動物の痛みの感情的な部分を評価することである。ひとつの方法として，感情的に動揺している動物において疼痛反応を評価することがある。例えば，Boccalonら（2006）は，慢性ストレスにさらされたマウスは非ストレスの対照群よりも強い疼痛反応を示すことを見つけた。また他の研究では，情動状態に関連する認知の変化に焦点を当てている。例えば現在不安傾向の高いヒトや動物は，新奇な機会に直面したときに「悲観的」反応を示す可能性が高いことが多くの研究では示されており，このような認知バイアスを用いて情動を評価することができると考えられている。私たちの知る限り，現在までの研究では，疼痛時の動物の認知バイアスは調べられていない。このような研究は，動物の痛みの情動的な構成要素を評価する際に有用である可能性がある（Mendlら，2009）。

臨床スコア

前述のような歪みゲージを使用した暴れの量の測定，発声のスペクトログラフ解析，動物に鎮痛薬の投与量を選択させる研究は，痛みの科学的評価に有用である。これらの研究は痛みを十分予防または制御するためのいくつかの一般的な方法のもととなる。しかし，動物を扱う獣医師，農家，その他の人々は痛みの実用的な評価法を必要としており，それにより治療を必要とする動物を認識し，治療期間を決めることができる。

乳牛およびブロイラーの跛行は，重要な福祉問題である。跛行は一般的な疾患で，未処置で動物を放置すると痛みは数週間以上にわたり続く可能性がある。問題に関与する多くの要因が未だ飼育管理者に認識されていないことは事実である。アメリカのある研究では，跛行の乳牛は1/3しか管理者に認識されていなかった（Espejoら，2006）。跛行を評価するための様々な臨床スコアが開発されており，最もよく知られているものは，Sprecherら（1997）の5段階のスコアである。ウシの歩行時に背中が直線上であればウシはスコア1とされるが，ウシの歩行時にアーチ型の背中であれば，より高いスコアが割り当てられる。これらの臨床スコアは人による判断を必要とし，人により異なる結論を導くことがあるが，明確な基準を使用して訓練することで，各観察者間でのスコアの一致を向上させることができる。例えば，ブロイラーの跛行に関する初期の研究は，観察者間でのスコアが一致しなかったが，明確な基準で訓練された後は，各観察者の評価はほぼ同一であった（Garnerら，2002）。

観察者間の信頼性よりもさらに重要なのは，評価の妥当性である。乳牛用の跛行スコアは，鎮痛薬や局所麻酔薬による治療前後に動物の歩行を比較する，コンクリート上と弾力性のある高トラクションゴム表面を歩かせ比較するなど，様々な方法で検証されている（Flower, Weary, 2009）。

農場の規模の拡大や，ロボット搾乳機の使用といった自動化が進むなか，跛行など痛みを伴う疾患の検出に自動化された動物の行動の尺度を使用する方法が実現可能になってきている。一例では，PastellとKujala（2007）が，ロボット搾乳機の床にロードセルを使用することで跛行牛を識別することに成功している。この例では，ロードセルによってウシが自分の体重をどのように分散するかのデータを収集し，それを確率的ニューラルネットワークを用いて計算し，跛行の症例を同定した。

5.5 疼痛管理

疼痛評価の方法は比較的限られているが，今では一般的に多くの動物が痛みを経験していると認識され，痛みは緩和されるべきとみなされている。しかし，この一般的な原則の適用は，異なる動物群では同じにならない。痛みを伴う処置は未だ産業動物で実施されており，例えば子羊の去勢や断尾手術に鎮痛薬を使用しない，使用しても期間が短いという場合がある。手術などの急性疼痛に対する管理は，伴侶動物では5～10年前に行われた調査以来改善されてきたと考えられている。この仮定は，主に獣医療で利用可能な鎮痛薬の数が増加したこと，およびこれらの製品の販売会社からの事例証拠に基づいている。また，International Academy of Veterinary Pain Managementが組織され，一般的には疼痛管理に対する獣医師の関心が増加し，『Journal of Veterinary Anaesthesia』の名称が『Journal of Veterinary Anaesthesia and Analgesia』に変化したことにも示されている。しかし，この関心の変化がどこまで効果的

な疼痛管理につながっているかは依然として不明である。

伴侶動物の跛行など，慢性疼痛の治療は抗関節炎鎮痛製品の売上増加とともに増加している。しかし，外耳炎，眼科，がんに関する疼痛管理はどちらかというと軽視されているように思われる。実験動物では，報告のある鎮痛薬使用に関するデータは，小型げっ歯類では限られている（Stokesら，2009）が，大型種では多岐にわたっている（Coulterら，2009）。実験動物において鎮痛薬の使用が不十分である理由に，その使用が研究内容に影響を与えてしまうこと，鎮痛薬の投与により痛みを見逃してしまうことが考えられており（Richardson, Flecknell, 2005），これは他の動物でも同様である。痛みの性質，強度，持続時間を評価することができない場合，効果的に疼痛を管理することは困難である。痛みを認識しなければ，鎮痛薬の投与や痛みを軽減または除去するための対策を導入しないということになる。さらに，主な要因は鎮痛薬の副作用に関する誤解である。イヌと比較してネコにおける鎮痛薬の使用が少ないのは（Capnerら，1999），ネコではオピオイドを安全に使用することができないという長年の誤解があり，NSAIDは特に有害であるとされているためである。

これらの懸念の大多数に対して，臨床的に大きく関連していないことを強調することが重要である。獣医学科の卒業生には鎮痛薬使用の適切な教育に加えて，動物の痛みと動物福祉への悪影響に適切な配慮もできることが非常に重要となる。これらの問題の多くがヒトの疼痛管理の開発と類似していることはよいことといえる。痛みの評価に失敗し，副作用を懸念し，急性疼痛の長期的な影響を軽視した結果，ヒトの疼痛管理は成功しなかった。この状況は，過去数十年の間に変化を遂げ，同じようなことが，動物の痛みの制御に関連しても起きると期待している。ひとつの制限要因は，鎮痛薬によっては使用が許可されている動物種が限られていることである。効果的な痛みの管理をどこまで獣医師にまかせるかは国により様々で，動物種によっても異なる。人の食料となる可能性が高い動物種では使用することができる鎮痛薬は限られるが，伴侶動物では通常選択肢の制限が少ない。法律で鎮痛薬の使用が認められても，その動物種に対する適切な臨床試験データが入手できない場合，適切な投与量を推定することは困難である。加えて，痛みの評価に限界がある場合，個々の動物における有効性の評価を妨げる可能性がある。

疼痛管理の改善は鎮痛薬の入手状況だけでなく，獣医師やその他の動物福祉に責任ある立場の人の考え方の変化を必要とする。産業動物の痛みの管理は経済的な課題となる。例えば，焼灼除角後の痛みは，鎮痛薬の使用で容易に管理できる。しかし，農家には鎮痛薬の使用による経済利益がほとんどない。乳牛における跛行などの痛みを伴う疾患は，交配管理，牛舎や管理の変更で大幅に回避できる可能性があるが，これらの変更は生産者の経費となる。今後の研究は，より経済的に痛みを防止または制御する現実的な方法を特定し，これらの方法に関連する経済的な利点を問題解決に役立てるために文書化することが重要となる。時には，飼育管理者が痛みの予防，評価，治療に重点を置くことを政策に入れることは，公平な競争の場を提供するために必要とされるかもしれない。

5.6 結論

- 動物の痛みは動物福祉における課題で，痛みの適切な評価と治療は改善されるべきである。

- 薬理学の進歩は，効果的に動物の痛みを治療する機会を提供したが，他の多くの要因が影響して鎮痛薬の使用を抑えている。それらは，経済面の配慮，痛みの発見不足，多くの状況における痛みの強さの認識不足，および福祉への影響の無理解である。

- 研修および動物と飼育担当者の双方に実用的かつ有効な治療プロトコールの開発を通じて疼痛管理は推進できる。

- 手術後の痛み，損傷や疾患に関連する進行中の痛みは軽視されるため，今後の研究の優先課題といえる。

謝辞

Vince Molony 教授は，本書初版で本章の共著者であった。また，著者は本原稿に教授からの貴重なアドバイスを受けたことに感謝している。

参考文献

Alvarez, L., Nava, R.A., Ramírez, A., Ramírez, E. and Gutiérrez, J. (2009) Physiological and behavioural alterations in disbudded goat kids with and without local anaesthesia. *Applied Animal Behaviour Science* 117, 190–196.

Anand, K.J.S. and Craig, K.D. (1996) New perspectives on the definition of pain. *Pain* 67, 3–6.

Bailey, P.M. and Child, C.S. (1987) Endocrine response to surgery. In: Kaufman, L. (ed.) *Anaesthesia: Review 4*. Churchill Livingstone, Edinburgh, pp. 100–116.

Baliki, M.N., Chialvo, D.R., Geha, P.Y., Levy, R.M., Harden R.N., Parrish, T.B. and Apkarian, A.V. (2006) Chronic pain and the emotional brain: Specific brain activity associated with spontaneous fluctuations of intensity of chronic back pain. *Journal of Neuroscience* 26, 12165–12173.

Basbaum, A.I. and Jessell, T.M. (2000) The perception of pain. In: Kandel, E.R., Schwartz, J.H. and Jessell, T.M. (eds) *Principles of Neural Science*, 4th edn. McGraw-Hill, New York, pp. 472–491.

Bateson, P. (1992) Assessment of pain in animals. *Animal Behaviour* 42, 827–839.

Boccalon, S., Scaggiante, B. and Perissin, L. (2006) Anxiety stress and nociceptive responses in mice. *Life Sciences* 78, 1225–1230.

Braithwaite, V.A. and Huntingford, F.A. (2004) Fish and welfare: do fish have the capacity for pain perception and suffering? *Animal Welfare* 13 (Supplement 1), 87–92.

Cambridge, A.J., Tobias, K.M., Newberry, R.C. and Sarkar, D.K. (2000) Subjective and objective measurements of postoperative pain in cats. *Journal of the American Veterinary Medical Association* 217, 685–690.

Capner, C.A., Lascelles, B.D. and Waterman-Pearson, A.E. (1999) Current British veterinary attitudes to perioperative analgesia for dogs. *Veterinary Record* 145, 95–99.

Chambers, J.P., Livingston, A. and Waterman, A.E. (1990) A device for testing nociceptive thresholds in horses. *Journal of the Association of Veterinary Anaesthetists* 17, 42–44.

Coggeshall, R.E. (2005) Fos, nociception and the dorsal horn. *Progress in Neurobiology* 77, 299–352.

Coulter, C.A., Flecknell, P.A. and Richardson, C.A. (2009) Reported analgesic administration to rabbits, pigs, sheep, dogs and non-human primates undergoing experimental surgical procedures. *Laboratory Animals* 43, 232–238.

Danbury, T.C., Weeks, C.A., Chambers, J.P., Waterman-Pearson, A.E. and Kestin, S.C. (2000) Self-selection of the analgesic drug carprofen by lame broiler chickens. *Veterinary Record* 146, 307–311.

Derbyshire, D.R. and Smith, G. (1984) Sympathoadrenal responses to anaesthesia and surgery. *British Journal of Anaesthesia* 56, 725–739.

D'Mello, R. and Dickenson, A.H. (2008) Spinal cord mechanisms of pain. *British Journal of Anaesthesia* 101, 8–16.

Espejo, L.A., Endres, M.I. and Salfer, J.A. (2006) Prevalence of lameness in high-producing Holstein cows housed in freestall barns in Minnesota. *Journal of Dairy Science* 89, 3052–3058.

Flower, F.C. and Weary, D.M. (2009) Gait assessment in dairy cattle. *Animal* 3, 87–95.

Garner, J., Falcone, C., Wakenell, P., Martin, M. and Mench, J. (2002) Reliability and validity of a modified gait scoring system and its use in assessing tibial dyschondroplasia in broilers. *British Poultry Science* 43, 355–363.

Grandin, T. (1998) The feasibility of using vocalization scoring as an indicator of poor welfare during cattle slaughter. *Applied Animal Behaviour Science* 56, 121–128.

Gunew, M.N., Menrath, V.H. and Marshall, R.D. (2008)

Long-term safety, efficacy and palatability of oral meloxicam at 0.01–0.03 mg/kg for treatment of osteoarthritic pain in cats. *Journal of Feline Medicine and Surgery* 10, 235–241.

Haga, H.A. and Ranheim, B. (2005) Castration of piglets: the analgesic effects of intratesticular and intrafunicular lidocaine injection. *Veterinary Anaesthesia and Analgesia* 32, 1–9.

Haussler, K.K. and Erb, H.N. (2006) Mechanical nociceptive thresholds in the axial skeleton of horses. *Equine Veterinary Journal* 38, 70–75.

Haussler, K.K., Hill, A.E., Frisbie, D.D. and McIlwraith, C.W. (2007) Determination and use of mechanical nociceptive thresholds of the thoracic limb to assess pain associated with induced osteoarthritis of the middle carpal joint in horses. *American Journal of Veterinary Research* 68, 1167–1176.

Hess, A., Sergejeva, M., Budinsky, L., Zeilhofer, H.U. and Brune, K. (2007) Imaging of hyperalgesia in rats by functional MRI. *European Journal of Pain* 11, 109–119.

Hewson, C.J., Dohoo, I.R. and Lemke, K.A. (2006) Factors affecting the use of postincisional analgesics in dogs and cats by Canadian veterinarians in 2001. *Canadian Veterinary Journal* 47, 453–459.

International Association for the Study of Pain (1979) Pain terms: a list with definitions and notes on usage. *Pain* 6, 247–252.

Johnson, C.B., Wilson, P.R., Woodbury, M.R. and Caulkett, N.A. (2005) Comparison of analgesic techniques for antler removal in halothane-anaesthetized red deer (*Cervus elaphus*): electroencephalographic responses. *Veterinary Anaesthesia and Analgesia* 32, 61–71.

KuKanich, B., Lascelles, B.D.X. and Papich, M.G. (2005) Assessment of a von Frey device for evaluation of the antinociceptive effects of morphine and its application in pharmacodynamic modelling of morphine in dogs. *American Journal of Veterinary Research* 66, 1616–1622.

Lascelles, B.D.X., Cripps, P.J., Jones, A. and Waterman, A.E. (1997) Postoperative central hypersensitivity and pain: the pre-emptive value of pethidine for ovariohysterectomy. *Pain* 73, 461–471.

Lascelles, B.D.X., Cripps, P.J., Jones, A. and Waterman, A.E. (1998) Efficacy and kinetics of carprofen, administered preoperatively or postoperatively, for the prevention of pain in dogs undergoing ovariohysterectomy. *Veterinary Surgery* 27, 568–582.

Leidig, M.S., Hertrampf, B., Failing, K., Schumann, A. and Reiner, G. (2009) Pain and discomfort in male piglets during surgical castration with and without local anaesthesia as determined by vocalization and defence behaviour. *Applied Animal Behaviour Science* 116, 174–178.

Lester, S.J., Mellor, D.J., Holmes, R.J., Ward, R.N. and Stafford, K.J. (1996) Behavioural and cortisol responses of lambs to castration and tailing using different methods. *New Zealand Veterinary Journal* 44, 45–54.

Ley, S.J., Waterman, A.E. and Livingston, A. (1996) Measurement of mechanical thresholds, plasma cortisol and catecholamines in control and lame cattle: a preliminary study. *Research in Veterinary Science* 61, 172–173.

Lykkegaard, K., Lauritzen, B., Tessem, L., Weikop, P. and Svendsen, O. (2005) Local anaesthetics attenuates spinal nociception and HPA-axis activation during experimental laparotomy in pigs. *Research in Veterinary Science* 79, 245–251.

Marchant-Forde, J.N., Lay, D.C. Jr, McMunn, K.A., Cheng, H.W., Pajor, E.A. and Marchant-Forde, R.M. (2009) Postnatal piglet husbandry practices and well-being: the effects of alternative techniques delivered separately. *Journal of Animal Science* 87, 1479–1492.

McMeekan, C.M., Stafford, K.J., Mellor, D.J., Bruce, R.A., Ward, R.N. and Gregory, N.G. (1998) Effects of regional analgesia and/or non-steroidal anti-inflammatory analgesic on the acute cortisol response to dehorning calves. *Research in Veterinary Science* 64, 147–150.

Mendl, M., Burman, O.H.P., Parker, R.M.A. and Paul, E.S. (2009) Cognitive bias as an indicator of animal emotion and welfare: emerging evidence and underlying mechanisms. *Applied Animal Behaviour Science* 118, 161–181.

Mogil, J.S., Simmonds, K. and Simmonds, M.J. (2009) Pain research from 1975 to 2007: a categorical and bibliometric meta-trend analysis of every research paper published in the journal Pain. *Pain* 142, 48–58.

Molony, V. (1997) Comments on Anand and Craig (Letters to the Editor). *Pain* 70, 293.

Molony, V. and Kent, J.E. (1997) Assessment of acute pain in farm animals using behavioral and physiological measurements. *Journal of Animal Science* 75, 266–272.

Moya, S.L., Boyle, L.A., Lynch, P.B. and Arkins, S. (2008) Effect of surgical castration on the behavioural and acute phase responses of 5-day-old piglets. *Applied Animal Behaviour Science* 111, 133–145.

Murrell, J.C. and Johnson, C.B. (2006) Neurophysiological techniques to assess pain in animals. *Journal of Veterinary Pharmacology and Therapeutics* 29, 325–335.

Otto, K.A. (2008) EEG power spectrum analysis for monitoring depth of anaesthesia during experimental surgery. *Laboratory Animals* 42, 45–61.

Pastell, M.E. and Kujala, M. (2007) A probabilistic neural network model for lameness detection. *Journal of Dairy Science* 90, 2283–2292.

Price, J., Catriona, S., Welsh, E.M. and Waran, N.K.

(2003) Preliminary evaluation of a behaviour-based system for assessment of post-operative pain in horses following arthroscopic surgery. *Veterinary Anaesthesia and Analgesia* 30, 124-137.

Reilly, S.C., Quinn, J.P., Cossins, A.R. and Sneddon, L.U. (2008) Behavioural analysis of a nociceptive event in fish: comparisons between three species demonstrate specific responses. *Applied Animal Behaviour Science* 114, 248-259.

Richardson, C. and Flecknell, P.A. (2005) Anaesthesia and post-operative analgesia following experimental surgery in laboratory rodents - are we making progress? *ATLA - Alternatives to Laboratory Animals* 33, 119-127.

Rietmann, T.R., Stauffacher, M., Bernasconi, P., Auer, J.A. and Weishaupt, M.A. (2004) The association between heart rate, heart rate variability, endocrine and behavioural pain measures in horses suffering from laminitis. *Journal of Veterinary Medicine A* 51, 218-225.

Roughan, J.V. and Flecknell, P.A. (2006) Training in behaviour-based post-operative pain scoring in rats-An evaluation based on improved recognition of analgesic requirements. *Applied Animal Behaviour Science* 96, 327-342.

Schreiner, D.A. and Ruegg, P.L. (2002) Responses to tail docking in calves and heifers. *Journal of Dairy Science* 85, 3287-3296.

Schwartzkopf-Genswein, K.S., Stookey, J.M., Crowe, T.G. and Genswein, B.M.A. (1998) Comparison of image analysis, exertion force, and behavior measurements for use in the assessment of beef cattle responses to hot-iron and freeze branding. *Journal of Animal Science* 76, 972-979.

Sherrington C.S. (1906) *The Integrative Action of the Nervous System*. Charles Scribner's Sons, New York.

Slingsby, L.S., Jones, A. and Waterman-Pearson, A.E. (2001) Use of a fingermounted device to compare mechanical nociceptive thresholds in cats given pethidine or no medication after castration. *Research in Veterinary Science* 70, 243-246.

Sneddon, L.U. (2004) Evolution of nociception in vertebrates: comparative analysis of lower vertebrates. *Brain Research Reviews* 46, 123-130.

Sprecher, D.J., Hostetler, D.E. and Kaneene, J.B. (1997) A lameness scoring system that uses posture and gait to predict dairy cattle reproductive performance. *Theriogenology* 47, 1179-1187.

Stokes, E.L., Flecknell, P.A. and Richardson, C.A. (2009) Reported analgesic and anaesthetic administration to rodents undergoing experimental surgical procedures. *Laboratory Animals* 43, 149-154.

Svendsen, P., Kok, L. and Lauritzen, B. (2007) Nociception after intraperitoneal injection of a sodium pentobarbitone formulation with and without lidocaine in rats quantified by expression of neuronal c-fos in the spinal cord - a preliminary study. *Laboratory Animals* 41, 197-203.

Thornton, P.D. and Waterman-Pearson, A.E. (1999) Quantification of the pain and distress responses to castration in young lambs. *Research in Veterinary Science* 66, 107-118.

Welsh, E.M., and Nolan, A.M. (1995) Effect of flunixin meglumine on the thresholds to mechanical stimulation in healthy and lame sheep. *Research in Veterinary Science* 58, 61-66.

Woolf, C.J. and Salter, M.W. (2000) Neuronal plasticity: increasing the gain in pain. *Science* 288, 1765-1768.

Zilberstein, L.F., Moens, Y.P. and Leterrier, E. (2008) The effect of local anaesthesia on anaesthetic requirements for feline ovariectomy. *The Veterinary Journal* 178, 214-218.

II 問題点

第6章
恐怖とそれ以外のネガティブな情動

概　要

　動物福祉への配慮とは，私たち人間が，「動物は意識を持ち合わせており，恐怖，苦痛，欲求不満といったネガティブな情動を経験することができる存在である」と認識することを根幹に置いている。恐怖は，動物が社会的・物理的環境をどのように捉え対応するかを決定する，最も主たる情動である。私たちは本章において，3つの主要なテーマを取り上げる。第一のテーマは，恐怖の評価である。ここでは，恐怖の原因となり得る出来事および恐怖に対する反応の多様性，恐怖の状態を評価する様々な方法，動物の気質に関連した「怖がりやすい」という概念，そして恐怖を評価するための試験法と測定法の有効性を検証する必要性について論ずる。一般的に情動とは，特定の個体がきっかけとなる状況に対して，自分との関係，予想される結末，自分で対処可能かどうかによってどのようにそれを評価したかの結果である，と見ることができる。第二に，認知と情動との関連について，これまでの報告を紹介し，情動の評価における認知能力の役割について探求する。恐怖に由来する「認知バイアス」を用いて，その動物が長期間にわたり特定の状況下に置かれていることを証明できるか否かについて問う。また，「予測可能であるか？」，「対処できる状況であるか？」など，特定の状況における影響についても検討する。第三に，産業動物における恐怖やそれ以外のネガティブな情動による損害について再考する。強烈な，あるいは長く続く恐怖に由来する有害な結果として，健康や福祉の問題（引きこもり，外傷，免疫機能の低下，病的な不安感），管理上の問題（取り扱いや移動における困難さ），生産性の低下，生産物の品質の低下利益の低下などがある。最後に，恐怖を軽減する主な方法と，それを実践する戦略の必要性について結論の前に短く述べる。

6.1　はじめに

　Brambell委員会（1965）は，「動物福祉とは動物が肉体的，精神的に良好であることである」と述べた。動物の精神的な良好さに対する配慮は，今日の「動物とは意識のある存在である」（Dawkins, 2001）という，広く一般に受け入れられた認識を反映している。事実，1997年の欧州連合（EU）におけるアムステルダム条約では，「意識ある存在としての動物の保護と福祉への配慮を保証する」ため，客観的な測定基準が用いられるべきである，と規定している。この規定は，動物とは情動を有する存在であり，恐怖，欲求不満，苦悩，不安を最小限にするように行動する，ということを私たちが認識することを前提としている（Dawkins, 1990；Duncun, 1996；Jones, 1998）。最近の研究により，産業動物や実験動物は意識や情動を持ち合わせた存在であり，認知能力があることが示されている（Boissyら，2007；Mendlら，2009）。動物の持つ情動はどこまでの範囲

や深さについて，私たちの理解を深めていくことは，動物の福祉を保証し，改善していくための測定法を設計するために重要である．本章では，第一に恐怖に焦点を当てる．なぜなら，恐怖はあらゆるネガティブな情動のなかで最もよく理解されており，最も大きな損害を及ぼし，さらに，それ以外のネガティブな情動の原因にもなり得るからである（Jones, 1997；Boissy, 1998；Boissy ら，2007）．特定の理想的な状況であれば恐怖は適応的といえるが，恐怖の誘起が突然起こる場合，予想できない場合，強烈な場合，長く続く場合，逃避不可能な場合は，実験動物，展示動物，産業動物において，心身の健康状態，成長，繁殖率に深刻な被害を及ぼし得る（Jones, Waddington, 1992；Jones, 1997；Faure ら，2003）．

一般的に恐怖は，現実に起こっている危険の認識に対する反応であると定義でき，一方不安は，潜在的な（実際にまだ発生していない）脅威に対する反応とみなすことができる（Boissy, 1998）．恐怖に関連した反応とは，動物が，危険に対処すべく備える生理的・行動的反応ととらえることができる．進化という観点から見れば，このような防御的な反応は，適応度を上げるものである．動物の生存確率は，明らかに捕食者のような危険を回避することにより増加する．飼育下にある動物には自然界における捕食の危険はほとんどないが，それに対する内なるメカニズム，行動的・感情的な反応性は残っている（Dwyer, 2004）．第一，放牧のように野外で飼育されている産業動物は，未だに野生動物やイヌに捕食されることがある（Asheim, Mysterud, 2005）．さらに，家畜化の重要な要素のひとつはヒトに対する恐怖を減弱させることであるにも関わらず，産業動物はヒトの接触に対して，捕食者を回避する時と同じ反応を示すこともある（草食動物における例は Price, 1984；家禽における例は Jones, 1997）．畜産業における通常の作業，例えば毛刈り，去勢，断尾，断嘴，除角，予防接種，捕獲，移動させる際の群囲い込み，そして輸送もまた，ウシ，ヒツジ，家禽に恐怖や苦悩を与える（Gentle ら，1990；Hargreaves, Hutson, 1990；Wohlt ら，1994；Manteca ら，2009）．さらに，ウシ，ヒツジ，ブタ，家禽において，激しい恐怖は慢性的なストレスを引き起こす．その結果，生物としての根源的な行動（社会行動，繁殖行動，母性行動など）をとることが危うくなり，生産性や生産物の質が低下する（Hemsworth, Coleman, 1998；Jones, 1998；Bouissou ら，2001；Fisher, Matthews, 2001；Faure, Jones, 2004）．

本章では，3つの主要なテーマについて述べる．第一に，動物，特に大型産業動物におけるネガティブな情動の評価法について，難しい点や様々なアプローチ法の正当性を改良する必要性について議論する．第二に，情動と認知能力との相互作用について紹介する．さらに，その動物の認知能力や「認知バイアス」を，恐怖や長く持続するネガティブな気分の評価項目として使用できるかどうかを検討する．第三に，産業動物におけるネガティブな情動が動物福祉，管理，生産性もたらす意味について議論する．

6.2 恐怖と気質の評価法

● 6.2.1 恐怖とは何か？

情動について唯一無二の一般的な定義があるわけではないが，私たちは，「情動とは，特定の身体の変化をもたらすような出来事に対する，強烈だが短時間だけ持続し得る心理的反応である」と定義するのが最良であると信じている（Boissy ら，2007）．古典的には，情動は3

つの要素で語ることができる。ひとつは主観的要素である情動的な経験（何を感じているか），そして，残り2つは表出される要素である行動的要素（動物が他個体に見せるもの，例：顔の表情や動き），神経生理的要素（体がどう反応するか，例：ストレス反応）である。情動は，特定の刺激（例：熱や圧力）にさらされることに対する単純で物理的な結果とみなせる覚醒とも，外部に対する特定の反応なしに起こる内部の状態を意味する印象とも異なる。

恐怖という概念の複雑さは，その定義の多さからも分かる。恐怖の定義の例としては，緊迫や脅威の状態，危険によって惹起される不快で苦痛を伴う情動，苦痛への予感，生き残りを保障するために進化した行動システム，脳や神経内分泌系における特定の状態，認識された危険に対する防御の動機づけや情動的反応などが挙げられる（Gray, 1987；Jones, 1987a, b, c, 1996；Boissy, 1998）。一方で，これらの定義の間には，特に恐怖に対する防御という点において多くの共通点がある。事実，恐怖とは，ヒトやその他の動物が，物理的あるいは社会的脅威にどのように反応するかを決める，主要なネガティブな情動である。原則的に，恐怖とは動物が傷付くことから逃れられるようにする行動を伴う適応的な状態をいう（Jones, 1987a, 1996）。

恐怖の（他のすべての情動の）研究における古典的なアプローチの方法には，3つの段階がある。第一に，恐怖を起こすような刺激に動物をさらす必要がある。第二に，その動物の反応，例えば用心深く周辺を調べるような動き，攻撃，逃走，あるいは不動状態などを観察し，測定する。これらの反応は，脅威となる刺激がどの程度に認識されたか，そして結果としてどの程度の強さの情動が誘起されたかによって変化したり，統合されたりすることがある。第三として，動物の恐怖を評価する適切で精妙な実験系（試験法）や測定項目について，その改善や妥当性の検証を継続して行う必要がある。

● 6.2.2 脅威となる出来事の多様性

Gray（1987）によれば，恐怖を引き起こすような出来事には，ある一定の特徴がある。その例として，新奇性，動き，程度の強さ，持続する時間，突然さ，近さがある。そして恐怖は，特定の刺激，例えば高さや暗さなど，その種にとって進化の歴史を反映する刺激（先天的，内因的恐怖）によっても起こり得る。加えて，ある刺激は，その個体が過去に経験した別の脅威となった出来事と関連づけられることによっても，恐怖を誘起することがある（条件的恐怖）。

多くの産業動物は群をつくるという特性を持つ（Keeling, Gonyou, 2001）が，社会的なつながりやその構造に由来する多様な社会的刺激は，恐怖の反応を起こす，あるいはそれに影響を与えることがある。社会的刺激は，前述したような恐怖を引き起こす刺激の特別なケースといえる。いくつかの社会的刺激は，その面識のなさの強弱によって分類することができる。例えば初産の雌畜において，新生子の新奇性は母性行動に影響し（Poindron ら, 1984），同種の動物が発する警戒の鳴き声はそれだけで恐怖を引き起こし（Boissy ら, 1998），そして特定の社会的ニオイ（例：母鶏の尾腺の分泌物）は，他のニワトリの恐怖や苦痛を軽減する効果がある（Madec, 2008）。恐怖を引き起こすいくつかの社会的刺激（例：威嚇行動など）も例として挙げられる（Bouissou ら, 2001）。さらに，動物が社会性を持つ種である場合には，社会的に隔離することが，恐怖を評価するための多くの試験系において最も強いストレス要素となる。群をつくる動物は，隔離されたときに同種の他個体の元へ戻ることに非常に強い欲求を持つ。

隔離されることによって予想される恐怖となる出来事よりも，隔離された不安そのものによって，より苦痛を感じていると考えられる。

● 6.2.3 恐怖に関連した反応の多様性

恐怖に関連した行動は，恐怖の質によって非常に様々である。この行動は，時には正反対の反応に見えることもある。つまり，動物にとって試練となる状況では，積極的な戦略と消極的な戦略の両方を観察することができる。これらの戦略には，積極的な防御（攻撃，威嚇），積極的な逃避（逃走，隠れる，脱出），消極的な逃避（不動反応）がある（Jones, 1987a；Erhard, Mendl, 1999）。他の反応，例えば頭部の位置や顔の表情といった表面的動き，警戒声，警戒臭，フェロモンなども恐怖の指標として用いられることがある。これらの反応は，同種の他個体に対する警戒のシグナルとして重要な役割を果たす。さらに，有害なニオイは捕食者に捕食を思い止まらせることもある（Jones, Roper, 1997）。恐怖を引き起こす刺激は，動物が従事している活動にも影響する。低いレベルの恐怖であれば，活動性（例：注意力や探査行動）を高めることもあるが，強い恐怖はそれまで続いていた活動を阻害し，時には終了させてしまう。実際，強い恐怖は他のすべての行動（摂食行動，探査行動，繁殖行動，社会行動）を阻害する（Jones, 1987a）。最後に，ネガティブな情動とポジティブな動機間の葛藤により，強迫観念的な行動が引き起こされることがある。例えば，空腹だが抑圧されているブタは鎖や棒をかじる。副腎髄質系が含まれる交感神経系の活動，視床下部‐下垂体‐副腎皮質軸の活動は，ネガティブな情動に対する主たる神経内分泌的反応である（von Borellら，2007；Mormedeら，2007）。一方，これらの生理的反応は，摂食や繁殖に関わるポジティブな情動にも関与している。さらに，脅威となる刺激は，中枢神経系に神経伝導路の様相や神経伝達物質の動態といった，広く複雑な変化を引き起こすこともある（Gray, 1987；Rosen, Schulkin, 1998；Phillipsら，2003；Rosen, 2004）。

● 6.2.4 恐怖の評価の様々な手法

産業動物の恐怖の研究のために，多くの様々な実験的状況が考案されてきた。さらに，実験動物を対象にした研究のために，独自の試験法が開発されてきた。Hallによる古典的な研究（1936）以来，げっ歯類において，オープンフィールド（open-field）テストや新奇アリーナ（novel arena）テストが広く使用されている（Archer, 1973）。これらの試験は，一般的に動物を1頭だけ新奇な広い場に置き，新奇性に対する情動的反応を反映するとみなされる排糞量や活動量を測定するというものである。その後の研究により，このような試験の結果は，他の多くの脅威となる刺激，例えば隠れ場所がないこと，目印となるものがないこと，人との接触，社会的な隔離や明るい光などに対する反応と相関があることが分かってきた。したがって，群に戻りたいという社会的欲求や社会的な探索なども，恐怖と同じように考慮する必要がある（Jones, 1987b, 1997）。げっ歯類の恐怖の評価のために考案された多くの他の試験法，例えば，捕食者への曝露，新奇なものへの曝露，拘束，取り扱い，不可避の有害な刺激，そして消極的あるいは積極的な回避条件づけなど（Ramosら，1997）は，実情に合うようにある程度改変されて，1970年代より産業動物においても使用されている（Forkmanら，2007）。反芻動物，ブタ，ウマ，家禽においても，新奇性に対する恐怖反応の研究は，オープンフィールドテストや，新奇なものへの曝露によって行われている。一方，ヒトに対する恐怖の評価につ

いては，産業動物において独自の試験法が発展してきた。それは，ヒトが動物に接近する「強制接近テスト」と，実験者に対して動物が自発的に近づくかどうかを観察する「自発的接近テスト」の2つである。強制接近テストは，より積極的な反応を引き起こしやすく，一方，無反応や無抵抗は，自発的接近テストでより多く観察されるようである（Waiblingerら，2006）。拘束試験も一般的に用いられており，例えば，動物を狭い管のなかに入れて動きを制限する，あるいは，さらに一般的には緊張性不動化反応（tonic immobility reaction）を誘起させることによって行う（Jones, 1986；Forkmanら，2007）。動物に恐怖を誘起し，その反応から恐怖を評価できる試験法には，前述のもの以外にも動物を捕食者にさらす「捕食者テスト」，突然の音や光にさらす「驚愕テスト」，あるいは，過去に（例えば電気ショックなどの）苦痛やその他の不安を惹起するような出来事に遭遇した際に関連づけられた刺激にさらす「条件づけ恐怖テスト」などがある。

● 6.2.5 気質

長く持続する感情の状態を定義するために使用される言葉や概念は，その構造的程度の違いによって，「個体差」から「性格」，「気質」の概念まで広い範囲で存在している。これらの概念の区別は，動物の種や齢によって変わり得る（Jones, Gossling, 2005）。恐怖と気質の評価のために，私たちは「気質」の定義を「一貫した感受性や行動の型を説明できる個体の特質」（Pervin, John, 1997）と定めた。「性格」の次元は，一般的には適応戦術や恐怖性という観点で論じられるが，感じ方や情動の表出における傾向について，単一で確実な評価法はないと考えられている（Gossling, 2001）。しかし，長く持続する情動状態を明確にすることによって，私たちは「特徴的な行動パターンは互いに関連しているか，特定の神経内分泌的な状態と関連しているか」，「それぞれの個体内で，時間を超えて，それらの間に相関があるか」について検討することができる。このことから私たちは動物のある状況における反応を，その個体の他の状況に対する反応に基づいて，より正確に予測することができるかもしれない。根源的な怖がりやすさ（先天的あるいは後天的な，簡単に恐怖を感じるという傾向。Jones, 1987a）は，前述のようなケースの一例である。過去の複数の研究により，怖がりやすい動物は，同種のそうでない個体と比べ，脅威となる刺激の質に関わらず，より大げさな恐怖反応を示すことが分かっている（Jones, 1987a, 1998；Faureら，2003；Van Reeneら，2005）。事実，Boissy（1995, p.183）は，「怖がりやすさは，性格のひとつの要素と考えなければならない」と述べ，以下のように結論づけている。

> （怖がりやすさとは）それぞれの個体における基本的な気質のひとつであり，潜在的に脅威となる様々な試練に対して似たような反応を起こさせるものである。しかしそれは一方で，遺伝的要因と環境要因との相互作用により発達とともに常に変化し得るもので，特に幼少期での変化は大きい。

個体間における適応的な反応の多様性は，多くはこのような相互作用によって説明がつく。「個体の多様性」あるいは「個体差」について，広く一般に受け入れられている定義があるわけではない。ErhardとSchouten（2001）は，Eysenck（1967）による性格の説明を用いて，動物の行動における個体間の多様性を説明した。そのアプローチの方法では，性格を「状態」，「特徴」，「型」の3段階に分類している。第一の「状態」，すなわち気分とは，個体が特

定の瞬間，あるいは特定の状況に示す行動を反映するものである．第二に，ある個体が似た状況において何度も似た「状態」を繰り返し示すならば，私たちはその個体に性格的な「特徴」（例：怖がりやすさや幸福感など）を仮定することができる．第三に，特定の個体において，ひとつの次元における「特徴」の位置づけによってこの個体の他の次元における「特徴」の位置づけを予想できるような形で，いくつかの次元の特徴が互いに関連しているならば，それぞれの個体を，特定の次元の位置づけによって「型」に分類することができる．この手法は，ヒトに近いヒト以外の動物種における個体差の研究に用いられている（Mendl, Deag, 1995；Erhard, Schouten, 2001；Paul ら，2005）．

　産業動物の情動の状態を評価しようとする試みがいくつか行われてきた．例えば，Dimitrov と Djorbineva（2001）は，乳用羊における恐怖に対する反応や学習試験における反応を総合的にまとめ，ヒツジを3つのタイプ，非感情的（温厚で，学習能力が高い），感情的（神経質で，怖がりで，学習能力が低い），その中間に分類できたと報告した．ヒツジにおける情動の状態は，様々な適応的行動にも影響した．非感情的な雌羊は安定的な母性行動を示したが，感情的なヒツジは分娩後の不安が増加した．何よりも，非感情的なヒツジはより多くの資源を得て，よりよい繁殖性と生産性を示した（Dimitrov ら，2005）．性格には異なる「次元」があるという説は，ウシやヒツジの性格には，異なる要素（動揺のしやすさや回避における特徴など）が存在するという報告（Kilgour ら，2006）によって支持される．乳牛において，怖がりやすさや搾乳に反抗する気質は乳量の低さと相関があり（Jones, Manteca, 2009；Van Reenen ら，2009），落ち着いた雌羊は神経質な雌羊に比べてよりタンパク質含量の高い良質のミルクを生産し（Sart ら，2004），また落ち着いた母羊はよりよい母親である（子羊と多くの時間を過ごし，何かを怖がって逃避したとしてもその距離は短く，すぐに子羊の元に戻って来る．Murphy ら，1994）という過去の報告を考えると，乳用産業動物の育種計画においては，その気質も考慮されるべきであろう．動物の怖がりやすさの程度を産業動物の選抜基準のひとつとすることには価値があり，それは怖がりやすい肉用ウズラがより顕著な副腎皮質系のストレス反応を示し，より強い動揺の程度を示し，発育が悪く，産卵性も低いことからも分かる（Satterlee ら，2000；Jones, Satterlee, 2002）．管理，栄養，気質に関する遺伝的選抜を連携させ，子畜の生存率を最大にする戦略も提唱されている（Martin ら，2004）．産業動物の気質は，繁殖に関わる他の形質，発情周期の期間（Przekop ら，1984），排卵率（Doney ら，1976），交尾する雌羊の割合，繁殖行動（Gelez ら，2003）にも影響すると思われ，落ち着き度の遺伝的選抜により，そのすべてが改善される可能性がある．さらに，気質は多くの産業動物において，生産性に関わる繁殖以外の形質にも多大な影響を及ぼす．その形質とは，成長率（Voisinet ら，1997；Burrow, 1998；Fel ら，2003），飼料要求率（Jones ら，1993；Hemsworth, Coleman, 1998），免疫機能（Fel ら，2003），乳量（Lawstuen ら，1998；Van Reenen ら，2005），肉質（Jones, Hocking, 1999；Reverter ら，2003）などである．

　恐怖はひとつの尺度のうえで動く変数として表せるか否か，ということがこれまで議論の中心となってきた．Archer（1979, p.57）は，「この議論は，"あなたはどのくらい怖がっていますか，少しですか，それとも理性を失いかねないほどですか？"と尋ねてまわっているようなものである」と述べている．さらに Archer

(1975, P.57) は，Hinde (1974) と同じように，しかし Gray (1971) とは異なり，「そのようなひとつの尺度のうえで表そうとするのは，簡略化しすぎるにもほどがある。それでは，正確な分析はできなくなってしまう」と述べ，少なくともげっ歯類の実験動物とヒトにおいては，恐怖を表すとされる異なる測定値間の相関が弱いことを根拠に，恐怖はひとつの尺度で表せるものではないと結論づけている。また彼は，想定される恐怖反応は，試験による刺激，対象動物の種，齢，性によっても特異的とみなす必要があると論じている。もしこれらの主張が確かなものであれば，実際の現場において産業動物の恐怖を軽減しようという試みは厳しい制約を受けることとなる。なぜなら，狭い範囲の刺激に特異的な反応を基に操作をしても，それがより普遍的な適応性や刺激に対する反応性を変化させる効果はほとんどない，ということになるためである。しかし，Archer (1979) の主張の根拠となる報告は，試験や測定値の数が限られており，サンプル数も少なかったため，有意な相関を導き出すには十分ではなかったと考えられる。それに恐怖のような複雑で行動が破滅的な事象においては，その測定値に，現実的にひとつの尺度上の相関を期待すべきではないだろう (Tachibana, 1982；Gray, 1979)。さらに，Duncan (1993) は，恐怖は確かに理論的な仲介変数ではあるが，飢えや渇きと同じように操作上に定義でき，測定することが可能な数値であると論じている。恐怖は，動物が危険を避けようとする試みであると定義することによって，機能的に評価することができる。恐怖は他のすべての行動と競合し，これを抑制するため，試験条件下におけるこれらの反応を観察・記録することによって，動物がどの程度恐怖を感じているかを推測することができる (Jones, 1987b, 1996)。産業動物の恐怖の測定は，一般的に行動学的方法が使用されている。例えば，オープンフィールドテスト，出現テスト，接近／回避テスト，緊張性不動化テストなどがある (Jones, 1987b, 1996；Forkman ら，2007)。多くの研究者が，心拍数，血漿中のカテコールアミンやコルチコステロンあるいはコルチゾールの濃度など，警戒やストレスに関わる生理的な測定値を記録している。これらの指標は，行動観察と併せて測定した時に最も有効である。実際，恐怖の測定において，行動学的知見と生理学的知見は，代替の測定値というよりも，互いに補い合う測定値とみなすべきであろう。

私たちにとって勇気づけられることに，ニワトリとニホンウズラにおいては，恐怖を評価するいくつかの試験におけるスコアに，個体内の強い関連性が認められている (Jones ら，1991；Jones, Waddington, 1992)。さらに，同様の実験結果はヤギ，ヒツジ，ウシ，使役犬でも認められている (Goddard, Beilharz, 1984；Lyons ら，1988；Romeyer, Bouissou, 1992；Fordyce ら，1996)。異なる試験のスコア間に，個体内の強い相関が認められるということは，これらの試験は個々の刺激に特異的な反応を測定しているのではなく，同一の変数，おそらくは内なる恐怖を測定している，ということを示している。もしそうであるなら，この内なる性質あるいは性格を測定し，脅威に対する普遍的な反応を操作することも不可能ではない。実際，様々な試練となる状況に対する恐怖やストレス反応の軽減を目的として産業動物の選抜育種を行うことは，生産性，生産物の品質，利益の改善のみならず，動物福祉の保証，畜産に対する一般市民の理解の改善，畜産業の倫理的な立ち位置の向上にも役立つ (Blokhuis ら，2003；Martin ら，2004)。

● 6.2.6 より正確性の高い試験法と測定法の必要性

　恐怖を測る試験の多くは，元々は実験用げっ歯類のために設計されたものである。残念ながら，これらのいくつかは，生物学的な妥当性について十分に考慮されることなく産業動物に用いられている。例えば，実験用げっ歯類は夜行性で壁際を好む性質があるのに対して，多くの産業動物（家禽は別として）は昼行性で，彼らの先祖種は一般的に広い開けた場で生活していた。ウシは，実験者がオープンフィールドテストとして課した条件を，実際には閉鎖された場とみなしているかもしれない。何よりも，多くの産業動物は高度に群居性であり，排他的な母子関係を持ち，一般に早熟である。私たちはこのような種による生態学的な背景や動機における違いの観点に立ち，不適切な環境で動物に試験を課すことを避けなければならない。そのような環境は，試験の目的とは関連の薄い動機を引き起こし，その結果，正確に恐怖の程度を推測することはできず，研究間の相関もなくなってしまうであろう。産業動物の種ごとの生態学的背景を考慮することが，信頼性が高く確実な試験法の発展を促進し，恐怖を測ることを可能にする。

　前述のこれらの注意点にも関わらず，産業動物が嫌悪する状況に置かれた際の情動反応についての解釈は，未だに実験動物の研究結果を参考にしている。生態学的な見方をすれば，突然さや新奇性（これらは多くの恐怖を測る試験の基盤となっている。Boissy, 1998）は，捕食されることについての鍵となる特質である。そして，野外で飼育されている有蹄類の産業動物や家禽は，未だに野生動物やイヌによる捕食の脅威にさらされている（Shelton, Wade, 1979）ことを忘れてはならない。動物の嫌悪する出来事への対処能力は，その情動体験にも強く影響する。例えば，自分から新奇なものに近づく傾向が強いウシは，ヒトに対しても大胆な反応を示す。しかし，ウシを新奇なものが存在する方向へ移動するよう強いた場合は，逆もまた真となる（Murpheyら, 1981）。

　恐怖の表出というものは，すべての情動がそうであるように，しばしば測定が難しい，短時間に強烈に起こる反応である。この測定の難しさは，特に商業的な目的で飼育されている産業動物において顕著である。この分野における研究は，次に挙げる3つの弱点を克服する努力をすれば，有意義なものとなるだろう。まずひとつ目として，恐怖の測定の試験は，特に大型の産業動物では，その正確さと再現性を厳格に検査する必要がある（後述）。2つ目として，研究チームや国を越えて，試験の手法が共通のものとなるよう，手順を標準化することが強く望まれる。この努力により，試験の重複を避け，不必要な労力を減らすことができ，また，得られた結果の意義ある解釈を容易にし，その結果が一般的に受け入れられやすくなる。これは近年のWelfare Quality®プロジェクトの主要な要素のひとつである（Keeling, 2009）。3つ目として，評価のための手順は確固とし実質的でなければならない。決まった時間の枠組みのなかで，不必要に群を乱したり，生産性を落としたりすることなく，さらに畜産農家の作業を邪魔することなく試験ができなければならない。そのような配慮のない試験が，畜産農家，ブリーダー，と畜場の管理者に受け入れられることはない。言いかえると，実験室で行われている試験を単純にそのままフィールドに持ち込んでも不十分であり，その動物の生物学的背景，認識能力，環境の状況，そして農家の要求に合うような適切な改変が必要となる。「既存の考えから抜け出す」ように，まったく新たな方法

論を打ち出す必要があるのかもしれない。

　MartinとBateson（1993）は，試験の妥当性とは，精度（測定値を過大評価や過小評価する体系的な危険性の少なさ），特異性（測定した数値が正確に狙った性質を強く反映し，他のものを反映していないこと），科学的な妥当性（その手法により立てた仮説の適切な解答が確実に得られるということ）の3つの連携性であると定義づけている。彼らはまた，正確性を，測定値がランダムな誤差を発生し難いことであると結論づけている（Martin, Bateson, 1993）。これは，部分的には再現性と一貫性によって測ることができる。例えば，同じ試験が常に同じような結果になるかどうかを試す。一方で，恐怖の試験を繰り返し行うことには難しさもあり，特定の個体に同じ試験を何度か課すと，その個体にとってはそれが日常となり，反応性が減弱する（馴化），あるいは，より怖がるようになることもある（鋭敏化）。この反応の変化は，その恐怖の基盤が新奇性である試験において特に起こりやすい。なぜなら，繰り返し経験することで，それはもはや新奇ではなくなるためである。正確な評価を下すためには，最初の試験において開始直後の反応に特に注目し，その後はこれらの反応と，同じ個体における他の生物学的に関連する状況（例えば前とは異なる新奇刺激など）での反応との相関について検討する（試験間の一致性）ことなどが必要となる。動物の細かい行動，例えば頭部および尾の向きや状態，特定の警戒に関連する鳴き声（Bouissouら，2001）などを記録することによっても，動物が恐怖を感じているのかどうか，試験の状況をどのように捉えているのかをより正確に知ることができるだろう。

　多くの実験動物（またはいくつかの産業動物）における過去の研究成果は，異なる複数の嫌悪する状況における特定の個体の反応には一貫性があるという明確な証拠を示している。例えば，ラットでは，積極的な忌避条件づけ下において移動量が低い個体は，オープンフィールドテストにおいてより高い排糞率を示した（Brushら，1985）。また，恐怖条件刺激とオープンフィールドテストにさらされた時，それぞれの試験における排糞率の間には正の相関がある（Ley, 1975）。様々な嫌悪状況下における反応性に，個体内の強い相関があることは，イヌでも報告されている（Goddard, Beilharz, 1984）。同じように，ニワトリ（Jones, Miils, 1983），産卵鶏（Jones, 1987a, 1986），ニホンウズラ（Mills, Faure, 1986）においても，オープンフィールド，新奇物提示，出現および緊張性不動化反応を用いたそれぞれの試験における反応の間に強い相関があることが確認されている。さらに，ニホンウズラにおいて，ストレスに対する副腎皮質の反応性の違いによって選抜された2つの系統間には，行動的，血液成分的，繁殖的，形態的特徴についても違いがあることが認められている（Jones, Satterlee, 1996, 2002；Jonesら，2002；Satterleeら，2002）。同様の結果は，有蹄類の産業動物においても認められており，未経産牛（Boissy, Bouissou, 1995），ウシ全般（Van Reenenら，2005），ヒツジ（Romeyer, Bouissou, 1992；Vandenheede, Bouissou, 1993）において，異なる複数の嫌悪する状況における反応に，個体内の相関が認められている。子牛における恐怖に関連した行動は，神経化学的な操作に対しても敏感である（Van Reenenら，2009）。これらの結果は，すなわち動物は個体ごとに，嫌悪するいくつかの異なる状況にわたる，共通する揺るがない性質を持つことを示している。将来的には，異なる試験間の結果の相関を測ることによって試験の妥当性を向上させることを検討すべきであろう（Forkmanら，2007）。

Forkmanら（2007）による動物の恐怖を評価する方法論をまとめた総説は，前述した事柄のいくつかを産業動物の恐怖の測定に持ち込む第一段階として有効であった。そこには，ウシ，ブタ，ウマ，ヒツジ，ヤギ，ニワトリ，ウズラを対象に使用できる多くの方法が紹介され，さらにそれらの再現性や妥当性について述べられている。同じように，Waiblingerら（2006）による人と動物の相互作用に関する総説においては，人に相対し，また，人に触れられることに伴う恐怖を測定する試験が論じられている。Welfare Quality®プロジェクト（Keeling, 2009）は，欧州連合から援助を受けている様々な分野の専門家からなる挑戦的な試みであり，ポジティブとネガティブの情動やヒトに対する恐怖も含む動物福祉の様々な側面を対象にした多数の測定法を開発・洗練し，妥当性や標準化の実践的な向上を進めた。現在では，ウシ，ブタ，ニワトリにおける動物福祉の評価プロトコルがすでに発表されている（Welfare Quality®, 2009）。しかし，特に恐怖については，その測定法をさらに発展させ，洗練していく必要がある。

6.3 動物の認知能力と情動や気分の評価

● 6.3.1 説明のための枠組みの必要性

恐怖となる出来事に対する神経生物学的な反応（心拍数の増加，神経伝達物質の放出，副腎皮質の活性化など），行動的反応（驚愕，逃避，攻撃，不動など）について実質的な文献があるにも関わらず，動物の情動について正確な実態というものはほとんど分かっていない。実際，「動物に情動があるか？」（心理学的な要素として）という問いに対しては，未だに論争が続いている（Duncan, 2006）。ヒトでは，情動の体験（主観的な要素として）は，通常言葉による自己申告で行われるが，このような概念的心理学的尺度は，動物には適用できない。結局，動物における情動の体験は，前述したような行動的，生理的反応から推測するしかない。

恐怖に関連する反応の基盤となるメカニズムは複雑であるため，観察された動物の行動が，どの情動の結果であるかをはっきりさせるのは非常に難しい（Boissy, 1998）。第一に，新奇物に対する反応は試験環境の影響を強く受ける。例えば，ニワトリのオープンフィールドテストにおける行動は，オープンフィールドの床に区分けのための線がインクでくっきりと描かれているか否か（Jones, Carmichael, 1997），壁や床の色（Jones, 1989），観察者がニワトリから見えているか否か（Jones, 1987c）によって容易に変化する。第二に，一見簡単に測定できる項目，例えばオープンフィールドにおける活動量などが，恐怖，適応戦術，探査行動あるいは社会復帰の欲求を反映しているということがますます受け入れられてきている（Jones, 1989；Van Reenenら，2005）。したがって，ある状況におけるある情動の指標となるような測定項目が，必然的に他の状況における項目としてそのまま利用できるということはない。実際に，恐怖の「客観的で完全な」単一の測定値というものは存在しない。

動物に情動の存在を認めることは，しばしばそれが擬人的であり，感傷的で無意味なものだと考えられてきた。なぜなら，擬人化は動物の反応に対して誤った解釈をする危険性を内包しているためである。例えば，泥のなかで転げまわっているブタは楽しんでいる，と私たちは思うかもしれないが，実際にそれは，体温の上昇を抑えるために行っているだけのことである。一方，解釈を誤る危険性は，擬人主義のなかだけでなく，「人獣非共通主義（anthropodenial)」のなかにも存在している。すなわち，動物とヒトは共通の性質を持っており，注意深く擬人化を行えば，ヒトが持つ動物と共通の性質とともに，動物が持つヒトと共通の性質の研究に役立つ（de Waal, 1999）。このことから，Wynne（2004）は「動物の恐怖の研究は，私たちがしっかりとした明確な説明のための枠組みを採択した時に，最も早く進展するだろう」とまとめた。

その定義が定まっていないという意味では，情動だけでなく福祉も個々の動物が環境をどう認識し，それにどう反応するかに大きく左右される（Lazarus, 1991）。その必要性が明白であるにも関わらず，産業動物において，持続時間は短いが頻繁に起こる情動の体験の影響を長期間にわたって調査した研究はほとんどない。次に，私たちは動物の情動と認知能力との相互作用についてこれまでの報告を紹介し，さらにそのような相互作用を，動物におけるネガティブな情動，ネガティブ気分を評価する新たな手法とすることの有効性について探る。

● 6.3.2 動物の情動を評価できる可能性としての認知能力

説明のための枠組みは，動物の情動を理解するための核となるものである。特に，情動状態の根源には認知というプロセスがあるため，これに立脚した枠組みを考慮することが必要である。認知心理学の分野においてヒトの情動を証明するために発達した評価の理論は，動物の情動評価においても有効な「枠組み」となるかもしれない。なぜなら，その評価のプロセスは単純で，迅速で，自動的であるためである（Desireら, 2002）。ヒトの情動は，その個人がきっかけとなる状況をどう評価したかという結果であり，それがそのまま，その状況に対する反応として現れる（Arnold, 1945；Lazarusら, 1970）。また，Scherer（2001）は，このような評価は，以下に挙げる4つに分類できる段階のチェックにより可能になると述べている。

- 新奇性，突然性，予測可能性，生得的な快適性，その個人の目的との適合性といった状況の妥当性。
- その個人にとってその状況はどんな意味を持つか，期待どおりの結果であったか，あるいは期待どおりの結果を体験した可能性があるかどうかのチェックを含む。
- その個人にとっての対処可能性，（与えられた環境の）制御性および（その個人の）能力のチェック。
- 規範的な意義，個人的あるいは社会的基準と照らし合わせるチェック。

これらのチェックは，高い認知能力のプロセスを必要としない。挙げたチェックポイントのいくつかは，特に最初の妥当性について，かなり自動的で，無意識的である。一方，他のチェックはより複雑であるといえる（Kappas, 2006）。それぞれのチェックポイントは，それのために必要とされる認知能力の程度によって異なるレベルを対象にしている。まず，感覚的なレベル，これは自動的に起こる。次に，連想のレベル，これは情動経験を記憶していること，条件づけられた反応を示すことが必要である。最後に，概念的レベル，これは自発的，意識的に起こる（例：現実の状況と，意識的な計画や自分が望む状況とを比較すること。Leventhal, Scherer, 1987）。例えば，突然性のチェックは，感覚的な能力しか必要としないが，熟知性，予測可能性，制御性の推定には，構造的処理が必要である。さらに，規範的な意義のチェックには概念的な処理が必要である。

これらのチェックにより得られた結果は，生

表 6.1　きっかけとなる状況に対して自分が下した評価の結果として誘起されるヒトの情動

情動の種類	恐怖	怒り	絶望	激怒	退屈	幸福	自尊心	恥じらい	嫌悪
突然性	高	低	高	高	非常に低	低	−	低	−
熟知性	低	−	非常に低	低	高	−	−	−	低
予測可能性	低	中間	低	低	非常に高	中間	−	−	低
快感	低	−	−	−	−	高	−	−	非常に低
期待との一致	低	−	非常に低	低	高	高	−	−	−
制御性	否	高	非常に低	高	中間	−	−	−	−
社会規範	−	低	−	低	−	−	高	低	−

(Sander ら，2005 より)

理的，行動的反応に影響を及ぼす情動における，心理的要素を決定する。恐怖，怒り，楽しさといった典型的な（ヒトの）情動は，個人がその状況に対して下す評価の結果と関係している（表 6.1）。例えば，「恐怖」は，突然で，馴染みがなく，予測不能で，期待と一致しない，望ましくない出来事にさらされることによって引き起こされる。激怒は，恐怖と似た状況によって引き起こされるが，恐怖と異なるのは，その個人が，その状況を制御できると判断していることである。幸福感は，少しだけ突然で，予測は可能で，非常に心地よく，期待と一致していると評価される出来事によって引き起こされる。その他の内なる要素，例えば印象などは，情動に必要なものではあるが，それだけでその個人が自分自身の情動を意識している，ということにはならない。ある反応を情動というレベルまで引き上げるためには，印象の体験に対する反応という，わずかで自動的な要素とともに，意識的な情動の体験というものが必要である。単純なチェックは自動的な反応（例：突然の出来事に対する驚愕反応）を見るもので，構造的処理を必要とするチェックは本来の情動的な体験（例：ヒトが言葉で言い表すことのできる「印象」など）を検出するものであり，概念的な処理を必要とするチェックはさらに意識的な情動を検出するものである。

ヒトを対象にした，似た研究分野において用いられている評価理論に基づく枠組みを採用することで，動物は環境をどのように評価し，どのように情動的に反応するかという理解は改善された（Desire ら，2004，2006；Gleiveldinger ら，2007，2009；Veissier ら，2009）。いくつかあるチェックポイントのうち，どれが動物に適切であるかを確かめるために，ひとつあるいは複数の評価のチェックを活かすよう設計された実験系が発展してきた。突然性や馴染みのなさのチェックは，自動的なプロセスしか必要としないが，熟知性，予測可能性，期待との一致性，制御性は，情動的な印象の存在を暗示するものである。前述したような予測される結果と，心拍数や行動反応なども併せて記録し，測定可能な情動の結果と相関があるか否かを検討した。予測通りに，物体を突然提示するという刺激は，驚愕反応と短い心拍数の増加（頻脈）を引き起こした。一方，見慣れない物体の突然ではない提示は，ヒツジ，ヤギ，ウズラにおいて，行動的指向性と，一時的な心拍変動の増加を引き起こした（Desire ら，2004；Roussel ら，2005；Valance ら，2007）。さらに，評価の動的連鎖モデルから仮定されるように（Scherer, 1987），異なる刺激の組み合わせは，行動と心拍数の反応性を強めた。ヒツジにおいては，突然性と馴染みのなさ，あるいは突然性

と予測不能性との組み合わせは，相乗効果をもたらす。突然性に特有である心拍数の増加は，突然の出来事が馴染みのないものであった場合には，強められた（図6.1）。一方，動物がその発生を予測できた場合には，突然性に対する驚愕反応と心拍数の増加は，弱いものとなった（図6.2）。ヒツジは期待を醸成することができ，その期待と実際の状況が一致しなかった時，行動的動揺や心拍数の増加を示す。嫌悪する状況の制御可能性も，情動反応に影響する（Greiveldingerら，2007）。ブタは，嫌悪する出来事の予測可能性（Duepjanら，2008）や報酬となるエサの変動性（de Jongeら，2008）に敏感に反応する。さらに，ヒツジにおいては，対面する相手との社会的優劣関係により撹乱状況に対する情動反応が変わり，劣位の場合はより情動を内在化し，優位の場合はより情動を顕在的にすることがみられた（Greiveldingerら，未発表）。

まとめると，前述の結果は以下のようなかなり広い範囲の情動をヒツジが体験できる可能性を示している。①恐怖と怒り（突然性，予測不能性，制御性，社会的な規範への敏感），②激怒（突然性，非熟知性，予測不能性，期待との不一致性，制御性，社会的規範への反応），③絶望（突然性，非熟知性，予測不能性，期待との不一致性，制御性への反応），④退屈（突然性，非熟知性，予測不能性，期待との不一致性，制御性への敏感）。

評価理論の枠組みに基づくと，これまで紹介した結果は，ヒト以外の動物は情動を体験することができる，という仮説を支持するものである。さらにこれらの結果は，ヒトにおいて有効な評価のチェックポイントが，ヒト以外の動物にも有効であることも示している。したがって，動物における情動プロセスは，行動的，生理的，主観的要素と同じく，認知という要素も含むと仮定されるべきである。似た理論的解釈を使っていくつかの種（系統）の動物をチェックし，それらを比較検討することによって，動物たちが感じることのできる情動の種類に対して深い洞察を得られるであろう。また，そのことによって，動物福祉を保証する手法も精錬されることになる。

● 6.3.3　長期にわたる情動の影響を理解する方法としての，恐怖誘発性認知バイアス

前述のような結果から分かるように，産業動物において，急激に起こる様々な刺激に対する情動反応が説明されはじめている。しかし一方で，恐怖を引き起こす出来事に繰り返しさらされる影響については，ほとんど注目されてこなかった。これは近代的畜産において，産業動物は，離乳あるいは孵化から春機発動の到来，成熟個体に達するまで，多種多様な潜在的にストレスとなる出来事にさらされているのかもしれない。そのような出来事として考えられるのは，混群，輸送，保育から育成環境への移動，飼料の変更，新たな社会的仲間，管理者の変更，集畜などである。ヒトにおいて，情動反応は，注意力，記憶，状況への判断を偏らせることがある。例えば，不安は潜在する脅威に対する注意力を高める（Bradleyら，1995）。また，情動的に負荷がかかる出来事は，中立的な出来事に比べ，より強く記憶に残る（Reisberg, Heurer, 1995）。同じように，適度に強い情動は記憶力を増強させ，極度に強い情動は記憶に障害をもたらす（Mendlら，2001）。さらに，ある情動が優占すると，その時の判断に影響する。例えばヒトは，強烈でネガティブな出来事を経験した場合，その後のどちらにでも取れるような出来事をすべてネガティブに解釈してしまう傾向がある（Wright, Bower, 1992）。このような情動による認知プロセスの変化は，

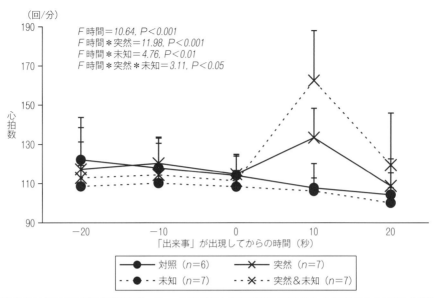

図 6.1 既知あるいは未知の視覚刺激が,ゆっくりあるいは突然に提示された前後のヒツジの心拍数

統計解析は,ヒツジを変量効果(random effect)とし,混合モデル反復測定分散分析を行った。刺激の提示前後10秒間ずつの心拍数を測定し,それを反復要素とした。そのうえで,時間の主効果(5段階),突然性の主効果(ゆっくりと突然の2段階),熟知性の主効果(既知と未知の2段階),およびそれらの交互作用を解析した。物体が突然に出現した後の心拍数は増加し(F=11.98, $P<0.001$),さらに突然出現した物体が馴染みのない(未知の)物であった場合には心拍数の増加はより大きかった(F=3.11, $P<0.05$)

(Desire ら,2006 より)

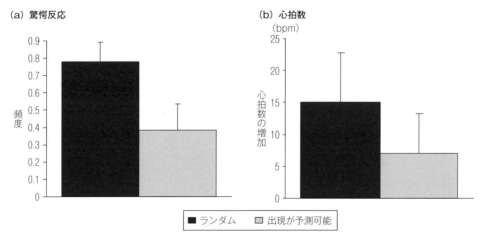

図 6.2 給餌中に白と青のパネルが飼槽の背後から突然前触れなしに(ランダムに)出現した時,または光信号によってそれが予測可能な状況(学習により習得した予測)で出現した時のヒツジの驚愕反応(a)と心拍数の増加(b)。(1分間の平均心拍数±標準誤差として表示)

突然性に対する特定の情動反応は,その出来事を予測できた時には有意に減少した

(Greiveldinger ら,2007 より)

適応的には価値があるのかもしれない。怖がり，不安を感じている個体は，脅威となる状況において，より注意力が高まり，その状況を記憶し，判断するようになる。このような効果は，必ずしもヒトに限ったものではない（Paulら，2005）。突然の出来事に対するげっ歯類の驚愕反応は，ネガティブな情動状況下において，より早くより強くなる（Langら，1998）。未経産牛は，強いストレッサーにさらされると，もはや報酬がないにも関わらず過去に学習した行動を捨てることができず，新しくより適切な行動の習得を妨げる（Lensinkら，2006）。対照的に，適度なストレッサーにさらされると，学習能力が高まる。例えばラットでは，カテコールアミン投与（これは適度な感情の高まりの生理的な模擬となる）により，注意力が高まり，記憶力も改善される（Sandiら，1997）。

情動が長期にわたって累積されることにより，動物の認知機能が変化していくことがあるのか，そしてあるとすればそれはどのように起こるのか，さらにその結果として動物の健康状態が損害を被る，あるいは改善されることがあるのか，ということを明らかにする必要がある。実験室的な研究では，すでに情動経験によって，潜在的な評価能力が少なからず長期にわたって変化することを暗示する結果も得られている。例えば，ラットやマウスは，繰り返し予測不可能な（したがって，脅威となる）出来事にさらされると，ポジティブな出来事の到来を知らせる微妙な刺激に対する反応が鈍くなる。このことは，予測不可能な出来事に繰り返しさらされることが，判断と意思決定を行うための容量を減少させていることを示している（Pardonら，2000；Hardingら，2004）。似た事象として，社会的ストレス条件下，あるいは単独で飼育されたラットは，甘いスクロースの入手を予期させる条件刺激の提示とその実際の入手との間に興奮的行動をあまり示さなくなる。これは，ストレスによりラットの期待は低下し，判断力を鈍らせていることを示唆している（von Frijtagら，2000）。このような研究は，産業動物において非常に少ないが，それでも近年，ヒツジで先駆的な研究がなされた。ヒツジに，バケツの位置によって，「行く」か「行かない」かの判断をさせる空間的課題を課した（一方の位置ではエサの報酬が与えられ，もう一方の位置では負の強化刺激が与えられる）。その後，供試したヒツジのうちの半分に，拘束と隔離ストレスを与えた。拘束と隔離を体験したヒツジはそうでないヒツジに比べ，学習した2個のバケツの中間に置かれた3個目のバケツに近づいた回数が多かった。これは，ストレスはより楽天的な認知バイアスを引き起こすようになることを示している（Doyleら，2010）。このような認知バイアスの表出（楽天的か悲観的か）は，動物がいつも快適な状態でいるか，あるいはいつも苦悩の状態でいるかを示す指標として，今後の研究に役立つかもしれない。動物が，環境の評価のためにどのような認知のプロセスをとるか，その性質や頻度を解明することによって，なぜ慢性的なストレスは無関心，無気力，感情の鈍化をもたらすこともあれば，感情的反応を強めることもあるのかについて理解できるかもしれない。無関心は，ネガティブな状況から逃れられない時に起こり，過敏な反応はそのような出来事を動物が制御できるような場合に起こるようである。産業動物において，このようなアプローチを発展させていけば，動物福祉の良し悪しを判断する新たな指標の開発につながるかもしれない。その指標の候補として，ポジティブな出来事に対する期待の強化が挙げられるだろう（Spruijtら，2001）。

> **ボックス 6.1　特に家禽において，不適切な恐怖反応，慢性的な恐怖状態，強い恐怖性によりもたらされる悪影響**
>
> - 外傷（擦り傷，切り傷，骨折），苦痛，死亡
> - 羽つつき，羽へのダメージ
> - 行動の制限，社会的離脱，変化や新しい資源に対する適応力の低下
> - 取り扱いや管理の困難さ
> - 成熟の遅延
> - 繁殖率の低下，産卵率の低下
> - 成長率の低下，飼料効率の低下
> - 卵殻異常，孵化率の低下
> - 卵・肉の等級（品質）の低下
> - 深刻な経済的損失

　動物の情動の評価において，動物の認知能力の研究手法やその結果は役に立つが，それと同じくらい，情動が認知に与える影響の研究によって，情動と福祉に必須の持続的な情動状態との関連について，さらに深い洞察が得られるであろう。つまり，これらのアプローチは，認知に関するアプローチがどのように短時間の感情体験としての動物の情動を深く研究できるのか，またどのように長期にわたる感情体験としての動物福祉を深く研究でき得るのかを示すことになる。

6.4　ネガティブな情動による損害

　ネガティブな情動，特に恐怖は，すべての動物の福祉に深刻な損害を与え得る。ここでは，広く一般に認識されている，畜産業が直面している主要な問題に焦点を当てる。例として，恐怖が家禽の福祉，管理，生産性，利益に及ぼす悪影響を**ボックス 6.1** にまとめた。

● 6.4.1　福祉上の問題

　例えば Brambell 委員会（1965）のような諮問委員会の活動，消費者集団，また BSE（牛海綿状脳症），口蹄疫，鳥インフルエンザなどの病気による深刻な損害などにより，畜産業は単なる産業以上のものであるべきだと一般に認識されてきている。事実，今や動物福祉は，食品の品質保証のひとつとなっている（Blokhuis, Jones, 2010）。イギリス産業動物福祉協議会（Farm Animal Welfare Council, FAWC, 1993）はすでに，動物は「恐怖と苦悩から自由であるべきである」と勧告し，また恐怖を，「苦痛である状態で動物の権利を強く深く侵害するストレッサーである」と明言している（Jones, 1996；Boissy ら，2005）。

　恐怖とストレスは理想的な状況において適応的であるが，その程度や状況が問題となる。なぜなら，今日の多くの畜産システムの下で，産業動物は行動を制限されており，脅威となる出来事に対して適切に対処する能力を発揮するのが難しいためである。例えば，ケージ内の産卵鶏や繋留されているブタは，逃走することができない。恐怖の状況は，それが急激であっても慢性的であっても，動物福祉に深刻な問題をもたらし得る（Jones, 1996）。例えば第一に，パニックに陥ることで引き起こされる傷害は，特に輸送の際に発生し，ウシ，ブタ，ウマ，ウサギ，家禽，その他の産業動物において観察されている。それは慢性的な苦痛，感染，肉体的衰弱，そして死さえももたらすことがあり得るため，重大な福祉上の（そして生産性の）問題である。第二に，動物が脅威となる刺激から逃げることができない時に，代替となる対処法を見つけられない，あるいはいかなる対処法も無意味であると学んだ場合，動物は希望の欠如状態（hopelessness），学習性無気力症（learned helplessness）および行動的抑うつ状態とい

う，危険な状態に陥る（Job, 1987）。動物は精神疾患に似た状態になり，時には死に至ることすらあり得る（Jones, 1997）。さらに，ヒトやその他の動物は，繰り返しあるいは長期にわたり恐怖にさらされると，病的に不安感を持つことがある（Rosen, Schulkin, 1998）。第三に，恐怖は他の動機が元となるすべての行動を妨げる（Jones, 1996）ため，動物が本来持っている環境の変化に適応する能力，新たな課題を学習する能力，新たな資源を利用する能力，他の個体と正常な関係を築く能力が減少する。例えば，常時ストレス状態にあるヒツジは，環境の変化に対して正しい選択をし，適切な反応を学習する能力が損なわれる（Kendrickら，2001）。第四に，恐怖とストレスは，多くの産業動物において免疫抵抗性を低下させ，動物は病気にかかりやすくなり，動物福祉を損なうこととなる（Zulkifli, Siegel, 1995；Hemsworth, Coleman, 1998）。

認知に関する一般的な知識は，動物の生活環境における潜在的でネガティブな側面に対する，私たちの理解を深めるのに役立つ。例えば，突然の音，突然の動きは，すべての畜産業に関係する場所で起こり得る。また，すべての動物にとって，新たな食物を与えられ，見知らぬ個体あるいは群と一緒にされ，新たな畜舎に移動させられることは，恐怖となり得る。例えば，ウシは人の叫び声に対して非常に敏感で，新奇な刺激を嫌う（Rushenら，1999；Herskinら，2004）。予測可能性も，大きな影響がある。例えば，毎日決まった時間帯に給餌や授乳をするのが一般的であり，この管理体系が変化すると，動物は心理的苦痛を感じることがある（Johannesson, Ladewig, 2000）。ブタは給餌が通常の時間より遅れたり，給餌を連想させるシグナル（例：笛の音）の後にエサが与えられない場合に，胃潰瘍になることがある。非制御性は，たとえそれが給餌のような好ましい出来事であっても，動物福祉を損なうことがあり得る。例えば，そのような状況下でマウスは痛覚減退を起こし（Taziら，1987），産卵鶏は学習性無気力症となる（Haskellら，2004）。大型の産業動物を畜舎内で繋留しておく（例：冬の間のウシ）と，環境に対する対処能力は著しく減退する。一方で，近代的な飼養システムには，ルースハウジングや，自分で給餌の装置を操作できる自動給餌システムなど，動物自身が好きに制御できるようにしたものもある。似た例に，搾乳ロボットの導入があり，乳牛は自分が好きな時に搾乳を受けることができる。動物が自分自身で生活を制御できるようにすることは，利益につながるようである。例えば，ブタでは自分で給餌を制御できるようにすると，病気や怪我からの回復が早くなる（Ernstら，2006）。

ヒトやその他の動物は，嫌悪な出来事の予測不可能性や制御不可能性により，長期にわたる有害な影響を受け，恐怖などのネガティブな情動が強まる（Adkinら，2006；Armfield, 2006；Carlssonら，2006）。予測不可能性は，またネガティブな認知バイアスを起こし，中立的状況でもネガティブな状況と捉えるようになる（Hardingら，2004）。この状態は不安感（Zvolenskyら，2004），うつ状態（Anisman, Matheson, 2005），あるいはノイローゼ（Mineka, Kihlstrom, 1978）を生み出す。似た状態として，動物は自分で制御できない出来事に繰り返しさらされると，慢性的なストレス状態に陥る。電気ショックを自分で切ることができない状況のラットは，それができる状況の対照ラットに比べて消化管の潰瘍が重症になる（Weiss, 1972；Mildeら，2005）。また，動きを制限されたブタは，常同行動をするようになったり，無気力状態になったりすることがある（Broom,

1987；Terlouwら，1991）。私たちは，このような長期にわたる影響は，（短時間で急激な）ネガティブな情動が繰り返し誘起されることによってもたらされるものであると断定する。これは，急激で驚愕的な出来事が連続して起こると，慢性的ストレス症候群を発症するという，過去に提唱されている説と一致する（Jones, 1997；Hemsworth, Coleman, 1998）。

● 6.4.2　管理上の問題

　何世紀にもわたって家畜化されてきたにも関わらず，多くの産業動物のヒトに対する最も主要な反応は，恐怖に由来するものである（Jones, 1997）。例えば，ヒトに接したことのないニワトリは，ヒトとの接触を警戒する（Duncan, 1993）だけでなく，ヒトを親切な世話人としてよりも捕食者として認識していると考えられる（Suarez, Gallup, 1983）。事実，近代的な畜産におけるヒトと動物の関係は，拘束，断嘴，除角，獣医師による治療など，本質的に恐怖を引き起こすものが多い。一方で，正の強化となるものは，給餌を除いてほとんどない。多くの産業動物において，急性あるいは慢性的な恐怖状態は，ヒトによる扱いを困難にする（Jones, 1996；Boivinら，2003；Hemsworth, 2003）。（遺伝的あるいは過去の体験によって）容易に恐怖を抱くようになった動物は，やはり取り扱いや管理が非常に困難になる。このことは，日々の検査，移動，人工授精，獣医師による診察や治療など，日常の作業に伴う問題をさらに悪化させる。動物を取り扱うのが困難になると，動物にさらなる損害を与えるだけでなく，管理者が作業に多くの時間を費やすことになり，怪我のリスクが高まり，不平不満が募り，動物に対する接し方や行動が悪くなるなど，悪循環に陥る（Jones, 1996；Boivinら，2003；Faureら，2003；Hemsworth, 2003；Waiblinger, Spoolder, 2007）。このようなことから，人の管理者の代わりに自動化されたシステムの導入が検討されている。しかし，ヒトと動物の関係を断ち切ることはできないし，望ましくもない。自動化が進めば進むほど，動物がヒトに対して馴れる機会は減ることになり，動物にとってヒトとの接触がますます精神的な苦痛となってしまう。それよりも，私たちは双方の利益を最大にするようなヒトと動物の関係の改善の道を示すべきであろう（第15章参照）。

　新奇な刺激，例えば，新しい環境に移された時，馴染みのない管理者と対面した時，あるいは新奇なエサを与えられた時，動物は恐怖を感じ，管理上の問題を生じることがある（Jones, 1997；Jonesら，Roper, 1997；Hemsworth, Coleman, 1998）。さらに，ニワトリは捕食者による攻撃を常に警戒しているものと考えられ，現代のニワトリは捕食される危険性がきわめて低いにも関わらず，鶏舎を離れて放飼場へ出て行くのをためらっているように見える（Grigor, Hughes, 1993）。改善策としては，「安心できる特徴」，例えば隠れ場所や給餌場，馴染みのある刺激を用意すること，また広い自由な場所を利用することを好む性質について選抜育種することを組み合わせて実施することが考えられる。

● 6.4.3　産業動物における恐怖とその生産，および経済的な結果

　急性あるいは慢性的な恐怖やストレスにさらされている産業動物は，成長が悪く，飼料効率も悪く，性成熟は遅く，繁殖効率も生産物の質も悪化するという明確な証拠が多く挙がっている（Hones, 1997；Hemsworth, Coleman, 1998）。例えば，産業動物がヒトに対して抱く恐怖と，乳，豚肉，鶏卵，鶏肉の生産農場における生産性との間には負の相関があり，おそら

く因果関係があることも報告されている（Hemsworthによる総説，2003）。具体例を挙げると，人に対する恐怖は，産卵鶏における産卵数の減少（Hemsworthら，1994），ブロイラーにおける低い飼料効率（Hemsworthら，1994），ブタにおける成長率と繁殖率の低下（Hemsworth，2003）と相関がある。さらに，ストレスに由来する肉質の悪化は，遺伝的に恐怖の程度が高い系統のニホンウズラにおいてより顕著であり（Faureら，2003），ブタにおけるふけ肉（pale and soft exudative meat：PSE肉）は神経質なブタにおいてより発生率が高く（Grandin，Deesing，1998），怖がりのウシは打撲傷を起こしやすく，その肉は硬くなる（Fordyceら，1988）。

その他の恐怖の原因となる刺激，例えば低空飛行する航空機，雷鳴，突然で馴染みのない音などもまた，様々な産業動物において生産物の損失，生産物の質の低下，そしてそれに付随する経済的な損失を引き起こすことが明らかになってきている。例えば，家禽においてそのように引き起こされた恐怖は，成長率の低下，と畜場における食肉の等級の低下，卵殻の異常，低い繁殖率と関連する（Mills，Faure，1991；Jones，1997；Faureら，2003）。

産業動物の恐怖を軽減することは，倫理的観点のみならず，経済的観点からも強く求められることは明らかである。

6.5 恐怖の軽減

恐怖を軽減する主な対策としては，環境エンリッチメント，管理者による取り扱い方や管理の改善，恐怖の軽減を狙った選抜育種が挙げられる。これらについては他章で述べる。現実には，これら3つの対処すべてを含んだ総合的なアプローチが，最も有効な策と考えられる（Faure，Jones，2004；Jones，2004；Boissyら，2005）が，実用性が優先されなければならない。いずれの対策を採用するとしても，安全で，比較的安価で，実施が容易でなければならない。そうでなければ，実施されないだろう。

6.6 結論

- 恐怖とはきわめて複雑な概念である。それは，動物がその社会的，物理的環境に対処する道を決める根源的な情動のひとつと通常は認められている。

- 長期にわたる，あるいは強烈な恐怖は苦痛を伴う望ましくない状態であり，かつ強いストレッサーで，動物福祉，管理，生産性と経済的利益を深刻に損なう。

- 動物が，恐怖，苦悩，その他の望ましくない情動状態は（動物自身の視点，一般市民の視点，管理者の視点から）軽減されなければならない。しかし，非常に限られた刺激に対する特定の反応のみを操作しても，実際の価値はあまりない。根底にある潜在的な恐怖を測り，それを変えていくことがきわめて重要である。私たちはすべての産業動物，特に大型動物について，恐怖を測る試験法をさらに発展させ，洗練し，正当性を確認していく必要がある。また，動物の認知能力，認知バイアスを利用することも有効かもしれない。

- 動物の恐怖やストレスは，環境エンリッチメント，ポジティブなヒトからの刺激，そして遺伝的選抜により軽減することができる。しかし，それらの実施前に，私たちはその対策が現実的で，有害な副作用がないことを確かめなければならない。

- 前述の要求を満たすことにより，私たちは動物の感覚刺激，恐怖，ストレスについて，最適なレベルを実現させるための最もよい方法を決定できるかもしれない。

- 研究者，産業界，政府の協力体制が強くなれば，動物福祉研究の妥当性，時期的な適切さ，実用性がより強まり，さらに知識の共有や，研究成果の現場への実施も促進される。

参考文献

Adkin, A.L., Quant, S., Maki, B.E. and McIlroy, W.E. (2006) Cortical responses associated with predictable and unpredictable compensatory balance reactions. *Experimental Brain Research* 172, 85–93.

Anisman H. and Matheson K. (2005) Stress, depression, and anhedonia: caveats concerning animal models. *Neuroscience and Biobehavioral Reviews* 29, 525–546.

Archer, J. (1973) Tests for emotionality in rats and mice: a review. *Animal Behaviour* 21, 205–235.

Archer, J. (1979) Behavioural aspects of fear. In: Sluckin, W. (ed.) *Fear in Animals and Man*. Van Nostrand Reinhold, New York, pp. 56–85.

Armfield, J.M. (2006) Cognitive vulnerability: a model of the etiology of fear. *Clinical Psychology Review* 26, 746–768.

Arnold, M.B. (1945) Psychological differentiation of emotional states. *Psychological Reviews* 52, 35–48.

Asheim, L.J. and Mysterud, I. (2005) External effects of mitigating measures to reduce large carnivore predation on sheep. *Journal of Farm Management* 12, 206–213.

Blokhuis, H. and Jones, B. (2010) Welfare quality. In: Beilage. E. and Blaha, T. (eds) *Proceedings of the Second European Symposium on Porcine Health Management*, 26–28 May 2010, Hanover, Germany, pp. 17–20.

Blokhuis, H.J., Jones, R.B., Geers, R., Miele, M. and Veissier, I. (2003) Measuring and monitoring animal welfare: transparency in the food product quality chain. *Animal Welfare* 12, 445–455.

Boissy, A. (1995) Fear and fearfulness in animals. *Quarterly Review of Biology* 70, 165–191.

Boissy, A. (1998) Fear and fearfulness in determining behavior. In: Grandin, T. (ed.) *Genetics and the Behaviour of Domestic Animals*. Academic Press, San Diego, California, pp. 67–111.

Boissy, A. and Bouissou, M.F. (1995) Assessment of individual differences in behavioural reactions of heifers exposed to various fear-eliciting situations. *Applied Animal Behaviour Science* 46, 17–31.

Boissy, A., Terlouw, C. and Le Neindre, P. (1998) Presence of cues from stressed conspecifics increases reactivity to aversive events in cattle: evidence for the existence of alarm substances in urine. *Physiology and Behavior* 63, 489–495.

Boissy, A., Fisher, A.D., Bouix, J., Hinch, G.N. and Le Neindre, P. (2005) Genetics of fear in ruminant livestock. *Livestock Production Science* 93, 23–32.

Boissy, A., Arnould, C., Chaillou, E., Désiré, L., Duvaux-Ponter, C., Greiveldinger, L., Leterrier, C., Richard, S., Roussel, S., Saint-Dizier, H., Meunier-Salaün, M.C., Valance, D. and Veissier, I. (2007) Emotions and cognition: a new approach to animal welfare. *Animal Welfare* 16, 37–43.

Boivin, X., Lensink, B.J., Tallet, C. and Veissier, I. (2003) Stockmanship and farm animal welfare. *Animal Welfare* 12, 479–492.

Bouissou, M.F., Boissy, A., Le Neindre, P. and Veissier, I. (2001) The social behaviour of cattle. In: Keeling, L. and Gonyou, H. (eds) *Social Behaviour in Farm Animals*. CAB International, Wallingford, UK, pp. 113–146.

Bradley, B.P., Mogg, K. and Williams, R. (1995) Implicit and explicit memory for emotion congruent information in depression and anxiety. *Behaviour Research and Therapy* 33, 755–770.

Brambell Committee (1965) *Report of the Technical Committee to Enquire into the Welfare of Animals Kept under Intensive Husbandry Systems*. Command Paper 2836, Her Majesty's Stationery Office, London.

Broom, D.M. (1987) Applications of neurobiological studies to farm animal welfare. In: Wiepkema, P.R. and Van Adrichem, P.W.M. (eds) *Biology of Stress in Farm Animals: An Integrative Approach*. Martinus Nijhoff Publishers: Dordrecht, The Netherlands/Boston, Massachusetts/Lancaster, UK, pp. 101–110.

Brush, F.R.; Baron, S., Froehlich, J.C., Ison, J.R., Pellegrino, L.J., Phillips, D.S., Sakellaris, P.C. and Williams, V.N. (1985) Genetic differences in avoidance learning by *Rattus norvegicus*: escape/avoidance responding, sensitivity to electric shock, discrimination learning and open-field behavior. *Journal of Comparative Psychology* 99, 60–73.

Burrow, H.M. (1998) The effects of inbreeding on productive and adaptive traits and temperament of tropical beef cattle. *Livestock Production Science* 55, 227–243.

Carlsson, K., Andersson, J., Petrovic, P., Petersson, K.M., Hman, A. and Ingvar, M. (2006) Predictability modulates the affective and sensory-discriminative neural processing of pain. *NeuroImage* 32, 1804–1814.

Council of Europe (1997) The Amsterdam treaty modifying the treaty on European Union, the treaties establishing the European communities, and certain related facts. *Official Journal of the European Communities* C 340, 1-144.

Dantzer, R. (1988) *Les Émotions*. PUF (Presses Universitaires de France), Paris.

Dawkins, M.S. (1990) From an animal's point of view: motivation, fitness, and animal welfare. *Behavioral and Brain Sciences* 13, 1-61.

Dawkins, M.S. (2001) How can we recognise and assess good welfare? In: Broom, D.M. (ed.) *Coping with Challenge: Welfare in Animals Including Humans*. Dahlem University Press, Berlin, pp. 63-76.

de Jonge, F.H., Ooms, M., Kuurman, W.W., Maes, J.H.R. and Spruijt, B.M. (2008) Are pigs sensitive to variability in food rewards? *Applied Animal Behaviour Science* 114, 93-104.

de Waal, F.B.M. (1999) Anthropomorphism and anthropodenial: consistency in our thinking about humans and other animals. *Philosophical Topics* 27, 255-280.

Désiré, L., Boissy, A. and Veissier, I. (2002) Emotions in farm animals: a new approach to animal welfare in applied ethology. *Behavioral Processes* 60, 165-180.

Désiré, L., Veissier, I., Després, G. and Boissy, A. (2004) On the way to assess emotions in animals: do lambs evaluate an event through its suddenness, novelty or unpredictability? *Journal of Comparative Psychology* 118, 363-374.

Désiré, L., Veissier, I, Després, G., Delval, E., Toporenko, G. and Boissy, A. (2006) Appraisal process in sheep: interactive effect of suddenness and unfamiliarity on cardiac and behavioural responses. *Journal of Comparative Psychology* 120, 280-287.

Dimitrov, I.D. and Djorbineva, M.K. (2001) The influence of emotional reactivity over maternal behavior and lactating in dairy ewes. In: Schäfer, D. and Borell, E.V. (eds) *Tierschutz und Nutztierhalung. Proceedings, 15th International Symposium on Applied Ethology*, 4-6 October, Halle, Germany (ISBN 3-86010-634-1), pp. 115-118.

Dimitrov, I., Djorbineva, M., Sotirov, L. and Tanchev S. (2005) Influence of fearfulness on lysozyme and complement concentrations in dairy sheep. *Revue de Médecine Vétérinaire* 156, 445-448.

Doney, J.M., Gunn, R.G. and Smith, W.F. (1976) Effects of premating environmental stress, ACTH, cortisone acetate or metyrapone on oestrus and ovulation in sheep. *Journal of Agricultural Science* 87, 127-132.

Doyle, R.E., Fisher, A.D., Hinch, G.N., Boissy, A. and Lee, C. (2010) Release from restraint generates a positive judgement bias in sheep. *Applied Animal Behaviour Science* 122, 28-34.

Duepjan, S., Schoen, P.C., Puppe, B., Tuchscherer, A. and Manteuffel, G. (2008) Differential vocal responses to physical and mental stressors in domestic pigs (*Sus scrofa*). *Applied Animal Behaviour Science* 114, 105-115.

Duncan, I.J.H. (1993) Welfare is to do with what animals feel. *Journal of Agricultural and Environmental Ethics* 6, 8-14.

Duncan, I.J.H. (1996) Animal welfare in terms of feelings. *Acta Agriculturae Scandinavica, Section A - Animal Science* 27, 29-35.

Duncan, I.J.H. (2006) The changing concept of animal sentience. *Applied Animal Behaviour Science* 100, 11-19.

Dwyer, C.M. (2004) How has the risk of predation shaped the behavioural responses of sheep to fear and distress? *Animal Welfare* 13, 269-281.

Erhard, H.W. and Mendl, M. (1999) Tonic immobility and emergence time in pigs: more evidence for behavioural strategies. *Applied Animal Behaviour Science* 61, 227-237.

Erhard, H.W. and Schouten, W.G.P. (2001) Individual differences and personality. In: Keeling, L.J. and Gonyou, H.W. (eds) *Social Behaviour in Farm Animals*. CAB International, Wallingford, UK, pp. 333-352.

Ernst, K., Tuchscherer, M., Kanitz, E., Puppe, B. and Manteuffel, G. (2006) Effects of attention and rewarded activity on immune parameters and wound healing in pigs. *Physiology and Behavior* 89, 448-456.

Eysenck, H.J. (1967) *The Biological Basis of Personality*. Charles C. Thomas, Springfield, Illinois.

Faure, J.M. and Jones, R.B. (2004) Genetic influences on resource use, fear and sociality. In: Perry, G.C. (ed.) *Welfare of the Laying Hen, 27th Poultry Science Symposium of the World's Poultry Science Association (UK Branch)*, held in Bristol in July 2003. Poultry Science Symposium Series, CAB International, Wallingford, UK, pp. 99-108.

Faure, J.M., Bessei, W. and Jones, R.B. (2003) Direct selection for improvement of animal well-being. In: Muir, W. and Aggrey, S. (eds) *Poultry Breeding and Biotechnology*. CAB International, Wallingford, UK, pp. 221-245.

FAWC (Farm Animal Welfare Council) (1993) *Report on Priorities for Animal Welfare Research and Development*. FAWC, Tolworth Tower, Surbiton, UK.

Fel, L.R., Colditz, I.G., Walker, K.H. and Watson, D.L. (2003) Associations between temperament, performance and immune function in cattle entering a commercial feedlot. *Australian Journal of Experimental Agriculture* 39, 795-802.

Fisher, A. and Matthews, L. (2001) The social behaviour of sheep. In: Keeling, L. and Gonyou, H. (eds) *Social Behaviour in Farm Animals*. CAB International, Wallingford, UK, pp. 211-245.

Fordyce, G., Dodt, R.M. and Wythes, J.R. (1988) Cattle temperaments in extensive beef herds in northern Queensland. 1. Factors affecting temperament. *Australian Journal of Experimental Agriculture* 28, 683-

687.

Fordyce, G., Howitt, C.J., Holroyd, R.G., O'Rourke, P.K. and Entwistle, K.W. (1996) The performance of Brahman-Shorthorn and Sahiwal-Shorthorn beef cattle in the dry tropics of northern Queensland. 5. Scrotal circumference, temperament, ectoparasite resistance, and the genetics of growth and other traits in bulls. *Australian Journal of Experimental Agriculture* 36, 9–17.

Forkman, B., Boissy A., Meunier-Salaün, M.C., Canali, E. and Jones, R.B. (2007) A critical review of fear tests used on cattle, pigs, sheep, poultry and horses. *Physiology and Behavior* 92, 340–374.

Gelez, H., Lindsay, D.R., Blache, D., Martin, G.B. and Fabre-Nys, C. (2003) Temperament and sexual experience affect female sexual behaviour in sheep. *Applied Animal Behaviour Science* 84, 81–87.

Gentle, M.J., Waddington, D., Hunter, L.N. and Jones, R.B. (1990) Behavioural evidence for persistent pain following partial beak amputation in the chicken. *Applied Animal Behaviour Science* 27, 149–157.

Goddard, M.E. and Beilharz, R.G. (1984) A factor analysis of fearfulness in potential guide dogs. *Applied Animal Behaviour Science* 12, 253–265.

Gossling, S.D. (2001) From mice to men: what can we learn about personality from animal research? *Psychological Bulletin* 127, 45–86.

Grandin, T. and Deesing, M.J. (1998) Genetics and behavior during handling, restraint, and herding. In: Grandin, T. (ed.) *Genetics and the Behavior of Domestic Animals*. Academic Press, San Diego, California, pp. 113–144.

Gray, J. (1987) *The Psychology of Fear and Stress*, 2nd edn. Problems in Behavioural Sciences, Cambridge University Press, Cambridge, UK.

Greiveldinger, L., Veissier, I. and Boissy A. (2007) Emotional experiences in sheep: predictability of a sudden event lowers subsequent emotional responses. *Physiology and Behavior* 92, 675–683.

Greiveldinger, L., Veissier, I. and Boissy, A. (2009) Behavioural and physiological responses of lambs to controllable versus uncontrollable aversive events. *Psychoneuroendocrinology* 34, 805–814.

Grigor, P.N. and Hughes, B.O. (1993) Does cover affect dispersal and vigilance in free-range domestic fowls? In: Savory, C.J. and Hughes, B.O. (eds) *Proceedings of Fourth European Symposium on Poultry Welfare*, 18–21 September, Edinburgh, UK. World's Poultry Science Association, Beekbergen, The Netherlands/ Universities Federation for Animal Welfare, Wheathampstead, UK, pp. 246–247.

Hall, C.S. (1936) Emotional behaviour in the rat: III The relationship between emotionality and ambulatory activity. *Journal of Comparative Psychology* 22, 345–352.

Harding, E.A., Elizabeth, E.S. and Mendl, M. (2004) Animal behaviour: cognitive bias and affective state. *Nature* 427, 312.

Hargreaves, A.L. and Hutson, G.D. (1990) The effect of gentling on heart rate, flight distance and aversion of sheep to a handling procedure. *Applied Animal Behaviour Science* 26, 243–252.

Haskell, M.J., Coerse, N.C.A., Taylor, P.A.E. and Mccorquodale, C. (2004) The effect of previous experience over control of access to food and light on the level of frustration-induced aggression in the domestic hen. *Ethology* 110, 501–513.

Hemsworth, P.H. (2003) Human-animal interactions in livestock production. *Applied Animal Behaviour Science* 81, 185–198.

Hemsworth, P.H. and Coleman, G.J. (eds) (1998) *Human-Livestock Interactions: The Stockperson and the Productivity and Welfare of Intensively-farmed Animals*. CAB International, Wallingford, UK.

Hemsworth, P.H., Coleman, G.J., Barnett J.L. and Jones, R.B. (1994) Behavioural responses to humans and the productivity of commercial broiler chickens. *Applied Animal Behaviour Science* 41, 101–114.

Herskin, M.S., Kristensen, A.M. and Munksgaard, L. (2004) Behavioral responses of dairy cows toward novel stimuli presented in the home environment. *Applied Animal Behaviour Science* 89, 27–40.

Hinde, R.A. (1985) Was the 'expression of the emotions' a misleading phrase? *Animal Behaviour* 33, 985–992.

Job, R.F.S. (1987) Learned helplessness in chickens. *Animal Learning and Behavior* 15, 347–350.

Johannesson, T. and Ladewig J. (2000) The effect of irregular feeding times on the behaviour and growth of dairy calves. *Applied Animal Behaviour Science* 69, 103–111.

Jones, A.C. and Gossling, S.D. (2005) Temperament and personality in dogs (*Canis familiaris*): a review and evaluation of past research. *Applied Animal Behaviour Science* 95, 1–53.

Jones, R.B. (1986) The tonic immobility reaction of the domestic fowl: a review. *World's Poultry Science Journal* 42, 82–96.

Jones, R.B. (1987a) The assessment of fear in the domestic fowl. In: Zayan, R. and Duncan, I.J.H. (eds) *Cognitive Aspects of Social Behaviour in the Domestic Fowl*. Elsevier, Amsterdam, pp. 40–81.

Jones, R.B. (1987b) Social and environmental aspects of fear in the domestic fowl. In: Zayan, R. and Duncan, I.J.H. (eds) *Cognitive Aspects of Social Behaviour in the Domestic Fowl*. Elsevier, Amsterdam, pp. 82–149.

Jones, R.B. (1987c) Open field behaviour in domestic chicks (*Gallus domesticus*): the influence of the experimenter. *Biology of Behaviour* 12, 100–115.

Jones R.B. (1988) Repeatability of fear ranks among adult laying hens. *Applied Animal Behaviour Science*

19, 297-304.

Jones, R.B. (1989) Avian open-field research and related effects of environmental novelty: an annotated bibliography, 1960-1988. *The Psychological Record* 39, 397-420.

Jones R.B. (1996) Fear and adaptability in poultry: insights, implications and imperatives. *World's Poultry Science Journal* 52, 131-174.

Jones, R.B. (1997) Fear and distress. In: Appleby, M.C. and Hughes, B.O. (eds) *Animal Welfare*. CAB International, Wallingford, UK, pp. 75-87.

Jones, R.B. (1998) Alleviating fear in poultry. In: Greenberg, G. and Haraway, M. (eds) *Comparative Psychology: A Handbook*. Garland Press, New York, pp. 339-347.

Jones, R.B. (2004) Environmental enrichment: the need for bird-based practical strategies to improve poultry welfare. In: Perry, G.C. (ed.) *Welfare of the Laying Hen, 27th Poultry Science Symposium*. CAB International, Wallingford, UK, pp. 215-225.

Jones, R.B. and Carmichael, N.L. (1997) Open-field behavior in domestic chicks tested individually or in pairs: differential effects of painted lines delineating subdivisions of the floor. *Behavior Research Methods, Instruments and Computers* 29, 396-400.

Jones, R.B. and Hocking, P.M. (1999) Genetic selection for poultry behaviour: big bad wolf or friend in need? *Animal Welfare* 8, 343-359.

Jones, R.B. and Manteca, X. (2009) Best of breed. *Public Science Review* 18, 562-563.

Jones, R.B. and Mills, A.D. (1983) Estimation of fear in two lines of the domestic chick: correlations between various methods. *Behavioral Processes* 8, 243-253.

Jones, R.B. and Roper, T.J. (1997) Olfaction in the domestic fowl: a critical review. *Physiology and Behavior* 62, 1009-1018.

Jones, R.B. and Satterlee, D.G. (1996) Threat-induced behavioral inhibition in Japanese quail genetically selected for contrasting adrenocortical response to mechanical restraint. *British Poultry Science* 37, 465-470.

Jones, R.B. and Satterlee, D.G. (2002) Divergent selection for adrenocortical responsiveness affects fear, sociality and sexual maturation in quail. In: *Proceedings of 11th European Poultry Conference*, 6-10 September 2002, Bremen, Germany. European Federation World's Poultry Science Association, Beekbergen, The Netherlands, pp. 1-9.

Jones, R.B. and Waddington, D. (1992) Modification of fear in domestic chicks, *Gallus gallus domesticus*, via regular handling and early environmental enrichment. *Animal Behaviour* 43, 1021-1033.

Jones, R.B., Mills, A.D. and Faure, J.M. (1991) Genetic and experiential manipulation of fear-related behavior in Japanese quail chicks (*Coturnix coturnix japonica*). *Journal of Comparative Psychology* 105, 15-24.

Jones, R.B., Hemsworth, P.H. and Barnett, J.L. (1993) Fear of humans and performance in commercial broiler flocks. In: Savory, C.J. and Hughes, B.O. (eds) *Proceedings of Fourth European Symposium on Poultry Welfare*, Edinburgh, World's Poultry Science Association, Beekbergen, The Netherlands/Universities Federation for Animal Welfare, Wheathampstead, UK, pp. 292-294.

Jones, R.B., Marin, R.H., Satterlee, D.G. and Cadd, G.G. (2002) Sociality in Japanese quail (*Coturnix japonica*) genetically selected for contrasting adrenocortical responsiveness. *Applied Animal Behaviour Science* 75, 337-346.

Kappas, A. (2006) Appraisals are direct, immediate, intuitive, and unwitting ... and some are reflective ... *Cognition and Emotion* 20, 952-975.

Keeling, L. (ed.) (2009) *Welfare Quality. An Overview of the Development of the Welfare Quality® Project Assessment Systems*. Welfare Quality Reports Series No.12, Welfare Quality® (Science and Society Improving Animal Welfare in the Food Quality Chain, EU-funded project FOOD-CT-2004-506508), Cardiff, UK.

Keeling, L. and Gonyou, H. (eds) (2001) *Social Behaviour in Farm Animals*. CAB International, Wallingford, UK.

Kendrick, K.M., da Costa, A.P., Leigh, A.E., Hinton, M.R. and Peirce, J.W. (2001) Sheep don't forget a face. *Nature* 414, 165-166.

Kilgour, R.J., Melville, G.J. and Greenwood, P.L. (2006) Individual differences in the reaction of beef cattle to situations involving social isolation, close proximity of humans, restraint and novelty. *Applied Animal Behaviour Science* 99, 21-44.

Lang, F.R., Staudinger, U.M. and Carstensen, L.L. (1998) Perspectives on socio-emotional selectivity in late life: how personality and social context do (and do not) make a difference. *Journal of Gerontology* 53, 21-30.

Lawstuen, D.A., Hansen, L.B., Steuernagel, G.R. and Johnson, L.P. (1988) Management traits scored linearly by dairy producers. *Journal of Dairy Science* 71, 788-799.

Lazarus, R.S. (1991) Progress on a cognitive-motivational-relational theory of emotion. *American Psychologist* 46, 819-834.

Lazarus, R.S., Averill, J.R. and Opton, E.M. Jr (1970) Towards a cognitive theory of emotion. In: Arnold, M. (ed.) *Feelings and Emotions: The Loyola Symposium*. Academic Press, New York, pp. 207-232.

Lensink, B.J., Veissier, I. and Boissy, A. (2006) Enhancement of performances in a learning task in suckler calves after weaning and relocation: motivational versus cognitive control? A pilot study. *Applied Animal Behaviour Science* 100, 171–181.

Leventhal, H. and Scherer, K. (1987) The relationship of emotion to cognition: a functional approach to a semantic controversy. *Cognition and Emotion* 1, 3–28.

Ley, R. (1975) Open-field behavior, emotionality during fear conditioning and fear-motivated instrumental performance. *Bulletin of the Psychonomic Society* 6, 598–600.

Lyons, D.M., Price, E.O. and Moberg, G.P. (1988) Individual differences in temperament of domestic dairy goats: constancy and change. *Animal Behaviour* 36, 1323–1333.

Madec, I. (2008) Effets du semiochemique MHUSA (Mother Hens' Uropygial Secretion Analogue) sur le stress des poulets de chair. Approches zootechnique, physiologique et comportementale. PhD thesis, University of Toulouse, France.

Manteca, X., Velarde, A. and Jones, R.B. (2009) Animal welfare components. In: Smulders, F.J.M. and Algers, B. (eds) *Welfare of Production Animals: Assessment and Management of Risks*. Wageningen Academic Publishers, Wageningen, The Netherlands, pp. 61–77.

Martin, G.L., Milton, J.T.B., Davidson, R.H., Banchero Hunzicker, G.E., Lindsay, D.R. and Blache, D. (2004) Natural methods for increasing reproductive efficiency in small ruminants. *Animal Reproduction Science* 82, 231–246.

Martin, P. and Bateson, P. (1993) *Measuring Behaviour: An Introductory Guide*, 2nd edn. Cambridge University Press, Cambridge, UK.

Mendl, M. and Deag, M.J. (1995) How useful are the concepts of alternative strategy and coping strategy in applied studies of social behavior. *Applied Animal Behaviour Science* 44, 119–137.

Mendl, M., Burman, O., Laughlin, K. and Paul, E. (2001) Animal memory and animal welfare. *Animal Welfare* 10 (Supplement 1), 17–25.

Mendl, M., Burman, O.H.P., Parker, R.M.A. and Paul, E.S. (2009) Cognitive bias as an indicator of animal emotion and welfare: emerging evidence and underlying mechanisms. *Applied Animal Behaviour Science* 18, 161–181.

Milde, A.M., Arslan, G., Overmier, J.B., Berstad, A. and Murison, R. (2005) An acute stressor enhances sensitivity to a chemical irritant and increases ^{51}CrEDTA permeability of the colon in adult rats. *Integrative Physiological and Behavioral Science* 40, 35–44.

Mills, A.D. and Faure, J.M. (1986) The estimation of fear in domestic quail: correlations between various methods and measures. *Biology of Behaviour* 11, 235–243.

Mills, A.D. and Faure, J.M. (1991) Divergent selection for duration of tonic immobility and social reinstatement behavior in Japanese quail (*Coturnix coturnix japonica*) chicks. *Journal of Comparative Psychology* 105, 25–38.

Mineka, S. and Kihlstrom, J.F. (1978) Unpredictable and uncontrollable events: a new perspective on experimental neurosis. *Journal of Abnormal Psychology* 87, 256–271.

Morméde, P., Andanson, S., Aupérin, B., Beerda, B., Guémené, D., Malmkvist, J., Manteca, X., Manteuffel, G., Prunet, P., Van Reenen, C.G., Richard, S. and Veissier, I. (2007) Exploration of the hypothalamic-pituitary-adrenal function as a tool to evaluate animal welfare. *Physiology and Behavior* 92, 317–339.

Murphey, R.M., Duarte, F.A.M. and Penedo, M.C.T. (1981) Responses of cattle to humans in open spaces: breed comparisons and approach. avoidance relationships. *Behavior Genetics* 11, 37–48.

Murphy, P.M., Purvis, I.W., Lindsay, D.R., Le Neindre, P., Orgeur, P. and Poindron, P. (1994) Measures of temperament are highly repeatable in Merino sheep and some are related to maternal behaviour. *Animal Production in Australia: Proceedings of the Australian Society of Animal Production* 20, 247–250.

Pardon, M.C., Perez-Diaz, F., Joubert, C. and Cohen-Salmon, C. (2000) Influence of a chronic ultramild stress procedure on decision-making in mice. *Journal of Psychiatry and Neuroscience* 25, 167–177.

Paul, E.S., Harding, E.J. and Mendl, M. (2005) Measuring emotional processes in animals: the utility of a cognitive approach. *Neuroscience and Biobehavioral Reviews* 29, 469–491.

Pervin, L.A. and John, O.P. (1997) *Personality and Research*. Wiley, New York.

Phillips, M.L., Drevets, W.C., Rauch, S.L. and Lane, R. (2003) Neurobiology of emotion perception 1: the neural basis of normal emotion perception. *Biological Psychiatry* 54, 505–514.

Poindron, P., Raksanyi, I., Orgeur, P. and Le Neindre, P. (1984) Comparaison du comportement maternel en bergerie à la parturition chez des brebis primipares ou multipares de race Romanov, Préalpes du Sud et Ile de France. *Genetics, Selection, Evolution* 16, 503–522.

Price, E.O. (1984) Behavioural aspects of animal domestication. *Quarterly Review of Biology* 59, 1–32.

Przekop, P., Wolinska-Witord, E., Mateusiak, K., Sadowski, B. and Domanski, E. (1984) The effect of prolonged stress on the oestrus cycles and prolactin secretion in sheep. *Animal Reproduction Science* 7, 333–342.

Ramos, A., Berton, O., Morméde, P. and Chaouloff, F. (1997) A multiple test study of anxiety related behaviours in six inbred rat strains. *Behavioural Brain Research* 85, 57–69.

Reisberg, D. and Heuer, F. (1995) Emotion's multiple effects on memory. In: McGaugh, J.L., Weiberger, N.M.

and Lynch, G. (eds) *Brain and Memory: Modulation and Mediation of Neuroplasticity*. Oxford University Press, Oxford, UK, pp. 84-92.

Reverter, A., Johnson, D.J., Ferguson, D.M., Perry, D., Goddard, M.E., Burrow, H.M., Oddy, V.H., Thompson, J.M. and Bindon, B.M. (2003) Genetic and phenotypic characterisation of animal, carcass and meat quality traits from temperate and tropically adapted beef breeds. 4. Correlations among animal, carcass and meat quality traits. *Australian Journal of Agricultural Research* 54, 149-158.

Romeyer, A. and Bouissou, M.F. (1992) Assessment of fear reactions in domestic sheep, and influence of breed and rearing conditions. *Applied Animal Behaviour Science* 34, 93-119.

Rosen, J.B. (2004) The neurobiology of conditioned and unconditioned fear: a neurobehavioral analysis of the amygdala. *Behavioral and Cognitive Neuroscience Reviews* 3, 23-41.

Rosen, J.B. and Schulkin, J. (1998) From normal fear to pathological anxiety. *Psychology Review* 105, 325-350.

Roussel, S., Boissy, A., Montigny, D., Hemsworth, P.H. and Duvaux-Ponter, C. (2005) Gender-specific effects of prenatal stress on emotional reactivity and stress physiology of goat kids. *Hormones and Behavior* 47, 256-266.

Rushen, J., de Passillé, A.M. and Munsgkaard, L. (1999) Fear of people by cows and effects on milk yield, behavior, and heart rate at milking. *Journal of Dairy Science* 82, 720-727.

Sander, D., Grandjean, D. and Scherer, K.R. (2005) Special Issue. A systems approach to appraisal mechanisms in emotion: emotion and brain. *Neural Networks* 18, 317-352.

Sandi, C., Loscertales, M. and Guaza, C. (1997) Experience-dependent facilitating effect of corticosterone on spatial memory formation in the water maze. *European Journal of Neurosciences* 9, 637-642.

Sart, S., Bencini, R., Blache, D. and Martin, G.B. (2004) Calm ewes produce milk with more protein than nervous ewes. In: *Animal Production in Australia: Proceedings of the Australian Society of Animal Production* 25, 307.

Satterlee, D.G., Cadd, G.G. and Jones, R.B. (2000) Developmental instability in Japanese quail genetically selected for contrasting adrenocortical responsiveness. *Poultry Science* 79, 1710-1714.

Satterlee, D.G., Marin, R.H. and Jones, R.B. (2002) Selection of Japanese quail for reduced adrenocortical responsiveness accelerates puberty in males. *Poultry Science* 81, 1071-1076.

Scherer, K.R. (1987) Toward a dynamic theory of emotion: the component process model of affective states. *Geneva Studies in Emotion and Communication* 1, 1-98.

Scherer, K.R. (2001) Appraisal considered as a process of multi-level sequential checking. In: Scherer, K.R., Schorr, A. and Johnstone, T. (eds) *Appraisal Processes in Emotion: Theory, Methods, Research*. Oxford University Press, New York/Oxford, UK, pp. 92-120.

Shelton, M. and Wade, D. (1979) Predatory losses: a serious livestock problem. *Annals of Industry Today* 2, 4-9.

Spruijt, B.M., van den Bos, R. and Pijlman, F.T. (2001) A concept of welfare based on reward evaluating mechanisms in the brain: anticipatory behavior as an indicator for the state of reward systems. *Applied Animal Behaviour Science* 72, 145-171.

Suarez, S.D. and Gallup, G.G. Jr (1983) Social reinstatement and open-field testing in chickens. *Animal Learning and Behavior* 11, 119-126.

Tachibana, T. (1982) Open-field test for rats: correlational analysis. *Psychological Reports* 50, 899-910.

Tazi, A., Dantzer, R. and Le Moal, M. (1987) Prediction and control of food rewards modulate endogenous pain inhibitory systems. *Behavioural Brain Research* 23, 197-204.

Terlouw, E.M.C., Lawrence, A.B. and Illius, A.W. (1991) Influences of feeding level and physical restriction on development of stereotypies in sows. *Animal Behaviour* 42, 981-991.

Valance, D., Boissy, A., Desprès, G., Constantin, P. and Leterrier, C. (2007) Emotional reactivity modulates autonomic responses to an acoustic challenge in quail. *Physiology and Behavior* 90, 165-171.

Van Reenen, C.G., O'Connell, N.E., Van der Werf, J.T.N., Korte, S.M., Hopster, H., Jones, R.B. and Blokhuis, H.J. (2005) Responses of calves to acute stress: individual consistency and relations between behavioral and physiological measures. *Physiology and Behavior* 85, 557-570.

Van Reenen, C.G., Hopster, H., van der Werf, J.T.N., Engel, B., Buist, W.G., Jones, R.B. and Blokhuis, H.J. (2009) The benzodiazpeine brotizolam reduces fear in calves exposed to a novel object test. *Physiology and Behavior* 96, 307-314.

Vandenheede, M. and Bouissou, M.F. (1993) Sex differences in fear reactions in sheep. *Applied Animal Behaviour Science* 37, 39-55.

Veissier, I., Boissy, A., Désiré, L. and Greiveldinger, L. (2009) Animals' emotions: studies in sheep using appraisal theories. *Animal Welfare* 18, 347-354.

Voisinet, B.D., Grandin, T., Tatum, J.D., O'Connor, S.F. and Struthers J.J. (1997) Feedlot cattle with calm temperaments have higher average daily weight gains than cattle with excitable temperament. *Journal of Animal Science* 75, 892-896.

von Borell, E., Langbein, J., Desprès, G., Hansen, S., Leterrier, C., Marchant-Forde J., Marchant-Forde R.,

Minero, M., Mohr, E., Prunier, A., Valance, D. and Veisseir, I. (2007) Heart rate variability as a measure of autonomic regulation of cardiac activity for assessing stress and welfare in farm animals a review. *Physiology and Behavior* 92, 293-316.

von Frijtag, J.C., Reijmers, L.G., van der Harst, J.E., Leus, I.E., van den Bos, R. and Spruijt, B.M. (2000) Defeat followed by individual housing results in long-term impaired reward- and cognition-related behaviors in rats. *Behavioural Brain Research* 117, 137-146.

Waiblinger, S. and Spoolder, H. (2007) Quality of stockpersonship. In: Velarde, A. and Geers, R. (eds) *On Farm Monitoring of Pig Welfare*. Wageningen Academic Publishers, Wageningen, The Netherlands, pp. 159-166.

Waiblinger, S., Boivin, S., Pedersen, V., Tosi, M., Janczak, A.M., Visser, E.K. and Jones, R.B. (2006) Assessing the human-animal relationship in farmed species: a critical review. *Applied Animal Behaviour Science* 101, 185-242.

Weiss, J.M. (1972) Psychological factors in stress and disease. *Scientific American* 226, 104-113.

Welfare Quality® (Science and Society Improving Animal Welfare in the Food Quality Chain) (2009) First European Protocols Assessing Farm Animal Welfare. Available at: http://www.welfarequality.net/everyone/43148/9/0/22 (accessed 14 December 2010).

Wohlt, J.E., Allyn, M.E., Zajac, P.K. and Katz, L.S. (1994) Cortisol increases in plasma of Holstein heifer calves from handling and method of electrical dehorning. *Journal of Dairy Science* 77, 3725-3729.

Wright, W.F. and Bower, G.H. (1992) Mood effects on subjective probability assessment. *Organizational Behavior and Human Decision Processes* 52, 276-291.

Wynne, C.D. (2004) The perils of anthropomorphism. *Nature* 428, 606.

Zulkifli, I. and Siegel, P.B. (1995) Is there a positive side to stress? *World's Poultry Science Journal* 51, 63-76.

Zvolensky, M.J., Eifert, G.H., Lejuez, C.W., Hopko, D.R. and Forsyth J.P. (2000) Assessing the perceived predictability of anxiety-related events: a report on the perceived predictability index. *Journal of Behavior Therapy and Experimental Psychiatry* 31, 201-218.

II 問題点

第7章 行動制限

概　要

飼育は動物が正常行動を行う能力をしばしば制限する。本章では，動機の満足を制限することが心理学的福祉にどのように影響するかを概説する。これを起こす方法のひとつは，特定の行動システムに関係する動機を欲求不満にすることである。これは，制限された行動が「行動的要求」，すなわち適応度 (fitness) 向上に必要とされない環境においても動物がそれを行う本能を持っている活動の場合に生じる（例：子牛の非栄養的吸引）。またそれは，不足や外的合図が，特定の行動を起こすための強い動機を誘発する場合にも起こり得る（例：巣穴状でない構造はスナネズミに穴掘り行動を誘発する）。人は多くの飼育動物の環境と類似した単調な条件に置かれると退屈に苦しみ，多くの動物は能動的に刺激を求める。これらのことを考えると，少なくともある種のある個体において，行動制限は多様性を求めまたは単調を避ける一般的動機を阻むことによって退屈を引き起こし，動物福祉にも有害である可能性が高い。

▶ 7.1　はじめに

飼育動物が十分な飼料を与えられ身体的に健康であれば，十分良好な福祉を確保できているといえるだろうか。これは長年の疑問である。1863年，Blakeは有名な一節「A robin redbreast in a cage puts all heaven in a rage〈かごの中の赤い胸毛のコマドリは，天国中に怒りを振りまいた〉」を書いた。飼育条件はしばしばあまりにも「刺激が少ない（すなわち退屈。適切な刺激または基材を欠く）」，または狭すぎて，より自然な環境下で示すだろう行動パターンをとることができない。この制限は行動制限として知られる。これは集約畜産における家禽・ブタ・ウシ・ヒツジ・ミンク・キツネ，実験動物のラット・マウス・霊長類など，厩舎のウマ，動物園の多くの動物，水槽や水族館の魚，ケージ飼育のオウムやカナリアなどのペットの鳥，そしてネコ，イヌ，飼育施設の野生動物といった世界中の何十億もの動物に当てはまる（**図7.1**）。行動制限はしばしば関心を呼ぶが，おそらくこれが人間にとって非常にネガティブな経験だからである。実際，やんちゃな子どもを部屋に戻すことから囚人を独房に閉じ込めることまで，行動制限は人間の処罰に大きな役割を果たしている。行動制限が飼育動物にとって本当に問題かどうかは，Brambell委員会の1965年のイギリス政府への報告書（Brambell Committee, 1965）に続いた生物学者に取り上げられた。報告書は集約畜産に焦点を当てているが，関連する問題は畜産の範囲を越えて扱っている。この報告書の結論は以下のようである。

図 7.1　行動制限条件下の動物
狭く退屈な環境で飼われている動物の姿は，しばしば福祉上の疑問を生じさせる
(a) ギリシャのペットショップで飼育されるカナリア。カナリアは社会的接触や飛べることを失って辛いだろうか？
(b) 集約畜産でのブタ。ブタが哺乳期のうちに母親から引き離されることは問題だろうか？ ブタは鼻で地面を掘ることができるといった自然の行動を失って辛いだろうか？

（写真：iStock Photo）

> 拘束された特別な条件下で動物の行動要求が欲求不満となる程度は，許容できる範囲または許容を超える状況を決定する際に考慮すべき主な事項である。

Brambellレポートの William Thorpe による強い影響力のある動物行動学附属書は，飼育によって妨げられたり，または不必要だとしても，動物は自然の行動を簡単に放棄はできないとした。

> 基本的に動物の行動の大部分は，本能的または生得的な能力，性向および素質によって決定される。

イギリス産業動物福祉協議会（FAWC）は，1979年これに従い，「十分なスペース，適切な設備，および同種動物の仲間との同居を提供することによる，正常行動ができる自由」を，良好な動物福祉のための「5つの自由」に含めた（FAWC, 2009）。

本章では，行動制限の心理学的作用が発見されて以降の生物学者の知見，および身体的に健康である場合にさえ行動制限が福祉をどのように損なうかについて述べる。これには刺激の少ない環境におけるいくつかの心理学的側面が関係し，感覚環境が不適当である可能性があること（例：過剰刺激または低刺激），および飼育動物が自身の生活をコントロールできないことは動物にとって本質的にストレスとなり得ることがある。しかし私たちは，動機づけに対するそのような環境の作用，例えば特定の欲求不満や，より一般化された退屈といった結果に重点を置く。まず，福祉を損なわないために動物が行う必要がある行動パターンの特定方法について簡単に概説する（7.2節）。次に，最もよく分かっている行動に焦点を当て，Thorpe および Brambell による特定の自然の行動パターンを強調して例を示す（7.3節）。最後に，刺激の少ない環境が退屈を引き起こすかどうかを考察する（7.4節）。

7.2 動物福祉に重要な正常行動パターンの特定とその理由

● 7.2.1 動物福祉においてどの正常行動パターンが基本的に重要か

飼育動物に野生で見られるすべての行動パターンを行うよう促すことは，賢明でも人道的でもない。自然のなかの動物は，しばしば「貧しく，汚らしく，残忍で，しかも短命」（Hobbes, 1651）と描写される一生を送る。そのような条件で，多くの行動は単に困難に対する応答である。動物はエサやパートナーといった資源のために積極的に競争し，好ましいエサが入手不能であるために好ましくないエサを食べ，資源入手の可能性が低い場合は広い行動圏を防衛し，水を見つけるために長距離を移動し，自身の子を食べ，捕食者から隠れ，逃走し，捕まれば悲鳴を上げるといった行動を起こす。これらすべての行動は正常なものであるが，飼育下ではこのような行動がなくても動物福祉上の問題は生じない。なぜならこれらの行動は，安全と健康と栄養上の必要が確保されている動物には存在しない外的刺激や生理状態の変化によって引き出されるからである。

したがって，動物福祉研究者は自然下で見られるすべての行動の目録をつくり，そのひとつひとつを確実に飼育下で実行させようとは考えていない。代わりに，飼育下でもなお生じる強い動機によって推進され，実行することが動物福祉に有益である可能性が高い行動を特定しようとする。「行動欠如とは，動物の行動が妨げられるだけでなく，その結果として有害作用が

現れるという意味を持つ」(Dawkins, 1988)。これらの重要な行動は，望ましいまたは望ましくない飼育下に存在する外的刺激によって引き出されることが知られている，または想定されている反応（例：エサ，パートナー，子または潜在的捕食者からの刺激），および飼育下で同じく不可避または望ましくさえある内的生理機構によって引き出される反応（例：出産や産卵前のホルモン変化）を含む。ここで重要なことは，動機づけられた行動を欲求不満にすることが動物福祉を損なうという考えである。そこで，私たちは動機と情動のつながり，欲求不満をどのように特定するか，およびいわゆる「行動的要求」と他の強い動機との違いを考察する。

● 7.2.2 動物福祉問題としての抑圧された動機づけ

動機づけ状態とは，特定の行動パターンの可能性および強度，そしてそれを行うために動物が払う努力を決定する，脳内部の状態である。動機づけられた行動には4つの主な特徴がある（Hughes, Duncan, 1988；Jensen, Toates, 1993；Mason, Bateson, 2009）。第一に，動機づけられる程度（基礎となる動機づけ状態の規模）は一般的に，生理状態（例：血糖値など）と外的刺激（例：エサの匂いなど）の組み合わせによって決定される。第二に，動機づけられた行動には大まかに「欲求」と「完了」の2つの相があり，「欲求」相では動物は「完了」相を行うための機会を柔軟に探索または準備する（例：求愛は交配につながる）。この完了行動は，しばしばよりステレオタイプ化され種特異的であり，外的刺激と出合うことで基礎となる動機づけが低減する（例：摂食はエサを探索する動機を低減する）。そして，欲求行動の成功によって刺激に近接し，典型的にはこれらの真の刺激によって完了行動は引き出されるようにみえる。第三に，これらの行動の実行は，生理的な結果に関わらず，しばしば基礎となる動機づけを低減する。例えば，エサの摂取行動自体が空腹を満たすことに役立つ。第四に，その調節に情動が重要であるようにみえることである。特に強い動機を満たすことは情動的にポジティブであるようにみえ，一方で強い動機を満たすことができない状況（欲求不満）は非常にネガティブであるようにみえる。この証拠は，強い動機を完了できる，またはできない場合のヒトの自己申告や，行動の動機づけ調節の中心である前脳領域が報酬の情動に関係していることを示す神経科学研究（動物はこれらの脳領域を電気的に刺激するためにレバーを押し，動物もヒトも麻薬でこれらの領域を刺激しようとする），動物は欲求不満の状況を回避できるならしようとするという発見（詳細はDawkins, 1990；Rolls, 1999, 2007参照）といったいくつかの研究から得られている。動物行動学研究から得られたさらなる証拠として，抗不安薬が，産卵鶏の往復歩行（Duncan, Wood-Gush, 1974）および霊長類の転位行動（Maestripieriら，1992）を含む欲求不満の行動的結果を低減することが挙げられる（7.2.3節で詳述）。なぜ動機を満足させることが動物福祉にきわめて重要であるかという理由はこれらの情動との関係性にある。

正常行動を行えないことが福祉を損なうという懸念の大部分は，満たされない動機に対する懸念である。すなわち，飼育条件が正しい刺激または基材を欠く，または狭苦しすぎて物理的な制約が大きく，完了行動が不可能であれば，動物は欲求不満であり，それに関係するネガティブな情動を持つということである。Dawkins (1988) は以下のように要約した。

苦痛は一定の条件が欠けていることによって生

表 7.1 動機づけの欲求不満の作用
Papini（2003）より改変，他文献より例を補足

Papini（2003）の要約による欲求不満の作用	種（Papini, 2003）	他文献からの補足例
転位行動：多飲症（過剰な飲水），性的欲求不満の動物における摂食増加	ラット	オランウータンは，欲求不満を生じさせるコンピュータゲームをすると，操作と自己掻きむしりが増加する（Elder, Menzel, 2001）。産卵鶏は，飼料への欲求不満があると自己羽繕いが増加する（Duncan, Wood-Gush, 1974）。ブタは，飼料について欲求不満があると，ものおよび仲間のブタを口で操作することが増加する（Lewis, 1999）。雄ラットは，近づくことができない発情雌にさらされると，転位飲水および自己掻きむしりが増加する（Hansen, Drake af Hagelsrum, 1984）
攻撃	ラット，ブタ，ヒト	産卵鶏は，飼料または水へのアクセスが欲求不満であると，攻撃的つつきと「走って攻撃」することが増加する（Haskellら, 2000）
逃避／回避反応および活動レベル上昇	ラット，ヒト	産卵鶏は，飼料または水への欲求不満があると歩き回り（Duncan, Wood-Gush, 1974；Haskellら, 2000），長時間をテストアリーナから離れて過ごし，そこへ近寄ろうとしなくなる（Haskellら, 2000）。ブタは，飼料への欲求不満があるとより活動的になる（Lewis, 1999）
発声（鳴き声／超音波発声）	ヒト（悲鳴），ラット（超音波）	産卵鶏は，飼料，水，砂浴びまたは産卵前就巣への欲求不満があると，gakel call が増加する（Zimmermanら, 2000）
ストレス臭分泌	ラット，ウッドラット，スナネズミ	
副腎皮質ホルモン分泌	ラット，サル	ラットは，通路実験で期待した飼料が与えられなかった場合，コルチコステロンの増加が見られた（Kawasaki, Iwasaki, 1997）
心拍数低下（これは副交感神経反応を示唆するため逆説的である）	ラット	ヒトは欲求不満であると，ラットと同様に心拍数低下が報告されている（Garcia-Leon, 2003）
血圧上昇	ヒト	

じ，そこでは動物がある行動を行う動機づけがなされているが，身体的拘束または適切な刺激の欠如のためにその行動を行うことができない。

次に，動物福祉を損なう欲求不満をどのように特定するかについて考察する。

● 7.2.3 動機づけの欲求不満を特定するための方法

強い動機を欲求不満に陥らせるための実験的方法には，空腹の動物が飼料を期待するよう学習している状況で予想外に飼料が与えられない状況に置く，または飼料を感知できるが食べられないようにすることがある。管理された方法で欲求不満を誘発することで，その効果を特徴づけ，一覧化することができる。前述のとおり，欲求不満は嫌悪されるため，しばしば逃避の試みが苦痛信号（ニオイまたは音声。**表 7.1**）とともに生じる。他の典型的な行動反応には，存在しないかまたは入手できない飼料を食べようとする試みの繰り返し，攻撃（同種個体と群飼している場合）がある。さらに，見かけ上無関係の「転位行動」も見られ，短時間の飲水，羽繕い，グルーミング，自傷行動がある。Hinde（1970）は，欲求不満の動物の行動について以下のように要約している。

> この行動はいくつかの形を取り得る。ひとつは，探査行動または試行錯誤の出現である。もうひとつは通常，不適当な刺激状況に対する反応であり，連鎖の完了を可能にするが，おそらく機能はしない形である。その他の場合では，動物は転位行動または攻撃行動を示し得る。

さらに，DuncanとWood-Gush（1972）は欲求不満の産卵鶏が見せる逃避の試みは，持続的，反復的，常同的な往復歩行になることを示し，近年の研究では，欲求不満反応の持続的反復がいくつかの形の常同行動の根底にあることを確認している。例えば，ケージに入れられた産卵鶏による羽つつきに関与する運動パターンは，エサ探しのつつきと形態的に同一であり，一方実験室のマウスによるケージの柵かじりは，逃避の試みの反復から生じる（常同行動について詳細はLatham, Mason, 2010および第9章参照）。欲求不満は一般的に生理的作用，特に血圧上昇，副腎皮質からのコルチコステロイド分泌といった交感神経反応を誘発する（**表7.1**）。

これらの研究は，転位行動および完了できない強く動機づけされた行動の試みが，欲求不満の特定に利用できることを示唆する。これらの活動に由来する強い反復性のある常同行動も特定の欲求不満の証拠となり得るが，幅広いストレッサーによって悪化する可能性があり，さらに脳機能障害によっても起こり得る（Latham, Mason, 2010および第9章参照）。生理的「ストレス反応」（第10章参照）もまた欲求不満を示すが，それらは欲求不満に特異的でなく，他のネガティブな状態（例：恐怖），および活動の増加を含むポジティブな状態（例：交配）でも起こる。最後に，副腎皮質ホルモンの持続的上昇および高血圧のような交感神経反応は，健康と繁殖の両方に悪影響を及ぼす（第10章Blacheらの総説）。そのため，行動制限環境が繁殖の低下，成長の低下または異常，病気に対する耐性の低下を生じる場合，慢性的欲求不満（長期ストレスの多数の潜在的理由のうちのひとつとして）が推測され得る。

嗜好の測定は，強い動機を特定するためのもうひとつの方法である（第11章参照）。これは，様々な目標の動機を評価する目的で，動物が正常の行動をするためにレバー押しのような特定のオペラント反応を学習するかどうか評価すること，またはその学習を難しくすること（例：入手に必要なレバー押しの回数を増やす，狭くて通りにくい隙間，重くて押しにくいドアのような自然の障壁を課する。**図7.2**）を含む。

このような実験から重要な結果が得られている。しかし被験動物の経験は，実験に使われていない動物と比べて動機を増大させる可能性が高いため，行動制限を調べるのに理想的ではない。これらの「プライミング効果（訳注：既存の経験が後続の情報処理に影響を与える効果）」は，完了行動の報酬価値の学習（雄ラットの性行動など。Lopez, Ettenberg, 2002；Hosokawa, Chiba, 2005），および試験装置による刺激誘発の曝露（例：動機づけにおける外的刺激の役割に関する7.2.1節）による動機づけへの影響を含んでいる。つまり，玩具を見ることができると玩具を求め努力し（**図7.3**），また，同じような状況において存在しない動機を誘導する可能性もある（**図7.4**）。嗜好試験を行う被験動物は資源に乏しい環境で飼育されている動物ではないため（Mendl, 1990；Warburton, Mason, 2003），嗜好試験では福祉に有益である正常行動を特定できるが，そのような行動を経験したことのない動物が欲求不満に苦しむかどうかは明らかにならない。

したがって，強く優先されるのはどのような

図7.2 エンリッチメントの報酬価値の評価（ミンクの例）

資源に通じる一方通行ドアを段階的に重くする（a）ことは，ミンクが特定の行動を行うために払うことができる労力やその動機を明らかにするのに役立つ．ある実験で，ミンクは動かしたり噛んだりできる猫の玩具にたどり着くために，平均最大1.06 kgを押した（b）．全6週間の実験にわたり，各ミンクはこれらの玩具にたどり着くために合計34 kgを押した．同一の実験で，ミンクの正常の飼料探索行動の一部である頭を浸けたり水をかいたり泳いだり飛び込んだりできるプールに行くために，ミンクは平均最大1.25 kgを押した（c，ボックス7.1参照）．全6週間の実験にわたり，各ミンクはプールに到達するために合計130 kgを押した（Masonら，2001）．異なる設計の重りつきドアを用いた別の実験では，ミンクはプールに行くために2.5 kgを押したが，そこでは飼料のために押した重さと有意差はなかった

(Cooper, Mason, 2000 より；写真：Georgia Mason)

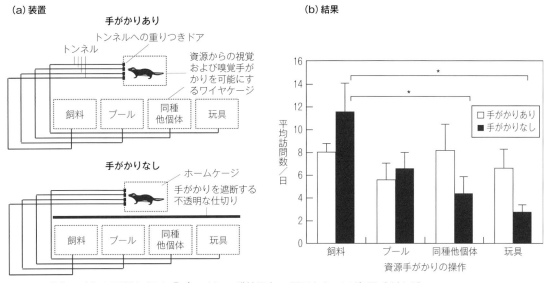

図7.3 動物の嗜好に影響し得る「プライミング効果」の原因としての資源手がかり

ホームケージを出て重りつきのドアを押し，トンネルを通って，飼料，プール，同種他個体（社会的接触）またはネコの玩具のどれかにたどり着くための動機について，ミンクを2種類の異なる装置で試験した。(a) に示すとおり（Warburton, Mason, 2003 を Melissa Bateson が描く），一方はミンクが4つの資源を訪れる決断をする時にこれらからの手がかりを見てニオイを嗅ぐことができ（「手がかりあり」条件），もう一方はこれらの手がかりがこの時点でミンクから遮られていた（「手がかりなし」条件）。ミンクは自然状態で単独性であることに注意する。そのため，同種他個体を調べること（社会的接触手がかりのように）は，図7.4に示す防御問題解決の型を反映し得る。(b) に示すとおり，ミンクは手がかりがない場合，玩具や社会的接触のケージを訪れる回数は飼料を訪れる回数よりも少なかった。これは「手がかりあり」条件には当てはまらなかった。玩具を見ることができることは，ミンクが1日ごとに玩具を訪れた回数を「手がかりなし」条件に比べて増加させた。さらに，出入りドアを次第に重くした場合，ミンクは「手がかりあり」条件下では「手がかりなし」条件下よりも，玩具にたどり着くためにこれらの労力をわずかに進んで払うように見えた

（Warburton, Mason, 2003 より）

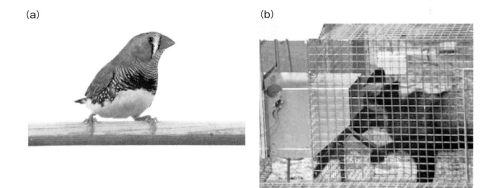

図7.4 ライバルに到達するための努力。防御問題解決を行う動機

(a) 雄のキンカチョウを，止まり木から止まり木へ飛び移ることで，同種の他個体を見られるドアが開く装置に入れた。雄は，雄よりも雌を見るためにより多く努力し，また別の雌より自分のパートナーを見るためにより多く努力することが分かった。しかし，雄はドアの向こうが自分のパートナーと別の雄という脅迫的状況であった場合，最大の努力をした　　　　　　　　　　　　　　　　　　　　　　　　　（McFarland, 1982 より；写真：iStock Photo）

(b) 同じように，雄のギンギツネ（アカギツネ〈*Vulpes vulpes*〉の色彩変異型）は，他のキツネに近づくために，レバーを引くオペラント反応を行う。キツネは雌にたどり着くためにレバーを引き，雌に尾を振るだけでなく，雄にたどり着く場合にも行い，雄には歯を見せて唸る　　　　（Hovland ら，2006 より；写真：Anne Lene Hovland）

行動か，さらに重要なことはこれらの行動を行うことができない対照動物と比較して，欲求不満の行動的および生理的徴候を低減するのはどのような行動かを評価することによって総合的に福祉の向上に重要である行動パターンは特定される。

● 7.2.4 強い行動的動機づけの種類:「行動的要求」から誘発された動機へ

外的刺激の潜在的役割について，行動を制限する飼育施設が強い動機をどのように誘導するかの議論が起こっている。強く動機づけられた行動スペクトラムのひとつに，いわゆる「行動的要求」がある。これは，行動により生理的要求が満たされた場合，またその行動が適応度のために必要でない場合でさえ，環境がどのようなものであっても実行するという本能的で内在的な特性を持つ行動である（Jensen, Toates, 1993）。仮説的な例として，栄養的には満足している場合であっても正常な飼料探索を行うよう動機づけられている場合や，安全で捕食者の刺激にさらされておらず，何世代にもわたって飼育され捕食されていないにも関わらず，隠れようとする強い動機を保持している被食者といったものがある。他の潜在的な例（7.3.2節）は，環境に既製の巣を提供している場合でさえ，巣作りを行うこと自体で満足を得るかのように巣作りをする動機である。行動的要求は，主として内的因子によって高められ，それらの動機は実行することで最もよく低減される。強く動機づけられた行動スペクトラムのもうひとつの典型的な例は，動物の外的状況によって誘導される行動である。つまり，不足または外的手がかりが動機を誘導する。仮説的な例として，栄養が不足しているために飼料探索が強く動機づけられている場合，隠れ場所がないケージから逃避するよう動機づけられている前述の

隠れたがっている動物，または脅威となる外的刺激（例：人の出す音）が理由で隠れようと動機づけられている動物などがある。他の例としては，7.3節にあるように環境が巣または避難所を欠くために，動物がそうした構造をつくるよう動機づけられている場合がある。

このスペクトラムは，飼育施設の改善によって欲求不満が軽減され得る様々な方法を評価するため，概念的に有用である。強い動機が主に内的に生じるならば，飼育動物の欲求不満を低減する最良の方法は，強く動機づけられた行動を行えるようにする（または根底にある動物の生理状態を変えるという難しい手法をとる）ことである。反対に，強い動機が主に外的刺激に高められるならば，飼育環境の誘発刺激を除去，提供または変化させる（あるいは動物自身でできるようにする）ことが欲求不満を軽減する。しかし実際問題として，何らかの行動を厳密にこのスペクトラムのどちらであるか分類するのは困難である。事実，欲求不満になれば両方とも動物福祉にネガティブな意味を持つ。しばしば強く動機づけられた行動スペクトラムのどちらであっても，自然の刺激を加えることによって等しく対処され得ることから，正確に分類しようとすることは実際的な視点からは些細なことといえる。JensenとToates（1993年）の優れた論文『Who needs "behavioural needs"?』はこれをさらに議論している。

7.3 欲求不満になった正常行動と動物福祉の例

私たちはまず，幅広い正常行動を可能にする，一般的な社会的／物理的飼育環境の「エンリッチメント」による利益の例を示す。次に，福祉に重要な正常行動を正確に特定するため，環境のひとつか2つの側面だけを操作する実験を詳細に概説する。最後に，報酬的であること

が知られているまたはその可能性があるが，飼育動物の福祉に対する影響は調べられていない．いくつかの正常行動を示す．

● 7.3.1 環境の複雑性の全般的な福祉作用および自然な生活様式との適合性

正常行動を妨げるまたは制限する飼育環境の影響は，多数の研究結果から示されている．例えば，多くの哺乳類において，母親からの早すぎる分離には，ストレス反応，常同行動，寿命などへの持続的でネガティブな作用がある（Latham, Mason, 2008 の総説）．自然界で社会性を持つ種では，隔離も有害である．社会的に飼育されている同種のラットと比較して，隔離飼育されている個体はより不均整な体制を示し，発育不全（Sorenson ら，2005），ストレッサーに対する過剰なコルチコステロン反応，創傷治癒障害（Hermes ら，2006），短命を示す（Shaw, Gallagher, 1984；Skalicky ら，2001 参照）．隔離飼育のウマはより常同的な熊癖（McAfee ら，2002）や，トレーラー輸送のような急性ストレッサーに対する反応性の増大を示す（Visser ら，2008；Kay, Hall, 2009）．一方，隔離飼育のサルもより常同的であり（Lutz, Novak, 2003），心拍数の上昇，アテローム性動脈硬化のリスク増大，免疫抑制の徴候が見られる（Watson ら，1998；Lilly ら，1999；Schapiro ら，2000）．同じように，狭く物理的に刺激の少ない飼育環境は，より広くまたは「エンリッチメントされた（より自然または複雑な）」飼育環境と比べてしばしば有害である．少しだけ例を挙げれば，刺激の少ない環境ではヤギの成長率は低下して攻撃が増加し（Flint, Murray, 2001），パンダでは繁殖成功度が低下して常同行動が増加し（Zhang ら，2004），実験用ラットは恐怖を増大させ，脳傷害を治癒する能力を損ない，加齢時の寿命が縮まる（Passineau

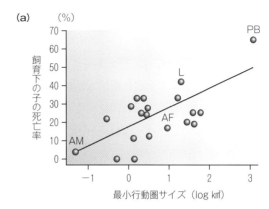

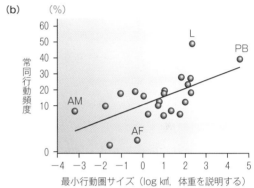

図7.5 食肉目における元来の行動圏に対する制約は福祉問題を予測させる

食肉目の種の飼育における福祉指標は，元来の行動圏サイズ（ここに示す）および1日当たりの移動距離という，囲いによって制限される正常行動に関する生物学の側面によって予測される．例えば，約20種の野外研究から得られた平均最小行動圏サイズから，（a）飼育下の新生子死亡率（30日以前の死亡），（b）常同行動を発達させた動物における常同行動の重症度が予測される

PB：ホッキョクグマ，L：ライオン，AF：ホッキョクギツネ，AM：ミンク

（Clubb, Mason, 2003 より；Nature より図再掲許可）

ら，2001；Balcome, 2006；Bell ら，2009）．少し異なる視点からのもうひとつの例として，元来行動範囲が広く野生では毎日長距離を移動する食肉目の種は，ケージに入れられた場合に最も常同的な行動と，最高の新生子死亡率を示すことが挙げられる（**図7.5**）．まとめると，この広く多様な研究全体が，不自然で制限的な飼育環境は動物福祉を損なうことを劇的に実証している．

しかしこれらの研究では，どのような行動パターンが重要かどうかは分からず，「大きな行動圏の何か」が食肉目に重要であること，「社会的接触の何か」が霊長類に重要であることなどが分かるだけである。さらに精度を上げるためには，欲求不満を低減する特定の正常行動を同定するための環境エンリッチメントについて，より統制のとれた研究が必要である。この種の知見の例として，雄ラットは定期的に交配できる場合により寿命が長くより健康になること（Salmonら，1990），飼料探索のつつきを誘発する装置は，ケージ飼育の産卵鶏の羽つつきを低減すること（Huber-Eicher, Wechsler, 1998；McAdieら，2005；Dixon, 2008）が挙げられる。また，飼育ウサギはかじることができる木の棒を与えられた場合，ケージの針金をかじる時間が少なく，攻撃性が低く，成長が良好であった（Princzら，2007, 2009）。最後の一例として，動物園のウンピョウは隠れ場所を与えられた場合，糞便中に排出されるコルチコイド値が低下する（Shepherdsonら，2004）。

まとめると，これらの例は刺激の少ない飼育施設の改善すべき具体的方法と一般的方法の両方を示し（さらなる例を以下に示す），これらの例における行動制限の影響はある程度明白になる。しかしそれらは，行動をすること自体が重要なのか，それともその結果が重要なのかといった，エンリッチメントの追加によりどのようにして利益が生じるのかについての根本的な疑問には厳密には答えが出せない。前述のウサギの例では，かじる行為自体，または歯の磨耗の改善（その場合，歯を切ることが同様に有効であり得る）が鍵である可能性がある。また，ウンピョウの例では，ストレスは隠れることによって，または隠れることの結果（その場合，囲いの外のストレス性の刺激を除去することが同等に有効であり得る）によって低減され得る。さらに，実験を再現する場合，または複数の研究グループが潜在的エンリッチメントを研究する場合に，遺伝的に異なる集団間の差や提供されているエンリッチメントのわずかな変動が大きな影響を及ぼし得るといった，微妙な点や複雑性がしばしば明らかになる。次にこれらの複雑性の一部を扱い，例として子牛の吸引，子豚のベリーノージング（訳注：他の子豚の鼠径部へ鼻を持続的にこすりつける行動），雌豚と産卵鶏の巣作り，およびげっ歯類の穴掘り行動を挙げる。これらの例は一見，飼育環境における刺激不足から高められる動機によって生じる明確な行動的要求のスペクトラムを表しているようにみえる。**ボックス7.1**に，ミンクにおける泳ぎ／水かきの動機の考察を載せるが，これに関して近年の研究の集成から研究間の大きな変動が明らかになっており，その理由については後述する。

● **7.3.2　よく研究された特定の欲求不満の例**

通常乳用子牛は出生後すぐに母親から離され，その後はミルクまたは代用乳をバケツから与えられる。母性を剥奪された子牛は，母牛に育てられている子牛が乳房を突くのに似た頭突きを伴いながら，しばしば飼育場の突起物や他の子牛の耳や包皮を吸う。いくつかの実験がこの「非栄養的吸引」を引き起こす刺激と，その明らかな結果を特定している（de Passilléら，1993；Haleyら，1998；Veissierら，2002；de Passillé, Rushen, 2006）。研究者は，バケツに入ったミルクと一緒に，またはミルクを与えた後にミルクが出ないニップル（人工ゴム乳首）を与えられた子牛と，ニップルから直接吸乳する子牛とを比較した。これにより，ミルクの摂取効果とニップルを吸引する行動自体の効果から分離した。ミルクの出ないニップル吸引は，ミルク摂取によって誘発されることが証明され

第7章　行動制限

> **ボックス 7.1　水中の飼料探索行動と飼育ミンク（*Mustela vison*）**
>
> 　北ヨーロッパの一部の海岸，湖，川に沿って，野生化したミンクが繁殖している。何世代にもわたって毛皮を取る農場で飼育されていたにも関わらず，彼らは水との親和性を保っているようにみえる。例えば，Vorontsov（1985）は，川の近くで放されたミンクを観察して，「放されたミンクの多くは水を目指し，多数はその場で水浴びしようとした」と言った。ミンクは土着の水生種を荒らすことがあり，時には数 km を泳いで島の海鳥繁殖地を襲う（例：Nordström, Korpimäki, 2004）（私たちが巣作りの節で引用した研究にとって運の悪いことに，野生化したミンクは，応用動物行動学者によってスコットランドの島に導入され野生化した産卵鶏さえも，多数殺した。Duncan ら，1978）。泳いだり水をかいたり「頭を浸けたり」するためのプールもまた，野生でのこれらの行動の機能である本来の狩猟を可能にしないにも関わらず，ケージに入れられたミンクの囲いに加えれば価値があるようにみえる。このように，水浴びは子の遊びを増やし（Vinke ら，2005），ミンクはプールに行くためにレバーを押し（Hansen, Jensen, 2006），重りつきドアを押す（図 7.2c 参照）。さらに，プールを与えられたが，その後取り上げられたミンクは，欲求不満の行動的および生理的徴候を示し得る（すべての研究がそのような作用を報告しているわけではない。Vinke ら，2008）。それでは水との相互作用は行動的要求だろうか？　大部分のデータはそうでないことを示唆する。オランダとデンマークの複数の農場にわたるいくつかの研究では（Vinke ら，2008），水浴びは対照区のミンクと比較して常同行動を減少または繁殖や免疫機能を改善できなかった。しかし，フィンランドのグループによる研究では異なり，ひとつの農場で水浴びが常同行動を低減した（Mononen ら，2008；Vinke ら，2008）。ボール，かじるためのロープ，ワイヤー製のトンネルといった他のエンリッチメントは，非常に効果的に見えた（Hansen ら，2007）。以上から，これらの結果について可能な説明のひとつは，水中の飼料探索は一般的に必要ではないということである。これは単に報酬的な行動であり，7.2.3 節で考察する「プライミング」効果の説明である。別の説明は，異なる研究者が研究する集団は本当に様々であるということである。その問題は 7.3.2 節でいくつか例に挙げている。例えば，ミンクが水浴びのために努力するイギリスのプロジェクトで（Cooper, Mason, 2000；Mason ら，2001；その他），自由に接近できる場合はすべての被験動物がプールを使い（5 回の実験にわたって 58 頭すべて），対照的にプールが常同行動を低減しなかったデンマークの研究では 40 頭中 26 頭だけが使った（Skovgaard ら，1997）。この差は有意であり（$\chi^2 = 23.78$，df=1，$P<0.0001$），集団間の遺伝的差異，または対照の飼育施設か提供されたプールの種類の微妙な違いを反映し得る。まとめると，ミンクが水中の飼料探索を報酬的および豊かと思うことに，疑問はほとんどない。しかし，ミンクが一度もその活動を経験していない場合，それがなくて不足していると感じるかどうかは，現在のところそれほど確かではない。そして，一部のミンクは不足していると感じ，別のミンクは感じない可能性すらある。

（写真：Claudia Vinke）

（したがってミルク摂取後にピークになるが水ではならない），鍵となる成分はラクトースであった。摂取量（つまり栄養的満足）は吸引行動の終了にほとんど役割がないように見え，行動の終了は 2 つの独立した過程によって起こることが分かった。ひとつは最後のミルク摂取後の吸引動機づけの時間依存性減衰であり，もうひとつは吸引の動作自体である。さらに，その行動は以下のとおり機能的に重要であるように思われる。早期離乳し，バケツで哺乳される子牛がニップルを吸えるようにすると，満腹ホルモンの分泌が増加する（図 7.6）。一方，子牛がバケツの代わりにニップルからミルクを吸引するようにすると，心拍数が減少し心拍数変動は

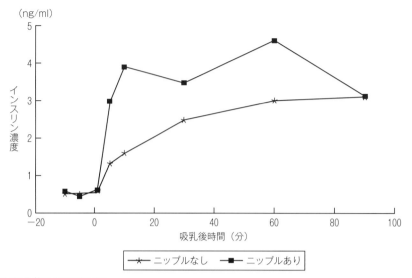

図7.6 子牛の非栄養的吸引の結果
ミルクを飲んだ後の子牛の肝門脈の平均インスリン濃度。バケツからミルクを飲んだ後に（ミルクが出ない）ニップルを吸うことができる子牛とできない子牛で比較した。同じような効果は，おしゃぶりを吸うヒトの乳児でも起こることが示唆されている

(Uvnäs-Moberg ら，1987 より)
(de Passillé ら，1993 のデータから Jeff Rushen, Carol Petherick が作図)

増大し（交感神経活性化の低下の徴候），より穏やかで落ち着いた状態を導くように思われる（Veissier ら，2002）。これにより，仲間の動物および囲いの柵に向けられる異常な口唇行動が低減した（しかし，驚くべきことに，飼料わらを与えることもまた有効である。Haley ら，1998）。以上より，全体として吸引の動作は行動的要求があると思われ，その実行自体が動物福祉を高める。

別の行動的欲求不満のよい研究例として，飼育豚における研究が挙げられる。子豚は離乳後に，互いの腹を鼻で繰り返し押し，時には損傷の原因にもなり得る摂食関連の異常行動も起こす。哺乳子豚を母親とより長く同居させると，離乳後の「ベリーノージング」が大幅に低減する（Widowski ら，2003；Main ら，2005）。この事実とこの異常行動の形態学から，これがより自然な状況下では母豚に向けられるであろう乳房マッサージの欲求不満を表すという仮説が導かれる。これと一貫して，早期離乳子豚に人工乳頭や乳房に似た形のものでミルクを与えると早期離乳子豚のベリーノージングが大幅に減少する（Widowski ら，2005；Bench, Gonyou, 2006, 2007）。これらの刺激は，鼻で押す活動をより好まれる代替の活動を提供することによって低減するように思われる。

このように，穴掘り行動や吸引行動だけを可能にするエンリッチメントは，少なくともひとつの研究では有効でないと思われた（Bench, Gonyou, 2006）。しかし，（ベリーノージングのレベルがかなり高い子豚を用いた）別の研究は，むしろ「母親様」でない刺激（かじるための吊り下げタイヤとロープ）でもこの行動を低減でき，また子豚がヒトをよりおそれないようにできることを示唆した（Rodarte ら，2004）。さらに，多様なエンリッチメント（例：わら。Day ら，2002）や飼料を得る努力（Puppe ら，2007）によってでも，より年齢の高い「育成豚」で，ベリーノージングを低減できる。全体的に，母豚または哺乳子豚の早すぎる

喪失の何かが，早期離乳子豚の口唇異常行動を誘導すること，および口-鼻部行動を引きつける人工刺激の何かがベリーノージングを低減する（およびおそらく福祉を改善する）ことは明らかと思われる。しかし，この喪失を最もよく補償するエンリッチメントが正確にどれなのか，または滑らかで柔らかい材質を鼻で押すことは子豚の生理に有益かどうかは不明のままである。また，ベリーノージングの重症度における品種間差の原因および動物福祉的意義（Bench, Gonyou, 2007）も未だ分かっていない。

成豚になると，出産が近い雌は適当な環境になるように，また巣作りを行う種では典型的な母性活動を誘発するようなホルモン変化を起こす。自然環境下では，分娩前の雌豚は隠れ場所を探しそこで地面を掘ってくぼみをつくる。それから植物性の材料を盛んに集め，営巣場所に運び（図2.5参照），鼻で操作して柔らかなベッドをつくる（Wischnerら，2009）。特定の種類の営巣場所を持つための雌豚の動機は，ほとんど研究されていないように思われる（産卵鶏とは違う。以下で考察）。しかし，巣材を得るための動機および巣材の欠如が欲求不満に関連した事象に及ぼす作用は多く研究されている。雌豚は，特に分娩が近づくとわらを集めるためにオペラント行動を行うが（Arey, 1992），雌豚の関心は研究間で異なるように思われる。一部の研究ではわら出し装置を与えられたすべての雌豚がそれを使うが（Areyら，1991），別の研究では一部の雌豚だけが使う（Hutson, 1988；Widowski, Curtis, 1990）。さらに，巣材の欠如は欲求不満を起こすように思われ，例えば絶え間ない常同的な穴掘り行動および前肢での地面掻きを誘導するが（Wischnerら，2009），複数の研究では同じ結果は見られていない。一部の実験は，小さな空の飼育クレートを大きなわら敷きの囲いと比較し，基材と囲い

サイズの影響を併せて調べている。飼育クレートは分娩前の雌豚のコルチゾール濃度を上昇させ，分娩の経過を延長させる傾向がある（Jarvisら，1997, 2001；Olivieroら，2008）。Thodbergと共同研究者ら（1999）は，砂と巣作り材料を提供するだけで，分娩の速度に対して同様に有益な作用を示した（別の似た研究ではまったく逆の作用が見られた。Jarvisら，2004）。そのような雌豚は，コンクリート床でわらのない豚房に入れられた同種個体よりも，長時間子豚に授乳し，子豚を圧死させることが少なく，子豚の苦痛の発声に反応性が高い（Herskinら，1998, 1999）。

しかし，雌豚の良好な福祉の鍵となるのは，巣を獲得することなのか，それとも巣を実際につくることなのか？　巣作りに関係する行動とはまったく独立して，満足な巣の存在は確かに重要と思われる。砂とわらの土台に既製のくぼみを与えられた雌豚は，わら出し装置からのわら集めを大幅に減らし，既製の巣はこの動機を低減する（Areyら，1991）。さらに，雌豚が巣作りを許されるがその巣が繰り返し除去される場合，雌ブタの心拍数は増加し，分娩までのコルチゾール値は巣を維持できるコントロール群の倍近くになる（Dammら，2003）。この作用は，2群間で行われた巣作りの総量が同じであっても起こり，巣作り行動でなく巣そのものが最も重要であることを示唆する。しかし，既製の巣によって不要となっても，すべての巣作り行動が消滅するわけではない。巣材の移動および前肢で巣材を掻く行動に変化はないが，鼻で巣材を掘ることは実際に増加する（Areyら，1991）。これは，雌豚が巣作りの一部の側面を自身で「行わなければならない」ことを意味し得る（単に人が満足なブタの巣をつくるのが下手だということを示しているのかもしれない！）。この仮説は将来的に，ブタがつくった既

製の巣（例：過去の分娩時の巣）と原材料の山，または操作できない巣と操作できる巣（おそらく既製の巣の発泡材製複製に対して発泡材片）の選択を雌豚に与える試験で検証されるだろう。より詳細な動物行動学研究が行われるまで，雌豚についてはおそらく巣作り行動自体の一部の要素から動機の充足があり得るということが一般的にいえる。しかしいずれにしろ，要点は同じであり，雌豚が巣材を持つことは一般的に有益である。

産卵間近の産卵鶏も同じように，囲まれた営巣場所を探す動機についてよく研究されている。WeeksとNicol（2006）はいくつかの研究を参照して以下のように要約している。

産卵鶏は群から離れた閉鎖的な営巣場所が利用できることに高い価値を置き，産卵鶏の営巣場所を利用するという行動の優先度は，産卵が近づくにつれて高まる。産卵鶏は産卵前に巣箱へ行くために狭い隙間を無理に通る，またはドアを開けるといった「高い対価」を払う。さらに，産卵鶏は，短期間の絶食後に飼料を探すように，産卵前の期間に熱心に営巣場所を探す努力をすることが分かっている。産卵前に巣箱に行くために，産卵鶏は幅95mmまでの狭い隙間を無理に通るが（産卵鶏の平均体幅120mmと比較），そのような狭い隙間を通るには平均8時間の絶食を必要とする。負荷を記録する押し戸を用いて，産卵予定時間前40分間で営巣場所のために行う作業量は，4時間絶食時の作業量と同等であった。

この動機づけは，提供された営巣場所からの手がかりまたはその経験によって誘導されるだけではない（7.2.4節参照）。この時点で適当な営巣場所がない産卵鶏は，飼料の欲求不満の典型である「コッコッコッコケー：(gakel call)」を発し（**表7.1**），同時に一見して逃避の試みに

由来する常同的な往復歩行，およびより明白な探査行動を示す。また，産卵鶏は産卵を遅らせることもある（Walker, Hughes, 1998；Yue, Duncan, 2003）。したがって，適当な営巣場所は，産卵鶏の福祉に重要である。

しかし，産卵鶏によるこの行動は，雌鶏は巣作りをする必要があるのかそれとも巣が必要なだけなのかという問題を提起する。巣作り自体の行動的側面は，野生化およびケージの産卵鶏（Duncanら，1978）で研究されており，たびたび重要であると認められている。いったん適当な営巣場所に入ると，産卵鶏は回転運動によってカップ型のくぼみをつくり（もし巣材が入手可能であれば産卵鶏はそれを処理するかもしれない），そして既製の巣の存在はこの行動を「遮断」しないようにみえる。そこで，おがくずが平らな表面になるようにした巣箱，または前日につくった巣のくぼみが入った同様の箱を実験的に産卵鶏に与えると，どちらの巣箱でも同じ量の回転を行い，巣箱に入ってから約45分後に産卵した（Hughesら，1989）。このことから，巣作りの活動そのものがそれ自身で動機づけを行う，行動的要求があることを示すと広く考えられている。しかし，この解釈が真実である一方，この産卵前の回転運動はおそらく適当な巣によって誘発されるが，必ずしも報酬的ではなく，習性のような「固定的動作パターン」であるという見地からも等しく説明することができる。この観点と同じように，既製の変形しないアストロターフ（人工芝）床からなる閉鎖型の巣箱を提供された産卵鶏は，これを営巣場所として容易に受け入れ（Applebyら，1993），巣箱に入ってから間もなく産卵する（約40分。Struelensら，2008）。これは，人工芝上において行える単純な非機能性の巣作り行動が産卵鶏を欲求不満にしないことを示唆する。さらに，産卵鶏が選択肢を与えられた場

合，くぼみをつくることができかつ操作しやすい泥炭のような基材は，それができない人工芝より好まれることはないように思われる。このように，Struelensら（2005）は，これらの両方のタイプの巣は針金よりもはるかに好まれたが，どちらも産卵数は等しかったことを示した。その後の研究で，泥炭は人工芝よりも長時間の伏臥位休息とつつきを多く誘発することが分かったが，それとは別にその行動の効果は小さいように思われる（Struelensら，2008）。全体としてこれは，良好な飼育環境のためには適切に囲まれた巣作り区域を提供しなければならないが，これがある限り産卵鶏は真の巣作りをしなくてもよいことを示唆する。

研究間における微妙な差による影響がこのテーマについても生じている。巣箱の性質（例：プライバシーの程度）は産卵鶏の反応に非常に強い作用を及ぼし，適切であると受け入れられる人工営巣場所の種類も品種間や雌個体間で異なる（Yue, Duncan, 2003；Weeks, Nicol, 2006）。不適当な巣箱を提供すれば，巣を設置したとしても，期待される効果は生じない。例えばBarnettら（2009）は，空のケージに入れた対照の産卵鶏と比較して，巣箱を提供しても副腎皮質ステロイド濃度は低下せず，免疫の増強もされなかったことを見出した。しかし，与えられた巣箱で産卵することを選んだのは被験鶏の半分ないし2/3だけであったのに比べ，他の実験で見られる「利用率」は99〜100％であった（Applebyら，1993；Weeks, Nicol, 2006）。

私たちが示す最後の例は，穴居性げっ歯類におけるトンネル作製および穴掘り行動に関するものである。いくつかの優れた実験が，スナネズミによる常同的穴掘り行動を調べている。この異常行動は，スナネズミが掘れるもろい砂を提供することに影響されない（Wiedenmayer, 1996, 1997a）が，代わりに，既製の自然な穴を提供することでほぼ消滅した（Wiedenmayer, 1997b）。またスナネズミは，標準的な実験用ケージで提供されるシェルターと比べ，自然な穴に隠れ，眠り，子に授乳することを好む。自然でないプラスチックの「穴」も，部屋に通じるトンネルからでき，不透明な壁がある限り，同じ効果を持つ。自然な穴のような選択肢を与えられた場合，スナネズミはこれらを好ましいすみかとして速やかに採用し，常同的穴掘り行動はほとんど消滅する（Wiedenmayer, 1997a；Waiblinger, Konig, 2004）。このような知見から，飼育下で穴を掘る動機の欲求不満は，この行動の目標であるトンネルを持つ巣室を欠く場合だけ持続することが分かる。対照的に穴掘り自体は，行動的要求ではないように思われる。

これら5つのよく研究された例から，行動的要求と環境の不足を区別することは難しいかもしれないが，両方とも典型的な飼育システムにおいて欲求不満の原因となることを示す。また，これらからは，いくつかの他の「疑問点」が生じる。ひとつは，私たちには同じように見えるエンリッチメント（例：産卵鶏用の異なる種類の巣箱，スナネズミ用の短いトンネルの有無によるプラスチック製の巣室）は，それを提供される動物には非常に異なって感じられる可能性がある。これは，研究が常に互いの知見を再現するとは限らないことを説明するのに役立つ。別々の実験で研究された集団間の遺伝的差異（産卵鶏および子豚について最もよく記録されているが，おそらく他の動物種にも見られる）も，再現性の欠如を説明するのに役立つだろう。もうひとつは特定の欲求不満が動物福祉の問題を起こすならば，同じように特定のエンリッチメントが有効と予測される。しかし，時に驚くべきことに，様々なエンリッチメントが，欲求不満の徴候に対して同様の効果を持つ

（子豚のベリーノージングおよび子牛の吸引の両方のように）。**ボックス7.1**で，ミンクに関する最近の研究を用いて，これらすべての問題を説明する。

● 7.3.3 最後に…

動物福祉への潜在的な影響が未だ不明であり，まったく研究されていないままの見かけ上は報酬的な行動が多数存在する。例えば，実験用ラットは生きたマウスを殺すためにバーを押すが（Van Hemel, 1972），他の食肉目にとって他の動物を殺すことが行動的に必要かどうかは不明であり，福祉に何らかの利益があるかも不明である（被食動物の福祉でなく肉食動物の福祉である！）。産卵鶏も掻いたりつついたりする巣材やわらに到達するためにオペラント課題を行い（産卵鶏はそれで砂浴びすることもある。Dawkins, Beardsley, 1986；Gunnarssonら，2000），ブタも穴掘り行動ができる泥炭などの材料を入手するために同じことをする（Jensen, Pedersen, 2007）。しかし，他の多くの自然の飼料探索行動の報酬価値および福祉の重要性はまだほとんど分かっていない（例：ブラウザーが木の葉を食べ，グレイザーが草を食べる必要があるかどうか）。機会を与えられれば，実験用マウスおよび数種のシカネズミは，砂または泥炭に穴を掘るためにオペラント課題を行うが（King, Weisman, 1964；Sherwinら，2004），穴掘りの機会（または前述のスナネズミのように完成した穴）がないことが，標準的なケージにおけるマウスの福祉を損なうかどうかは分からない。このような研究はほんの少数だが，特定の社会行動の報酬価値が今までに調べられている。アカゲザルにとってグルーミングされることは強化的であり（Taira, Rolls, 1996），幼若ラットにとって遊びは強化子となる（Humphreys, Einon, 1981）。発情期の哺乳類の雌は雄と交配するために労力を払う（Wallen, 1990の総説）。しかし，これらのいずれかの欠如が欲求不満を生じストレスの元になるかどうかは分からない。攻撃的に誘示するまたは闘争する機会でさえも，ニワトリ，シャムトウギョ，ラット，マウスのような多様な種の雄にとっては強化的であり（Fishら，2002；May, Kennedy, 2009の総説；**図7.4b**も参照），雄のズアオアトリは他の雄の歌を聞くために，止まり木で飛び跳ねるオペラント行動を行う（Stevenson-Hinde, Roper, 1975）。しかし，攻撃（またはおそらくただの勝利）が雄の福祉を改善する，またはこれらの知見は単にライバルがすぐ近くにいるように思われる場合に誘発される防衛動機を反映するだけなのかどうかもやはり不明である。最後に，他の多くの未解決の疑問として，飼育馬はギャロップし，飼育チーターは全力疾走し，飼育ビーバーはダムをつくり，そしてケージの鳥は飛ぶ必要があるかどうか，また次節で考察するとおり，動物はやる意味のあることが何もないことによって「退屈」を経験するかどうかがある。

7.4 刺激の少ない環境は動物を退屈させるか？

ヒトにとっては，刺激の少ない環境によって引き起こされる問題は，特定の自然な行動パターンの欲求不満だけではない。ヒトの退屈は，「やることがない（行動機会が存在しない）」場合，または行動の多様化の機会をほとんど提供しない単調な環境によって「同じことをやるのに飽きた」場合に起きる（Larson, Richards, 1991）。ヒトは退屈を嫌悪し（Harris, 2000），また退屈は，「何か別のことをやる」か，何か新しいことを探査するための動機づけを妨害する点で，欲求不満の一形態とみなすことができる。

動物がヒトのように退屈を経験するならば，妨害された特定の動機から生じる欲求不満とは異なり，退屈は環境があまりにも限られている，または単調であるために，動物が環境のなかで可能である行動のどれを行うかの動機づけもされていない場合に生じる。さらに，これは劣悪な動物福祉の原因となる。行動的に制限されている動物にとって，退屈は本当に福祉問題なのかという疑問がある。これには，退屈が飼育動物の環境に似た条件下で暮らすヒトにとっての問題なのか，飼育動物は単に特定の動機の充足を求めるのでなく，一般的に新奇性と多様性を求めるのか，退屈を誘導しそうな環境にある動物は退屈したヒトの反応と同様の反応を示すのか，という3つの角度から取りかかることができる。

第一の問題を処理するために，囚人にとって退屈は重大な問題であるという多くの報告がある。例えば，Wahidin（2006）に引用される囚人は以下のように述べている。

> 「退屈と孤立，毎日が同じです。まったくおそろしい。1日1日が同じです。気が狂います！ 今日も昨日とまったく同じです。食事は同じ時間です。何もかも。ああ，おそろしい」

Brackeら（2006）は，囚人における退屈を「本質的意味を欠き，課題完了への重点を欠く定型化された活動」に帰するとした。実験的に誘導された感覚遮断は同様に，嫌悪される状態を誘導する。Berlyne（1960）は以下のように報告した。

> 内的因子が覚醒状態の上昇を引き起こし，刺激の欠如のために皮質が覚醒状態を限度内に保つことができない場合に，感覚遮断は嫌悪となる。静かな暗い部屋で身動きせず横たわることは…健康で十分に眠った後では…きわめて耐え難い。

日常生活もまた，単調であれば退屈を誘導し得る。例えば，Dickens（1853）は『荒涼館』で，無意味な反復と新奇性の欠如の重要性を描写している。

> デドロック夫人は死ぬほど退屈している。音楽会，会合，オペラ，劇場，ドライブ，この世に夫人にとって目新しいものは何ひとつない。彼らは晩餐会でまた会う。また，翌日，続けて何日も。デドロック夫人は，退屈のあまり死にそうになりがちである。

定型的で無意味な反復および単調な刺激（ヒトにおける退屈の原因）は，間違いなく多くの飼育動物の生活の特徴である。このことは私たちを第二の問題に導く。退屈は，動物がヒトのように特定の動機の満足を求めるのではなく，一般的に新奇性と多様性を求める場合にのみ問題となる。実際，多くの種が，少なくとも研究施設または動物園で飼育された場合，感覚経験または探査経験を得るために努力する。この時，動物は，明らかな報酬が何もなくても新奇な物体を操作することに時間とエネルギーを消費する。例えば霊長類は，石，砂，その他の操作できる物体を得るためにオペラント行動を行う。また，ラット（通常は光を嫌う）は他の刺激がない場合，フラッシュ光を利用するためにレバーを押す（Berlyne, 1960の総説）。さらに動物は，通常好む飼料を諦めて，好まないがより新奇な飼料を優先して摂取することさえある。例えば，好みの非栄養性香料を含む飼料を数日間与えられたラットとハムスターは，これを捨てて，より好みではない香料を含む新奇な飼料を選ぶ（Galef, Whiskin, 2005）。ある動物は退屈な条件下で，覚醒を増大させるあらゆる

刺激を探し出す「興奮追求」を行うように思われる（Zuckerman, 1994 参照）。単飼ラットは，自発的にカテーテルで腹腔内にコルチコステロンを投与し，ある程度までなら対照の生理食塩水（内因性コルチコステロン産生をわずかに増加させる）も自己投与する（Piazza ら，1993）。そのような行動は，新奇愛好（ネオフィリア：新奇性を求める）種においてほぼ一般的であり（Stevenson, 1983；Kirkden, 2000），時には認知的な柔軟性の高い種において最も明白であると推測される（Wood-Gush ら，1983）。種差だけでなく，刺激を求める動機には個体差がある。例えば，コルチコステロンを自己投与する傾向が最も高いラットは，最も探査的でもあり（Piazza ら，1993），「興奮追求」と共通の基礎機構を示唆する。したがって全体として，少なくとも一部の動物は刺激のための行動的要求をもつ可能性がある。おそらくそのような動物については，行動制限は感覚的または認知的フィードバックのための一般的な非特異的動機を欲求不満にするのであろう。

第三の問題は最も難しく，飼育動物が実際に退屈と一致する反応を示すかどうかである。ヒトの退屈および退屈する傾向は（Berlyne, 1960 の総説；Fazzi ら，1999；Newberry, Duncan, 2001），抑うつ，無関心，社会的機能不全，攻撃，認知障害といった劣悪な福祉の徴候を伴う。またそれらは，危険な運転，薬物乱用，ギャンブルのような「興奮追求」行動を伴う。最後に，退屈な状況は反復行動を誘導し（例：転位行動と同種の膝揺すり，髪をくるくる回す，その他の「もぞもぞ」とともに，より常同的な往復歩行，揺らしなど），それは欲求不満を反映するか，刺激を生じる試みであるか，その両方であり得る。ブタのような新奇愛好種の動物では，複雑な環境にいるブタよりも退屈な環境にいるブタの方が新奇な物体と長く関わって過ごし，これにより退屈な環境は刺激を求める衝動を高めることが示される（Wood-Gush ら，1983 の総説）。また，標準的なケージで単飼されたラットは，高度にエンリッチ化された広い場所で社会的に飼育されたラットよりも，有意に多く自己投与モルヒネを消費した（Alexander ら，1978）。そのような効果が広範囲に及ぶかどうか，そしてその原因は正確に何であるかについてはより多くの研究が必要である。このように新奇性を提供されていない飼育動物は，退屈はすでに「抑うつ」，「感情鈍麻」，または異常で破壊的な行動（例：活動低下，Dawkins, 2001；イヌの尻尾追い，Hartigan, 2000；霊長類の常同行動，Tarou ら，2005）の原因としてしばしば示唆されている（しかしこれらの仮説は直接試験されていない）。ひとつの特定の欲求不満によってではなく，不十分な刺激一般によって生じるまたは悪化する常同行動は，刺激を提供するほぼすべての「環境エンリッチメント」によって軽減されるはずである。このことのいくつかの間接的証拠として，動物園動物の常同行動が多様なエンリッチメントによって低減され得ることを示したものがある（例：ホッキョクグマの往復歩行は，フードパズル，嗅覚刺激または物理的玩具によって同じように低減され得る）。これらは動物園におけるエンリッチメントの効果のメタ分析に由来する（Shyne, 2006；Swaisgood, Shepherdson, 2006）。Swaisgood と Shepherdson（2006）は，いくつかの同等に有力な別の説明の余地があることを認めているが，以下のように示唆する。

> 最も極端な状況では，刺激に乏しい環境に追加された「何か，何でも」が，常同行動（および他の福祉指標）に対して等しく有意義な効果を持つと論じられるかもしれない。

まとめると，これらの報告は退屈が動物福祉の問題であることと整合する。しかし，単調な環境に対するヒトと動物の反応の間の真の類似点，すなわち真の退屈を実証するためには，より多くの証拠が必要である。なぜなら，今日まで最も整合性のある知見はかなり状況的であるか，事後であるか，または別の説明の余地があるからである。

7.5 結論

- 多くの研究により，社会的に自然なまたは物理的に複雑な環境が，標準的な単調なケージと比較して，動物にストレスの低減を示す行動的および生理的な利益をもたらすことが実証されている。

- 未だによく見られる多くの畜産システムにおいて，ケージが狭く刺激の少ない，または行動制限的である場合，栄養が十分で身体的に健康な動物であっても，自動的に良好な福祉というわけではない。

- 特定の強く動機づけられている行動を欲求不満にさせることは，退屈な環境における福祉問題の潜在的原因のひとつである。強い特定の動機は，ある種の外的刺激の存在，環境内の適切な資源の欠如，または一定の正常行動を行う内因的要請（行動的要求）によって誘導され得る。

- 研究では，動物が可能なら行うことを好むが，それを経験したことがない動物に，その行動をさせなかった場合の福祉に及ぼす効果はあいまいかまたは不明である，多様な正常行動を特定してきている（ラットによるマウス殺しおよびミンクによる泳ぎの2つの例を挙げた）。

- 特定の欲求不満の福祉的な意味が，別の方法で別の場所で作業する別の研究グループによって調査される場合，時に結果は異なる。これは，動物に提供された行動機会間の（私たちにとって）微妙な違い，これらが与えられない対照環境における違い，集団間の遺伝的差異，または退屈のような非特異的作用を反映し得る。

- そのような知見は潜在的に，選抜育種および遺伝子選択，さらには遺伝子工学による未来の福祉改善の可能性を開く（第16章参照）。また，単一の種類でなく様々な資源や基材を飼育動物に提供することは，動物の動機の柔軟な対応をより可能にすることを示唆する。

- 特定の行動欲求不満に加えて，より一般的で非特異的な退屈も，特に新奇愛好的な種や個体において現実に起こり得る。例えば，まったく別の動機のためのはけ口にみえる，大きく異なるエンリッチメントが，動物の異常行動およびストレス生理に対して，時には驚くほど似た効果を示す。このことは，「認知的エンリッチメント」（Manteuffelら，2009参照）が，関与する課題や動作が自然な何かに似ているかどうかに関わらず，認知的刺激を介して動物福祉を向上させ，動物福祉を改善できる貴重な方法であることを示唆する。

謝辞

Joy Mench の編集者としての支援と忍耐，および University of Guelph の動物行動と福祉グループの Ian Duncan, Kati Poczta, Kim Sheppard, Stephanie Yue-Cottee, Stephanie Torrey, Tina Widowski に感謝する。

参考文献

Alexander, B.K., Coambs, R.B. and Hadaway, P.F. (1978) The effect of housing and gender on morphine selfadministration in rats. *Psychopharmacology* 58, 175–179.

Appleby, M.C., Smith, S.F. and Hughes, B.O. (1993) Nesting, dust bathing and perching by laying hens in cages: effects of design on behavior and welfare. *British Poultry Science* 34, 835–847.

Arey, D.S. (1992) Straw and food as reinforcers for pre-partal sows. *Applied Animal Behaviour Science* 33, 217–226.

Arey, D.S., Petchey, A.M. and Fowler, V.R. (1991) The preparturient behaviour of sows in enriched pens and effect of pre-formed nests. *Applied Animal Behaviour Science* 31, 61–68.

Balcome, J.P. (2006) Laboratory environments and rodents' behavioural needs: a review. *Laboratory Animals* 40, 217–235.

Barnett, J.L., Tauson, R., Downing, J.A., Janardhana, V., Lowenthal, J.W., Butler, K.L. and Cronin, G.M. (2009) The effect of a perch, dust bath and nest bow, either alone or in combination as used in furnished cages on the welfare of laying hens. *Poultry Science* 88, 456–470.

Bell, J.A., Livesey, P.F. and Meyer, J.F. (2009) Environmental enrichment influences survival rates and enhances exploration and learning but produces variable responses to the radical maze in old rats. *Developmental Psychobiology* 51, 564–578.

Bench, C.J. and Gonyou, H.W. (2006) Effect of environmental enrichment at two stages of development on belly nosing in piglets weaned at fourteen days of age. *Journal of Animal Science* 84, 3397–3403.

Bench, C.J. and Gonyou, H.W. (2007) Effect of environmental enrichment and breed line on the incidence of belly nosing in piglets weaned at 7 and 14 days-of-age. *Applied Animal Behaviour* 105, 26–41.

Berlyne, D.E. (1960) *Conflict, Arousal, and Curiosity.* McGraw-Hill, New York.

Blake, W. (1863) Auguries of innocence. In: Rossetti, D.G. (ed.) *Poems.*

Blom, H.J.M., Baumans, V., Van Vorstenbosch, C.J.A.H.V., Van Zutphen, L.F.M. and Beynen, A.C. (1993) A preference test with rodents to assess housing conditions. *Animal Welfare* 2, 81–87.

Bracke, P., Bruynooghe, K. and Verhaeghe, M. (2006) Boredom during day activity programs in rehabilitation centers. *Sociological Perspectives* 49, 191–215.

Brambell Committee (1965) *Report of the Technical Committee to Enquire into the Welfare of Animals Kept under Intensive Husbandry Systems.* Command Paper 2836, Her Majesty's Stationery Office, London.

Clubb, R. and Mason, G. (2003) Captivity effects on wide-ranging carnivores. *Nature* 425, 473–474.

Cooper, J. and Mason, G. (2000) Costs of switching cause behavioural rescheduling in mink: implications for the assessment of behavioural priorities. *Applied Animal Behaviour Science* 66, 135–151.

Damm, B.I., Pedersen, L.J., Marchant-Forde, J.N. and Gilbert, C.L. (2003) Does feed-back from a nest affect periparturient behaviour, heart rate and circulatory cortisol and oxytocin in gilts? *Applied Animal Behaviour Science* 83, 55–76.

Dawkins, M.S. (1988) Behavioural deprivation: a central problem in animal welfare. *Applied Animal Behaviour Science* 20, 209–225.

Dawkins, M.S. (1990) From an animal's point of view: motivation, fitness, and animal welfare. *Behavioral and Brain Sciences* 13, 1–61.

Dawkins, M.S. (2001) How can we recognize and assess good welfare? In: Broom, D.M. (ed.) *Coping with Challenge: Welfare in Animals including Humans.* Dahlem University Press, Berlin, pp. 63–78.

Dawkins, M.S. and Beardsley, T. (1986) Reinforcing properties of access to litter in hens. *Applied Animal Behaviour Science* 15, 351–364.

Day, J.E.L., Burfoot, A., Docking, C.M., Whitaker, X., Spoolder, H.A.M. and Edwards, S.A. (2002) The effects of prior experience of straw and the level of straw provision on the behaviour of growing pigs. *Applied Animal Behaviour Science* 76, 189–202.

de Passillé, A.M.B., Christopherson, R. and Rushen, J. (1993) Nonnutritive suckling by the calf and postprandial secretion of insulin, CCK, and gastrin. *Physiology and Behaviour* 54, 1069–1073.

de Passillé, A.M.B. and Rushen, J. (2006) What components of milk stimulate suckling in calves? *Applied Animal Behaviour Science* 101, 243–252.

Dickens, C. (1853) *Bleak House.* Bradbury and Evans, London.

Dixon, L., Duncan, I.J.H. and Mason, G.J. (2008) What's in a peck? Using fixed action patterns to identify the motivation behind feather-pecking. *Animal Behaviour* 76, 1035–1042.

Duncan, I.J.H. and Wood-Gush, D.G.M. (1972) Thwarting

of feeding behaviour in the domestic fowl. *Animal Behaviour* 20, 444-451.
Duncan, I.J.H. and Wood-Gush, D.G.M. (1974) The effect of a rauwolfia tranquillizer on stereotyped movements in frustrated domestic fowl. *Applied Animal Ethology* 1, 67-76.
Duncan, I.J.H., Savory, C.J. and Wood-Gush, D.G.M. (1978) Observations on the reproductive behaviour of domestic fowl in the wild. *Applied Animal Ethology* 4, 29-42.
Elder, C.M. and Menzel, C.R. (2001) Dissociation of cortisol and behavioral indicators of stress in orangutan (*Pongo pygmaeus*) during a computerized task. *Primates* 42, 345-357.
FAWC (Farm Animal Welfare Council) (2009) *Five Freedoms*. Available at: http://www.fawc.org.uk/freedoms.htm (accessed July 2010).
Fazzi, E., Lanners, J., Danova, S., Ferrarri-Ginevra, O., Gheza, C., Luparia, A., Balottin, U. and Lanzi, G. (1999) Stereotyped behaviours in blind children. *Brain Development* 21, 522-528.
Fish, E.W., de Bold, J.F. and Miczek, K.A. (2002) Aggressive behaviour as a reinforce in mice: activation by allopregnanolone. *Psychopharmacology* 163, 459-466.
Flint, M. and Murray, P.J. (2001) Lot-fed goats - the advantages of using an enriched environment. *Australian Journal of Experimental Agriculture* 41, 473-476.
Galef, B.G. Jr and Whiskin, E.E. (2005) Differences between golden hamsters (*Mesocricetus auratus*) and Norway rats (*Rattus norvegicus*) in preference for the sole diet that they are eating. *Journal of Comparative Psychology* 119, 8-13.
García-León, A., del Paso, G.A.R., Robles, H. and Vila, J. (2003) Relative effects of harassment, frustration, and task characteristics on cardiovascular reactivity. *International Journal of Psychophysiology* 47, 159-173.
Gunnarsson, S., Matthews, L.R., Forste, T.M. and Temple, W. (2000) The demand for straw and feathers as litter substrates by laying hens. *Applied Animal Behaviour Science* 65, 321-330.
Haley, D.B., Rushen, J., Duncan, I.J.H., Widowski, T.M. and de Passillé, A.M. (1998) Effects of resistance to milk flow and the provision of hay on nonnutritive sucking by dairy calves. *Journal of Dairy Science* 81, 2165-2127.
Hansen, S. and Drake af Hagelsrum, L.J. (1984) Emergence of displacement activities in the male-rat following thwarting of sexual-behavior. *Behavioral Neuroscience* 98, 868-883.
Hansen, S.W. and Jensen, M.B. (2006) Quantitative evaluation of the motivation to access a running wheel or a water bath in farm mink. *Applied Animal Behaviour Science* 98, 127-144.
Hansen, S.W., Malmkvist, J., Palme, R. and Damgaard, B.M. (2007) Do double cages and access to occupational materials improve the welfare of farmed mink? *Animal Welfare* 16, 63-76.
Harris, M.B. (2000) Correlates and characteristics of boredom proneness and boredom. *Journal of Applied Social Psychology* 30, 576-598.
Hartigan, P.J. (2000) Compulsive tail chasing in the dog: a mini-review. *Irish Veterinary Journal* 53, 261-264.
Haskell, M., Coerse, N.C.A. and Forkman, B. (2000) Frustration-induced aggression in the domestic hen: the effect of thwarting access to food and water on aggressive responses and subsequent approach tendencies. *Behaviour* 137, 531-546.
Hermes, G.L., Rosenthal, L., Montag, A. and McClintock, M.K. (2006) Social isolation and the inflammatory response: sex differences in the enduring effects of a prior stressor. *American Journal of Physiology - Regulatory, Integrative and Comparative Physiology* 290, 273-282.
Herskin, M.S., Jensen, K.H. and Thodberg, K. (1998) Influence of environmental stimuli on maternal behaviour related to bonding, reactivity and crushing of piglets in domestic sows. *Applied Animal Behaviour Science* 58, 241-254.
Herskin, M.S., Jensen, K.H. and Thodberg, K. (1999) Influence of environmental stimuli on nursing and suckling behaviour in domestic sows and piglets. *Animal Science* 68, 27-34.
Hinde, R.A. (1970) *Animal Behaviour: A Synthesis of Ethology and Comparative Psychology*, 2nd edn. McGraw-Hill Kogakusha, Tokyo.
Hobbes, T. (1651) *Leviathan or The Matter, Forme and Power of a Common Wealth Ecclesiasticall and Civil*. Andrew Crooke and William Cooke, London.
Hosokawa, N. and Chiba, A. (2005) Effects of sexual experience on the conspecific odor preference and estrous odor-induced activation of the vomeronasal projection pathway and the nucleus accumbens in male rats. *Brain Research* 1066, 101-108.
Hovland, A.L., Mason, G., Bøe, K.E., Steinham, G. and Bakken, M. (2006). Evaluation of 'maximum price paid' as an index of motivational strength for farmed silver foxes (*Vulpes vulpes*). *Applied Animal Behaviour Science* 100, 258-279.
Huber-Eicher, B. and Wechsler, B. (1998) The effect of quality and availability of foraging materials on feather pecking in laying hen chicks. *Animal Behaviour* 55, 861-873.
Hughes, B.O. and Duncan, I.J.H. (1988) The notion of ethological 'need', models of motivation and animal welfare. *Animal Behaviour* 36, 1696-1707.
Hughes, B.O., Duncan, I.J.H., and Brown, M.F. (1989) The performance of nest building by domestic hens: is it more important than the construction of a nest?

Animal Behaviour 37, 210-214.

Humphreys, A.P. and Einon, D.F. (1981) Play as a reinforcer for maze-learning in juvenile rats. *Animal Behaviour* 29, 259-270.

Hutson, G.D. (1988) Do sows need straw for nest building? *Australian Journal of Experimental Agriculture* 28, 187-194.

Jarvis, S., Lawrence, A.B., McLean, K.A., Deans, L.A., Chirnside, J. and Calvert, S.K. (1997) The effect of environment on behavioural activity, ACTH, beta-endorphin and cortisol in pre-farrowing gilts. *Animal Science* 65, 465-472.

Jarvis, S., Van der Vegt, B.J., Lawrence, A.B., McLean, K.A., Deans, L.A., Chirnside, J. and Calvert, S.K. (2001) The effect of parity and environmental restriction on behavioural and physiological responses of pre-parturient pigs. *Applied Animal Behaviour Science* 71, 203-216.

Jarvis, S., Reed, B.T., Lawrence, A.B., Calvert, S.K. and Stevenson, J. (2004) Peri-natal environmental effects on maternal behaviour, pituitary and adrenal activation and the progress of parturition in the primiparous sow. *Animal Welfare* 13, 171-181.

Jensen, M.B. and Pedersen, L.J. (2007) The value assigned to six different rooting materials by growing pigs. *Applied Animal Behaviour Science* 108, 31-44.

Jensen, P. and Toates, F.M. (1993) Who needs 'behavioural needs'? Motivational aspects of the needs of animals. *Applied Animal Behaviour Science* 37, 161-181.

Kawasaki, K. and Iwasaki, T. (1997) Corticosterone levels during extinction of runway response in rats. *Life Sciences* 61, 1721-1728.

Kay, R. and Hall, C. (2009) The use of a mirror reduces isolation stress in horses being transported by trailer. *Applied Animal Behaviour Science* 116, 237-243.

King, J.A. and Weisman, R.G. (1964) Sand digging contingent upon bar pressing in deermice. *Animal Behaviour* 12, 446-450.

Kirkden, R.D. (2000) Assessing motivational strength and studies of boredom and enrichment in pigs. PhD thesis. University of Cambridge, Cambridge, UK.

Larson, R.W. and Richards, M.H. (1991) Boredom in the middle school years: blaming schools versus blaming students. *American Journal of Education* 99, 418-443.

Latham, N. and Mason, G.J. (2008) Maternal separation and the development of stereotypies: a review. *Applied Animal Behaviour Science* 110, 84-108.

Latham, N. and Mason, G.J. (2010) Frustration and perseveration in stereotypic captive animals: is a taste of enrichment worse than none at all? *Behaviour and Brain Research* 211, 96-104.

Lewis, N.J. (1999) Frustration of goal-directed behaviour in swine. *Applied Animal Behaviour Science* 64, 19-29.

Lilly, A.A., Mehlman, P.T. and Higley, J.D. (1999) Trait-like immunological and haematological measures in female rhesus across varied environmental conditions. *American Journal of Primatology* 48, 197-223.

Lopez, H.H. and Ettenberg, A. (2002) Exposure to female rats produces differences in c-fos inductions between sexually-naïve and experienced male rats. *Brain Research* 947, 57-66.

Lutz, C., Well, A. and Novak, M. (2003) Stereotypic and self-injurious behavior in rhesus macaques: a survey and retrospective analysis of environment and early experience. *American Journal of Primatology* 60, 1-15.

Maestripieri, D., Schino, G., Aureli, F. and Troisi, A. (1992) A modest proposal: displacement activities as an indicator of emotions in primates. *Applied Animal Behaviour Science* 44, 967-979.

Main, R.G., Dritz, S.S., Tokach, M.D., Goodband, R.D., Nelssen, J.L. and Loughlin, T.M. (2005) Effects of weaning age on postweaning belly-nosing behaviour and umbilical lesions in a multi-site production system. *Journal of Swine Health and Production* 13, 259-264.

Manteuffel, G., Langbein, J. and Puppe, B. (2009) From operant learning to cognitive enrichment in farm animal housing: bases and applicability. *Animal Welfare Science* 18, 87-95.

Mason, G. and Bateson, M. (2009) Motivation and the organization of behaviour. In: Jensen, P. (ed.) *The Ethology of Domesticated Animals*, 2nd edn. CAB International, Wallingford, UK, pp. 38-56.

Mason, G., Cooper, J. and Clarebrough, C. (2001) The welfare of fur-farmed mink. *Nature* 410, 35-36.

May, M.E. and Kennedy, C.H. (2009) Aggression as positive reinforcement in mice under various ratio- and time-based reinforcement schedules. *Journal of Experimental Analysis of Behavior* 91, 185-196.

McAdie, T.M., Keeling, L.J., Blokhuis, H.J. and Jones, R.B. (2005) Reduction in feather pecking and improvement of feather condition with the presentation of a string device to chickens. *Applied Animal Behaviour Science* 93, 67-80.

McAfee, L.M., Mills, D.S. and Cooper, J.J. (2002) The use of mirrors for the control of stereotypic weaving behaviour in the stabled horse. *Applied Animal Behaviour Science* 78, 159-173.

McFarland, D. (1982) *The Oxford Companion to Animal Behaviour*, 1st edn. Oxford University Press, Oxford, UK.

Mendl, M. (1990) Developmental experience and the potential for suffering: does "out of experience" mean "out of mind?" *Behavioral and Brain Science* 13, 28-29.

Mononen, J., Mohaibes, M., Savolainen, S. and Ahola, L.

(2008) Water baths for farmed mink: intraindividual consistency and inter-individual variation in swimming behavior, and effects on stereotyped behavior. *Agricultural and Food Science* 17, 41-52.

Newberry, A.L. and Duncan, R.D. (2001) Roles of boredom and life goals in juvenile delinquency. *Journal of Applied Social Psychology* 31, 527-541.

Nordström, M. and Korpimäki, E. (2004) Effects of island isolation and feral mink removal on bird communities on small islands in the Baltic Sea. *Journal of Animal Ecology* 73, 424-433.

Oliviero, C., Heinonen, M., Valros, A., Häilli, O. and Peltoniemi, O.A.T. (2008) Effect of the environment on the physiology of the sow during late pregnancy, farrowing and early lactation. *Animal Reproduction Science* 105, 365-377.

Papini, M.R. (2003) Comparative psychology of surprising non-reward. *Brain, Behavior and Evolution* 62, 83-95.

Passineau, M.J., Green E.J. and Dietrich, W.D. (2001) Therapeutic effects of environmental enrichment on cognition functions and tissue integrity following severe traumatic brain injury in rats. *Experimental Neurology* 168, 373-384.

Piazza, P.V., Deroche, V., Deminiere, J.M., Maccari, S., Le Moal, M. and Simon, H. (1993) Corticosterone in the range of stress-induced levels possesses reinforcing properties: implications for sensation-seeking behaviors. *Proceedings of the National Academy of Sciences of the United States of America* 90, 11738-11742.

Princz, Z., Orova, Z., Nagy, I., Jordan, D., Stuhec, I., Luzi, F., Verga, M. and Szendrö, Zs. (2007) Application of gnawing sticks in rabbit housing. *World Rabbit Science* 15, 29-36.

Princz, Z., Zotte, A.D., Metzger, Sz., Radnai, I., Biró-Németh, E., Orova, Z. and Szendrö, Zs. (2009) Response of fattening rabbits reared under different housing conditions: live performance and health status. *Livestock Science* 121, 86-91.

Puppe, B., Ernst, K., Schön, P. and Manteuffel, G. (2007) Cognitive enrichment affects behavioural reactivity in domestic pigs. *Applied Animal Behaviour Science* 105, 75-86.

Rodarte, L.F., Docing, A., Galindo, F., Romano, M.C. and Valdez, R.A. (2004) The effect of environmental manipulation on behaviour, salivary cortisol, and growth of piglets weaned at 14 days of age. *Journal of Applied Animal Welfare Science* 7, 171-179.

Rolls, E.T. (1999) *The Brain and Emotion*. Oxford University Press, New York.

Rolls, E.T. (2007) *Emotion Explained*. Oxford University Press, Oxford, UK.

Salmon, G.K., Leslie, G., Roe, F.J.C. and Lee, P.N. (1990) Influence of food intake and sexual segregation on longevity organ weights and the incidence of non-neoplastic and neoplastic diseases in rats. *Food and Chemical Toxicology* 28, 39-48.

Schapiro, S.J., Nehete, P.N., Perlman, J.E., and Sastry, K.J. (2000) A comparison of cell-mediated immune responses in rhesus macaques houses singly, in groups or in pairs. *Applied Animal Behaviour Science* 68, 67-84.

Shaw, D.C. and Gallagher, R.H. (1984) Group or singly housed rats? In: *Standards in Laboratory Animal Management, Proceedings of a LASA/UFAW Symposium*. The Universities Federation for Animal Welfare, Potters Bar, UK, pp. 65-70.

Shepherdson, D.J., Carlstead, K.C. and Wielebnowski, N. (2004) Cross-institutional assessment of stress responses in zoo animals using longitudinal monitoring of faecal corticoids and behaviour. *Animal Welfare* 13, 105-113.

Sherwin, C.M., Haug, E., Terkelsen, N. and Vadgama, M. (2004) Studies on the motivation for burrowing by laboratory mice. *Applied Animal Behaviour Science* 88, 343-358.

Shyne, A. (2006) Meta-analytic review of the effects of enrichment on stereotypic behavior in zoo mammals. *Zoo Biology* 25, 317-337.

Skalicky, M., Narath, E. and Viidik, A. (2001) Housing conditions influence the survival and body composition of ageing rats. *Experimental Gerontology* 36, 159-170.

Skovgaard, K., Jeppesen, L.L. and Hansen, C.P.B. (1997) The effect of swimming water and cage size on the behaviour of ranch mink (*Mustela vison*). *Scientifur* 21, 253-259.

Sorensen, D.B., Stub, C., Jegstrup, I.M., Ritskes-Hoitinga, M. and Hansen, A.K. (2005) Fluctuating asymmetry in relation to stress and social status in inbred male Lewis rats. *Scandinavian Journal of Laboratory Animal Science* 32, 117-123.

Stevenson, M.F. (1983) The captive environment: its effect on exploratory and related behavioural responses in wild animals. In: Archer, J. and Birke, L.I.A. (eds) *Exploration in Animals and Humans*. Van Nostrand Reinhold, London, pp. 198-208.

Stevenson-Hinde, J. and Roper, R. (1975) Individual differences in reinforcing effects of song. *Animal Behaviour* 23, 729-734.

Struelens, E., Tuyttens, F.A.M., Janssen, A., Leroy, T., Audoorn, L., Vranken, E., de Baere, K., Odberg, F., Berckmans, D., Zoons, J. and Sonck, B. (2005) Design of laying nests in furnished cages: influence of nesting material, nest box position and seclusion. *British Poultry Science* 46, 9-15.

Struelens, E., Van Nuffel, A., Tuyttens, F.A.M., Audoorn, L., Vraken, E., Zoons, J., Berckmans, D., Ödberg, F., Van Dongen, S. and Sonck, B. (2008) Influence of nest seclusion and nesting material on pre-laying behaviour of laying hens. *Applied Animal Behaviour Science* 112, 106-119.

Swaisgood, R. and Shepherdson, D. (2006) Environmental enrichment as a strategy for mitigating stereotypies in zoo animals: a literature review and meta-analysis. In: Mason, G. and Rushen, J. (eds) *Stereotypic Behaviour in Captive Animals: Fundamentals and Applications to Welfare*. CAB International, Wallingford, United Kingdom pp. 256-285.

Taira, K. and Rolls, E.T. (1996) Receiving grooming as a reinforcer for the monkey. *Physiology and Behaviour* 59, 1189-1192.

Tarou, L.R., Bloomsmith, M.A. and Maple, T.L. (2005) Survey of stereotypic behavior in prosimians. *American Journal of Primatology* 65, 181-196.

Thodberg, K., Jensen, H.K., Herskin, M.S. and Jorgensen, E. (1999) Influence of environmental stimuli on nest building and farrowing behaviour in domestic sows. *Applied Animal Behaviour Science* 63, 131-144.

Uvnäs-Moberg, K., Widström, A.M., Marchini, G. and Winberg, J. (1987) Release of GI hormones in mother and infant by sensory stimulation. *Acta Paediatrica Scandinavica* 76, 851-860.

Van Hemel, P.E. (1972) Aggression as a reinforcer: operant behaviour in the mouse-killing rat. *Journal of the Experimental Analysis of Behavior* 17, 237-245.

Veissier, I., de Passillé, A.M.B., Després, G., Rushen J., Charpentier, I., Ramirez de la Fe, A.R. and Pradel, P. (2002) Does nutritive and non-nutritive sucking reduce other oral behaviours and stimulate rest in calves? *Journal of Animal Science* 80, 2574-2587.

Vinke, C.M., van Leeuwen, J. and Spruijt, B.M. (2005) Juvenile farmed mink (*Mustela vison*) with additional access to swimming water play more frequently than animals housed with a cylinder and platform, but without swimming water. *Animal Welfare* 14, 53-60.

Vinke, C.M., Hansen, S.W., Mononen, J., Korhonen, H., Cooper, J.J., Mohaibes, M., Bakken, M., and Spruijt, B.M. (2008) To swim or not to swim: an interpretation of farmed mink's motivation for a water bath. *Applied Animal Behaviour Science* 111, 1-27.

Visser, E.K., Ellis, A.D. and Van Reenen, C.G. (2008) The effect of two different housing conditions on the welfare of young horses stabled for the first time. *Applied Animal Behaviour Science* 114, 521-533.

Vorontsov, Y.N. (1985) Some observations on captive minks released for the purpose of introducing them into the local biocoenosis. In: Safanov, V.G. (ed.) *Biology and Pathology of Farm-bred Fur-bearing Animals* - Abstracts of Papers Presented at the Second All Union Scientific Conference, Kirov, 26-29 July 1977. Amerind Publishing, New Delhi, pp. 74-75.

Wahidin, A. (2006) *Time and the Prison Experience*. Available at: www.socresonline.org.uk/11/1/wahidin.html (accessed 11 October 2009).

Waiblinger, E. and Konig, B. (2004) Refinement of gerbil housing and husbandry in the laboratory. *Alternatives to Laboratory Animals* 32, 163-169.

Walker, A.W. and Hughes, B.O. (1998) Egg shell colour is affected by laying cage design. *British Poultry Science* 39, 696-699.

Walker, K. (1990) Desire and ability: hormones and the regulation of female sexual behaviour. *Neuroscience and Biobehavioural Reviews* 14, 233-241.

Wallen K. (1990) Desire and ability: hormones and the regulation of female sexual behavior. *Neuroscience Biobehavioural Reviews* 14, 233-241.

Warburton, H. and Mason, G. (2003) Is out of sight, out of mind? The effects of resource cues on motivation in the mink (*Mustela vison*). *Animal Behaviour* 65, 755-762.

Watson, S.L., Shively, C.A., Kaplan, J.R. and Line, S.W. (1998) Effects of chronic social separation on cardiovascular disease in female cynomogus monkeys. *Atherosclerosis* 137, 259-266.

Weeks, C.A. and Nicol, C.J. (2006) Behavioural needs, priorities and preferences of laying hens. *World's Poultry Science Journal* 62, 296-307.

Widowski, T.M. and Curtis, S.E. (1990) The influence of straw, cloth tassel, or both on the prepartum behavior of sows. *Applied Animal Behaviour Science* 27, 53-71.

Widowski, T.M., Cottrell, T., Dewey, C.E. and Friendship, R.M. (2003) Observations of piglet-directed behaviour patterns and skin lesions in eleven commercial swine herds. *Journal of Swine Health and Production* 11, 181-185.

Widowski, T.M., Yuan, Y. and Gardner, J.M. (2005) Effect of accommodating sucking and nosing on the behavior of artificially reared piglets. *Laboratory Animals* 39, 240-250.

Wiedenmayer, C. (1996) Effect of cage size on the ontogeny of stereotyped behaviour in gerbils. *Applied Animal Behaviour Science* 47, 225-233.

Wiedenmayer, C. (1997a) Causation of the ontogenetic development of stereotypic digging in gerbils. *Animal Behaviour* 53, 461-470.

Wiedenmayer, C. (1997b) Stereotypies resulting from a deviation in the ontogenetic development of gerbils. *Behavioural Processes* 39, 215-221.

Wischner, D., Kemper, N. and Krieter, J. (2009) Nest-building behaviour in sows and consequences for pig husbandry. *Livestock Science* 124, 1-8.

Wood-Gush, D.G., Stolba, A. and Miller, C. (1983) Exploration in farm animals and animal husbandry. In: Archer, J. and Birke, L.I.A. (eds.) *Exploration in Animals and Humans*. Van Nostrand Reinhold, London,

pp. 198-208.
Yue, S. and Duncan, I.J.H. (2003) Frustrated nesting behaviour: relation to extra-cuticular shell calcium and bone strength in White Leghorn hens. *British Poultry Science* 39, 696-699.
Zhang, G., Swaisgood, R.R. and Zhang, H. (2004) Evaluation of behavioral factors influencing reproductive success and failure in captive giant pandas. *Zoo Biology* 23, 15-31.
Zimmerman, P.H., Koene, P. and Van Hooff, J.A.R.A.M. (2000) Thwarting of behaviour in different contexts and the gakel-call in the laying hen. *Applied Animal Behaviour Science* 69, 255-264.
Zuckerman, M. (1994) *Behavioral Expressions and Biosocial Bases of Sensation Seeking*. Cambridge University Press, Cambridge, UK.

III 評価

第8章 健康と疾患

概要

　健康と疾患は，動物福祉の広い概念において重要な構成要素である。健康と福祉の関係を理解するためには，痛みや苦しみといった動物の主観的な情動について推測する必要がある。動物とヒトで発症する類似した疾患において，どの程度動物が苦しむかという評価は，行動的，生理的，臨床的な観察と私たち自身の経験に基づいている。本章では，疾患の福祉への影響，潜在する病理的背景，疾患の種類，それらの評価と管理，治療の選択肢について記述し，議論する。苦しみは，口蹄疫やイヌジステンパーウイルス感染症などの急性疾患，関節炎などの関節障害，蹄葉炎や腐蹄病，特に痛みを伴う消化器障害といった慢性疾患でも発生する。ヒツジの疥癬またはワクモ寄生などの皮膚の状態は，強烈な不快感を引き起こす。近代的畜産では，乳生産，ブロイラーの成長，産卵数などの産業動物の生産性を最大にするような遺伝的選抜が行われてきたが，それが代謝性疾患や歩行異常（跛行），骨折といった健康面に悪影響を与えている。産業動物，伴侶動物ともに，外見のための選抜育種は正常な機能に影響を及ぼしている。効率的な飼育システムの開発は，一流の農場経営者による協力が重要である。これは，動物の日々のニーズに十分な注意を払うだけでなく，予防接種，疾患治療，環境整備，衛生，記録管理，バイオセキュリティからなる疾病管理の詳細なプログラムを含む。

8.1 はじめに

● 8.1.1 動物の健康，疾患，福祉

　健康（health）と疾患（disease）には多くの定義があるが（Gunnarsson, 2006），健康と福祉の関係を考慮する際，以下の定義が役に立つ。disease（疾患）とは，動物の正常な機能が乱され，身体または精神的に異常な症状を示すことである。illness（病気）は，病気の状態を経験する主観的な感覚である。健康とは病気や怪我がないことであるのに対し，sickness（病気）は，病気の状態であることを指す。健康には，適応度や健全性および活力といったポジティブな性質も含まれる。

　疾患や損傷の結果，動物が苦しむことは動物福祉の重要な一面であるが，動物福祉に関連する動物の健康の重要性はしばしば過小評価されている。Brambellレポート（1965, p.11）では以下のように述べられている。

> 　人と同様に，動物の苦しみの主な原因は疾患である。多くの獣医療関係者は動物福祉の評価において，動物の疾患を十分に考慮することの必要性を示した。したがって，私たちは疾患の発生率を重要視し，罹患動物を直ちに認識し，適切な治療もしくは殺処分を確実に実施している。

　疾患や歩行異常（跛行），負傷および免疫機

能の測定といった健康指標は，動物の状態に基づく福祉レベルの評価のひとつである。苦痛，傷害または疾病からの自由，すなわち予防や迅速な診断と治療は，イギリス産業動物福祉協議会の5つの自由のひとつである（FAWC, 2009）。

　動物の健康は動物福祉に不可欠であるが，唯一の要素ではない。よりよい福祉は健康というだけでは満たされない（Bayvel, 2004；Ladewig, 2008）。動物が健康であることが動物福祉の他の側面を常に満たすわけではなく，また疾患を持つすべての動物が必ずしも苦しんでいるわけではない。しかし，適切で許容できる福祉の基準に則って世話されている動物は健康である可能性が高く，逆に悪条件の福祉下では何らかの疾患に罹患している可能性が高い。健康状態の改善により，成長や繁殖，生産性を向上させることができ，これはある程度良好な生物学的機能を示しているといえる。しかし，過度に高い生産性を追究すると健康と福祉に悪影響を与える。この例として高泌乳牛や急速に成長するブロイラーなどが挙げられる。

　動物の健康の重要性は，Dawkins（2008）によって認知された。彼女は，動物の選好性や努力量は長期的な健康に必ずしも適切であるとは限らず，動物の現在の情動の状態に特化して判断することは，必ずしも福祉を反映しないと考えた。

　また，Dawkins は以下のように考察している。

> すべての動物福祉の評価は，動物の健康を向上させ，疾患や変形，損傷を軽減させると同時に健康と成長を促進し，寿命を延長させるものであるかどうかを考慮に入れるべきである。私たちは，動物が望むものと，健康によいものの両方を知っておく必要がある。

これは，Webster の以下の概念（2001, pp.229-232）にならうものである。

> 産業動物の福祉は，動物の適応度を維持する能力と，苦しみを避ける能力に依存する。この「適応度の維持」とは生理的な福祉を意味し，例えば疾患，損傷，不能からの自由を指すが，これらの問題が動物の飼育条件に直接関連する場合，特に重要である。

　福祉問題の程度は，問題の発生率，重症度，持続時間によって定義されている（Willeberg, 1991；Webster, 1998）。しかし，動物福祉における疾患や損傷の相対的な影響を判断することは難しく，疾患や損傷の発生について信頼性が高く，有効な情報を取得することも困難である（Rushen ら，2008）。経済的に重要な産業動物の疾患とは，群規模で影響を及ぼす，生産性を損なう，動物を死に至らしめる，またはヒトと動物に共通な疾患（人獣共通感染症）を指す。しかし，福祉の立場から疾患を検討する際は異なる側面も考慮する必要がある。Kirkwood（2007）が述べたように，福祉の立場から考える健康とは疾患そのものではなく，疾患によって動物が経験する内容である。罹患動物がどう感じるかに関する推論は，動物の行動，臨床症状またはその他の観察，生物学的知識，快・不快に関する私たちの経験に基づく。多くの疾患の臨床的および病理的反応は共通しているため，この擬人化によるアプローチは有用である。別のアプローチ法が Rushen ら（2008）により提案され，一般的な臨床症状の重症度によってウシの異なる疾患を比較した。例えば，飼料摂取量や活動性の減少および休息時間の増加は多くの疾患で認められるが，相対的重症度はこれらの変化の相対的な大きさを比較することによって判断され得る。しかし，Gregory

（2004, p.183）は以下のような考えを述べている。

> 疾患の苦しみを理解するためにはその病態生理と比較可能な状況で，ヒトが経験する感情を理解することが必要だ。

動物の健康と疾患に関する文献は非常に多いが，動物福祉の観点から病気の影響を評価した研究は少数である。

臨床的および病理学的調査は，虐待や飼育放棄に起因する動物虐待の評価に不可欠である。これらの調査によって動物の状態を定量化し，問題の可能性の高い原因に関する情報が示され，病気が存在していたかどうか，適切な治療を受けていたかどうかが明らかとなる（Munro, 2008）。例えば，ボディコンディションが貧相なことは必ずしも飼育放棄が原因ではなく，新生物や慢性疾患，歯の問題，寄生虫，授乳などといった状態に影響を受けている可能性がある（Gree, Tong, 2004）。

● 8.1.2 福祉に対する疾患の影響

これらは以下のようにまとめることができる。

- 特に懸念されるのは痛みや苦しみを引き起こす可能性がある疾患である。例えば，ウイルス性疾患のひとつである口蹄疫は口腔粘膜に水疱性病変を引き起こし，飲食が苦痛となる。また四肢にも同様の病変が生じ，跛行の原因となる。組織損傷の程度や組織の疼痛に対する感度は，ある状況下においては疼痛（Rutherford, 2002）に近似する。しかし，損傷が必ずしも痛み，例えば内臓膨満痛などを引き起こすわけではない。
- 罹患動物は，様々な症状（例：食欲不振，喉の渇き，発熱，悪心）を示す。図8.1は，熱がある子牛の典型的な行動を示している。また動物は，（疾患による見当識障害や危険に反応する認知能力の低下のため）恐怖と苦悩（例：酸素供給障害による低酸素症）といったネガティブな情動を経験することがある。
- ある種の疾患（例：ダニ感染などの皮膚疾患による炎症）は不快感を引き起こす可能性があり，休息と睡眠に悪影響を及ぼす。
- 疾患により多大なエネルギーを長時間免疫応答に消費するため（Colditz, 2002），動物は疲労しやすく，食料といった限られた資源のための競合能力が低下し，結果，栄養失調を起こし，虚弱になるだろう。
- 疾患の結果，弱る，または知覚が低下することによって危険回避能力が低下し，同種または捕食者からの攻撃を避けることができない。
- 発熱や長期間動けない場合は，熱損失が増加し，体温低下を招く。また，動物は干ばつ，雨，太陽放射などの環境からの脅威を回避する能力が低下した場合，特に，食欲不振，脱水，栄養吸収不良などが複合した場合，熱的快適性に影響が出る（Balsbaughら，1986）。
- 跛行や損傷によって移動能力が低下している動物は，食料や水が得られる，または快適に休める場所に移動することが難しくなる。例えば，跛行によって食料や水にありつけないブロイラーは，飢えや脱水（Butterworthら，2002）で死亡する。
- 跛行は，滑りやすい床や動きの制限といった他の要因と相まって，ヒトや攻撃的な同種（Blowey, 1998）による脅威に対し，より大きな不安を引き起こす可能性がある。
- 長期の跛行や疾患の結果，圧迫障害，筋肉や皮膚の障害が引き起こされることがある。
- ある種の感染症（ヨーネ病や牛ウイルス性下痢症など）は，衰弱を引き起こす可能性があり，機能の低下や消失を招き（視覚障害，難

図 8.1　右側の子牛は発熱に伴う行動特徴を示す
腹臥位で，頭，首がたれて耳に締まりがなく，四肢は引込められている。左側の子牛は健康である。まっすぐな姿勢で座り，頭と首を上げ覚醒的で，耳も伸びている　　　　　　　　　　　　　　　（写真提供：Dr. Jose M. Peralta の厚意による）

聴，麻痺，うっ血性心不全），通常の生物学的機能が損われ，活力と喜びを体験する機会が減少する（McMillan, 2003）。

Mellor と Stafford（2004）は，新生子の疾病を例に挙げ，呼吸困難，低体温，飢え，病気，痛みといった嫌悪経験が，どのように低酸素症や低体温症，眠気，睡眠または意識低下といった状態によって緩和され得るかということを論じている。このような状態は動物の認識能力を大きく低下させるため，体験する感覚を有害と認識することが難しくなる。

8.2　疾患に対する炎症，免疫および病理学的応答

炎症性疾患は，疼痛の主な原因である。感染や組織損傷（急性期反応）に対する応答には，局所的な炎症と総合的な（全身）応答がある。

炎症性応答は患部への血流を増加させ，発赤，熱，痛み，腫脹および機能喪失を含む血管と間質組織の変化をもたらす（Smith ら，1972）。痛みは，サイトカイン，末梢感覚神経末端，炎症性細胞，損傷した細胞などから放出される他の炎症メディエーター（ヒスタミン，プロスタグランジンと増殖因子を含む）による神経終末の刺激によって生じる（Viñuela-Fernández ら，2007）。損傷部位における滲出液の圧力増加に関連した炎症に起因する痛みもある。痛覚過敏（有害な刺激に対する感受性の増大）は，慢性乳房炎やヒツジの趾間腐乱といった炎症で見られる（Fitzpatrick ら，2006）。炎症反応によって損傷に対処し，組織修復が開始する。局所血管透過性の増加は血漿タンパク質および白血球の放出を引き起こす。サイトカインは組織の損傷部位で活性化した白血球から放出され，脳に作用し（Dantzer ら，2008），発熱による

沈うつ，無気力，食欲低下，渇きといった病気の非特異的な症状を起こす（Hart, 1988；Gregory, 1998）。他のサイトカインは白血球や急性期タンパク質の産生を促進する。抗原タンパク質が体内で増加すると，抗体を産生するリンパ球が刺激される。この最初の曝露は，その抗原にその後曝露された際に迅速な応答をもたらす。次の感染までの間にその病原体から生体を保護する機構が備わり，これが動物を伝染性病原体に感作させるワクチンの基礎となる。ワクチン接種によって，動物の健康と福祉の向上という重要な成果が確立された。ワクチンは治療とは異なり，疾患を予防するための処置である（Pastoret, 1999）。しかし，ある種のワクチンは全身作用を引き起こしたり，接種時に保定や拘束を必要としたり，局所の炎症や注射部位の細菌汚染を起こしたりすることがある。

物理的および心理的な刺激に関連したストレスは免疫能の低下を招き，感染症や他の疾患への動物の感受性を増加させる（Kelly, 1980；Griffin, 1989；Petersonら，1991；GrossとSiegel, 1997）。不顕性感染の動物がストレッサーにさらされると，臨床症状を示す（Andrews, 1992）。外部刺激に対する免疫系の感度は，動物福祉に関連すると思われる情報を提供するバイオアッセイ（免疫機能検査）として使用できる。しかしVedharaら（1999）が論じたように，ストレスによる免疫変化およびその程度が免疫能を十分に変化させ得るかについての臨床的意義を検討する必要がある。

慢性炎症は，持続性で治癒しない急性炎症から続発する場合と，慢性経過の結果として発生する場合がある。これは，組織で同時に起こる破壊と治癒によって特徴づけられる。発生する炎症の種類として，肉芽腫性（細菌感染の結果として），線維性（例：気道などの粘膜および漿膜上），化膿性（膿瘍を形成する膿），漿液性（皮膚水疱），潰瘍（壊死により表面組織が損失し最下層が露出する潰瘍）がある。急性炎症の結果，微生物が含まれる場合，それらは体の他の部位に広がり，周囲の組織に炎症を引き起こし（例：筋膜炎や蜂巣炎など），循環器系やリンパ系を介して菌血症またはウイルス血症を起こす。長期化した重症のウイルス血症は，多臓器疾患を引き起こす可能性があり，菌血症は敗血症性ショックや死につながる（Smithら，1972；Hardie, Rawlings, 1983）。

例えば，ステロイド性抗炎症薬のコルチコステロイドは，急性および慢性炎症状態の両方の治療において症状を軽減させる。非ステロイド性抗炎症薬（NSAID）は，炎症，疼痛，発熱を軽減し，肺炎，乳腺炎，変形性関節症などを治療するために使用される（Mathews, 2000a；Nolan, 2000）。これらはアスピリン様薬物であり，プロスタグランジンなどの炎症メディエーターを阻害する（Livingston, 2000）。

8.3 感染症

感染症は種特異的であったり，他の種に感染したり，人獣共通感染症（動物とヒトの間で伝播）であったりする。

8.3.1 単純な病原体−宿主による疾患

感受性動物に疾患を引き起こす，特定の病原体に十分量曝露された時に発生する疾患を指す。これは，感染した動物の隔離，淘汰，病原体の除去（衛生管理の実行やワクチン接種）によって制御することができる。

8.3.2 ウイルス性疾患

ウイルスは内部の細胞を複製し（8.2節で説明したように，これ自体が炎症や病気を引き起こす可能性がある），変性と細胞死が生じるこ

とで疾患を引き起こす。例えば，伝染性牛鼻気管炎ウイルスは上皮の壊死や潰瘍を引き起こす可能性がある。ウイルス性疾患の多くは非常に伝染性が強く，高い死亡率（例：イヌジステンパーウイルス感染症）となる可能性がある。

● 8.3.3　細菌性疾患

病原性細菌は毒素の分泌（大腸菌〈*Escherichia coli*〉の一部は，毒素を分泌して水様性下痢や脱水症状，疾患の原因となるアシドーシスを起こし，ブタ，子牛，子羊の急性腸毒性大腸菌－桿菌症を引き起こす），またはマクロファージや宿主細胞のなかで増殖する（サルモネラ症）ことで壊死と膿汁産生を促進し（ウシの乳房炎，ウマの腺疫，ブタの関節炎），疾患を引き起こす（Cheville, 2006）。8.2 節で説明したように，これらの病理的変化は，炎症や病気を引き起こす可能性がある。細菌感染はウイルス感染の二次性に，または併発して疾患を引き起こす。抗菌薬は臨床的な細菌感染の治療に重要であり，予防にも使用される（Refsdal, 2000；McEwen, 2006）。しかし，薬剤耐性の広がりのため抗菌薬使用の制限が起こっている。根本的な原因治療のために抗菌薬を使用するのではなく，疾患を覆い隠すために使用する傾向がある。

● 8.3.4　寄生虫性疾患

原生動物は宿主細胞を破壊することがあり，例えば，クリプトスポリジウムは家禽や若い反芻動物の腸上皮細胞に損傷を与え，下痢を引き起こすことがある。また，ダニが媒介するバベシアは赤血球を破壊し，ウシの貧血の原因となる。成虫は吸血により貧血を起こしたり（イヌの腸内鉤虫），下痢を起こしたり（ヒツジの寄生性胃腸炎），腸管を機械的に閉塞する（ブタの回虫）ことで疾患を引き起こす可能性がある。腸の寄生虫は（消化管粘膜への血漿タンパク質の漏出や損傷により）食欲不振，タンパク質損失，体重減少（Holmes, 1987）を引き起こし，動物を衰弱させる。幼虫は，動物の体内を通過することで様々な臓器に損傷（肉芽腫性病変）を引き起こす可能性がある。ヌカカは深刻な不快感を与え，ブルータングなどの病原性ウイルスを伝達することがある。ダニは家禽に激しい刺激，痛み，苦痛，血液の損失を引き起こし，シラミは皮膚に炎症を起こす。ヒツジの疥癬の原因となるダニは，引っ掻き傷や食欲不振を引き起こし，二次感染，削痩，脱水症状によってヒツジが死亡することもある（Milneら，2008）。ウミジラミが養殖魚の皮膚を浸食して組織損傷を起こしたり，他の疾患の保菌生物（Ashley, 2007）となることもある。寄生虫は様々な炎症や不快感，時には疾患を引き起こす。処置や予防は各寄生虫の生活環に基づいて行う。成虫は産卵し，虫卵は宿主動物の糞便中に排出される。一部の寄生虫は中間宿主（豚肺虫におけるミミズや肝蛭におけるカタツムリ）を必要とする。動物は食草中に寄生虫を摂取するため，糞便から動物を分離すること，または放牧地の汚染を減らすために過放牧を避け，輪換放牧を行うことで寄生虫を制御する。薬物によって糞便中の虫卵数を減らしたり，外部寄生虫を殺すことができる。ワクチンによってある種の寄生虫（例：ウシの肺線虫）に対する免疫を賦与することができる。

● 8.3.5　病原体－動物－環境による複合疾患

これらの疾患は，ひとつ以上の病原体の同時感染，遺伝，動物の齢，栄養状態，飼育システムなど感染を増強する要因の相互作用によって引き起こされる。疾患は潜在的な病原体が環境中または動物に存在する場合に起こるが，病原体と動物，環境の平衡状態が乱されなければ，

病気を引き起こすことはない（Webster, 1992；Thrusfield, 2005）。このタイプの疾患の制御には，飼育，管理，栄養，環境全体を群単位で検討する必要がある。罹患しやすくなる不適切な飼育例として，過密飼育，異なる齢の混群，異なる場所からの導入，不適切な空気衛生環境，排水や敷料の不良，非衛生的な飼料や給水設備，不適切な栄養管理，不十分な洗浄や消毒が挙げられる（Sainsbury, 1998）。同じ原則を野生動物にも適用することができる。動物福祉のための大学連合（UFAW）のGarden Bird Initiative（監注：庭で野鳥に給餌・給水する場合のガイドライン）はフィンチのトリコモナス発生率を低下させるため，鳥のエサ箱を清潔に保つ重要性を強調している（UFAW, 2008）。

8.4 疾患の管理

● 8.4.1 健康に対するリスク

「予防に勝る治療はない」これが基礎となる方針である。しかし，動物の健康状態を維持することは継続的課題でもある。疾患の根本的な原因と伝播のメカニズムを理解することは，疾患をコントロールするうえで不可欠である。伝染病（contagious disease）は感染した動物の接触によって起こるが，感染症（infectious disease）は空気，水，食品，野生哺乳類，鳥類，無脊椎動物，車両，ヒトを含む多くの環境を媒介して起きる。多数の動物が1カ所に収容されている場合（例：ブタやウシにおける流行性肺炎や腸障害など）では，感染性疾患のリスクは高い。

欧州連合（EU）では，動物福祉の法律と規約例で（Defra, 2003），産業動物の健康問題を引き起こす危険因子の制御を義務づけている。これには動物の遺伝子型と表現型，動物に有害でない材料を飼育施設にて用いることで徹底的な洗浄と消毒を可能にすること，損傷を引き起こす鋭利な突起を取り除くこと，空気の衛生や浮遊物をその動物に有害でない範囲内に保つこと，悪天候や捕食者からの防御，機械設備の点検，齢と種に適した十分な量の飼料を与えることが含まれる。

畜産の各飼育システムは，それぞれ固有の疾患を引き起こす可能性を抱えているが，動物の健康状態は，飼育者による管理と疾病の予防およびその制御対策に依存している。例えば，床敷を使用するシステムと放牧システムでは，ケージ飼育に比べて産卵鶏の細菌性疾患，寄生虫，カニバリズムによる死亡リスクが増加し，ウイルス性疾患のリスクは減少する（Fossumら，2009）（表8.1）。しかし，スイスでは，従来のバタリーケージシステムから代替システムに変更しても，コクシジウムや他の寄生虫に起因する死亡率の増加は起きなかった。細菌感染による死亡率は増加したが，ウイルス性疾患の死亡率は減少した。この例ではウイルス性疾患やコクシジウム症に対するワクチン接種とともに駆虫，輪換放牧，バイオセキュリティ，その他の疾病対策を管理システムの変更と同時に行っている（Kaufmann-Bart, Hoop, 2009）。

● 8.4.2 健康を守るための計画書

保健福祉計画書は，個々の産業動物のニーズに合わせて作成する管理方法のひとつである。予防と治療体制を確保するため，獣医師と相談して作成し，動物の健康状態を記録して機能を見直し，適切な行動計画に発展させる（Mainら，2003）。健康計画書は数多くある保証制度のひとつで，ベストプラクティス（適正行動規範）の証拠として福祉の評価に用いることができる。計画では，年間の生産サイクルにおける健康や飼育方法を設定し，既存の疾患を予防，

表 8.1 2001〜2004 年にスウェーデンの国立獣医学研究所（ウプサラ）に剖検依頼された，異なる飼育施設由来の産卵鶏 914 羽の死亡原因

飼育施設[a]	スウェーデンにおいて各システムで飼養されている産卵鶏の割合（％）	死亡率が増加し剖検した群の数	各システムにおいて診断された死亡原因とその割合（％）			
			細菌性疾患	ウイルス性疾患	寄生虫性疾患	カニバリズム
ケージ飼育	56	20	65	30	10	5
敷料飼育	39	129	73	12	18	19
放飼	5	23	74	4	22	26

a：ケージは旧式とエンリッチドケージの両方を含む。敷料飼育は平飼いと多段式エイビアリーシステムを含む。放飼は屋外運動場つきの平飼いと有機畜産（放牧）のものを含む

治療，制限するための方法も含まれる。また，動物の健康について助言する獣医師の定期的訪問と，それに合わせたバイオセキュリティの取り決め，購入した物品の在庫管理，ワクチン接種の方針やタイミング，隔離手順，外部・内部の寄生虫管理，すべての疾患に必要な獣医学的治療，特定の疾患の治療タイミングと投薬なども含む。さらに，重要な項目である動物の数，齢，品種，生産量，飲水，死亡数と淘汰数などを記録する。獣医的介入は，正常値が許容できないレベルに達した場合の判断に設定する。獣医師訪問時のカルテ，剖検結果，検査結果も保健福祉計画書に追加する。ワクチン接種プログラムと薬品の使用も記録する。また，健康管理に有用な情報を，食肉検査中にと畜場で得られる病理をフィードバックすることからも得ることができる（Green ら，1997）。

● 8.4.3　バイオセキュリティ

収容施設のバイオセキュリティは，疾患の発生または他の動物に疾病が拡散する危険性を低減するために行う。ベストプラクティスは，病原体の侵入，拡散，または他の収容施設への移動を防ぐように設計された，処方箋的な指針を含む。新しく収容施設に導入された動物は，感染症の拡大に最大の危険性をもたらすといえる。このため，新しく導入する動物は健康状態を確認する必要があり，適切な期間隔離しなければならない。ブタ，家禽，実験動物などの棟は，必要最低限の人だけが出入りするべきである。訪問者は消毒手順に従って収容施設専用の衣服や靴を着用し，定められた期間に他の収容施設へ出入りすることを避け，訪問記録を必ず残す。積載施設や飼料貯蔵庫は各収容施設の境界部に設置するべきである。他の収容施設を訪れる車両はできるだけ遠くに駐車する。伴侶動物や野生動物（鳥類，げっ歯類）の侵入は絶対に防がなければならない。放牧の家禽については，野鳥を介した病気の感染を防ぐため，鳥インフルエンザが流行している期間中は屋内に入れる必要がある。空気感染を防ぐため，収容施設間はできる限り離して設置する。消毒・洗浄プログラムは群単位で一斉に実施し，記録と効果は文書化して保存する（Defra, 2008）。壁や床が平坦で，障害物のない収容施設は，効果的に洗浄と消毒をすることができる。動物の自然な行動の発現を促進する設計の収容施設は，動物同士の接触（社会的接触）による疾病拡大の懸念，排泄物との接触の増加，土壌や自然の多孔性物質を含む材質は消毒や洗浄が徹底できないといった理由があるため，なかなか実施が難しい。若齢動物を収容する際，健康管理は重要であるが，ある種の疾患は代替舎（隔離舎）を使用することにより，大きな問題とならないこ

とが証明されている（Newberry, 1995）。

● 8.4.4 感染症制御のための淘汰

多くの国では，かなりの財源を重要なウイルス性疾患の制御や根絶に割り当てている。しかし，グローバル化と動物および動物由来製品の国際貿易の増加により，疾患のまん延のリスクは増加している（Thiermann, 2004）。例えば，Zepedaら（2001）とFèvreら（2006）は，動物の移動が感染症のまん延に関連していることを示している。世界動物保健機関（OIE，国際獣疫事務局）のウェブサイト（www.oie.int）で，現在の世界の疾病分布に関する情報を得ることができる。口蹄疫や鳥インフルエンザといった疾病の発生対処手段には，接触が疑われるすべての動物の接触記録の追跡，病気の早期発見，感染が明らかなすべての動物の迅速な処分，群の検疫が含まれ，場合によっては，前もった処分や戦略的予防接種も含まれる（Whiting, 2003）。多数の動物の殺処分は，病気にかかった動物の苦しみを排除し，病気のまん延による影響を受けやすい動物の苦しみを防ぎ，移動制限のための過密や飼育条件の悪化による福祉の問題を防ぐといった動物福祉を理由に正当化することができる（Whiting, 2003；Raj, 2008）。短期間に多くの動物を人道的に殺処分することは，熟練した技術者の不足や取り扱いの問題，時間の制約といった点から難しく，場合によっては適切で人道的な殺処分をすることが困難なこともある（Crispinら, 2002；Whiting, 2003）。人道的殺処分の実施ガイドはOIE（2009）が公表している。

8.5 生産関連の疾患

ある種の疾患は飼育システムが直接的原因となって発生している可能性があり，福祉に有意に影響すると考えられるが，それらの管理システムが収益性を低下させない場合，疾患の発生は許容されてしまう。遺伝的選抜は生産性を増加させるが，時に健康上の問題となるリスクを増大させる（Rauwら, 1998）。多くの代謝性疾患は代謝の増加，急速な成長，高生産に関連した各臓器あるいは生体システムへの負荷の増加が影響している（Julian, 2005）。乳量増加への乳牛における選抜は，乳房炎（痛みを伴う細菌感染で，時に発熱，死亡するおそれがある。Milneら, 2003），代謝性疾患，跛行を招く。低カルシウム血症，低マグネシウム血症，ケトーシスなどの乳牛の代謝性疾患は，泌乳に必要な代謝物の産生と排泄の不均衡に関連して起こる。ブロイラーでは，発達した筋肉に十分な酸素を供給することが困難になり，心臓の右心室の肥大や腹水症を引き起こす可能性がある（Julian, 2000）。骨粗しょう症は石灰化した骨構造が進行性に減少し，骨の脆弱化と耐久力の低下により自然発生的な骨折が起きる疾患で（Gregory, Wilkins, 1989；Whitehead, 2004），産卵サイクルの後半で発生した場合はケージ病と呼ばれ，致死的な急性痛や慢性痛，骨折による衰弱を引き起こし，深刻な動物福祉に関わる問題となる（Riddellら, 1968；Webster, 2004）。胸骨の骨折は，特にニワトリが鶏舎で止まり木に止まる時に発生し，翼と脚の骨折は淘汰の際の取り扱いが乱暴な場合に起きる。遺伝的選抜により，長期間繁殖が可能な状態になった産卵鶏では，骨粗しょう症の感受性が増加する。この間，髄骨は卵殻カルシウムの供給源として，構造骨に優先して生成される。しかし髄骨，構造骨ともに時間をかけて再吸収されるため，骨格全体として構造骨が進行性に消失する。（Whitehead, 2004）。骨の強度は，その耐荷重活性に依存しており，運動できる鶏舎で飼育されているニワトリはより強い骨を有

する。

8.6 痛みと福祉

● 8.6.1 跛行

跛行（正常歩行の困難や運動障害）は，痛みの原因となり，すべての動物種の福祉にとって深刻な問題となる。しかし，痛みに関連しない機械的な跛行も存在する。脚の病変は動物の殺処分理由として一般的である。乳牛，ヒツジ，ブロイラー，ウマでは跛行によって長期間の不快感や痛みが生じることが少なくない（Leyら，1989；Whay，1998；Bradshawら，2002；Egenvall，2008；Knowles，2008；Lavenら，2008）。跛行は疼痛（痛覚過敏）に対する感受性の増加，摂食量の減少を引き起こし，身体状態を悪化させる。NSAIDは，ウシ（Flowerら，2008），ブロイラー（McGeownら，1999），イヌとネコ（Peterson, Keefe, 2004；Clarke, Bennett, 2006；Mansaら，2007），ウマ（Owensら，1995；Huら，2005）の跛行を軽減し，跛行しているウシ（Whayら，2005）とヒツジ（Welsh, Nolan, 1995）の痛覚過敏を減少させる。跛行を呈するブロイラーは，自らNSAID入りの食餌を選択して摂食し，重症例ほどNSAIDの消費量が増加することが示されている（Danbury, 2000）。

ウシでは，肢病変（蹄底潰瘍，白線病，趾皮膚炎，趾間フレグモーネ）に由来する跛行が最も多い（Whayら，1998；Dyerら，2007）。乳牛の跛行は多くの環境的，遺伝的，栄養的素因によって起こる。ヒツジは細菌の感受性が高く，軽度の趾間炎症から重度感染による蹄壁と蹄底の分離，感受性組織の露出や膿瘍など多様な症状を示す（Winter, 2008）。これらの病変は，血漿コルチゾール値（Layら，1994）とカテコールアミン濃度（Layら，1992）の上昇に関連しており，ヒツジがストレス下にあることを示唆している。ブタも蹄を傷害しやすく，粗造なコンクリート床やスノコ床の鋭利部で肢端や肢全体を損傷し，苦痛となり，細菌の二次感染が起こることがある（Sainsbury, 1998）。二次感染は肢端から肢全体に広がり，腱鞘炎や蜂窩織炎（蜂巣炎，フレグモーネ）を引き起こすことがある。ウマは肢の傷，蹄葉炎，舟状骨病変，関節炎，骨折，腱や靭帯などによる疼痛が原因で跛行する（Blundenら，2005；Dysonら，2005）。

ブロイラーでは急速な成長，体重増加，胸筋の増大が身体構造と歩行能力に影響し，脚と股関節に機械的負荷を与える。跛行しているニワトリは運動時間が減少し休息時間が増加するため，脚はさらに弱り，接触性皮膚炎（アンモニアに起因する化学熱傷と不適切な床材により脚の表面や胸部にできる水疱）を起こす。歩行困難は齢，遺伝子型，飼料の種類，短い暗期，高い飼育密度，抗菌薬の不使用といった要素に関連する（Knowlesら，2008）。家禽の跛行の多くは骨や関節の感染によって引き起こされ（Butterworth, 1999），効果的な予防とウイルス性・細菌性疾患の制御は種鶏場と孵化場の両方で必須である。家禽における一般的な感染性疾患は骨髄炎，軟骨炎，化膿性関節炎（Thorp, 1994）である。脛骨の軟骨発育不全症は成長板障害で，跛行を引き起こし，これによって砂浴びが減り，緊張性不動の持続時間が増加する（Vestergaard, Sanotra, 1999）。長骨の角度異常では腓腹筋腱の滑りを頻繁に伴う。軟骨異常は細菌感染の病巣となり，軟骨，脛骨，大腿骨近位に隣接する骨組織の壊死や変性（大腿骨頭壊死，大腿骨近位部変性症）を引き起こす骨髄炎の原因となる（Waldenstedt, 2006）。

関節の炎症は跛行の一般的な原因で，関節の

動き，関節腫脹，関節液の増加と捻髪音によって痛みが引き起こされる（Renberg, 2005）。繰り返す外傷は，漿液性炎症と関節包の拡大を引き起こす可能性がある。局所の傷からの感染，敗血症や膿血症からの感染は子牛，子羊，子豚の関節に線維素性，化膿性の炎症を起こす。成豚の多発性関節炎は慢性化することがあり，多くの場合，膿が関連している（Smith, 1988）。変形性関節症などの慢性関節炎や骨軟骨症などの退行性関節疾患では，イヌの股関節形成不全などで見られるような，構造上の欠陥により繰り返される傷害，感染，過剰な摩耗を伴う。繁殖用七面鳥の成鳥における退行性股関節病変に伴う痛みは，ステロイド性抗炎症薬の注射によって行動が増加することで証明された（Duncun ら，1991）。慢性関節炎では不規則な線維組織や骨が関節との接合面で発達し，これが痛みの原因となり，滑らかな関節面は破壊される（Smith ら，1972）。

● 8.6.2 腫瘍性疾患

新生物（腫瘍）は，特に伴侶動物の寿命が延びたことにより問題となることがある。腫瘍は成長に伴って周囲の組織を圧迫し，骨髄腫瘍と同じように疼痛を引き起こす可能性がある（Smith ら，1972；Cheville, 2006）。皮膚や粘膜の腫瘍は潰瘍化することがある。また，腫瘍は軟部組織，骨，神経，内臓，骨転移（Lester, Gaynor, 2000）などを介し，痛みに敏感な構造へ直接関与することで痛みを引き起こす場合がある。悪性腫瘍は発生場所で成長し，循環器系やリンパ系を介して肺，肝臓，脾臓，腎臓など他の部位に転移し，病気（衰弱，貧血）や死を引き起こす。

● 8.6.3 分娩および新生子のケア

難産は胎子のオーバーサイズ，位置異常，腟・子宮脱といった繁殖疾患によって引き起こされ，強い痛み，不快感，母体へのリスクを伴う（McGuirk ら，2007）。鎮痛薬，抗菌薬，衛生管理などの獣医的処置により，繁殖疾患による福祉への影響を低減する（Scott, 2005）。しかし，処置によってすべての苦痛を排除することはできないため，難産の発生率が高い場合は，繁殖計画を見直すべきである。例えば，ダブルマッスルのベルジャン・ブルー種では，帝王切開が実施されるが，近年では小型の子牛が選抜されている（Kolkman ら，2010a, b）。難産は移行抗体の賦与を遅らせ，新生子は物理的な外傷から細菌感染を起こす。生まれたばかりの動物の死亡率は低体温症，感染，損傷，捕食に影響されやすいため，特に注意が必要である（Mellor, Stafford, 2004）。

● 8.6.4 遺伝性疾患

多くの病気は遺伝的な問題がある。犬種によっては特性を維持するための選択繁殖が原因で健康問題が生じる場合もある。品種の特性（例：被毛，体重，皮膚，眼，短い口吻など）は，誇張されることで動物の健康を害し，ある品種は遺伝性疾患の影響を受けやすい（Stafford, 2006）。眼瞼内反，股関節形成不全などの疾患は痛みを伴い，他の疾患は手術や長期治療を必要とする。短頭種では頭の形が出産時や呼吸時の問題を引き起こす可能性がある。

● 8.6.5 その他の疼痛状態

Mathews（2000b）と Hansen（2000）は，痛みを伴う可能性が高い他の例として以下のようなものを挙げている。

- 神経損傷（神経障害性疼痛）と椎間板ヘルニア。
- 体組織（髄膜炎，腹膜炎，筋膜炎，蜂窩織

炎）や臓器（腎炎）の広範な炎症。
- 組織の拡張（腎盂腎炎，肝炎，脾炎，脾臓捻転）または中空臓器膨満（ガスの蓄積による鼓腸や胃捻転，ウマの腸閉塞や疝痛）の結果として腹膜痛などの過度な臓器の拡張（Thoefnerら，2003）。
- 捻転：腸間膜，胃および精巣，血栓症および虚血。
- 管の閉塞：尿管，尿道，または胆管。

ヒツジの一般的な疾患に関連する痛みの強さを評価した獣医師によると，趾間腐乱，ハエウジ症，慢性乳房炎の順で痛みが強いとされる（Fitzpatrickら，2006）。ハエウジ症は刺激と痛みを伴い，時に致死的である。クロバエはヒツジに産卵し，ウジが肉に穴を掘ってアンモニアを分泌することでヒツジに中毒を起こす。ウシの獣医師は，難産，骨盤および四肢骨折，急性中毒性乳房炎，膿瘍および白線病，趾皮膚炎，ぶどう膜炎，関節疾患や肺炎（Huxley, Whay, 2006）の順で痛みが強いと述べている。

8.7 疾患の評価

疾患の測定を，ユニットや飼育システムにおける福祉レベルの評価に組み込むべきである。疾患や損傷に関わる福祉を評価する場合には，疾患の疫学的情報，動物が苦しんだ期間，治療または予防が実施されたかを考慮することが重要である。Thrusfield（2005, p.22）は，疫学を「集団における疾患と疾患の発生に影響を与える要因の研究」と定義し，疾患を定量する方法を概説している。疾患の有病率の調査は様々な偏りが生じるため，その実施と解釈には注意が必要である。罹患率（疾患の量）と死亡率は，疾患と治療の欠如に関わる低福祉の評価に有用である。しかし，これらは福祉の指標として単独で使用することはできない（Ortiz-Pelaezら，2008）。動物が苦痛なしに急死した場合は福祉的に問題はないが，疾患が長期化し，不快，痛み，恐怖などの情動が生じる場合は福祉上の懸念となる（Broom, 1988）。畜産では，死亡率は淘汰と混同され，淘汰は異なる理由でも死亡率に影響する。淘汰とは多くの場合，質の低い，すなわち生産力の低い個体を選んで除くことや，余剰動物の処分をいう。動物の淘汰は以下のような多くの要因によって決定する。

- 動物の齢，生産性，健康状態，繁殖能力などの要因。
- 生産品の価格，淘汰動物の価格，更新する動物の入手可能性と費用といった経済要因（Bascom, Young, 1998）。

死亡率や淘汰率が低いことは，動物が健康で生産性が高いことを示すため，理想的である。しかし，動物が苦痛を感じ得る健康上の問題を抱えている場合，人道的な安楽死は福祉を維持するうえで有効な選択肢となる。

原因が判明している多くの疾患は，臨床徴候，臨床検査，その他の臨床手法により正確に診断することができる。疾患の測定の信頼性は，観察者の臨床技能，診断手順の有効性，記録の正確性と一貫性などの要因に左右される。簡単な福祉レベルの評価の一環として，一般的な不健康の兆候を観察することは可能だろう。そして，より詳細に設定した判断基準に従い分類を定義し，臨床徴候や病変の重症度を記述することで可能となる。例えば，乳牛では咳，被毛の状態（脱毛，くすみ），皮膚の状態，腫れ，潰瘍，蹄の状態，身体状態および運動性の評価が行われている（Whayら，2003）。また，臨床徴候に対する治療記録の検査，投薬記

録（瓶，容器，販売の領収書や薬の記録。Scottら，2007），難産，突然死，処分数，淘汰数，と畜場における病理同定記録は，収容施設における現在と過去の健康上の問題を把握するのに有益である（Mainら，2001；Whay，2007）。例えば，淘汰された雌豚のと畜時に認められた一般的な病変は，様々な部位における膿瘍，咬傷や外傷による皮膚表面の損傷だった。ある雌豚では，慢性関節炎，褥瘡潰瘍，自然治癒した骨折や骨髄炎が見られた（Cleveland-Nielsenら，2004）。生産性や繁殖性に影響を与える要因はほかにもあるが，以上のような記録の検査により，疾患の生産性への潜在的な影響の事実を明らかにできる（Edwards，2007）。

8.8 ストックマンシップ

EUでは，畜産農家は細かな法規制に準拠して動物を管理する必要がある（欧州理事会，1998）。動物のケアは，適切な能力，知識，専門的能力を持つ十分な数のスタッフによってなされなければならない。

● 8.8.1 点検

EUでは，人間の注意により動物の福祉が左右されるような飼育システムで管理されているすべての動物について，少なくとも1日1回点検しなければならない。一方，放牧羊のようなその他のシステムで管理されている動物では，動物の苦痛を発見するのに十分な頻度で点検する必要がある。また，いつでも動物を検査できるように，十分な照明がなければならない。すべての飼養者は，動物の正常な行動を理解し，苦痛や疾患の兆候がないかを監視する必要がある。これを実施するために，飼養者は機器のチェックや，問題が起きた時にすぐに行動できるよう常に備品の在庫を確認しておくことが重要である。飼養者は，飼養する動物の健康障害の兆候に注意しなければならない。疾患時の症状の例を**ボックス8.1**に示す。

● 8.8.2 治療

動物は病気に対処するため，免疫やその他のメカニズムを備えており，特に人が介入しなくても部分的，全面的に病気から回復することがある。しかし，このような回復は時間がかかる可能性があるうえ，迅速で適切なケアと治療を受けた場合よりも病理的変化が大きく，より苦しむことがある。一方で，治療の選択は多くの要因の影響を受ける。獣医師と飼養者は治療の有無，治療の選択について考慮するべきで（Webster，1995；Main，2006），安楽死（動物が経験する苦痛を防ぐために動物を処分すること）などといった実施すべき処置もそれに含まれる（Broom，2007）。

次に挙げる要因は，治療の決定と処置の内容に影響を与える。

- 苦しみの深刻度：迅速な対応の実施，鎮痛薬の使用，安楽死の考慮に影響を与える。
- 予後：動物が回復するか，また良好で生産性の高い生活ができるかを指す。QOL（生活の質）は，獣医師が治療するか安楽死するか決定する際の判断材料となる（McMillan，2003）。これは特に動物の所有が金銭上の利益のためではなく，所有者が動物のために最善の選択をする傾向のある伴侶動物で当てはまる。
- 所有者または飼養者の姿勢：これは動物と所有者との関係や飼養者の倫理観といった多くの要因の影響を受ける。例えば，有機畜産では治療法の選択肢が制限されることがある。有機畜産には，福祉の向上につながると思わ

> **ボックス 8.1　疾患時の症状の例**
> - 倦怠感
> - 孤立したがる
> - 通常と異なる行動
> - 歩様異常
> - 削痩
> - 食欲不振
> - 飲水量の変化
> - 生産性の激減：乳量，卵の量や品質など
> - 便秘や下痢
> - 鼻孔や眼からの排出物
> - 唾液の増加
> - 反芻の停止
> - 嘔吐
> - 連続的咳やくしゃみ
> - 呼吸促拍や呼吸の乱れ
> - 休息行動の異常
> - 移動困難（歩様スコアで評価）または跛行
> - 関節やへその腫脹
> - 乳房炎
> - 目に見える傷や膿瘍，外傷
> - 体を掻く，こする行動
> - 震え
> - 皮膚の蒼白や内出血

れている原則が動物の健康のリスクを増すという潜在的な矛盾がある。多くの獣医師が，有機畜産には最適な治療（vonBorell, Sorensen, 2004）と予防策（Lund, Algers, 2003）が欠如しているという理論的な懸念を持っている。伴侶動物では，所有者に十分な資金があったり，保険に加入していたりする場合には，がん治療や移植といった人医療や外科治療などの先進的な治療法が応用されている。どの処置を実施するか，最終的な成果が常に最適な動物福祉と両立できるかどうかは慎重に検討しなければならない（Christiansen, Forkman, 2007；Soulsby, 2007）。

- 治療費：獣医療費，各種検査費（血液検査，X線検査，超音波検査，内視鏡検査，病理組織検査），薬代や治療費（外科手術の場合は麻酔前投薬，麻酔薬，鎮痛薬，静脈輸液，外科消耗品，手術室使用料，経過モニター料，投薬，入院などの費用）を含み，時に高額となることがある。支払いに消極的であったり，治療依頼の決定に時間がかかりすぎる所有者もいる。
- 経済性：治療をするかしないかは，動物の更新費用，治療費，疾患によって生じる生産の損失（減成長，減乳量），休薬期間による損失，と畜費，安楽死や死体の処理費用，品質保証になる付加価値の潜在的損失と病気の制御に対するバイオセキュリティ費用の影響を受ける。ブロイラーの脚弱問題のように，特定の疾患を制御するためにかかる費用が利益を上回れば，一定量の病気は見過ごされる。
- 適切なケアと治療を提供する能力：環境，取り扱い設備，治療と回復，飼養者の技術とケア，適切な治療が得られるかといった要因に影響を受ける。人医療と比較して動物用医薬品やワクチンの利益率は低く，製薬企業にとって動物用の新薬を開発したり，獣医的用途のためのライセンス製品を販売し続けることは，経済的ではないことがある。
- 治療に伴う不快な副作用：苦痛，経口薬の不快な味，注射時の取り扱いと保定，薬の有害作用，痛み，不快，外科手術に伴う拘束，手術後の切断部位の機能損失は，治療の選択に影響を与える（McMillan, 2003）。
- ヒトの健康や環境への治療の影響：ヒツジの薬浴などといったある種の外部寄生虫治療はヒトにも野生動物にも有害である。
- 法律：苦痛を防ぐための動物福祉の法律は多くの国に存在する。例えば，EUでは，疾患や損傷があると判断された動物については直

ちに適切なケアをしなければならず，ケアに反応しない場合は，できるだけ早く獣医師の助言を得る必要があると定められている。疾患や損傷を持つ動物は，必要に応じて適切な収容施設に隔離し，乾燥した快適な敷料を用意する必要がある。動物の所有者や飼養者も薬物治療の記録を保管しなければならない。

治療の主な目的は，迅速かつ永続的な回復を達成することであり，苦痛の低減に役立つ。しかし，治療中も病気による苦痛や不快感を緩和するよう注意を払わなければならない（Gregory, 1998）。疾患に関連する不快感は，鎮痛薬，制吐薬，下剤，抗不安薬，抗ヒスタミン薬，コルチコステロイド，輸液，看護やケアなどの支持療法によって軽減できる（McMillan, 2003）。

● 8.8.3 罹患動物のケア

罹患動物には，特別なケアが必要になる。病気の動物に触れたり，話しかけたりすることで痛み，恐怖，孤立感を軽減することができる（McMillan, 1999）。多くの収容施設は，罹患動物用の施設を併設している。この施設は動物の状態を定期的に確認することができるよう行き来が容易である必要がある。ケアに必要な準備として，追加の環境からの保護，追加の敷料，床面積の拡大，水や食料へのアクセスの確保などがある。罹患動物は寒さの影響を受けやすく，追加の暖房が必要になることがある。罹患動物用施設によって，他の動物から罹患動物を隔離し，ケアをすることができるが，社会性動物の隔離は，常に有益とは限らないかもしれない。しかし，それを理由に罹患動物を放置し，不十分な治療で回復や死を待つという対応は適切ではない。動物が立てない場合（例：ウシのダウナー症候群），横臥初期に質の高いケアを

することで回復の見込みを大幅に高めることができる。決定は迅速にしなければならない。痛みや不快感を持つ罹患動物が治療に反応せず，回復が見込めなければ，できるだけ早く安楽死するべきである。移動や輸送によって苦痛が引き起こされるのであれば行わず，その場で安楽死する。

8.9 獣医師の役割

獣医学は，疾患や損傷の予防，診断，治療を包括する学問である。獣医療技術は，疾患により生じる苦痛の軽減に不可欠である。また，獣医師は動物福祉を含む幅広い科学的専門知識を持っている。獣医師の職業倫理は，動物と定期的に接触し，実用的で信頼性の高いアドバイスによって社会から信頼され，動物福祉の向上のために働くよう義務づけている（Edwards, 2004；Algers, 2008；Ladewig, 2008）。獣医師は検査官として監視や規制を行い，また病気の動物を病院や農場で治療して疾病予防と管理を遂行する重要な役割を持つ。

8.10 結論

- 健康と疾患は福祉に影響を与える重要な要因である。福祉の基準に準拠していれば動物は健康である可能性が高く，基準を逸脱する場合は疾患である危険性が高い。

- 疾患のある動物の情動の推察は行動や臨床観察，動物の生物学の知識，私たちの経験に基づく。多くの疾患の臨床的・病理的反応はヒトと動物で共通しているため，この擬人化アプローチは有効である。

- ある種の疾患は，痛みや苦痛を引き起こし，

動物は病的状態となる。感受性組織の病理的変化により，損傷，緊張，疼痛を引き起こす圧迫感が生じる。疾患は，食欲不振，喉の渇き，発熱，吐き気，疲労感，恐怖や苦痛といった情動を引き起こす。加えて，疾患に伴う体の可動範囲の減少，削痩，身体機能の低下により他の福祉問題も発生する。

- 感染症はウイルス，細菌，寄生虫といった病原体の種類に関わらず苦痛を引き起こす重要な要因である。病原体は遺伝的性質，齢，栄養，環境，管理などの推進要因と結びついた時だけ悪影響を与えるものもある。

- 動物の外貌や乳生産量，ブロイラーの増体量，産卵数といった生産性の最大化のための遺伝的選抜は，動物の正常機能，代謝性疾患，跛行，骨折などの面で悪影響を与える。

- 群管理では，疾患コントロールに細心の注意を要する。具体的には健康管理，記録の保存，予防接種，寄生虫予防，適切な飼料，環境整備などを指す。よいストックマンシップは福祉のために不可欠であり，専門的能力，定期的な検査，健康障害の兆候発見のための注意深い観察が必要である。疾患や損傷の疑いがある動物は，適切かつ遅滞なくケアしなければならない。罹患動物には，必要に応じて支持療法を行い，適当な収容施設を準備しなければならない。動物がケアに反応しない場合は，適切な診断，予後診断，治療，苦痛を軽減し，他の動物への疾患を防ぐための措置を実施することができるよう，獣医学的助言をできるだけ早く得るべきである。

参考文献

Algers, B. (2008) Who is responsible for animal welfare? The veterinary answer. *Acta Veterinaria Scandinavica* 50 (Supplement 1), S11.

Andrews, A.H. (1992) Other clinical diagnostic methods. In: Moss, R. (ed.) *Livestock Health and Welfare*. Longman Scientific and Technical, Harlow, Essex, pp. 51-86.

Ashley, P.J. (2007) Fish welfare: current issues in aquaculture. *Applied Animal Behaviour Science* 104, 199-235.

Balsbaugh, R.K., Curtis, S.E., Meyer, R.C. and Norton, H.W. (1986) Cold resistance and environmental-temperature preference in diarrheic piglets. *Journal of Animal Science* 62, 315-326.

Bascom, S.S. and Young, A.J. (1998) A summary of the reasons why farmers cull cows. *Journal of Dairy Science* 81, 2299-2305.

Bayvel, A.C.D. (2004) Science-based animal welfare standards: the international role of the Office International des Epizooties. *Animal Welfare* 13 (Supplement 1), 163-169.

Blowey, R.W. (1998) Welfare aspects of foot lameness in cattle. *Irish Veterinary Journal* 51, 203-207.

Blunden, A., Murray, R., Dyson, S. and Schramme, M. (2005) Chronic foot pain in the horse - is it caused by bone or tendon pathology or what? *Research in Veterinary Science* 78, 41-42.

Bradshaw, R.H., Kirkden, R.D. and Broom, D.M. (2002) A review of the aetiology and pathology of leg weakness in broilers in relation to welfare. *Avian and Poultry Biology Reviews* 13, 45-103.

Brambell Committee (1965) *Report of the Technical Committee to Enquire into the Welfare of Animal Kept under Intensive Livestock Husbandry Systems*. Command Paper 2836, Her Majesty's Stationery Office, London.

Broom, D.M. (1988) The scientific assessment of poor welfare. *Applied Animal Behaviour Science* 20, 5-19.

Broom, D.M. (2007) Quality of life means welfare: How is it related to other concepts and assessed? *Animal Welfare* 16, 45-53.

Butterworth, A. (1999) Infectious components of broiler lameness: a review. *Worlds Poultry Science Journal* 55, 327-352.

Butterworth, A., Weeks, C.A., Crea, P.R. and Kestin, S.C. (2002) Dehydration and lameness in a broiler flock. *Animal Welfare* 11, 89-94.

Cheville, N.F. (2006) *Introduction to Veterinary Pathology*. Blackwell Publishing, Ames, Iowa.

Christiansen, S.B. and Forkman, B. (2007) Assessment of animal welfare in a veterinary context - a call for ethologists. *Applied Animal Behaviour Science* 106, 203-220.

Clarke, S.P. and Bennett, D. (2006) Feline osteoarthritis: a prospective study of 28 cases. *Journal of Small Animal Practice* 47, 439–445.

Cleveland-Nielsen, A., Christensen, G. and Ersboll, A.K. (2004) Prevalences of welfare-related lesions at post-mortem meat-inspection in Danish sows. *Preventive Veterinary Medicine* 64, 123–131.

Colditz, I.G. (2002) Effects of the immune system on metabolism: implications for production and disease resistance in livestock. *Livestock Production Science* 75, 257–268.

Crispin, S.M., Roger, P.A., O'Hare, H. and Binns, S.H. (2002) The 2001 foot and mouth disease epidemic in the United Kingdom: animal welfare perspectives. *Revue Scientifique et Technique de L'Office International Des Epizooties* 21, 877–883.

Danbury, T.C., Weeks, C.A., Chambers, J.P., Waterman-Pearson, A.E. and Kestin, S.C. (2000) Self-selection of the analgesic drug carprofen by lame broiler chickens. *Veterinary Record* 146, 307–311.

Dantzer, R., O'Connor, J.C., Freund, G.G., Johnson, R.W. and Kelley, K.W. (2008) From inflammation to sickness and depression: when the immune system subjugates the brain. *Nature Reviews Neuroscience* 9, 46–56.

Dawkins, M.S. (2008) The science of animal suffering. *Ethology* 114, 937–945.

Defra (Department for Environment, Food and Rural Affairs) (2003) *Code of Recommendations for the Welfare of Livestock: Cattle*. Defra Publications, London.

Defra (2008) Biosecurity guidance to prevent the spread of animal diseases. Available at: http://www.defra.gov.uk/foodfarm/farmanimal/diseases/documents/biosecurity_guidance.pdf (accessed 23 December 2010).

Duncan, I.J.H., Beatty, E.R., Hocking, P.M. and Duff, S.R.I. (1991) Assessment of pain associated with degenerative hip disorders in adult male turkeys. *Research in Veterinary Science* 50, 200–203.

Dyer, R.M., Neerchal, N.K., Tasch, U., Wu, Y., Dyer, P. and Rajkondawar, P.G. (2007) Objective determination of claw pain and its relationship to limb locomotion score in dairy cattle. *Journal of Dairy Science* 90, 4592–4602.

Dyson, S.J., Murray, R. and Schramme, M.C. (2005) Lameness associated with foot pain: results of magnetic resonance imaging in 199 horses (January 2001–December 2003) and response to treatment. *Equine Veterinary Journal* 37, 113–121.

Edwards, J.D. (2004) The role of the veterinarian in animal welfare — a global perspective. In: *Global Conference on Animal Welfare: An OIE Initiative, Proceedings*, Paris, 23–25 February 2004. OIE (World Organisation for Animal Health), Paris/European Commission, Luxembourg, pp. 27–35.

Edwards, S.A. (2007) Experimental welfare assessment and on-farm application. *Animal Welfare* 16, 111–115.

Egenvall, A., Bonnett, B., Wattle, O. and Emanuelson, U. (2008) Veterinary-care events and costs over a 5-year follow-up period for warmblooded riding horses with or without previously recorded locomotor problems in Sweden. *Preventive Veterinary Medicine* 83, 130–143.

European Council (1998) Council Directive 98/58/EC of 20 July 1998 concerning the Protection of Animals kept for Farming Purposes. *Official Journal of the European Union* L221, 23–27.

FAWC (Farm Animal Welfare Council) (2009) *Five Freedoms*. Available at: http://www.fawc.org.uk/freedoms.htm (accessed July 2010).

Fèvre, E.M., Bronsvoort, B.M.d.C., Hamilton, K.A. and Cleaveland, S. (2006) Animal movements and the spread of infectious diseases. *Trends in Microbiology* 14, 125–131.

Fitzpatrick, J., Scott, M. and Nolan, A. (2006) Assessment of pain and welfare in sheep. *Small Ruminant Research* 62, 55–61.

Flower, F.C., Sedlbauer, M., Carter, E., von Keyserlingk, M.A.G., Sanderson, D.J. and Weary, D.M. (2008) Analgesics improve the gait of lame dairy cattle. *Journal of Dairy Science* 91, 3010–3014.

Fossum, O., Jansson, D.S., Etterlin, P.E. and Vagsholm, I. (2009) Causes of mortality in laying hens in different housing systems in 2001 to 2004. *Acta Veterinaria Scandinavica* 51, 1–28.

Green, L.E., Berriatua, E. and Morgan, K.L. (1997) The relationship between abnormalities detected in live lambs on farms and those detected at post mortem meat inspection. *Epidemiology and Infection* 118, 267–273.

Green, P. and Tong, J.M.J. (2004) The role of the veterinary surgeon in equine welfare cases. *Equine Veterinary Education* 16, 46–56.

Gregory, N.G. (1998) Physiological mechanisms causing sickness behaviour and suffering in diseased animals. *Animal Welfare* 7, 293–305.

Gregory, N.G. (2004) *Physiology and Behaviour of Animal Suffering*. Blackwell Publishing, Oxford, UK.

Gregory, N.G. and Wilkins, L.J. (1989) Broken bones in domestic fowl: handling and processing damage in end-of-lay battery hens. *British Poultry Science* 30, 555–582.

Griffin, J.F.T. (1989) Stress and immunity - a unifying concept. *Veterinary Immunology and Immunopathology* 20, 263–312.

Gross, W.B. and Siegel, P.B. (1997) Why some get sick. *Journal of Applied Poultry Research* 6, 453–460.

Gunnarsson, S. (2006) The conceptualisation of health

and disease in veterinary medicine. *Acta Veterinaria Scandinavica* 48, 1-6.

Hansen, B. (2000) Acute pain management. *Veterinary Clinics of North America: Small Animal Practice* 30, 899-916.

Hardie, E.M. and Rawlings, C.A. (1983) Septic shock. 1. Patho-physiology. *Compendium on Continuing Education for the Practicing Veterinarian* 5, 369-376.

Hart, B.L. (1988) Biological basis of the behaviour of sick animals. *Neuroscience and Biobehavioral Reviews* 12, 123-137.

Holmes, P.H. (1987) Pathophysiology of parasitic infections. *Parasitology* 94, S29-S51.

Hu, H.H., MacAllister, C.G., Payton, M.E. and Erkert, R.S. (2005) Evaluation of the analgesic effects of phenylbutazone administered at a high or low dosage in horses with chronic lameness. *JAVMA - Journal of the American Veterinary Medical Association* 226, 414-417.

Huxley, J.N. and Whay, H.R. (2006) Current attitudes of cattle practitioners to pain and the use of analgesics in cattle. *Veterinary Record* 159, 662-668.

Julian, R.J. (2000) Physiological, management and environmental triggers of the ascites syndrome: a review. *Avian Pathology* 29, 519-527.

Julian, R.J. (2005) Production and growth related disorders and other metabolic diseases of poultry - a review. *Veterinary Journal* 169, 350-369.

Kaufmann-Bart, M. and Hoop, R.K. (2009) Diseases in chicks and laying hens during the first 12 years after battery cages were banned in Switzerland. *Veterinary Record* 164, 203-207.

Kelly, K.W. (1980) Stress and immune function: a bibliographic review. *Annales de Recherches Veterinaires/Annals of Veterinary Research* 11, 445-478.

Kirkwood, J.K. (2007) Quality of life: the heart of the matter. *Animal Welfare* 16, 3-7.

Knowles, T.G., Kestin, S.C., Haslam, S.M., Brown, S.N., Green, L.E., Butterworth, A., Pope, S.J., Pfeiffer, D. and Nicol, C.J. (2008) Leg disorders in broiler chickens: prevalence, risk factors and prevention. *PLoS ONE* 3, e1545.

Kolkman, I., Aerts, S., Vervaecke, H., Vicca, J., Vandelook, J., de Kruif, A., Opsomer, G., Lips, D. (2010a) Assessment of differences in some indicators of pain in double muscled Belgian Blue cows following naturally calving vs Caesarean section. *Reproduction in Domestic Animals* 45, 160-167.

Kolkman, I., Opsomer, G., Aerts, S., Hoflack, G., Laevens, H., Lips, D. (2010b) Analysis of body measurements of newborn purebred Belgian Blue calves. *Animal* 4, 661-671.

Ladewig, J. (2008) The role of the veterinarian in animal welfare. *Acta Veterinaria Scandinavica* 50 (Supplement 1), S5.

Laven, R.A., Lawrence, K.E., Weston, J.F., Dowson K.R. and Stafford, K.J. (2008) Assessment of the duration of the pain response associated with lameness in dairy cows, and the influence of treatment. *New Zealand Veterinary Journal* 56, 210-217.

Lester, P. and Gaynor, J.S. (2000) Management of cancer pain. *Veterinary Clinics of North America: Small Animal Practice* 30, 951-966.

Ley, S.J., Livingston, A. and Waterman, A.E. (1989) The effect of chronic clinical pain on thermal and mechanical thresholds in sheep. *Pain* 39, 353-357.

Ley, S.J., Livingston, A. and Waterman, A.E. (1992) Effects of clinically occurring chronic lameness in sheep on the concentrations of plasma noradrenaline and adrenaline. *Research in Veterinary Science* 53, 122-125.

Ley, S.J., Waterman, A.E., Livingston, A. and Parkinson, T.J. (1994) Effect of chronic pain associated with lameness on plasma-cortisol concentrations in sheep - a field-study. *Research in Veterinary Science* 57, 332-335.

Livingston, A. (2000) Mechanism of action of nonsteroidal anti-inflammatory drugs. *Veterinary Clinics of North America: Small Animal Practice* 30, 773-781.

Lund, V. and Algers, B. (2003) Research on animal health and welfare in organic farming - a literature review. *Livestock Production Science* 80, 55-68.

Main, D.C.J. (2006) Offering the best to patients: ethical issues associated with the provision of veterinary services. *Veterinary Record* 158, 62-66.

Main, D.C.J., Webster, A.J.F. and Green, L.E. (2001) Animal welfare assessment in farm assurance schemes. *Acta Agriculturae Scandinavica, Section A - Animal Science* 51 (Supplement 30), 108-113.

Main, D.C.J., Kent, J.P., Wemelsfelder, F., Ofner, E. and Tuyttens, F.A.M. (2003) Applications for methods of on-farm welfare assessment. *Animal Welfare* 12, 523-528.

Mansa, S., Palmer, E., Grondahl, C., Lonaas, L. and Nyman, G. (2007) Long-term treatment with carprofen of 805 dogs with osteoarthritis. *Veterinary Record* 160, 427-430.

Mathews, K.A. (2000a) Nonsteroidal anti-inflammatory analgesics: Indications and contraindications for pain management in dogs and cats. *Veterinary Clinics of North America: Small Animal Practice* 30, 783-804.

Mathews, K.A. (2000b) Pain assessment and general approach to management. *Veterinary Clinics of North America: Small Animal Practice* 30, 729-755.

McEwen, S.A. (2006) Antibiotic use in animal agriculture: what have we learned and where are we going? *Animal Biotechnology* 17, 239-250.

McGeown, D., Danbury, T.C., Waterman-Pearson, A.E. and Kestin, S.C. (1999) Effect of carprofen on lameness in broiler chickens. *Veterinary Record* 144, 668-

671.

McGuirk, B.J., Forsyth, R. and Dobson, H. (2007) Economic cost of difficult calvings in the United Kingdom dairy herd. *Veterinary Record* 161, 685-687.

McMillan, F.D. (1999) Effects of human contact on animal health and well-being. *Journal of the American Veterinary Medical Association* 215, 1592-1598.

McMillan, F.D. (2003) Maximizing quality of life in ill animals. *JAVMA - Journal of the American Animal Hospital Association* 39, 227-235.

Mellor, D.J. and Stafford K.J. (2004) Animal welfare implications of neonatal mortality and morbidity in farm animals. *Veterinary Journal* 168, 118-133.

Milne, C.E., Dalton, G.E. and Stott, A.W. (2008) Balancing the animal welfare, farm profitability, human health and environmental outcomes of sheep ectoparasite control in Scottish flocks. *Livestock Science* 118, 20-33.

Milne, M.H., Nolan, A.M., Cripps, P.J. and Fitzpatrick, J.L. (2003) Assessment and alleviation of pain in dairy cows with clinical mastitis. *Cattle Practice* 11, 289-293.

Munro, R. (2008) *Animal Abuse and Unlawful Killing: Forensic Veterinary Pathology.* Elsevier Saunders, Edinburgh, UK.

Newberry, R.C. (1995) Environmental enrichment - increasing the biological relevance of captive environments. *Applied Animal Behaviour Science* 44, 229-243.

Nolan, A.M. (2000) Pharmacology of analgesic drugs. In: Flecknell, P.A. and Waterman-Pearson, A.W.B. (eds) *Pain Management in Animals.* Saunders, London, pp. 21-52.

OIE (2009) Chapter 7.6: Killing of animals for disease control purposes. In: *Terrestrial Animal Health Code.* Available at: http://www.oie.int/eng/normes/mcode/en_chapitre_1.7.6.htm (accessed 23 December 2010).

Ortiz-Pelaez, A., Pritchard, D.G., Pfeiffer, D.U., Jones, E., Honeyman, P. and Mawdsley, J.J. (2008) Calf mortality as a welfare indicator on British cattle farms. *Veterinary Journal* 176, 177-181.

Owens, J.G., Kamerling, S.G., Stanton, S.R. and Keowen, M.L. (1995) Effects of ketoprofen and phenylbutazone on chronic hoof pain and lameness in the horse. *Equine Veterinary Journal* 27, 296-300.

Pastoret, P.P. (1999) Veterinary vaccinology. *Comptes Rendus de l'Academie des Sciences Serie Iii-Sciences de la Vie - Life Sciences* 322, 967-972.

Peterson, K.D. and Keefe, T.J. (2004) Effects of meloxicam on severity of lameness and other clinical signs of osteoarthritis in dogs. *JAVMA - Journal of the American Veterinary Medical Association* 225, 1056-1060.

Peterson, P.K., Chao, C.C., Molitor, T., Murtaugh, M., Strgar, F. and Sharp, B.M. (1991) Stress and pathogenesis of infectious-disease. *Reviews of Infectious Diseases* 13, 710-720.

Raj, M. (2008) Humane killing of nonhuman animals for disease control purposes. *Journal of Applied Animal Welfare Science* 11, 112-124.

Rauw, W.M., Kanis, E., Noordhuizen-Stassen, E.N. and Grommers, F.J. (1998) Undesirable side effects of selection for high production efficiency in farm animals: a review. *Livestock Production Science* 56, 15-33.

Refsdal, A.O. (2000) To treat or not to treat: a proper use of hormones and antibiotics. *Animal Reproduction Science* 60, 109-119.

Renberg, W.C. (2005) Pathophysiology and management of arthritis. *Veterinary Clinics of North America: Small Animal Practice* 35, 1073-1091.

Riddell, C., Helmbold, C.F., Singsen, E.P. and Matterson, L.D. (1968) Bone pathology of birds affected with cage layer fatigue. *Avian Diseases* 12, 285-297.

Rushen, J., de Passillé, A.M., von Keyserlingk, M.A.G. and Weary D.M. (2008) Health, disease, and productivity. In: Rushen, J., de Passillé, A.M., von Keyserlingk, M.A.G. and Weary, D.M. (eds) *The Welfare of Cattle.* Springer, Dordrecht, The Netherlands, pp. 15-42.

Rutherford, K.M.D. (2002) Assessing pain in animals. *Animal Welfare* 11, 31-53.

Sainsbury, D. (1998) *Animal Health: Health, Disease, and Welfare of Farm Livestock.* Blackwell Science, Oxford, UK.

Scott, H. (1999) Non-traumatic causes of lameness in the hindlimb of the growing dog. *In Practice* 21, 176-188.

Scott, P.R. (2005) The management and welfare of some common ovine obstetrical problems in the United Kingdom. *Veterinary Journal* 170, 33-40.

Scott, P.R., Sargison, N.D. and Wilson, D.J. (2007) The potential for improving welfare standards and productivity in United Kingdom sheep flocks using veterinary flock health plans. *Veterinary Journal* 173, 522-531.

Smith, H.A., Jones, T.C. and Hunt, R.D. (1972) *Veterinary Pathology.* Lea and Febiger, Philadelphia, Pennsylvania.

Smith, W.J. (1988) Lameness in pigs associated with foot and limb disorders. *In Practice* 10, 113-117.

Soulsby, E.J.L. (2007) Foreword. *Animal Welfare* 16 (Supplement 1), 1.

Stafford, K. (2006) *The Welfare of Dogs.* Springer, Dordrecht, The Netherlands.

Thiermann, A.B. (2004) The OIE process, procedures and international relations. *Global Conference on Animal Welfare: An OIE Initiative, Proceedings,* Paris, 23-25 February 2004. OIE, Paris/European Commission, Luxembourg, pp. 7-12.

Thoefner, M.B., Ersboll, B.K., Jansson, N. and Hesselholt, M. (2003) Diagnostic decision rule for support in clinical assessment of the need for surgical intervention in horses with acute abdominal pain. *Canadian Journal of Veterinary Research/Revue Canadienne de Recherche Veterinaire* 67, 20-29.

Thorp, B.H. (1994) Skeletal disorders in the fowl - a review. *Avian Pathology* 23, 203-236.

Thrusfield, M. (2005) *Veterinary Epidemiology*. Blackwell, Oxford, UK.

UFAW (Universities Federation for Animal Welfare) (2008) The Garden Bird Health Initiative. Available at: http://www.ufaw.org.uk/gbhi.php (accessed 23 December 2010).

Vedhara, K., Fox, J.D. and Wang, E.C.Y. (1999) The measurement of stress-related immune dysfunction in psychoneuroimmunology. *Neuroscience and Biobehavioral Reviews* 23, 699-715.

Vestergaard, K.S. and Sanotra, G.S. (1999) Relationships between leg disorders and changes in the behaviour of broiler chickens. *Veterinary Record* 144, 205-209.

Viñuela-Fernández, I., Jones, E., Welsh, E.M. and Fleetwood-Walker, S.M. (2007) Pain mechanisms and their implication for the management of pain in farm and companion animals. *The Veterinary Journal* 174, 227-239.

von Borell, E. and Sørensen, J.T. (2004) Organic livestock production in Europe: aims, rules and trends with special emphasis on animal health and welfare. *Livestock Production Science* 90, 3-9.

Waldenstedt, L. (2006) Nutritional factors of importance for optimal leg health in broilers: a review. *Animal Feed Science and Technology* 126, 291-307.

Webster, A.B. (2004) Welfare implications of avian osteoporosis. *Poultry Science* 83, 184-192.

Webster, A.J.F. (1992) Problems of feeding and housing: their diagnosis and control. In: Moss, R. (ed.) *Livestock Health and Welfare*. Longman Scientific and Technical, Harlow, Essex, UK, pp. 292-332.

Webster, A.J.F. (1995) Animal-welfare - who are our clients. *Irish Veterinary Journal* 48, 236-239.

Webster, A.J.F. (1998) What use is science to animal welfare? *Naturwissenschaften* 85, 262-269.

Webster, A.J.F. (2001) Farm animal welfare: the five freedoms and the free market. *Veterinary Journal* 161, 229-237.

Welsh, E.M. and Nolan, A.M. (1995) Effect of flunixin meglumine on the thresholds to mechanical stimulation in healthy and lame sheep. *Research in Veterinary Science* 58, 61-66.

Whay, H.R. (2007) The journey to animal welfare improvement. *Animal Welfare* 16, 117-122.

Whay, H.R., Waterman A.E., Webster A.J.F. and O'Brien J.K. (1998) The influence of lesion type on the duration of hyperalgesia associated with hindlimb lameness in dairy cattle. *Veterinary Journal* 156, 23-29.

Whay, H.R., Main, D.C.J., Green, L.E. and Webster, A.J.F. (2003) Assessment of the welfare of dairy cattle using animal-based measurements: direct observations and investigation of farm records. *Veterinary Record* 153, 197-202.

Whay, H.R., Webster, A.J.F. and Waterman-Pearson, A.E. (2005) Role of ketoprofen in the modulation of hyperalgesia associated with lameness in dairy cattle. *Veterinary Record* 157, 729-33.

Whitehead, C.C. (2004) Overview of bone biology in the egg-laying hen. *Poultry Science* 83, 193-199.

Whiting, T.L. (2003) Foreign animal disease outbreaks, the animal welfare implications for Canada: risks apparent from international experience. *Canadian Veterinary Journal/Revue Veterinaire Canadienne* 44, 805-815.

Willeberg, P. (1991) Animal welfare studies: epidemiological considerations. *Proceedings of the Society for Veterinary Epidemiology and Preventive Medicine*, 76-82.

Winter, A.C. (2008) Lameness in sheep. *Small Ruminant Research* 76, 149-153.

Zepeda, C., Salman M. and Ruppanner, R. (2001) International trade, animal health and veterinary epidemiology: challenges and opportunities. *Preventive Veterinary Medicine* 48, 261-271.

III 評価

第9章 行動

概要

有能な動物飼育者や管理者は，動物の健康や福祉の手がかりとして動物の行動をよく利用する。行動が動物福祉の研究に重要な役割を果たす主な理由は2つある。ひとつ目は，行動は最も簡単に観察できる指標であり，特殊な機械がなくても経験や系統的手法によって重要な知見を得られること。2つ目は，行動は狭義の臨床的な健康の概念と広義の動物福祉の概念の橋渡しをすることである。行動学的手法を通して，研究者は動物の動機づけに関する情報を得ることができ，動物の主観的経験について推論できる。本章では，動物の行動と福祉の関係について述べる。動物が様々な行動をとらなければならない状況がどのように福祉に影響を与えるか，行動の変化の仕方がポジティブおよびネガティブな情動の指標となり得るかについて考察する。異常行動については，その発達と原因について述べ，さらに福祉の指標としての使用について考察する。また，情動の評価を目的とした行動実験に焦点を当て，これを使った動物の福祉に関する知見を得る方法を示す。また，動物福祉の評価に行動学的手法を用いる場合に生じる問題についても本章で取り上げる。

9.1 はじめに

動物の福祉を評価する際の行動の重要性については，Brambell委員会が提出した集約畜産に関する歴史的な報告（通称：Brambellレポート，1965, p.10）のなかで明示されている。

動物の感覚や苦痛に関する科学的事実は，解剖学や生理学から得られる一方，動物の行動の科学である動物行動学からも導かれる。これまでに動物の行動研究から得られた事実は感嘆すべきものである。動物行動学は，動物の飼育に関する科学研究の1分野として当然なされるべき関心が向けられてこなかったが，これからはその発展を促す機会を求めるべきである。

有能な動物飼育者や管理者は，動物の健康や福祉の手がかりとして行動をよく利用する。しかし，Brambellレポートでは，拘束下にある動物の行動に関する研究に取り組んでいくべきとしている。言いかえれば，動物の行動から福祉の何が分かるのかを問題提起している。このような論点はあるが，福祉の評価における行動の有用性とは，要は最も簡単に観察できる指標ということにある。行動は，動物がその外部環境を変化させ，制御するために発現する。そのため，行動は動物の欲求，好み，内的状態といった情報を提供してくれる。

本章では，動物の行動と福祉の関係に焦点を当てる。正常行動と異常行動について述べ，福祉が損なわれている状態の指標となる行動を例示し，動物の福祉に関する情報を得るための行

動実験の方法を示す。また，福祉の評価に行動を使用する際の問題点についても述べる。まずは，これまでの動物福祉に関する研究を顧みながら，これら研究の問題や欠点について述べる。なお，動物のポジティブな経験に関する研究はほとんど行われていない。

9.2 正常行動と福祉

● 9.2.1 自然な行動と行動の完全性

　動物の正常行動を研究することで，怯えている時や病気，痛みがある時に，動物がどのような行動を行うのかが分かる。さらに，健康な時や，空間や生存に必要な資源が不足するという制約がない時の動物の行動についても知ることができる。自由に生活できる状態と行動が制約される状態を比較することにより，制約下でどの行動が欠けるかを知ることができ，また，どの行動が動物にとって重要かという手がかりを得ることができる。さらに，常同行動のような判断の難しい行動の背景にある発現メカニズムや，これらの行動の福祉的意義について理解するためには，動物行動学的研究が不可欠となる。

　動物の行動が福祉の何を示しているのか知るには，その動物種の行動の特徴について詳細な知識が必要となる。これは「エソグラム」の確立により得ることができる。これには行動の時間的，環境的，社会的状況に関する情報も含まれるため，単なる行動目録というものではない（Banks, 1982）。大半の飼育環境は人工的であり，動物が自然な行動をする機会を制限するため，集約的飼育システム下における動物の行動の基準をつくるためには，Dawkins（1989, p.77）が述べたように，より粗放的な（自然に近い）環境下の動物を観察する必要がある。

　家畜であっても，自然状態に近い形で基準をつくることが理想的である。加えて，家畜化の過程における選抜で生じた行動の変化は，質的よりも量的な場合がほとんどであるが（Price, 2003），動物の福祉を評価する場合，この変化を理解することも重要である。すなわち，飼育下にある動物種を理解するために，同種の野生種を研究することは有益であるが，十分とはいえない。このため，飼育下の特定の系統や品種を研究することが適切な場合もあるだろう。Sluyter と van Oortmerssen（2000）は，それぞれが別の環境にまったく異なる適応を示している3つの一般的な実験系統マウスについてその自然な行動や嗜好性を研究し，その結果から，「マウスはもはやただのマウスではない」と述べている。

　このアプローチから，飼育システムを新しく開発した事例として最も広く引用されているのは，ブタを森林内につくられた2つの放牧地（ブタの公園）に放し，その調査を基に Stolba ファミリーペンを設計した，Stolba と Wood-Gush の研究（1989）である（Wechsler, 1996）。同様の方法で，産卵鶏のエイビアリーシステム（Fölsch ら，1983）や実験ウサギの群飼システム（Stauffacher, 1992, 図9.1）も開発されている。これらの研究の意図は，様々な自然な行動を発現させる鍵刺激を特定することにあった。これらの刺激（すなわち適切な代替。Stauffacher, 1994）は，様々な自然な行動を発現させ，「行動の完全性」（Würbel, 2009）を維持させ，また，これが動物の福祉を保障することを想定し，飼育システムに組み込まれていった。多くの指針（例：実験および他の科学的目的のために使用される脊椎動物の保護に関する欧州協定の付属書A 2006年改訂版〈Council of Europe, 2006〉，実験動物の管理と使用に関するアメリカの指針〈2010〉，どちらも実験動物の飼養管理方法を推奨している）でも，動

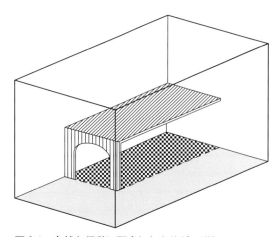

図 9.1 自然な行動に配慮したウサギの群飼システム
肥育ウサギ用の従来型飼育システムと比較して，一段高い床棚を設けることで，下が避難スペース，上が外部環境探査を行う場所となり，運動を刺激する

物の福祉の尺度として，「行動の完全性」を基準としている。つまり，様々な種特異的な行動を適切に発現させることを推奨している（Brambell レポート，1965，および第 2 章参照）。

しかし，ほとんどの種の個体は，程度の差はあっても，目の前にある環境や状況に合わせて行動することができ，またそのように行動していることを理解しなければならない。実際に，自然環境下の野生動物も，様々な状況のなかで行動や活動を変化させている。例えば，多くのシカ科の動物で集団個体数や活動パターンは季節間で大きく変動しており，発情期の雄では摂食量が劇的に減少することもある。すなわち，異なる野生環境にある動物同士，または自由に動ける動物と行動が制約される動物との間で行動に違いが見られることは，動物福祉について何かを示しているとは限らず，単に動物には適応力があり，行動には可塑性があることを示しているだけかもしれないのである。野生の動物において，この能力は変化する環境への適応に役立ち，繁殖の成功や生存を促すことにもな

る。このことから，行動レパートリーの「自然性」や「完全性」を高福祉の判断基準とすることは，厳しく批判されてきた（例：Dawkins, 2008）。動物の福祉にとってより重要なことは，ある自然な行動を実行することが動物にとって何の意味を持つのかを理解しようとすることであり，この点について Fraser（1992, p.100）は，以下のように 3 タイプに分けられるブタの自然な行動を例に挙げて説明している。

> ブタの自然な行動には，（分娩前の巣作りのような）したくて行う行動，（「暑熱時の」パンティングや泥浴びのような）状況が必要とする時にだけしたくなる行動，（「母豚がいない時に子豚が発する」分離コールのような）まったくしたくない行動が含まれる。拘束的な飼育環境と伝統的な飼育環境とで行動を単純に比較することで，研究に値する興味深い違いを特定できるかもしれないが，この方法自体，どの行動に違いがあることが動物福祉の点でよいのか，悪いのか，はたまたどちらでもないのかを説明するものではない。

自然な行動のタイプを区別することは（できないわけではないが）難しい。どの行動が「状況が必要とする時にだけしたくなる行動」か決めるには，まずその行動の機能を特定する必要がある。比較的容易に特定できる場合もあり，例えば，上記で Fraser が引用した泥浴びは，「ブタの公園（監注：前出の Stolba, Wood-Gush の研究場所）」では外気温が 18℃ を超えた時のみ観察された（Stolba, Wood-Gush, 1989）。これは，この行動が体温調節行動であり，寒冷な場合や気候が制御されている場合は，おそらく必要ないことを示している。しかし，他の行動では，機能の推定がより複雑となることがある（Duncan, 1981, p.493）。

> バタリーケージでは，羽ばたき行動は制限されるが，おそらく，ケージ内のニワトリは羽ばたきに対して動機づけされていない。羽ばたき行動は翼を伸ばす運動として記述されるが，性的，社会的信号にもなり得るし，飛ぼうとする意思を示すものでもある。羽ばたき行動がどうして起こるか，どんな機能があるか，どう発達するか，どう進化してきたかを知るまでは，ケージ飼育が羽ばたき行動を阻害しているとはいえない。

現段階では多くの行動の原因，機能，福祉への重要性について分かっていることは限られている。倫理的な判断において，行動への理解が限られていることによる動物の不利益を防ぐとしたら，粗放的な環境下の観察からつくられたエソグラムを基にした「行動の完全性」をその議論の足がかりとして用いることは有効であろう（Würbel, 2009）。特に，行動の完全性を次の2点から定義した場合，この判断は正しいだろう。
①内的に強く動機づけられていることが判明している行動（例：雌豚における分娩前の巣作り）
②環境内の刺激によってもたらされている可能性がある行動反応（例：気温の調整ができない飼育条件下のブタで，気温が高い時に行う泥浴び）

これらの定義に基づいた「行動の完全性」は，Dawkins（2008）が定義した高福祉の判断基準，「動物が何か望んでいるのか？」と完全に一致するだろう。

● 9.2.2 動揺，痛み，苦しみの行動指標

動物は，野生下，再野生下，飼育下であろうと動揺，恐怖，急性ストレスに特徴づけられる行動を数多く示す。このタイプの行動（Fraserの定義〈1992〉における「したくない行動」）には，逃走，忌避，不動化，隠れるといったストレス状態を示す反応が含まれる。どの反応が現れるかは状況によるが，このタイプの行動は，少なくとも短期的な福祉の低下に関する指標である。

これらの行動の頻度や強度から，動物が経験しているストレスに関する情報を得ることができる。WearyとFraser（1995a, p.1047）は，母豚から離された子豚の発声を記録した。

> 成長が悪くミルクをあまり飲んでいない子豚は，成長がよくミルクを飲んでいる同腹子に比べて多く鳴き，より高周波の鳴き声になり，長い時間鳴き，鳴き声を上げる回数が上昇した。もし，子豚の鳴き声が母豚から与えられる資源に対する欲求を表しているのならば，この声は子豚の福祉の計測に使用できるだろう。

他の動物でも，空腹や寒冷時，痛みのある時はより多く鳴き，鳴き声がより高くなるといわれている（Weary, Fraser, 1995b）。加えて，注意深く用いる必要はあるが，ある種の発声は動物の情動の指標となる可能性がある（Manteuffelら，2004）。この観点から最もよく動物の発声を研究したもののひとつに，ニワトリの欲求不満による不快発声（gakel call）がある。KoeneとWiepkema（1991）は，雌のニワトリが砂浴びをしようとしてできなかった時にその声を発することを見つけた。その後の研究で，この声は摂食や飲水を含め，様々な行動に対する欲求不満時などで確認され，発声頻度が欲求不満の程度と関連することが分かっている（Zimmermanら，2000）。

発声は，注意深く検証すれば，実験環境以外で福祉を診断する際の指標として使用できる可能性がある。McCowanとRommeck（2007）は，アカゲザルの集団の評価にこの方法が使え

るか一例を示している。雌雄混合の集団では，攻撃的な個体間の相互作用は深刻な怪我をもたらすため，その行動の管理が課題となる。サルの発声のパターンを解析したところ，ある発声が攻撃行動の種類や重大性と関連することが分かった。彼らはこのような集団において攻撃行動を減少させ，損傷を防止するために，自動音声計測装置を使用して攻撃行動の連続的な監視をすべきであると提案している。

発声を含めた痛みに関する行動は，臨床的・実験的に重要であり，多くの関心が寄せられてきた（第5章参照）。MortonとGriffiths（1985）は，実験動物の痛みの兆候をリスト化し，痛み，苦しみ，動揺に対する反応は種特異的であるとの判断を示している。例えば，モルモットは痛みのある時しきりに鳴くが，攻撃行動はめったに見せない。一方，ラットは人間の手に触れられた時や患部を押さえられた時にのみ悲鳴を上げ，攻撃的になる。病気，痛み，苦しみに対する種特異的な反応や，環境的・社会的要因が行動反応に影響を与えることを理解することは，飼育下における福祉を評価し，適切に対応するために重要である。

痛みの行動指標を最もよく研究したもののひとつとして，歩行異常（跛行）の乳牛の歩様を評価する方法がある（総説，Wearyら，2006）。歩様の変化は背中を丸くする，頭が上下する，肢を引きずるなどの様々な指標を定量化することで評価できる。これらの指標を単独，または組み合わせて観察することで，同一の観察者内や異なる観察者間でも正確にスコア化することが可能であり，痛みの伴う蹄の損傷の有無を特定することができる。歩様スコア（GS）は鎮痛薬を施した時に改善することから，行動の変化は少なくともウシが痛みを感じているかを反映していることが示されている（Flowerら，2008）。最も重要なことは，これらの測定が乳牛の跛行を回復させるための牛舎設計や管理方法の改善の評価に使用できることである。Bernardiら（2009）は，ストール構造の簡単な修正（ネックレールをウシの進入時に接触しない位置に移動させること）で，乳牛の跛行が改善したことを歩様スコアを使って示した（図9.2）。実験動物における痛みの評価は，よく臨床的な症状に頼ることがあるが，痛みを検知するために開発された行動指標を使った場合，臨床的所見を使用した場合に比べて熟練者でも初心者でもラットの術後の痛みをより効果的に検知できる（鎮痛剤処理と生理食塩水処理の個体を区別する）ことが，RoughanとFlecknell（2006）によって明らかにされている。

● 9.2.3　行動の変化

MortonとGriffiths（1985, p.432）は，福祉の評価に行動を用いることについて，別の重要な特徴を挙げている。

> 個体同士の関わり方や個体の立ち居振る舞いといった群全体の様子の変化は，異常の初期兆候を示しているのかもしれない。

動物の行動の変化がよく見られる状況として，動物が病気になった時が挙げられる。Hart（1988, p.133）は，活動性の減少を挙げている。

> それは，感染症から回復するために全身的対応として現れてくるもので，体内にあるすべての資源を侵入した病原体から体を守るために向けている現象といえる。食欲がなくなる，眠気が出る，気力がなくなる，飲水への興味がなくなる，身繕い行動が減少するといったことは，エネルギーを節約して発熱や急性反応を促すものといえる。同様の行動様式は，被食動物が病気になった時に捕

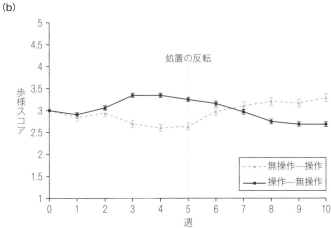

図9.2 乳牛の肢の健康の指標となる歩様スコアは，非拘束飼育システムでストールからネックレールを除いた時に改善される

ネックレールは，フリーストールで牛床内に糞尿が落ちないよう，ウシが立位時に前に立ちすぎないように設計されている。残念なことに，牛床内で自由に立ち上がれないことは，牛床外の濡れた床や糞尿の上に長時間立っている状態を招く。Bernardiら（2009）は2つの処理を反転させた試験を牛群に施した

(a) 8つのペン（各ペン12頭のウシを含む）に対して，ネックレールを操作した。一方のペンではストールの中心にネックレールを設置（「ネックレール操作」。牛床の端から130 cmの場所にレールを置く。写真の一番手前にあるペン）し，もう一方では可能な限り牛がネックレールに接触しない位置に設置（「ネックレール無操作」。牛床の端から190 cmの場所にネックレールを置く。写真の手前から2番目のペン）した

(b) 歩様スコアは実験開始前は同じであったが，ネックレール操作を5週間以上経験した場合，悪化した（増加した）。操作を入れ替えるとその効果は逆転した。行動観察より，ネックレールを方に移動させるとウシは自由に立ち上がることができるようになり，部分的にあるいは完全に通路で立つ時間が減少した

（写真：University of British Columbiaのアニマルウェルフェアプログラム）

食者から身を守ることにも役に立つかもしれない。

個体の行動の変化を観察することの重要性は，ネコの抜爪や腱切除術（爪が出ない状態を保つために腱を切ること）などの痛みを伴う処置の研究でも示されている。ネコで行われるこれらの処置は，家具や家財道具を引っ掻いたり，傷つけたりするのを防ぐために行われる。爪や腱を除去されたネコでは，術後すぐに行動の変化が現れ，身繕い行動や伏臥位休息の減少が見られる。これらは痛みの短期的な指標といわれている（Cloutierら，2005）。より長い時間行動観察を行うことで，長期的な痛みを確認し，手術の代替法を評価することもできる。Hemsworthら（2009）は，ミュールシング（クロバエの寄生を防ぐために行うヒツジの手術で，外陰部と肛門周囲の皮膚を取り除くこと）の代替法の評価を行っている。皮膚を除去せずにクリップや注射によって皮膚を伸ばしたり拡大する処置と，ミュールシングを比較した。ミュールシングを行ったヒツジは術後3週間，摂食行動や休息行動の減少，通常と異なる歩様といった行動の変化を示したが，代替法を行ったヒツジでは，無処置のヒツジと変わらない行動を示した。これは代替法がミュールシングに比べて痛みの少ない処置であることを示唆している。

MortonとGriffiths（1985）は，社会行動の変化も福祉を考えるうえでの手がかりとなると提言している。攻撃は社会性のある動物の正常な行動レパートリーである。損傷の原因となる攻撃行動は明らかに福祉的問題を示すものであり，攻撃行動の増加は動物の飼育環境の問題や不備を示す。しかし，これらの問題や不備は時に私たちの想像に反するため，驚かされることもある。Howertonら（2008）は，集団飼育の雄マウスに，嗜好性の高いエンリッチメント器具である回し車を与えた。しかし，これにより深刻な攻撃行動は増加しないが，群の社会構造が不安定になることが分かった。これは，回し車がケージの区画を分けることでテリトリーを生み出し，マウスがそれを守ろうとしたためと彼らは考えた。その次の研究（Howerton, Mench，投稿準備中）で，回し車やプラスチック製のトンネルのようなケージを区切ることになる固いエンリッチメント器具を与えると攻撃行動を増やすことにつながり（しかし，研究で用いたある系統のマウスでのみそれは生じた），一方，壊すことができる素材のエンリッチメント器具ではそのような効果はないことを示した（図9.3）。

損傷が生じることのない攻撃行動でも，福祉の低下に結びつくことがある。DuncanとWood-Gush（1971）は，24時間絶食状態としたニワトリに対し，透明なカバーの下にエサを置いて与えた。これはニワトリの攻撃行動の増加を招き，これによりエサに接触できないという欲求不満は攻撃行動を増加させることが示唆された。実験用マウスでは，不快で制御不能な事象が飼育環境内で予期せず生じるという慢性的ストレス行程にさらされた場合，見たことのないマウスと直面した時と，ケージで一緒に飼われているマウスと接触した時の両方で攻撃行動が増えることが分かっている（Mineurら，2003）。

● 9.2.4　正常行動の抑制

動物は動揺すると，実行中の行動が一時的に抑制され，より適切な行動を発現することがある。しかし，より強いストレス刺激にさらされる，またはより長くストレス状態が継続するような状況下では，その状況が終わった後でも元の行動は抑制される可能性がある。以下に示すある種の繁殖に関わる行動がその一例である

図9.3 市販されているエンリッチメント器具を使用した雄マウスの攻撃行動への影響の研究

(a) 壊すことのできるエンリッチメント器具である，リサイクル紙からできたシェルター型の構造物のShepherd Shack®（写真左）と紙でできた巣材のFiberCore Eco-Bedding©（写真右）

(b) 固いエンリッチメント器具である，ポリカーボネート製のトンネル（写真左）とポリカーボネート製のシェルター型構造物で回し車がついているBio-Serv® Fast-Trac（写真右）

固いエンリッチメント器具はある系統のマウスでは雄間の攻撃行動を増加させるが，壊すことのできるものの場合に攻撃行動は起こらない

(写真：Christopher Howerton)

(Moberg, 1985, p.264)。

> 繁殖行動の発現は雌雄ともにストレス，特に社会的ストレスに影響されると思われる。関係する生理的機構で最終的に立証されたわけではないが，少なくとも雌ではストレスに対する副腎系の反応によって，性ホルモンによる性行動の刺激が抑制されるようである。

これは，EhnertとMobergの研究（1991）で，社会的隔離や輸送ストレスにより，エストラジオールを投与された成雌羊の発情が遅延または抑制されることで示された。マウスでは慢性的ストレスにより被毛状態の悪化（Mineurら，2003）に伴い発現する自己身繕い行動が減少することが報告されている（Yalcinら，2008）。このことから，ある行動の抑制は動物がストレスを受けたことを示すといえる。探査行動や遊びに関連する行動（第3章参照）もストレスに影響を受ける。探査行動の研究（Arnstenら，1985，p.803）では，以下のことが示されている。

> 実験未使用のラットを3つのストレッサー（拘束，尾を何かで挟む，高強度のホワイトノイズ）のうちひとつを与える処理，あるいは対照処理を施した後に新奇環境下の行動を観察した。新奇環境下において，刺激に対する接触1回当たりの平均時間は，ストレスを与える処理で有意に減少した。

この研究におけるストレスの主要な効果は，探査行動の特徴や種類が変化することである。同様の反応が自動哺乳器で育てられている健康および病気の子牛両方で確認されている。両群の子牛はミルクを飲みに来る回数は変わらないが，病気の子牛では栄養摂取と関係のない探査行動的訪問が減少した（Svensson, Jensen, 2007）。

対照的に，飼料不足，渇水（Lee, 1984），その他ストレッサー曝露状況では，遊びに関する行動は減少するかなくなってしまう。例えば，与えられるミルクの量を少なくした乳牛の子牛では，要求量をしっかり与えた子牛よりも遊びで走る行動が減少する（Krachuら，2010）。子牛にストレスを与えることが知られている離

乳も遊びを減少させる。しかし，その現象は13週齢時よりも7週齢時に離乳した場合に大きくなる。これは早期離乳による飼料から獲得できるエネルギー量の減少が遊びの行動に影響を与えていることを示している。このように，遊びや多くの探査行動は，ストレス時や資源が不足する時に控えられてしまう，いわゆる「贅沢な」ものなのかもしれない。

● 9.2.5　状況とは関係なく発現する正常行動

葛藤，欲求不満状況下では，その状況とは無関係な行動が出現することがある。そのような行動として，転位行動がある。例えば，空腹のニワトリに透明な囲いの下にあるエサを提示した時の反応として現れる羽繕い行動などである。DuncanとWood-Gush（1972, p.68）は，この羽繕い行動は通常時に見られるものとは異なり，持続時間が短く，主に届きやすい場所に対して向けられるものであったと報告している。しかし，一部の転位行動は様式や姿勢の点で通常の行動と見分けがつかず，転位行動時とその前の状況から判断するしかない（Maestripieriら，1992, p.968）。

このため転位行動は特定が難しく，分類としての有効性について議論を引き起こしてきた。しかし，霊長類における転位行動の総説では，Maestripieriら（1992, p.967）が以下のように結論づけている。

> 転位行動は心理社会的ストレス状況で発現する傾向があり，その頻度は不安惹起薬や抗不安薬に影響される。この証拠から，転位行動は情動を示す指標として使うことができる。

動物福祉の点で転位行動を解釈する際には（攻撃のような欲求不満で引き起こされる行動も同様に），以下のことを理解することが重要である（Dawkins, 1980, pp.75～76）。

> 葛藤は動物で広く出現する。そして，より重要なことは，動物は葛藤行動を行うことで葛藤に対処し，結果的に葛藤が解決されることもあることから，この行動は適応的なものだということである。葛藤や欲求不満は必ずしも動物の苦痛を示しているわけではないが，それが長引いたり，強烈なものである場合は，苦痛を示すと思われる。

動物に負荷がかかる可能性のある状況では，転位行動を引き起こす状況の強度や継続時間の程度により，動物の福祉に対する影響は変わってくるといえる。

▶ 9.3　異常行動と福祉

● 9.3.1　異常行動を理解する

自由に行動できる状態での行動とはまったく異なる行動様式や行動連鎖を飼育下の動物が示すことがある。その違いは，行動の種類（例：ウマのさく癖，McGreevyら，1995；げっ歯類の宙返り行動，Würbel, 2006），強度（例：マウスの過度の身繕い行動，Garnerら，2004；ニワトリでカニバリズムを引き起こすつつき行動，Dixonら，2008），可変性（例：飼育下の肉食動物における往復歩行，Clubb, Mason, 2007），行動が向けられる対象（例：ウマの木食い，Nicol, 1999；ニワトリの羽つつき，Dixonetら，2008）にある。このような行動は異常行動と定義されているが，その適応的な意義や福祉への影響については意見が分かれることが多い。ひとつの論点は，異常行動の意味についてである。異常とは文字どおり，「正常から逸脱している」ことであり，統計学的にまれであるとか，参照する集団（通常は，制約されず

自由に行動ができる集団，あるいは自然な環境で生活する同種の集団）と異なることを意味する。しかし，Dawkins（1980，p.77）は以下のように指摘している。

> ある行動を異常と位置づけた時点で，その行動を行う動物は苦痛を感じているとみなさないことが不可能になる。なぜなら，「異常」という言葉は感情的な意味を含んでいるからである。

「異常（abnormal）」は，口語的には「病的な（pathological）」という意味があるため，傷害や病気による機能不全を反映する行動とみなされることになる（Mason, 1991）。実際，遺伝的な内耳の障害が原因で生じるマウスのワルツィング（旋回行動。Lee ら，2002）や，深刻な蹄の病気から生じるウシの跛行（Wearyら，2006）のように，異常行動が何かの機能不全を直接的に反映する場合もある。しかし，最初の意味での異常な行動すべてが病的であるわけではない。さらに，早期離乳の子牛がニップルからミルクを吸乳する，ラットが報酬であるエサを獲得するためにオペラントボックスのなかでレバーを押す行動のように，その動物種にとって自然ではない環境に対する「適応的な修正」を表す行動であるかもしれない。しかし，行動を正常に実行できなかったり，目的に達するまでに邪魔が入ったりして，適応は失敗に終わってしまうことが多い。そうなった場合，動物は変わった様式の行動を発達させる（例：繋留された雌牛がウマのように立ち上がる行動），もしくは行動を向ける対象を変更し，不適切なもの（例：空腹のブタの柵かじり，Terlouw, Lawrence, 1993），仲間（例：早期離乳した子牛の相互吸引，de Passilléら，2010），自分自身にも（例：霊長類の自分を噛む行動，Novak ら，2006；オウムの自分の羽をむしる

行動，Garner ら，2006）行動を向けることがある。

行動ができない場合や実行が邪魔された時，多くの場合はこれを克服するため，正常な行動反応に由来した異常行動が生じる。しかし，長時間かけて異常行動が発達していくと，発現の特徴が変化することがよくある。すなわち，その行動が繰り返し行われるようになったり，様式や向けられる対象に融通が利かなくなったりする。様々な状況で発現されるようになったり（Mason, 1991 では，解放と呼ばれている行程），通常では発達しようがない状況で持続的に発現したりすること（例：ハタネズミの跳躍行動）もある。そのような行動は，その繰り返される性質から「常同行動」や「異常に繰り返される行動」と定義され，強迫行動，チック症，運動障害などの様々な種類の行動が幅広く含まれる（Garner, 2006；Mills, Lüscher, 2006）。飼育下の動物で見られる異常行動のほとんどは常同的な性質を持ち，異常行動の原因や福祉への影響に関する研究の多くで，常同行動が対象とされてきた。そのため，ここからは主に常同行動の研究に基づき，異常行動と低福祉との関連についてその証拠を検討することとする。

● 9.3.2　常同行動は飼育環境の悪さと関連する

動物行動学では，繰り返し行われ，様式が不変であり，明確な目的や機能がない行動のことを，伝統的に「常同行動」と定義している（Ödberg, 1978；Mason, 1991）。しかし，人医学の文献では，常同行動という用語は特定の臨床的特徴も意味するため，代わりに包括的な用語として「（異常な）常同的行動」もしくは「異常な繰り返し行動」という表現が使われている（Garner, 2006；Mills, Lüscher, 2006）。

一般的に，常同行動は動物にとって悪いと考えられている状況でよく発現する。その状況に

は，身体的な拘束（例：鎖でつながれたゾウの熊癖，Mason, Veasey, 2010），重要な資源の不足（例：巣穴がない環境におけるスナネズミの穴掘り行動，Wiedenmayer, 1997），刺激の不足（例：狭く，何もない区画で展示されずに飼育されているヒョウの常同歩行，Mallapur, Cheelam, 2002），社会的隔離（例：霊長類における自傷行動，Novakら，2006），恐怖（例：捕食者の近くで飼育されているベンガルヤマネコ〈Felis bengalensis〉の常同歩行），欲求不満（例：エサの量が制限されたブタにおける口を使った常同行動，Bergeronら，2006）が含まれる。これらの文献は，次にあるメタ分析により確認された常同行動と福祉の関係性を説明するものである。MasonとLatham（2004）は，逃避行動，警戒声，幼齢個体の死亡率など，報告にある指標に基づいて常同行動と福祉の関係を評価し，総説にまとめた。分析結果は一貫した傾向を示し，常同行動は低福祉の指標と統計学的に有意に関連していた（**図9.4a**）。常同行動を引き起こす要因は福祉の低下も招いていた。例えば，実験動物のアカゲザルの自傷行動は，経験した嫌悪的な医学的処置（例：採血）の回数から予測される（Novakら，2006）。少数の例外は，悪い環境により不動化が起こる場合である。例えば，過度の寒冷や予測不能な電気ショックは常同行動を引き起こさず，群がり行動かうずくまる行動を招く（Mason, 1991）。

● **9.3.3 個体差は福祉との関連性に矛盾を生じさせる**

同じ環境で生活しているにも関わらず，常同行動を高レベルで発現する個体がいる一方，常同行動をほとんど，またはまったく発現しない個体もいる。そして，矛盾点として，常同行動を高レベルで発現する個体では，常同行動を発現しない個体に比べて状態がよくみえる場合が

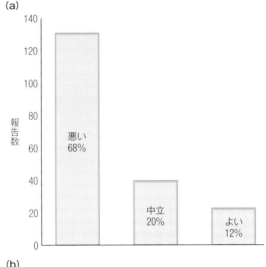

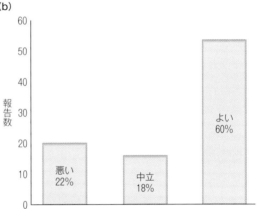

図9.4 常同行動と福祉の相関

他の福祉指標と常同行動が同時に報告されている文献を使用し，常同行動をあまり行わないかまったく行わない個体に比べ，比較的よく行う個体で，福祉が低下しているか（「悪い」），変化しないか（「中立」），向上しているか（「よい」）か，分類した
(a) 異なる集団（例：別の飼育場所，給餌方法）間を調査した196の報告を使用した場合の結果
(b) 同じ集団内を調査した90の報告を使用した場合の結果。結果は，統計学的に偶然に生じたものではないと判定され，両方の結果も統計学的に有意に異なる

（Mason, Latham, 2004を修正）

あることが挙げられる。例えば，産業動物のミンクでは，常同歩行の発現レベルが高いほど同腹の子の数が多く，子の死亡率が低かった（Jeppesenら，2004）。同様に，ケージ飼育のアフリカスジマウス（*Rhabdomys*）では，跳躍と後転という常同行動を両方あるいは片方を

高レベルで発現する個体でそうであった（Jones ら，2010）。これに対してもメタ分析がなされ，同じ状況にある集団のなかでは，常同行動を高レベルで発現する個体は，その環境によりよく適応しているようであった（図9.4b）。

これは，常同行動が発達する状況下では，常同行動を発達し損なった個体の福祉が一番悪くなることを示唆している。この理由として，常同行動を発現することはその個体に有益な結果をもたらすことが挙げられる（9.3.5節参照）。あるいは，悪い環境にも関わらず常同行動が発達しないことは，福祉がより悪くなることを表していると考えられる。これらは，活動低下（Cabib，2006；Novak ら，2006），過度の恐怖による庇護行動や「不動化」，動くことで痛みや嫌悪感を生じさせる関節炎のような病的症状をもたらす抑うつに似た状態なのかもしれない。しかし，図9.4b が示すように，この現象に当てはまらない場合もあり，集団内の常同行動の発現の個体差と，福祉の個体差が関連しない場合もある。

● 9.3.4　異常行動と福祉に関連する他の問題

異常行動と福祉問題の関連性がはっきりしている場合もある。それは，特に肉体的な被害が結果として起きた時である。動物が肉体的な損傷に苦しむのは，異常行動を行った場合ではなく，ニワトリの羽つつき行動（図9.5）やカニバリズム，ブタの尾かじりや腹下へのルーティング，マウスの過剰な身繕い行動などのように，他の個体が同じ空間で生活することが原因で生じている。これらの場合，行動が実行する個体自体の病的状態や苦痛状態を現しているかどうかに関わらず，行動を受ける側が傷つけられるという事実は，この行動が福祉の指標ということだけでなく，福祉の低下の原因となることを示している。そのような行動の影響は重要

図9.5　行動を受ける側の福祉の問題を引き起こす異常行動

羽つつきは福祉の問題を引き起こす異常行動で，羽が引き抜かれた時に痛みが生じ，攻撃を受けた側の羽毛は損傷を受け，皮膚が傷つくこともある
（写真：Anne Larsen, Swedish University of Agricultural Sciences）

で，カニバリズムは非ケージシステムで飼育されている産卵鶏の主な死因のひとつとなっている（Fossum ら，2009）。

● 9.3.5　常同行動の原因は？

常同行動の原因を理解することは，根本にある問題もしくは関連する福祉問題の解明に役立つ。3つの主要な理由が，常同行動の発達に関わると考えられている。ひとつ目は，誘発刺激が持続的に生み出されていることに関連し，習慣の形成メカニズムと連動している可能性があること（Mason, Turner, 1993），2つ目は，行動を制御する神経基盤が徐々に病的に変化していくことと関連し，それが「固執する行動」へと結びつくこと（Garner, 2006），そして3つ目は，適応的な効果があり，報酬として強化される可能性があることである（Würbel, 2006）。

持続的な誘発刺激

動物行動学者は，飼育下で抑制されている動機づけの高い行動を実行し続けていることが常

同行動であると，長い間説明してきた（Rushen ら，1993；第 7 章参照）。その証拠として，エサの量を制限されたブタで口に関わる常同行動が，飼料探し行動や摂食行動に起因すること（Terlouw ら，1993），実験用マウスにおける常同的な柵かじり行動が，外部からの刺激がケージ内に入ってくる場所やケージから外に出ることが可能な場所で，脱出を試みる行動を繰り返すことから発達すること（Würbel ら，1996；Nevison ら，1999），ケージ飼育のスナネズミの穴掘り行動が，未完成の巣穴の入り口に似ているケージの角で起きること（Wiedenmeyer, 1997）などの観察がある。このように，強い動機づけによって特定の正常行動が再現されることで，持続的にその行動が繰り返されると考えられる。欲求不満自体はよくないものであり（第 7 章参照），これは常同行動と低福祉との関連を説明するのに役立つ。しかし，同じような説明は常同行動以外の異常行動に対しても当てはまる。おそらく，誘発された正常行動の様式が「固定的動作パターン」で構成され，変化することのない環境で実行された場合，もしくは十分習慣化するくらい繰り返された場合，結果として同じような繰り返し行動となるのであろう。一方，誘発される正常行動の様式が本質的に不変なものではないとしたら，環境によってより柔軟に発現することになるだろう（例：動くことのできるケージの仲間に行動が向けられた場合）。

行動制御の機能不全

神経科学やそれに関わる分野の研究者（Turner ら，2001；Wang ら，2009）は，異常に繰り返される行動の説明として，統合失調症や自閉症の患者（Turner, 1997），アンフェタミンのような精神刺激薬を処方された患者（Robbins ら，1990），母親を喪失した霊長類（Latham, Mason, 2008）における常同行動の原因として知られている中枢神経系（CNS）の病理という要因を挙げている。常同行動は不適切な行動反応を制御する力が弱まり，固執（「適切な刺激なしに動作が継続したり，再発したりする」現象。Sandson, Albert, 1987）や行動的硬直性を引き起こす，ある種の前脳の機能不全と関係している。特に，大脳基底核と大脳皮質領域の間にある神経ループの機能が弱まっていると考えられている。これらのループは「意図を行為に変換する」（Graybiel, 1998）ことにより，機能不全によって意図および目的を執拗に繰り返し達成しようとする，動機づけに関する重要な刺激に対して大げさに反応する，動作の繰り返しを停止させたり行動を切り替えたりする能力が低下するといった様々な影響が出てくる（Garner, 2006）。飼育下の動物では，このような機能不全は社会的，肉体的に悪い環境に対する慢性的ストレスが原因で生じ（Novak ら，2006；Tanimura ら，2008），おそらくこのような環境における脳の発達不全も組み合わさっていると考えられている（Würbel, 2001, 2006）。常同行動と固執する行動（例：消去課題）の発現レベルの相関もケージ飼育の動物で示されている（Garner, Mason, 2002；Vickery, Mason, 2005；Garner, 2006）。

行動の制御における機能不全は，単純に動機づけの点から説明しにくい常同行動，特に，自傷行動の特性を示すものだろう。また，成長初期の悪い経験（例：早期に母親から離されてしまうこと，自然下ではなく飼育下で育つこと）が常同行動を発達しやすくする原因となり，これらの行動が複数のストレッサーによって誘引されたり，通常発達しない環境で持続したりする場合があることも説明できるだろう（Würbel, 2006）。

しかし，注目すべきは，常同行動と関連する

固執性における違いが病気を示すわけではないことである。固執の傾向は個体差として当然存在し，加齢とともに通常の現象として増加する。固執やそれに関する神経生物学的な要因は，病気というよりも，劣悪な環境下で常同行動を発達させる動物の個体差の説明となる個性や「行動型」といった正常な違いを反映しているだけかもしれない。

悪い環境への適応

　機能がないと定義されているにも関わらず，研究の初期段階から常同行動には報酬となる性質があるという仮説が立てられた（総説，Mason，1991；Würbel，2006）。この仮説に関する実験的証拠として，子牛が繰り返しゴム製のニップルや他のものを吸う行動に，満腹感を導くインスリンの放出などの生理的効果があること（de Passilléら，1993）や，アカゲザルで自分を噛む行動のバウト数が複数の生理的ストレス指標の減少に関連すること（Novakら，2006），げっ歯類で回し車がそれを使用するためのレバー押し行動の強力な強化子となること（Latham, Würbel, 2006）がある。これらの研究結果は，拘束的な環境下で常同行動を行う動物では，その行動の実行を身体的に抑制することがより適応的な結果を妨げ，結果福祉の低下を招くことにもなるため，そうすべきではないことを示唆している。しかし，これらの行動を維持する点で，この適応効果が広く役割を果たしているかどうかは不明であり，仮にそれが当てはまるとしても，図9.4a で示されているようにその利点が飼育環境の悪さに基づく福祉の低下を補うわけではない。

これらの説明は相互にどうかみ合うのか？

　原理的には，CNSの機能不全と適応効果の説明はそれぞれ別の仮説のようにみえ，それぞれ別の種類の常同行動に当てはまるかもしれないが，欲求不満により動機づけされるという説明からこれらを結びつけることができる。飼育環境の悪さが常同行動の発達を引き起こすのであれば，欲求不満による動機づけが関係するのはもっともらしく思える。欲求不満による動機づけはその行動様式や初期段階での説明になる一方，CNSの変化や適応効果は，常同行動が発達した後に元の誘発刺激からの解放された場合や，その行動が通常発達しないような状況でも持続することの説明となるかもしれない（Würbel, 2006）。

　研究者は常同行動の原因や発達について完全に理解するところまで至っていない。しかし，これらを正確に評価していくことは，さらなる進展に結びつく検証可能な仮説を生み出すだろう。動物の福祉に対する常同行動の影響の観点からも正確な評価は必要となる。特に，認知バイアス（9.4節参照）の計測は，常同行動の発現と関連する情動の関係性を調べることを可能にする有望なアプローチである。ムクドリでの予備調査から，常同行動が悲観的な情動と関係する可能性が示された（Brilotら，2010）。しかし，前述した各個体における常同行動の発現レベルと福祉との関係性の矛盾を考えると，全般的な結論を導き出す前に，多くの種や様々な様式の常同行動について調査することが必要であろう。それでもなお，Mason（2006, p.345）は以下のように述べている。

> 常同行動を減少させ，同時に福祉を向上させようとした場合，飼育環境をよくすることが鍵となるのは当然である。

9.4 動物福祉研究における行動の計測と実験

　この節では，行動学的手法により動物が生活環境で示す行動を定量化することに焦点を当てる。一方，動物福祉の研究者も特別に開発した方法によって重要な知見を得ている。この特別な手法には様々な行動実験が存在し，ある特定の状況に対する動物の行動反応を研究するだけでなく，行動の質的な側面を評価することも含まれる。

　動物福祉研究で最初に用いられた行動実験に選択試験があり，その後，様々な飼育条件や資源の使用や欲求を評価するオペラント反応の研究も出現した。これは第12章のテーマであり，ここでさらに考察することはしない。2番目に出てきた行動実験では，ある試験状況に対する動物の恐れや攻撃的な反応の傾向を計測するものである。これには，動物を新奇環境や見知らぬ個体（人や同種個体も含める）に曝露する方法などがある。様々な飼育環境や管理行程などにさらされた動物の反応の個体差を研究する方法として行動実験を使用することで，これらが動物の福祉にどのような影響を与えるかの知見を得ることができる。第6章では多くの例が示され，これらの実験に対する批判的な考察もされている。行動実験は実際の飼育場面で何が起こり得るかの予測にも利用できる。このように，行動実験によって管理や繁殖に関する決定の基準となる知見を得ることができる。D'Eath（2002, p.281）は，見知らぬブタと混群する前の2カ月齢のブタを居住者－侵入者試験に供試し，以下のように結論づけている。

　混群時の攻撃行動の過程と結果には，個体の体重と攻撃性が関わっていた。攻撃による損傷の増加から，両方の要因が攻撃性の強さに作用していることが証明された。体重は混群時に生じる最初の激しい闘争への関与と勝敗に影響し，（居住者－侵入者試験において）高攻撃性と判定されたブタは，攻撃行動を持続させる傾向を示していた。また，これらのブタは最初の闘争後，負けたブタを攻撃し続ける傾向があり，翌日にはさらなる攻撃を開始していた。

　3番目に出てきた行動実験は一番最近の研究で，動物の情動の指標を見つけることを目的としたものである。ここでは，認知バイアス（Mendl, Paul, 共同研究者）と定性的行動評価（Wemelsfelder, 共同研究者）に関する研究について述べる（認知的評価手法〈Boissy, 共同研究者〉については第6章参照）。

　一般的に「認知バイアス」といわれている認知的情報処理の変化は，人間心理学において，個体が刺激や出来事をポジティブかネガティブと感じているか，いわゆる「情動誘発性」の確実な指標となり得ると提示されている（Mineka, Sutton, 1992；Mathews ら, 1995；Warda, Bryant, 1998）。個体の情動誘発性は，注意，記憶，判断といった様々な認知過程に影響する。ネガティブな情動にあるヒトは，脅威となる刺激に対して高い注意力を示し，ネガティブな記憶を思い出しやすい傾向にあり，将来起こる出来事や不明確な刺激に対して否定的な判断をしやすい（Paulら, 2005；Mendlら, 2009）。

　近年，「悲観的な」判断への偏りが動物でも起こり得るかが調査されている。もしそれが起こるとしたら，伝統的な行動や生理的指標の計測よりもより正確に動物の情動を評価できるようになると考えられる。ある実験で，ある音ではポジティブな出来事（エサが出る）を示し，もうひとつの音ではネガティブな出来事（ホワイトノイズが出る）を示すという識別課題をラットに課した。識別課題の学習成立後，ラッ

トに対し両方の音の特徴が混在した条件づけされていない不明確な音を提示した。軽いストレス刺激を慢性的に受け続けたラットでは，ストレスにさらされていないラットに比べ，その音をネガティブな出来事を示す音として反応する傾向にあった（Hardingら，2004）。他の動物（イヌ，アカゲザル，ムクドリ）で行った実験でも同様の結果が示されている（Mendlら，2009）。

　これらの知見には不確定な部分もある。例えば，ヒトの研究では抑うつ，不安，恐怖，怒りなど同様の情動誘発性を持つ状態でも認知機能に対する影響が同じであるとは限らず（Lerner, Keltner, 2000）。また，その影響は実際の情動よりむしろ個性を反映している可能性がある（Mineka, Zinbarg, 1998；Mogg, Bradley, 2005）ことが示されている。さらに，「認知バイアス」という用語は，認知的処理に情動の主観的経験または意識的思考の過程が含まれていることを意味しているわけではない。それでも，Mendlら（2009, p.163）は以下のように結論づけている。

　注意，記憶，判断の偏りを測定することは，行動的・生理的な情動の指標を測定するよりも多くの利点をもたらす。これらの測定には，特に情動誘発性の計測が含まれていて，ヒトの研究の知見を基本とすることで認知的能力と情動がどのように相関するか先見的な予測ができる。これにより，異なる動物種に対して確実に応用される実験が可能となり，ポジティブな感情状態を計測することができる。

　定性的行動評価は，動物の行動そのものを定量化するのではなく，観察者による行動の解釈を評価する点で，前述の試験とは性質が異なっている。定性的行動評価では，観察者は様々な形質や属性について動物を格づけする。その格づけは数字で表され，例えば，恐怖性のような形質について，恐怖性が低ければ1，高ければ5というように，1～5までのスコアをつける。あるいは，自由選択プロファイリングとして知られている方法により，観察者は動物を特徴づける説明（「退屈そう」，「神経質」，「用心深い」など）を自ら作成することができる（Wemelsfelderら，2001）。動物の行動評価に観察者の格づけを使用することは新しいものではない。例えば，動物のブリーダーは，ある気質や望ましい行動的特徴を持った個体の選抜方法として，質的な格づけシステムを長年使用している。最近になってではあるが，動物の福祉レベルの評価に定性的な評価方法が使用されている。Wemelsfelderら（2001, p.209）は，この技術の強みは，各行動データを別々に用いるよりもより多くの情報，特に動物の暮らしぶりや情動に関する情報を得られる統合的で強力な取り組みであると述べている。

　行動の定性的評価は，従来の質的な方法では個別に記録されていた，もしくはまったく記録されていなかった多くの情報を観察者によって統合することを基本としている。これには偶発的な行動発現，些細な動きや姿勢，行動発現の状況も含まれる。要約すると，定性的行動評価は動物が何をしているかではなく，どのように行っているか明記するものである。

　この方法は，子馬のヒトに対する反応（Mineroら，2009），ルースハウジングの乳牛の社会行動（Rousing, Wemelsfelder, 2006），新奇環境に対するウマの反応（Napolitanoら，2008）といった様々な福祉研究で使用されている。

　以上に述べた新しい方法の導入には，常にそ

の妥当性に対する疑問がつきまとう。しかし，このような疑問はこれまでに用いられてきた方法にも当てはまるものだろう。その方法が信頼性のある方法で計測されていると断言できるようになる前段階において考慮しなければならない様々な点については，第6章で詳細に述べられている。

9.5 結論

- 行動は，最も簡単に観察でき，非侵襲的な福祉指標である。また，動物の欲求，好み，内的状態に関する情報を得ることができる。正常行動を研究することで，動物が怯えている時，葛藤している時，苦しんでいる時，病気や痛みのある時，資源が豊富にあって捕食されることのない時に，動物が何を行うか知ることができる。

- 正常行動は，行いたくて行う行動，外部環境が要求する時だけ行いたい行動，まったく行いたくない行動の3つに分けることができる。

- ひとつの行動反応では福祉の低下を示すことはできないが，個体の行動，社会行動の頻度の変化，行動の抑制は福祉問題の手がかりとなる。状況とは関係なく発現する行動は，心の動揺の指標にもなる。

- 嫌悪的な経験に対する反応は，環境，動物種，系統によって変化する。これらの解釈には，種特異的な行動レパートリー，行動様式の機能，行動が生じる状況，集団や個体独特の行動に関する知識が必要となる。

- 異常行動は，動物に欲求不満があったり，強く動機づけられている行動が抑制されているような嫌悪的な状況に深く関係しているようにみえる。しかし，異常行動における個体差は，必ずしも福祉の状態の個体差を反映しているわけではない。高レベルの異常行動の発現が適応能力の高さと関連し，福祉を向上させているようにみえる場合もあるし，環境が改善されても異常行動が持続され，発達に関する潜在的な変化を示している場合もある。

- 動物の情動の指標を得ることを目的とし，いくつかの行動的手法が，特に動物福祉研究者によって開発されてきた。認知バイアスからのアプローチは，動物の情動が現象に対する解釈の仕方に影響するという考え方に基づいていて，ネガティブな情動にある個体はあいまいな現象に対して悲観的な評価を行う傾向にあるとしている。定性的行動評価は，情動が動物の姿勢といった，様々な行動に現れるという考え方に基づいている。これらの方法によって，これまで用いられてきた方法からは得られない知見を得ることができる。しかし，新しい方法と以前から用いられている方法のどちらについても，その妥当性を確かめることが重要である。

謝辞

全体的な情報や，常同行動に関する節の執筆・改訂に協力していただいたGeorgia Mason (University of Guelph)，および乳牛の跛行に関する題材を提供していただいたDan Weary (University of British Columbia) に対し，感謝する。

参考文献

Arnsten, A.F.T., Berridge, C. and Segal, D.S. (1985) Stress produces opioid-like effects on investigatory behavior. *Pharmacology Biochemistry and Behavior* 22, 803–809.

Banks, E.M. (1982) Behavioral research to answer questions about animal welfare. *Journal of Animal Science* 54, 434–446.

Bergeron, R., Badnell-Waters, A., Lambton, S. and Mason, G. (2006) Stereotypic oral behaviour in captive ungulates: foraging, diet and gastro-intestinal function, In: Mason, G. and Rushen, J. (eds) *Stereotypic Behaviour in Captive Animals: Fundamentals and Applications to Welfare*, 2nd edn. CAB International, Wallingford, UK, pp. 19–57.

Bernardi, F., Fregonesi, J., Winckler, C., Veira, D.M., von Keyserlingk, M.A.G. and Weary, D.M. (2009) The stall-design paradox: neck rails increase lameness but improve udder and stall hygiene. *Journal of Dairy Science* 92, 3074–3080.

Brambell Committee (1965) *Report of the Technical Committee to Enquire into the Welfare of Animal Kept under Intensive Livestock Husbandry Systems.* Command Paper 2836, Her Majesty's Stationery Office, London.

Brilot, B.O., Asher, L. and Bateson, M. (2010) Stereotyping starlings are more 'pessimistic'. *Animal Cognition* 13, 721–731.

Cabib, S. (2006) The neurophysiology of stereotypy II — the role of stress. In: Mason, G. and Rushen, J. (eds) *Stereotypic Behaviour in Captive Animals: Fundamentals and Applications to Welfare*, 2nd edn. CAB International, Wallingford, UK, pp. 227–255.

Carlstead, K., Brown, J.L. and Seidensticker, J. (1993) Behavioural and adrenocortical responses to environmental changes in leopard cats (*Felis bengalensis*). *Zoo Biology* 12, 321–331.

Chaplin, S. and Munksgaard, L. (2001) Evaluation of a simple method for assessment of rising behaviour in tethered dairy cows. *Animal Science* 72, 191–197.

Cloutier, S., Newberry, R.C., Cambridge, A.J. and Tobias, K.M. (2005) Behavioural signs of postoperative pain in cats following onychectomy or tenectomy surgery. *Applied Animal Behaviour Science* 92, 325–335.

Clubb, R. and Mason, G.J. (2007) Natural behavioural biology as a risk factor in carnivore welfare: how analysing species differences could help zoos improve enclosures. *Applied Animal Behaviour Science* 102, 303–328.

Cooper, J.J., Odberg, F., Nicol, C.J. (1996) Limitations on the effectiveness of environmental improvement in reducing stereotypic behaviour in bank voles (*Clethrionomys glareolus*). *Applied Animal Behaviour Science* 48, 237–248.

Council of Europe (2006) *Appendix A to the European Convention for the Protection of Vertebrate Animals used for Experimental and other Scientific Purposes: Guidelines for Accomodation and Care of Animals.* Strasbourg, France.

Dawkins, M.S. (1980) *Animal Suffering: The Science of Animal Welfare*. Chapman and Hall, London.

Dawkins, M.S. (1989) Time budgets in red junglefowl as a baseline for the assessment of welfare in domestic fowl. *Applied Animal Behaviour Science* 24, 77–80.

Dawkins, M.S. (2008) The science of animal suffering. *Ethology* 114, 937–945.

de Passillé, A.M.B., Christopherson, R. and Rushen, J. (1993) Nonnutritive sucking by the calf and postprandial secretion of insulin, CCK, and gastrin. *Physiology and Behavior* 54, 1069–1073.

de Passillé A.M., Sweeney B. and Rushen, J. (2010) Cross-sucking and gradual weaning of dairy calves *Applied Animal Behaviour Science* 124, 11–15.

D'Eath, R.B. (2002) Individual aggressiveness measured in a resident-intruder test predicts the persistence of aggressive behaviour and weight gain of young pigs after mixing. *Applied Animal Behaviour Science* 77, 267–283.

Dixon, L.M., Duncan, I.J.H. and Mason, G. (2008) What's in a peck? Using fixed action pattern morphology to identify the motivational basis of abnormal feather-pecking behaviour. *Animal Behaviour* 76, 1035–1042.

Duncan, I.J.H. (1981) Animal rights — animal welfare: a scientist's assessment. *Poultry Science* 60, 489–499.

Duncan, I.J.H. and Wood-Gush, D.G.M. (1971) Frustration and aggression in the domestic fowl. *Animal Behaviour* 19, 500–504.

Duncan, I.J.H. and Wood-Gush, D.G.M. (1972) An analysis of displacement preening in the domestic fowl. *Animal Behaviour* 20, 68–71.

Ehnert, K. and Moberg, G.P. (1991) Disruption of estrous behavior in ewes by dexamethasone or management-related stress. *Journal of Animal Science* 69, 2988–2994.

Flower, F.C., Sedlbauer, M., Carter, E., von Keyserlingk, M.A.G., Sanderson, D.J. and Weary, D.M. (2008) Analgesics improve the gait of lame dairy cattle. *Journal of Dairy Science* 91, 3010–3014.

Fölsch, D.W., Dolf, C., Ehrbar, H., Bleuler, T. and Teijgeler, H. (1983) Ethologic and economic examination of aviary housing for commercial laying flocks. *International Journal for the Study of Animal Problems* 4, 330–335.

Fossum, O., Jansson, D.S., Etterlin, P.E. and Vågsholm, I. (2009) Causes of mortality in laying hens in different housing systems in 2001 to 2004. *Acta Veterinaria Scandinavica* 51(3) doi: 10.1186/1751-0147-51-3.

Fraser, D. (1992) Role of ethology in determining farm animal well-being In: Guttman, H.N., Mench, J.A. and Simmonds, R.C. (eds) *Science and Animals: Addressing Contemporary Issues*. SCAW (Scientists Center for Animal Welfare), Bethesda, Maryland, pp. 95–102.

Garner, J.P. (2006) Perseveration and stereotypy — systems-level insights from clinical psychology. In: Mason, G. and Rushen, J. (eds) *Stereotypic Animal Behaviour: Fundamentals and Applications to Welfare*, 2nd edn. CAB International, Wallingford, UK, pp. 121-152.

Garner, J.P. and Mason, G.J. (2002) Evidence for a relationship between cage stereotypies and behavioural disinhibition in laboratory rodents. *Behavioural Brain Research* 136, 83-92.

Garner, J.P., Dufour, B., Gregg, L.E., Weisker, S.M. and Mench, J.A. (2004) Social and husbandry factors affecting the prevalence and severity of barbering ('whisker trimming') by laboratory mice. *Applied Animal Behaviour Science* 89, 263-282.

Garner, J.P., Meehan, C.L., Famula, T.R. and Mench, J.A. (2006) Genetic, environmental, and neighbor effects on the severity of stereotypies and feather picking in orange-winged Amazon parrots (*Amazona amazonica*): an epidemiological study. *Applied Animal Behaviour Science* 96, 153-168.

Graybiel, A.M. (1998) The basal ganglia and chunking of action repertoires. *Neurobiology of Learning and Memory* 70, 119-136.

Harding, E.P., Paul, E.S. and Mendl, M. (2004) Animal behavior — cognitive bias and affective state. *Nature* 427, 312.

Hart, B.L. (1988) Biological basis of the behavior of sick animals. *Neuroscience and Biobehavioral Reviews* 12, 123-137.

Hemsworth, P.H., Barnett, J.L., Karlen, G.M., Fisher, A.D., Butler, K.L. and Arnold, N.A. (2009) Effects of mulesing and alternative procedures to mulesing on the behaviour and physiology of lambs. *Applied Animal Behaviour Science* 117, 20-27.

Howerton, C.L., Garner, J.P. and Mench, J.A. (2008) Effects of a running wheel-igloo enrichment on aggression, hierarchy linearity, and stereotypy in group-housed male CD-1 (ICR) mice. *Applied Animal Behaviour Science* 115, 90-103.

Jeppesen, L.L., Heller, K.E. and Bildsoe, A. (2004) Stereotypies in female farm mink (*Mustela vison*) may be genetically transmitted and associated with higher fertility due to effects on body weight. *Applied Animal Behaviour Science* 86, 137-143.

Jones, M.A., van Lierop, M., Mason, G. and Pillay, N. (2010) Increased reproductive output in stereotypic captive *Rhabdomys* females: potential implications for captive breeding. *Applied Animal Behaviour Science* 123, 63-69.

Koene, P. and Wiepkema, P.R. (1991) Pre-dustbathing vocalizations as an indicator of a 'need' in domestic hens. In: Boehnke, E. and Molkenthin, V. (eds) *Proceedings of the International Conference on Alternatives in Animal Husbandry*, July 1991, University of Kassel, Witzenhausen. Agrarkultur Verlag, Witzenhausen, Germany, pp. 95-103.

Krachun, C., Rushen, J. and de Passillé, A.M. (2010) Play behaviour in dairy calves is reduced by weaning and by a low energy intake. *Applied Animal Behaviour Science* 122, 71-76.

Latham, N. and Mason, G. (2008) Maternal deprivation and the development of stereotypic behaviour. *Applied Animal Behaviour Science* 110, 84-108.

Latham, N. and Würbel, H. (2006) Wheel running: a common rodent stereotypy In: Mason, G. and Rushen, J. (eds) *Stereotypic Behaviour in Captive Animals: Fundamentals and Applications to Welfare*, 2nd edn. CAB International, Wallingford, UK, pp. 91-92.

Lee, J.W., Ryoo, Z.Y., Lee, E.J., Hong, S.H., Chung, W.H., Lee, H.T., Chung, K.S., Kim, T.Y., Oh, Y.S. and Suh, J.G. (2002) Circling mouse, a spontaneous mutant in the inner ear. *Experimental Animals* 51, 167-171.

Lee, P.C. (1984) Ecological constraints on the social development of vervet monkeys. *Behaviour* 91, 245-262.

Lerner, J.S. and Keltner, D. (2000) Beyond valence: toward a model of emotion-specific influences on judgement and choice. *Cognition and Emotion* 14, 473-493.

Maestripieri, D., Schino, G., Aureli, F. and Troisi, A. (1992) A modest proposal — displacement activities as an indicator of emotions in primates. *Animal Behaviour* 44, 967-979.

Mallapur, A. and Cheelam, R. (2002) Environmental influences on stereotypy and the activity budget of Indian leopards (*Panthera pardus*) in four zoos in southern India. *Zoo Biology* 21, 585-595.

Manteuffel, G., Puppe, B. and Schon, P.C. (2004) Vocalization of farm animals as a measure of welfare. *Applied Animal Behaviour Science* 88, 163-182.

Mason, G.J. (1991) Stereotypies: a critical review. *Animal Behaviour* 41, 1015-1037.

Mason, G.J. (2006) Stereotypic behaviour in captive animals: fundamentals and implications for animal welfare and beyond. In: Rushen, J. and Mason, G. (eds) *Stereotypic Animal Behaviour: Fundamentals and Applications to Welfare*, 2nd edn. CAB International, Wallingford, UK, pp. 325-356.

Mason, G.J. and Latham, N.R. (2004) Can't stop, won't stop: is stereotypy a reliable animal welfare indicator? *Animal Welfare* 13 (Supplement 1), 57-69.

Mason, G.J. and Turner, M.A. (1993) Mechanisms involved in the development and control of stereotypies. In: Bateson, P.P.G., Klopfer, P.H. and Thompson, N.K. (eds) *Perspectives in Ethology, Volume 10: Behavior and Evolution*. Plenum Press, New York, pp. 53-85.

Mason, G.J. and Veasey, J. (2010) What do population-level welfare indices suggest about the well-being of zoo elephants? *Zoo Biology* 29, 256-273.

Mathews, A., Mogg, K., Kentish, J. and Eysenck, M. (1995) Effect of psychological treatment on cognitive bias in generalized anxiety disorder. *Behaviour Research and Therapy* 33, 293-303.

McCowan, B. and Rommeck, I. (2007) Bioacoustic monitoring of aggression in group-housed rhesus macaques (*Macaca mulatta*). *American Journal of Primatology* 69 (Supplement 1), 47 (abstract).

McGreevy, P.D., Cripps, P.J., French, N.P., Green, L.E. and Nicol, C.J. (1995) Management factors associated with stereotypic and redirected behavior in the thoroughbred horse. *Equine Veterinary Journal* 27, 86-91.

Mendl, M., Burman, O.H.P., Parker, R.M.A. and Paul, E.S. (2009) Cognitive bias as an indicator of animal emotion and welfare: emerging evidence and underlying mechanisms. *Applied Animal Behaviour Science* 118, 161-181.

Mills, D. and Lüscher, A. (2006) Veterinary and pharmacological approaches to abnormal repetitive behaviour. In: Mason, G. and Rushen, J. (eds) *Stereotypic Animal Behaviour: Fundamentals and Applications to Welfare*, 2nd edn. CAB International, Wallingford, UK, pp. 286-324.

Mineka, S. and Sutton, S.K. (1992) Cognitive biases and the emotional disorders. *Psychological Science* 3, 65-69.

Mineka, S. and Zinbarg, R. (1998) Experimental approaches to the anxiety and mood disorders, In: Adair, J.G., Belanger, D. and Dion, K.L. (eds) *Advances in Psychological Science: Vol. 1. Social, Personal and Cultural Aspects*. Psychology Press, Hove, UK, pp. 429-454.

Minero, M., Tosi, M.V., Canali, E. and Wemelsfelder, F. (2009) Quantitative and qualitative assessment of the response of foals to the presence of an unfamiliar human. *Applied Animal Behaviour Science* 116, 74-81.

Mineur, Y.S., Prasol, D.J., Belzung, C. and Crusio, W.E. (2003) Agonistic behavior and unpredictable chronic mild stress in mice. *Behavior Genetics* 33, 513-519.

Moberg, G.P. (1985) Influence of stress on reproduction: measure of well-being, In: Moberg, G.P. (ed.) *Animal Stress*. American Physiological Society, Bethesda, Maryland, pp. 245-267.

Mogg, K. and Bradley, B.P. (2005) Attentional bias in generalized anxiety disorder versus depressive disorder. *Cognitive Therapy and Research* 29, 29-45.

Morton, D.B. and Griffiths, P.H.M. (1985) Guidelines on the recognition of pain, distress and discomfort in experimental animals and an hypothesis for assessment. *Veterinary Record* 116, 431-436.

Napolitano, F., De Rosa, G., Braghieri, A., Grasso, F., Bordi, A. and Wemelsfelder, F. (2008) The qualitative assessment of responsiveness to environmental challenge in horses and ponies. *Applied Animal Behaviour Science* 109, 342-354.

National Research Council (2010) *Guide for the Care and Use of Laboratory Animals*. National Academy Press, Washington, DC.

Nevison, C., Hurst, J. and Barnard, C. (1999) Why do male ICR(CD-1) mice perform bar-related (stereotypic) behaviour? *Behavioural Processes* 47, 95-111.

Nicol, C.J. (1999) Understanding equine stereotypies. *Equine Veterinary Journal* 31 (S28), 20-25.

Novak, M.A., Meyer, J.S., Lutz, C. and Tiefenbacher, S. (2006) Social deprivation and social separation: developmental insights from primatology. In: Mason, G. and Rushen, J. (eds) *Stereotypic Behaviour in Captive Animals: Fundamentals and Applications to Welfare*, 2nd edn. CAB International, Wallingford, UK, pp. 153-189.

Ödberg, F.O. (1978) Abnormal behaviours (stereotypies). Introduction to the Round Table. In: Garsi, J. (ed.) *Proceedings of the First World Congress of Ethology Applied to Zootechnics*. Industrias Graficas Espana, Madrid, pp. 475-480.

Paul, E.S., Harding, E.J. and Mendl, M. (2005) Measuring emotional processes in animals: the utility of a cognitive approach. *Neuroscience and Biobehavioral Reviews* 29, 469-491.

Price, T.D., Qvarnstrom, A. and Irwin, D.E. (2003) The role of phenotypic plasticity in driving genetic evolution. *Proceedings of the Royal Society of London Series B — Biological Sciences* 270, 1433-1440.

Robbins, T., Mittleman, G., O'Brien, J. and Winn, P. (1990) The neurobiological significance of stereotypy induced by stimulant drugs. In: Cooper, S.J. and Dourish, C.T. (eds) *The Neurobiology of Stereotyped Behaviour*. Clarendon Press, Oxford, UK, pp. 25-63.

Roughan, J.V. and Flecknell, P.A. (2006) Training in behaviour-based post-operative pain scoring in rats — an evaluation based on improved recognition of analgesic requirements. *Applied Animal Behaviour Science* 96, 327-342.

Rousing, T. and Wemelsfelder, F. (2006) Qualitative assessment of social behaviour of dairy cows housed in loose housing systems. *Applied Animal Behaviour Science* 101, 40-53.

Rushen, J., Lawrence, A. and Terlouw, C. (1993) The motivational basis of stereotypies. In: Lawrence, A. and Rushen, J. (eds) *Stereotypic Behaviour: Fundamentals and Applications to Welfare*. CAB International, Wallingford, UK, pp. 41-64.

Sandson, J. and Albert, M. (1987) Perseveration in behavioural neurology. *Neurology* 37, 1736-1741.

Sluyter, F. and Van Oortmerssen, G.A. (2000) A mouse is not just a mouse. *Animal Welfare* 9, 193-205.

Stauffacher, M. (1992) Rabbit breeding and animal welfare — new housing concepts for laboratory and fattening rabbits. *Deutsche Tierärztliche Wochenschrift* 99, 9-15.

Stauffacher, M. (1994) Ethologische Konzepte zur Entwicklung tiergerechter Haltungssysteme und Haltungsnormen für Versuchstiere. *Tierärztliche Umschau* 49, 560-569.

Stolba, A. and Wood-Gush, D.G.M. (1989) The behavior of pigs in a semi-natural environment. *Animal Production* 48, 419-425.

Svensson, C. and Jensen, M.B. (2007) Short communication: identification of diseased calves by use of data from automatic milk feeders. *Journal of Dairy Science* 90, 994-997.

Tanimura, Y., Yang, M.C. and Lewis, M.H. (2008) Procedural learning and cognitive flexibility in a mouse model of restricted, repetitive behavior. *Behavioural Brain Research* 189, 250-256.

Terlouw, A.B. and Lawrence, E.M.C. (1993) Long-term effects of food allowance and housing on the development of stereotypies in pigs. *Applied Animal Behaviour Science* 38, 103-126.

Terlouw, E.M.C., Wiersma, A., Lawrence, A.B. and Macleod, H.A. (1993) Ingestion of food facilitates the performance of stereotypies in sows. *Animal Behaviour* 46, 939-950.

Turner, C., Presti, M., Newman, H., Bugenhagen, P., Crnic, L. and Lewis, M.H. (2001) Spontaneous stereotypy in an animal model of Down syndrome: Ts65Dn mice. *Behavior Genetics* 31, 393-400.

Turner, M. (1997) Towards an executive dysfunction account of repetitive behaviour in autism. In: Russell, J. (ed.) *Autism as an Executive Disorder*. Oxford University Press, New York, pp. 57-100.

Vickery, S. and Mason, G. (2005) Stereotypy and perseverative responding in caged bears: further data and analysis. *Applied Animal Behaviour Science* 91, 247-260.

Wang, L., Simpson, H. and Dulawa, S. (2009) Assessing the validity of current mouse genetic models of obsessive-compulsive disorder. *Behavioural Pharmacology* 20, 119-133.

Warda, G. and Bryant, R.A. (1998) Cognitive bias in acute stress disorder. *Behaviour Research and Therapy* 36, 1177-1183.

Weary, D.M. and Fraser, D. (1995a) Calling by domestic piglets — reliable signals of need. *Animal Behaviour* 50, 1047-1055.

Weary, D.M. and Fraser, D. (1995b) Signaling need — costly signals and animal-welfare assessment. *Applied Animal Behaviour Science* 44, 159-169.

Weary, D.M., Niel, L., Flower, F.C. and Fraser, D. (2006) Identifying and preventing pain in animals. *Applied Animal Behaviour Science* 100, 64-76.

Weary, D.M., Huzzey, J.M. and von Keyserlingk, M.A.G. (2009) Board-Invited Review: Using behavior to predict and identify ill health in animals. *Journal of Animal Science* 87, 770-777.

Wechsler, B. (1996) Rearing pigs in species-specific family groups. *Animal Welfare* 5, 25-35.

Wemelsfelder, F., Hunter, E.A., Mendl, M.T. and Lawrence, A.B. (2001) Assessing the 'whole animal': a free choice profiling approach. *Animal Behaviour* 62, 209-220.

Wiedenmayer, C. (1997) Causation of the ontogenetic development of stereotypic digging in gerbils. *Animal Behaviour* 53, 461-470.

Wood-Gush, D.G.M., Duncan, I.J.H. and Fraser, D. (1975) Social stress and welfare problems in agricultural animals. In: Hafez, E.S.E. (ed.) *The Behaviour of Domestic Animals*. Baillière Tindall, London, pp. 183-200.

Würbel, H. (2001) Ideal homes? Housing effects on rodent brain and behaviour. *Trends in Neurosciences* 24, 207-211.

Würbel, H. (2006) The motivational basis of caged rodents' stereotypies. In: Mason, G. and Rushen, J. (eds) *Stereotypic Behaviour in Captive Animals: Fundamentals and Applications to Welfare*, 2nd edn. CAB International, Wallingford, UK, pp. 86-120.

Würbel, H. (2009) Ethology applied to animal ethics. *Applied Animal Behaviour Science* 118, 118-127.

Würbel, H., Stauffacher, M. and von Holst, D. (1996) Stereotypies in laboratory mice: quantitative and qualitative description of the ontogeny of 'wiregnawing' and 'jumping' in Zur: ICR and Zur: ICR nu. *Ethology* 102, 371-385.

Yalcin, I., Belzung, C. and Surget, A. (2008) Mouse strain differences in the unpredictable chronic mild stress: a four-antidepressant survey. *Behavioural Brain Research* 193, 140-143.

Zimmerman, P.H., Koene, P. and van Hooff, J. (2000) The vocal expression of feeding motivation and frustration in the domestic laying hen, *Gallus gallus domesticus*. *Applied Animal Behaviour Science* 69, 265-273.

III 評価

第10章 生理指標

概 要

 動物福祉の評価に生理指標を用いる場合，主にストレッサーによる生体機能の変化を測定する。この複雑な生物学的変化は「ストレス反応」と呼ばれることが一般的である。恒常性（ホメオスタシス）の概念が提唱されて以降，ストレス反応は，何度も概念化が試みられてきているところである。本章ではまず，「ストレス」の概念がいかに変遷してきたかを述べる。ストレスは，当初環境に適応するための生理反応の一側面と捉えられていたが，現在では，個体が環境に適応する行動的および生理的能力を超える負荷を与えられた時の状態を指すようになってきている。続いて，情動がいかにストレッサーに対する生理反応に影響を及ぼすか，情動ストレッサーと身体的ストレッサーの相互作用について述べる。ストレス反応を構成する様々な生体機能の相互作用について理解できるよう，異なる種類のストレッサーがどのような生物学的反応を引き起こすのかについて例を挙げる。最後に，ストレス反応を評価するために現在使用されている生理指標と今後使用される可能性がある生理指標について，指標としての限界を述べる。生理指標によって動物福祉の評価を行うことは有効である。しかし，その評価方法は，技術革新やストレスの概念の変化に応じて日々進化を続けていることを念頭に置いてほしい。

10.1 はじめに

 生理指標は，動物のストレス状態，あるいは動物福祉を評価するうえで重要なツールである。生理的な反応を通じて，動物は様々な環境変化に適応している。それによって，行動的，生理的な調節が行われ，恒常性が保たれている。しかし，生理的データの解釈には注意を要する。なぜなら，ストレスの概念は統一されておらず，様々な説があるからである。また，生物学的にも，「ストレスとは何か？」について，世界的に統一された見解は存在しないのが現状である。しかし，他の生理指標や行動指標と合わせて用いることで，生理的ストレス反応のデータは解釈可能である。その際には，遺伝，環境，時間といった，生理的ストレス反応を取り巻く状況についても考慮する必要がある。ただし，動物のストレス状態や動物福祉の構成要素として，動物を取り巻く内的および外的環境，それに対する生理的な反応や動物の情動との相互関係についての理解はまだまだ進んでおらず，さらなる研究の余地がある。

10.2 ストレスの概念と生理学の関わり

 Selyeによって1936年に提唱されて以来，「ストレス」という用語は常に論争の的となっている。「ストレス」が，与えられた負荷に対する反応そのものや，反応の結果起こる事象に様々な条件をつけるための，名詞，動詞，形容詞のいずれにも用いられることが論争の一因と

なっている（Engel, 1985；Levine, Ursin, 1991；Le Moal, 1997）。

● 10.2.1　物理学と生物学における「ストレス」

　ストレスという用語には意味がないと結論づけてしまうのは簡単だが（Engel, 1985），元々はどういう意味で使われていたのか，そして，生物学で用いられるようになってからどのような使われ方をしてきたのかについて知ることは大切である。ストレスは，元々は機械工学の用語であったが，生物学でも用いられるようになった。機械工学では，装置への負荷を数値化したものをストレスと定義していた。ストレスは装置へ「ひずみ（strain）」を生じさせる。この時の装置に生じたひずみの程度を表す尺度としてストレインが用いられた。工学用語で例えると，ストレスは鋼索（ワイヤロープ）の一端にかけられた負荷であり，ストレインはその負荷によって鋼索に生じた伸びを指す。生物学用語にすると，ストレスは生体に与えられた負荷の強度や持続時間のことで，ストレインはそれによって生じた生理システムの変化を指す。しかし，生物学における現象は工学ほど単純化できるものではない。生物はネガティブフィードバックなどの恒常性維持機構を用いることで，ストレスによって生じた変化を最小限にしようとするからである。例えば，環境温度の上昇は温熱ストレスを生体に与える。しかし，生体が持つ体温恒常性によって，深部体温の上昇は最小限に抑えられることが知られている。パンティング（浅速呼吸）をしている動物における環境温度由来のストレインは，深部体温の上昇と呼吸数の増加を指標として表すことができる。このように，本来機械工学で用いられていた定義を守りながらストレスとストレインを使い分ければ，現在起きている用語の混乱は避けられるのである。しかし，現在まで60年以上も用いられてきた専門用語を今さら変更するのも現実的ではない。メートル法が全世界に普及するのに要した時間を想像していただきたい。メートル法は18世紀末にフランスで制定されたが，国際単位となったのは1960年である。

　物質が持つ複数の性質によってストレスとストレインの関係が決定される。そのうちのひとつ，「強度」は，ストレス–ストレイン関係を示すグラフにおける初期傾斜の決定因子である。機械工学の分野では，ストレス–ストレイン関係を表すグラフにおいて，Y軸にストレス（原因）を，X軸にストレイン（効果）を標記することが通例となっており，生物学でもこれを継承している。物質の強度が高いほど，**図 10.1a** における点Aまでの直線の角度が急になる。生物学の例でいうと，断熱性の高い恒温動物は，低い動物に比べて寒冷感作に対するストレインが小さい。つまり，羊毛がふさふさのヒツジは寒さに強く（寒冷ストレッサーへの抵抗性が高く），毛を刈り込んだヒツジに比べてストレス–ストレイン関係を表すグラフの点Aまでの直線の角度が急になる。

　材料物理学では，点Aは弾性限界という用語で表されるが，これは点A以降は材料が変形をはじめるからである。生物学的には，点Aより先は，通常のフィードバック機構による恒常性の維持が不可能になる（**図 10.1a**）。暑熱感作の例でいうと，パンティング，発汗，および末梢血管拡張によって，点Aまでは正常体温が保たれるということになる。それ以上暑熱によるストレッサーが増加すると，動物は高体温状態になってしまう。「硬度」とは点Aまでの直線の積分値（直線下面積）のことを指す。これは，つぶれることなく変形に耐え得る能力を示す値として用いられている。材料はさらなる負荷に対してある程度の可塑性を持ち，伸びを示す。生物学的には，「硬度」は，正常

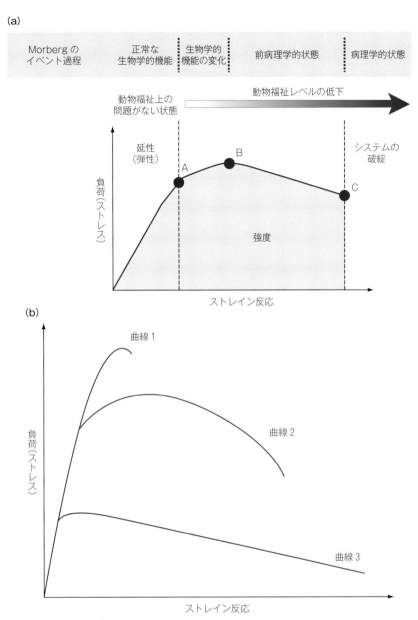

図 10.1 ストレス‐ストレイン曲線
(a) 機械工学におけるストレス‐ストレイン関係。開始点から点 A（強度総量あるいは弾性限界）までは，システムに柔軟性があり，変形は起こらない。ストレインの大きさが点 B（引張強度）を越えても，システムはストレスから回復可能であるが，ストレインが弾性限界を超えたため，ある程度の変形がシステムに生じる。点 C は，破砕もしくは分断点を示す。この次点でシステムは機能しなくなり，（割れてしまったガラスのように）回復できない事態となる。上段の箱書きは，Moberg（2000）が機械工学のストレスとストレインの概念を用いて，生物学的な一連の過程を示したものである。ストレスに対する反応における異なるストレインのレベルは，それぞれ，下のストレス‐ストレイン曲線に示す点と一致している
(b) 強度，延性（弾性），硬度の 3 つの変数が変化することで，ストレス‐ストレイン曲線の形が変わる
注意：生物学では X 軸と Y 軸が，これらのグラフとは逆になることが一般的である。生物学では慣例的に，従属変数（刺激あるいは独立変数に応じて変化する反応）を Y 軸に，独立変数を X 軸におく

範囲に保たれていた状況から逸脱した高体温のような状態に耐え得る能力と表現できる。高体温は即，死につながるわけではなく，動物はそのような負荷に対して耐え得る能力がある。ある範囲内での環境温度変化に繰り返しさらされることで，動物はその環境に順応，すなわち「硬度」を増していく（Ringer, 1971）。ヒトでは暑熱に繰り返しさらされることで，発汗能力が増加するという報告がある（Henane, Valatx, 1973）。ストレスの程度が点Bを越えると，材料は変形をはじめる。ある程度のストレインまでは，元の状態に回復することが可能である。次のポイントである点Cを，物理学では切断点と呼ぶ。ストレス-ストレイン関係のグラフにおける最後の用語「延性」は，図10.1bのグラフ中の曲線の長さを求めたもので，点Aを越えた後の変形から元に戻る能力を表す。

ストレス-ストレイン関係の様相は，生理システムによって異なってくる。「硬度」，「延性（力学の弾性と同義）」，「強度」がシステムによって異なるからである。これら3つの指標の変動は，生理システムに内在する「安全率」として考慮される（Diamond, 1993）。例えば，ヒトにおいて，小腸の長さの安全率は2である。これは，小腸の長さが50％に半減しても悪影響が生じないということを意味する。ネコの小腸におけるアルギニントランスポーターのようなある種の酵素系では，安全率が10を超えるようなものもある。このように安全率を有することで，様々な生理システムが環境からの多様な負荷に対処，適応することができるようになっている。また，安全率によって適応の過程でどのシステムが重要かということをおそらく知ることができるだろう。安全率の違いにより，生理的システムのストレス-ストレイン曲線（図10.1b）の形状はそれぞれ異なる。繁殖システムは代謝システムと比べて「延性」が小さく（弾性が低く），「強度」も低い。したがって，エサが少なくなると，代謝を制御するシステムは，図10.1b中の曲線1のように反応するが，繁殖システムは曲線3により近づく。これは，エネルギー供給の制限によって，繁殖システムは代謝システムよりも早く危険にさらされるということを意味している。進化と自然淘汰を通じて，動物は環境からの負荷に十分適応し得るストレス-ストレイン関係を身につけてきた。後述するが，動物がストレスに耐え得る能力，すなわち動物の生理システムのストレス-ストレイン関係の様態は，遺伝的要因だけで規定されるのではなく，生後に受けた負荷の性質や強さによっても変化するものである。

上記のように，環境からの負荷に対する生理システムの反応が弾性の範囲内であれば（図10.1aの点Aまでの範囲，つまり通常の恒常性維持機構の範囲内），恒常性が危険にさらされることはない。しかし，強度あるいは持続時間の点で，それ以上ストレスが強くなると，生理システムはさらなる対応を求められることになる（点Bまで。追加で加えられたストレスの分だけストレインが増える）。ストレスが生理学的な適応能力の範囲（点Cまで）を越えてしまうと，恒常性維持能力の低下はさらに進む。点Cを越えてしまうと，システムはもはや機能しなくなり，回復も不可能になる。そして，最終的には死に至る。このように，物理学の考え方を生物学に適用すると，点Bより先に進むことで動物福祉が危険にさらされるといえる。言いかえれば，その動物の生理機能がある一定の期間内に，恒常性を取り戻すことができない状態まで陥った時に動物福祉が危険にさらされるということである。この考え方はFraserらが1975年に提唱したストレスの概念に近い。彼らは，「行動的，生理的に動物が環境に適応する能力の限界を超えるような負荷を

与えられた状態」をストレスと定義した。しかし，動物福祉が危険にさらされていることを判断するために，実際にいつ動物が環境からの負荷に適応できなくなったか（図10.1aの点Aと点Bの間）をこの定義を用いて正確に測定することは非常に難しい（Moberg, 2000；Terlouw, 2005）。

● **10.2.2 ストレスという概念の変遷**

ストレスに関わる主要な学説については，PacákとPalkovitsの2001年のレビューにまとめられているため，ここでは詳細を省略する。図10.2にストレスに関わる学説がお互いにどのような関係にあるのかを概略図で示した。ストレスの概念は，Charles Darwinが自然淘汰説を詳細に論じた際に初めて言及された（Darwin, 1866）。環境からのストレッサーに適応する能力によって，動植物の生存や繁殖のチャンスが決定されるという選択圧の概念である（Darwin, 1866）。続いて1878年に，Claude Bernardが「nilieu interieur〈内部環境〉」の固定性という概念を初めて提唱した。外部環境の変化に関わらず，動物は内部環境を一定に安定させる必要があるという理論である。彼は著書で「生命が自由かつ独立であるためには，生命の内部環境が常に変わらず，安定していることが必要である」と述べている（Bernard, 1878, p.113）。前述の言葉を言いかえれば，ストレスは内部環境に影響を与える外部環境のことであり，ストレインは安定していた内部環境からの変位と表現できる。Cannonは1914年に，物理的，心理的な攪乱に対して「闘争・逃走反応」が起きるが，自律神経機能の亢進やカテコールアミンの分泌増加などの生理反応の多くは，攪乱の種類に関わらず共通して起こることを明らかにした（Cannon, 1914）。Selyeは，ストレスに対する反応のなかで，グルココルチコイド（動物種によって構造が異なる。コルチゾールとコルチコステロンが主）の重要性を初めて明らかにした（Selye, 1936）。多くの種類の侵害刺激が視床下部−下垂体−副腎皮質系（10.3.2節参照）を刺激し，グルココルチコイドの分泌を促進することが示された。この生理反応は，ストレスの種類によらない普遍的な反応であることから，Selyeは彼の古典的学説「汎適応症候群」を考案し，ネガティブなストレスを「distress」，ポジティブなストレスを「eustress」とした（訳者注：eu-は健康を表す接頭語）。Selyeの表現を使えば，図10.1aの点Aは，「eustress」が「distress」に変化する境界点といえる。

1970年代終わりから1990年代のはじまりにかけて，ストレスという概念は適応の観点から論じられることが多かった。Hennessyら（1979）は，「psychoneuroendcrine hypothesis〈精神神経内分泌学説〉」を提唱し，記憶形成も含む脳機能に神経ホルモンが重要な役割を果たしていると唱えた。その後，MunckとGuyre（1986）は，生理システムのストレインはグルココルチコイドが調節していると唱えた。なぜなら，生理システムの一部はグルココルチコイドで刺激され，一部は抑制されたからである。また，グルココルチコイドはその循環血中量に応じて，特定の標的器官に対して抑制的にも刺激的にも働くことも明らかになった。ストレスに対するこのグルココルチコイドの複雑な反応は，Saploskyら（2000）によって，「許容的」，「促進的」，「抑制的」，「予備的」と分類された。その後，KrantzとLazar（1987）によって，ストレスに対する反応には，外部環境の状況が関わっていることが明らかにされた。さらに，LevineとUrsin（1991）は，ストレスに長期間繰り返しさらされることで「適応的生物反応」が起こる可能性を示唆した。生体と環

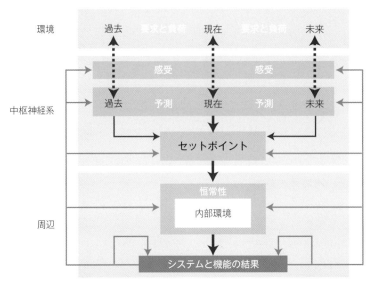

図 10.2 外部環境からの単一の負荷，繰り返しの負荷，および同時あるいは順次的にかかる異なる種類の負荷に対する動物の反応における生理的処理機構の概略図

━▶は，環境からの負荷が生体内で処理される経路を示す。┄▶は，現在の負荷と予測される将来的な負荷に対して，予測される生体の過去，現在，未来における状態とのミスマッチがないかどうかを評価する経路を示す。生体が負荷を感受する程度と，過去，現在，未来の負荷の程度によって，この食い違いの大きさは決まる。━▶は，異なるシステムや器官が負荷に対して反応することで（フィードバック機構，フィードフォワード機構，統合的な機構を介して），以下のような過程に影響を与える経路を示す。①━▶で示した情報処理の流れ。情報の感受や予想に影響を与える。②様々な生理システムのセットポイント。③恒常性。ストレス反応における行動反応は，━▶で示す経路に含まれる

境との相互作用や，ストレスに対する反応における構成要素としての行動反応の重要性については Weiner（1991）が提唱した。

1990年代になって，Chrousos と Gold（1992）および Goldstein（1995）はストレスの定義を「不調和あるいは恒常性の危機の状態」とした。Moberg（2000）は，ストレスへの適応の過程で，「生体内の資源」がストレスにさらされていない時の機能や生命活動を越えて使用される結果，病気の一歩手前，あるいは病的状態に陥ると提唱した（**図 10.1a** の点 B の状態）。Moberg によれば，「distress」の状態は，「個体の福祉がストレスに対する反応によって有害な影響を受ける生物学的状態」で，「私たちは，ストレスが distress に変化するポイントを見極める必要がある」（Moberg, 2000, p.2）。これと同時期に，アロスタシス（環境からの負荷に対する動的な適応反応。逐語的には変化を通じた安定）の概念が生まれた。これは環境からの負荷に適応できるか否かは，それに必要なエネルギーコストに対応できる能力によるという考え方が元となっている。Sterling（1988）によって最初に提唱され，McEwen（1998）によって深められたこの考え方は，元々，現代人の病因論の説明で用いられてきた。アロスタシスは，将来必要とされるものを予測できるという機構について考慮している点において，恒常性とは異なる。しかし，元々 Cannon（1929）によって提唱された恒常性の基本的な概念を排除しているわけではない。レオスタシスという概念もあり（Mrosovsky, 1990），これは生体内部で競合している複数の恒常性維持機構を，生体が交互に利用することが可能であるという考え方を含んでいる。Bernard（1878）や Cannon（1929）が提唱した恒常性の概念では，生体に生じた生理的変動の求心性情報に対し，その変動を制御している器官に対して遠心性の情報を送り，制御するフィードバックループが中心であった。一方，アロスタシスは，学習や情動といった膨大な情報を元に，そのフィードバックループの設定値を統制し，生体システムが予測することを可能にした脳の傑出した働きを明示した点が異なる（McEwen, Wingfield, 2007）。その後，アロスタシスは動物福祉を評価するうえで重要な考え方となりつつある（Korte ら，2007）。

> アロスタシスの考え方に基づいた動物福祉の概念は，近年の行動生理学や神経生物学の発展を取り込んだものであり，よりよい考え方といえる。よい動物福祉とは，環境からの負荷をあらかじめ予測できる幅広い予測能力と行動能力の発揮を特徴とする。よい動物福祉の状態は，環境からの負荷に対して生体のアロスタシス機構の制御範囲内で生体が適応できている時に保証される。

動物福祉の重要な側面として，ストレスに対する反応における情動の役割を挙げておく必要がある。前述した精神神経内分泌からアロスタシスまでのいくつかの学説では，心理的要因や情動が生理反応の調節要因であったり，生理反応そのものを起こすことを考慮に入れている。このように，発見的問題解決を通して，ストレスの学説は常に発展的に変遷している。ストレスに対する反応や，動物福祉を評価するための生理指標の捉え方は，ストレス学説の発展に影響を与えてきた。

10.3 動物福祉を評価するための生理指標

● 10.3.1 技術的問題点

前述のように，動物たちは異なる種類の多くのストレッサーにさらされる可能性がある。環境温度の変化，飼料不足といった物理的要因に加え，ヒトが近づくことの影響，仲間からの隔離，飼育環境の変化，見知らぬ個体や社会的上位個体の存在などの情動的な要因もある。さらに，身体的ストレスとそれによって起こる生理反応そのものが，動物の情動に影響を与える可能性もある。したがって，ストレス反応のうち，どの部分が生理的な適応調節で，どの部分が情動を反映しているのかを判断することは難しいのが常である。

本章では，現在使われているか，近い将来使用されるであろう，測定可能で有効と考えられる生理システムについて論じる。**表10.1**に，情動ストレスおよび身体的ストレスへの適応反応に関わる生理システムについて，その活動を評価できる有力指標，測定法，動物福祉を評価するうえでの妥当性と限界についてまとめた。本表は，包括的なものではなく，主なシステムについてまとめたものである。前述したように，これらの指標はストレス反応そのものを反映するのではなく，ストレスによって生じる生理的なストレイン，つまり環境から与えられた負荷に対する動物の反応を定量的に捉えたものである。動物福祉の評価のためにこれらのデータを解釈する際には，遺伝，生後の環境，時系列的状況といった要因をふまえつつ，多くの指標を合わせて用いるべきである。

生理指標を福祉の指標として用いる際には，その生理指標を得るためにどれぐらい生体が侵襲を受けるのか，また，生理指標を定量化する

表10.1 動物に生じているストレインのレベル（身体的および情動ストレスに対する反応）を評価可能，あるいは評価可能と考えられる生体の系とその指標

これらの指標を測定できる各生物サンプルの種類と制約についても記載した．また，ホルモンの測定値は，少なくともサンプル採取後数時間から数日しないと得られないことから，結果が得られた時にはすでに知りたい現象からは大きく時間が経過することとなる

[略語]
a：指標．ACTH：副腎皮質刺激ホルモン，CRH：副腎皮質刺激ホルモン放出ホルモン，FSH：卵胞刺激ホルモン，GH：成長ホルモン，IGF-1：インスリン様成長ファクター-1，LH：黄体形成ホルモン，NEFA：遊離脂肪酸，T₃およびT₄：甲状腺ホルモン，トリヨードサイロニンとサイロキシン
b：生物サンプル．CSF：脳脊髄液
c：測定法．CT：コンピューター断層撮影，EEG：脳波，EIA：酵素免疫抗体法，ELISA：固相酵素免疫測定法，fMRI：機能的磁気共鳴画像法，GC：ガスクロマトグラフィー，HPLC：高速液体クロマトグラフィー，IHC：免疫組織化学，RIA：放射免疫測定法
d：妥当性．ANS：自律神経系

生体の系／機能	指標[a]	生物サンプル[b]	測定法[c]	妥当性[d]	動物福祉	限界
視床下部-下垂体-副腎髄質副腎皮質系軸（HPA軸）	グルココルチコイド（コルチゾール，コルチコステロン）およびそれらの代謝産物），ACTH，CRH，プロラクチン，パンクレアチン	血液，尿，唾液，CSF，糞，ミルク	自動サンプル採取装置，EIA，ELISA，RIA，HPLC	生理的，物理的，心理的負荷のほとんどに対して反応する指標．研究が非常に進んでおり，標準的な指標として受け入れられている．しかし，結果が得られるまでに時間がかかる	その変化が福祉レベルの低下と必ずしも結びつくとは限らない．HPA軸はサンプル採取の手技でも活性化される可能性がある．ある動物種では，分泌パターンがパルス状であったり，日内変動があったりする．ある種の生物サンプル中の，特定のホルモン濃度を測定するのは高価で，妥当性の確認が必要である
交感神経-副腎髄質軸	アドレナリン，ノルアドレナリン	血液，尿，唾液	ELISA，RIA，GC，HPLC	闘争・逃走反応のよい指標．結果が得られるまでに時間がかかる	カテコールアミンの半減期は非常に短いため，反応はすぐに終わり，検出するのはあまり簡易ではない
	活動電位	神経細胞	電気生理，fMRI	ANSのうち特定の部位の活性化を見るのには適している	fMRIは非侵襲的．一方，電気生理は侵襲的．両者とも拘束した動物でのみ使用できる
循環系	心拍数	全身	外部モニター，内臓データロガーとテレメーター	ANSの活性化や心血管系へのストレインを示す	活動性の増加によるものか，ストレスによるものかの区別が難しい．手作業で心拍数を数える場合は非侵襲的．データロガーを使う場合，埋め込み位置によっては侵襲的．リアルタイムでデータを転送するテレメーターは高額である

循環系	血圧	全身	外部モニター、内臓データロガーとテレメーター	ANSの活性化を示す。外部からの血圧測定は非侵襲的。データロガーを使う場合、埋め込み位置によっては侵襲的である	心拍数と同様の制限あり。外部から測定する場合には、動物を静止させておく必要があるので、ほとんどの動物では難しい。リアルタイムでデータを転送するテレメーターは高額である
呼吸	呼吸数	全身	外部モニター、内臓データロガーとテレメーター、目視による計測	情動、身体的ストレスに対する一般活動性、身体的変化の指標。目視での呼吸数計測は非侵襲的。データロガーを使う場合、埋め込み位置によっては侵襲的である	活動性の増加によるものか、ストレスによるものか区別が難しい。リアルタイムでデータを転送するテレメーターは高額である
	血液生化学指標	血液	血液ガス測定	生体がさらに反応する余力があるかどうかの指標。やや侵襲的、比較的安価である	呼吸数と同様の制限あり。結果が得られるまでに時間がかかる。動物種ごとに基準を設ける必要がある
体温調節	体温	皮膚、直腸、全身、深部（腹腔内）	外部モニター、内臓データロガーとテレメーター	温熱環境によるストレインを長期的にも短期的にも測定できる安価で実用的な指標。リアルタイムでデータを転送するテレメーターは高額である	体温調節は、多くの刺激に影響を受ける。個体差も大きく、種ごとの特異性もある
	ホルモン（甲状腺ホルモン、カテコールアミン、コルチゾール）	血液	ELISA、RIA	熱負荷がそれ以上の負荷に反応する余力があるかを示す	やや侵襲的。結果が得られるまでに時間がかかる。体温と同様である
浸透圧調節	尿中排泄物、生化学指標（pH、尿素、尿酸、アンモニア、タウリン）	尿	代謝ケージでの尿採取、尿採取用バッグ、カップで受ける	飲水や摂食が適切にできているかを示す。安価である	個体ごとの汚染がされていないサンプルの採取が難しい
	飲水量		水量計	飲水や摂食が適切にできているかを示す。安価だが、多頭数、あるいは広範囲での飼育の場合はコストがかかる	個体ごとのデータを取るのが難しい。環境状況を考慮してデータを解釈する必要あり
	血液指標、血中血球容積、血漿浸透圧、血漿中クレアチニンキナーゼ（Na$^+$、K$^+$、Cl$^-$）、電解質濃度、唾液流量と成分（Na$^+$、HPO$_4^-$）	血液	ELISA、RIA、血中成分および電解質の自動測定	調節系へのストレスの指標。やや侵襲的である	血液成分は自動分析が可能であるが、ホルモンに特化した計測法が必要。複数のホルモンを同時に解析すべき。いくつかのホルモンは水分と塩分のバランスに特異的ではない

（次ページにつづく）

表 10.1 前ページのつづき

生体の系/機能	指標[a]	生物サンプル[b]	測定法[c]	妥当性[d]	動物福祉
					限界
浸透圧調節	ホルモン バソプレッシン、心房性ナトリウム利尿ペプチド、アルドステロン、カテコールアミン、リラキシン、グレリン				
痛み					
末梢要素	ホルモン、伝達物質 (サブスタンス P、セロトニン、プロスタグランジン)	血液、唾液	EIA、ELISA、RIA、HPLC	数多くの指標あり。いくつかは、痛みの伝達経路の異なる構成要素に非常に特異的である	信号伝達系のある部分は、感覚として伝達されない可能性があるため、真の評価を行うためには、妥当性の検証が必要。結果が得られるまでに時間がかかる
中枢要素	オピオイド、その他の神経伝達物質、活動電位	神経細胞、血液、CSF	ELISA、EIA、電気生理 (EEG)	皮質領域など、脳の特定の領域における痛みの感覚の発生位置とその大きさを特定できる可能性がある	結果が得られるまでに時間がかかる。ケージに閉じ込めたり拘束した動物でのみ使用できる
免疫系					
負荷	感染病原体数	血液、糞、小腸や皮膚など感染した組織	鏡検、培養	ケージでのサンプル採取は非侵襲的。血液や組織、さらに個体単位でのサンプル採取は侵襲的である	放し飼いの動物では難しい。経時的な変化を追跡し、よく確認することが必要。費用がかかる。結果が得られるまでに時間がかかる
免疫反応	ホルモン、血球成分、サイトカイン	血液、リンパ系組織	ELISA、RIA による細胞数測定、IHC	動物が、前病理学的、あるいは病理学的状態にあること、回復のよい指標となる	安価から高価まで様々である
繁殖	繁殖成功	繁殖可能な子孫の生産		個体の識別が簡単で追跡可能であれば安価。動物福祉が大きく損なわれている時の指標となる	放し飼いの動物では難しい。本来の繁殖制御なのか動物福祉の問題なのかを区別するため、種ごとに繁殖の様相を知っておく必要がある。感度は悪い。大きな群では長期間の測定が必要である

繁殖	ホルモン：プロラクチン、LH、FSH	血液、唾液、糞、CSF	ELISA、RIA、GC、HPLC	繁殖活動の低下は、動物福祉の低下を示す	血液採取はやや侵襲的。放し飼いの動物では難しい。正しい間隔で複数回のサンプリングが必要。本来の繁殖制御なのか動物福祉の問題なのかを区別するため、種ごとに繁殖内分泌を知っておく必要がある
興奮性の組織					
筋肉	酸化ストレスのマーカー、乳酸、酵素活性	筋組織、血液	ELISA、RIA、GC、HPLC	疲労、極度の疲労のよい指標になる	血液採取はやや侵襲的で、筋組織採取は侵襲的である
	ホルモン（生体エネルギーの項参照）	血液、唾液、糞	ELISA、RIA、GC、HPLC	筋肉レベルでのエネルギー代謝を示す	血液採取はやや侵襲的である
	活動電位	筋組織	電気生理	筋肉の疲労、損傷のよい指標になる	電気生理は侵襲的な手法も非侵襲的な手法もある
中枢神経系	神経ホルモン（ドーパミン、アドレナリン、ノルアドレナリン、セロトニン、オピオイドなど）	神経組織、CSF、血液	ELISA、RIA、GC、HPLC	喜び、痛み、恐怖などの精神状態、感情や情動、刺激の感受から最終的な反応までの統合経路の活性化を示す	侵襲的。情動に関連して特異的に変化するかどうか、妥当性の検討が必要となる
	活動電位	神経組織、脳	CT-スキャン、fMRI、電気生理	脳の活動を真に評価できる。喜びや痛みを示せる可能性がある。もし、脳の局所的活性の意味が研究で明らかになれば、動物福祉の素晴らしい指標になる可能性を持っている	記録を解釈するために、脳活動の地図の作成や検査が必要。非常に高価。動物を動かしてはいけない。まだ実用的ではない
生体エネルギー					
代謝産物	グルコース、NEFA、尿素、β-ヒドロキシ酪酸、トリグリセリド	血液、尿、糞	ELISA、RIA、GC、HPLC、ポータブル計測器	同化、異化双方のエネルギー代謝とその制御のよい指標になる	血液採取はやや侵襲的。生体のシステムとそれを制御する複数の要因との関係が複雑なため、解釈が難しい。複数の指標を同時に解析する必要がある

（次ページにつづく）

表10.1 前ページのつづき

生体の系／機能	指標[a]	生物サンプル[b]	測定法[c]	妥当性[d]	限界
代謝ホルモン	インスリン、グルカゴン、IGF-1、レプチン、T_3およびT_4、ニューロペプチドY、コレシストキニンなど	血液、特殊組織	ELISA, RIA, GC, HPLC	エネルギー代謝とその制御のよい指標。エネルギーバランスとエネルギー分配を示す。摂取欲求と摂食量のよい指標でもある。食欲の評価の際に解釈指標としても用いられる	血液採取はやや侵襲的。ある種のホルモン測定がやや高価。結果が得られるまでに時間がかかる。生体のシステムとそれを制御する複数の要因との関係が複雑なため、解釈や消化の影響だけではなく、摂取・蓄積・利用のエネルギーバランスの影響も受ける。複数のホルモン指標を同時に解析する必要がある
身体指標	生体重	動物全体	体重計	安価で実用的。非侵襲的。動物福祉の全体的な指標になる	脂肪量、体の構造、年齢など他の指標なしでは信頼性に欠ける。ある種では、自然変異が激しい
	成長率	動物全体	体重計	安価で実用的。非侵襲的。動物福祉の全体的な指標になる	それぞれの種における参照データなしでは、情報としては十分ではない
	ボディコンディション	背	ボディコンディションスコア	安価で実用的。非侵襲的。動物福祉の全体的な指標になる	訓練された観察者がいて初めて安定した信頼性のあるデータになる。ある種では、自然変異が激しい
		背	超音波スキャン	手法が標準化されている。非侵襲的。体蓄積量の推測に用いられる	訓練された観察者がいて初めて安定した信頼性のある正確なデータになる。ある種では、自然変異が激しい
		動物全体	X線CT	正確で信頼性がある。体全体の蓄積量を測定でき、エネルギー蓄積量の非常によい指標になる	高価。動物を動かないように保定する必要がある。ある種では、自然変異が激しい
		動物全体	電気抵抗	簡単。非侵襲的。体蓄積量を比較的よく示す	異なる種や品種で用いるためには妥当性の検討が必要である

手法の特異性と感度について知っておくべきである。特に，生理指標の変化を見るためのベースラインは，きちんとしたものをとっておく必要がある。実験で比較する場合には，対象となる環境刺激以外の外的刺激によって，関連する生理システムが阻害されることがないように注意すべきである。例えば，実験対象の動物のそばにヒトがいることは，情動ストレスの原因になる可能性がある。また，測定用のサンプルを採取するために動物をハンドリングすることで，測定したい生理システムの多くが影響を受けることが分かっている。体温，皮膚温，呼吸数，心拍数などの生理指標は，無線で測定できる新しい技術が開発されてきている（Marchan-Forde ら，2004）。リモートセンシング技術は，家畜化されていない動物も含め，動物福祉の分野においてますます利用される機会が多くなってきた。しかし，技術の時間分解能および検出分解能によっては，使用できない場合もある。例えば，ストレッサーによって起こる深部体温変化の多くは，10分の数℃であるため，深部体温を0.1℃の分解能で測定することは有用だが，1.0℃の分解能では到底利用することはできない（Ropert-Coudert, Wison, 2005）。

　生理指標の多くは体液中濃度として測定可能である。代謝産物やホルモンの濃度は，様々な手法で得られる血液サンプルを利用して測定できる。静脈穿刺は最もシンプルな手法であるが，術者の訓練が必要で，動物をハンドリングし，採血のために保定しなければならない。また，動物に痛みを与える可能性もある。継続的に静脈カテーテルを留置することで，動物の行動制約を最小限にしつつ，離れた位置から採血することが可能となるが，多くの場合，外科的な処置を施す必要がある（Sakkinen ら，2004，図10.3a ヒツジでの例も参照）。これらの代替法として，自動血液サンプリング装置の利用も可能であるが，装置が重いため，動物がその重さに耐えられるかどうかを考慮する必要があることや，動物を装置そのものに馴らす必要があることが制限要因である（Cook ら，2000；Goddard ら，1998, 図10.3b）。

　血液以外にも，脳脊髄液，唾液，尿，糞など，様々な生体液がサンプルとして利用可能である（Owens ら，1984；Cook ら，1986；Cavigelli ら，1999；Strawn ら，2004；Foury ら，2007）。特に，唾液，尿，糞は，サンプル採取の際に生体への侵襲が少ないことが大きな利点と考えられている。家畜化されていない動物，特に野生動物の状態を知るために，唾液，尿，糞を採取することが一般的になりつつある。手法が非侵襲的であることに加え，捕獲やハンドリングが必要ない場合もあることが，普及が進んでいる理由である。

● 10.3.2　ストレスの生理的指標

視床下部‐下垂体‐副腎皮質軸

　グルココルチコイド（GCs）の分泌は，動物のストレス反応のなかで最も用いられている生理指標である（Broom, Johnson, 1993；Moberg, Mench, 2000；Mormede ら，2007）。血漿中のGCsの上昇は，視床下部‐下垂体‐副腎皮質（HPA）軸が活性化されたことを示す。図10.4 に示すように，HPA軸は，下垂体に依存した神経内分泌システムである。視床下部室傍核の神経細胞が，副腎皮質刺激ホルモン放出ホルモン（CRH）を産生し，正中隆起において，下垂体門脈血中にCRHを放出する。CRHは下垂体門脈を通り，下垂体前葉細胞の受容体に到達し，下垂体前葉細胞から副腎皮質刺激ホルモン（ACTH）を，全身循環へ放出させる。ACTHは，副腎皮質に到達し，GCsの放出が促される。GCsはACTHとCRHの分泌にネガティブフィードバック作用を持つこ

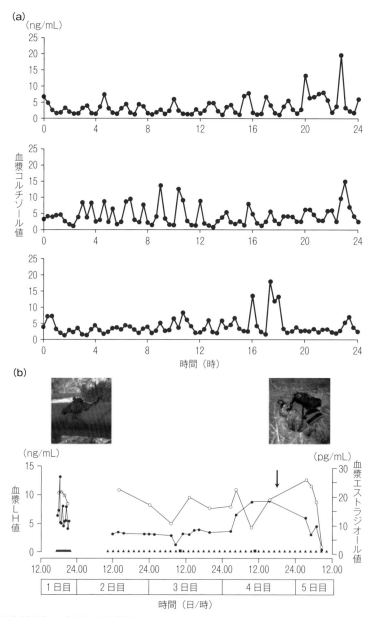

図 10.3 動物の行動制約を最小限にする採血方法

(a) 3 頭のヒツジの 20 分間隔, 24 時間の血漿中のコルチゾール濃度の変化を調べた。ヒツジには頚静脈カテーテルを留置して実験が行われた。このようなコルチゾールの分泌パターンの個体差は, 一過性 (あるいはパルス状) の内分泌系の変動が先天的なものであることを示している。技術的なポイントとして, このような変動を評価するためには, 適切なサンプリング間隔で長期間にわたってパルス状の上昇が起こることを評価する必要がある。この実験では, 採血のためにヒトが近づくことの HPA 軸の反応への影響は, 最小限, あるいはまったくないと考えられる

(Blache と Maloney の未発表データより)

(b) 特注のハーネスを使用し, エミューに自動血液サンプリング装置 (ABSE) を装着した実験。下段は, ABSE を用い, ヒトの接近なしで採血をした雌エミューの, 黄体形成ホルモン (LH, ●) とエストラジオール (○) の変動。雌エミューはヒトが近づくことと, ABSE を装着することに馴らされていた。データからは, LH のパルス状分泌と, エミューが伏臥している時 (矢印部) に LH とエストラジオールが上昇することが分かる。下部の▲は ABSE をプログラムしてサンプリングをした時間, ■は ABSE の再装填と再プログラムのタイミングを示す。サンプリングの成功率は 60% であった

(Van Cleeff ら, 2002 より)

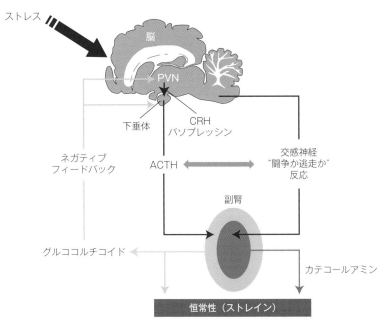

図10.4 ストレッサーによる，HPA軸および交感神経－副腎髄質軸の活性化についての古典的図式
これら両システムは，数多くのストレッサーによって活性化する。ストレス反応のなかでも最も多くの研究が行われているシステムである。これら2つのシステム間の相互作用と，脳の諸部位（記憶を司る領域は省略）へのグルココルチコイドのフィードバックループに着目してほしい
ACTH：副腎皮質刺激ホルモン，CRH：副腎皮質刺激ホルモン放出ホルモン，PVN：視床下部室傍核

とも分かっている。

HPA軸はストレスに対する生体反応の一部であるが，エサや水の摂取状態，体温，免疫システムの活動性などに影響を受ける。情動ストレスもまた，HPA軸を活性化する（Mobergら，1980）。しかし，年齢といったストレスとは関係のない要因も，HPA軸の活性化に影響を与える（Munck, Guyre, 1986；Sapolskyら，2000）。HPA軸の活性化は，環境からの負荷によって，短い場合もあれば（ストレスへの急性反応），長期間にわたる場合もある（ストレスへの慢性反応。Moberg, Mench, 2000）。フィードバック機構があるため，GCsの値が数日以上続けて高値を示すことはまれである。ストレッサーの種類，ストレッサーへの曝露期間，動物の遺伝背景，生理反応の予測された結果と現実の結果との差など，多くの条件によってHPA軸のストレッサーへの反応は異なってくる（Moberg, Mench, 2000）。このことについては前節で述べた。

HPA軸の活性化は，多くのストレッサーに対して普遍的だが，活性化の期間はバラバラであるため，どのような閾値を超えた場合に動物福祉が危険にさらされているかを明確に分けることは難しい。BarnetとHemsworth（1990）は，血漿中のGCs濃度が，ベースラインの40％以上増えた場合，「ストレスによる無益な活性化」になると提案した。その後，40％以上という閾値について，疑問が投げかけられた。HPA軸は，必ずしもネガティブな刺激だけに反応しているわけではなく，交尾など，明らかに喜びと感じられる刺激にも反応するからである。この喜びによるHPA軸の活性化は個体の生理に対して必ずしもネガティブな影響を与えるとは限らない（Sapolskyら，2000）。さらに，同一の刺激でも，個体によって，あるいは

種によって反応が異なることが明らかになってきた。したがって，HPA軸の反応は，従来よりも広義の時間軸や因果関係で考えるべきだということになっている。Mobergは，前病理学的な状態をもたらすようなHPA軸の活性化をもって，動物福祉悪化の指標とすべきと主張している（Moberg, Mench, 2000）。HPA軸活性化の大きさと時間軸の問題を統合する試みとして，CRH，ACTH，コルチゾールを動物に投与し，コルチゾールだけでなくACTHやCRHの濃度変化の測定が行われている（Guptar, 2004）。雄牛（Ladewig, Smidt, 1989）やブタ（Von Borell, Ladewig, 1989）では，群飼育された個体と個別飼育された個体を比較すると，ACTH投与によるコルチゾール濃度の上昇は，個別飼育で少ないことが分かっている。同じように，ウマでも，個別飼育された個体は，群飼育された個体に比べてCRH投与時のACTHおよびコルチゾール濃度の上昇が小さかった（Veissierら2008）。これらの結果は，社会的あるいは物理的に不適切な飼育環境（個別飼育）によって，将来にわたる慢性的な（ストレス）刺激が予想される時に，HPA軸がそれに適応する能力を有していることを物語っている。

GCsの血中濃度を解釈する際には他の考慮すべきポイントがある（Mormedeら，2007）。多くの種で，GCs分泌は概日および概年のリズムを有している。このリズムは，おそらくは季節的な変動を制御している光などの外的刺激とは無関係である。さらに，GCsの分泌は脈動的である。約90分の周期で，急激な上昇とゆっくりとしたベースラインまでの下降を繰り返している。ヒトでは，うつ病の患者においてGCsの概日リズムに変化があったことが報告されている（Turek, 2007）。これは，ある条件下では，GCsの概日リズムの変化によって動物福祉の変化を評価できる可能性を示している。

交感神経 - 副腎髄質システム

情動ストレスや身体的ストレスに対する交感神経 - 副腎髄質システムの活性化は，血漿中のカテコールアミン濃度（アドレナリン〈エピネフリン〉およびノルアドレナリン〈ノルエピネフリン〉），心拍数，さらに心拍変動解析によって測定することができる。血漿中に存在するノルアドレナリンのほとんどは，交感神経系の神経末端から放出されたものである。わずかではあるが，交感神経系が特殊に分化した末端器官である副腎髄質から放出されたものもある。一方，アドレナリンのほとんどは副腎髄質由来である。アドレナリンとノルアドレナリンの変化は，動物の心理的負荷（社会的隔離など。Lefcourt, Elsasser, 1995）や，管理手技由来の身体的負担（焼印〈Layら, 1992〉や魚類の取り扱い〈Ashley, 2007〉など），実験動物でよく用いられる手技（カテーテル留置術など。Lucotら，2005）に対する動物福祉の評価として使用されてきた。対照的に，カテコールアミンのひとつであるドーパミンは，動物福祉を評価するうえでは，限定的な役割しか持っていない。基本的に，ドーパミンはノルアドレナリンの前駆物質として扱われている。

心拍数は，交感神経系および副交感神経系の心臓枝の活動を反映している（Von Borellら, 2007b）。他の生理指標と同様に，心拍数は多くの要因から影響を受ける。そのなかには動物福祉とは必ずしも関係があるとはいえない運動や消化などの要因も含まれる。したがって，心拍数の変化を解釈する場合には，他の生理指標や行動指標を用いたり，適切な比較対照を設けることで，信頼性が上がると考えられる。例えば，子牛において，焼印あるいは凍結烙印によって心拍数は上昇するが，烙印をしない対照

群でも子牛の心拍数は同程度まで上昇した。すなわち，心拍数上昇の少なくとも一部は，捕獲や保定枠への保定が原因であり，烙印自体が原因ではないことが明らかとなった（Layら，1992）。

連続した心拍の間隔（心拍間隔；標準誘導した心電図のQRS群におけるR波の間隔）の変動（heart rate valiability：HRV）解析も，心臓の自律神経支配のバランスを知る手法として用いられる。HRVは，心臓を支配している自律神経の交感神経枝と副交感神経（迷走神経）枝のバランスを反映していると考えられている（Crawfordら，1999）。また，平均心拍数に変化がなくてもHRVが変化することが多数報告されており，HRVはストレス研究における新たな手法となってきている（Porges, 1995；Mohrら，2002；Von Borellら，2007a）。とりわけ，ウマ，ウシ，ヒツジ，ヤギ，ブタ，イヌにおける福祉の評価に用いられてきている。しかし，ストレッサーや動物の種類によって，おそらくは対象としている動物がストレッサーをどう評価しているかに応じて，HRVの解析値は変化し得る（第8章参照。Von Borell, 2007a；Greiveldingerら，2007）。ストレッサーにさらされると，行動変化よりも先に心機能が変化する。これは，おそらく，行動反応の準備には時間を要するため，自律神経反応の方が早く起こるからである（Von Borellら，2007a）。心拍数やHRVはあまりにも多くの要因から影響を受けるため，動物が静止して，環境からの負荷を受けていない状態の，安静時の値を参照することが大事である。さらに，心拍数やHRVには日内変動があること，測定した季節，動物の年齢，代謝状態も考慮に入れることが必要である（Von Borellら，2007a）。

神経伝達物質

セロトニン，ドーパミン，オピオイド，オレキシンなどの神経伝達物質は，ストレスに対する反応において中枢神経系で重要な役割を担っており，末梢で得られる指標に比べて，生体に生じたストレインをより直接的に表していると考えられる。セロトニンは，認知，情動の適応過程における生理現象を維持する中枢性神経伝達物質のひとつである。ヒトの気分障害は，脳内のセロトニン神経系の変化と関連している場合が多い（Dayans, Huys, 2008）。また，魚やラットでは，社会的課題に対する反応においても中心的な役割を担っている可能性がある（Caramaschiら，2007；Cubittら，2008）。ほかにもドーパミンやアドレナリンの変化と攻撃性との関連も報告されている（Van Erp, Miczek, 2000；Chichinadze, 2004）。しかし，データを得るために従来用いられてきた手技は，非常に侵襲性が高い。

最近になって，機能的磁気共鳴画像法（functional magnetic resonance imaging：fMRI）や，陽電子放出断層撮影法（positron-emission tomography：PET）といった非侵襲的な脳走査技術が開発され，脳のどの部位がストレス反応に関与しているのかという重要な情報が得られてきている。これらの技術はほとんどの場合はヒトでの利用であり，制御された条件下で行う必要がある（例：Damasioら，2000）。しかし，ヒト以外の動物にも適用は可能である。例えば，fMRIによって，侵害刺激に対する反応で活性化される中枢経路を視覚化することにより，ヒトとヒト以外の動物で痛みや喜びといった感覚がどのように違うのか，あるいはどの部分が共通しているのかという知見が増えてきている（Derbyshire, 2008；Leknes, Tracey, 2008）。

ストレス性高体温

ヒトでは，映画やボクシングの試合を見たり，試験を受けることなどが情動への刺激となり，深部体温が上昇することが報告されている（Kleitman, Jackson, 1950；Renbourn, 1960；Marazziti ら，1992；Briese, 1995）。同じように，実験動物でも，新奇環境に置かれた時に，抗原接種時の発熱と短時間ではあるものの，同程度の深部体温の上昇が観察されている（Bouwknecht ら，2007）。捕獲による高体温は，アフリカにおける野生動物の移送において重大な問題となっている。この高体温は，捕獲の際の逃走による激しい筋運動の結果だと推測されていた。しかし，最近の研究結果では，Mayer ら（2008）の論文『Hyperthermia in captured impara (Aepyceros melampus): a fright not flight responce』で報告されているように，逃走しない動物でも，激しい高体温が生じることが明らかになっている。

発熱反応と同様，ストレス性高体温（stress-induced hyperthermia：SIH）にもプロスタグランジン，バソプレッシン，インターロイキンを介する機構が関連していることが明らかになっている（Singer ら，1986；Kluger ら，1987；Terlouw ら，1996）。げっ歯類では，ハンドリングや注射などのストレッサーによって起こる深部体温の上昇には個体差があるが，各個体の反応は一貫性がある（Vinkers ら，2008）。SIH 反応は，HPA 軸の活動など，従来から用いられている他のストレス反応の指標とよく相関している（Groenink ら，1994；Spooren ら，2002；Veening ら，2004）。動物に同じ情動ストレッサーを繰り返し与えることで，ストレス反応が減弱することがある。SIH の減少が示す慣れと，コルチコステロン反応の減少が示す慣れは，相互に関連していることが報告されている（Barnum ら 2007）。

繁殖性

繁殖能力の指標は，動物福祉の評価によく用いられる。おそらく，繁殖が生産成績の本質をなす部分だからであろう。産子成績を動物福祉の指標に用いるのは効率が悪い。子が産出されるか否かは，数週間，数カ月も前の母親の体調に依存するところがあるからである。しかし，繁殖を制御するホルモン濃度を測定することで，短期間における繁殖能力を評価することは可能である。このような繁殖関連ホルモンの評価は，大動物では一般的である。肉体的ストレス，情動ストレスによって変化する繁殖関連ホルモンがいくつか見つかっている。黄体形成ホルモン（LH）や卵胞刺激ホルモン（FSH）は，輸送，社会構造の変化，給餌量の減少，高温環境などの環境負荷で減少することが報告されている（Willmer ら，2000）。プロラクチンは，巣作り，季節繁殖，授乳などの養育行動を制御する働きがあるが，ストレスにも反応することが分かっている（Fava, Guaraldi；2006）。ラットでは，ストレッサーへの曝露が数日間続くと，ストレッサーに対するプロラクチンの反応が消失することから，この反応は慣れが生じていることを示唆している（Kant ら，1985）。Kant らは，強い肉体的ストレッサー（強制走行）と強い情動ストレッサー（拘束）に対する反応の両方を調査している。足への電気刺激を与えるストレッサーについても同様の調査を行っている。興味深いことに，ストレッサーに対するプロラクチン反応の慣れはストレッサー特異的であった。つまり，3つのストレッサーのうちのいずれかを繰り返し与えた際に生じる慣れは，そのストレッサーのみに対する慣れであり，他の2つのストレッサーに対する慣れは生じなかった（Kant ら，1985）。最近の報告で，慢性的なストレス状態にあるマウスにプロラクチンを注射することで，記憶形成

に重要な役割を持つ海馬での神経新生に対するストレスの有害な影響が抑えられることが分かった（Tornerら，2009）。したがって，プロラクチンはストレスの長期的な影響を評価するうえで注目されている。

最後になるが，繁殖は光周期や栄養（Jordan，2003；Blacheら，2007）などの他の要因によって影響されるため，結果の解釈には注意が必要である。

生産性

成長速度，体格，体重，ボディコンディションなどの身体的指標は，動物の総合的な代謝状態を現わす指標となる。肉体的ストレスと情動ストレスの双方が，体の資源配分やボディコンディションに影響を及ぼす（Elasserら，2000；Broom，2008）。ボディコンディションは動物の脂肪の量や筋肉の増加を示す尺度であり，適応価や体のエネルギー蓄積状態の指標である。これらは触診や二重X線造影検査などの特殊な手法で測定することができる（Jonesら，2002）。ボディコンディションスコア（BCS）の評価は，血漿中のレプチン濃度とよく相関することが分かっており（Blache1ら，2000），エネルギー蓄積量の指標となり得る可能性がある。

ストレスとは関係のない要因も，摂食行動やボディコンディションに影響を及ぼすことから，動物福祉を評価するうえでは必ず考慮する必要がある。例えば，季節の影響がある（**図10.5a**）。繁殖期には摂食量が減り，体重が減少する。エミューの雄は繁殖期に25％もの体重減少があるが，これは8週間に及ぶ抱卵を雄のみが行い，その間一度も摂食をしないからである（**図10.5b**）。繁殖期，渡り，冬眠の前に摂食量が増える種もある。

● 10.3.3 ストレスの原因と関連する指標

情動ストレス

ストレス反応における情動の役割を解明するために，これまで多くの研究手法が考案され，取り組まれてきた。多くは行動指標に加え，HPA軸や交感神経−副腎髄質系の活性化を示す指標を用いているが，病状や，代謝活性なども指標として用いられている。

主に実験動物用に考案され，その後大動物用に変更を加えられてきた行動テストを用い，動物の環境適応に遺伝的背景や過去の経験がどのように関わっているのかが調べられている（Forkman，2007のレビュー参照）。例えば，ブタのデュロック種は大ヨークシャー（ラージホワイト）種と比較して，対人テストで見知らぬヒトにより多く鼻で触れ，心拍数がより高くなることが報告されている（Terlouw, Rybarczk，2008）。動物が置かれた環境などの状況のうち，どれに反応しているのかを理解する試みも行われている。ストレッサーの強さがどの程度自分でコントロール可能かということや，ストレッサーを予測可能かどうかといったことが，ストレス反応に影響を及ぼしているようである。電気ショックが自分で制御できず予測不可能であった場合，胃潰瘍を指標としたストレス反応はより大きくなることが知られている（Weiss，1971a, b）。ヒツジを対象とした最近の研究では，予測できない出来事に対しては，より強い行動反応と心拍反応を起こすことが報告されている（Greiveldingerら，2007）。ストレッサーを以前に経験したことがあるか，あるいはストレッサーが突然与えられたかそうでないかなどもヒツジの反応に影響を与えるようである（Desireら，2004）。情動ストレスと動物福祉との関連については第6章で詳しく論述した。

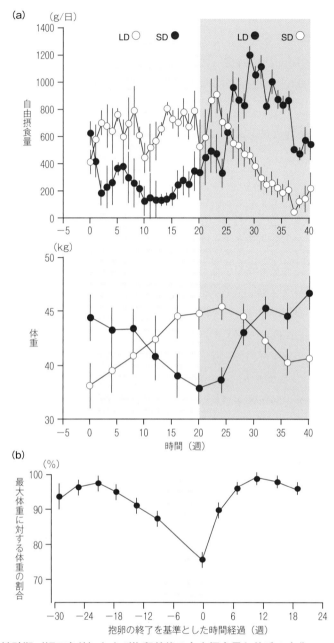

図 10.5 エミューの繁殖期(短日条件)および抱卵前後の自由摂食量と体重の変化

(a) 2群各4頭の雄エミューを20週間ずつの異なる人工的明暗周期(図の左右で異なる色で表記)で群飼した際の自由摂食量(上段)と,体重(下段)の変化。ひとつの群(○)は,長日条件(14時間明期,10時間暗期)から短日条件(10時間明期,14時間暗期)に変更。もう1群(●)は,短日条件から長日条件に変更。実験期間中,雄エミューは雌と接触しなかった。したがって,求愛行動や交尾行動の行動時間割合が,摂食量に影響した可能性はない。この明暗周期に対する摂食量の変化は,遺伝によって決定された行動様式と,フィードフォワード機構の相互作用を示す実例である　　　　　　　　　　　　　　　　　　　　　　　　(Blache, Martin, 1999 ; Blache ら, 1999 より)

(b) 雄エミューの抱卵前後の体重変化。抱卵開始前の最高体重を100%として表示。横軸0週を抱卵の終了時として表示。色をつけた部分が抱卵期間　　　　　　　　　　　　　　　　　　　　　　　　　　　　　　　　　　　　　　(Van Cleeff, 2002 より)

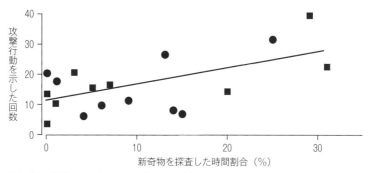

図10.6　異なる環境変化に対する反応の一貫性を示す例
ブタの育成時期に新奇物を見せた時のその新奇物を探査した時間割合と，と畜前に混群した際の攻撃行動の頻度との間には，有意な正の相関関係が認められた（$r=0.59$，$P=0.01$）．
■：大ヨークシャー種，●：デュロック種
（Terlouw, Rybarczk, 2008より）

　情動ストレスに対する反応の個体差の要因についての研究が進んでいる。環境への「対処様式（coping style）」の遺伝的基盤は，ラットやマウスを能動的回避や攻撃性など特定の行動形質について選択交配をする手法を通じ，明らかにされてきた（Koolhaasら，1999）。対処様式は，プロアクティブ（監注：先を見越した対処）とリアクティブ（監注：状況に応じた対処）に分類される。行動反応が異なる個体は，生理反応や神経内分泌反応も異なることが分かっている。プロアクティブではHPA軸の活動も反応も低い。また，自律神経は副交感神経の反応が小さく，交感神経の反応が大きい。リアクティブではこれらとは逆の生理反応が見られる（Koolhaasら，1999）。同じように，ストレスに対する行動反応と生理反応は同じ種内で個体差に一貫性がある（**図10.6**）。このような個体差は異なる場面に遭遇しても保たれており，遺伝的背景や早期の経験の違いがその要因となっている（Boissy, Bouissou, 1988；Van Reenenら，2005；Terlouw, Rybarczyk, 2008）。ストレッサーに対する行動反応と生理反応を比較することは，これらの反応の動機を理解する一助となるかもしれない。例えば，新奇物に対してより多く探査する子牛は，新奇物提示後の血漿中コルチゾール濃度の上昇が少ないが，オープンフィールドテスト後でも同様にコルチゾール濃度が低かった。そのような反応を示す子牛は恐怖性が低いと判断された（Van Reenenら，2005）。ブタにおいて，と畜作業への反応性はと畜後の筋肉内代謝活性により推測され，これはヒトへの反応性と関連があることが認められている。このことは，と畜の工程において，ヒトの存在はブタにとってストレッサーであることを示唆している（Terlouw, 2005；Terlouw, Rybarczyk, 2008）。

痛み

　痛みの程度を評価することは，動物福祉の評価において重要であり，数多くの生理指標がある。**表10.1**に簡潔にまとめたが，痛みと動物福祉については第5章で詳述した。

温熱環境ストレス

　哺乳類と鳥類では，体温調節は恒常性維持の中核をなす。また，生体内の生化学システムは限られた温度域でのみ最適に働くことから，生体内のすべての生理システムが正常に機能するうえでも体温調節は重要である。熱的中性域とは，内温動物（旧恒温動物）が，代謝率を上げ

たり蒸発による水分損失を増やしたりすることなく，体温を維持できる環境温度の範囲のことをいう（IUPS Thermal Commission, 2001）。熱的中性域を外れると，内温動物は暑熱あるいは寒冷のストレスにさらされる。寒冷ストレスでは，ふるえも含む代謝率の上昇により，熱産生が適度に刺激される。運動を持続できる時間が個体ごとに異なるように，動物が寒冷環境下で熱収支の平衡のために代謝率を上げられる能力にも差がある。寒冷ストレスに対して動物がどの程度適応できるかは，健康状態やエネルギー蓄積状態など他の様々な要因による。例えば，ヒツジは毛刈り後の数日間寒冷環境に置かれることで，死亡率が著しく高くなることが分かっている（Lyncjら，1980）。

　暑熱ストレスは，寒冷ストレスよりも懸念すべきである。致死的低体温の「安全限界」（正常深部体温との差）に比べ，致死的高体温の安全域の方が小さいからである。暑熱ストレスに対する生理反応には摂食量の低下，呼吸数，飲水量，発汗量（汗をかかない動物もいる），心拍数，皮膚温および体温，陰嚢皮膚温の上昇などがある。暑熱ストレスの最もよい指標は深部体温である。体温調節のストレイン（ひずみ）が動物福祉にとって問題となるのは，前述のような生理反応によって体温を維持することが困難になった時点である。暑熱ストレス時には，蒸発性放熱が高体温にならないための主要な防御機構であるため，自由に水を飲める動物は，水を飲めず脱水に陥っている動物よりも福祉レベルが高いと判断できる。

　熱的中性域に比べ，暑熱ストレス時には，発育や繁殖の成績が悪化する。特に，反芻動物では繁殖システムが暑熱によって甚大な影響を受ける。ウシでは，発情持続時間，初乳の質，受胎率，子宮機能，繁殖に関わる内分泌の状態，卵胞の成長と発達，黄体機能，初期胚発生，胎子の成長に影響があることが分かっている（De Rensis, Scaramuzzi, 2003）。内分泌系も暑熱環境の影響を受ける。ヒツジでは，暑熱の負荷により，「ヒートシンドローム」が起こる。HPA軸の活性化とカテコールアミン分泌の促進が起こる一方で，インスリンと甲状腺ホルモンの分泌が減少する。その結果，脂肪分解とタンパク質同化作用が起こり，最終的には組織の損傷につながる（Maraiら，2007）。暑熱ストレスはプロラクチンの血漿中濃度も増加させる（Parrottら，1996）。そのメカニズムはまだ解明されていないが，バソプレッシン系が体温調節だけでなくプロラクチンの分泌調節にも関わっていることが示唆されている（Matthews, Parrott, 1994；Terlouwら，1996）。したがって，動物がその熱的中性域の上限を超える環境温度にさらされた時のストレインは，深部体温に加えて前述のような，暑熱によって影響を受ける様々な種類のシステムの測定によって知ることができる。

浸透圧ストレス

　体内の水分量や，細胞内液および外液の分画における浸透圧調節は生命維持に不可欠である（Mckinleyら，2004）。水生動物にとって浸透圧調節は非常に重要である。魚類では，輸送，群飼，ハンドリングなどの急性ストレスや慢性ストレスによって浸透圧調節系が大きく変化する（Iwamaら，1997）。他の動物種と同様に，魚類でもストレス反応は主として血漿中のアドレナリン濃度とコルチゾール濃度によって調節され，同時に血液中の電解質の平衡異常が起こり，浸透圧ストレスが生じる（McDonald, Milligan, 1997）。魚類では浸透圧調節の生理指標が，動物福祉の非常によい指標となり得る（Ashley, 2007）。

　浸透圧調節は，暑熱時の水分損失の増加だけ

ではなく，塩分摂取量や飲水量の変化など他の要因にも影響を受ける。飲水が制限されると，生理反応として水分損失の抑制が刺激され，ヒトでもおそらく他の動物種でも，喉の渇きを感じる。飲水が可能であれば，渇きの感受は飲水量を増加させる。したがって，飲水や排尿などの単純に見える行動でも，動物福祉のレベルを評価できる可能性がある。脱水，循環血液量の減少や過多（体液過剰）は浸透圧調節系のストレインの指標となる。このような状態を生理的に評価する指標として，血中血球容積，電解質濃度（Na^+, K^+, Cl^-）などの血液指標，浸透圧があり，これらは自動分析機によって測定可能な場合がある（各動物種における正常値の確認が必要）。しかし，これらの指標はすべて，細胞内液および外液の分画における浸透圧を間接的に測定しているにすぎない。動物は唾液を介して電解質（Na^+, HPO_4^-）を排出したり再利用したりしていることから，唾液は浸透圧調節において重要な働きを持つ。脱水時には唾液量が減少し，唾液の浸透圧が上昇する。尿組成も腎機能に対するストレインを反映している。尿中に排泄される窒素化合物（尿素，尿酸，窒素）は，窒素代謝の最終産物の排泄様態を反映しているだけではなく，体液の酸塩基平衡状態や，浸透圧を反映している（King, Goldstein, 1985）。浸透圧調節システムの活性は飲水や腎機能を調節しているいくつかのホルモン濃度からも評価できる。

体水分の変動とその制御は，血液中のホルモンや電解質の濃度変化を解釈する際に意味を持つ。細胞外液の量が変化すれば，ホルモンや電解質の濃度は直接的な影響を受けるからである。また，極限環境への適応の結果，許容できる体液の変動量は，生物種や品種による差がある。したがって，これらの指標を動物福祉の評価に用いる際には，その動物の生物学的特性を十分に把握しておく必要がある。例えば，反芻動物は反芻胃を水分の貯蔵庫として使っている。あるヤギの品種（black Bedouin や Barmer）は，砂漠で水を飲むことなく4日間生きることができる（Silanikove, 1994）。これらのヤギは，体重の40％の水分損失まで耐えることができる。農場で飼育されているヒツジは20％，ウシは18％，単胃の哺乳類では15％の水分損失が致死性になる（Willmer ら，2000）。哺乳類以外の脊椎動物では，砂漠に生息するカエル，海鳥，ワニ類が特殊な浸透圧調節機構を持っている（Bentley, 1998）。魚類が浸透圧の低い水のなかで生息するためには，上皮輸送によって水浸透率を低く維持する必要があるが，これにはプロラクチンが重要な役割を担っている（Nishimura, 1985）。浸透圧調節機構にかかるストレインについて福祉レベルの評価をする際には，浸透圧調節が生体の生存にとって中心的な役割を持っていることから，その制御システムは非常に回復力があることを念頭に置く必要がある。

エネルギー枯渇

環境からの負荷に生物システムがどれだけ耐えられるかは，そのシステムがエネルギーをどれだけ蓄積しているかによるところが大きい。現代の酪農で飼養されている搾乳牛がその例である。分娩後最初の数週間，搾乳牛はエネルギー欠損状態にある。体の維持と牛乳生産に必要なエネルギーが，摂食によって得られるエネルギーを上回ってしまい，蓄積しているエネルギーを使う必要に迫られるからである。エネルギーバランスは，利用可能なエネルギー（摂取量と糞尿として出る量の差）と，代謝の過程で用いられるエネルギーとの差から測定できる。この差が，蓄積エネルギーの使用量となり，体重と体蓄積量の変化を用いて推定可能である。

しかし，これらはどれも簡単にはデータを得ることができず，代謝ケージや代謝チャンバーを使って，数日間データを集める必要がある（Blaxter, 1989；Lighton, 2008）。エネルギーバランスを制御しているシステムの情報は，その制御に関わるホルモン（成長ホルモン，糖質コルチコイド，カテコールアミンだけでなくインスリンやグルカゴンなど）の値から推測することができる。脂肪細胞の体蓄積レベルは，脂肪細胞由来のホルモンであるレプチンの循環血中濃度で正確に知ることができる。エサ不足，強制的な運動，大量の乳生産など，長期にわたる負荷によって生じる生体エネルギーシステムへのストレイン（ひずみ）は，これらの内分泌系の変化によって知ることができるかもしれない。例えば，血漿中のインスリン，インスリン様成長因子1（IGF-1），レプチンの濃度は，搾乳牛が負のエネルギーバランスに陥る分娩後数週間に急激に低下する（Invartsen, Boisclair, 2001）。その時期，搾乳牛は病原菌に感染しやすく，乳房炎の発症や歩行異常（跛行）を呈することが多い（Invartsen ら，2003）。寒冷ストレスも，エネルギー状態に関連する内分泌系に影響を与える可能性がある。メリノ種のヒツジにおいて，毛刈り後に血漿中レプチン濃度の低下が見られ，14日目まで低い濃度が続いたことが報告されている（**図10.7**）。しかし，内分泌系の変化をこのような短期間の環境からの負荷を受けた際の動物福祉レベルの評価指標として利用するためには，さらなる知見の蓄積が必要である。

疲労

筋肉の機能は，体の諸器官がグルコースや脂肪酸といったエネルギー基質と酸素を，どれだけ筋肉に送ることができるかに左右される。筋肉の疲労を評価するためには，酸素，グルコース，乳酸といった血液中のエネルギー利用を表す指標，もしくはグリコーゲンや乳酸といった筋肉内のエネルギー利用を表す指標が利用できる。これらの指標は，産業動物を休息させることもままならない状態で長時間輸送した時の動物福祉の評価に用いられてきた（Warriss ら，1993；Knowles ら，1997）。さらに，筋肉内でのエネルギー利用の過程で働いている酵素，クレアチニンキナーゼ，乳酸脱水素酵素などが筋組織から体循環へ漏れ出るため，それらおよびそれらの血中濃度は輸送の研究における筋疲労のマーカーとして用いられてきた（Knowles ら，1996；Grandin, 2007；Barton, Grade, 2008）。

免疫系と感染性のストレス

免疫系は，病原体や腫瘍細胞を識別し，撃退することで，病気の発症を抑え，予防することができるよう進化してきた。病原体は生体の免疫系を刺激する。感染の認識と防御機構の発動は，生体の生理にとって負荷となる。動物が感染に対する適切な免疫反応を備え得るかどうかは，遺伝的背景（性別も含む），蓄えたエネルギーを動員する余裕があるかどうか（Corditz, 2008），季節（Nelson ら，2002），社会的環境（Bartrolomucci, 2007），情動状態（Ader, 2000）など多くの要因が関わっている。一方，HPA軸の活性化をもたらすストレッサーは，免疫をある程度抑制する。例えば，実験動物のげっ歯類では，見知らぬ個体の存在や，隔離といった社会的ストレスによって，細胞性免疫が変化し，リンパ球増殖が抑制されるという報告が多くある（Bartrolomucci, 2007）。サイトカインのような特異的信号，血球，発熱などといった多くの指標が，免疫系へのストレインを評価するために利用できる。加えて，生体内の病原体の数や病原性を調べることで，免疫系に

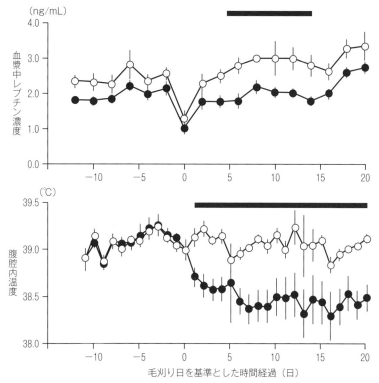

図10.7 毛刈りによるメリノ種のヒツジの血漿中レプチン濃度（上段）および腹腔内温度（下段）の変化
毛刈りは，西オーストラリアの冬期に行った（図中0日，期間中の最高気温は15℃，最低気温は4℃）。5頭のヒツジは毛刈りのまねのみ（○：バリカンの刃をつけないで作業）で，他の5頭は実際に毛を刈った（●）。毛刈り後14日間，血漿中レプチン濃度は毛を刈ったヒツジで低く推移した。一方，腹腔内温度は，青いバーで示すように，毛刈り後20日の実験終了時まで低いままだった。両群で0日にレプチン濃度が低下しているのは，毛刈りあるいは毛刈りの真似のための（保定などの）作業が影響していると考えられる。0日の血液サンプルは，作業の10分後に採取している
（Chen, Maloney, Blache，未発表データより）

負荷されているストレスの程度を評価できる。

10.4 生理指標による動物福祉の評価の限界

　生理指標は，動物福祉やストレス反応の客観的な評価指標だと考えられがちである。簡便で，科学的に定義されており，おおむね「正常」範囲が明らかになっているか，もしくは測定することが可能だからである。しかし，実際には測定が難しい状況があり得る。バイオプシー（生体組織検査）や，頻繁な採血といった侵襲を伴う測定手法そのものが，対象動物の福祉にネガティブな影響を与えるためである。適切な指標を選択することも難しい。種類の異なる生理指標によって，動物福祉レベルに関する相補的な情報が得られる一方で，複数の指標が相互依存的になっている場合が数多く存在するためである。行動の発現した状況も考慮に入れる必要がある。例えば，動物が明らかな行動を示していない時，単に休んでいるだけかもしれないし，強い覚醒状態で行動が抑制されているのかもしれない。同じように，心拍数の増加という生理指標の変化は，ストレスに対する反応かもしれないし，給餌（Bloomら，1975）や性行動などの楽しみを期待している反応を示しているのかもしれない。最終的には以下のことを念頭に置いて生理指標を解釈するべきである。生理指標はいくつかの，時には数多くの外

部環境からの入力に応じて制御されている。また，その反応は動物種間だけではなく，品種間，個体間でも差がある。したがって，それらを考慮した総合的な解析によって，ストレスの本当の原因や，動物福祉への影響を検討する必要がある。行動反応や生理反応の個体差を考慮することで，個体それぞれがストレスに対して異なる適応戦略をとっていることや，個体ごとの適応能力の差が評価可能になる（Boissy, Bouissou, 1995；Greiveldinger ら，2007）。

10.5 結論

- ストレスの概念は，ヒトや動物を扱う生物学の進歩とともに生まれてきた。

- 現在のところ，動物福祉の評価は，HPA軸の活性化，心拍数や呼吸数の変化などの数種類の独立した指標を基にしており，ストレス反応の複雑な様相の一部しか数値化できていない。

- あるひとつの生理システムの活性化の閾値，活性の持続時間，反応の強さは，他の複数の生理システムとの関係によって調節されるものであり，ひとつだけで評価をするのは危険である。

- ストレッサーの多くは，肉体的要因だけではなく情動的要因も併せ持つ。両者は，生理反応と情動反応を活性化する。

- ストレスと適応についての概念は進化しており，ストレス反応を構成する生理システムについても多くの新しい知見が生まれている。したがって，肉体的および情動的ストレッサーに対する様々な反応の情動的側面と生

理的な側面を統合できるような新たな指標を模索することで，動物福祉の評価はよりよいものになっていくだろう。

- ストレスにおける統合された反応をより理解するためには，複数の生理指標を測定する必要がある。

- 脳は環境からの情報と，生体の情報との統合に中心的な役割を果たしており，情報の処理を通じて生理システムと行動を，直接的または間接的に制御している。

- 生理システムのセットポイントは，ストレッサーによって直接的あるいは間接的に影響を受けているかどうかに関わらず，生理的な制御の一部として調節されている。

- ストレス反応における生理指標に基づいて，動物福祉を評価する際には，将来予想される環境からの負荷に対する適応反応を最適化するよう，脳がセットポイントを修正していることを考慮することが重要である。

- 動物福祉を統合的に評価できる指標を開発するためには，アロスタシスの考え方に基づくことが有効である。

参考文献

Ader, R. (2000) On the development of psychoneuroimmunology. *European Journal of Pharmacology* 405, 167-176.

Ashley, P.J. (2007) Fish welfare: current issues in aquaculture. *Applied Animal Behaviour Science* 104, 199-235.

Barnett, J.L. and Hemsworth, P.H. (1990) The validity of physiological and behavioural measures of animal welfare. *Applied Animal Behaviour Science* 25, 177-187.

Barnum, C.J., Blandino, P. Jr, and Deak, T. (2007) Adaptation in the corticosterone and hyperthermic responses to stress following repeated stressor exposure. *Journal of Neuroendocrinology* 19, 632-642.

Bartolomucci, A. (2007) Social stress, immune functions and disease in rodents. *Frontieres in Neuroendocrinology* 28, 28-49.

Barton Gade, P. (2008) Effect of rearing system and mixing at loading on transport and lairage behaviour and meat quality: comparison of outdoor and conventionally raised pigs. *Animal* 2, 902-911.

Bentley, P.J. (1998) *Comparative Vertebrate Endocrinology*, 3rd edn. Cambridge University Press, Cambridge, UK.

Bernard, C. (1878) *Leçons sur les Phénomènes de la Vie Communs aux Animaux et aux Végétaux* (Dastre, A., ed.). Baillière, Paris.

Blache, D. and Martin, G.B. (1999) Day length affects feeding behaviour and food intake in adult male emus (*Dromaius novaehollandiae*). *British Poultry Science* 40, 573-578.

Blache, D., Malecki, I.A., Williams K.M. and Martin, G.B. (1997) Responses of juvenile and adult emus (*Dromaius novaehollandiae*) to artificial photoperiod. In: Kawashima, S. and Kikuyama, S. (eds) *Proceedings of the XIII International Congress of Comparative Endocrinology*. International Society for Avian Endocrinology, Yokohama, Japan, pp. 445-450.

Blache, D., Tellam, R., Chagas, L.M., Blackberry, M.A., Vercoe, P.V. and Martin, G.B. (2000) Level of nutrition affects leptin concentrations in plasma and cerebrospinal fluid in sheep. *Journal of Endocrinology* 165, 625-637.

Blache, D., Chagas, L.M. and Martin, G.B. (2007) Nutritional inputs into the reproductive neuroendocrine control system — a multidimensional perspective. In: Juengel, J.L., Murray, J.F. and Smith, M.F. (eds) *Reproduction in Domestic Ruminants VI*. Nottingham University Press, Nottingham, UK, pp. 123-139.

Blaxter, K.L. (1989) *Energy metabolism in animals and man*. Cambridge University Press, Cambridge, UK.

Bloom, S.R., Edwards, A.V., Hardy, R.N., Malinowska, K. and Silver, M. (1975) Cardiovascular and endocrine responses to feeding in the young calf. *Journal of Physiology* 253, 135-155.

Boissy, A. and Bouissou, M.-F. (1988) Effects of early handling on heifers' subsequent reactivity to humans and to unfamiliar situations. *Applied Animal Behaviour Science* 20, 259-273.

Boissy, A. and Bouissou, M.-F. (1995) Assessment of individual differences in behavioural reactions of heifers exposed to various fear-eliciting situations. *Applied Animal Behaviour Science* 46, 17-31.

Bouwknecht, A.J., Olivier, B. and Paylor, R.E. (2007) The stress-induced hyperthermia paradigm as a physiological animal model for anxiety: a review of pharmacological and genetic studies in the mouse. *Neuroscience and Biobehavioral Reviews* 31, 41-59.

Briese, E. (1995) Emotional hyperthermia and performance in humans. *Physiology and Behavior* 58, 615-618.

Broom, D.M. (2008) Consequences of biological engineering for resource allocation and welfare. In: Rauw, W. (ed.) *Resource Allocation Theory Applied to Farm Animal Production*. Oxford University Press, Oxford, UK, pp. 261-274.

Broom, D.M. and Johnson, K.G. (1993) *Stress and Animal welfare*. Chapman and Hall, London.

Cannon, W.B. (1914) The emergency function of the adrenal medulla in pain and the major emotions. *American Journal of Physiology* 33, 356-372.

Cannon, W.B. (1929) Organization for physiological homeostasis. *Physiological Reviews* 9, 399-431.

Caramaschi, D., De Boer, S.F. and Koolhaas, J.M. (2007) Differential role of the 5-HT1A receptor in aggressive and non-aggressive mice: an across-strain comparison. *Physiology and Behavior* 90, 590-601.

Cavigelli, S.A. (1999) Behavioural patterns associated with faecal cortisol levels in free-ranging female ring-tailed lemurs, *Lemur catta. Animal Behaviour* 57, 935-944.

Chichinadze, K. (2004) Motor and neurochemical correlates of aggressive behavior in male mice *Neurophysiology* 36, 262-269.

Chrousos, G.P. and Gold, P.W. (1992) The concepts of stress and stress system disorders. Overview of physical and behavioral homeostasis. *The Journal of the American Medical Association* 267, 1244-1254.

Colditz, I.G. (2008) Allocation of resources to immune responses. In: Rauw, W. (ed.) *Resource Allocation Theory Applied to Farm Animal Production*. Oxford University Press, Oxford, UK, pp. 192-209.

Cook, C.J., Mellor, D.J., Harris, P.J., Ingram, J.R. and Matthews, L.R. (2000) Hands-on and hands-off measurements of stress. In: Moberg, G.P. and Mench, J.A. (eds) *The Biology of Animal Stress: Basic Principles and Implications for Animal Welfare*. CAB International, Wallingford, UK, pp. 123-146.

Cook, N.J., Schaefer, A.L., Lepage, P. and Jones, S.M. (1996) Salivary vs serum cortisol for the assessment of adrenal activity in swine. *Canadian Journal of Animal Science* 76, 329-335.

Crawford, M.H., Bernstein, S.J., Deedwania, P.C., Dimarco, J.P., Ferrick, K.J., Garson, A., Green, L.A., Greene, H.L., Silka, M.J., Stone, P.H. and Tracy, C.M. (1999) ACC/AHA guidelines for ambulatory electrocardiography: executive summary and recommendations. *Circulation* 100, 886-893.

Cubitt, K.F., Winberg, S., Huntingford, F.A., Kadri, S., Crampton, V.O. and Øverli, Ø. (2008) Social hierarchies, growth and brain serotonin metabolism in Atlantic salmon (*Salmo salar*) kept under commercial rearing conditions. *Physiology and Behavior* 94, 529-535.

Damasio, A.R., Grabowski, T.J., Bechara, A., Damasio, H., Ponto, L.L.B., Parvizi, J. and Hichwa, R.D. (2000) Subcortical and cortical brain activity during the feeling of self-generated emotions. *Nature Neuroscience* 3, 1049-1056.

Darwin, C. (1866) *On the Origin of Species by Means of Natural Selection, or, the Preservation of Favoured Races in the Struggle of Life*, 4th ed. John Murray, London.

Dayan, P. and Huys, Q.J.M. (2008) Serotonin, inhibition, and negative mood. *PLoS Computational Biology* 4, e4.

Derbyshire, S.W.G. (2008) Assessing pain in animals. In: Bushnell, C. and Basbaum, I.A. (eds) *The Senses: A Comprehensive Reference*. Elsevier, Oxford, UK, pp. 969-974.

De Rensis, F. and Scaramuzzi, R.J. (2003) Heat stress and seasonal effects on reproduction in the dairy cow: a review. *Theriogenology* 60, 1139-1151.

Désiré, L., Veissier, I., Despres, G. and Boissy, A. (2004) On the way to assess emotions in animals: do lambs (*Ovis aries*) evaluate an event through its suddenness, novelty, or unpredictability? *Journal of Comparative Psychology* 118, 363-374.

Diamond, J. (1993) Evolutionary physiology. In: Nobel, D. and Boyd, C.A.R. (eds) *The Logic of Life*. Oxford University Press, Oxford, UK, pp. 89-111.

Elsasser, T.H., Klasing, K.C., Filipov, N. and Thompson, F. (2000) The metabolic consequences of stress: targets for stress and priorities of nutrient use. In: Moberg, G.P. and Mench, J.A. (eds) *The Biology of Animal Stress: Basic Principles and Implications for Animal Welfare*. CAB International, Wallingford, UK, pp. 77-110.

Engel, B.T. (1985) Stress is a noun! No, a verb! No, an adjective! In: Field, T.M., McCabe, P.M. and Schneiderman, N. (eds) *Stress and Coping*. Lawrence Erlbaum Associates, Hillsdale, New Jersey, pp. 3-12.

Fava, M. and Guaraldi, G.P. (2006) Prolactin and stress. *Stress and Health* 3, 211-216.

Forkman, B., Boissy, A., Meunier-Salaun, M.-C., Canali, E. and Jones, R.B. (2007) A critical review of fear tests used on cattle, pigs, sheep, poultry and horses. *Physiology and Behavior* 91, 531-565.

Foury, A., Geverink, N.A., Gil, M., Gispert, M., Hortós, M., Furnols, M.F.I., Carrion, D., Blott, S.C., Plastow, G.S. and Mormède, P. (2007) Stress neuroendocrine profiles in five pig breeding lines and the relationship with carcass composition. *Animal* 1, 973-982.

Fraser, D. Ritchie, J.S.D. and Faser, A.F. (1975) The term "stress" in a veterinary context. *British Veterinary Journal* 131, 653-662.

Goddard, P.J., Gaskin, G.J. and Macdonald, A.J. (1998) Automatic blood sampling equipment for use in studies of animal physiology. *Animal Science* 66, 796-775.

Goldstein, D.S. (1995) *Stress, Catecholamines, and Cardiovascular Disease*. Oxford University Press, New York.

Grandin, T. (2007) *Livestock Handling and Transport*, 3rd edn. CAB International, Wallingford, UK.

Greiveldinger, L., Veissier, I. and Boissy, A. (2007) Emotional experience in sheep: predictability of a sudden event lowers subsequent emotional responses. *Physiology and Behavior* 92, 675-683.

Groenink, L., Van Der Gugten, J., Zethof, T., Van Der Heyden, J. and Olivier, B. (1994) Stress-induced hyperthermia in mice: hormonal correlates. *Physiology and Behavior* 56, 747-749.

Gupta, S., Earley, B., Ting, S.T.L., Leonard, N. and Crowe, M.A. (2004) Technical note: effect of corticotropin-releasing hormone on adrenocorticotropic hormone and cortisol in steers. *Journal of Animal Science* 82, 1952-1956.

Henane, R. and Valatx, J.L. (1973) Thermoregulatory changes induced during heat acclimatization by controlled hyperthermia in man. *The Journal of Physiology* 230, 255-271.

Henessy, J.W. and Levine, S. (1979) Stress, arousal, and the pituitary adrenal system: a psychoendocrine hypothesis. *Progress in Psychobiology and Physiological Psychology* 8, 133-178.

Ingvartsen, K.L. and Boisclair, Y.R. (2001) Leptin and the regulation of food intake, energy homeostasis and immunity with special focus on periparturient ruminants. *Domestic Animal Endocrinology* 21, 215-250.

Ingvartsen, K.L., Dewhurst, R.J. and Friggens, N.C. (2003) On the relationship between lactational performance and health: is it yield or metabolic imbalance that cause production diseases in dairy cattle? A position paper. *Livestock Production Science* 83, 277-308.

IUPS (International Union of Physiological Sciences) Thermal Commission (2001) Glossary of terms for thermal physiology: third edition. *Japan Journal of Physiology* 51, 245-280.

Iwama, G., Pickering, A., Sumpter, J. and Schreck, C. (1997) *Fish Stress and Health in Aquaculture*. Cambridge University Press, Cambridge, UK.

Jones, H.E., Lewis, R.M., Young, M.J. and Wolf, B.T. (2002) The use of X-ray computer tomography for measuring the muscularity of live sheep. *Animal Science* 75, 387-399.

Jordan, E.R. (2003) Effects of heat stress on reproduction. *Journal of Dairy Science* 86 (Supplement), E104-E114.

Kant, J.G., Eggleston, T., Landman-Roberts, L., Kenion, C.C., Driver, G.C. and Meyerhoff, J.L. (1985) Habituation to repeated stress is stressor specific. *Pharmacology Biochemistry and Behavior* 22, 631-634.

King, P. and Goldstein, L. (1985) Renal excretion of nitrogenous compounds in vertebrates. *Renal Physiology* 8, 261-278.

Kleitman, N. and Jackson, D.P. (1950) Body temperature and performance under different routines. *Journal of Applied Physiology* 3, 309-328.

Kluger, M.J. O'Reilly, B., Shope, T.R. and Vander, A.J. (1987) Further evidence that stress hyperthermia is a fever. *Physiology and Behavior* 39, 763-766.

Knowles, T.G., Warriss, P.D., Brown, S.N., Kestin, S.C., Edwards, J.E., Perry, A.M., Watkins, P.E. and Phillips, A.J. (1996) Effects of feeding, watering and resting intervals on lambs transported by road and ferry to France. *Veterinary Record* 139, 335-339.

Knowles, T.G., Warriss, P.D., Brown, S.N., Edwards, J.E., Watkins, P.E. and Philips, A.J. (1997) Effects on calves less than one month old of feeding or not feeding them during road transport of up to 24 hours. *Veterinary Record* 140, 116-124.

Koolhaas, J.M., Korte, S.M., De Boer, S.F., Van Der Veght, B.J., Van Reenen, C.G., Hopster, H., De Jong, I.C. and Blokhuis, H.J. (1999) Coping styles in animals: current status in behavior and stress-physiology. *Neuroscience and Biobehavioral Reviews* 23, 925-935.

Korte, S.M. Olivier, B. and Koolhaas, J.M. (2007) A new animal welfare concept based on allostasis. *Physiology & Behavior* 92, 422-428.

Krantz, D.S. and Lazar, J.D. (1987) Behavioral factors in hypertension. In: Julius, S. and Bassett, D.R. (eds) *The Stress Concept: Issues and Measurements*. Elsevier, New York, pp. 43-58.

Ladewig, J. and Smidt, D. (1989) Behavior, episodic secretion of cortisol and adrenocortical reactivity in bulls subjected to tethering. *Hormones and Behavior* 23, 344-360.

Lay, D., Friend, T., Bowers, C., Grissom, K. and Jenkins, O. (1992) A comparative physiological and behavioral study of freeze and hot-iron branding using dairy cows. *Journal of Animal Science* 70, 1121-1125.

Lefcourt, A.M. and Elsasser, T.H. (1995) Adrenal responses of Angus × Hereford cattle to the stress of weaning. *Journal of Animal Science* 73, 2669-2676.

Leknes, S. and Tracey, I. (2008) A common neurobiology for pain and pleasure. *Nature Reviews Neuroscience* 9, 314-320.

Le Moal, M. (2007) Historical approach and evolution of the stress concept: a personal account. *Psychoneuroendocrinology* 32, S3-S9.

Levine, S. and Ursin, H. (1991) What is stress? In: Brown, M.R., Koob, G.F. and Rivier, C. (eds) *Stress: Neurobiology and Neuroendocrinology*. Dekker, New York, pp. 3-21.

Lighton, J.R.B. (2008) *Measuring Metabolic Rates: A Manual for Scientists*. Oxford University Press, Oxford, UK.

Lucot, J.B., Jackson, N., Bernatova, I. and Morris, M. (2005) Measurement of plasma catecholamines in small samples from mice. *Journal of Pharmacological and Toxicological Methods* 52, 274-277.

Lynch, J.J., Mottershead, B.E. and Alexander, G. (1980) Sheltering behaviour and lamb mortality amongst shorn Merino ewes lambing in paddocks with a restricted area of shelter or no shelter. *Applied Animal Ethology* 6, 163-174.

Marai, I.F.M., El-Darawany, A.A., Fadiel, A. and Abdel-Hafez, M.A.M. (2007) Physiological traits as affected by heat stress in sheep — a review. *Small Ruminant Research* 71, 1-12.

Marazziti, D., Dimuro, A. and Castrogiovanni, P. (1992) Psychological stress and body temperature changes in humans. *Physiology and Behavior* 52, 393-395.

Marchant-Forde, R.M., Marlin, D.J. and Marchant-Forde, J.N. (2004) Validation of a cardiac monitor for measuring heart rate variability in adult female pigs: accuracy, artefacts and editing. *Physiology and Behavior* 80, 449-458.

Matthews, S.G. and Parrott, R.F. (1994) Centrally administered vasopressin modifies stress hormone (cortisol, prolactin) secretion in sheep under basal conditions, during restraint and following intravenous corticotrophin-releasing hormone. *European Journal of Endocrinology* 130, 297-301.

McDonald, G. and Milligan, L. (1997) Ionic, osmotic and acid-base regulation in stress. In: Iwama, G., Pickering, A., Sumpter, J. and Schreck, C. (eds) *Fish Stress and Health in Aquaculture*. Cambridge University Press, Cambridge, UK, pp. 119-144.

McEwen, B.S. (1998) Stress, adaptation, and disease. Allostasis and allostatic load. *Annals of the New York Academy of Sciences* 840, 33-44.

McEwen, B.S. and Wingfield, J.C. (2007) Allostasis and allostatic load. In: Fink, G. (ed.) *Encyclopedia of Stress*. Academic Press, New York, pp. 135-141.

McKinley, M.J., Cairns, M.J., Denton, D.A., Egan, G., Mathai, M.L., Uschakov, A., Wade, J.D., Weisinger, R.S. and Oldfield, B.J. (2004) Physiological and pathophysiological influences on thirst. *Physiology and Behavior* 81, 795-803.

Meyer, L., Fick, L., Matthee, A., Mitchell, D. and Fuller, A. (2008) Hyperthermia in captured impala (*Aepyceros melampus*): a fright not flight response. *Journal of Wildlife Diseases* 44, 404-416.

Moberg, G.P. (2000) Biological response to stress: implications for animal welfare. In: Moberg, G.P. and Mench, J.A. (eds.) *The Biology of Animal Stress: Basic Principles and Implications for Animal Welfare*.

CAB International, Wallingford, UK, pp. 1-21.

Moberg, G.P. and Mench, J.A. (2000) *The Biology of Animal Stress: Basic Principles and Implications for Animal Welfare*. CAB International, Wallingford, UK.

Moberg, G.P., Anderson, C.O. and Underwood, T.R. (1980) Ontogeny of the adrenal and behavioral responses of lambs to emotional stress. *Journal of Animal Science* 51, 138-142.

Mohr, E., Langbein, J. and Nürnberg, G. (2002) Heart rate variability — a noninvasive approach to measure stress in calves and cows. *Physiology and Behavior* 75, 251-259.

Mormède, P., Andanson, S., Auperin, B., Beerda, B., Guemene, D., Malmkvist, J., Manteca, X., Manteuffel, G., Prunet, P., Van Reenen, C.G., Richard, S. and Veissier, I. (2007) Exploration of the hypothalamic-pituitary-adrenal function as a tool to evaluate animal welfare. *Physiology and Behavior* 92, 317-339.

Mrosovsky, N. (1990) *Rheostasis: The Physiology of Change*. Oxford University Press, Oxford, UK.

Munck, A. and Guyre, P.M. (1986) Glucocorticoid physiology, pharmacology, and stress. In: Chrousos, G.P., Loriaux, D.L. and Lipsett, M.B. (eds) *Steroid Hormone Resistance*. Plenum Press, New York, pp. 81-96.

Nelson, R., Demas, G.E., Klein, S.L. and Kriegsfeld, L.J. (2002) *Seasonal Patterns of Stress, Immune Function, and Disease*. Cambridge University Press, Cambridge, UK.

Nishimura, H. (1985) Endocrine control of renal handling of solutes and water in vertebrates. *Renal Physiology* 8, 279-300.

Owens, P., Smith, R., Green, D. and Falconer, L. (1984) Effect of hypoglycemic stress on plasma and cerebrospinal fluid immunoreactive beta-endorphin in conscious sheep. *Neuroscience Letters* 49, 1-6.

Pacák, K. and Palkovits, M. (2001) Stressor specificity of central neuroendocrine responses: implications for stress-related disorders. *Endocrine Reviews* 22, 502-548.

Parrott, R.F., Lloyd, D.M. and Goode, J.A. (1996) Stress hormone responses of sheep to food and water deprivation at high and low ambient temperatures. *Animal Welfare* 1, 45-56.

Porges, S.W. (1995) Cardiac vagal tone: a physiological index of stress. *Neuroscience and Biobehavioral Reviews* 19, 225-233.

Renbourn, E.T. (1960) Body temperature and pulse rate in boys and young men prior to sporting contests. A study of emotional hyperthermia: with a review of the literature. *Journal of Psychosomatic Research* 4, 149-175.

Ringer, R.K. (1971) Adaptation of poultry to confinement rearing systems. *Journal of Animal Science* 32, 590-598.

Ropert-Coudert, Y. and Wilson, R.P. (2005) Trends and Perspectives in animal-attached remote sensing. *Frontiers in Ecology and the Environment* 3, 437-444.

Säkkinen, H., Tornbeg, J., Goddard, P.J., Eloranta, E., Ropstad, E. and Saarela, S. (2004) The effect of blood sampling method on indicators of physiological stress in reindeer (*Rangifer tarandus tarandus*). *Domestic Animal Endocrinology* 26, 87-98.

Sapolsky, R.M., Romero, L.M. and Munck, A.U. (2000) How do glucocorticoids influence stress responses? Integrating permissive, suppressive, stimulatory, and preparative actions. *Endocrine Reviews* 21, 55-89.

Selye, H. (1936) A syndrome produced by diverse nocuous agents. *Nature* 138, 32.

Selye, H. (1950) *The Physiology and Pathology of Exposure to Stress: A Treatise Based on the Concepts of the General-Adaptation-Syndrome and the Diseases of Adaptation*. Acta, Inc. Medical Publishers, Montreal.

Silanikove, N. (1994) The struggle to maintain hydration and osmoregulation in animals experiencing severe dehydration and rapid rehydration: the story of ruminants. *Experimental Physiology* 79, 281-300.

Singer, R., Harker, C.T., Vander, A.J. and Kluger, M.J. (1986) Hyperthermia induced by open-field stress is blocked by salicylate. *Physiology and Behavior* 36, 1179-1182.

Spooren, W.P.J.M., Schoeffter, P., Gasparini, F., Kuhn, R. and Gentsch, C. (2002) Pharmacological and endocrinological characterisation of stress-induced hyperthermia in singly housed mice using classical and candidate anxiolytics (LY314582, MPEP and NKP608). *European Journal of Pharmacology* 435, 161-170.

Sterling, P. and Eyer, J. (1988) Allostasis: a new paradigm to explain arousal pathology. In: Fisher, S. and Reason, J. (eds) *Handbook of Life Stress, Cognition, and Health*. Wiley, New York, pp. 629-649.

Strawn, J.R., Ekhator, N.N., Horn, P.S., Baker, D.G. and Geracioti, T.D.J. (2004) Blood pressure and cerebrospinal fluid norepinephrine in combat-related post-traumatic stress disorder. *Psychosomatic Medicine* 66, 757-759.

Terlouw, C. (2005) Stress reactions at slaughter and meat quality in pigs: genetic background and prior experience. A brief review of recent findings: product quality and livestock systems. *Livestock Production Science* 94, 125-135.

Terlouw, E.M.C. and Rybarczyk, P. (2008) Explaining and predicting differences in meat quality through stress reactions at slaughter: the case of Large White and Duroc pigs. *Meat Science* 79, 795-805.

Terlouw, E.M., Kent, S., Cremona, S. and Dantzer, R. (1996) Effect of intracerebroventricular administration of vasopressin on stress-induced hyperthermia in rats. *Physiology and Behavior* 60, 417-424.

Torner, L., Karg, S., Blume, A., Kandasamy, M., Kuhn, H.-G., Winkler, J., Aigner, L. and Neumann, I.D. (2009) Prolactin prevents chronic stress-induced decrease of adult hippocampal neurogenesis and promotes neuronal fate. *Journal of Neuroscience* 29, 1826-1833.

Turek, F.W. (2007) From circadian rhythms to clock genes in depression. *International Clinical Psychopharmacology* 22, S1-S8.

Van Cleeff, J. (2002). Reproductive activity alters fat metabolism patterns in the male emu (*Dromaius novaehollandiae*). PhD thesis, The University of Western Australia, Crawley, Western Australia.

Van Erp, A.M.M. and Miczek, K.A. (2000) Aggressive behavior, increased accumbal dopamine, and decreased cortical serotonin in rats. *Journal of Neuroscience* 20, 9320-9325.

Van Reenen, C.G., O'Connell, N.E., Van Der Werf, J.T.N., Korte, S.M., Hopster, H., Jones, R.B. and Blokhuis, H.J. (2005) Responses of calves to acute stress: individual consistency and relations between behavioral and physiological measures. *Physiology and Behavior* 85, 557-570.

Veening, J.G., Bouwknecht, J.A., Joosten, H.J.J., Dederen, P.J., Zethof, T.J.J., Groenink, L., Van Der Gugten, J. and Olivier, B. (2004) Stress-induced hyperthermia in the mouse: c-fos expression, corticosterone and temperature changes. *Progress in Neuro-Psychopharmacology and Biological Psychiatry* 28, 699-707.

Vinkers, C.H., Van Bogaert, M.J.V., Klanker, M., Korte, S.M., Oosting, R., Hanania, T., Hopkins, S.C., Olivier, B. and Groenink, L. (2008) Translational aspects of pharmacological research into anxiety disorders: the stress-induced hyperthermia (SIH) paradigm. *European Journal of Pharmacology* 585, 407-425.

Visser, E.K., Ellis, A.D. and Van Reenen, C.G. (2008) The effect of two different housing conditions on the welfare of young horses stabled for the first time. *Applied Animal Behaviour Science* 114, 521-533.

Von Borell, E. and Ladewig, J. (1989) Altered adrenocortical response to acute stressors or ACTH (1-24) in intensively housed pigs. *Domestic Animal Endocrinology* 6, 299-309.

Von Borell, E., Dobson, H. and Prunier, A. (2007a) Stress, behaviour and reproductive performance in female cattle and pigs. *Hormones and Behavior* 52, 130-138.

Von Borell, E., Langbein, J., Despres, G., Hansen, S., Leterrier, C., Marchant-Forde, J., Marchant-Forde, R., Minero, M., Mohr, E., Prunier, A., Valance, D. and Veissier, I. (2007b) Heart rate variability as a measure of autonomic regulation of cardiac activity for assessing stress and welfare in farm animals — a review. *Physiology and Behavior* 92, 293-316.

Warriss, P.D., Kestin, S.C., Brown, S.N., Knowles, T.G., Wilkins, L.J., Edwards, J.E., Austin, S.D. and Nicol, C.J. (1993) The depletion of glycogen stores and indices of dehydration in transported broilers. *British Veterinary Journal* 149, 391-398.

Weiner, H. (1991) Behavioral biology of stress and psychosomatic medicine. In: Brown, M.R., Koob, G.F. and Rivier, C. (eds) *Stress: Neurobiology and Neuroendocrinology*. Dekker, New York, pp. 23-51.

Weiss, J.M. (1971a) Effects of punishing the coping response (conflict) on stress pathology in rats. *Journal of Comparative and Physiological Psychology* 77, 14-21.

Weiss, J.M. (1971b) Effects of coping behavior with and without a feedback signal on stress pathology in rats. *Journal of Comparative and Physiological Psychology* 77, 22-30.

Willmer, P., Stone, G. and Johnston, I. (2000) *Environmental Physiology of Animals*. Blackwell Publishing, Oxford, UK.

III 評価

第11章
選好性と動機の調査

概要

　動物福祉に関する主要な科学的手法として，環境温度，照明，床の種類などの選択肢に対する動物の選好性を調査する方法，ある種の行動や資源の獲得，不快な飼育方法や取り扱い方法の回避などにおける動物の動機の強さを計測する方法がある。これらの方法を用いる際に，様々なことに注意を払う必要がある。動物の選好性は動物の状態，時間帯，飼育環境の状況，動物が実行中の行動などによって変動する可能性がある。そのため，変動に関わる原因を十分に特定し，理解したうえで選好性調査を行わなければならない。動物が示す選好性の原因を明らかにすることができたならば，その調査はかなり有益なものとなる。選好性調査の結果から動物福祉について推測するには，選択肢に対する選好性の強さや，環境内で実行可能な行動（例：巣作り，探査行動）に対する動機がどの程度強いのかを確認する必要がある。動機の強さはこれまでに様々な方法で計測されており，多くの場合，選択肢を獲得するために動物がどれだけ努力するか，もしくはどのような報酬を後回しにするかを調査する方法に基づいている。動物が好んで選ぶ状況は，その動物の福祉を促進するものであることが多い。しかし，選択肢が動物の感覚的，認知的，情動的能力を超える場合や，その動物種が適応してきた環境では生じ得ないような選択肢を提示した場合，選好性は動物の福祉に対応しない可能性がある。今後の重要な課題として，選好性や動機に関する知識を動物の飼育施設や管理方法に生かしていくこと，選好性調査と動物福祉のその他の指標を統合していくことなどが挙げられる。

▶ 11.1　はじめに

　動物の選好性に関する調査は，動物福祉の研究手段として一般的によく行われている。この調査は，動物は自分にとって一番利益のある選択を行うこと，動物の好みどおりの生活は動物福祉を高いレベルで保障することを前提にしている。しかし，どのような実験条件であれば，動物の選択がその福祉の確かな指針となるのだろうか？　動物の選択を最適に飼育システムへ取り込むためにはどのようにすればよいのだろうか？

▶ 11.2　初期に行われた選好性調査

　自然下における動物の行動に関する研究は，飼育環境に対する動物の選好性調査の重要な手がかりとなる。鳥が木の枝や電線に止まること，ネズミが地面や壁に巣をつくることから，これらの動物が好む環境に関する知見が得られる。もし，計画的で定量的な方法，例えば，止まり木として使用する枝と，使用しない枝の大きさを特定するという方法でデータを収集すれば，そのデータは動物の飼育環境を設計するための手がかりとなり，より制御した条件で動物

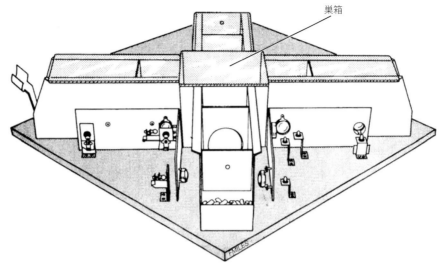

図11.1 食料，巣材，かじるための木材などの資源を利用できる複数の部屋を移動するラットやマウスの行動を観察するために使用された迷路状の飼育装置
(Barnettら，1971より。この図はJohn Wiley&Sons, Inc.の許可を得て改変したものである)

の選好性調査を行う際の仮説の材料となる (Dawkinsら，2003)。

同じように，実験室での伝統的な行動研究からも動物の選好性に重要な知見を得られる。しかし，その多くが動物の動機に関する基礎的研究として行われていた。例えば，S. A. Barnettら (1971) は，食料，水，巣材，その他の資源を利用できる複数の部屋が備えられた迷路状の飼育装置内でラットやマウスの行動を観察した (**図11.1**)。この手法は，現在，特に動物福祉に関する研究に応用されている。

動物福祉の研究として動物の選好性を調査することは，イギリスの行動学者W. H. Thorpe (1965) 著の『The assessment of pain and distress in animals』という著名な小論文で公式に提案された。Thorpeはナイロビ国立公園に移住せざるを得なかったアフリカスイギュウについて詳しく述べている。放される前，スイギュウはウシが飼育されるようなパドックで飼育されていた。放された後，スイギュウはパドックの出入りを繰り返し，夕方になるとパドックに戻ろうとしていた。それを見て，Thorpeは以下のように記述している。

> スイギュウにとって，不慣れな国立公園は，ライオンやヒョウ，その他の危険で不快な隣人がうろうろし，とても受け入れられない場所だったに違いない。制限はあるが，贅沢な生活を送れるパドックで暮らすことに慣れてしまったスイギュウにとっては，国立公園ははるかに劣っているのだろうと考えられる。

結論として，Thorpeはスイギュウが様々な生活環境を経験していたことにより，正当に彼らの好みを知ることができたと述べている。

動物福祉の課題解決のための最初の選好性調査は，産卵鶏のケージの床に関する議論がきっかけとなって行われた。Brambell委員会 (1965) は，初期型のケージなどで使われていた細い「ニワトリ用針金」について，より太い金網に置き換えるように勧告した。HughesとBlack (1973) は，産卵鶏の立場から判断するために，異なる床材が施された区画のあるケージ内でニワトリを飼育した際に，どちらにより

滞在するかを観察した。ニワトリは強い選好性は示さなかったが，ニワトリの全体的な選好性は委員会の勧告とは反対で，むしろ委員会が不適とみなした細い「ニワトリ用針金」の方が高かった。この結果を報告するなかで，HughesとBlackは動物の選好性調査の有効性について強い関心を示し，以下のように述べている。

> この実験は動物福祉に対する新たな手法を示し，動物の選好性を客観的に評価することで最終的に主観的価値判断を無効にしてしまうだろう。

初期の選好性調査は，このほかにも様々な疑問の解決のために行われた。例えば，Dawkins（1977）は産卵鶏がバタリーケージと大きなペンもしくは野外の放飼場のどちらを好むかを調べるために実験を行った。この実験では，12時間ニワトリにケージと大きなペンを自由選択させ，どちらの環境に何時間滞在するか観察した。驚いたことに，ニワトリはかなりの時間をケージ内で過ごした。次はT字試験を行った。この試験では，ニワトリがどちらかの方向を一度選択すると，5分間はケージ内もしくは野外放飼場に滞在するという設定をした。選択と結果がはっきりしているこの設定では，ニワトリは野外放飼場を選択する傾向にあった。実験が予備試験的なものであることをはっきり意識しつつ，Dawkinsはこの手法について楽観的に述べている。

> このような研究を行うことで，いつの日かバタリーケージ飼育に対する客観的で人道的な判断が可能となることを望んでいる。

これら初期の研究以降，動物福祉に関する科学において，様々な目的のために飼育環境の選好性調査やそれに関連する実験が行われている（**表11.1**）。温度や照明のような環境要因に対する選好性，車両積載用スロープや巣箱のような資材の構造に対する好み，泳ぐことや止まり木に止まることに対する動機づけの強さ，騒音や粗雑な取り扱いなどに対する嫌悪の度合いなどがある。

しかし，広く使用されているにも関わらず，選好性調査は議論の余地が残ったままである。実際，この手法から何を結論づけられるのかという論争のなかには，一番最初に示された報告書に関する議論も未だに存在している。はじめはDuncan（1978）によって，その後は多くの研究者から選好性調査に対する批判がなされ，この調査をどのように実施し，どのように解釈するかについて大きな変化をもたらしている（総説：Duncan, 1992；Fraserら，1993；Fraser, 2008）。本章では，これまでに生じてきた方法論や考え方に関する論点，動物の福祉を理解する際の選好性，動機の研究の役割に対する微妙に異なる意見について，簡単にまとめた。

11.3 動物の選好性を正確に特定する実験を確実に行う

選好性調査に対する最も根本的な懸念は，行った実験が動物の真の選好性を正確に特定しているかどうかということである。これを払拭するためには，複数の点に注意して調査を計画し実行する必要がある。

● 11.3.1 動物の選好性の複雑さを理解する

初期の選好性調査に対する批判のひとつは，求める課題が単純すぎることであった。ブタがわらを敷いたペンと敷料のないコンクリート床のペンのどちらを好むかを問題にすることは一見合理的に思えるが，この課題を解決するために考案された調査の結果は，ブタの好みは様々な要因に影響され，時にはわらを好み，あるい

表 11.1 動物の選好性，動機づけ，嫌悪性を研究するために選好性や動機を計測した研究事例

要因	動物種	参考文献
選好性		
環境温度	子豚	Morrison ら，1987
照明レベル	ブタ	Baldwin, Start, 1985
	スナネズミ	van den Broek ら，1995
	ウシ	Phillips, Morris, 2001
社会的接触	ブタ	Matthews, Ladewig, 1994
	繁殖雌豚	Kirkden, Pajor, 2006
	ラット	Patterson-Kane ら，2004
敷料	ブタ	Fraser, 1985
	ウマ	Hunter, Houpt, 1989
	げっ歯類	Blom ら，1993
	ウシ	Tucker ら，2003
床	ブタ	Farmer, Christison, 1982
	繁殖雌豚	Phillips ら，1996
	ウシ	Telezhenko ら，2007
巣材	マウス	van de Weerd ら，1998
砂浴び用敷料	産卵鶏	van Liere ら，1990
構造に対する選好		
車両積載用スロープ	ブタ	Phillips ら，1989
止まり木	産卵鶏	Muiruri ら，1990
行動することに対する動機づけの度合い		
泳ぎ	ミンク	Mason ら，2001
止まり木に止まる	産卵鶏	Olsson, Keeling, 2002
巣箱の使用	産卵鶏	Cooper, Appleby, 1996
砂浴び	産卵鶏	Widowski, Duncan, 2000
運動	マウス	Sherwin, 1998
休息	ウシ	Jensen ら，2005
嫌悪性		
騒音や振動	ブタ	Stephens ら，1985
熱と振動	ニワトリ	Abeyesinghe ら，2001
汚れた空気	ブタ	Jones ら，1999
安楽死に使用するガス	げっ歯類	Leach ら，2004
電気ショックによる不動化処理	ヒツジ	Rushen, 1986
手荒な扱い	ウシ	Pajor ら，2000b

はわらを避け，関心を示さないこともあるということを示した。例えば，ある研究で，ブタを一方はコンクリート床，もう一方はわらを敷いた同一の2つのペンを自由に行き来できる状態にして調査を行った（**図 11.2**）。活動的に床をルーティング（鼻先で土を掘り返す行動）する時は，ブタはわらを敷いたペンを強く好んだ。この結果は，わらがブタの自然な探査行動や飼料探し行動を効果的に刺激するものであることを示している。しかし，給餌器や給水器を使用する時は，ブタはわらに対して比較的無関心であった。また，部屋が寒い時は明らかにわらの上で寝ることを選択したが，部屋が暑い時はわらよりもコンクリート床の上で休息することを好んだ。これらはおそらくわらの断熱性が影響したと考えられる（Fraser, 1985）。さらに，繁殖雌豚において，巣作りを行う分娩直前にわらに対する選好性が高くなることが別の調査で

図11.2 異なる生活環境に対するブタの選好性を調査した選択試験
飼料と水が準備されている隣り合った2つのペン。一方はコンクリート床で、もう一方はわらが敷いてある以外はまったく同じである

(Fraser, 1996より再掲)

示されている（Arey, 1992）。このような複雑性を考慮すると、ブタがわらを好むかどうかではなく、わらに対する選好性が環境要因、動物の状態、行動にいかに影響されるかを調査する必要があることが分かる。調査の目的が、ある動物集団にとってどの飼育方式が一番よいかを決めることだとしても、選好性に関連する要因を無視した調査では、複雑で矛盾する結果をもたらすことになると考えられる。

動物の選好性についてさらに複雑な内容の実験を行おうとすると、より手の込んだ調査方法が必要となる。第一に、環境要因や個体の状態が様々に変動する状況では、選好性の計測に十分な実験期間を取らなければならない。1970年代に行われていたT字迷路を使った簡単な試験は、動物が実験以外では資源を得ることができない「閉鎖経済」の試験の下、数日あるいは数週の間連続的に計測するというような方法に変化した。例えば、SherwinとNicol（1996）は、4つの資源（食料、シェルター、広い空間、他のマウスとの視覚的接触）を利用するためにはトンネルを通らないといけない実験装置のなかで、9日間マウスの動きを計測した（**図11.3**）。

第二に、動物の反応の変動性を正しく考慮した実験計画を立てなければならない。選好性調査では、動物の選択が完全に一致することはない。例えば、LindbergとNicol（1996）は、産卵鶏に大きなペンと小さいペンを選択させた。ニワトリは統計学的に有意に大きな方を選択したが、ほとんどのニワトリが少なくとも1回は小さい方も選択した。

なぜ例外が生じるのか？ もしかしたら、動物はT字迷路の左右どちらに好みの報酬があるのかを忘れてしまうといった単純な間違いを犯すのかもしれない。しかし、動物がしばしば利用可能な環境すべてを探査するように、少数派の選択も動物にとって重要なのかもしれない。実験動物のマウスは、十分余分な空間が与えられ、エンリッチメントされ、仲間も存在するにも関わらず、居住するケージの外にある何もない空間に入ろうと努力することがある

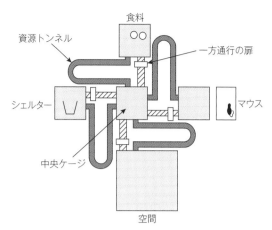

図11.3 4つの資源（食料，シェルター，広い空間，他のマウスと視覚的接触）を利用することに対するマウスの動機づけ度合いを調査するための「閉鎖経済」装置

中央のケージから「資源トンネル」を通ってそれぞれの資源があるケージに行くことができる。帰りは一方通行の短いトンネルを通る。資源の利用に必要な努力量を変化させるために，浅い水たまりを資源トンネルにつけ加えている。実験中，マウスは9日間実験装置に滞在する
(Sherwin, Nicol, 1996より)

(Sherwin, Nicol, 1997；Sherwin, 2004, 2007)。Sherwin（2007）は，この行動は動物に情報収集に対する強い欲求があることと一致する結果であると主張している。

　時折生じる間違いや見回り，探査行動は，選好性調査の全体的な結論に影響を与えるまではいかないが，少数派の選択とは区別する必要がある。実際，ニワトリにはある程度の時間，狭く囲われた空間で過ごすことに対する欲求がある。Nicol（1986）は，真の少数派の選択と見回り行動の区別は，少数派の選択肢を2つ並べ，ひとつは自由に選択でき，ひとつは選択する場合負荷がかかるようにすることで調査可能であると提案している。もし動物がときどき環境に対する欲求を持つならば，自由に選べる方を選択するだろうし，すべての環境を見回り，探査する行動に対する強い動機を持つならば，利用可能な両方の選択肢を選ぶことになると思われる。

● 11.3.2　周知性と選好性を分けて考える

　前述のHughesとBlack（1973）の研究では，実験に供試した産卵鶏はニワトリ用針金でできた床の上での生活を経験していた。この種の床材に対して弱い選好性を示したことは，産卵鶏の一般的な好みを反映したのではなく，単純に慣れているものを選んだ結果なのではないだろうか？

　動物の経験は様々な点で選好性調査の結果に影響を及ぼす可能性がある。その簡単な事例として，動物はよく知らない選択肢を一時的に避けたり，反対に興味を示したりすることがある。例えば，Dawkins（1980）はケージ飼育の産卵鶏は最初の試行において野外の放飼場よりケージを選択する傾向にあるが，その選択性を変更させるには放飼場を少し経験させるだけで十分であると述べている。その他の事例として，選好性は動物が様々な選択肢を経験するにつれて長期的に変化することがある。例えば，Phillipsら（1996）は，様々な床材を選択できる選好性実験室のなかで3週間繁殖雌豚を飼育した。繁殖雌豚は，最初の数日間は金属製あるいはプラスチック製の床よりも慣れているコンクリート床に対して強い選好性を示したが，この選好性は他の床材を経験するにつれ，数週間かけて弱まっていった。この場合，慣れていない床材の上で不自由なく歩いたり姿勢を変えたりすることができるようになるのに時間がかかったためと考えられる。

　周知性がほとんど影響しないこともある。母鳥に対するひなの「刷り込み」と同様に，ニワトリの選好性は成長初期の感受期に固定されることが示されている（Vestergaard, Baranyiova, 1996）。これを検証するために，Nicolら（2001）は，ニワトリを成長段階の様々な時期において，10日間オガクズを経験させず網床

で育てる実験を行った。成長後の砂浴び敷料に対する選好性は，オガクズを経験した時期にある程度影響されたが，飼料探索行動については経験に関わらず様々な資材を利用できるかどうかが影響していた。

簡単にまとめると，周知性は（ほんのわずかかまったく影響しないことを含め）動物の選好性に様々な影響を与え，選好性調査では調査する要因として含める必要がある。特に，選好性調査を実施する時だけその選択肢を動物が経験することになった場合は，結果が安定するまで調査を続ける必要がある。

● 11.3.3 選好性の基盤を理解する

異なる施設や資材（例：床や敷料の種類）を比較する調査によって動物の選好性の基盤となる要因を特定できるならば，実験はより一般的な価値を持つことになる。例えば，FarmerとChristison（1982）は，様々な種類の床材に対する若いブタの選好性を特定し，また，摩擦力，熱損失の度合い，表面の磨耗性を含んだ資材に関する多くの特徴を計測した。統計解析によって，離乳した子豚は摩擦力の強い床を選ぶ傾向にあり，若齢の子豚は体から熱の逃げない床を選んでいることが分かった（Christison, Farmer, 1983）。選好性の元となる要因を特定することにより，初期の選好性調査とは異なり，資材への助言を行うことが可能となった。

選好性の原因を特定する別の方法として，Phillipsら（1988）によるブタが許容する車両積載用スロープの特徴に関する調査がある。車両積載用スロープはブタを車に乗せる際に広く使用されている。理由は不明であるが，ブタがスロープを登ることを拒絶することがある。Phillipsらは，自由に登ることができる4つのスロープを設置したペンのなかでブタを飼育し，調査を行った。調査は一連の実験で構成され，それぞれスロープの異なる特徴について比較した。例えば，ある実験では傾斜，ある実験では照明の異なる4つのスロープを用いた。ブタは，傾斜が急なものより（25度までの）傾斜のゆるいスロープに対して，また，貫（しっかりとした足場となる水平の棒）が幅広く配置されたものより細かい間隔で配置されたスロープに対して明確な好みを示した。対照的に，スロープの幅，照明の程度，側壁の開放性に対する選好性は見られなかった。つまり，様々な要因を研究することにより，動物にとって重要な構造的特徴が特定されるのである。

11.4 その他の明確化すべき点

動物の選好性について妥当なデータが得られたとしても，それを動物福祉への有用な知見とするには，明確にしておくべき点がいくつかある。

● 11.4.1 動機は行動の実行か，結果を得るか？

スナネズミが巣穴を掘ることのできる床を選ぶ，分娩前に雌豚がわらを得る努力をするといった行動は，これらの行動（穴を掘ること，巣をつくること）の実行に対して動機づけされた結果なのか，それとも，これらの行動によりつくり出されるもの（巣穴，巣）を得ることに対して動機づけされた結果なのか，どちらなのだろうか？　この疑問は動物福祉にとって重要であり，もし動物が行動の結果を欲しているだけなら，その行動に必要なものを提供するよりも，環境内に行動の結果そのものを与えればよいのかもしれない。

ブタの巣作りに対する疑問について，Areyら（1991）は，分娩前に巣作りする6頭のブタを観察することで検証した。実験者らは主要な

巣作り行動であるルーティング，巣材を前肢で掻く行動，わらを運ぶ行動に費やす時間を計測した。また，ブタがつくった巣の物理的な特徴も記録した。次に，これらのブタがつくった巣と一致するように組み立てた巣を他の6頭のブタに与えた。しかし，ブタは与えられた出来合いの巣を使って分娩するのではなく，巣作りを入念に行おうとした。実験者らは巣作りに対する動機は，でき上がった状態の巣を与えることで軽減されることはないと結論し，分娩施設では雌豚が巣作りを実行できるようにすべきであると提案した。産卵鶏においても同様な結果が見られ，巣作りに対して動機づけされており，でき上がった巣を与えてもそれを避けることが分かっている（Hughesら，1989）。

一方，スナネズミにおける穴掘り行動の場合，結論は異なる。この行動を研究したWiedenmayer（1997）は，ケージ飼育のスナネズミは敷料の下を掘ることが多く，1回当たり持続時間は短いが，巣の至る所を掘ったり，ケージの端や角に向かって持続的に堀り続けたりすることがしばしばあると報告している。しかし，床の下に人工的な巣が備えつけられたケージで飼育された場合，1回当たりの持続時間が短い穴掘り行動をほんのわずかに行うだけで，持続時間の長い穴掘り行動は行わなかった。この場合，（少なくとも持続時間の長い穴掘り行動に対する動機について）掘ることよりも巣を利用できることに対する動機があるようである。つまり，行動を実行できるようにすることよりも適切な環境を提供することで，この福祉的課題を解決できると思われる。

● 11.4.2　直接的な手掛かりを考慮する

動機の実験において，産卵鶏が砂浴び用の敷料を得ることを努力した場合，敷料が視界に入ることが動機づけの要因になるのか，それとも視界になくても砂浴びに対して動機づけされるのだろうか？

この疑問に対し，WarburtonとMason（2003）は，4つの報酬（食料，泳ぐことのできるプール，玩具〈赤いプラスチック製のボール〉，ときどき他の個体が近くにいるケージでの「予測不可能な社会的接触」）を獲得するために重しのついた扉を押すようミンクを訓練した。そして，報酬を数m離れたところに置き，ホームケージからは見えないようにする，または報酬が近くにあるが獲得するには同じ長さのトンネルを通る必要があるという2つの条件でミンクを実験に供試した。報酬が見えるかどうかに関係なく，一般的にミンクは食料へと続くトンネルに入ることに対する動機が強く，プールや社会的接触に対する動機は中程度であった。しかし，ボールに対する動機は報酬が見えることに強く依存していた。ホームケージから近くにボールが見えた場合，ボールに通じるトンネルに入ることに対して懸命に努力するが，見えない場合，トンネルに入ることに対する動機はほとんど示さなかった。

● 11.4.3　動物の認知能力が選好性に関わるかを確かめる

選好性調査への初期の批判のひとつに，動物は長期的な結果を考慮して選択することができないのではないか，そのため現状だけを判断材料として意思決定を行うのではないかというものがあった。Duncan（1978）は，ニワトリは長時間食料と水のない場所に拘束されたとしても，産卵するために繰り返し巣箱のなかに入ることを報告した。この結果から次の2つの異なる説明が可能である。つまり，巣箱に入ることに対する強い動機が，拘束されるという既知のリスクを上回ること，または，ニワトリには行動後の結果を予期する能力がないということで

ある（Špinka ら，1998）。

ブタが将来の結果を予測できるかどうかを研究するために，Špinka ら（1998）は視覚的な刺激と位置からその特徴が分かる2つの給餌ストールのうち片方をブタに選ばせる実験を行った。給餌ストールではそれぞれ食料が給与されるが，片方では30分間拘束され，もう一方では240分拘束される。このような条件において，ブタは長時間拘束される方を避けることを学習した。ところが，より複雑な実験を行ったマウスの研究では，マウスが将来の結果を予期するという証拠は得られなかった。WarburtonとNicol（1998）は，食料のあるケージに入るために80回レバーを押さなければならないか，自由にケージに入れるが出る際に80回レバーを押さなければならないことをマウスに学習させ，実験を行った。食料のあるケージに入ることに対して努力が必要な場合，マウスの訪問回数は比較的少なかったが，そのケージから離れるために同量の努力をしなければならない場合（両方の場合，エサを得るために必要な努力量は全体では同じになる），マウスの訪問回数はより多くなった。すなわち，マウスは往復での全体のコスト（直近のものと将来のもの）よりも入ることに対するコストに反応しているように見える。

動物が「自制」するという証拠，あるいは，すぐに得られる少ない報酬よりもすぐには得られないが大きな報酬を待つという結果が得られれば，動物は将来を予期できるというさらなる証拠となる。複数の実験で，ニワトリに上記の2つの選択肢を選ばせた。これらの実験から，ニワトリは得るのは遅れるが，より大きい報酬を選ぶ結果が得られ，自制することを示した。特に，行動した3秒後に2秒間エサが得られるよりも，22秒後に6秒間エサが得られる方を選ぶようになった。しかし，めったに見られなかった事例であるが，より少ないがすぐに得られる報酬を選ぶ「衝動的な」行動をすることもあった（Abeyesinghe ら，2005）。どの程度先までニワトリが計画することができるかはまだ分かっていない。Duncan's（1978）は欲求に迫られている場合，どの程度ニワトリが理性的に行動するかには限界があると述べているが，Špinka ら（1998）の結果は，動物種や実験設定によってまったく異なる結果となることを示唆している。

11.5 動物の選好性の強さを評価する

選好性調査において動物が示す好みには，さくらんぼよりもブドウを好むといった弱いものや，地下牢よりも家を好むといった強いものもあるだろう。選好性が強い場合，好みの選択肢を自由に利用できないようにすることは動物福祉に大きな影響を与えると考えられる。このように，動物の好みを特定することに加え，動物の選好性の強さ，すなわち好みの選択肢に対する動機の強さを計測することが必要となる（Dawkins，1983）。

選好性調査は独特な試験方法であるため，これは特に重要となる。異なる食物における成長率の比較のような他種類の実験では，ほとんどの場合処理の効果が統計学的に有意なものかどうかを検証するために，処理感の違いは独立変数とは無関係に存在する変動（個体間やペン間に自然に存在する変動など）と比較される。しかし，選好性調査では，様々な選択肢を同じ動物に，同じ時刻に，同じ場所で提示する。したがって無関係な変動は最小となり，結果として，弱い選好性でさえ統計学的に有意となる可能性がある（Fraser ら，1993）。

● 11.5.1　動機の強さの評価

選好性の強さを確認する一番簡単な方法として，動物が好みの選択肢を得るためにオペラント反応（レバーを押す，扉を開ける）を学習する際に，その選択肢が報酬として十分機能するかどうかの確認がある。例えば，Dawkins と Beardsley（1986）は，産卵鶏がむき出しの金網床よりも敷料のある床を好むかどうかの確認として，敷料のあるケージを利用するために鍵をつつく行動や，フォトビームを遮る行動を学習するかどうかを試験した。もし，動物をそのような方法で訓練させることができるとしたら，特定の選択肢に対する動機があるものと想定される。

選択可能な実験条件間の「トレードオフ」も有益な情報となる。例えば，マウスが巣材をどの程度好むか計測するために，van de Weerd ら（1998）は巣材のある区画と実験区画（巣箱〈通常マウスが好むもの〉や，金属製の格子状の床〈通常マウスが避けるもの〉がある区画）を選択できるケージでマウスを飼育した。ほとんどのマウスは巣材のある区画で過ごすことを選択し，巣箱がなく，床が金属製の格子状である区画に巣材が提示された場合でさえも同様の結果であった。実験者らはマウスは巣材を所有することに対して強い動機を持ち，マウスの福祉に大きく貢献すると結論づけている。

トレードオフを調査する別の方法として，異なる負荷条件で2つの資源に対して努力を払うようにしたものがある。Pedersen ら（2005）は，ブタに対し，わらを得るためにはひとつのパネルを押し，ピートを得るためにもうひとつのパネルを押すことを課した。両方の物質を同じ量獲得するのに必要なパネル押し回数を見つけるため，パネル押し回数を体系的に変更した。獲得量が同じとなったのはわらが9回，ピートが39回の時であった。この結果はピートに対する動機が強いことを示している。

動機の強さは異なる行動を動物に選択させる方法でも研究されている。例えば，Dawkins（1983）は摂食に対する動機に対し「滴定」することで，ニワトリの砂浴びに対する動機の強さを評価できると提案している。これを行うために，Dawkins はニワトリをある選択地点から2つのケージに入るよう訓練した。ひとつのケージは（砂浴びをするための）敷料はあるが食料はない状態にし，もうひとつのケージは食料はあるが敷料はない状態にした。そして，絶食から0，3，12時間後のいずれかでニワトリがどちらのケージを選ぶか実験した。実験結果から，この条件下ではニワトリの砂浴びに対する動機は，3時間絶食とした後の摂食に対する動機と同等の強さであることが示唆された。

● 11.5.2　需要の弾力性

動機の強さを比較するためのより精密な方法として，Dawkins（1983）が提唱したミクロ経済学の用語を用いて説明したものがある（**図11.4**）。ある商品（例：パン）は，価格が上昇したり消費者の収入が落ちたりしても消費者が買う量は大体変わらない。消費者はそれらを得るために収入のより多くを支払うため，このような商品には「非弾力性の需要」があるといえ，時には「必需品」と呼ばれることもある。一方，例えば，高級ワインのような商品については，価格が上昇したり消費者の収入が減ったりしたら消費者が買う量は少なくなる。消費者は購入を控える傾向があるので，これらの商品には「弾力性のある需要」があるといえ，「贅沢品」とみなされる。Dawkins（1983, 1990）はこのような考えを動物の研究に応用し，様々な選択肢が動物にとってどの程度重要かを比較するために，需要の弾力性を使用することがで

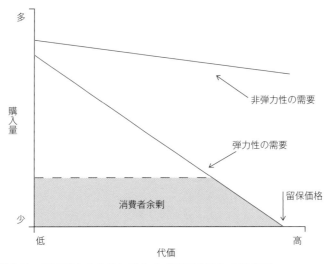

図 11.4 弾力性と非弾力性の需要がある商品に対する「需要曲線」の理想図
非弾力性の需要がある商品（例：パン）では，様々な範囲の価格帯を通して購入量はほとんど一定のままである。弾力性の需要がある商品（例：高級ワイン）では，代価が上昇するにつれて購入量は落ち込む。直線の傾き（すなわち，代価の上昇に伴いどの程度急に直線が下がるか）は通常，弾力性の定量的尺度として使われる。購買意欲に関するその他2つの尺度も示されている。留保価格は商品に支払われる最高価格である。動物の研究では，消費者余剰は需要曲線の左側の面積として計算可能であり，商品のひとつの尺度となっている　　　　　　　　　　　　　　　　　　　　　　　　　　　　　（Fraser, 2008 より）

きると提案した。

この考え方を応用すると，動物が行わなければならないある努力（代価）に対する報酬として，食料などを提供することも可能であり，需要の「価格弾力性」を決めるために，代価を実験的に変動することもできる。別の方法として，動物が様々な資源を利用できる時間（収入）を制限することも可能であり，需要の「代価弾力性」を決めるために，その時間の長さを変更することもできる。前提として，報酬が非常に重要なものの場合，報酬をある程度の維持するために動物はより努力する，もしくは時間をより使うであろう（非弾力性の需要を示している）という予測がある。

● 11.5.3 需要の計測に関する議論

需要の弾力性に基づく方法は，一見魅力的に感じられるが，いかに妥当と考えられる結果を出すかについては多くの技術的，概念的な問題が生じている。基本的な問題のひとつに，多種多様な報酬をどのように別個に分けるかというものがある（Mason ら, 1998；Kirkden ら, 2003）。食料については，需要曲線の算出に必要な計測回数を多くするために，少量に分けることが可能である。しかし，敷料，砂浴び，交尾，休息を行う機会のような報酬をどう分けるべきだろうか？　分け方は需要の弾力性に影響を与える可能性がある。例えば，Jensen ら（2005）は，はじめに乳用未経産牛に1日9時間敷料を敷いたストールに座る機会を与えたうえで，休息するために10〜50回パネルを押すことをウシに課した。報酬として30〜80分の休息時間を与えられた場合，ウシは比較的非弾力性の需要を示したが，報酬の時間を20分に限定した時は弾力性の需要がかなり増加した。Jensenらは未経産牛は1日12〜13時間まで休息することに対する非弾力性の需要を持っているが，報酬時間を短くしてしまうと動物の動機を間

違って計測してしまうと結論した。

2つ目の懸念は適切なオペラント反応の選択である。報酬と課題には動物が連合学習しやすい組み合わせが存在する（Youngら，1994；Sumpterら，1999）。例えば，ニワトリにとって，エサを見つけるためにつつくこと，新しい空間に入るために歩くことは自然な行動である。しかし，新しい空間に入るために鍵をつつくことを要求した場合，その結果はニワトリの真の動機を反映しているのだろうか？　あるいは，報酬に対する課題が不自然過ぎではないだろうか？　課題によるエネルギーコストを定量化できるなら，歩くことや重しのついた扉を押すといった自然な負荷の方が有効である（Olsson, Keeling, 2002；Champion, Matthews, 2007）。

さらに基本的な問題として，動物のある報酬に対する需要曲線がひとつに決まらない可能性がある。例えば，ニワトリの巣箱に対する非弾力性の需要は，産卵する時点では存在するが産卵時以外はそうではない。

これらの問題点やその他のものも含め，需要の弾力性や関連の計測方法を使用することに関しては多くの文献が言及している（Dawkins, 1990；Masonら，1998；Kirkdenら，2003）。需要の弾力性が，報酬の大きさ，剥奪期間，時間帯，その他の要因によっていかに影響を受けるかを詳細に調査した研究によっていくつかの問題点が扱われた（Jensenら，2004）が，このような包括的な調査はほとんど行われていない。

幸運なことに，技術的な問題がほとんど生じないような，より簡便な動機の測定法がある（図11.4）。ひとつは「留保価格」と呼ばれるもので，ある報酬に対して動物が支払う最大の代価のことである。例えば，代価を変動させ，ニワトリが食料，巣箱，止まり木に支払う最大代価を決定できる。これらの資源に対する代価は，剥奪期間やその要因によって変動するが，ニワトリがある時点でとても高い代価を払ったとしたら，その資源はニワトリにとってとても重要なものであると考えられる。さらに，この指標は需要曲線作成のために少量に分けることのできないような資源（例：交尾の機会）にも適用することができる。もうひとつの指標は「消費者余剰」と呼ばれるもので，ある量の報酬における需要曲線の左側の面積のことである（図11.4）。消費者余剰は経済学者が人間の福祉を評価するときに品物やサービスの重要性の指標として使用する。消費者余剰がより大きければ，資源はより重要なものとみなされる。

Seamanら（2008）は動機の異なる指標を例示した。彼らは実験用のウサギを飼料のあるケージ，休息用の台のあるケージ，社会的接触のできるケージ，空のケージ（対照区）という4つのケージにアクセスできる中央のケージで飼育した。ウサギは代価となる異なる重しのついた扉を開けることでそれぞれのケージを利用することができる。実験の結果（図11.5）から，需要の様々な指標（留保価格，消費者余剰，代価率）が算出された。3つすべての指標において，資源に対する順位づけ（飼料＞社会的接触＞休息用の台＞空のケージ）は同じであった。

11.6　忌避の指標

選好性や動機の指標は，不快な気温，騒音，恐怖，痛みを生じ得る管理手技といった動物が避ける状況にも適用できる。

このような方法は，動物のと畜時におけるより人道的な方法を見つけ出す研究で重要な役割を果たしてきた。毎年，何百万ものラットが研究者により使用され，実験が終わるとほとんど

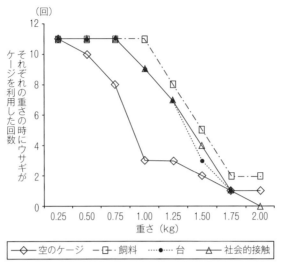

図11.5　様々な報酬に対する動物の動機を評価するために需要理論を用いた例
この研究では，4つの資源（飼料，社会的接触，休息用の台，空のケージ〈対照区〉）を利用するためにウサギが様々な重しのついた扉を開けた。扉が重くなるにつれて，空のケージに入る回数は減っていくが，その他の選択肢については利用するための努力を払い続けていた。重しが1kg超えた場合，すべてのウサギで与えられた時間内に飼料のケージを利用できなくなった。この事例では，（資源を獲得した回数よりも）各資源のケージを利用した回数を用いて需要を計測している

(From Seamanら，2008より)

が処分される。最も一般的な処分方法のひとつが致死量の二酸化炭素で満たした密閉装置に動物を入れる方法であるが，吸入麻酔も同時に使われている。様々な，あるいは一種の気体の混合により，動物は気絶した後，死に至るが，この方法が動物にとって非常に不快であるほどまで，意識を消失する過程で動物が苦痛を経験していることはないだろうか？　Leachら（2004）は，プラスチック製の跳ね上げ扉のついた，短いトンネルで連結した同じ大きさの2つの部屋からなる装置にラットを入れて調査した。気体（二酸化炭素または麻酔ガス）を一方の部屋に注入し，動物が部屋に入ってから3分間の行動を観察した。部屋に25％二酸化炭素（この濃度では30秒で運動制御が失われる）が混入した場合，ラットはそれを非常に忌避し，3分間のうち2秒しかその部屋に滞在しなかった。30秒で同様の運動制御が失われる濃度のハロタンを使用した場合，ラットはまったく忌避を示さず，その部屋に平均43秒滞在した。他にも同じような調査を行った結果，Leachら（2004）は二酸化炭素を使ってラットを殺すことは「かなりの苦痛や苦悩」をもたらす可能性があり，代わりにより忌避されない方法を用いるべきだと結論した。

この実験では，二酸化炭素が不快であることは，単にラットがそれから逃げることから判明したが，このような直接的な方法を取れない場合は，繰り返し曝露した後に忌避することを学習するかどうか確認することを代替法とすることができる。乳牛の管理において，管理者が怒鳴る，叩く，電気棒を使用するなどの嫌悪的な方法で動物を誘導することがある。手荒な扱いは福祉を低下させ，生産性も低下させることが分かっているが，どの管理工程がウシにとって不快となるのだろうか？　これを明らかにするために，Pajorら（2000b）は管理者が様々な取り扱い（ウシに怒鳴る，ウシの尻を平手で叩

く，ウシの尾をひねる，電気棒を使う，対照区として何も行わない工程も含む）を行う部屋が10 m先にある通路にウシを誘導した。繰り返し試験を行った結果，対照区のウシは迅速に通路を移動したが，他の処理区のウシは通路の終わりまで歩くのに時間がかかり，歩くように促す回数が増加した。4試行後では，怒鳴る処理のウシが最も遅く，移動させるのが困難であったが，8試行後と9試行後では電気棒による処理のウシがその他の処理に比べ移動が困難となった。この結果から，ウシは電気棒を最も不快な処理と感じ，怒鳴ることは，尻を平手で叩くような軽度の肉体的刺激となる処理に比べ忌避されることを示唆している。

　忌避についてもオペラント条件づけの課題は慎重に行う必要がある。例えば，処理が恐怖を生じさせるとしたら，動物はただ単に動きをやめて逃げようとするため，オペラント条件づけを行うことは不可能である。RutterとDuncan（1991）は，2つの部屋を使いニワトリの恐怖を調査しようとした。風船を突然膨らませることを恐怖を生じさせる刺激とし，それを避けるには信号が鳴った時にもうひとつの部屋に移動する必要がある。しかし，ニワトリは信号が鳴った時，移動する代わりに「不動化」行動を発現させ，刺激を避ける行動を学習することはなかった。ニワトリの恐怖を研究するには，より受動的な反応も含め別の方法が必要であると彼らは結論した。

▶ 11.7 動物の選好性と動機に関する知識を応用する

　上記の多くの研究には，その究極的な目的として，特に飼育方式や取り扱い方法の改善を通して，動物の福祉を向上させることがある。敷料，気温，床といったものに対する動物の選好性に関する調査は，比較的応用しやすい。しかし，その他の研究では大きな課題がある。例えば，慰安行動を行う，巣箱のなかで産卵する，夜間休息するために止まり木に止まるという行動をするために十分な空間を得ることに対し，ニワトリが動機づけされていることは明らかのように思われる。ところが，羽を維持するために砂浴びをすることに対してニワトリが強く動機づけされているという証拠は，機会があればニワトリが喜んで行動することは確かであるにも関わらず，はっきりしていない（Widowski, Duncan, 2000；Weeks, Nicol, 2006）。効率的で衛生的な環境でこの種の行動を発現させるようにするには，多大な研究と創意工夫が必要となる（Appleby, Hughes, 1995；Tauson, 2002；Blokhuisら，2007）。

　別の実験案として，毎日生活する場所で動物自身が選択できるような環境をつくる方法がある（Wathes, 1997）。特に集約的生産システムにおいて，飼育環境の多くは単純で均一的であり，動物が選択する余地はほとんどない。しかし，熱を放射するランプや暖められた空間といった施設や器具を用意することは，ブロイラーや子豚が自身の温熱環境を選択することを可能にする。自由に選択できる2階建てのペンを設置することで，ブタに生活環境の気候条件（暖かい上段，寒い下段）や周辺の仲間を選ばせることができる（Phillips, Fraser, 1987）。繁殖雌豚や乳牛に，自由に行き来できるストールを用意し，仲間と交わるか1個体で休息するか選ばせることができる（Phillips, 1997）。同じような方法をシェルター施設や実験動物施設で飼育されている動物に用いることができる。例えば，シェルターにいるネコは，従来型の特徴のないケージでは怖がり，動揺しているように見えることがあるが，少し工夫することでネコは一段上にある棚で休んだり，隠れることを選択することができるようになる（Gourkow,

Fraser, 2006)。直接的な利益だけでなく，単純に状況をコントロールできるようにすること自体が動物の福祉にとって有益となることがある（Bassett, Buchanan-Smith, 2007)。

選択可能な飼育環境においても個体差を考慮する必要がある。系統や品種間の遺伝的な違いが動物の選好性の違いを生じさせることがある。例えば，ICR-CD（1）系統のマウスは，自身のケージ内に定期的に置かれた新奇物を積極的に探査する。一方，より神経質に見えるC57/B1/6系統のマウスはそれらを避ける（Nicolら，2008)。さらに，同じ品種でさえ個体差が存在する。例えば，母豚は通常子豚から離れて過ごす時間を徐々に長くすることで子豚を離乳させるが，授乳開始から2週目の最初からすぐに子豚との接触時間を減少させる母豚もいれば，数週間子豚と密に接触し続ける母豚もいる（Pajorら，2000a)。多くの民間農場では，母豚と子豚を同じペンに入れ，子豚が基準の日齢に達したら急に引き離す。「Get-away」ペンでは，どの程度の時間子豚と滞在するか選択させることで母豚に離乳の段階を制御することを可能にし，子豚を離乳させる日齢において母豚の大きな個体差に応えるものとなっている（Bøe, 1991)。

11.8 選好性と福祉との関係性を明確にする

動物の好みを特定し，その強さを正確に評価できたとして，動物の好きなように生活させることでその動物の福祉を必ず改善するとみなせるだろうか？　この疑問に答えるには，動物福祉の定義が何かはっきりさせる必要がある（Fraser, 2008)。動物福祉には，動物の基本的な健康，情動（苦痛や恐怖のようなネガティブな状態からの自由），動物が適応してきた様式で生活できることの3つの広範な要素が含まれているという考え方をとると，これらの要素それぞれについてその疑問を問うこととなる。

動物に適応してきた行動様式を実行できるような環境を選択させる例は多い。これまで，ニワトリが羽の維持のための自然な行動である砂浴びを実行できる敷料を選択したり，繁殖雌豚が巣作りのためにわらを得ようと努力したり，ラットがその種にとって自然な社会行動を行えるような社会環境を選んだりするのを確認してきた。

また，動物は少なくとも短期間，ポジティブな情動を促進させる環境を選んでいるように思われる（Bechara, Damasio, 2005)。動物は快適な休息場所，攻撃されるおそれのない社会環境，好みの飼料を選択することが予測される。

私たちは動物の選好性はある程度健康に好ましいものと考えている。また，進化的な考え方を適用すると，動物の選好性や動機はその種が進化してきた環境において，繁殖成功度（多くの動物種では生存し，健康であることも含むだろう）を最大化するように機能するものと考えられる。そのため，その動物が適応してきた環境において，好んで選択するものが環境中に存在する限り，選好性と健康は正の相関を示すと考えられる。しかし，人工的な環境においては，この関係は崩れてしまうだろう。

関係が崩れる一番分かりやすい例として，動物の感覚的，情動的能力を超える危険，もしくは利益となるものに動物が遭遇した場合が挙げられる。多くの魚類は，銅のような水中汚染物質の被害を避けるため，これらに汚染された水を忌避する（Giattina, Garton, 1983）が，一般的な（フェノール類やセレンのような）汚染物質を，たとえ深刻な害や死に至るレベルであっても避けることができない（Giattina, Garton, 1983；Hartwellら，1989)。おそらく，魚類はこれらの汚染物質を検出し，避ける能力を進

化，発達させることができず，この場合，魚の選択性は健康を維持することにはならないであろう。

動物が持ち合わせていない認知的能力を必要とする選択の場合にもこのような限界は起こり得る。ラットはニオイによって毒入りのエサを避けることを学習するが，色やエサの大きさは区別の手がかりとならない（McFarland, 1985）。この場合，ラットは弁別刺激を識別することはおそらくできているが，実際には病気となった感覚とエサの視覚的特性を関連させることはない。

最後に，ある生産形質に対して遺伝的な選抜を行うことは，動物の選好性を基本的な健康につながらないようなものに変えてしまう。肉用鶏を早く成長させるように遺伝的に選抜した結果，とどまることのない食欲を持つニワトリが生み出された。この種鶏では，好んで食べ，肥満となるまでのエサの量を給与されることはない。

まとめると，動物の選好性はおそらく短期的な情動，例えば，苦痛，恐怖，不快と一致しており，動物は強く動機づけられている自然な行動を実行できる環境を好む可能性が高い。動物の選好性が健康やポジティブな情動を長期間促進するかどうかは，その選択肢が動物が選択するように適応させられたものとどの程度一致するかによる。

もし選択された環境が動物の福祉を向上させるなら，その選好性と動物福祉の指標との間に高い相関があると予測される。例えば，Masonら（2001）は，ミンクは泳ぐことができるプールを自由に利用できることに対して強い選好性を示すことを見つけた。また，泳ぐことを妨げた場合，ストレスと関係するホルモンであるコルチゾールの濃度が上昇することも確認した。また，Fisherら（2008）は，ヒツジが暑さを避けることに対する動機が，その状況に滞在することによる生理的なコストを計測した値と一致することを示した。しかし，Hurstら（1997）は，群飼育のラットにおいて，ストレス関連ホルモンであるコルチコステロンやある種の臓器の病気が多く発生しているとしても，単飼のラットは社会的な接触を求める行動を示すという結果を報告している。

選好性とその他の福祉の指標との関連性をさらに調査し，明確にする必要がある。最近の研究において，3つの環境（網床のペン，オガクズ床のペン，オガクズ床とピート，止まり木，巣箱が用意されたエンリッチペン）でニワトリを5週間ずつ飼育した（Nicolら，2009）。5週間の飼育を2回行うごとに，ニワトリが2つのどちらを選択するか調査した。ニワトリが選択した環境で飼育された場合，体温，血中グルコース濃度，偽好酸球／リンパ球比が低く，飼料消化率が向上した。また，自己身繕い行動が多く観察され，新奇物に対する反応性も低かった。一方，動物福祉の指標として一般的に計測に用いられることの多い羽の状態とコルチコステロン濃度は飼育環境に対する選択性と関連していなかった。これらの研究は長い間別々に調査されてきた動物福祉研究の方法を組み合わせるきっかけとなっている。

11.9 結論

- 動物の選好性や動機を計測することは，動物の目線で動物福祉に重要なものを見つけ出す方法となる。

- 動物の選好性や動機を計測することは単純ではない。正確な調査を計画するには，周知性，情報の集積度合い，学習，その他の要因の影響を考慮しなければならない。

- 動物はその種が進化してきた環境と似た場所において、長時間その動物の福祉がよい状態となるような選択を行うようである。しかし、人工的な環境に置かれて家畜化された動物の長期的な選好性については、必ずしもよい結果に結びつくとは限らないようである。

- 動機の強さは様々な資源を利用することにかかるエネルギー量、努力量、時間数を操作する試験によって計測できる。経済学の理論から導かれた動物の要求を計測する方法として、消費者余剰、留保価格、需要の弾力性がある。

- 動物が好んで選ぶ状況や、動機づけられた行動が発現できるような環境で動物を飼育することは、動物福祉に利益をもたらすだろう。また、物理的、社会的な環境に対し、各個体が選好性を示すことのできる状況を用意することでも福祉は改善する。

- その他の健康や肉体面の指標から、福祉がよい状態であるか示されている環境を、動物がどの程度選好するかという新しい研究が行われている。

謝辞

本章の一部は Understanding Animal Welfare: The Science in its Cultural Context（Fraser, 2008）を基にしている。その内容の再構成および図 11.4 の引用を許可していただいた Wiley-Blackwell と the Universities Federation for Animal Welfare には大いに感謝する。また、各図の引用を許可していただいた、Wiley-Blackwell（図 11.1）、Lab Animal magazine（図 11.2）、Elsevier Science（図 11.3、図 11.5）に対し感謝する。

参考文献

Abeyesinghe, S., Wathes, C.M., Nicol, C.J. and Randall, J.M. (2001) The aversion of broiler chickens to concurrent vibrational and thermal stressors. *Applied Animal Behaviour Science* 73, 199-216.

Abeyesinghe, S.M., Nicol, C.J., Hartnell, S.J. and Wathes, C.M. (2005) Can domestic fowl show self-control? *Animal Behaviour* 70, 1-11.

Appleby, M.C. and Hughes, B.O. (1995) The Edinburgh Modified Cage for laying hens. *British Poultry Science* 36, 707-718.

Arey, D.S. (1992) Straw and food as reinforcers for pre-partal sows. *Applied Animal Behaviour Science* 33, 217-226.

Arey, D.S., Petchey, A.M. and Fowler, V.R. (1991) The preparturient behaviour of sows in enriched pens and the effect of pre-formed nests. *Applied Animal Behaviour Science* 31, 61-68.

Baldwin, B.A. and Start, I.B. (1985) Illumination preferences of pigs. *Applied Animal Behaviour Science* 14, 233-243.

Barnett, S.A., Smart, J.L. and Widdowson, E.M. (1971) Early nutrition and the activity and feeding of rats in an artificial environment. *Developmental Psychobiology* 4, 1-15.

Bassett, L. and Buchanan-Smith, H.M. (2007) Effects of predictability on the welfare of captive animals. *Applied Animal Behaviour Science* 102, 223-245.

Bechara, A. and Damasio, A.R. (2005) The somatic marker hypothesis: a neural theory of economic decision. *Games and Economic Behavior* 52, 336-372.

Blokhuis, H.J., van Niekerk, T.F., Bessei, W., Elson, A., Guemene, D., Kjaer, J.B., Levrino, G.A.M., Nicol, C.J., Tauson, R., Weeks, C.A. and de Weerd, H.A.V. (2007) The LayWel project: welfare implications of changes in production systems for laying hens. *World's Poultry Science Journal* 63, 101-114.

Blom, H.J.M., Baumans, V., van Vorstenbosch, C.J.A.H.V., van Zutphen, L.F.M. and Beynen, A.C. (1993) Preference tests with rodents to assess housing conditions. *Animal Welfare* 2, 81-87.

Bøe, K. (1991) The process of weaning in pigs: when the sow decides. *Applied Animal Behaviour Science* 30, 47-59.

Brambell Committee (1965) *Report of the Technical Committee to Enquire into the Welfare of Animal Kept under Intensive Livestock Husbandry Systems.* Command Paper 2836, Her Majesty's Stationery Office, London.

Champion, R.A. and Matthews, L.R. (2007) An operant-conditioning technique for the automatic measurement of feeding motivation in cows. *Computers and Electronics in Agriculture* 57, 115-122.

Christison, G.I. and Farmer, C. (1983) Physical characteristics of perforated floors for young pigs. *Canadian Agricultural Engineering* 25, 75-80.

Cooper, J.J. and Appleby, M.C. (1996) Demand for nest boxes in laying hens. *Behavioural Processes* 36, 171-182.

Dawkins, M.[S.] (1977) Do hens suffer in battery cages? Environmental preferences and welfare. *Animal Behaviour* 25, 1034-1046.

Dawkins, M.S. (1980) *Animal Suffering*. Chapman and Hall, London.

Dawkins, M.S. (1983) Battery hens name their price: consumer demand theory and the measurement of ethological 'needs'. *Animal Behaviour* 31, 1195-1205.

Dawkins, M.S. (1990) From an animal's point of view: motivation, fitness, and animal welfare. *Behavioral and Brain Sciences* 13, 1-9, 54-61.

Dawkins, M.S. and Beardsley, T. (1986) Reinforcing properties of access to litter in hens. *Applied Animal Behaviour Science* 15, 351-364.

Dawkins, M.S., Cook, P.A., Whittingham, M.J., Mansell, K.A. and Harper, A.E. (2003) What makes free-range broiler chickens range? *In situ* measurement of habitat preference. *Animal Behaviour* 66, 151-160.

Duncan I.J.H. (1978) The interpretation of preference tests in animal behaviour. *Applied Animal Ethology* 4, 197-200.

Duncan, I.J.H. (1992) Measuring preferences and the strength of preferences. *Poultry Science* 71, 658-663.

Farmer, C. and Christison, G.I. (1982) Selection of perforated floors by newborn and weanling pigs. *Canadian Journal of Animal Science* 62, 1229-1236.

Fisher, A.D., Roberts, N., Matthews, L.R. and Hinch, G.R. (2008) Does a sheep's motivation to avoid hot conditions correspond to the physiological cost of remaining in those conditions? In: Boyle, L., O'Connell, N. and Hanlon, A. (eds) *Proceedings of the 42nd Congress of the ISAE [International Society for Applied Ethology] 'Applied Ethology: Addressing Future Challenges in Animal Agriculture'*, University College Dublin, Ireland, 5-9 August 2008. Wageningen Academic Publishers, Wageningen, The Netherlands, p. 45 (abstract).

Fraser, D. (1985) Selection of bedded and unbedded areas by pigs in relation to environmental temperature and behaviour. *Applied Animal Behaviour Science* 14, 117-126.

Fraser, D. (1996) Preference and motivational testing to improve animal well-being. *Laboratory Animals* 25, 27-31.

Fraser, D. (2008) *Understanding Animal Welfare: The Science in its Cultural Context*. Wiley-Blackwell, Oxford, UK.

Fraser, D., Phillips, P.A. and Thompson, B.K. (1993) Environmental preference testing to assess the well-being of animals — an evolving paradigm. *Journal of Agricultural and Environmental Ethics* 6 (Supplement 2), 104-114.

Giattina, J.D. and Garton, R.R. (1983) A review of the preference-avoidance responses of fishes to aquatic contaminants. *Residue Reviews* 87, 43-90.

Gourkow, N. and Fraser, D. (2006) The effect of housing and handling practices on the welfare, behaviour and selection of domestic cats (*Felis sylvestris catus*) by adopters in an animal shelter. *Animal Welfare* 15, 371-377.

Hartwell, S.I., Jin, J.H., Cherry, D.S. and Cairns, J. Jr (1989) Toxicity versus avoidance response of golden shiner, *Notemigonus crysoleucas*, to five metals. *Journal of Fish Biology* 35, 447-456.

Hughes, B.O. and Black, A.J. (1973) The preference of domestic hens for different types of battery cage floor. *British Poultry Science* 14, 615-619.

Hughes, B.O., Duncan, I.J.H. and Brown, M.F. (1989) The performance of nest building by domestic hens — is it more important than the construction of a nest. *Animal Behaviour* 37, 210-214.

Hunter, L. and Houpt, K.A. (1989) Bedding material preferences of ponies. *Journal of Animal Science* 67, 1986-1991.

Hurst, J.L., Barnard, C.J., Nevison, C.M. and West, C.D. (1997) Housing and welfare in laboratory rats: welfare implications of isolation and social contact among caged males. *Animal Welfare* 6, 329-347.

Jensen, M.B., Pedersen, L.J. and Ladewig, J. (2004) The use of demand functions to assess behavioural priorities in farm animals. *Animal Welfare* 13 (Supplement 1), 27-32.

Jensen, M.B., Pedersen, L.J. and Munksgaard, L. (2005) The effect of reward duration on demand functions for rest in dairy heifers and lying requirements as measured by demand functions. *Applied Animal Behaviour Science* 90, 207-217.

Jones, J.B., Webster, A.J.F. and Wathes, C.M. (1999) Trade-off between ammonia exposure and thermal comfort in pigs and the influence of social contact. *Animal Science* 68, 387-398.

Kirkden, R.D. and Pajor, E.A. (2006) Motivation for group housing in gestating sows. *Animal Welfare* 15, 119-130.

Kirkden, R.D, Edwards, J.S.S. and Broom, D.M. (2003) A theoretical comparison of the consumer surplus and the elasticities of demand as measures of motivational strength. *Animal Behaviour* 65, 157-178.

Leach, M.C, Bowell, V.A., Allan, T.F. and Morton, D.B. (2004) Measurement of aversion to determine humane methods of anaesthesia and euthanasia. *Animal Welfare* 13 (Supplement 1), 77-S86.

Lindberg, A.C. and Nicol, C.J. (1996) Space and density effects on group size preferences in laying hens. *British Poultry Science* 37, 709-721.

Mason, G. [J.], McFarland, D. and Garner, J. (1998) A demanding task: using economic techniques to assess animal priorities. *Animal Behaviour* 55, 1071-1075.

Mason, G.J., Cooper, J. and Clarebrough, C. (2001) Frustrations of fur-farmed mink. *Nature* 410, 35-36.

Matthews, L.R. and Ladewig, J. (1994) Environmental requirements of pigs measured by behavioural demand functions. *Animal Behaviour* 47, 713-719.

McFarland, D. (1985) *Animal Behaviour: Psychology, Ethology and Evolution.* Longman Scientific and Technical, Harlow, UK.

Morrison, W.D., Bate, L.A., McMillan, I. and Amyot, E. (1987) Operant heat demand of piglets housed on four different floors. *Canadian Journal of Animal Science* 67, 337-341.

Muiruri, H.K., Harrison, P.C. and Gonyou, H.W. (1990) Preferences of hens for shape and size of roosts. *Applied Animal Behaviour Science* 27, 141-147.

Nicol, C.J. (1986) Non-exclusive spatial preference in the laying hen. *Applied Animal Behaviour Science* 15, 337-350.

Nicol, C.J., Lindberg, A.C., Phillips, A.J., Pope, S.J., Wilkins, L.J. and Green, L.E. (2001) Influence of substrate exposure during rearing on feather pecking, foraging and dustbathing in adult laying hens. *Applied Animal Behaviour Science* 73, 141-156.

Nicol, C.J., Brocklebank, S., Mendl, M. and Sherwin, C.M. (2008) A targeted approach to developing environmental enrichment for two strains of laboratory mouse. *Applied Animal Behaviour Science* 110, 341-353.

Nicol, C.J., Caplen, G., Edgar, J. and Browne, W.J. (2009) Associations between welfare indicators and environmental choice in laying hens. *Animal Behaviour* 78, 413-424.

Olsson, I.A.S. and Keeling, L.J. (2002) The push-door for measuring motivation in hens: laying hens are motivated to perch at night. *Animal Welfare* 11, 11-19.

Pajor, E.A., Kramer, D.L. and Fraser, D. (2000a) Regulation of contact with offspring by domestic sows: temporal patterns and individual variation. *Ethology* 106, 37-51.

Pajor, E.A., Rushen, J. and de Passillé, A.M.B. (2000b) Aversion learning techniques to evaluate dairy cattle handling practices. *Applied Animal Behaviour Science* 69, 289-102.

Patterson-Kane, E.P., Hunt, M. and Harper, D. (2004) Short communication: rat's demand for group size. *Journal of Applied Animal Welfare Science* 7, 267-272.

Pedersen, L.J., Holm, L., Jensen, M.B. and Jorgensen, E. (2005) The strength of pigs' preferences for different rooting materials using concurrent schedules of reinforcement. *Applied Animal Behaviour Science* 94, 31-48.

Phillips, C.J.C. and Morris, I.D. (2001) A novel operant conditioning test to determine whether dairy cows dislike passageways that are dark or covered with excreta. *Animal Welfare* 10, 65-72.

Phillips, P.A. (1997) A two-level system for housing dry sows. In: Bottcher, R.W. and Hoff, S.J. (eds) *Livestock Environment V: Proceedings of the Fifth International Symposium, American Society of Agricultural Engineers* (ASAE) [now American Society of Agricultural and Biological Engineers, ASABE]. ASABE, St. Joseph, Michigan, pp. 266-272.

Phillips, P.A. and Fraser, D. (1987) Design, cost and performance of a free-access two-level pen for growing-finishing pigs. *Canadian Journal of Agricultural Engineering* 29, 193-195.

Phillips, P.A., Thompson, B.K. and Fraser, D. (1988) Preference tests of ramp designs for young pigs. *Canadian Journal of Animal Science* 68, 41-48.

Phillips, P.A., Thompson, B.K. and Fraser, D. (1989) The importance of cleat spacing in ramp design for young pigs. *Canadian Journal of Animal Science* 69, 483-486.

Phillips, P.A., Fraser, D. and Thompson, B.K. (1996) Sow preference for types of flooring in farrowing crates. *Canadian Journal of Animal Science* 76, 485-489.

Rushen, J. (1986) Aversion of sheep to electro-immobilization and physical restraint. *Applied Animal Behaviour Science* 15, 315-324.

Rutter, S.M. and Duncan, I.J.H. (1991) Shuttle and one-way avoidance as measures of aversion in the domestic fowl. *Applied Animal Behaviour Science* 30, 117-124.

Seaman, S.C., Waran, N.K., Mason, G. and D'Eath, R.B. (2008) Animal economics: assessing the motivation of female laboratory rabbits to reach a platform, social contact and food. *Animal Behaviour* 75, 31-42.

Sherwin, C (1998) The use and perceived importance of three resources which provide caged laboratory mice the opportunity for extended locomotion. *Applied Animal Behaviour Science* 55, 353-367.

Sherwin, C.M. (2004) The motivation of group-housed laboratory mice, *Mus musculus*, for additional space. *Animal Behaviour* 67, 711-717.

Sherwin, C.M. (2007) The motivation of group-housed laboratory mice to leave an enriched laboratory cage. *Animal Behaviour* 73, 29-35.

Sherwin, C.M. and Nicol, C.J. (1996) Reorganization of behaviour in laboratory mice, *Mus musculus*, with varying cost of access to resources. *Animal Behaviour* 51, 1087-1093.

Sherwin, C.M. and Nicol, C.J. (1997) Behavioural demand functions of caged laboratory mice for additional space. *Animal Behaviour* 53, 67-74.

Špinka, M., Duncan, I.J.H. and Widowski, T.M. (1998) Do domestic pigs prefer short-term to medium-term confinement? *Applied Animal Behaviour Science* 58, 221-232.

Stephens, D.B., Bailey, K.J., Sharman, D.F. and Ingram, D.L. (1985) An analysis of some behavioural effects of the vibration and noise components of transport in pigs. *Quarterly Journal of Experimental Physiology* 70, 211-217.

Sumpter, C.E., Temple, W. and Foster, T.M. (1999) The effects of differing response types and price manipulations on demand measures. *Journal of the Experimental Analysis of Behavior* 71, 329-354.

Tauson, R. (2002) Furnished cages and aviaries: production and health. *World's Poultry Science Journal* 58, 49-63.

Telezhenko, E., Lidfors, L. and Bergsten, C. (2007) Dairy cow preferences for soft or hard flooring when standing or walking. *Journal of Dairy Science* 90, 3716-3724.

Thorpe, W.H. (1965) The assessment of pain and distress in animals. In: Brambell Committee (1965) *Report of the Technical Committee to Enquire into the Welfare of Animal Kept under Intensive Livestock Husbandry Systems.* Command Paper 2836, Her Majesty's Stationery Office, London, pp. 71-79.

Tucker, C.B., Weary, D.M. and Fraser, D. (2003) Effects of three types of freestall surfaces on preferences and stall usage by dairy cows. *Journal of Dairy Science* 86, 521-529.

van de Weerd, H.A., van Loo, P.L.P, van Zutphen, L.F.M., Koolhaas, J.M. and Baumans, V. (1998) Strength of preference for nesting material as environmental enrichment for laboratory mice. *Applied Animal Behaviour Science* 55, 369-382.

van den Broek, F.A.R., Klompmaker, H., Bakker, R. and Beynen, A.C. (1995) Gerbils prefer partially darkened cages. *Animal Welfare* 4, 119-123.

van Liere, D.W., Kooijman, J. and Wiepkema, P.R. (1990) Dustbathing behaviour of laying hens as related to quality of dustbathing material. *Applied Animal Behaviour Science* 26, 127-141.

Vestergaard, K.S. and Baranyiova, E. (1996) Pecking and scratching in the development of dust perception in young chicks. *Acta Veterinaria Brno* 65, 133-142.

Warburton, H. and Mason, G. (2003) Is out of sight out of mind? The effects of resource cues on motivation in mink, *Mustela vison*. *Animal Behaviour* 65, 755-762.

Warburton, H.J and Nicol, C.J. (1998) Position of operant costs affects visits to resources by laboratory mice. *Animal Behaviour* 55, 1325-1333.

Wathes, C.M. (1997) Engineering choices into animal environments. In: Forbes, J.M., Lawrence, T.L.J., Rodway, R.G. and Varley, M.A. (eds) *Animal Choices.* Occasional Publication, British Society of Animal Science (BSAS) No. 20., BSAS, Edinburgh, UK, pp. 67-73.

Weeks, C.A. and Nicol, C.J. (2006) Behavioural needs, priorities and preferences of laying hens. *World's Poultry Science Journal* 62, 296-307.

Widowski, T.M. and Duncan, I.J.H. (2000) Working for a dustbath: are hens increasing pleasure rather than reducing suffering? *Applied Animal Behaviour Science* 68, 39-53.

Wiedenmayer, C. (1997) Causation of the ontogenetic development of stereotypic digging in gerbils. *Animal Behaviour* 53, 461-470.

Young, R.J., Macleod, H.A. and Lawrence, A.B. (1994) Effect of manipulandum design on operant responding in pigs. *Animal Behaviour* 47, 1488-1490.

III 評価

第12章 動物福祉を評価（および改善）するための実践的戦略

概要

農場，実験施設，動物園，さらには野生下における動物の福祉の評価法の開発と実施への関心が高まっている．科学者，検査機関，政治家もまた，福祉の改善を目的とし，施設に基づく尺度（resource-based measure, RBM）と同様に，行動または身体的状態といった動物福祉の結果に基づく尺度（outcome-based measure, OBM）の使用を本格的に検討しはじめている．福祉は，動物の飼育システムの特性であるだけでなく，個々の動物の特性でもある．そのため，動物に直接的に基づく尺度は，様々な条件下で良好な指標を提供し得る．現代の多くの農場，動物園，水族館，その他の施設は，適用が容易で，適切なタイミングでフィードバックが得られ，経営判断の評価を迅速に行うことができるような福祉のモニタリング手法の特定に力を入れている．福祉の改善は，①測定，②リスク因子と環境因子の分析，③評価の結果得られた情報の提供，④経営判断の支援による改善の促進，以上の4つの尺度を組み合わせることで達成できる．原則として，個々の尺度はそれぞれを組み合わせて合計得点を出し，生産者，飼育者，消費者に提示することもできる．これには，動物福祉への影響を評価するために使用する各尺度へ重みづけ値を付与することが必要である．動物自体を評価する方法には，方法が実践的か，妥当（福祉について「真実の」情報を与える）か，再現可能か，頑健（天候などに影響されない）かという4つの疑問が必ず生じる．それでも，動物の経験を単純に機械的に評価することはできない．動物は変化に富み，生きた，知覚を持つ存在であり，実践的な評価システムによって現実的に扱わなければならない．様々なRBMとOBMを含む多角的な戦略によって包括的な福祉のモニタリングができるようになる可能性が非常に高い．これらの戦略には，定期的に更新される種ごとの飼育指針，認定基準，長期的で学際的な多施設研究，連続的な福祉のモニタリングのための評価手法が含まれるかもしれない．農場におけるブロイラーと動物園におけるウンピョウの福祉評価の，2つの事例研究を詳細に考察する．それから，研究のための人道的なエンドポイントの実施に関して，実験動物への適用を記載する．

12.1 はじめに

多数の研究が，実験状況における動物福祉を評価する尺度の開発に焦点を当てている．しかし，そのような実験室での方法を現場に適応すると，農場，実験施設，動物園のいずれにおいても問題が生じ得る．これらの問題は状況によって異なるが，次のようなものが含まれる．ひとつ目は，動物が大きな群で飼育されている可能性があり，各個体の観察が難しくなること，2つ目は，動物との直接接触が最小限しかできない（またはまったくできない）ため，動物を用いた試験や詳細な観察を含む評価方法が実際的でないこと，観察に使える時間が限られているといったことである．しかし，このよう

な現場における評価方法の開発は，動物福祉が社会的関心に当てはまることから優先度が高い分野になっている。

現在多くの国において，動物をどのように飼育するか，取り扱うかを規制する法律が定められ，これらは一般的に，執行するには監査が必要となる（第18章参照）。さらに近年は，生産者，流通業者，小売業者，外食チェーンといった多数の業界団体が，動物福祉に特化するか，または動物福祉の要素を含む農場評価のための認証方法の作成や推奨に関わるようになってきている（Mench, 2004；Veissier ら，2008）。最後に，人道的なエンドポイント（評価項目）を確立し，実験操作の洗練を目的とし，実験中および実験後に実験動物の福祉を評価するため（Morton, 2000），または，飼育施設と飼育管理を改善する目的で動物園動物の福祉を評価するために（Goulartら，2009），福祉チェックシートの使用がますます重視されている。

本章では，動物福祉を現場で評価するために開発および検証されている方法の種類，それらが実践的な福祉改善にどのようにつながるかを，農場と動物園の動物に焦点を当てて考察する。

12.2 福祉を評価するために何を「尺度」にするべきか

福祉のモニタリングシステムに関する先行研究の多くは，様々な資源の「何」が，またはそれらが「どの程度」動物に与えられるかに焦点を当てていて（いわゆる施設に基づく尺度：resource-based measure, RBM），これは既存の多くの法令の基礎となっている。RBMの例は，動物1頭当たりに与えられる空間や与えられる飼料の種類と量である。一般的に以下のような質問がなされる。

- 動物は適切に飼料と水を与えられているか。
- 動物は適切に飼育されているか。
- 動物は適切に獣医師の処置を受けているか。
- 動物は様々な行動を示すのに十分な空間を与えられているか。

しかし，（主に）RBMからの進歩として，行動や身体的状態といった動物福祉の結果に基づく尺度（outcome-based measure, OBM）の使用を本格的に考慮しはじめている研究者，検査機関，政治家による（革命というよりは）静かな変革が，現在世界各地で起きている。動物は経験，気質，遺伝的構成が環境と相互作用する仕方において多様である。管理方法と飼育管理者の影響も，成長や繁殖の尺度だけでなく，特定の状況における動物の経験に対しても，劇的に影響する。このように，施設または管理に基づく尺度（例：繁殖計画，健康管理計画など）は，特定の状況では良好な動物福祉の保証とならない可能性がある。

福祉は動物の飼育システムの特性であるだけでなく，個々の動物の特性でもあるため，研究者たちは以前から，OBMによって動物福祉のよりよい指標を得られると提言してきた。さらに，研究者たちは，福祉問題の実際の原因をつきとめる際に有効なリスク因子を特定するために，福祉評価はRBMおよび管理に基づく尺度で支援したOBMを基礎とするべきだと提案している。1個または複数個の原因を一度特定することができれば，問題を低減または消滅させるための戦略を立てることができる。

一例を考察してみる。農場経営者が乳牛の歩行異常（跛行）問題を抱えている。構造化された評価によって，ある標準的採点システムを参照した場合，実際跛行している乳牛が何頭いるかが分かる。農場経営者が跛行が増加している（または減少している）かどうかを測る手法を

一度導入すれば，これは問題を減らすために行うべき実践的な段階を判断するためのバロメーターになる。例えば，この OBM を床材の種類や農場経営者の蹄管理戦略に関する情報と組み合わせれば，改善策の決定に役立てることができる。ウシの跛行の場合，問題は経済的負担（乳牛の跛行は，農場経営者にとって生産性の損失の点で負担がかかる）および障害，不快といった点で罹患動物自身の負担でもある可能性があることから，狙いを定めた改善は，農場経営者と動物の両方の助けとなり得る。実行できる改善戦略とするためには動物福祉と経済の両方の必要事項を満たし，かつ実用的，すなわち農場経営者や繁殖業者が経済的に導入でき，実施が容易でなければならない。このような情報が，農場経営者が獣医師やアドバイザーと共有し得るであろう経済情報と関連するならば，施設や環境に関する情報と組み合わせた OBM（成功または失敗のバロメーターとして）の併用は，農場経営者を助け支援する，および動物の健康と福祉の最良の管理を促進する強力な手法となり得る。

福祉の評価方法の開発においては，できるだけ多数の潜在的福祉「因子」を考慮するべきであり，可能であれば，動物を擬人化して推量することを避け，動物福祉の科学的知識を基礎とするべきである。一部の OBM は，単独で動物福祉の総合的評価を得ることができると示唆されている。これには副腎皮質ステロイド，急性期タンパク質，寿命が含まれる（Barnett, Hemsworth, 1990；Hurnik, 1990；Geers ら，2003）。しかし，これらの単独尺度は，どれも福祉のすべての次元をカバーすることはできず，ある特定の動物の福祉に対する包括的な見解を得るためには，複数の尺度が必要である可能性が高い（Dawkins, 1990；Webster, 1998；Rutter, 1998）。「単一尺度法」の難しさが認識されるようになり，グループ化された尺度が，次のような項目に対する農場経営者への助言に用いられている。前述の項目には，「ブランド化」福祉認証スキームについて（例：Freedom Food Plan, Main ら，2001），法令の作成に情報を提供するためのシステムの比較について（Bracke ら，2002），法令上の要件のコンプライアンスの点検について（Keeling, Svedberg, 1999）が挙げられる（**表 12.1**）。

「不良な福祉の原因」を特定するための基礎として，または福祉問題に関するリスク因子の特定に役立てるために，施設または管理に基づく尺度を OBM とともにまたは組み合わせて福祉評価に組み込むべきであろう。

12.3　尺度の開発および試験

評価のための新しい方法が提案される際，実践的であるか（時間はどのくらいかかるか，費用はどのくらいかかるか），動物福祉について何か「事実」を告げるか（妥当であるか），同一個体を評価する際に複数の評価者が同一の答えまたは得点を与えることができるか（再現性があるか），その尺度は天候，季節，時刻などの影響を受けるか（頑健であるか）という根本的な問題がすぐに浮上する。

評価方法が「有用」であるだけでなく（一般市民，農場経営者，動物を飼育している機関および評価者からの）信頼を得るためには，これらの 4 つの条件に「合理的に適合」しなければならない。これらの条件に「合理的に」適合するために，動物の経験を機械的に評価するだけに単純化できると考えるのは現実的でない。動物は，変化しやすい，生きた，感受性のある存在である。単に公式を当てはめるだけでは，動物が世界をどのように見てどのように反応するかは理解できないため，動物福祉の評価は，そ

第12章 動物福祉を評価（および改善）するための実践的戦略

表12.1 ブロイラーに関する農場尺度の例
施設に基づく尺度（RBM）と結果に基づく尺度（OBM）の両方を含む分類別配列。斜体の項目は，農場尺度が利用不可であることを示す　　　　　　　　　　　（Welfare Quality®プロジェクト〈www.welfarequality.net〉より）

福祉カテゴリ	目的	尺度／基準
良好な給餌	1. 長期の空腹がない	*この基準はと畜場で測定される：痩せて衰弱したニワトリは，脱羽で容易に観察できるとき（と畜後）と，と畜ラインを通過する際に多数を採点できる場合に検出可能*
	2. 長期の喉の渇きがない	給水スペース
良好な畜舎	3. 休息を中心にした快適性	羽毛の清潔さ，敷料の質 ダストシート検査：空気中の（および潜在的に吸入される）粉じんの尺度
	4. 温度の快適性	あえぎ，群がり
	5. 動作の容易さ	飼育密度
良好な健康状態	6. 損傷がないこと	跛行，飛節焼け（hock burn），趾蹠皮膚炎
	7. 疾患がないこと	農場での死亡率，農場での淘汰率
	8. 管理作業によって引き起こされる苦痛がないこと	*この基準は農場には適用されず，と畜場に適用される：と畜作業中の気絶処理の有効性をと畜の際に評価可能*
適切な行動	9. 社会行動の発現	まだ尺度は開発されていない
	10. 他の行動の発現	放牧地の植被および日陰，放飼場にいるニワトリの割合（放飼場へ行けるニワトリにのみ適用可能）
	11. 良好なヒト-動物関係	逃避反応試験によって測定される，ヒトに対する恐れ
	12. ポジティブな感情状態	定性的行動評価（QBA，第9章参照）

れぞれの「動物」特性を鑑み，それらを含める必要がある。実際問題，RBMとOBMを組み合わせることは可能かもしれない。例えば，動物が跛行している場合（OBMを用いた評価），床の状態が不良ならば（RBMを用いた評価），他の個体における跛行も予測できるかもしれない。しかし，OBMに基づく評価の基本は，個々の動物は反応が異なり得るため，前述の条件（実践的，妥当，再現性，頑健）を満たすOBMがあれば，RBM単独より優先して用いるべきということである。例えば，ある床の状態は，ある個体にとっては非常によいかもしれないが，別の個体には非常に不快であるかもしれない。動物の反応の測定はこの個体差に対応することができる。

さらに，例えば「動物は喉が渇いているか」といった単純な疑問に，農場，動物園，実験施設いずれの立場からも答えるのはそれほど簡単ではない。農場で実施できる脱水についての実行可能なOBMは現在のところ存在しない。血液検査はと畜場で実施でき，選択試験で動物に水を提供することは，理論上「可能」である。しかしこれらは両方とも，日常の試験としては非実用的であるため，RBM（給水器の利用可能性，水への経路）と管理に基づく尺度（給水は実際どのように管理されているか）の組み合わせを用いなければならない。

12.4　新しい尺度の適用

　OBMの適用には，いくつかの段階を踏む必要がある。まず，標準化された説明が必要である。次に，その方法の実行および関連するRBMの説明が必要である。最後に，OBMとRBMの使用から得られた情報によって福祉における改善をもたらす経営判断と実行を促進し，支援する。関係する4つの段階は次のとおりである。

第1段階：測定。
第2段階：リスク因子の分析。
第3段階：通知。
第4段階：福祉を改善するための管理方法決定を支援。

産業動物（ブロイラー），動物園動物（ウンピョウ）の福祉評価を例として，これらの段階を考察する。

● 12.4.1　ブロイラーの跛行

跛行につながる脚の障害の発生頻度は，急速に成長するブロイラーで高く（Sanotra, 2000），これは重要な福祉上の懸念とされている（FAWC, 1992, 1998；European Commission, 2000）。研究により，歩様スコアが高い跛行したニワトリに非ステロイド性抗炎症薬を投与すると，より早く障害の設置されたコースをクリアすることが示されている。また選好性試験によって，跛行しているニワトリは跛行していないものよりも鎮痛薬で処理された飼料を選択する傾向が高いことが明らかとなっている（Danburyら，2000）。これらの研究は，跛行しているニワトリが，運動障害とともに苦痛も感じている可能性があることを実証している。脚の弱さは，骨格変形，関節や骨の感染が原因である可能性がある（Menchら，2001；Butterworthら，2002）。

例えば，10万羽を飼育している養鶏農家において，0.8％が跛行に関連する淘汰で失われるか，または跛行が原因で十分な体重に達しないとする。このため，最終生産性の0.8％が失われるか，または部分的にしか達成されない。1羽および一群当たりの利益が非常に小さい企業では，これは重大な損失となる。この失われるニワトリの割合を低減することができれば，動物福祉の具体的な増大となるだけでなく，潜在的には利益の改善を図ることができる。

第1段階：測定

歩様スコア（GS）は，ニワトリの歩行能力を評価するための認知された方法で，Kestinら（1992）によって開発された。ニワトリに0〜5の歩様スコアを与え，5が最も悪い。この歩様採点システムは他の研究者によって検証され，実践的で再現可能であることが分かっている（Berg, Sanotra, 2001；Garnerら，2002）。以下に，歩様スコアとその評価について記載する。

歩様スコア0：正常，機敏で素早い。
歩様スコア1：わずかな異常があるが定義が困難。
歩様スコア2：明確で特定可能な異常。
歩様スコア3：移動能力に影響する明白な異常。
歩様スコア4：重度の異常。数歩しか歩けない。
歩様スコア5：歩行不能。

しかしながら，ビデオ映像を用いて評価者を訓練すること，農場において評価者の手技を評価することはより重要と考えられており，それらにより評価者の能力の均一性，再現性，妥当性を保証することができる。

歩様スコアを採点するために，鶏舎内で無作為化位置特定システムを用いて250羽を無作為に選択する。4地点から，各地点で蝶番式の捕獲用囲いによって，最大80羽の群を選択する（図12.1）。1羽ずつ歩かせて囲いから出し（図12.2），その間に採点する（図12.3）。

第2段階：リスク因子の分析

農場で歩様スコアを測定する間，農場とその飼育管理方法について，跛行のリスク因子の分析に有用な様々な情報を収集できる。重要と思

第12章 動物福祉を評価（および改善）するための実践的戦略

図12.1 ブロイラーの歩様スコアの採点（捕獲用囲い）
約60羽を鶏舎内の一区画で囲いに入れる。ニワトリを囲いに追い込んではいけない。囲いをニワトリの群の周りに、動揺を最小限にして静かに置く

われる情報には以下のようなものがある。

1. 種鶏群情報：遺伝子型／系統，種鶏の経歴，年齢を含む。
2. 孵卵場情報：孵卵場，輸送距離／時間，ひなの孵卵場ワクチン接種プログラムを含む。
3. 一般情報：ひなの数，体重，性別，時期，評価時ととと畜時の年齢を含む。
4. 具体的な飼育管理：飼育密度，育雛条件，栄養プロファイル，敷料，給餌器と給水器のデザイン／タイプ，照明プログラム，鶏舎の築年数，構造の詳細，換気，疾病歴，投薬歴，予防接種プログラム，水槽を含む。
5. 成績の情報：増体重，脚の異常，その他の理由による死亡率，淘汰率。
6. 処理施設情報：擦過傷，胸だこ，飛節と趾における接触性皮膚炎の発生率，全部廃棄，と畜時体重を含む。
7. 飼育管理に関する背景情報：動物数に対する従業員の比，従業員の年齢，訓練／資格を含む。
8. 施設／農場（または会社）に関する背景情報：鶏舎のサイズ，羽数，バイオセキュリティを含む。

農場情報を収集することに加え，歩様スコアの不良な10羽を群から淘汰して剖検を行うべきである。これは具体的なリスク評価として農場（または会社）が跛行の主な病理学的原因を特定するのに役立ち，農場での跛行の原因を理解する手助けとなる。

農場は（この具体例では），OBMおよびRBM情報を元に以下のことが分析可能である。

1. 群における脚の障害罹患率および重症度の特定。
2. 農場内の（跛行に関する）「良好」鶏舎と「不良」鶏舎を比較し，これらの鶏舎間に

図12.2　ブロイラーの歩様スコアの採点
ひとりが杖（長さ約1m）を用いて1羽を静かに囲いから出す。ニワトリを急がせたり押したり持ち上げたりしてはいけない。囲いから出る時に1羽ずつ歩様スコアを採点する

おける異なる管理，鶏舎環境，給餌，投薬，飼育管理者の技能，遺伝子型因子の特定に役立てる。

3. 水の使用などといった，異なる農場における特定因子の影響を調査する。（等しい気象条件下で）1羽当たりの水消費が増加した農場には，給水器の水漏れによる構造的問題の可能性がある。少量の水が慢性的に敷料に漏れると，敷料の品質を著しく低下させ，脚の健康に影響する可能性がある。

4. 跛行につながる細菌学的病理の調査を行い，これらの細菌が，孵卵場，輸送，農場のバイオセキュリティにおけるその他の不備に由来するかどうかを特定する。

　一般的に，農場内で跛行への対処がなされれば，経済面での有益な改善とニワトリの福祉全体における改善が可能である。一部の国では，現在，検査機関が企業の福祉成績のマーカーとして脚の健康問題に注目しはじめている。

図12.3　ブロイラーの歩様スコアの採点（記録）
歩様スコアの各カテゴリの得点がついた羽数のシンプルな表を作成する。有意な標本数を得るために約250羽を採点することが推奨される

第3段階：通知，第4段階：福祉を改善するための管理方法決定を支援

農場経営者は農場における跛行の程度の（おそらく「種類」についても）報告を受けることができ，経時的に，または分析後にリスク因子のパターンが現れる可能性があり，それによって跛行を減らすための決定が可能となる。実際の農場における跛行のリスク因子として示されているものには，増体速度，と畜時のニワトリの年齢，飼料中の全粒穀物の使用，飼料の種類，バイオセキュリティの質と実施，敷料の状態，ニワトリの遺伝子型といったものがある。

イギリスの農場において，取り扱いを変更することにより跛行の低減に成功したものとして，ニワトリの性別（全体的として，脚の弱さの程度は雄で高く，跛行の問題がある農場では，飼育されているニワトリの性別の選択は全体的な跛行に影響を及ぼす可能性がある），制限給餌の程度，照明パターンと照明強度，ニワトリの活動レベルと飼養密度がある（Butterworth，私的観察）。

● 12.4.2　動物園における動物福祉の評価

この10年間，動物園は動物園動物の福祉を評価するための適切な手段と方法の特定にますます力を入れている。例えば，アメリカ動物園水族館協会（AZA）はますます高まる体系的で科学的な動物園動物における福祉評価の必要性に対処するため，2000年に動物福祉委員会（AWC）を設立した。この委員会の最初の課題のひとつは，動物園で飼育されるすべての種についてのAZA飼育ガイドラインまたはベストプラクティスの編集を開始することで，その公式名称は動物飼育マニュアル（Animal Care Manual, ACM）とされた。ACMのうち，これまでに完成しているのはほんの少数である一方，現在少なくとも150種の草稿が開発と点検過程の様々な段階にあり，数年のうちに出版される（AZA, 2010参照）。

ACMの目標は，動物園および水族館で通常飼育されている幅広い種について，分類群にわたって一貫した動物飼育方法の開発を進めることである。またACMは，知識格差を特定し，既存の格差を埋めるための新たな研究方法を築こうとしている（Barber, 2009）。AZAのウェブサイトでこれらの内容が閲覧可能になれば，動物園の専門家にとって大きな財産となるであろう。しかし，産業動物の評価における状況と同じように，ACMは動物園や水族館が福祉の向上を可能とする，ごく一般的な施設と管理に基づく福祉の指針を提供できるだけであり（Barber, 2009），当然，各個体が経験する実際の福祉状態の評価については提供することができない。ACMに加え，AZA認定基準（AZA, 2009）自体が，認可機関の必須のケア，管理，施設の様々な構成要素を定期的（5年ごと）に評価することにより，動物種ごとに，少なくとも良好な潜在的福祉のためのお膳立てをすることを意図している。

しかし，良好な動物福祉を確保するための上記尺度すべてがRBMを表し，理想的には，飼育の推奨事項が各動物の個体レベルで真に有効であることを確実にするため，各個体および具体的結果について得られた福祉の指標または尺度（OBM）と関連づける必要がある。RBMとOBMの両方の評価を含む，動物福祉の評価へのより全体的な手法は，動物園動物について推奨されており，それは産業動物についての現在の傾向と同様である。

管理または飼育施設における違いに基づき，個別の動物園動物の福祉および福祉尺度の多様な側面の評価を試みる複数の研究が近年行われている（Wielebnowskiら, 2002；Shepherdsonら, 2004；Carlstead, Brown, 2005；Moreiraら,

2007)。これらの研究は非常に貴重な情報を示す一方，動物に注目した評価の複雑さをさらに強調している。このような複雑な尺度を適切に検証するため，またそれらの尺度が普遍的に適用可能であることを確実にするためには，通常長期的なデータの収集が必要で，しかも一般的に多くのデータが必要である。このため，研究を多施設で（複数の動物園や水族館をまたいで）実施する必要がある。なぜなら，任意の動物園や水族館における多くの種で，最も一般的な標本数は1ないし3個体だからである。さらに，動物園動物に関するデータ収集の大半は，非侵襲的に（通常は直接接触しないか，非常に限られた接触だけで），また，各動物個体は一般的に毎日のように動物園の来場者に見られている（そのため，研究および実験を設計する際には，飼育者の定型業務，動物の可視性，来場者イベントを考慮に入れる必要がある）という事実を考慮して行われなければならない。さらに，そのような研究に必要な大規模で長期的なデータ収集は，当然非常に時間集約的であり，生理的評価といったデータ分析の一部も非常に費用がかかる。絡み合うこれらの問題は，動物園や水族館で飼育されている幅広い種や個体について，このような研究を定期的に行い，福祉を評価することを困難にしている。このように，この集約的な研究手法は前述したRBM同様，全体的な福祉レベルの評価戦略の一部分を代表するだけにすぎず，個体，種，施設をまたぐ有効な評価のためには，結局は様々なRBMとOBMの両方を含める必要がある。

● 12.4.3　ウンピョウの福祉

　動物園動物の福祉改善のため，前述の4段階法を適応した一例として，ウンピョウ（*Neofelis nebulosa*）の飼育評価のプロセスを示す。ウンピョウ（図12.4）は飼育下での管理および

図12.4　ウンピョウ（*Neofelis nebulosa*）
（写真提供：Jim Schultz, Chicago Zoological Society）

繁殖が難しい動物である。この種には被毛をむしる，過剰に歩き回るまたは隠れる，雌雄間の深刻な攻撃といった行動上の問題が多い。これらの飼育問題は，現在自立的な飼育個体群を確立するうえでの主な障害のひとつとなっている。動物管理者や飼育者は，ウンピョウがおそらく飼育環境の様々な要素に関係したストレスに特に陥りやすい動物なのではないかと感じている。

第1段階：測定

　ある種の管理要因がウンピョウの副腎活性の上昇と相関するかどうかを評価するために，糞便中ホルモンモニタリングを行動および飼育者の調査と組み合わせて用いる多施設研究を実施した。研究者はまずウンピョウの糞便中グルココルチコイド代謝物の定量法を検証し，それからウンピョウ74頭（雄37頭，雌37頭）の糞便中グルココルチコイド濃度を12の動物園でモニターし，また，各個体について飼育者の採点およびその他の関連する調査情報を得た（Wielebnowskiら，2002）。飼育者に対しては

以下のような質問をし，1〜5のスケールで採点した。当該個体はどのくらいの頻度で歩き回るか？　当該個体はどのくらいの頻度で隠れるか？　当該個体はどのくらいの頻度で自傷行動（例：尾かじりまたは被毛むしり）を示すか？その他の関連調査情報として，ケージのサイズ，ケージの高さ，岩や壁などのウンピョウが登れるような登攀物，シェルター，飼料，飼育者との相互作用の程度（例：「手を触れない」，「触れる」），保育の種類（人工保育か母親による保育か），1個体の世話をする飼育者の人数，および1日当たりの動物の世話にかける時間を得た。

第2段階：リスク因子の分析

　分析により，高い糞便中グルココルチコイド濃度は，自傷行動（被毛むしり）の発生および歩き回る，または隠れる頻度と正の相関があることが示された。さらに，様々な管理要因の分析により，ケージの高さ（登攀構造によって当該個体が利用できる高さ）が高いこと，および飼育者が動物と過ごす時間が長いことはグルココルチコイドの低濃度と関連し，一方，潜在的捕食者（トラなどの大型ネコ）が見えることおよび展示は，グルココルチコイドの高濃度と関連することが分かった（Wielebnowski ら，2002）。

　これらの結果に基づいて，前述の変数のうち，利用可能なケージの高さと展示の2つを体系的に変化させる一方で，他のすべての変数を変えない実験を設計し，追跡実験を行った。追跡実験は，4つの動物園のウンピョウ12頭（雄6頭，雌6頭）で実施した。定期的な定量的行動観察と非侵襲的糞便中ホルモンモニタリングにより，ケージの高さを変更する前後での各個体の行動と副腎活性の変化を追跡した。囲いの変更前に，行動およびホルモンの初期ベースラインデータを2〜3カ月間収集した。ケージの高さの変更は，当該個体が囲い内のより高い場所に行けるようにする登攀構造を追加することで行った（n＝8。雄4頭，雌4頭）。「展示」に関する変更は，シェルターを追加で設置することによって行った（n＝4。雄2頭，雌2頭）。これらの変更を行った後，さらにデータを2〜3カ月間収集した。結果は，登攀構造の追加とシェルターの追加の両方が，被験動物の大多数（12頭中10頭）において糞便中グルココルチコイド濃度の有意な低下をもたらしたことを示した（Shepherdson ら，2004，図12.5）。当初の大規模試験と追跡実験から得られた結果に基づき，今後の飼育施設および展示設計のための推奨事項が相応につくられた。例えば，動物園は日頃からウンピョウの利用可能なケージの高さを最大化するよう努力し，登攀物やシェルターを追加し，ウンピョウを他の大型ネコの近くに配置することを避けることなどが挙げられる。

第3段階：通知，第4段階：福祉を改善するための管理方法決定を支援

　これらの研究結果は，学会や出版物を通じて発表され（例：Wielebnowski ら，2002；Shepherdson ら，2004），また北米動物園におけるウンピョウの繁殖および管理の円滑化を支援するウンピョウ種の保存計画（Species Survival Plan, SSP）委員会に報告された。ウンピョウSSP，およびSSPを通して作成されたウンピョウ飼育マニュアルは，全世界の動物園で本種を扱う管理者と飼育者のための主要な情報資源である。したがって，現行の飼育マニュアルへの新しい管理情報の統合，およびSSPを介したこの情報の発信は非常に効果的である。特に，利用可能なケージの高さの拡大は本種の新たな展示に多く取り入れられてきており，他の管理

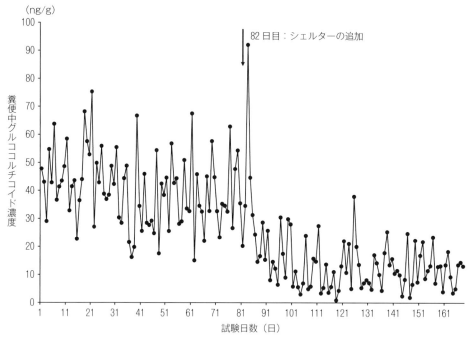

図 12.5　囲い内へのシェルターの追加前後にウンピョウ（*Neofelis nebulosa*）において測定した糞便中グルココルチコイド濃度

シェルターは 82 日目に追加された。最高ピークホルモン値はその翌日に観察された。このピーク値は，変化が原因で生じた当初の動揺に対するストレス反応を反映する可能性が高い。しかしその後，シェルターの（以前の）追加に反応して，糞便中グルココルチコイド濃度は有意に低下した

（Shepherdson ら，2004 より）

要因（例：シェルターの増加）についても，ウンピョウの管理の一部として現在考慮されている。これについてはタイ・ウンピョウ協会（スミソニアン保全生物学研究所：Smithsonian Conservation Biology Institute, 2010）またはウンピョウプロジェクト（The Clouded Leopard Project, 2010）を参照してほしい。成果はすでに一部の施設で認められ，動物の健康改善，繁殖の成功，被毛むしりや歩き回りのような潜在的に有害な行動の有意な低減または消失といった結果が得られている。複数の施設における測定とデータの組み合わせを用いたことは，本研究の成功の鍵であり，またすべての利害関係者（ウンピョウ SSP 会員，動物管理者）が最初から評価していた点である。そのため，結果に関する情報を幅広く効果的に広め，将来の飼育管理の判断に適用することができた。

12.5　評価の得点化

12.5.1　産業動物の点検プログラム

いくつかの国における認証スキームは，基準に対する点検プログラムを通して，産業動物の福祉に影響を与え，それを改善する可能性を持つ。加えて「ブランド化」，つまり認証スキームのラベル表示と情報の一体化は，市場に好意的に受け入れられ得る。高い福祉の畜産物は認証スキームがラベルで表示されていることがあり，一般的には「高級品」または「最高」，「最上」として消費者に販売されており，高価格で取り引きされている（Buller ら，2009）。福祉評価がこのように利用される場合，OBM，RBM，管理に基づく尺度を用い，全体的な福

祉の「得点」を作成することに関心が持たれることがある。なぜなら，対象動物由来の製品の特徴づけに用いることができるからであり，実際に，大部分の認証スキームはこれらを実施しているいくつかの国において，法的下限を上回る（時には大きく上回る）基準が設定されている。

このような採点には複数の段階があり，それらを決定するための方法がいくつか存在する。第一の段階は，はじめに「ベンチマーキング」または「初期値」得点として与えられる個々の尺度の結果であろう。これにより，各農場経営者は評価の最初として自分がどの位置にいるかを知ることができ，既知のベースライン値や同業者との比較が可能になる。各尺度それぞれの得点は，参考として農場経営者へフィードバックすることができ，これによって農場経営者は自身の成績を知り，（もし問題があれば）展開または注力したい分野を特定できる。例えば，この評価の結果から，以前の評価と比べて尾かじりをされているブタが異常に多いことが分かるかもしれない。農場経営者は，評価によって得られる定期的情報を，改善のため方針変更のバロメーターとして用いることもできる。変更により「問題の領域」が減れば，この情報は達成された「成功」の程度の評価に利用することができ，反対に変更しても問題が改善しない，または増加しているのであれば，他の領域の変更を考慮するためのリスク要因評価とすることができるかもしれない。VonBorellら（2001）は，HACCP（危害要因分析重要管理点）に基づいた養豚飼育施設のための記録システムを作成したが，これにはHACCPの重要管理点における管理変更の効果の結果をフィードバックできる可能性がある。個別の「不適合」評価箇所をフィードバックする構想は，例えば食品安全性に関連するものといったすべての既存の農場認証および認証スキームの基礎であり，そのためこの方法（問題の領域を検出し，次いで特定箇所の修正を求める）は多くの農場経営者に親しまれており，認知されている「標準」への準拠を確実にするための合理的な方法の基礎とみなされている。

イギリスにおけるレッド・トラクター農場認証酪農スキームのように，一部のスキームには，適合が（所定の期間内に）「必須」であるものと，「推奨」（すなわち，強く推奨されるが強制ではない）であるものの2区分の標準がある（NDFAS, 2004）。しかし，主にOBMを用いて動物福祉の改善を促進するためにそのような構造化手法を利用するスキームは，まだ存在しない。RSPCAフリーダムフードスキームのような福祉指向のスキームを含め，大部分のスキームは未だにRBMに大きく依存しており，例えば，環境によって生じた外傷がないこと，疾病を遅滞なく治療しなかった証拠がないことといった，一部の主要な動物の成績と動物に基づく基準を含む程度となっている（例として挙げた基準は法的必要条件である）。

「採点」の第二段階は，おそらく，個別の評価結果を組み合わせ，例えば飼育施設の分野といった，関連するグループ分けをすることであろう。関連分野については組み合わせた採点が可能であるが，下記の条件を満たす場合に限る。

1. 個別尺度を組み合わせることで，意味があり信用できると生産者や消費者が考える総合得点を得ることができる場合。
2. 得点の組み合わせが，評価情報の全体的な意味の価値を下げないこと。例えば，ある分野の非常に低い得点を，別の分野のほどほどの得点を複数合わせて埋めるといったことがないこと。もしこれが起これば判断力が失われる可能性があり，組み合わせ得

点の信憑性が疑われるかもしれない。Spoolderら（2003）は，福祉得点を単純に合計して総合得点を出すと，ひとつの大きな福祉上の不利益がいくつかの小さな利益によって補填され得ることを指摘した。（要件を下回る具体的得点が「認められない」）最低要件が設定される場合，この影響を限定的にすることができる。

Whayら（2003b）は，乳用子牛の福祉を45カ所の農場で，健康指標，栄養，全体的外貌を含む19種類の尺度を用いて評価した。農場を各尺度に基づき最高（ランク1）から最低（ランク45）まで格づけした。各農場はこのように尺度ごとに格づけできた。これらのランクを合計することにより，訪問した45カ所の農場間の比較が可能となった。「得点を合計」して，農場の数と独立した絶対値を得ることも可能であり，これはいくつかの動物福祉の研究の基礎となっている（Keeling, Svedberg, 1999；Brackeら, 2002）。

各尺度に関する生の「値」がいったん得られれば，次の「自然な」段階は，異なる重みづけ値をこれらの尺度に帰属させ，動物福祉に関する各尺度に重みづけ係数を与えることである（Brackeら，2002）。この種類の重みづけシステムは，オーストリアの動物必要性指数（Tiergerechtheitsindex, TGI）に見られる（Bartussek, 1999）。得点の加重和は直感的に見え，その原理は通常，利用者が容易に理解できる。

Welfare Quality® プロジェクト（Welfare Quality®, 2004）は，欧州連合（EU）全体にわたる，EU中の30を超える機関をまとめた大規模総合研究プロジェクトであり，動物学者と社会科学者が協働して動物福祉問題の各分野の概要を捉え，次いで動物福祉に影響する可能性のある幅広い健康，行動，損傷，疾病，安楽性，給餌，管理，ヒトと動物の関係，情動状態，および飼育施設因子を評価するための評価システム（農場およびと畜場で使用できる尺度のセット）を作成している（Blokhuisら, 2003；Botreauら, 2007；Butterworthら, 2008）。農場の評価後に，個別尺度についての結果を農場経営者へフィードバックでき，組み合わせ加重和を用いて総合得点を得ることができる。施設に基づく情報を動物に基づく尺度と組み合わせることによって，農場経営者に動物の福祉状態を知らせ，別の農場と比較する方法を知ることや，経営判断の一助となる，強力な手法となる可能性がある。農場経営者は，例えば何頭の痩せた乳牛がいるかといった，個別の各評価尺度についての結果を受け取ることができる。また，情報をグループ化したデータを得ることもでき，例としては動物の健康尺度，皮膚病，飛節や肢の障害といった環境因子と関連した尺度，行動尺度といったものがある。最後に，すべての測定結果を組み合わせて総合得点を得ることが可能であり，将来的には小売業者や消費者が，組み合わせた福祉評価得点に基づいて，ある畜産物を購入する決断を下すこともあり得るだろう。

しかし，農場経営者はOBMの使用について実際にはどう思っているのか，そしてこれらの種類の評価スキームに関連する潜在的な問題の一部は何であるのだろうか？ Bullerら（2009）による，ある近年のフォーカス・グループ・インタビュー研究から，下記のような懸念があることが分かった。

1. OBMを評価する費用は誰が負担するのか。
2. 評価をどのような周期でどの季節に行うのか。
3. コンプライアンス達成の難しさ（時間，費

用，違反の原因の正確な特定）。
4. 生産者などにある，動物行動評価の適切性についての潜在的な不信感。
5. 特定の動物に基づく尺度を，ひとつの農場に基づくアルゴリズムへ還元することで，生産者，小売業者，アドバイザーにとって有用な「ひとつの得点」を実際に与えることができるのか。
6. 大部分のOBMは潜在的にネガティブな特性（損傷，空腹，回避など）に基づくため，「ポジティブな」情報を消費者へ伝えるのにOBMを採用することの難しさ。

RBMは，OBMよりも「客観的」かつ数値的な評価手順に（したがってアルゴリズムに）適している。OBMは本質的により「主観的」で異議の余地があり，信頼水準が低いと見られる。したがって，コンプライアンス違反を判定する基礎としては農場経営者に比較的受け入れられにくい。

● 12.5.2 動物園動物の福祉得点

動物園動物の福祉評価における最新の成果のひとつとして，潜在的問題の最初の指標および継続的な改善のためのガイドとして役立ち得る，迅速で低い費用での採点手法の開発がある。WhithamとWielebnowski（2009）は，近年，種別の福祉得点表の開発と使用のためのプロセスを概説しており，もしこの検証が成功すれば，動物園の大部分の動物と施設に適用できる可能性がある。得点表の開発は，Whayら（2003a）が用いたDelphi法を基礎としており，この得点表はおそらくすぐに使用され，動物福祉の評価のために飼育者が日常的に実施する質的評価を定量化するだろう。重要なのは，各動物種について作成される得点表は短く，埋めるのが容易で，使いやすく電子的に利用で

き，入出力が迅速で簡単にアクセスできるということである。得点表は定期的にグラフ化され，現在まだ開発段階にあるソフトウェアプログラムによって，潜在的な問題例や福祉が改善している例にフラグをつけ，必要な時にフィードバックおよび管理の変更ができるようにする。このようなシステムは，動物個体の福祉状態における潜在的に重大な変化に対し，より迅速な反応を可能にし，また，様々な重要な尺度について，不良から良好までの福祉の採点を可能にする。単に不良な福祉の回避でなく，各個体に焦点を当てた調整可能なスケールにより，連続的な福祉状態の改善ができるようになる。現在利用可能な施設に基づく手法と併用すると，これは結果として動物園および水族館における福祉のより全体的な評価を生む。さらに，明確な福祉問題が特定された例では，これらの問題に具体的に対処するため，また，個別の動物福祉のさらなる促進のための種特異的飼育マニュアルおよび認定過程の通知に役立てるため，より詳細で長期的な，多くの施設および学際的研究を設計することができるだろう。

12.6 実験動物への適用：人道的なエンドポイント

本章では，それぞれ産業動物の生産および動物園動物の飼育から2例を示し，詳細に解説した。福祉を評価および改善するための実践的な戦略は，科学研究における動物の使用においても同様に重要である。しかし，その使用の性質によって，ある特定の問題と限界が生じる。実験動物以外の動物の利用における良好な動物福祉の促進を制限する主要な因子は，おそらく経済的制約である。市場は，消費者／来場者がほかへ行かないうちに，動物製品または動物園の入園券がどれほど高価になり得るかを決定する。そしてこれが，費用のかかる尺度をどれだ

け実施できるかを制限する。経済的制約は実験動物飼育にも影響を及ぼすが、この分野において最も困難な障害となり得るのは動物の科学的な使用である。もちろん動物を用いる研究のすべてが結果として動物に苦痛を与えているわけではないが、研究で動物が病気を示す必要がある場合は福祉問題を伴うであろう。その疾患が重度であればあるほど、一般的に動物福祉はますます損なわれる。

特に、病状の進行によって動物が死亡する実験に対する倫理的懸念は、人道的なエンドポイントという発想の発達につながっている。人道的なエンドポイントとは、動物が安楽死させられる（または治療される）時点を決定するのに、自然死を待つのではなく、より早期でより重症度が低い臨床徴候を用いることである（人道的なエンドポイントの適用の広範な概要については、『Humane Endpoints for Animals Used in Biomedical Research and Testing』と題するILAR Journalの特別号〈ILAR Journal, 2000〉参照）。人道的なエンドポイントの正しい適用を決定する要素は、問題の実験に特異的な福祉評価手順の確立である。これは、どの程度の頻度で動物を検査する必要があるか（動物の健康がどの程度の早さで悪化すると予想されるかに関連する）、どのパラメーターを測定すべきか（体重や体温といった健康、福祉の一般的尺度、麻痺といった疾患特異的なパラメーターの両方を含む）、いつ措置を講じるかを含む。実際、これは動物モニタリングの担当者が記入するための得点表に通常変換される（Morton, 2000）。人道的なエンドポイントは、腫瘍研究、感染症研究、ワクチン試験、全身毒性の試験を含む、幅広い試験研究の状況に適用可能である。多くの国で、動物が重い病気になると予想される研究プロジェクトは、人道的なエンドポイントのための計画書が確立されていない限り、倫理的承認は得られない。人道的なエンドポイントの実施により、物質の規制上の試験において悪名高いLD50試験（50％致死量：Lethal Dose50。単回曝露の14日以内に被験動物の半数が死亡する用量を意味する）を、より早いエンドポイントで大部分の動物を安楽死させる試験に代替することにつながっている（OECD, 2002）。

12.7　結論

- 既存の動物福祉の評価法は、動物自体について結果を見る（動物福祉の結果に基づく尺度：OBM）よりも、飼育舎または施設の検査（施設に基づく尺度：RBM）によって福祉を評価する傾向がある。

- 福祉は動物が飼育されているシステムの特性であるだけでなく、個々の動物の特性であるため、研究者たちは以前から、OBMは動物福祉の妥当な指標を提供し得ると提案してきた。

- 質問の種類は、動物は適切に飼料と水を与えられているか、動物は適切に飼育されているか、動物は健康か、動物は様々な行動および情動状態を示すことができるか、といったものである。

- 多くの現代の農場、動物園、水族館、その他の施設は、容易に適用でき、経営判断へ時宜を得たフィードバックを得られる迅速な評価を可能にする、福祉モニタリング手法を特定することに力を入れている。

- 動物に基づく評価方法を農場で有効に使用するためには、次の段階を踏む必要がある。第

1段階：測定（RBMおよびOBM），第2段階：リスク因子の分析，第3段階：通知（生産者，消費者），第4段階：福祉を改善するための管理方法決定を支援。

- 様々な「得点」の作成が可能となるかもしれない。個別の尺度を組み合わせることで，生産者や消費者に提示できる総合得点を出すことができる。これには，動物福祉に関して各尺度の影響を評価するために，尺度への重みづけ値の帰属が必要である。

- 様々なRBMおよびOBMを含む多角的な戦略によって産業動物，動物園動物および実験動物における福祉の包括的な福祉モニタリングが将来的に可能となるだろう。そのような戦略には，種の飼育のための定期的に更新されるガイドライン，認定基準，長期的で学際的な多施設研究，および連続的な福祉モニタリングのための迅速評価手法が含まれる。

謝辞

12.6節において，Anna Olsson氏に多大な協力をいただいたことに謝意を表する。

参考文献

AZA (Association of Zoos and Aquariums) (2009) *The Accreditation Standards and Related Policies*, 2008 edn. AZA, Silver Springs, Maryland.

AZA (2010) Animal Care Manuals. Available at: www.aza.org/animal-care-manuals/ (accessed 30 December 2010).

Barber, J.C.E. (2009) Programmatic approaches to assessing and improving animal welfare in zoos and aquariums. *Zoo Biology* 28, 519-530.

Barnett, J.L. and Hemsworth, P.H. (1990) The validity of physiological and behavioural measures of animal welfare. *Applied Animal Behaviour Science* 25, 177-187.

Bartussek, H. (1999) A review of the animal needs index (ANI) for the assessment of animals' well-being in the housing systems for Austrian proprietary products and legislation. *Livestock Production Science* 61, 179-192.

Berg, C. and Sanotra, G.S. (2001) Kartlaggning av forekomsten av benfel hos svenska slaktkycklingar — en pilotstudie. (Survey of the prevalence of leg weakness in Swedish broiler chickens — a pilot study, with translation). *Svensk Veterinartidning* 53, 5-13.

Blokhuis, H.J., Jones, R.B., Geers, R., Miele, M. and Veissier, I. (2003) Measuring and monitoring animal welfare: transparency in the food product quality chain. *Animal Welfare*, 12, 445-455.

Botreau, R., Veissier, I., Butterworth, A., Bracke, M.B.M. and Keeling, L. (2007) Definition of criteria for overall assessment of animal welfare. *Animal Welfare* 16, 225-228.

Bracke, M.B.M., Spruijt, B.M., Metz, J.H.M. and Schouten, W.G.P. (2002) Decision support system for overall welfare assessment in pregnant sows A: Model structure and weighting procedure. *Journal of Animal Science* 80, 1819-1834.

Buller, H., Roe, E., Bull, J., Dockes, A.C., Kling-Eveillard, F. and Godefroy, C. (2009) *Constructing Quality: Negotiating Farm Animal Welfare in Food Assurance Schemes in the UK and France*. Welfare Quality® Report 4.1.1.2 D 4.17, March 2009. Project Office Welfare Quality®, Lelystad, The Netherlands.

Butterworth, A., Weeks, C.A., Crea, P.R. and Kestin, S.C. (2002) Dehydration and lameness in a broiler flock. *Animal Welfare* 11, 89-94.

Butterworth, A., Veissier, I., Manteca, J.X. and Blokhuis, H.J. (2008) Welfare trade. European Union 15. *Public Service Review* 18:54:39, pp. 456-459.

Carlstead, K. and Brown, J.L. (2005) Relationships between patterns of fecal corticoid excretion and behavior, reproduction, and environmental factors in captive black (*Diceros bicornis*) and white (*Ceratotherium simum*) rhinoceros. *Zoo Biology* 24, 215-232.

Danbury, T.C., Weeks, C.A., Chambers, J.P., Waterman-Pearson, A.E. and Kestin, S.C. (2000) Self-selection of the analgesic drug carprophen by lame broiler chickens. *Veterinary Record* 146, 307-311.

Dawkins, M.S. (1990) From an animal's point of view: motivation, fitness, and animal welfare. *Behavioural and Brain Sciences* 13, 1-61.

European Commission (2000) *The Welfare of Chickens Kept for Meat Production (Broilers). Report of the Scientific Committee on Animal Health and Animal Welfare. Adopted 21 March 2000*. Available at: http://ec.europa.eu/food/fs/sc/scah/out39_en.pdf (accessed 29 December 2010).

FAWC (Farm Animal Welfare Council) (1992) *Report on the Welfare of Broiler Chickens*. FAWC, Surbiton,

UK.

FAWC (1998) *Report on the Welfare of Broiler Breeders*. FAWC, Surbiton, UK.

Garner, J.P., Falcone, C., Wakenell, P., Martin, M. and Mench, J.A. (2002) Reliability and validity of a modified gait scoring system and its use in assessing tibial dyschondroplasia in broilers. *British Poultry Science*, 43, 355-363.

Geers, R., Petersen, B., Huysmans, K., Knura-Deszczka, S., De Becker, M., Gymnich, S., Henot, D., Hiss, S. and Sauerwein, H. (2003) On-farm monitoring of pig welfare by assessment of housing, management, health records and plasma haptoglobin. *Animal Welfare* 12, 643-647.

Goulart, V.D., Azevedo, P.G., van de Schepop, J.A., Teixeira, C.P., Barcante, L., Azevedo, C.S. and Young, R.J. (2009) GAPs [Gaps] in the study of zoo and wild animal welfare. *Zoo Biology* 28, 561-573.

Hurnik, J.F. (1990) World's Poultry Science Association Invited Lecture. Animal welfare: ethical aspects and practical considerations. *Poultry Science* 69, 1827-1834.

ILAR Journal (2000) *Humane Endpoints for Animals Used in Biomedical Research and Testing*. *ILAR Journal* 41(2). Available [online only] at: http://dels-old.nas.edu/ilar_n/ilarjournal/41_2/index.shtml (accessed 30 December 2010).

Keeling, L. and Svedberg, J. (1999) Legislation banning conventional battery cages in Sweden and a subsequent phase-out programme. In: Kunisch, M. and Eckel, H. (eds) *Proceedings of the Congress 'Regulation of Animal Production in Europe'*, 9-12 May, Wiesbaden, Germany. KTBL — Schriften-Vertrieb im Landwirtschaftsverlag, Darmstadt, Germany, pp. 73-78.

Kestin, S.C., Knowles, T.G., Tinch, A.E. and Gregory, N.G. (1992) Prevalence of leg weakness in broiler chickens and its relationship with genotype. *Veterinary Record* 131, 190-194.

Main, D.C.J., Webster, F. and Green, L.E. (2001) Animal welfare assessment in farm assurance schemes. *Acta Agriculturae Scandinavica, Section A — Animal Science* Supplementum 30, 108-113.

Mench, J.A. (2004) Assessing animal welfare at the farm and group level: a United States perspective. *Animal Welfare* 12, 493-503.

Mench, J.A., Garner, J.P. and Falcone, C. (2001) Behavioural activity and its effects on leg problems in broiler chickens. In: Oester, H. and Wyss, C. (eds) *Proceedings of the 6th European Symposium on Poultry Welfare*, Zollikofen. World's Poultry Science Association, Swiss Branch, Zollikofen, Switzerland, pp. 152-156.

Moreira, N., Brown, J.L., Moraes, W., Swanson, W.F. and Monteiro-Filho, E.L.A. (2007) Effect of housing and environmental enrichment on adrenocortical activity, behavior, and reproductive cyclicity in the female tigrina (*Leopradus tigrinus*) and margay (*Leopardus wiedii*). *Zoo Biology* 26, 441-460.

Morton, D. (2000) A systematic approach for establishing humane endpoints. *ILAR Journal* 41(2). Available at: http://dels-old.nas.edu/ilar_n/ilarjournal/41_2/Systematic.shtml (accessed 29 December 2010).

NDFAS (National Dairy Farm Assured Scheme) (2004) *National Dairy Farm Assured Scheme: Standards and Guidelines for Assessment*, 3rd edn. Available at: http://www.ndfas.org.uk/uploadeddocuments/NDFAS_3rd_Edition.doc (accessed 29 December 2010).

OECD (Organisation for Economic Co-operation and Development) (2002) OECD Test Guideline 401 was deleted in 2002: A Major Step in Animal Welfare: OECD Reached Agreement on the Abolishment of the LD_{50} Acute Toxicity Test. Available at: http://www.oecd.org/document/52/0,2340,en_2649_34377_2752116_1_1_1_1,00.html (accessed 29 December 2010).

Rutter, S.M. (1998) Assessing the welfare of intensive and extensive livestock. In: *Proceedings of the EC Workshop 'Pasture Ecology and Animal Intake'*, 24-25 September 1996, Dublin, Ireland, pp. 1-9.

Sanotra, G.S. (2000) *Leg Problems in Broilers: A Survey of Conventional Production Systems in Denmark*. Dyrenes Beskyttelse, Frederiksberg, Denmark.

Shepherdson, D.J., Carlstead, K.C. and Wielebnowski, N. (2004) Cross-institutional assessment of stress responses in zoo animals using longitudinal monitoring of fecal corticoids and behavior. *Animal Welfare* 13 (Supplement 1), 105-113.

Smithsonian Conservation Biology Institute (2010) Thailand Clouded Leopard Consortium. Available at: http://nationalzoo.si.edu/SCBI/ReproductiveScience/ConsEndangeredCats/CloudedLeopards/consortium.cfm (accessed 30 December 2010).

Sørensen, P. (2001) Breeding strategies in poultry for genetic adaptation to the organic environment. In: *Proceedings of the 4th NAHWOA Workshop*, 24-27 March 2001, Wageningen. Network for Animal Health and Welfare in Organic Agriculture (NAHWOA), Wageningen, The Netherlands, pp. 51-61.

Spoolder, H., De Rosa, G., Horning, B., Waiblinger, S. and Wemelsfelder, F. (2003) Integrating parameters to assess on-farm welfare. *Animal Welfare* 12, 529-534.

The Clouded Leopard Project (2010) Available at: http://www.cloudedleopard.org/default.aspx (accessed 30 December 2010).

Veissier, I., Butterworth, A., Bock, B. and Roe, E. (2008) European approaches to ensure good animal welfare. *Applied Animal Behaviour Science* 113, 279-297.

Von Borell, E., Bockisch, F.J., Buscher, W., Hoy, S., Krieter, J., Muller, C., Parvizi, N., Richter, T., Rudovsky, A., Sundrum, A. and Van Den Weghe, H. (2001) Critical control points for on-farm assessment of pig housing. *Livestock Production Science* 72, 177-184.

Webster, A.J.F. (1998) What use is science to animal welfare? *Naturwissenschaften* 85, pp. 262-269.

Welfare Quality® (2004) Welfare Quality®: Science and society improving animal welfare in the food quality chain, EU funded project FOOD-CT-2004-506508. Details available at: www.welfarequality.net (accessed 30 December 2010).

Whay, H.R., Main, D.C.J., Green, L.E. and Webster, A.J.F. (2003a) Animal-based measures for the assessment of welfare state of dairy cattle, pigs and laying hens: consensus of expert opinion. *Animal Welfare* 12, 205-217.

Whay, H.R., Main, D.C.J., Green, L.E. and Webster, A.J.F. (2003b) An animal-based welfare assessment of group-housed calves on UK dairy farms. *Animal Welfare* 12, 611-617.

Whitham, J.C. and Wielebnowski, N. (2009) Animal-based welfare monitoring: using keeper ratings as an assessment tool. *Zoo Biology* 28, 545-560.

Wielebnowski, N.C., Fletchall, N., Carlstead, K., Busso, J.M. and Brown, J.L. (2002) Noninvasive assessment of adrenal activity associated with husbandry and behavioral factors in the North American clouded leopard population. *Zoo Biology* 21, 77-98.

IV 解決策

第13章
物理的環境

概 要

　動物福祉上の問題が生じた場合には，しばしば動物の物理的環境を変更する。これらの変更は（空間，飼料，水，床などの収容施設設計の面や，空気の質といったその他の環境要因を変更するというように）通常きわめて明確で，損傷や疾病を予防するうえで効果的かもしれない。しかし，こういった対策は（たいていは経済的な理由のために）講じられないかもしれないし，対策が講じられたとしても，衛生面の懸念が結果として動物を単調で退屈な環境で飼うことに結びつける，といった別の問題が生じるかもしれない。動物福祉を向上させる目的で，数えきれないほど多くの給餌方法が試みられてきている。しかし，環境に対する特定の変更はしばしば広範囲に影響を及ぼし，そのなかのいくつかは有害であることすらあり得る。例えば，環境を豊かにすることを目的として飼育ペンに新奇構造物を導入すると，結果的に攻撃性を高めることに結びつくかもしれない。そのために，より全体的なアプローチが妥当である。特に関連がある領域のひとつは，動物にとってまったく新しい環境に出くわす取り扱いと輸送である。動物がより長い時間を過ごす環境については，いくつもの研究が，「自然が一番である」とする単純化された前提を避けながら，生物学的機能を考慮する「生物学的アプローチ」を試みてきた。本章では，ブタ用の環境エンリッチメントに関する系統的試験，泌乳豚および子豚用の放し飼い豚舎の新規設計，ならびに産卵鶏用のファーニッシュドケージを例として検討する。これらの試験研究から商業的な設計を生み出すためには，あらゆる設計特性とそれらの間の交互作用に関する厳しい検証が必要不可欠である。

13.1　はじめに

　動物の生活場所である物理的環境は，彼らの福祉に重要な意味を持つ。その際には，世界中のあらゆる動物の環境が多かれ少なかれ人間の影響を受けていると認識することが重要である。したがって，本章の原則は，人間の影響が間接的またはわずかである動物も含めて，あらゆる動物に当てはまる。しかし，本章では産業動物，動物園動物，伴侶動物，実験動物といった，私たち人間によって物理的環境に重大な影響を受けている動物に焦点を当てる。実際，人間に管理されている動物の福祉は，一般に空間，飼料，水，収容施設の設計（例：床）や，その他の環境要因（例：空気の質）の提供に基づき評価されてきた。しかし，現在では，動物に対する直接的な影響に基づく福祉の指標に重きが置かれるようになってきている。Veissierら（2008b，p.295）は，以下のように述べている。

> いくつかの認証計画には，例えば，ウシやヒツジの歩行異常（跛行）およびニワトリの足の裏

> （趾蹄）の損傷の発生率，あるいはキュービクルすなわちストールでの快適性を示す行動の発現といった，動物に基づく評価基準を含めることを試みる動きがある。

これらの進展については，第2章，および第12章で議論されている。しかし，物理的要因がどのようにそれらの成果に影響しているかを知ることも重要である。

動物福祉に対する物理的環境の影響を評価するためには，次の2点が的を射ている。第一点目は，解決策を見出すために，動物福祉に対する物理的環境の影響が特定の状況ではなく全体的なものである場合，問題点の理解が必要不可欠である，という点である。そのために，本章では根本的な問題点を取り上げた，これまでの章と併せて読んでいただきたい。第二点目は，多くの問題点と解決策が，福祉に関する他の要因よりも行動と関連している，という点である。行動発現それ自体が福祉にとって重要であることが，第7章，第9章で議論されている。JensenとToates（1993, p.177）は，以下のように述べている。

> 行動欲求を論じる際は，動物が特定の行動を発現できないことで，どのような結果を生むかを理解することが必要不可欠である。最終的に，私たちの福祉的配慮を導いてくれるものは，特定の行動の正常な機能が損なわれた際に，動物が受ける苦悩の程度である。

だからといって，行動に力点を置くことは，他の要因が重要ではないことを意味しているのではない。むしろ逆に，行動が動物と環境の多くの側面との接点であるため，行動に力点が置かれるのである。したがって，損傷自体は行動的な福祉問題ではないが，行動によって起こる，あるいは部分的には行動を通じて回避することができる。その一例が，損傷を避けることに十分に適合していることが条件となるが，ウシの行動欲求を満たすとともに，彼らの健康を保つためには，ウシには1日1時間以上の運動が必要である可能性が高い（Veissierら，2008a）との発見である。ある種の疾病のように，行動によって仲介されない福祉的な問題についても，その問題を発見したり，治療の効果を評価したりするうえで，行動がひとつの症状として重要である。

効果の評価は欠かすことができない。ひとつには，同じ問題に対して別の有効な解決策があるかもしれないからである。そのため，私たちが考えた解決策が効いたと単純に決めつけることはできない。また，いくつかの問題を解決することで，新たな別の問題が生じることがある。例えば，Marashiら（2003）は，飼槽と水槽を追加した，雄のマウス用の標準ケージとかなり大型のケージに，さらに木製の敷料と透明なプラスチック製のカバーを施すことで，よりバリエーションに富んだケージ環境をつくりだし，それらを標準ケージと比較した。その結果，彼らは実験に用いたマウス系統で，環境エンリッチメントが攻撃行動を増加させることを見出した。

> 両エンリッチドケージとも，結果的に攻撃性の増加が見られた。これは，構造的要素が提供されることで促進されたテリトリー防衛を，雄マウスが開始したことによるものである。興味深いことに，両ケージで観察された攻撃的接触の発生頻度および持続時間には有意差が認められなかったが，エンリッチメントの程度に加えて，エンリッチドケージの大きさも，攻撃行動の発生にある程度重要であると思われた。

その結果，ひとつあるいはいくつかの環境の変更は，時として不適切あるいは不十分なものになり，関連する他の変更，おそらくは問題を生じているある種の別の特徴について妥協せざるを得ない。そこで，環境の特定の変更，すなわち特定の問題への取り組み，特定の利点の促進を試みたものについて最初に検討する。続いて，多くの原則を含むひとつの重要な例，すなわち給餌方法の例について詳しく検討する。その後，環境全体について検討する。その際には，はじめに取り扱いと輸送という特殊なケースについて検討する。それは，これらの過程において，環境は動物にとって新奇であり，いずれも重要であるからである。そしてその後に，環境設計に対する一般的なアプローチ方法について検討する。また，福祉には関係ない理由で行われた環境の変更が影響を及ぼすことも併せて指摘し，さらにそのような変更についても検討する。

13.2 特定の変更

特定の物理的な福祉問題である損傷や疾病を減らし，回避することに関連する環境の設計や管理については，多くの数の報告がなされている。このことは，これらの問題が利益を減らしている農業分野において特に当てはまる。例えば，損傷の予防には，床の柔らかさがブタ（Lewis ら，2005）とウシ（Frankena ら，2009）の双方にとって重要である。しかし，床のタイプと跛行との関係性は単純ではない（Telezhenko ら，2007, p.3720）。

> 大多数のウシは，コンクリート床よりも，柔らかいラバー（ゴム製）の床の上で，立ったり歩いたりすることを好む。それにも関わらず，群のなかの跛行しているウシは，跛行していないウシよりも，柔らかい床を必ずしも好むわけではない。

収容施設の設計のわずかな変更もまた，常同行動を減らすかもしれない。Cooper ら（2000）は，厩舎の開放する窓を増やすという単純な方法でウマの視界を広くし，これによって熊癖の発生が減少することを見出した。その減少は，少なくとも過去2年間続いている。

収容密度も，動物福祉に重大な影響をもたらす特定の物理環境要因である。収容密度による敷料の水分含量とその他への影響は，"換気など別の環境要因と"と交互作用を持ち，そちらの方がより重要かもしれない（Dawkins ら，2004）。しかし，例えば1 m^2 当たりのブロイラーの数は，敷料の水分含量に影響し，それが次にはニワトリの趾蹠損傷の発症率と重篤さに影響する（Dozier ら，2006）。Estévez（2007）は，高収容密度のネガティブな影響について，飛節と趾蹠の損傷の増加，擦り傷とあざの増加，跛行，活動性の低下，および騒乱頻度の増加の観点でまとめている。それにも関わらず，彼女は以下のように結論づけている。

> しかし，結果は圧倒的多数で次のことを示唆している。つまり，収容密度はブロイラーの健康と福祉に対し重要な結果をもたらすとはいえ，これまで往々にして過小評価されてきた環境の質の方がはるかに多くの関連を持つ。ブロイラーにおける福祉の向上は，環境の質に関するいくつかの基準の確立なくして達成は難しいであろう。

このことは，より動物に基づく福祉指標（例：飛節と趾蹠の損傷）を開発しようとする最新の科学的試みにおいて，収容密度や自由に使える基材といった物理的特性を無視すべきではないことを示唆している。しかし，それらは生物学的に意味のある方法で取り込むべきであ

損傷と疾病を減らすための方策を考える際には2つの留意点がある。1点目として，効果的であることが知られている方策が往々にして使われないことがある。この様々な理由のひとつとして，第8章で強調された経済的理由が挙げられる。2点目は，1点目とは反対に，いくつかの方策は，他の福祉の面に有害な影響があるにも関わらず，採用されることである。最も明らかなのは，衛生上の懸念から，結局，単調で退屈であるが，高度に衛生的な環境で動物が飼育されることである。これは，粗飼料の敷料が育成豚や繁殖豚，ニワトリ，ブロイラーで使われず，また，動物園動物が洗浄されたコンクリート床で飼育される理由のひとつである。衛生上の懸念はしばしば誇張され，それによって無用な副作用が生じるかもしれない。実験用マウスでは，ケージの清掃により攻撃性の増加が引き起こされることが知られており，Looら（2000, p.291）は，嗅覚刺激が雄の攻撃性に影響することを検証している。

> ケージが清掃された際に巣材が移動されたマウスは，巣材と敷料が完全に清掃されたマウスや敷料が移動されたマウスよりも，低レベルの攻撃行動を示し，最初の攻撃的接触が起こるまでの潜時が長かった。

またBurnとMason（2008）は，ラットで，ケージの清掃頻度が低いほど，子殺しが少ないことを見出している。これらの結果から，Olssonら（2003）は，以下のように結論づけている。

> よりよい飼育システムの開発には，げっ歯類の動物の行動上の優先順位についてより踏み込んだ基礎的研究がきわめて重要である。行動学的研究が新たなシステムを評価し，評価した動物の福祉

と生物学的機能における向上の達成の有無を保証するうえで重要になる。

動物が単調で退屈な環境で飼育されている場合，それに関連した問題を改善するために，環境を変える必要が生じる。例えば，ミンクが単純なケージで飼育されている時には，常同行動や尾かじりといった異常行動が形成されるかもしれない。Hansenら（2007）は，ミンクがひとつもしくは2つのケージのいずれかにアクセスできるようにすることで，有効な利用空間を増やすとともに，引き綱，ボール，なかに入ることが可能なチューブから構成される操作物をミンクに対して提供した。

> エンリッチドケージの雌ミンクは，標準ケージの雌ミンクよりも，常同行動の発現が少なく，ストレスホルモンレベルも低かった（**図13.1**）。このようなポジティブな効果はケージの数とは関わりなく達成され，環境エンリッチメントがケージのサイズよりもミンクの福祉にとってより重要であると結論づけた以前の発見を再確認した。

行動と結びついたその他の福祉上の問題は，13.1節で述べたように，予防手段が検討対象になる。例えばBaxter（1983）は，単調なペンで通常飼育された分娩豚に，巣作り行動を発現する必要のない環境を提供することが可能であることを示唆している。しかし，Areyら（1991, p.61）は，この示唆が支持されないことを見出している。

> 事前につくられた巣を分娩前日の6頭の雌豚に提供すると，わらの収集は減少したが，わら運びとわらを掻き整える行動は同じ水準のままであった。またルーティングと横臥および巣作りの持続時間は増加した。巣作りは雌豚にとって動機づけ

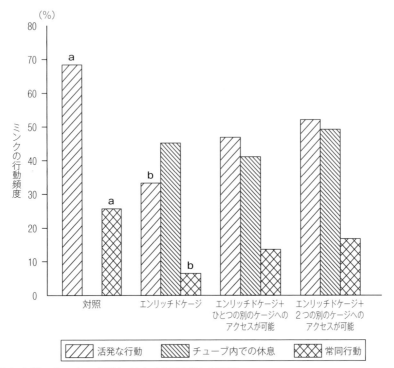

図 13.1　単飼された雌のミンクの行動に対する飼育環境の影響

ミンクには，標準ケージか占有できる物（休息用のチューブなど）を設置したエンリッチドケージのいずれかが与えられた。さらに，エンリッチドケージの場合には，ひとつもしくは2つのケージのいずれかにアクセスできるようにした。これらの条件下で3種類の行動型が測定された。a，bで示したように，エンリッチメントはケージの数とは関わりなく影響した

(Hansenら，2007より)

の高い行動であり，これらの行動の発現自体が，その動機づけレベルを減少させるうえで重要な役割を果たしていると考えられる。その行動の発現と調整の両方において，巣材が重要な因子のようである。

また巣作りは，ミンクの出産過程にとって重要な行動であることも見出されている（Malmkvist, Palme, 2008, p. 279）。

巣作りのためのわらの利用は，出産の進行においても有益であり，人工的な巣のみからのフィードバック刺激にはそのような効果は見られなかった。

空間の制限は，行動に対する効果と相まって，しばしば行われる。これは空間の制限自体が必要だからではなく，他の目的を達成するためである。代謝試験用クレートは，糞と尿を採取するために使われる小さく単調な囲いであり，外科的処置が必要な実験では，装着したカテーテルが損傷しないように，動物の動きと社会的な接触を制限するためにそこに収容される（**図13.2**）。しかし，群飼できないにしても完全な隔離状態ではない，より配慮したアプローチで達成されるかもしれない。HerskinとJensen（2000）は，離乳時に群飼されたブタ，代謝試験用単飼クレートで完全に隔離されたブタ，他のブタとの物理的接触が制限されたブタ間で行動を比較した。それにより，彼らは以下のことを見出した（**図13.3**）。

第 13 章　物理的環境

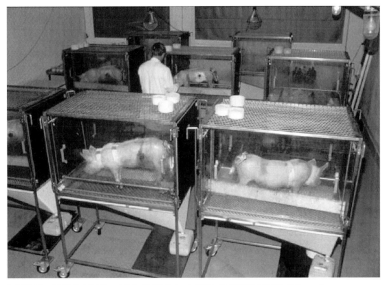

図13.2　膵管にカテーテルを挿入したブタの代謝試験用クレート

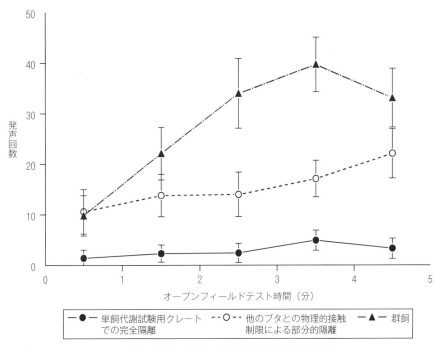

―●― 単飼代謝試験用クレート　--○-- 他のブタとの物理的接触　―▲― 群飼
　　　での完全隔離　　　　　　　　制限による部分的隔離

図13.3　オープンフィールドテスト中のブタの発声回数（平均値±標準誤差）
3種類の異なる飼育環境のブタで比較した。離乳時のブタは群飼されるか，単飼代謝試験用クレートでの完全隔離か，または他のブタとの物理的接触制限による部分的隔離，のいずれかで飼育された
(Herskin, Jensen, 2000 より)

　長期間の隔離の影響は，ワイヤーメッシュを介した同腹のブタとの限られた接触であっても，軽減されるかもしれない。(13日後には) この部分的に隔離されたブタの行動は，唯一遊び行動の発現頻度が群飼のブタよりも少ないだけであった。それに対して，完全に隔離されたブタでは，遊び行動の減少がより明確であり，前掻き行動の発現頻度も増加した。

代謝試験用クレートを互いに押せるようにするといったわずかな変更も，社会的飼育に似た行動反応をもたらす。このことから，与えられた物理的環境の影響は，社会的環境に対する十分な配慮なくして推し量ることができない（この点は第14章において論じられている）。環境に対する特定の変更が広範な影響を持つかもしれないことはすでに強調されている。同じように，動物の行動あるいは福祉のひとつの側面は，多くの別の面にも影響するかもしれない。そこで次に，他の要因，栄養，時間配分，空間利用，社会的接触との間で作用する領域のひとつである給餌方法について詳細に検討することにする。

13.3 給餌方法

摂食行動は動物が人為的な環境下に置かれている場合，高度にコントロールされている。摂食のコントロールは，飼料摂取上の利点がある一方で，行動が進化してきた環境と異なる環境に対して，行動が適応的でない場合，明らかな不利益も存在する。生産環境の有効性は，しばしば飼料摂取効率の観点で評価される。しかし，給餌システムの方式は，個体を危険にさらすような何らかの問題に結びつくかもしれない。例えば，MartinとEdwards（1994，p.64）は，以下のように述べている。

> 近代的な飼育システムでは，妊娠豚は1日に必要な摂取量を，通常1回か2回の少量の濃厚飼料から得ている。このような飼料給与量は，第一に母豚と胎子の成長に必要な分をわずかに増量し，妊娠維持の要求量を満たすようにしている。しかし，その飼料給与量はブタの自由摂取量を下回っており，個体が固定した群のなかで観察される多くの攻撃性がこのような給餌に関連している。

このような問題を解決するために環境が変更される時，目的は通常，動物がより自然に摂食できるようにすることである。したがって，環境変更の最初のステップは，問題を引き起こしている原因を探索することである。繁殖に適した体重を維持するため，育成中に制限給餌される肉用種鶏では，商業的に活発な摂食探索行動を促すように，散布給餌法により比較的小粒のペレットが給与される。これは，摂食行動の持続時間を長くすることで満腹感をもたらし，ニワトリ間の飼料分配をより均等にすることを保証するという考えである。しかし，de Jongら（2005，p.74）は，以下のことを見出している。

> 散布給餌と1日2回給餌は，両給餌方法を組み合わせた給餌戦略と同じように，空腹と欲求不満を示す行動上の指標が減少しなかったように思われる。そのため，育成中の肉用種鶏の福祉を有意には向上させない。

しかし，時に環境の変更は，飼料に関連した好ましくない行動の減少に結びつくだけでなく，生産性に関連した測定項目を向上させる効果があるかもしれない。その事例として，ヤギ（Jørgensenら，2007）とウシ（Huzzeyら，2006）は，摂食スペースの増加が攻撃性を低下させ，特に社会的順位が低い個体の摂食時間の増加に結びつくことがある。同じように，ニップル付きバケツから吸乳している間に保護することは，子牛間の競争を減少させる（Jensenら，2008，p.1611）。

> （低い障壁とは）対照的に，（子牛の頭の寸法にまで拡張された）高い障壁は，子牛がニップルを離れるまでの潜時を2倍にし，他のニップルへの移動頻度を大いに減少させ，吸乳中に他の子牛に取って代わる子牛の数も減少させた。

環境の変更は，屋内飼育から屋外飼育に変更し，屋外での飼料探索を可能にするといった環境全体の変更から，飼料の提供方法のわずかな変更まで，範囲が広い。例えば，飼料自体も香料によって嗜好性が高まるようにしたり，あるいは内臓の充満度が高まるようにかさを増したりといった変更が可能である。わらの利用は，ブタの尾かじり（Moinardら，2003），ニワトリの羽つつき（van Krimpenら，2005），ウシの口を使った常同行動（Tuyttens，2005）のリスクを減らすことができる。飼料の嗜好性を高める方法を理解することは，効率的な摂食にもつながる。反芻動物の一部は，一般的に新しいものを嫌う傾向があり，肥育期に新規の飼料が補給された際に問題が発生する。この問題は，ウシをその飼料に繰り返しさらすか，その飼料に馴染みのあるフレーバーを添加する（Launchbaughら，1997）ことで打開できるかもしれない。反対に，いくつかの動物種は，食物を個別に試食する傾向があり，これにより選択摂食の方法を発達させてきている。例えば，セレン欠乏の産卵鶏は，高濃度にセレンを含む配合飼料を好む（Zuberbuehlerら，2012）。さらに，Görgülüら（2008，p.45）は，以下のことを見出している。

> 泌乳山羊は，たとえ時間を制限して給餌された場合でも，自分で飼料成分を選択できるならば，その栄養要求量に見合った飼料を選択することができる。

この方法は，動物自身に好みの飼料を得るために作業することを求めた，いくつかの研究において用いられてきた。動物種に特有の摂食行動を増加させ，常同行動などの行動管理上の問題を減少させる目的で，様々な給餌器が設計されてきた。Fernandezら（2008）は，給餌器の設計を変えることで，キリンの常同性の舐め行動を減らすことに，ある程度成功した。

> 日常的にほとんどの時間を常同性の舐め行動の発現に費やしている雌個体のベツニア（訳注：キリンの名前）に関しては，以前の給餌器よりも，複雑さを増した各給餌器により，舐め行動が有意に減少した。

しかし，給餌用エンリッチメント装置が，摂食上の問題を常に解決するとは限らず，様々な行動パターンに対する装置の効果を量的に評価することが大切である。

動物は，近くの皿から自由に同じ飼料を得ることができるにも関わらず，飼料を得るために（例：レバーを押すといった）作業をすることが知られている（Inglisら，1997）。この反応は，例えばハイイログマに，氷の塊のなかにサケやリンゴを入れて給餌するように（Trudelle-Schwarzら，2004），捕らわれ状態の野生動物に自然な摂食行動を刺激するために利用されてきた。一方で，欲求不満を避けるためには，自由に採れる飼料を同時に提供することも重要であることを示唆する証拠がいくつかある（Lindberg, Nicol, 1994, p.225）。

> 行動「欲求」のためであろうと，情報収集のためであろうと，ニワトリは明らかに進んでオペラント給餌装置を使う。しかし，従来型の不断給餌装置を欠くと，覚醒レベルと欲求不満が高くなりすぎて，羽つつきや状態の悪化がみられた。そのため，オペラント給餌装置は，それだけで使うには不適切であると結論する。

また，慣れの問題もあり，動物がその装置に慣れてしまうと，時間の経過とともに使用が減少する。この問題は，時間的，空間的に予測できないパターンで飼料を給与する給餌装置を用

いることで，慣れを防止したり，慣れを遅らせたりできるかもしれない。その一例が，以下の飼育下のアカギツネの給餌用エンリッチメント装置である（Kistlerら，2009, p.262)。

> 給餌装置は，内部に飼料を小分けに分割できる仕切りがある分配器とアナログのタイマーが付いたプラスチック製のおけでできていた。分配器を動かす仕組みは，タイマーによって作動した。動き出すと，分配器が少量の飼料を放出し，飼料は素早く回転しているディスクの上に落ち，遠心力で給餌装置から半径約6mのところに散布された。

群飼育の動物では，時として摂食上の問題が存在するかどうかに気付きにくい。群単位で摂食量や増体率が測定される畜産業は，個体の摂食行動を見落とす可能性がある。しかし，自動的に各個体の飼槽への訪問を記録するトランスポンダーのような先進技術は，管理者が各動物の摂食行動のモニタリングを可能にする。多くの摂食上の問題を解決するために，動物種に特有の摂食行動と要求量に関して理解するだけでなく，動物がやりたがる行動パターンの範囲についても明確に理解することが必要になる。

13.4 取り扱いと輸送

動物福祉がイギリス産業動物福祉協議会（FAWC, 1992）の5つの自由（Five Freedoms）に規定されたすべての項目を網羅するという点からすると，動物の取り扱いまたは輸送は，あらゆる環境要因，少なくとも環境要因の最も重要な側面に対する変化を含んでいる。このことは，取り扱い時の恐怖や輸送中の損傷といった福祉上の問題が，しばしば飼い主にとっても問題であるにも関わらず起こる。当然，取り扱いや輸送の方法は，動物についての経験や知識によって異なる。例えば，ヒツジの群に対してイヌを使う際には，特別な知識が必要といったことである。Grandin (2007)の著書は，輸送と取り扱いをテーマにした論文を集めた，特に重要な参考資料である。さらに，ごく最近では，Applebyと共同編集者（2008）が，長距離輸送についてカバーしている。Hutson（1993, p.133）は，ヒツジの取り扱い時の行動原理について書いており，取り扱いする際に重要とみなすべき動物の特徴について以下のように列記している。

> ヒツジの4つの特徴である視覚，群集行動，追従行動，知能が，ヒツジの取り扱いのあらゆる行動原理の基礎をなしている。（設計に関していうと）最も重要な設計基準は，出口方向もしくはヒツジを移動させたい方向に，何も遮るものがなく，開けていることをヒツジに対して示すことである。このことは，施設に対するヒツジの視野を考慮することで，より明確になる。

動物の生物学および行動に関するこれまでの知識は，システムを企画したり，そのシステムが動物に与える影響を予測したりするのに必ずしも十分ではない。これまでにおそらく予想されたことがないであろう，ひとつの例を紹介すると，Matthews（1993, p.269）は，「シカが肩部を強く保定されると，60分間はパッド付き枠場のなかで落ち着いて拘束されたままでいる」と報告している。したがって，経験に基づく研究が必要不可欠である。他の福祉に関する研究と同じように，このことは，状況とその状況が動物に与える影響を記述し，動物によるそういった状況の認知を探求するという，相互に補完的な2つのアプローチを含んでいる。記述的アプローチの典型的な一例は，運搬車で輸送されたブロイラーが経験した状況に関して行わ

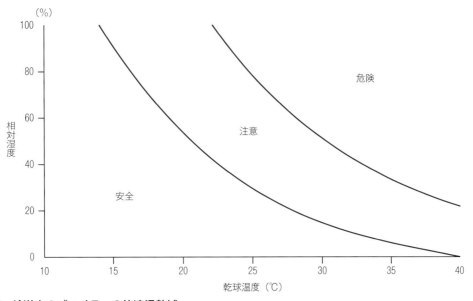

図 13.4　輸送中のブロイラーの快適温熱域
安全，注意，危険ゾーンが，温度と相対湿度を組み合わせた影響として示されている

(Mitchell, Kettlewell, 2004 を改変)

れた以下の研究である（Mitchell, Kettlewell, 2004, p.150）。

> 輸送前および輸送中に，ニワトリは様々な潜在的ストレッサーにさらされる可能性がある。それらは，輸送中の微気象における温熱要求，加速，振動，動き，衝撃，絶食，絶水，社会的混乱，騒音が含まれる。これらの個々の要因とそれらが組み合わさり，ニワトリに対してストレスを与えるかもしれない。しかし，熱的問題，特に暑熱ストレスが動物のよりよい状態と生産性に対する主要な脅威となることはよく認識されている。

Mitchell と Kettlewell（2004）は，暑熱ストレスの原因となる，温度と相対湿度の交互作用を示す指数を開発している（**図 13.4**）。

動物の取り扱いや輸送を含む状況の知覚に関する研究には，選好または嫌悪試験やオペラント条件づけ手法が含まれる。そのため Mac-Caluim ら（2003）は，選択できる時，ブロイラーは振動は避けないが，温熱ストレッサーは有意に避けることを見出している。Grigor ら（1998）は，シカに対して異なる輸送ストレッサーの嫌悪性を調べている。

> 結果は，対照区のシカと比較して，保定と輸送が最も嫌悪的な処置であり，次いでヒトの接近と視覚的隔離が嫌悪的であることを示唆している。

Gibbs と Friend（1999）は，ウマが輸送中に進行方向に対して特定の方向を向くことを好むことはないことを見出した。Stephens と Perry（1990, p.50）は，オペラント条件づけ手法を用いて，輸送シミュレーターに乗せたブタの振動および騒音に対する反応を調べた。

> すべてのブタが，輸送シミュレーターを停止させるスイッチパネルを押すことを学習した。ブタは最初の訓練セッションである 30 分間に反応しはじめ，第 4 セッションまでに試験の約 75％の時間

> で，装置のスイッチを切り続けた。これらの実験結果は，明らかに若い育成豚が振動を嫌悪的であると気付かせ，ブタがその振動を停止するため行動的に反応したことを示している。

この種の研究は，現在使われている方法よりも福祉上の悪影響が少ないように改善された新たな取り扱いおよび輸送方法を見つけ出すために使われており，以下のように要約される（Gonyou, 1993, p.17）。

> 動物の取り扱いのしやすさは，過去の経験や使用する施設およびヒトと動物種の行動特性との組み合わせによって決まる。これらの要因はすべて，取り扱いおよび輸送される動物の管理上，考慮されなければならない。

輸送および取り扱い方法の福祉指向的な変更が限定的であるのは，答えが見つかっていない疑問があることや，適切な方法が不足していることだけが理由ではないことを心に留めておくことが大切である。また，このことは実用性，費用，福祉の相対的な優先順位にも依存する。近年，輸送中の取り扱いに関する特定の指針が，欧州評議会，欧州連合（EU），世界動物保健機関（OIE，国際獣疫事務局）など，多くの公的機関により作成され，多くの国で導入されてきている。この話題については，第19章で取り上げられている。実際には，と畜前の輸送はどの程度必要であるのかといった課題が持ち上がっているように，管理のすべての範囲がただ単によりよい方法以上のものを求めている。科学的データは，動物福祉だけでなく，疾患の拡大防止，持続可能性，食の安全といった観点からも，動物，動物用飼料，畜産物の国内および国間での輸送を減らすべきであることを示唆している（Appleby, 2003；Applebyら，2008）。

13.5 全体的なアプローチ

環境に対する特定の変更は，その効果も特定できることは多くないことを強調してきた。例えば，Marashiら（2003）は，マウス用ケージをエンリッチドケージに変更した時に，雄の攻撃性が高まることを発見し，同時に社会行動に対するポジティブな効果や遊び行動の増加といった面で福祉を向上させる証拠も見出している。

本書のテーマは，動物福祉がますますこのような飼育環境における妥協の明示的な側面ということである。おそらく環境エンリッチメントがこの点を達成するうえで，少なくともHebb（1947）が自宅に連れ帰ったラットが実験室で飼育されたラットよりも知的能力が高いことを明らかにし，1958年にエンリッチメントという用語が「利発で愚鈍なラット」の学習能力を高めることを目的として使われて（Cooper, Zubek, 1958）以来，最も広く使われてきた概念だろう。これまでに示してきたように，環境エンリッチメントは，産業動物，実験動物，動物園動物を含む，多くの状況で試みられてきた。環境エンリッチメントという用語は，福祉の向上を念頭に置かない，行動の可塑性に興味のある研究者に使われることがある。WürbelとGarner（2007, p.3）は，以下のように述べている。

> エンリッチメントが一般的に動物福祉を向上させるかどうかを議論するのは陳腐である。なぜなら，それがその用語の一貫性のない使用から生じているからである。

しかし，環境エンリッチメントの概念が普遍的なものである一方で，実際になされた変更は

しばしば全体的なアプローチの一環というよりは，特定のアプローチであることが多く，結果も様々であった。極端な場合，エンリッチメントの一部として置かれたビニール製のカバーに吸い込まれたイヌに起こったように（Veeder, Taylor, 2009），エンリッチメントが損傷を引き起こす可能性もある。別の言い方をすると，環境エンリッチメントの概念は，Newbery（1995, p.230）が以下に指摘しているように，あいまいなまま使用されてきた。

> 「エンリッチメント」という用語には改善の意味が含まれている。しかし，その用語はやたらと結果よりも，環境の様々な変更そのものに対して用いられている。環境エンリッチメントを「環境に対する変更の結果として生じる，飼育下の動物の生物学的機能における向上」と定義する。

DuncanとOlsson（2001, p.73）は，より一層，その用語の使用に対して懐疑的である。

> 私たちは「エンリッチメント」という用語が，多くの場合，誤解を招くような使われ方をしていると強く主張する。第一に，エンリッチメントは，動物に基本的ニーズを提供する環境改善を表現するために使われている。しかし，「エンリッチメント」は，実際には，より環境を豊かにする過程を意味しているだけであり，環境の貧弱さを軽減する過程を意味してはいない。そのため，環境がすでに基本的ニーズを満たしている，エンリッチメントされた操作が動物の寿命をさらに長く延ばす，という印象を生み出しているとするならば，これらの操作を「エンリッチメント」と表現することは正しくない。第二に，エンリッチメントは，動物のQOL（生活の質）に対する効果の有無に関係なく，環境の複雑さを高めるものを表現するために使われている。

Newberry（1995, p.235）はさらに生物学的アプローチの重要性を強調している。

> 環境の変更が動物にとっての機能的な重要性を持っていなかったり，特定の目標に合致するように十分に焦点が絞られていなかったり，あるいは問題の背景にある原因や機序が誤った仮説に基づいていれば，エンリッチメントの試みは失敗するだろう。

それでは，生物学的アプローチに含まれているものは何であろうか？　自然な行動を促進するような環境の変更は，必ずしも福祉が高まることを意味しない。Van de WeerdとDay（2009, p.3）は，ブタにおける環境エンリッチメントを総説し，緒言で以下のように述べている。

> 自然での動物の行動をベンチマークとして使うことができないこともある。それは，多くの自然な行動が記述されていなかったり，局所的な環境条件に依存しているからである。そのため，より実際的なアプローチは，「自然」よりも特定の環境に適応し，機能的な標的行動を明確にすることである。続いて，その標的行動の促進がエンリッチメントプログラムの目的となる。

WidowskiとDuncan（2000）は，ニワトリが砂浴び行動を発現できるようにした敷料を利用するために進んで作業をするが，敷料が剥奪されたからといって，必ずしもより一生懸命に作業をするわけではないことを見出している。彼らは，ニワトリが砂浴び行動をする動機は日和見的であり，この行動を発現する機会があれば，苦悩が減るというよりは喜びの状態がもたらされると述べている。砂浴び用の敷料の利用は，DuncanとOlsson（2001）の主張，すなわ

ち環境エンリッチメントは単に基本的ニーズ以上のものを提供すべきであるに合致する。

環境設計に対する生物学的アプローチには何が含まれるのか，またそのようなアプローチの成功についてさらに考察を深めるために，統合的な生物学的アプローチがブタおよび実験用マウスのエンリッチメントに関する系統的な調査や，泌乳豚とその産子用および産卵鶏用の2つの飼育システムの開発を生み出してきた事例について検討する。

Van de Weerdら（2003）は，異なる週齢のブタに対して，5日間にわたり，潜在的にエンリッチメントとなり得る74種もの物体を調べた。その目的は，ブタに最も選好的に使われる28種の物体に共通する特徴を突き止めることであった。

> 主要な特徴（特に「摂取が可能である」，「ニオイがする」，「かみ砕ける」，「変形しやすい」，「壊れやすい」）が浮上したことは，ブタにとって重要な行動様式である探査と摂食探索といった動機によって説明されるかもしれない。

彼らは以下のように続けている。

> 解析は1日目と5日目において2つの異なる特徴があることを明らかにした。つまり，物体に対して初期に（ブタが最初にそれに出会った時に）興味を引かせる特徴と，その後数日間にわたりブタの関心を引き続ける特徴があることを示していた。

初期に重要な特徴は，「ニオイがする」，「かみ砕ける」，「変形しやすい」であり，5日後に重要な特徴は，「摂取が可能である」と「壊れやすい」であった。試験期間中に最も使われた2つのエンリッチメントは，紐につるした全粒ピーナッツと半分に分かれているココナッツが混ざったラベンダー乾草であった。同じような方法が実験用マウスに適したエンリッチメントを明らかにするために使われてきている（Nicolら，2008）。

近年，雌豚舎はブタが自由に動けることに力点を置き，開発されるようになってきている。それにより国およびEUの法律が変化しはじめている。2013年以降，妊娠豚を現在一般的である閉じ込めて飼育すること（監注：妊娠豚用クレート）はもはやできない。しかし，多くの国では，分娩および哺乳期間中，雌豚は依然として分娩用クレートで飼育されている。分娩用クレートは，確たる証拠がないままに，雌豚が子豚の上に横臥して圧死させてしまうのを防ぐために必要であると考えられてきた。このような問題は自然条件下では存在しない。野生あるいは野生化した雌豚は，枝や小枝，柔らかい素材を使って，子豚が生後の一定期間を過ごしやすいように手の込んだ巣をつくる。現在では，子豚の福祉を損なうことのない，適切な分娩用ペンを開発するための努力がなされている。オランダの大型プロジェクトでは，数多くのペンの構成要素が福祉を向上させ，しかも農場に現存するのと同じ寸法のペンに取り込むことができる分娩環境として開発するために試験された。試験された要素は，巣作りの材料であるわらの利用，雌豚に隔離されている印象を与えるための覆われた場所，床の加温，傾斜壁（**図13.5**）であった。傾斜壁は，雌豚が壁に体を滑らせて横臥することができるようにした。この寝方は彼らが好むもので（Dammら，2006），子豚の圧死の危険性を減少させた。床の加温は子豚の福祉にとってポジティブな効果があることが見出されている（Malmkvistら，2006, p.100）。

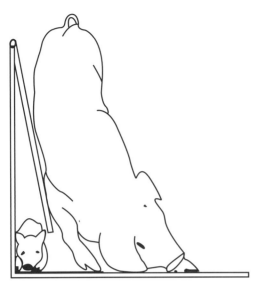

図13.5 雌豚の横臥行動を補助し，その間に子豚が圧死する危険性を減らすための傾斜壁の原理を表した図

(Moustsen, 2006 より)

> 私たちの結果では，床の加温により子豚の体温がより早く回復し，最初の授乳までの潜時を短くし，死亡率の低下がみられた。そのことから，出生後48時間床を加温（33.5℃前後）することが，新生子豚にとって好ましいことを示している。

また，雌豚の福祉は分娩時の暑熱ストレスが雌豚に対して有害である点についても調べられている（Damgaardら，2009，p.142）。

> 実験の結果到達した結論は，巣作り開始後12時間から分娩後48時間までの床の加温が，放し飼いされた雌豚の生理的・免疫的パラメーター，飲水量，体温に悪影響を及ぼさなかったことを示唆している。

さらに，Pedersenら（2007，p.8）は，次のように述べている。

> 雌豚は加温された床で分娩することを嫌いも好みもしなかった。しかしながら，飼育ペンの活動エリアで分娩した雌豚は，横臥場所を次第に休息エリアへと移し，特に加温された休息エリアへと移した。

これらの研究は，母豚と子豚という環境に求めるものが大きく異なる2つのタイプの動物の福祉が，比較的小さな場所で満たされる例を提供している。彼らの相互作用効果を考慮するためには，様々な特性を同時に試験することが重要である。なぜならば，そのような配慮がないと，生産者は手を抜いて費用を抑えようとし，生産者自身またはシステムの性能があまり信頼性のあるものとはならないかもしれないからである。また，これらのプロジェクトが，動物行動学および動物福祉の研究者と養豚産業との共同で実施されたことは，強調しなければならない。このような共同研究が今後の商業的適用の可能性を大いに高めるからである。

新たな飼育システムを設計しようとするアプローチはどのようなものであれ，商業的な開発のためには，あらゆる特性が徹底的な「破壊に向けた試験」によって，その正当性が証明されなければならない。Applebyとその共同研究者たちは，産卵鶏用のエディンバラ・モディファイド・ケージ（Edinburgh Modified Cage）の開発を，彼らが呼んだところの「ケージ設計に向けた段階的・体系的手法」（Appleby, 1993, p.67）によって行った。

> エディンバラ・プロジェクトは，いくつかのプロトタイプのケージ設計を，従来のケージ（対照）と比較する予備的研究から開始された。それらの新たな設計には，いずれも止まり木と巣箱が設置されていた。そのうちのいくつかには，砂浴び場も設置されていた。次に，一連の試行によってニワトリによる設備の利用と効果を明らかにするた

> めに、設備が個別に調べられた。現在の試行では、これらの可能性が4羽もしくは5羽の鶏群のための実用的設計においても、従来のものに比べほとんど生産上の問題がなく、福祉上の利益を持って発揮されることを例証している。

これらの試行は、2012年にEU域内で、産卵鶏用の従来型バタリーケージに替わるファーニッシュドケージあるいはエンリッチドケージの基礎をつくった。これが、生物学的に意義のある実行可能な構造物の体系的試験が、ニワトリに対してより行動する機会を提供する鶏舎設計を国際的に採用されるに至らしめた一例である。

13.6 妥協

動物の環境設計に福祉が急速に考慮されるようになってきた一方で、これは決して唯一の原則ではなく、まれに主要な原則となる。このことはしばしば産業動物の収容施設に関する法律に反映されている。動物を飼うことがそもそも経済的利益を得るためであることから、その法律では動物の福祉と、実行可能性および費用が天秤にかけられている。しかし、適切な収容施設を通じた健康と福祉の向上は、しばしば質的かそれとも量的な費用の増加と関連がある。例えば、LeoneとEstévez（2008, p.18）は、環境の複雑さを与えられたブロイラーの種鶏に関する事例で、このことを示している。

> 本実験において、私たちはカバーパネルという環境エンリッチメントをニワトリに提供することで、繁殖成績、特に受精率、孵化率、卵数を向上させることに成功した。

別の状況として、動物園では、経済性が第一の目的ではないにしても、福祉以外の別の原則が存在する。飼育下のチンパンジーに人工的なシロアリ塚を与え、そこから小枝状の道具で食物を取り出すことができるようにすることで、Nash（1982, p.211）は、以下のように結論している。

> 人工的なアリ塚は、チンパンジーには刺激的で報酬を得ることができる活動を与え、見学者には興味と楽しみを与える。また、研究者には野外における研究以上に、より制御された条件下での道具使用を研究する機会を提供している。

妥協が必要な場合には、妥協を必ずしも否定的に捉えられるべきではない。というのも、経済と同様の他の要因は、環境設計から切り離すことはできず、人間と動物双方の様々な要求に優先順位をつけるために使われるからである。この点は第17章でさらに議論される。

13.7 結論

- 物理的環境は動物福祉に重大な影響を及ぼす。

- 物理的環境の設計は、生理的および行動的欲求の両面において、種特異的および年齢特異的な要求に関する知識に基づいてなされるべきである。

- 「自然が一番」という原則はないが、自然環境の特定の側面、すなわち制御可能性、予測可能性（もしくは逆に、可変性などの刺激）、複雑性は重要であるかもしれない。

- 特定の物理的環境に対する変更がひとつ以上の問題を解決するかもしれないと同時に、既定の問題には多くの異なる解決策が存在する

かもしれない。反対に，物理的環境に対する複数の変更でも，根本的な問題を解決できなかったり，別の福祉上の問題を生み出してしまったりするかもしれない。

参考文献

Appleby, M.C. (1993) Should cages for laying hens be banned or modified? *Animal Welfare* 2, 67–80.

Appleby, M.C. (2003) Farm disease crises in the UK: lessons to be learned. In: Salem, D.J. and Rowan, A.N. (eds) *The State of the Animals II: 2003*. Humane Society Press, Washington, DC, pp. 149–158.

Appleby, M.C., Cussen, V., Garcés, L., Lambert, L.A. and Turner, J. (eds) (2008) *Long Distance Transport and Welfare of Farm Animals*. CAB International, Wallingford, UK.

Arey, D.S., Petchey, A.M. and Fowler, V.R. (1991) The preparturient behaviour of sows in enriched pens and the effect of pre-formed nests. *Applied Animal Behaviour Science* 31, 61–68.

Baxter, M.R. (1983) Ethology in environmental design. *Applied Animal Ethology* 9, 207–220.

Burn, C.C. and Mason, G.J. (2008) Effects of cagecleaning frequency on laboratory rat reproduction, cannibalism, and welfare. *Applied Animal Behaviour Science* 114, 235–247.

Cooper, J.J., McDonald, L. and Mills, D.S. (2000) The effect of increasing visual horizons on stereotypic weaving: implications for the social housing of stabled horses. *Applied Animal Behaviour Science* 69, 67–83.

Cooper, R.M. and Zubek, J.P. (1958) Effects of enriched and restricted early environments on the learning-ability of bright and dull rats. *Canadian Journal of Psychology* 12, 159–164.

Damgaard, B.M., Malmkvist, J., Pedersen, L.J., Jensen, K.H., Thodberg, K., Jørgensen, E. and Juul-Madsen, H.R. (2009) The effects of floor heating on body temperature, water consumption, stress response and immune competence around parturition in loose-housed sows. *Research in Veterinary Science* 86, 136–145.

Damm, B.I., Moustsen, V., Jørgensen, E., Pedersen, L.J., Heiskanen, T. and Forkman, B. (2006) Sow preferences for walls to lean against when lying down. *Applied Animal Behaviour Science* 99, 53–63.

Dawkins, M.S., Donnelly, C.A. and Jones, T.A. (2004) Chicken welfare is influenced more by housing conditions than by stocking density. *Nature* 427, 342–344.

de Jong, I.C., Fillerup, M. and Blokhuis, H.J. (2005) Effect of scattered feeding and feeding twice a day during rearing on indicators of hunger and frustration in broiler breeders. *Applied Animal Behaviour Science* 92, 61–76.

Dozier, W.A. III, Thaxton, J.P., Purswell, J.L., Olanrewaju, H.A., Branton, S.L. and Roush, W.B. (2006) Stocking density effects on male broilers grown to 1.8 kilograms of body weight. *Poultry Science* 85, 344–351.

Duncan, I.J.H. and Olsson, I.A.S. (2001) Environmental enrichment: from flawed concept to pseudo-science. In: Garner, J.P., Mench, J.A. and Heekin, S.P. (eds) *Proceedings of the 35th International Congress of the ISAE [International Society for Applied Ethology]*, Davis. The Center for Animal Welfare at UC [University of California] Davis, California, p. 73 (abstract).

Estévez, I. (2007) Density allowances for broilers: where to set the limits? *Poultry Science* 86, 1265–1272.

FAWC (Farm Animal Welfare Council) (1992) FAWC updates the five freedoms. *Veterinary Record* 131, 357.

Fernandez, L.T., Bashaw, M.J., Sartor, R.L., Bouwens, N.R. and Maki, T.S. (2008) Tongue twisters: feeding enrichment to reduce oral stereotypy in giraffe. *Zoo Biology* 27, 200–212.

Frankena, K., Somers, J.G.C.J., Schouten, W.G.P., van Stek, J.V., Metz, J.H.M., Stassen, E.N. and Graat, E.A.M. (2009) The effect of digital lesions and floor type on locomotion score in Dutch dairy cows. *Preventive Veterinary Medicine* 88, 150–157.

Gibbs, A.E. and Friend, T.H. (1999) Horse preference for orientation during transport and the effect of orientation on balancing ability. *Applied Animal Behaviour Science* 63, 1–9.

Gonyou, H.W. (1993) Behavioural principles of animal handling and transport. In: Grandin, T. (ed.) *Livestock Handling and Transport*. CAB International, Wallingford, UK, pp. 11–20.

Görgülü, M., Mustafa, B., Şahin, A., Serbester, U., Kutlu, H.R. and Şahinler, S. (2008) Diet selection and eating behaviour of lactating goats subjected to time restricted feeding in choice and single feeding system. *Small Ruminant Research* 78, 41–47.

Grandin, T. (ed.) (2007) *Livestock Handling and Transport*, 3rd edn. CAB International, Wallingford, UK.

Grigor, P.N., Goddard, P.J. and Littlewood, C.A. (1998) The relative aversiveness to farmed red deer of transport, physical restraint, human proximity and social isolation. *Applied Animal Behaviour Science* 56, 255–262.

Hansen, S.W., Malmkvist, J., Palme, R. and Damgaard, B.M. (2007) Do double cages and access to occupational materials improve the welfare of farmed mink? *Animal Welfare* 16, 63–76.

Hebb, D.O. (1947) The effects of early experience on

problem-solving at maturity. *American Psychologist* 2, 306–307.

Herskin, M.S. and Jensen, K.H. (2000) Effects of different degrees of social isolation on the behaviour of weaned piglets kept for experimental purposes. *Animal Welfare* 9, 237–249.

Hutson, G.D. (1993) Behavioural principles of sheep handling. In: Grandin, T. (ed.) *Livestock Handling and Transport.* CAB International, Wallingford, UK, pp. 127–146.

Huzzey, J.M., DeVries, T.J., Valois, P. and von Keyserlingk, M.A.G. (2006) Stocking density and feed barrier design affect the feeding and social behavior of dairy cattle. *Journal of Dairy Science* 89, 126–133.

Inglis, I.R., Forkman, B. and Lazarus, J. (1997) Free food or earned food? A review and fuzzy model of contrafreeloading. *Animal Behaviour* 53, 1171–1191.

Jensen, M.B., de Passillé, A.M., von Keyserlingk, M.A.G. and Rushen, J. (2008) A barrier can reduce competition over teats in pair-housed milk-fed calves. *Journal of Dairy Science* 91, 1607–1613.

Jensen, P. and Toates, F.M. (1993) Who needs 'behavioural needs'? Motivational aspects of the needs of animals. *Applied Animal Behaviour Science* 37, 161–181.

Jørgensen, G.H.M., Andersen, I.L. and Bøe, K.E. (2007) Feed intake and social interactions in dairy goats — the effects of feeding space and type of roughage. *Applied Animal Behaviour Science* 107, 239–251.

Kistler, C., Hegglin, D., Würbel, H. and König, B. (2009) Feeding enrichment in an opportunistic carnivore: the red fox. *Applied Animal Behaviour Science* 116, 260–265.

Launchbaugh, K.L., Provenza, F.D. and Werkmeister, M.J. (1997) Overcoming food neophobia in domestic ruminants through addition of a familiar flavor and repeated exposure to novel foods. *Applied Animal Behaviour Science* 54, 327–334.

Leone, E.H. and Estévez, I. (2008) Economic and welfare benefits of environmental enrichment for broiler breeders. *Poultry Science* 87, 14–21.

Lewis, E., Boyle, L.A., O'Doherty, J.V., Brophy, P. and Lynch, P.B. (2005) The effect of floor type in farrowing crates on piglet welfare. *Irish Journal of Agricultural and Food Research* 44, 69–81.

Lindberg, A.C. and Nicol, C.J. (1994) An evaluation of the effect of operant feeders on welfare of hens maintained on litter. *Applied Animal Behaviour Science* 41, 211–227.

MacCaluim, J.M., Abeyesinghe, S.M., White, R.P. and Wathes, C.M. (2003) A continuous-choice assessment of the domestic fowl's aversion to concurrent transport stressors. *Animal Welfare* 12, 95–107.

Malmkvist, J. and Palme, R. (2008) Periparturient nest building: implications for parturition, kit survival, maternal stress and behaviour in farmed mink (*Mustela vison*). *Applied Animal Behaviour Science* 114, 270–283.

Malmkvist, J., Pedersen, L.J., Damgaard, B.M., Thodberg, K., Jørgensen, E. and Labouriau, R. (2006) Does floor heating around parturition affect the vitality of piglets born to loose housed sows? *Applied Animal Behaviour Science* 99, 88–105.

Marashi, V., Barnekow, A., Ossendorf, E. and Sachser, N. (2003) Effects of different forms of environmental enrichment on behavioral, endocrinological, and immunological parameters in male mice. *Hormones and Behavior* 43, 281–292.

Martin, J.E. and Edwards, S.A. (1994) Feeding behaviour of outdoor sows: the effects of diet quantity and type. *Applied Animal Behaviour Science* 41, 63–74.

Matthews, L.R. (1993) Deer handling and transport. In: Grandin, T. (ed.) *Livestock Handling and Transport.* CAB International, Wallingford, UK, pp. 253–272.

Mitchell, M.A. and Kettlewell, P.J. (2004) Transport and handling. In: Weeks, C.A. and Butterworth, A. (eds) *Measuring and Auditing Broiler Welfare.* CAB International, Wallingford, UK, pp. 145–160.

Moinard, C., Mendl, M., Nicol, C.J. and Green, L.E. (2003) A case control study of on-farm risk factors for tail biting in pigs. *Applied Animal Behaviour Science* 81, 333–355.

Moustsen, V.A. (2006) *Skrå Liggevægge i Stier til Løsgående Diegivende Søer* [Sloped Walls in Pens for Loose Housed, Lactating Sows]. Meddelelse No. 755, Dansk Svineproduktion, Den Rullende Afprøvning, Copenhagen, Denmark, 13 pp.

Nash, V.J. (1982) Tool use by captive chimpanzees at an artificial termite mound. *Zoo Biology* 1, 211–221.

Newberry, R.C. (1995) Environmental enrichment: increasing the biological relevance of captive environments. *Applied Animal Behaviour Science* 44, 229–243.

Nicol, C.J., Brocklebank, S., Mendl, M. and Sherwin, C.M. (2008) A targeted approach to developing environmental enrichment for two strains of laboratory mice. *Applied Animal Behaviour Science* 110, 341–353.

Olsson, I.A.S., Nevison, C.M., Patterson-Kane, E.G., Sherwin, C.M., van de Weerd, H.A. and Würbel, H. (2003) Understanding behaviour: the relevance of ethological approaches in laboratory animal science. *Applied Animal Behaviour Science* 81, 245–264.

Pedersen, L.J., Malmkvist, J. and Jørgensen, E. (2007) The use of a heated floor area by sows and piglets in farrowing pens. *Applied Animal Behaviour Science* 103, 1–11.

Stephens, D.B. and Perry, G.C. (1990) The effects of restraint, handling, simulated and real transport in the pig (with reference to man and other species). *Ap-*

plied *Animal Behaviour Science* 28, 41-55.

Telezhenko, E., Lidfors, L. and Bergsten, C. (2007) Dairy cow preferences for soft or hard flooring when standing or walking. *Journal of Dairy Science* 90, 3716-3724.

Trudelle-Schwarz, R.M., Newberry, R.C., Robbins, C.T. and Alldredge, J.R. (2004) Contrafreeloading in grizzly bears. In: Hänninen, L. and Valros, A. (eds) *Proceedings of the 38th International Congress of the ISAE [International Society for Applied Ethology]*, Helsinki, Finland. ISAE, p. 53 (abstract).

Tuyttens, F.A.M. (2005) The importance of straw for pig and cattle welfare: a review. *Applied Animal Behaviour Science* 92, 261-282.

van de Weerd, H.A. and Day, J.E.L. (2009) A review of environmental enrichment for pigs housed in intensive housing systems. *Applied Animal Behaviour Science* 116, 1-20.

van de Weerd, H.A., Docking, C.M., Day, J.E.L., Avery, P.J. and Edwards, S.A. (2003) A systematic approach towards developing environmental enrichment for pigs. *Applied Animal Behaviour Science* 84, 101-118.

van Krimpen, M.M., Kwakkel, R.P., Reuvekamp, B.F.J., van der Peet-Schwering, C.M.C., den Hartog, L.A. and Verstegen, M.W.A. (2005) Impact of feeding management on feather pecking in laying hens. *World's Poultry Science Journal* 61, 663-685.

van Loo, P.L.P., Kruitwagen, C.L.J.J., Van Zutphen, L.F.M., Koolhaas, J.M. and Baumans, V. (2000) Modulation of aggression in male mice: influence of cage cleaning regime and scent marks. *Animal Welfare* 9, 281-295.

Veeder, C.L. and Taylor, D.K. (2009) Injury related to environmental enrichment in a dog (*Canis familiaris*): gastric foreign body. *Journal of the American Association for Laboratory Animal Science* 48, 76-78.

Veissier, I., Andanson, S., Dubroeucq, H. and Pomies, D. (2008a) The motivation of cows to walk as thwarted by tethering. *Journal of Animal Science* 86, 2723-2729.

Veissier, I., Butterworth, A., Bock, B. and Roe, E. (2008b) European approaches to ensure good animal welfare. *Applied Animal Behaviour Science* 113, 279-297.

Widowski, T.M. and Duncan, I.J.H. (2000) Working for a dustbath: are hens increasing pleasure rather than reducing suffering? *Applied Animal Behaviour Science* 68, 39-53.

Würbel, H. and Garner, J.P. (2007) *Refinement of Rodent Research Through Environmental Enrichment and Systematic Randomization*. National Centre for Replacement, Refinement and Reduction of Animals in Research (NC3Rs), London. Available at: http://www.nc3rs.org.uk/downloaddoc.asp?id=506&page=395&skin=0 (accessed 30 December 2010).

Zuberbuehler, C.A., Messikommer, R.E. and Wenk, C. (2002) Choice feeding of selenium-deficient laying hens affects diet selection, selenium intake and body weight. *Journal of Nutrition* 132, 3411-3417.

Ⅳ 解決策

第14章
社会状態

概　要

　本章では，管理下にある動物の社会的集団の不自然な構造が，どのように動物福祉の問題を引き起こすのかについて述べ，可能な解決策について議論する。動物の社会的構造に起因して生じる福祉問題の解決は特に難しい。なぜならば，動物が物理的な環境変化に対してどのように反応するかを予測するよりも，動物がお互いにどのように反応しあうのかを予測することの方が難しいからである。これに応じるひとつの方法は，自然な群において，安定した社会構造や調和に重要であると思われる社会組織や，ある種の行動発現が可能な社会環境を設計することである。例えば，舎飼されている比較的安定した群で，主たる群から自由に離れること，仲間となる他の個体を選ぶこと，他の個体を避けることができる動物は，疾患やその他の福祉問題にさらされにくく，調和のとれた社会生活を送ることができるかもしれない。この予防的な方法を既存のシステムに代わる実用的で実行可能な方法に発展させるためには，制約のない放し飼いの状況下における社会構造に影響を与える基礎的研究が必要となり，時間がかかる。別の方法として，既存の社会環境を変えること，あるいは回避の機会を与え，攻撃的な競争や社会的ストレスが最小となるように資源を分配することによって特定の福祉問題に取り組むことがある。私たちは，群構成個体の社会的な飼育履歴や能力を考慮する時，および動物の兆候というよりは問題の原因を扱う時に最も成功する可能性が高い手法としてトラブル・シューティング法を挙げる。また，遺伝的選抜や社会的学習など，管理下の集団内における社会的問題に対して実用的な他の解決法についても議論する。

▶ 14.1　はじめに

　管理下にある動物の社会環境は，動物福祉の観点からジレンマを抱えている。一方，動物同士の社会的親和関係は，社会生活を営む動物種の飼育下における生活を豊かにする最も効果的な方法である可能性があると，Humphrey（1976, p.308）が明確に指摘している。

　比較的大きなケージのなかで，8〜9頭のサルが社会的な群をつくって生活している。しかし，ケージ内には，サルが探査できるものはほとんどない。1日に1度，コンクリートの床がホースで洗われ，ペレット状のエサがケージ内に投げ入れられる。私にはこの何もない環境がサルの知性を台なしにしてしまうように思えた。しかし後日，母親に乳をせがむ離乳期の子猿，模擬闘争をしている2頭の若猿，雌猿に毛繕いさせている年とった雄猿とその雄猿にすり寄る別の雌猿といった光景を見た時に突然，視界が開けた。これらのサルたちはケージ内に何もないことを忘れ，お互いを操作し，探査していた。

第 14 章 社会状態

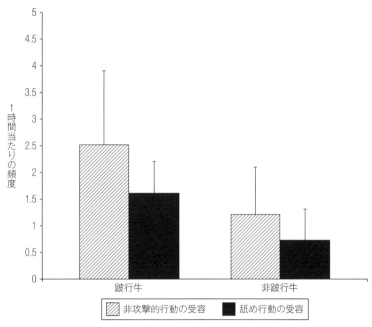

図14.1　歩行異常（跛行）のあるウシは，そうでないウシよりも有意に多く舐められ，他の非攻撃的な接触をより多く受ける

(Galindo, Broom, 2002 より)

　飼育下の動物にとって，他の個体との関係が，快適や楽しみの主要な手段であるという考えは，様々な動物種における報告によって支持されている。例えば，飼育下の霊長類は，1頭で飼育されている時よりも仲間が存在している時の方が，異常行動の出現レベルが低かった（Bernstein, 1991）。また，ウマ（Feh, de Mazieres, 1993），タラポアンというサル（Keverneら，1989），ウシ（Galindo, Broom, 2002；図14.1）では，仲間を毛繕いすることによって，その仲間に心理的安寧効果を与えることが示された。

　社会をつくろうとする動機に関する研究は，社会生活を営む動物種にとって社会的な接触が生物学的に必要なものであることを示している（Estévezら，2007）。そして，疫学的証拠により，積極的な社会経験の有無は健康や福祉に大きな影響を与えることが明らかにされた（Carter, Keverne, 2002）。例えば，リスザルを用いた研究においては，社会的エンリッチメント（監注：親和的社会関係を増加させる試み）により，種特異的な活動に費やす時間が増加するだけでなく，細胞性免疫反応が有意に増強されることが示されている（Schapiro, 2002）。豊富な社会的遊戯行動を伴うポジティブな情動は，抗うつ作用のある神経成長因子の産生と同時に生じるという報告が多くなされている（Watt, Panksepp, 2009）。対照的に，社会的刺激の喪失は，深刻なストレス症状を引き起こし（Ruisら，2001），うつ病に関与する炎症性サイトカインの急増に関連する（Hennessyら，2007；Millerら，2009）。これらの知見は，健康や福祉における社会的親和関係の重要性を証明している。

　一方で，動物の威嚇，過剰攻撃，転嫁行動がお互いに与える損害は，動物福祉上の深刻な問題を引き起こす。これらの問題のうちいくつかは，動物の社会構造が十分管理されていない場

合，例えば，過密飼育や絶え間ない群の再編成の時に発生することが知られている。しかし，残念なことに同種個体を傷つける，もしくはお互いを傷つけ合う状況の予測は困難であることが多い（Visalberghi, Anderson, 1993）。この状況の予測が困難であるということは，社会的に誘発される動物福祉問題の解決に関わるすべての人々にとって課題となる。

社会環境の操作によってより予測可能で有益な結果が得られるように，動物の社会行動に関する知見を集めて利用することができるのか。解決策を述べる前に，まず問題が何であるか，それらがどのように起こるのかを考える必要がある。以下の2つの節において，群生活の進化を議論し，自然環境下と飼育環境下における群生活の構造および動態を比較する。

14.2 群生活の進化：自然界における社会的集団の動態構造

社会集団の進化は，群構成メンバーに生じる利益とコストという点から考えることができる。自然環境下における群生活は，捕食されるリスクを低下させ，捕食者を発見する能力を強化することによって，生存の機会を増加させる。動物の飼育管理にあたり，動物が対捕食者行動を保持していることが問題に直結してくる。適応度や福祉といった群生活におけるその他の利益として，資源防衛，エサの発見と獲得，体温調節，相互舐め行動による病気への抵抗性，免疫機能の改善に関する能力を高めることなどが挙げられる（Schapiro, 2002）。さらに，集団生活では学習の機会が増加する（Estévezら，2007, p.186）。

> 社会的学習や社会的促進によって，動物は食物の場所をより簡単に発見し，摂食，ニワトリの砂浴びといった機能的で重要な行動が刺激される。

> 群で生活することにより，動物は潜在的に危険な状況を避けることを学び，特に若齢の動物では遊び仲間と影響し合う機会によって，ポジティブな行動の発達，適応能力獲得のための基本構成要素となる運動，社会的スキルが刺激される。

群生活における潜在的なコストには，寄生虫や感染症にかかるリスクの増加，食物や他の資源をめぐる群構成個体との競争増加，それらの資源が限られた際の攻撃の増加がある。動物の行動におけるこのような変化は，群構成個体数とその変動に依存するだろう。例えば，Bonaventuraら（2008）は，大群で生活している霊長類は，小群で生活している個体よりも繁殖に関わるコストが大きいと述べている。

進化理論では，各個体の群へ加わるか離れるかの決定は，単独生活または群生活に対する包括的な適応度という観点から見た，個体が受けることのできる相対的な見返り（＝利益－コスト）に依存すると予測している（Pulliam, Caraco, 1984）。Vehrencamp（1983）は，個体が自由に群に加わったり離れたりすることができる場合に，動物の群において異なるレベルの協力または独裁が起こる状況をモデル化した。独裁的な行動は，結果として群内における個体の適応度の変動すなわち偏りを増加させる（Vehrencamp, 1983, p.667）。

> 自然選択は，群内のより強い優位個体には，劣位個体を犠牲にすることでより多くの資源を確保できるようにし，同時に，劣位個体には群のなかでの競争がある一線を越え，他の場所でよりよい生活ができるならば，群を離れるように働く。優位個体が群を維持することに利点がある場合，劣位個体が群から離れる選択肢によって，優位個体が強要する偏りは最終的に制限されるだろう。

このように自然群では，社会的に順位が高い個体によって，順位の低い個体に加わる競争の圧力が和らぐと予想できる。なぜならば，社会的順位が低い個体は，群の外に相対的に利益のある選択肢があった時，群を離れることができるからである。群に加わるか，離れるかの決定は，捕食者の脅威，資源の利用価値と分布，群の構成個体と個々の競争能力といった様々な要因に影響される。

　これらの予測から，自由に生活する動物の群構造は流動的で，種内から種間まで様々であり，つながりのゆるい集団から結束の固い長期的な集団にまでにわたることが示唆される。群の構成個体は移入したり，移出したり，そして，群の大きさや構成は季節的，短期的に変化し，また，融合し，分裂する。例えば，野生化した雄鶏は，繁殖期間はテリトリーの間を行き来し，冬になると階級的な群構造を持つ。雌鶏は，冬の間は雄を含む群に加わり，夏はひなを育てるために群から離れる（McBrideら，1969）。

　自然の社会集団は，多様な社会的戦略や個性型を示す。それは，現在の繁殖と将来の繁殖の間における生活史のトレードオフ理論に一致する。現在の繁殖では，大胆かつ攻撃的な個性を持つ，急速に成長する個体が有利であると予測されるのに対し，将来の繁殖では，よりリスクを嫌う性格を持つ，成長の緩やかな個体が有利と予想される（Wolfら，2007；Biro, Stamps, 2008）。環境変動により，これらの表現型は，状況に応じてそれぞれ変化することで相対的な比率で集団内に共存できる（例：捕食圧力）。

14.3　管理された社会環境の不自然な構造

　実験動物，産業動物，動物園動物の社会環境は，その動物種の進化した社会構造や能力が考慮されるよりも，スペースの有効活用や群の構成個体の均一性など，人間の都合によって整備されることがある。社会行動を制限した結果，有害な福祉状態を招くかもしれない。だが，飼育下の動物が放牧下の動物が示すものと同じ行動の構造とレパートリーを示せば，福祉の状態はよいと考えることも，明らかに危険である。家畜の行動をそれらの野生の祖先種の行動と関連づけることは，さらに問題である。

　確かに，家畜化によっていくつかの行動パターンが発現する閾値と頻度は変わったが（Price, 1999, 2004），家畜は未だ野生の同種で認められる基本的な社会的特徴を保持しているようにみえる。例えば，半自然環境下におけるブタの社会行動は，野生のヨーロッパイノシシの行動によく似ている（Stolba, Wood-Gush, 1989）。野生化したウシの生息環境特性や群の大きさは，複数種の野生有蹄類のものに類似する（Hernándezら，1999）。このように，家畜はその種に特徴的な群の大きさや構造をほぼ有効に使える傾向にあるようである。そして，いつ群に加わり，離れるか，また，他のどの個体と関係を持つかを自由に決められる点は，その動物種の社会環境の重要な特徴として残るようである。

　群生活を送る動物種の個体を一時的または恒久的に隔離飼育することは，個体の社会行動に明らかに影響を与える。例えば，隔離飼育された子牛は，より社会的な経験をした個体と同じ群にすると，競争上不利な立場に置かれる（Le Neindreら，1992）。愛着を持っているものから非自発的に分離されることは，発声や接触を回復しようとする積極的な試みを誘発する（Colonnelloら，2010）。そして，隔離は情動反応や一連の生理的ストレス反応をしばしば増加させる（Ruisら，2001；Weissら，2004）。社会的刺激の損失が動物にとって不快な経験であるこ

とは，モルモットにおける母子分離時と，ヒトで悲しみを経験している時に活性化する脳領域が類似しているという観察結果からも支持されている。さらに，幼い動物が1回の隔離ストレスにさらされることで，その後のストレッサーに対する正常な反応と病的な反応を仲介すると考えられている遺伝子発現が変化する（Kanitzら，2009）。これは，早期離乳による社会的隔離によって面識のある同種個体に対する子豚の認知能力障害がなぜ生じるのかということの証拠となる（Souza, Zanella, 2008）。隔離飼育された雌でも，将来の母性行動に異常が生じる（Berman, 1990）。霊長類において，安定した初期の社会的絆の欠如が，虐待的養育行動の世代間伝達に重要な影響を与えるという認識が高まっている（Maestripieri, 2005）。

社会的絆が突然なくなることは，福祉上の問題になるだけでなく，制限されたスペース，または不自然な集団内に，面識のない個体が導入されて群が形成された時にも問題となる。面識のない個体を突然，既存の群に導入した時，より自然な条件で面識のないもの同士を出会わせた時と比べ，攻撃性は高くなる（Jensen, 1994）。動物がすでに社会的に確立された群のなかへ突然置かれた場合，たとえ物理的な接触や傷がなくても，著しいストレス反応を示して死ぬことがある（von Holst, 2004）。これらの影響は，動物が逃避する機会が欠如していることや，群の構成が関係しているのかもしれない。例えば，多くの動物種において，自然では形成されない成雄だけの群では，深刻で持続的な攻撃性が引き起こされる（Love, Hammond, 1991）。若い雄のゾウは，密猟によって家族を構成する成獣個体を失うと，凶暴な行動を示すことが報告されているように（Bradshawら，2005），母親，あるいは年上の個体がいない状況で幼獣同士を一緒にすると，高い頻度で敵対行動が発現する可能性がある（Le Neindreら，1992）。さらに，社会的順位は，面識のないグループに対する動物の反応にも影響するようである。例えば，順位が最も高いブタが面識のないグループと対峙した時，面識のあるグループと対峙した時と比べて，対面の初期に副腎皮質の機能が増加し，次に，徐脈が観察される（Ottenら，1997）。

動物の収容施設は，通常動物が群から離れられる構造にはなっていない。したがって，社会的順位が高い個体は，自然状況下よりも社会的順位の低い個体に対して圧力を加える可能性があり（Vehrencamp, 1983），潜在的に順位の低い個体の福祉状態を損なうことになる（Gonzálezら，2003，図14.2）。この問題は，資源が限られていて，さらに群から離れることができない構造の施設で飼育されている時に悪化する。しかし，Rumbaughら（1989, pp.360）は，少なくとも飼育下のチンパンジーにおいて，この問題を簡単に解決する可能性を示した。

> 野生のチンパンジーは，様々な場所へ移動するため，仲間の選択は多様となる。しかし，ほとんどの飼育施設は，大きなアリーナあるいはケージであり，常に同じチンパンジーと一緒にいることになる。もしチンパンジーが移動できる一連の場所と，望めば閉じることのできる扉があれば，攻撃的な出会いは減少する。

飼育動物の社会環境の変化に起因するその他の福祉の問題は，飼育されているほとんどの在来種や外来種においての一般的飼育状態であるが，母親と幼い個体との早期分離に関連している。幼い個体における分離の影響については，NewberryとSwanson（2008, p.129）が以下のように述べている。

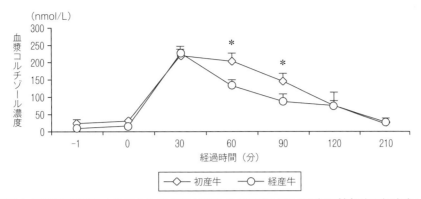

図 14.2 ACTH（副腎皮質刺激ホルモン）投与後の異なる時間帯における資源競争時の経産牛と順位が低い初産牛の平均血漿コルチゾール濃度（*は$P<0.05$を示す）

(González ら，2003 より)

> 幼い時に突然，恒久的に母親から分離された時，子は母乳および母親の世話から固形の飼料への変更，新しい収容施設や社会環境，母親との接触の喪失への適応を余儀なくされ，これらすべてがネガティブな影響を示唆する行動的兆候を誘発し得る。離乳した子を別の場所に移したり，社会的に隔離したり，あるいは見知らぬ個体と一緒にすることもまた福祉上の問題を引き起こす。

さらに，過密状態，見知らぬ個体同士の同居，群の年齢や性構成の変化に関連した社会構造の変化は，様々な種において攻撃行動や福祉上の問題を引き起こす要因となる（Orihuela, Galindo, 2004；Verga ら，2007）。

同種個体間で進化したコミュニケーションのメカニズムは，飼育条件下の社会環境においてしばしば見落とされ，ネガティブな福祉状態をもたらす可能性がある。例えば，Algers と Jensen（1991）は，ブタの授乳期間中，扇風機の騒音が母豚と子豚との音声コミュニケーションを妨げ，これによって子豚の母乳摂取量が減少したことを報告した。Gray と Hurst（1995）は，ケージの掃除や処置をするために雄マウスの群を移動した後に元のケージへ戻す際，ケージ内に残留する雄のニオイが攻撃の刺激となる

ことを明らかにした。彼らは攻撃性の問題を最小限に止めるため，ハンドリングの後はケージを完全に清掃してからマウスを戻すことを推奨している。Burn と Mason（2008）は，繁殖用ラットにおいて，ケージの掃除頻度は子殺しの増加と関連があり，それはおそらく出生後早期の母子間の絆を妨害することに起因すると指摘した。

飼育下の社会環境によって問題が起こる可能性はあるが，群内競争や破壊的な社会行動は常に飼育舎内の人工物に起因するものではない。社会的に誘発されるストレス，カニバリズム，子殺し，致命的な闘争は自然界でも生じる。私たちはそれらが生じ得る飼育条件を期せずしてつくってしまうことがないよう，これらの行動パターンを誘発する環境条件を理解する必要がある。以下の節において，飼育下の社会環境における福祉問題に取り組む，あるいは先手を打つ様々なアプローチを検討する。

14.4 動物種の社会構造に関する知見を用いた飼育システムの設計

このアプローチの目的は，動物種が進化してきた環境と同様の条件下で観察されるような，自然条件下における動物の社会構造について理

解を深めることであり，また，その社会構造の重要な特徴を取り入れた新しい飼育システムを設計することである。基礎にある想定は，「自然の社会環境」が社会的な調和とよい福祉状態を促進するということである。このことには議論の余地がある（Dawkins, 1990）が，それでも，すでに述べてきたとおり，自然環境下における社会行動の知見は，飼育動物の福祉の向上に利用することができる。

Špinka（2006, p.126）は以下のように述べている。

> よい福祉状態自体に動物の「自然な行動」は不要である。しかし，自然な行動をとることができる機会を提供することは，動物のニーズや目的を満たし，情動的にポジティブな経験をさせ，長期的な利益をもたらすような方法で動物の行動発達を刺激するために非常に効果的である。したがって，問題になっている種の自然な行動は，新しい飼育システムが開発される時と，既存のシステムにおける特定の問題が期待される時の双方において考慮されるべきである。

このアプローチの独創的な例として，ブタを用いた Stolba と Wood-Gush（1984, p.289）の研究が挙げられる。様々な大きさや地勢の複雑な半自然環境下における繁殖豚や育成豚の群の研究によって鍵となる社会的刺激を決定し，それらの環境に共通した社会的特徴を，新しい畜舎システムへ実際に取り入れた。この「ファミリーペン」と名づけられたシステムの特徴は，半自然状態で観察されるものと数や構成が類似する安定した核となる群であり，ある個体が群のメンバーを避け，他の仲間と関わりを持つことができる十分な広さと様相の異なる小区画が与えられ，また，自然離乳ができ，そして新規個体の突然の導入を避ける方針が採られていることである。ファミリーペンでは，ブタを分娩前後に別飼いまたは再度群飼する必要がないため，その際に発生する激しい攻撃行動を避けることができる（Edwards, Mauchline, 1993）。また，家族群として雌豚や子豚を飼育することで，早期離乳，面識のない離乳した子豚との突然の混群に関する社会精神的外傷を防ぐことができる（Jensen, 1994）。

類似のアプローチは，ウサギにおける新しい群飼システムを開発するために用いられた（Stauffacher, 1992）。より複雑な社会環境をウサギに提供することによって，繁殖行動の妨害，単飼ケージで見られるような子殺し，組織立っていない行動を防ぐことができる。この新しい群飼システムでは，別ケージの雌における妊娠率が30～70%，子ウサギの死亡率が30%であることと比較して，繁殖成功率が89%に達した。

これらの知見は，動物種固有の社会構造を考慮して設計されたシステムが，社会環境における福祉問題を減らすことができるという考えを支持するものである。しかし，これらのシステムを商業レベルで導入するには，システムが管理しやすいこと，生産的で経済的に実行できること，あるいは法律による実施が課せられることが必要となる。いくつかの事例で，動物の飼育システムを設計する際，考慮されなければならない社会行動と福祉に影響を与える複数の要因がある。これには，許容面積，床材の質，給餌システム（Spoolderら, 2009），視覚的なバリアとなるシェルター（Kuhar, 2008）などの建物の恒久的な特徴，また社会関係の調節が可能となるような資材といった一時的な側面も含まれる。例えば，広い休息エリア（Nielsenら, 1997），敷きわら（Høøk Prestoら, 2009），その他のエンリッチメント資材（van de Weerd, Day, 2009）は，攻撃行動を減少させる効果が

ある。

　動物とその社会環境との複雑で動的な関係は，進化的に受け継がれたものや個々の経験により影響される多因子性のシステムを現している（Newberry, Estévez, 1997；Price, Stoinskia, 2007）。動物福祉に配慮した飼育システムの設計や飼育下における社会的なグループ形成は，絶えず変化する社会環境における動物個々の特徴を考慮して行われるべきである。なぜなら，これらの要因の関係は，病気や他の福祉上の問題に対する個々の感受性に影響する可能性があるためである。

14.5 既存の飼育システムにおける社会性がもたらす福祉問題の解決

14.5.1 問題の改善

　原則から社会環境を設計する徹底した手順とは対照的に，より一般的な方法は，既存のシステムの特徴を変えることによって社会環境に起因する問題の解決策を探すことである。このトラブル・シューティング法は有効かもしれないが，問題の根本的な原因に焦点を当てるのではなく，目の前の事象に対処するだけにすぎない可能性がある。その状況の発生を防止し，社会的な福祉の問題を解決する典型的な例は，身体の部位を部分的に切除することである。例えば，尾かじりを制御するためのブタの断尾や，産卵鶏の羽つつきを防止するための断嘴（デビーク）は，比較的早くかつ単純に処置できる。しかし，その効果は100％ではなく，その個体の福祉問題（例：痛み）をはらんでいる。動物の福祉を害する行動の原因は複雑であり，おそらく別の動機づけメカニズムによる複数の現象を現しているものだが（例：Newberryら，2007；Taylorら，2010），それらを理解することにより，より効果的かつ人道的な解決が可能となるはずである。

　根本的な原因ではなく，目の前の事象だけを改善した別の事例として，新しいグループの形成のため，あるいは輸送などで見知らぬ動物と混群させられた際に発生する攻撃に対処する方法がある。ブタは見知らぬ個体に遭遇した際，特に激しい攻撃性を示す。そこで，多くの研究者は鎮静薬の投与，活動性が低い時期の混群，新しく導入した個体から目をそらすためにエサや新鮮なわらを与えることによって，混群に関連した攻撃を減らす試みを行ってきた。論理的根拠は，一般的な活動を抑制する，または攻撃よりも別の行動にブタを仕向けることである。これらの方法は，攻撃性を減少させるというよりもむしろ，攻撃の発現を後回しにしているだけのようにみえる。

　例えば，Luescherら（1990）は，アザペロン薬（ストレスニル）の投与が対照として生理食塩水を投与した時と比べて，未経産豚の混群2時間後の攻撃行動を減少させたが，さらなる観察において，その4時間後，アザペロン薬投与ブタにおいて攻撃行動が最も多く認められ，6時間後には対照群との差が見られなくなったことを明らかにした。PetherickとBlackshaw（1987, p.609）も同様の結果を離乳子豚において報告している。

> アザペロン薬は，混群時のブタの攻撃行動を減少させた。離乳子豚は沈静状態にあったが，薬の効果が切れると，アザペロン薬を投与されたブタは何も投与していないブタと同じ程度の攻撃行動を示した。この結果は，ブタの優劣順位が確立されていなかったことに起因したものと考えられた。

　Barnettら（1994）は，雌豚を活動性が低い暗期の直前に混群した時，攻撃発生が遅延することを観察した。しかしながら，攻撃は群形成

直後は減少したが，その3日後の負傷スコアに違いは認められず，攻撃はその次に来る活動期まで単に先送りされただけだと示唆された。同様に，AreyとFranklin（1995）は，新規に混群されたブタにおいて，お互いの気をそらすためのわらの供給は攻撃のレベルを減少させなかったことを示した。

● 14.5.2 見知らぬ個体導入時の攻撃行動の原因の理解

前述してきたように，混群時における攻撃性を対処する方法では成果が上がっていない。そこで，その原因を理解することがこの有害な行動を最小にする新しい効果的な方法につながるかどうかをここで検討する。攻撃は，社会性の強い動物種において，見知らぬ動物を突然，強制的に同居させた時に発生する。このことは，おそらく，（血縁）グループへの急な侵入を阻止するために進化してきたことに起因する。例えば，イノシシや野生化したブタの母系の群は，新しい個体が群に徐々に加入することを受け入れることはできるが，見知らぬ，血縁のない個体を拒絶する（Mendl, 1995）。

闘争での勝利は，その勝利個体に資源への優先権を与えるため，勝利は適応に有利となる。しかし，理論的には，攻撃は非常にコストのかかる活動であり，特に資源独占の可能性が低い場合は（Enquist, Leimar, 1983；Arnott, Elwood, 2009），勝利の見込みがない限り，動物は攻撃を避けるだろう（例：大群での研究。Estévezら，2002；Andersenら，2004）。代わりに，動物はお互いの攻撃能力を評価し，可能な限りこれに基づいて両者の争いを解決する。例えば，アカシカの雄は，発情期におけるハーレムの所有権獲得のため，咆哮声の争いを通してお互いの競争能力を評価するようである（Clutton-Brock, Albon, 1979）。

群構成個体の競争能力に明らかな偏り（自然の群においてよく認められる，様々な年齢や体格のような）がある場合，お互いの評価と攻撃による争いの解決は早期になされるだろう。動物管理において，しばらくの間動物を群構成個体から離し（例：雌豚を出産のために群から離す），その後群に戻すことがある。このようにすでに顔見知りの個体が再度一緒になる時に攻撃が起こることがある（EwbankとMeese, 1971）。この現象は，子豚の離乳後に母豚が既存の群に戻る際によく認められる。これは，動物がお互いを認識していない，憶えていない，あるいはお互いの相対的な社会的順位を再確立する必要がある時に起こると考えられる（Croney, Newberry, 2007）。

上記に示した混群に絡む攻撃の原因は，①群構成個体の不均一さ／違いを強化すること，②資源独占の機会を最小にすること，③互いの評価行動を容易にすること，④顔見知りの個体の認知を容易にすることにより，攻撃を減少させる可能性があることを示唆している。これらの可能性について順番に，まずブタに焦点を当てて考える。

群構成個体の不均一さを強化する

混群された動物の競争能力がそろっていないほど，相対的な社会的地位はより速やかに確立されるという予測は，Rushen（1987）の研究によって支持されている。彼は，ブタの体重差が非常に大きい時，混群後の闘争期間とその激しさが減少することを示した。それはおそらく，相対的な能力の評価を容易にしたことによるものである。Andersenら（2000）は，同様の結果を示し，さらに，ブタの体重にバラつきが少なく，競争させるために資源を1カ所に集めると，闘争は特に強烈であったことも示した。

飼育管理者は体重が異なる育成豚を混群する

ことに気が進まないかもしれない。なぜなら，これは同じペンの育成豚を同時にと畜時体重まで育成することができないからである（ただし混群時に同程度の体重のブタが同時にと畜時体重に達しないケースはしばしばある）。そのため，研究者は他の特性（例：行動，性別）の不均衡が，混群時の攻撃を最小限にするために利用できないか検討している。特に「適応様式」の全体的な違いによって生じると考えられる「攻撃性」の個体差が注目されている。Hessingら（1994a）は，攻撃性が高いと分類されたブタ（H：プロアクティブ）と，攻撃性が低いと分類されたブタ（L：リアクティブ）を混群した時，ブタの攻撃性が最小となり，新しい群の成長率を最大にすべく，早々に安定した社会順位を形成したことを示した。同じように，MendlとErhard（1997）は，H豚のみ，あるいはL豚のみで混群した時と比較して，H豚とL豚を混群した時の方が，見知らぬブタ同士の闘争が少ないことを報告した。Bolhuisら（2005）は，H豚が社会的な交渉の柔軟性に欠け，攻撃を示し続ける傾向があるのに対して，L豚は他の動物の能力に特に敏感であり，おそらくそれを評価することによって，状況に応じて自身の行動を変えることを示した（D'Eath, 2002も参照）。このように，攻撃性の違うブタを混群することで，攻撃を減らすことができるかもしれない。攻撃性テストは大部分の商業的な農場において実施が容易でない。このため，特に選抜指数に攻撃行動を考慮する必要がある育種豚群（Tunerら，2009）では，仰向け姿勢で拘束されることへの反応（非常に攻撃的な個体は「バックテスト（back test）」でよりもがく。Hessingら，1994bおよびBolhuisら，2005；D'Eath, Burn, 2002も参照），傷の程度（Tunerら，2006）による判断といった代替法がより実用的かもしれない。

他個体への攻撃を抑制するためのより単純な方法は，明らかに順位が高い個体1頭ないしは2頭を群に導入することである。例えば，Rushen（1987）は，社会的に優位なブタの存在は，劣位個体間の攻撃を抑制することを示した。成雄豚は，野生または野生化した群において社会的に優位な地位におり，成雄豚の存在により雌豚を混群した時に起こる攻撃を最小限に抑えることができる（Barnettら，1993；Borberg, Hoy, 2009；Luescherら，1990）。また，McGlone（1990, p.102）は，雄豚のフェロモンであるアンドロステノンが若いブタ同士の攻撃を減少させることを示した。

> 私は，アンドロステノンがフェロモンとして作用したのではなく，むしろ雄的なニオイ物質として作用したと結論づける。春機発動前のブタは，性成熟したブタのようなニオイがする個体を攻撃しないようである。

同様の現象は，他の動物種でも観察されている（Petit, Thierry, 1994）。アカゲザルでは，Reinhardtら（1989, p.275）が以下のような報告をした。

> 12～18カ月齢の若いアカゲザルの存在は，性別を問わず，単飼された成獣（雄雌ともに）の攻撃を抑える傾向がある。

この場合，競争力の劣る若い個体を使うことで，攻撃発生のリスクを抑え，単飼されている成獣の社会化を助けることができる。

選択した個体を混群することにより攻撃を最小限に抑える別の事例は，Colsonら（2006）によって示されている。それは，離乳豚の群では，単一の性よりも雄と雌が混在した群において攻撃レベルが高いということである。Colson

らは，雌豚の存在が重要な競争資源になっているため（この研究では，春機発動前の個体を用いている），雌豚の存在は雄豚群において攻撃を助長すると論じている。本当の理由が何であれ，この研究は単一の性で混群すること，異性の個体と接しないことが，攻撃を最小限にする可能性があることを示唆している。関連したアプローチは，飼育下の霊長類の管理において調査されている。GoldとMaple（1994）は，300頭近くのゴリラの行動特性を主観的に評価し，その後分析のため，4つの要因（外向性，社会的優位性，恐怖心，理解力）を個体行動型として抽出した。そして，これらのデータベースに基づいて，動物園間を移動するゴリラの相性を作成した。

例えば，「ゴリラ保存計画」において，追加可能な若雄グループの形成を考え，その有力候補を検討していた。攻撃性のある雄は，雄だけの飼育環境での生活に障害をもたらすことが知られている。一方，社交的な雄は，若雄グループの生活環境に容易に適応できる傾向がある。「ゴリラ行動指標」は，雄のプロフィールスコアの点数範囲を見るために役立つ。この分析により，比較的高い外向性スコアと低いスコアを持つ雄を選抜することができた。

総括すると，個体特性を理解することは，群内の個体の多様性を増加させ，見知らぬ個体の混群時に起こる攻撃の減少に役立つ可能性がある。

資源独占の機会を最小限に抑える

新しく混群された個体が資源を独占しないようその能力を最小に抑えることによって，競争による攻撃が減少する可能性がある。Andersenら（2004）は，群サイズを大きくすると資源独占の確率が減るため，これが競争による攻撃方法を減少させる単純な方法となると報告した。彼らはまた，1頭当たりの攻撃回数や混群時に起こる攻撃に参加する個体数の割合は，6頭群，12頭群と比べて，24頭群（いずれの群も新規に混群）で有意に低いことを明らかにした。有害な攻撃行動にさらされる混群個体の割合を減少させることは，ブタと飼育管理者両者にとって利益となるだろう。安定した群におけるこの方法のさらなる事例は，14.6.2節で述べる。

飼育下での混群時に考慮すべきその他の点は，先住個体は攻撃的になり，テリトリーに突然入れられた見知らぬ個体を打ち負かすという，居住者-侵入者原理がある（D'Eath, 2002；Nelson, Trainor, 2007）。もし先住個体と導入個体がともに成獣雄で，そこに繁殖可能な雌が存在するならば，攻撃は起こるだろう。前述の例では明らかに個体間の飼育履歴に違いがあるが，（非自発的な）導入個体が先住個体への露出を避け，調整できる十分な空間がない限り，導入個体は服従の姿勢をとっていても，ひどい危害を被る可能性がある。この場合，空間が十分広く，群の全個体に対し同等に面識がなく，雌やその他の高価値な資源がない場所に動物を導入することは，動物の情動や関係の原因である資源やテリトリーを防衛するという動機を取り除くことにつながるので，より安全かもしれない。

行動評価を助長する

お互いの競争力を評価する動物の能力は，前述の研究結果が部分的にその基礎となっている。Rushen（1990）は以下のように述べた。

最初の闘争において，子豚がそのような判断をするとは思えない。しかし，子豚は闘争の間に発

> 生した様々な出来事から相手の相対的な戦闘能力を判断することができるようにみえる。相対的な闘争能力についての情報を子豚が蓄積することにより，闘争が減少する。したがって，見知らぬ子豚間の最初の闘争は，相対的な戦闘能力を把握していないことによって動機づけられ，それはひとつの社会探査の形とみなすことができる。

　JensenとYngvesson（1998）は，混群前に対面させたブタのペアは，事前の対面がない時よりも混群後の競争が少ないことを明らかにし，ブタが互いの相対的能力の評価を行った可能性を示唆している。

> 事前対面によって，明らかに噛む行動は減少し，全体の競争時間は有意に減少したため，混群後に続く攻撃が減少したと考えられる。このことから，飼育管理者が混群前に競争すると思われる個体に導入個体を見せるという方法は実践的である可能性がある。

　Rushen（1988）は，育成豚でこの効果を観察することはできなかったが，KennedyとBroom（1994）は，高齢の動物において同様の知見を報告した。繁殖雌豚の群に事前対面した若い雌豚は，事前対面がない時よりも混群後の攻撃が少なかった。事前対面の期間（自然環境下における段階的な群構成個体への統合を模した〈Stolba, Wood-Gush, 1989〉）は，相手を評価することや，不安や攻撃に関連する行動を減少させることができる。

　一般的に，競争や社会的順位に関する情報を収集し（「傍受」と呼ばれる），他の個体間の社会的相互作用を観察する能力は，ニワトリ（Hogueら，1996）を含む多くの動物種で明らかにされている（例：Oliveiraら，1998；Peakeら，2001；Paz-y-Miñoら，2004）。この潜在的な社会的能力は，動物が飼育環境下において攻撃性を示すことを最小限に抑えるために利用できると唱えられている。しかし，導入前に他の個体の攻撃行動を見る個体では，積極的な攻撃が増えるかもしれないということに注意すべきである（Oliveiraら，2001；Suzuki, Lucas, 2009）。これは，血中アンドロゲン濃度の上昇に示され，過去の勝利経験から将来の勝利が予想される時に起こる。

　より多くの社会的遊戯経験を持つ，見知らぬブタの間で社会的順位づけが速やかになされることからも分かるように（Newberryら，2000），若い時の社会的遊戯経験は，社会的評価能力の学習のために重要であると考えられる。さらに一般的には，社会的遊戯経験を通じて，動物は情動的な覚醒を調整する能力，見知らぬ個体に直面した時の適応，相手の行動に合わせ自身の社会的戦術を修正する能力を発達させるという仮説が提唱されている（Spinkaら，2001；Pellisら 2010）。もし動物が持つ相対的な状況をより分ける評価能力を発達させ使用する機会が飼育環境によって制限されるとすれば，混群時の攻撃レベルを悪化させる可能性がある。

面識のある動物の認知を促進する

　分離されていた動物は社会的順位を再確立するため，あるいは群構成個体を認知できない，または憶えていないことが原因で群の再形成時に攻撃行動を起こす。これら2つの潜在的な原因を解明することは困難であるが，いずれの場合においても，社会的認知と記憶過程（社会的順位の記憶を含む）をより理解することで，これらの問題を最小化することができるだろう。ブタは，嗅覚，視覚，おそらく聴覚によって面識のある個体とない個体とを区別している。また，環境汚染物質（例：高濃度アンモニア）

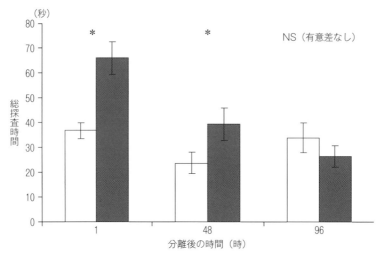

図 14.3　実験用ラットを用いた分離後の時間的経過に伴う面識のある個体（白棒）と面識のない個体（青棒）の臭気刺激に対する探査時間の違い
ラットは分離1時間後と48時間後では，面識のある個体よりも面識のない個体のニオイを有意に長く探査した。しかし，分離96時間後では差がなかった
(Burman, Mendl, 2006 より)

は，面識があるまたはない個体への接近に影響を与えるかもしれないが，識別する能力を完全に失わせるわけではないことが明らかとなっている（Kristensenら，2001；McLemanら，2005, 2008）。同種個体に対する社会的認識期間の調査において，他の個体を識別できない指標として攻撃行動が使用されてきた。ブタは分離後4週間は他の個体を記憶していられるが（Spoolderら，1996），1週間の分離時と比較すると記憶は劣化する（Hoy, Bauer, 2005）。これは社会的順位の違いに依存し，動物間で異なる可能性がある（Ewbank, Meese, 1971）。また，見たことのある社会的刺激よりも，見たことのない刺激に対する探査行動の増加は，社会的記憶の長さの評価にも使われている（Burman, Mendl, 2006，図14.3）。動物が分離される前に一緒にいた時間，元々の社会的集団の大きさ，分離期間中の経験，そして，再グループ化時の状況のような，社会的記憶に影響するような要因を，体系的に調査する必要がある（Burman, Mendl, 2006）。

14.6　社会的に確立した群における問題の解決

● 14.6.1　回避の機会の提供

すでに確立している群において，ある個体が他の個体の行動を抑制し，またはそれらの動物の福祉に不利になるような影響を与えることがないようにする重要な方法のひとつは，お互いを避ける機会を動物に提供することである。攻撃やカニバリズムを行う個体を避けるには，飼育環境が狭いよりも広い方がより容易かもしれない。しかし，単なる利用可能なスペースの増加は効果的でない。もし，そのスペースが開放的で構造物が何もなかったら，ある個体が他の個体につきまとう可能性がある。例えば，産卵鶏の群において，羽つつきされる最下位の個体は，敷料のある床部の中央にいると他の産卵鶏から執拗な攻撃を受けるため，この場所を避ける（Freireら，2003）。同じように，ブロイラーの種鶏群では，雄は敷料のある床部に集ま

り，複数の雄はそこで雌に交尾を即座に，攻撃的に強要するかもしれない。雌は傷を負うことになるため，結果として雌は鶏舎の敷料のある床部を避け，受精率の低い雌鶏群となる（Leon, Estevez, 2008）。

このような問題は，祖先種である「赤色野鶏」の対捕食者行動を活かし，「茂み」によって視覚的な景観を分断することによって緩和することができる。NewberryとShackleton（1997）は，部分的に視覚を遮る垂直の短いパネルを設置した（図14.4）。これらのパネルはブラインドの効果を持ち，ニワトリは隠れることができると同時に，バリアとなるパネルの反対側の様子を監視できることを示唆した。ニワトリは，休息や羽繕いなどの攻撃されやすい行動を行う時に，これらのパネルの近くを探索し，パネルの近くで休息した時は他のニワトリからほとんど干渉されないことが明らかになった（Newberry, Shackleton, 1997；Cornettoら，2002）。さらに，ブロイラー種鶏では敷料床部に目隠しパネルを提供すると，より多くの雌の敷料床部への侵入が促され，繁殖成績が改善した。雄と交尾が可能な雌の数が多くなることで，求愛行動は増え，強制的な交尾が減少するという雄の交尾戦術を変えた可能性がある。これらは重大な社会的問題に対する非常に単純な解決策を示している。そしてこの解決策は，社会行動の理解と保護構造の特別なデザインに注目することで考案することができる。

攻撃を減少させる視覚的保護の効果は，他の動物種でも多く報告されている（Chamove, Grimmer, 1993；Whittington, Chamove, 1995；Honess, Marin, 2006）。ブタにおいては，pop-holesと呼ばれる頭を隠すことができる構造が，激しい攻撃の抑制や回避に効果的であると示されている（McGlone, Curtis, 1985）。また，ブタオザルの研究において，

図14.4　ニワトリは身を守るために不連続で垂直な構造物の周辺を求める
（Newberry, Shackleton, 1997より。Ruth Newberry撮影）

Erwinら（1976, p.321）が以下のように報告した。

> 通常の飼育環境下の安定した群における敵対行動の頻度は，コンクリート製の円筒の設置によって減少した。このことから，円筒は攻撃を受ける個体のシェルターとなるとともに，それ自体が攻撃を減少させることが示唆された。ブタオザルは，即時に円筒の使用を開始し，それに座ったり，そのなかに入ることが観察された。また，攻撃を受けるブタオザルは，その円筒のなかに隠れることで，攻撃個体を頻繁に回避することができた。

また，Erwinら（1976, p.322）は，シェルターの効果は安定した群でのみ有効であることを示した。

> シェルターを設置しても，マカク属サルの侵入者に対する典型的な攻撃行動を十分抑制することはできなかった。

止り木や高台は，いじめられる個体に避難スペースを提供し，3次元空間を利用するための十分な経験を与えることになる。このような行

動の適正な発達には，若齢期における感受期があるかもしれない（Gunnarssonら，2000）。しかし，カニバリズムや羽つつきといった深刻な問題を引き起こす可能性がある産卵鶏のエイビアリー飼育システム（監注：多段式の平飼い方式）では，長く，連続した，そして密に配置された止り木はないよりはましだが，攻撃を完全に避けることはできない。この場合，樹木のような構造物がより効果的だと思われる。

● 14.6.2 資源の配置を操作する

前述の事例のほかにも，群の福祉に悪影響が及ぶことを防ぐ方法が存在する。管理された社会環境においては，群の全個体は競争せずに資源（食物や雌など）を獲得できることが理想的である。このためには，私たちは競争を刺激する条件を認識しておく必要がある。資源をめぐる攻撃的な競争は，飼料が少量で与えられる時（Bryant, Grant, 1995）や，限られた場所に分散して与えられる時（Pulliam, Caraco, 1984）のように，資源が守られる場合に起こる傾向がある。たとえ，不断給餌されていたとしても，コンピュータで給餌が制御されている雌豚の場合，社会的順位が低いブタは，給餌器の入口に横たわる攻撃的なブタに怯え，結果，強い個体が給餌器を占有してしまうかもしれない。グリーンイグアナでは，社会的順位が高い個体は温かい場所を独占することができる。これは，同じケージ内の他の個体と比較し，このような個体が早く成長することによって裏づけられる（Alberts, 1994）。攻撃的な競争とは対照的に，争奪競争は，飼料が多くの個体にとって近づきやすい1カ所へ与えられるといった，資源を容易に守ることができない場合に起こるだろう（Milinski, Parker, 1991）。この場合，他の個体に比べて食べる速度が速い個体，飼料周辺で他の個体からの圧力に耐えられる個体は，そのような特性が低い個体よりも飼料をより多く獲得することができる（図14.5）。

資源の分布と敵対行動との関係は，飼育空間，群の大きさ，飼育密度の相互作用の影響により複雑である。したがって，飼育密度や群の大きさの変化は資源入手可能性の変動による攻撃性へいわゆる逆説的な影響を及ぼし得る。例えば，一定の大きさのペンで飼育されているニワトリで，1羽当たりの攻撃的なつつきと威嚇の頻度は，群の大きさや飼育密度（監注：原典によれば「飼育密度」ではこの関係は見られておらず，この語を削除した方が以下の文脈に適合する）を増加させることで減少する（Estévezら，2003）。なぜなら，飼槽周囲に位置している数多くのニワトリにとって，資源防衛は非経済的な行動となるからである。その結果，攻撃的な表現型を持ったニワトリは，資源防衛から争奪競争へと戦術を変更するかもしれない。これとは対照的に，1羽当たりの収容面積がより広いと，上記の行動から，飼槽周囲のニワトリの数はより変動すると推測できる。Estévezら（2002）は，これらの状況下において飼槽の周囲にいる雌鶏数の減少は，残りの雌鶏による飼槽の攻撃的な防衛を増加させることと一致すると報告した。また，Al-RawiとCraig（1975）は1羽当たりの収容面積の増加に伴い敵対行動の頻度が増加することを報告した。

資源を得るための競争によって生じる問題は，特定の個体による独占を防ぐために資源を分配し，競争を減らすために行動を非同期化することで解決できる。例えば，理想的な自由分布理論の観点から，食物が広い面積に薄く広く分散され，すべての場所で同時に提供される時，動物は最小限の競争で均等に分布すると予想される（Milinski, Parker, 1991）。飼槽の長さのように確実に食物の利用を予測できると

図14.5　ニワトリは嗜好性の高い限られた量の飼料を得るため争奪競争に参加する

(Estévezら，2002より。Ruth Newberry 撮影)

いった，動物が簡単に識別することができる手がかりを使うことができれば，その均一な分布はより促進されるかもしれない。また，動物に給餌する時に合図を出すことで，飼料を個々の動物に異なる時間に食べさせる訓練することは可能かもしれない。資源獲得の代替手段を社会的順位が低い個体に与えることは，競争能力の違いが福祉の格差に結びつかないことを保障することになる（Mendl, Deag, 1995）。

14.7 社会的問題に対するその他の解決策

14.7.1 遺伝的選抜

遺伝的選抜は，好ましくない社会行動を減少させるための長期的な解決策となる可能性がある。このアプローチは，攻撃性のような行動的特徴における遺伝的変異を利用するものである。ここで今一度，社会行動における個体差を考慮することの重要性を強調する。特に家畜の群では，社会的調和の促進のために群選択の方策が導入され，注目すべき成果が出ている。このアプローチにおいては，個別飼育されている育種群は社会行動に注目した選抜ができないため，競争における個体差に注目して選抜するというよりは，高い繁殖成績に基づいた家族集団として全グループから選抜する。例えば，CraigとMuir（1993）は，ケージ飼育の産卵鶏の小群において，社会的攻撃，カニバリズム，羽つつきの発生率を減少させる手段として，高い産卵率と死亡率（主にくちばしに起因する傷）に関する群選抜の有効性を実証した。種鶏業者によって行われた群選抜の結果によると，大群では未だ問題は残されているものの，ケージ飼育の産卵鶏で行われるくちばしに起因する傷を制御するための断嘴の必要性は，大幅に減少した。しかし，ケージでの群飼では，飼槽を防衛する優位個体の攻撃行動が普通に認められた。このように，劣位個体の飼料摂取量や卵生産に限界があるが，少なくとも現代の一群選抜系の産卵鶏は，攻撃やストレスなしで限られた飼槽スペースを分け合うことができる

(Thogersonら，2009a, b）。

養鶏におけるこれらの知見は，育種用の個体が飼育されている社会環境によってつくり出される選択圧を，その子孫が経験するものとそろえることの重要性を実証している。たとえ，動物が群選抜されたとしても，資源の得やすさや配置に関して，育種鶏の飼育環境とその子孫がさらされる環境が異なるということは，期待とは異なる社会的な結果をもたらし得る。健康で急速に成長する実用鶏の選抜には，種鶏の長期的健康のために成長を制限することが通常必要となるが，これは特に課題となる。Ruzzante (1994) は，魚において制限給餌あるいは飼料の独占が可能な状況で成長率に関する人為的選抜が実施されると，攻撃的な個体を有利に選抜することになると指摘した（しかしブタではこの影響を見出せなかった。Nielsenら，1995）。この問題は，食物に対する攻撃的な競争が最小の状況において選抜プログラムを実行することで回避できる。

● 14.7.2 社会的学習

他の群構成個体から学習することを，動物福祉や生産性を向上する積極的な方法として利用することができる。例えば，産業動物はそれぞれの発達段階において，一連の飼料を給餌される。しかし，新しい飼料を嫌がるような飼料の変更は，成長を停滞させる。群を構成するある個体が新しい飼料を摂取するよう訓練されれば，残りの個体は観察学習や社会的促進によって，より早くこの飼料に対する嗜好性を獲得するだろう (Galef, 1993; Nicol, Pope, 1994)。同様に，社会的学習は新しい給餌方法，給水施設，止まり木，ペンの設備変更に伴うその他の資源への適応を促進する。しかし，カニバリズムのような望ましくない習慣に関する社会的学習の機会が最小になるように注意しなければならない (Cloutierら，2002)。

生産または繁殖の際は，一般的に動物を育成群から移動させる。通常，この過程で攻撃的な対面が起こる (Wechsler, Lea, 2007)。未知の群に導入する動物には，群構成個体や逃避ルートの学習を促進するために，群への完全な導入前に，段階的な接触の機会を可能な限り与えるべきである (Gonzálezら，2003)。しかしながら，例えば，飼育されている成獣雄のウンピョウは，繁殖のために雌のケージに入る時，段階的な導入をしたとしても繁殖相手を殺すことが知られており (MacKinnonら，2007)，導入時の綿密な監視が推奨されている。普通では考えられないこの反応は，若齢期の適切な社会経験の不足に起因すると推測される。さらに，大群における攻撃性は，「異なる」少数派の群へ頻度依存的に向けられる傾向がある (Dennisら，2008) とすると，若齢期に多様な表現型の個体と影響を与え合う経験をさせることは，将来的に面識のない個体の導入を容易にし，群内の特定の個体への攻撃，すなわちいじめを減少させるかもしれない。

14.8 結論

- 社会的な群における多くの動物福祉の問題は，群構成個体の社会的な経歴と発達する社会的許容量を考慮しなかった結果である。

- 飼育下における社会的な問題を解決しようとする試みは，動的な社会環境における個体差の役割を含め，社会行動を深く理解することに焦点を当てなければならない。

- 管理が非常に悪ければ，社会環境は恒常的な問題の源になり得るが，通常社会環境は多くの飼育動物の生活のなかで，刺激，関与およ

び快適をもたらす最も重要な源であり，個々の福祉を改善する潜在的なツールでもある。

- 群生活を行う動物種にとって，問題を避けるために社会的隔離をするよりも，健康や福祉の問題を防ぐことができる，適切な社会環境を提供する方法を考案する方が重要である。

- 疫学的研究は，病気やその他の福祉問題の起こりやすさに影響を与えるリスク要因として，社会行動を考慮する必要がある。

参考文献

Al-Rawi, B and Craig, J.V. (1975) Agonistic behaviour of caged chickens related to group size and area per bird. *Applied Animal Ethology* 2, 69-80.

Alberts, A.C. (1994) Dominance hierarchies in male lizards: implications for zoo management programs. *Zoo Biology* 13, 479-490.

Algers, B. and Jensen, P. (1991) Teat stimulation and milk production during early lactation in sows: effects of continuous noise. *Canadian Journal of Animal Science* 71, 51-60.

Andersen, I.L., Andenaes, H., Bøe, K.E., Jensen, P. and Bakken, M. (2000) The effects of weight asymmetry and resource distribution on aggression in groups of unacquainted pigs. *Applied Animal Behaviour Science* 68, 107-120.

Andersen, I.L., Naevdal, E., Bakken, M. and Bøe, K.E. (2004) Aggression and group size in domesticated pigs, *Sus scrofa*: 'when the winner takes it all and the loser is standing small'. *Animal Behaviour* 68, 965-975.

Arey, D.S. and Franklin, M.F. (1995) Effects of straw and unfamiliarity on fighting between newly mixed growing pigs. *Applied Animal Behaviour Science* 45, 23-30.

Arnott, G. and Elwood, R.W. (2009) Assessment of fighting ability in animal contests. *Animal Behaviour* 77, 991-1004.

Barnett, J.L., Cronin, G.M., McCallum, T.H. and Newman, E.A. (1993) Effects of "chemical intervention" techniques on aggression and injuries when grouping unfamiliar adult pigs. *Applied Animal Behaviour Science* 36, 135-148.

Barnett, J.L., Cronin, G.M., McCallum, T.H. and Newman, E.A. (1994) Effects of food and time of day on aggression when grouping unfamiliar adult pigs. *Applied Animal Behaviour Science* 39, 339-347.

Berman, C.M. (1990) Intergenerational transmission of maternal rejection rates among free-ranging rhesus monkeys. *Animal Behaviour* 39, 329-337.

Bernstein, I.S. (1991) Social housing of monkeys and apes: group formations. *Laboratory Animal Science* 41, 329-333.

Biro, P.A. and Stamps, J.A. (2008) Are animal personality traits linked to life-history productivity? *Trends in Ecology and Evolution* 23, 361-368.

Bolhuis, J.E., Schouten, W.G.P., Schrama, J.W. and Wiegant, V.M. (2005) Individual coping characteristics, aggressiveness and fighting strategies in pigs. *Animal Behaviour* 69, 1085-1091.

Bonaventura, M., De Bortoli Vozioli, A. and Eschino, G. (2008) Costs and benefits of group living in primates: group size effects on behaviour and demography. *Animal Behaviour* 2008, 76, 1235-1247.

Borberg, C. and Hoy, S. (2009) Mixing of sows with or without the presence of a boar. *Livestock Science* 125, 314-317.

Bradshaw, G.A., Schore, A.N., Brown, J.L., Poole, J.H. and Moss, C.J. (2005) Elephant breakdown. *Nature* 433, 807.

Bryant, M.J. and Grant, J.W.A. (1995) Resource defence, monopolization and variation of fitness in groups of female Japanese medaka depend on the synchrony of food arrival. *Animal Behaviour* 49, 1469-1479.

Burman, O.H.P. and Mendl, M. (2006) Long-term social memory in the laboratory rat (*Rattus norvegicus*). *Animal Welfare* 15, 379-382.

Burn, C.B. and Mason, G.J. (2008) Effects of cage-cleaning frequency on laboratory rat reproduction, cannibalism, and welfare. *Applied Animal Behaviour Science* 114, 235-247.

Carter, C.S. and Keverne, E.B. (2002) The neurobiology of social affiliation and pair bonding. In: Pfaff, D.W., Arnold, A.P., Etgen, A.M., Fahrbach, S.E. and Rubin, R.T. (eds) *Hormones, Brain and Behavior, Volume One*. Academic Press (an Imprint of Elsevier Science), San Diego, California, pp. 299-337.

Chamove, A.S. and Grimmer, B. (1993) Reduced visibility lowers bull aggression. *Proceedings of the New Zealand Society of Animal Production* 53, 207-208.

Cloutier, S., Newberry, R.C., Honda, K. and Alldredge, J.R. (2002) Cannibalistic behaviour spread by social learning. *Animal Behaviour* 63, 1153-1162.

Clutton-Brock, T.H. and Albon, S.D. (1979) The roaring of red deer and the evolution of honest signalling. *Behaviour* 69, 145-169.

Colonnello, V., Iacobucci, P. and Newberry, R.C. (2010) Vocal and locomotor responses of piglets to social isolation and reunion. *Developmental Psychobiology* 52, 1-12.

Colson, V., Orgeur, P., Courboulay, V., Dantec, S., Foury,

A. and Mormède, P. (2006) Grouping piglets by sex at weaning reduces aggressive behaviour. *Applied Animal Behaviour Science* 97, 152-171.

Cornetto, T., Estévez, I. and Douglass, L.W. (2002) Using artificial cover to reduce aggression and disturbances in domestic fowl. *Applied Animal Behaviour Science* 75, 325-336.

Craig, J.V. and Muir, W.M. (1993) Selection for reduced beak-inflicted injuries among caged hens. *Poultry Science* 72, 411-420.

Croney, C. and Newberry, R.C. (2007) Group size and cognitive processes. *Applied Animal Behaviour Science* 103, 215-228.

Dawkins, M.S. (1990) From an animal's point of view: motivation, fitness, and animal welfare. *Behavioral and Brain Sciences* 13, 1-9, 54-61.

D'Eath, R.B. (2002) Individual aggressiveness measured in a resident-intruder test predicts the persistence of aggressive behaviour and weight gain of young pigs after mixing. *Applied Animal Behaviour Science* 77, 267-283.

D'Eath, R.B. and Burn, C.C. (2002) Individual differences in behaviour: a test of 'coping style' does not predict resident-intruder aggressiveness in pigs. *Behaviour* 139, 1175-1194.

Dennis, R., Newberry, R.C., Cheng, H.-W. and Estévez, I. (2008) Appearance matters: artificial marking alters aggression and stress. *Poultry Science* 87, 1939-1946.

Edwards, S.A. and Mauchline, S. (1993) Designing pens to minimise aggression when sows are mixed. *Farm Buildings Progress* 113, 20-23.

Enquist, M. and Leimar, O. (1983) Evolution of fighting behaviour: decision rules and assessment of relative strength. *Journal of Theoretical Biology* 102, 387-410.

Erwin, J., Anderson, B., Erwin, N., Lewis, L. and Flynn, D. (1976) Aggression in captive pigtail monkey groups: effects of provision of cover. *Perceptual and Motor Skills* 42, 319-324.

Estévez, I., Newberry, R.C. and Keeling, L.J. (2002) Dynamics of aggression in the domestic fowl. *Applied Animal Behaviour Science* 76, 307-325.

Estévez, I., Keeling, L.J. and Newberry, R.C. (2003) Decreasing aggression with increasing group size in young domestic fowl. *Applied Animal Behaviour Science* 84, 213-218.

Estévez, I., Andersen, I.-L. and Nævdal, E. (2007) Group size, density and social dynamics in farm animals. *Applied Animal Behaviour Science* 103, 185-204.

Ewbank, R.J. and Meese, G.B. (1971) Aggressive behaviour in groups of domesticated pigs on removal and return of individuals. *Animal Production* 13, 685-693.

Feh, C. and de Mazières, J. (1993) Grooming at a preferred grooming site reduces heart rate in horses. *Animal Behaviour* 46, 1191-1194.

Freire, R., Wilkins, L.J., Short, F. and Nicol, C.J. (2003) Behaviour and welfare of individual laying hens in a non-cage system. *British Poultry Science* 44, 22-29.

Galef, B.G. (1993) Functions of social learning about food: a causal analysis of effects of diet novelty on preference transmission. *Animal Behaviour* 46, 257-265.

Galindo, F. and Broom, D.M. (2002) The effects of lameness on social and individual behavior of dairy cows. *Journal of Applied Animal Welfare Science*, 5, 193-201.

Gold, K.C. and Maple, T.L. (1994) Personality assessment in the gorilla and its utility as a management tool. *Zoo Biology* 13, 509-522.

González, M., Yabuta, A.K. and Galindo, F. (2003) Behaviour and adrenal activity of first parturition and multiparous cows under a competitive situation. *Applied Animal Behaviour Science* 83, 259-266.

Gray, S. and Hurst, J.L. (1995) The effects of cage cleaning on aggression within groups of male laboratory mice. *Animal Behaviour* 49, 821-826.

Gunnarsson, S., Yngvesson, J., Keeling, L.K. and Forkman, B. (2000) Rearing without early access to perches impairs the spatial skills of laying hens. *Applied Animal Behaviour Science* 67, 217-228.

Hennessy, M.B., Schiml-Webb, P.A., Miller, E.E., Maken, D.S., Bullinger, K.L. and Deak, T. (2007) Anti-inflammatory agents attenuate the passive responses of guinea pig pups: evidence for stress-induced sickness behavior during maternal separation. *Psychoneuroendocrinology* 32, 508-515.

Hernández, L., Barral, H., Halffter, G. and Sánchez, C.S. (1999) A note on the behavior of feral cattle in the Chihuahuan Desert of México. *Applied Animal Behaviour Science* 63, 259-267.

Hessing, M.J.C., Schouten, W.G.P., Wiepkema, P.R. and Tielen, M.J.M. (1994a) Implications of individual behavioural characteristics on performance in pigs. *Livestock Production Science* 40, 187-196.

Hessing, M.J.C. Hagelso, A.M., Schouten, W.G.P., Wiepkema, P.R. and Van Beek, J.A.M. (1994b) Individual behavioural and physiological strategies in pigs. *Physiology and Behavior* 55, 39-46.

Hogue, M.E., Beaugrand, J.P. and Laguë, P.C. (1996) Coherent use of information by hens observing their former dominant defeating or being defeated by a stranger. *Behavioural Processes* 38, 241-252.

Honess, P.E. and Marin, C.M. (2006) Enrichment and aggression in primates. *Neuroscience and Biobehavioral Reviews* 30, 413-436.

Høøk Presto, M., Algers, B., Persson, E. and Andersson, H.K. (2009) Different roughages to organic growing/finishing pigs — influence on activity behaviour and social interactions. *Livestock Science* 123, 55-62.

Hoy, S. and Bauer, J. (2005) Dominance relationships between sows dependent on the time interval between separation and reunion. *Applied Animal Behaviour Science* 90, 21-30.

Humphrey, N.K. (1976) The social function of intellect. In: Bateson, P.P.G. and Hinde, R.A. (eds) *Growing Points in Ethology*. Cambridge University Press, Cambridge, UK, pp. 303-317.

Jensen, P. (1994) Fighting between unacquainted pigs — effects of age and of individual reaction pattern. *Applied Animal Behaviour Science* 41, 37-52.

Jensen, P. and Yngvesson, J. (1998) Aggression between unacquainted pigs — sequential assessment and effects of familiarity and weight. *Applied Animal Behaviour Science* 58, 49-61.

Kanitz, E., Puppe, B., Tuchscherer, M., Heberer, M., Viergutz, T. and Tuchscherer, A. (2009) A single exposure to social isolation in domestic piglets activates behavioural arousal, neuroendocrine stress hormones, and stress-related gene expression in the brain. *Physiology and Behavior* 98, 176-185.

Kennedy, M.J. and Broom, D.M. (1994) A method of mixing gilts and sows which reduces aggression experienced by gilts. In: *Proceedings of the 28th International Congress of the ISAE [International Society for Applied Ethology]*, National Institute of Animal Science, Foulum, Denmark, p. 52 (abstract).

Keverne, E.B., Martenz, N.D. and Tuite, B. (1989) Beta-endorphin concentrations in cerebrospinal fluid of monkeys are influenced by grooming relationships. *Psychoneuroendocrinology* 14, 155-161.

Kristensen, H.H., Jones, R.B., Schofield, C., White, R.P. and Wathes, C.M. (2001) The use of olfactory and other cues for social recognition by juvenile pigs. *Applied Animal Behaviour Science* 72, 321-333.

Kuhar, C.W. (2008) Group differences in captive gorillas' reaction to large crowds. *Applied Animal Behaviour Science* 110, 377-385.

Lay, D.C. Jr, Fulton, R.M., Hester, P.Y., Karcher, D.M., Kjaer, J., Mench, J.A., Mullens, B.A., Newberry, R.C., Nicol, C.J., O'Sullivan, N.P. and Porter, R.E. (2011) Hen welfare in different housing systems. *Poultry Science* 90, 278-294.

Le Neindre, P., Veissier, I., Boissy, A. and Boivin, X. (1992) Effects of early environment on behaviour. In: Phillips, C. and Piggins, D. (eds) *Farm Animals and the Environment*. CAB International, Wallingford, UK, pp. 307-322.

Leone, E.H. and Estévez, I. (2008) Economic and welfare benefits of environmental enrichment for broiler breeders. *Poultry Science* 87, 14-21.

Love, J.A. and Hammond, K. (1991) Group housing rabbits. *Laboratory Animals* 20, 37-43.

Luescher, U.A., Friendship, R.M. and McKeown, D.B. (1990) Evaluation of methods to reduce fighting among regrouped gilts. *Canadian Journal of Animal Science* 70, 363-370.

MacKinnon, K.M., Newberry, R.C., Wielebnowski, N.C. and Pelican, K.M. (2007) Identifying early indicators for successful pairing of clouded leopards in captive breeding programs. In: Galindo, F. and Alvarez, L. (eds) *Proceedings of the 41st Congress of the ISAE [International Society for Applied Ethology]*, 30 July-3 August 2007, Merida, Mexico. ISAE, p. 24 (abstract).

Maestripieri, D. (2005) Early experience affects the intergenerational transmission of infant abuse in rhesus monkeys. *Proceedings of the National Academy of Science of the USA* 102, 9726-9729.

McBride, G., Parer, I.P. and Foenander, F. (1969) The social behaviour and organization of feral domestic fowl. *Animal Behaviour Monographs* 2, 125-181.

McGlone, J.J. (1990) Olfactory signals that modulate pig aggressive behavior. In: Zayan, R. and Dantzer, R. (eds) *Social Stress in Domestic Animals*. Kluwer Academic Publications, Dordrecht, The Netherlands, pp. 86-109.

McGlone, J.J. and Curtis, S.E. (1985) Behavior and performance of weanling pigs in pens equipped with hide areas. *Journal of Animal Science* 60, 20-24.

McLeman, M.A., Mendl, M., Jones, R.B. and Wathes, C.M. (2005) Discrimination of conspecifics by juvenile domestic pigs, *Sus scrofa*. *Animal Behaviour* 70, 451-461.

McLeman, M.A., Mendl, M.T., Jones, R.B. and Wathes, C.M. (2008) Social discrimination of familiar conspecifics by juvenile pigs, *Sus scrofa*: development of a non-invasive method to study the transmission of unimodal and bimodal cues between live stimuli. *Applied Animal Behaviour Science* 115, 123-137.

Mendl, M. (1995) The social behaviour of non-lactating sows and its implications for managing sow aggression. *Pig Veterinary Journal* 34, 9-20.

Mendl, M. and Deag, J. (1995) How useful are the concepts of alternative strategy and coping strategy in applied studies of social behaviour? *Applied Animal Behaviour Science* 44, 119-137.

Mendl, M. and Erhard, H.W. (1997) Social choices in farm animals: to fight or not to fight? In: Forbes, J.M., Lawrence, T.L.J., Rodway, R.G. and Varley, M.A. (eds) *Animal Choices*. British Society of Animal Science (BSAS) Edinburgh, UK, pp. 45-53.

Milinski, M. and Parker, G.A. (1991) Competition for resources. In: Krebs, J.R. and Davies, N.B. (eds) *Behavioural Ecology: An Evolutionary Approach*, 3rd edn. Blackwell Scientific Publications, Oxford, UK, pp. 137-168.

Miller, A.H., Maletic, V. and Raison, C.L. (2009) Inflammation and its discontents: the role of cytokines in the pathophysiology of major depression. *Biological Psychiatry* 65, 732-741.

Nelson, R.J. and Trainor, B.C. (2007). Neural mechanisms of aggression. *Nature Reviews Neuroscience* 8, 536-546.

Newberry, R.C. and Estévez, I. (1997) A dynamic approach to the study of environmental enrichment and animal welfare. *Applied Animal Behaviour Science* 54, 53-57.

Newberry, R.C. and Shackleton, D.M. (1997) Use of cover by domestic fowl: a Venetian blind effect? *Animal Behaviour* 54, 387-395.

Newberry, R.C. and Swanson, J.C. (2008) Implications of breaking mother-young social bonds. *Applied Animal Behaviour Science* 110, 3-23.

Newberry, R.C., Špinka, M. and Cloutier, S. (2000) Early social experience of piglets affects rate of adaptation to strangers after weaning. In: Ramos, A., Pinheiro Machado F., L.C. and Hötzel, M.J. (eds) *Proceedings of the 34th International Congress of the ISAE [International Society for Applied Ethology]*, 17-20 October 2000, Florianópolis. Federal University of Santa Catarina, Florianópolis, Brazil, p. 67 (abstract).

Newberry, R.C., Keeling, L.J., Estévez, I. and Bilčik, B. (2007) Behaviour when young as a predictor of severe feather pecking in adult laying hens: the redirected foraging hypothesis revisited. *Applied Animal Behaviour Science* 107, 262-274.

Nicol, C.J. and Pope S.J. (1994) Social learning in small flocks of hens. *Animal Behaviour* 47, 1289-1296.

Nielsen, B.L., Lawrence, A.B. and Whittemore, C.T. (1995) Effect of group size on feeding behaviour, social behaviour and performance of growing pigs using single-space feeders. *Livestock Production Science* 44, 73-85.

Nielsen, L.H., Mogensen, L., Krohn, C., Hindhede, J. and Sarensen, J.T. (1997) Resting and social behaviour of dairy heifers housed in slatted floor pens with different sized bedded lying areas. *Applied Animal Behaviour Science* 54, 307-316.

Oliveira, R.F., McGregor, P.K. and Latruffe, C. (1998) Know thine enemy: fighting fish gather information from observing conspecific interactions. *Proceedings of the Royal Society B — Biological Sciences* 265, 1045-1049.

Oliveira, R.F., Lopes, M., Carneiro, L.A. and Canário, A.V.M. (2001) Watching fights raises fish hormone levels. *Nature* 409, 475.

Orihuela, A. and Galindo, F. (2004) Etología aplicada en los bovinos. In: Galindo, F. and Orihuela, A. (eds) *Etología Aplicada*. Universidad Nacional Autónoma de México, México, pp. 89-131.

Otten, W., Puppe, B., Stabenow, B., Kanitz, E., Schijn, P.C., Brüssow, K.P. and Nürnberg, G. (1997) Agonistic interactions and physiological reactions of top- and bottom-ranking pigs confronted with a familiar and an unfamiliar group: preliminary results. *Applied Animal Behaviour Science* 55, 79-90.

Panksepp, J. (2003) Feeling the pain of social loss. *Science* 302, 237-239.

Paz-y-Miño, G., Bond, A.B., Kamil, A.C. and Balda, R.P. (2004) Pinyon jays use transitive inference to predict social dominance. *Nature* 430, 778-781.

Peake, T.M., Terry, A.M.R., McGregor, P.K. and Dabelsteen, T. (2001) Male great tits eavesdrop on simulated male-to-male vocal interactions. *Proceedings of the Royal Society B — Biological Sciences* 268, 1183-1187.

Pellis, S.M., Pellis, V.C. and Bell, H.C. (2010) The function of play in the development of the social brain. *American Journal of Play* 2, 278-296.

Petherick, J.C. and Blackshaw, J.K. (1987) A review of the factors influencing the aggressive and agonistic behaviour of the domestic pig. *Australian Journal of Experimental Agriculture* 27, 605-611.

Petit, O. and Thierry, B. (1994) Aggressive and peaceful interventions in conflicts in Tonkean macaques. *Animal Behaviour* 48, 1427-1436.

Price, E.E. and Stoinskia, T.S. (2007) Group size: determinants in the wild and implications for the captive housing of wild mammals in zoos. *Applied Animal Behaviour Science* 103, 255-264.

Price, E.O. (1999) Behavioral development in animals undergoing domestication. *Applied Animal Behaviour Science* 65, 245-271.

Price, E.O. (2004) Efecto de la domesticación en la conducta animal. In: Galindo, F. and Orihuela, A. (eds) *Etología Aplicada*. Universidad Nacional Autónoma de México, México, pp. 29-50.

Pulliam, H.R. and Caraco, T. (1984) Living in groups: is there an optimal group size? In: Krebs, J.R. and Davies, N.B. (eds) *Behavioural Ecology: An Evolutionary Approach*, 3rd edn. Blackwell Scientific Publications, Oxford, UK, pp. 122-147.

Reinhardt, V., Houser, D., Cowley, D., Eisele, S. and Vertein, R. (1989) Alternatives to single caging of rhesus monkeys (*Macaca mulatta*) used in research. *Zeitschrift für Versuchstierskunde* 32, 275-279.

Ruis, M.A.W., te Brake, J.H.A., Engel, B., Buist, W.G., Blokhuis, H.J. and Koolhaas, J. M. (2001) Adaptation to social isolation: acute and long-term stress responses of growing gilts with different coping characteristics. *Physiology and Behavior* 73, 541-551.

Rumbaugh, D.M., Washburn, D. and Savage-Rumbaugh, E.S. (1989) On the care of captive chimpanzees: methods of enrichment. In: Segal, E. (ed.) *Housing, Care and Psychological Wellbeing of Captive and Laboratory Primates*. Noyes Publications, Park Ridge New Jersey, pp. 357-375.

Rushen, J. (1987) A difference in weight reduces fighting when unacquainted newly weaned pigs first meet. *Canadian Journal of Animal Science* 67, 951-

Rushen, J. (1988) Assessment of fighting ability or simple habituation — what causes young pigs (*Sus scrofa*) to stop fighting. *Aggressive Behavior* 14, 155-167.

Rushen, J. (1990) Social recognition, social dominance and the motivation of fighting by pigs. In: Zayan, R. and Dantzer, R. (eds) *Social Stress in Domestic Animals*. Kluwer Academic Publications, Dordrecht, The Netherlands, pp. 135-143.

Ruzzante, D.E. (1994) Domestication effects on aggressive and schooling behavior in fish. *Aquaculture* 120, 1-24.

Schapiro, S.J. (2002) Effects of social manipulations and environmental enrichment on behavior and cell-mediated immune responses in rhesus macaques. *Pharmacology, Biochemistry and Behavior* 73, 271-278.

Souza, A.S. and Zanella, A.J. (2008) Social isolation elicits deficits in the ability of newly weaned female piglets to recognise conspecifics. *Applied Animal Behaviour Science* 110, 182-188.

Špinka, M. (2006) How important is natural behaviour in animal farming systems? *Applied Animal Behaviour Science* 100, 117-128.

Špinka, M., Newberry, R.C. and Bekoff, M. (2001) Mammalian play: training for the unexpected. *The Quarterly Review of Biology* 76, 141-168.

Spoolder, H.A.M., Burbidge, J.A., Edwards, S.A., Lawrence, A.B. and Simmins, P.H. (1996) Social recognition in gilts mixed into a dynamic group of 30 sows. *Animal Science* 62, 630 (abstract).

Spoolder, H.A.M., Geudeke, M.J., Van der Peet-Schwering, C.M.C. and Soede, N.M. (2009) Group housing of sows in early pregnancy: a review of success and risk factors. *Livestock Science* 125, 1-14.

Stauffacher, M. (1992) Group housing and enrichment cages for breeding, fattening and laboratory rabbits. *Animal Welfare* 1, 105-125.

Stolba, A. and Wood-Gush, D.G.M. (1984) The identification of behavioural key features and their incorporation into a housing design for pigs. *Annales de Recherches Veterinaires* 15, 287-298.

Stolba, A. and Wood-Gush, D.G.M. (1989) The behaviour of pigs in a semi-natural environment. *Animal Production* 48, 419-425.

Suzuki, H. and Lucas, L.R. (2009) Chronic passive exposure to aggression escalates aggressiveness of rat observers. *Aggressive Behavior* 35, 1-13.

Taylor, N.R., Main, D.C.J., Mendl, M. and Edwards, S.A. (2010) Tail-biting: a new perspective. *The Veterinary Journal* 186, 137-147.

Thogerson, C.M., Hester, P.Y., Mench, J.A., Newberry, R.C., Pajor, E.A. and Garner, J.P. (2009a) The effect of feeder space allocation on behavior of Hy-line W-36 hens housed in conventional cages. *Poultry Science* 88, 1544-1552.

Thogerson, C.M., Hester, P.Y., Mench, J.A., Newberry, R.C., Okura, C.M., Pajor, E.A., Talaty, P.N. and Garner, J.P. (2009b) The effect of feeder space allocation on productivity and physiology of Hy-line W-36 hens housed in conventional cages. *Poultry Science* 88, 1793-1799.

Turner, S.P., Farnworth, M.J., White, I.M.S., Brotherstone, S., Mendl, M., Knap, P., Penny, P. and Lawrence, A.B. (2006) The accumulation of skin lesions and their use as a predictor of individual aggressiveness in pigs. *Applied Animal Behaviour Science* 96, 245-259.

Turner, S.P., Roehe, R., D'Eath, R.B., Ison, S.H., Farish, M., Jack, M.C., Lundeheim, N., Rydhmer, L. and Lawrence, A.B. (2009) Genetic validation of postmixing skin injuries in pigs as an indicator of aggressiveness and the relationship with injuries under more stable social conditions. *Journal of Animal Science* 87, 3076-3082.

van de Weerd, H.A. and Day, J.E.L. (2009) A review of environmental enrichment for pigs housed in intensive housing systems. *Applied Animal Behaviour Science* 116, 1-20.

Vehrencamp, S.L. (1983) A model for the evolution of despotic versus egalitarian societies. *Animal Behaviour* 31, 667-682.

Verga, M., Luzi, F. and Carenzi, C. (2007) Effects of husbandry and management systems on physiology and behaviour of farmed and laboratory rabbits. *Hormones and Behavior* 52, 122-129.

Visalberghi, E. and Anderson, J.R. (1993) Reasons and risks associated with manipulating captive primates' social environments. *Animal Welfare* 2, 3-15.

von Holst, D. (2004) Attachment and pair bonds in tree shrews: proximate causes and physiological consequences. *Journal of Psychosomatic Research* 56, 589.

Watt, D. and Panksepp, J. (2009) The depressive matrix: an evolutionarily conserved mechanism to terminate separation distress? A review of aminergic, peptidergic and neural network perspectives. *Neuropsychoanalysis* 11, 5-104.

Wechsler, B. and Lea, S.E.G. (2007) Adaptation by learning: its significance for farm animal husbandry. *Applied Animal Behaviour Science* 108, 197-214.

Weiss, I.C., Pryce, C.R., Jongen-Rêlo, A.L., Nanz-Bahr, N.I. and Feldon, J. (2004) Effect of social isolation on stress-related behavioural and neuroendocrine state in the rat. *Behavioural Brain Research* 152, 279-295.

Whittington, C.J. and Chamove, A.S. (1995) Effects of visual cover on farmed red deer behaviour. *Applied Animal Behaviour Science* 45, 309-314.

Wolf, M., van Doorn, G.S., Leimar, O. and Weissing, F.J. (2007) Life-history trade-offs favour the evolution of animal personalities. *Nature* 447, 581-584.

IV 解決策

第15章 ヒトの接触

概要

ヒトと動物の関係は，様々なやり方で概観することが可能であるが，動物行動学的視点から，個体間関係の観点でも概念化することができる。本章では，家畜の福祉に対するヒトの接触の影響について概観する。用いられるモデルは，ヒトと大多数の研究の供試動物である産業動物との関係である。これまで研究されてきた産業動物の視点に基づくヒトとの関係性の側面の多くは，ヒトに対する動物の恐怖反応である。しかし近年では，ヒトの存在により生じる報酬が与えられる事象や，付き合い方から引き起こされるかもしれないポジティブすなわち喜びの情動を動物が経験する可能性があるという見解が増えてきている。産業動物の福祉に関する3つの流れでの試験，すなわち制御された実験条件下での取り扱いに関する研究，商業的飼育条件下での観察研究，商業的飼育下での介入研究である。生後早い時期の取り扱いは最も影響が大きいかもしれない。しかし，その後の取り扱いによっても影響を受けるため，早期の学習効果を修正できる可能性がある。ヒトに対する条件づけおよび馴致は，生涯の初期およびその後の時期の両方で生じ，おそらくヒトに対する産業動物の行動反応に最も影響する要因である。本章で総説する内容のハイライトは，ヒトと動物との関係の発達におけるヒトの重要な役割と責任である。飼育管理者の態度，行動，および動物の行動とストレス生理との関係について調べた実験的な取り扱いに関する研究と農場での介入研究の結果は，これらの間の因果関係を明らかにする。さらに，この種の研究は，畜産業に飼育管理者の態度と行動を対象にした飼育管理者向けの訓練コースを導入することを強く推奨する。動物を飼育する仕事に適した態度に基づいて飼育管理者を選抜することは，動物福祉を向上させる別の機会を提供する。この議論は，ヒトと動物の関係の発達におけるヒトの重要な役割と責任を例証し，それによりこれらの関係を理解する必要性だけでなく，動物福祉を保護するためにそれらを向上させる機会が必要であることを強調する。

15.1 はじめに

本章では，ヒトと家畜の密な関係を調べることで，家畜の福祉に対するヒトの接触の影響について検討する。この検討のモデルは，ヒト－産業動物関係でその調整と意味，特に動物にとっての意味に関して数多くの研究がなされている。ヒト－産業動物関係の初期の研究が，産業動物の生産性への影響に対する興味によって行われてきたのに対して，近年の研究は，産業動物の福祉のための両者の関係の意味を調べるために実施されてきている。

現代に生きる産業動物は，数千年もの家畜化の歴史を経験してきている（Serpell, 1986；Clutton-Block, 1994；Price, 2002）。新石器時代以降，家畜の利用が増え続けるにつれて，ヒト－動物関係についての議論も，特にその形成，調整および両者への意味といった具合に発展してきている。数千年の家畜化の後でも，ヒト－

動物関係のテーマは，現時点での家畜の福祉基準を直接問うものや，社会での家畜の使用におけるヒトの責任を問うなど，議論を巻き起こすことが多い。ヒトと動物の関係における不平等や，両者の関係で受入可能なヒトの行動はどのようなものかという哲学的議論は，未だに論争があり，顕著である（Digard, 1990；Hemsworth, 2007）。

ヒト－動物関係は，生物学，生理学，心理学，歴史学，人類学，社会学といった異なる見方を提供する諸領域で，様々な方法で概観されている。しかし，本章では，顔見知りの2個体間の関係の実態と質を規定する出現状況と同時に，両者間の相互作用の質と頻度に関して，個体間関係の観点に基づき，動物行動学的視点から概観する。

15.2 ヒトの接触と家畜化

多くのヒトは，野生動物とは対照的に，「家畜」はたいていとても親しみのある動物という直感的な見方をするであろう。ヒトとの「社会的」相互関係を築いている動物種は，しばしば家畜とみなされる（Denis, 2004）。実際，「家畜化」という用語は，しばしば個体レベルでヒトに馴れることを表すものと誤って使用されている。しかし，現在では，家畜化は動物集団を含むものと共通認識されている。一方，馴致は，「個体の生涯の間に起きる体験的（学習による）現象」と定義される（Price, 1999, p.258）。家畜化の初期の過程に関する総説で，Zederら（2006, p.140）は以下のように述べている。

> 作物とは対照的に，ヒトの管理下で最初に取り組まれた動物の選抜は，形態学的な変化に対してよりも，しばしば対象動物種の行動の変容に対して向けられた。例えば，意図の有無に関わらず，ヒトの努力は，囲い込みに対する耐性の強化，性的早熟性，および特に警戒心と攻撃性の減少に関する選抜に払われた。

しかし，家畜化はただ単に遺伝的選抜の産物ではない。それは動物の生涯にわたり環境刺激と経験を通じて成し遂げられる（Price, 2002）。実際，新石器時代以降，飼育条件とヒトとの接触が，ヒトに対する動物の反応に影響しており，今でもそれが続いている。現在でも，少頭数のウシがアフリカの遊牧民と一緒に，半野生条件で恒久的に生活している一方で，何百万ものウシが北米あるいはブラジルの大規模なフィードロット（肥育場）で，機械給餌によるヒトの接触が少ない条件で生活している。小型犬種はセレブ（監注：パリス・ヒルトンやマドンナたちが好んで飼ったことから流行した）が好む伴侶動物として有名で，近代的な都市の居住施設でヒトと緊密に接触しながら生活している。その一方で，別の犬種はヒツジ群を守るイヌとして，多くの時間をヒツジのなかで過ごし，ヒトとの緊密な接触なしに生活している。ウサギとイヌはいくつかの国では食料源である一方で，他の国あるいは同じ国でも，伴侶動物あるいは実験動物としても使われている。そのため，Price（2002）による家畜化の定義は，生物学的視点，なかでもヒト－動物関係の観点と特に関係がある。Price（2002, p.11）は，家畜化を「世代を超えて起きる遺伝的変化と，各世代に継続的に起きる環境により引き起こされる発達上のイベントにより，動物集団が人間および飼育環境に適応するようになる過程」と定義している。したがって，動物集団は人間，人工環境，人間の要望への適応を通じて，果てしない家畜化の過程にさらされている。家畜化の過程で考慮されなければならない多くの環境

要因のなかでは，人間によって課せられる制約に動物が適応できるようなヒト－動物相互関係に配慮することが最も重要である。

15.3 ヒトと家畜間の相互作用と関係

多くの研究者が，種特異的な特性が家畜化の過程には必要不可欠であると主張している（Hale, 1969；Kretchmer, Fox, 1975；Scott, 1992；Price, 1999）。これらの特性のなかでは，社会構造が有蹄類および家禽類の家畜化に影響する重要な行動形質である（Stricklin, Mench, 1987）。これらの動物種は，年間を通してテリトリー制をしくことなしに，比較的大きな群で生活する能力を持っている。また，安定した優劣関係が通常存在し，それにより大群で飼育することができ，互いに傷つけ合ったり，あるいは交尾相手や食料といった限られた資源を巡る争いに多大なエネルギーを費やす危険性を少なくしている。この形質は家畜化の過程での人為選抜を通じてさらに強化されてきている。

産業動物を狭い場所で比較的大群で飼育する結果として，ヒトはいくつかのレベルで動物と日常的に相互関係を持つことができる。その多くの相互関係は，日常的な動物の観察に関わるものである。ほとんどの生産システムでは動物を移動させる必要があり，これは必然的に視覚的・聴覚的接触を伴い，飼育管理者は動物を移動させるためにしばしば物理的接触をする。また，ヒト－動物相互作用は，動物を拘束して日常管理や治療のための処置を施す状況でも生じる。

動物行動学的視点から見ると，ヒト－動物関係は個体間関係の観点で概念化することができる。EstepとHetts（1992）は，『The Inevitable Bond: Examining Scientist-Animal Interactions』のなかで，ヒト－動物関係の動物行動学的概念を提唱している。個体間関係は2個体間の日常的な相互作用の前歴に基づく，というHinde（1976）の見解を用いて，EstepとHetts（1992）は，ヒト－動物関係はその見解と同様に，ヒトと動物の互いの関係性の認知を調べることによって研究すべきと論じている。ヒトと動物における互いの関係性の認知は，相手方の相互作用の解釈と予測を可能にする。そのため，動物がこれから起こる相互関係を学習し，予測することができるならば，相互関係の概念は，実際に関係を持っている当事者同士の間にのみ存在するのではなく，外部の観察者にも存在する。

このような概念に関連したひとつの重要な方法論的特徴は，ヒトと動物に重要性があるそれらの相互作用の特性を明らかにする必要性である。それにより，ヒト－動物関係に及ぼすこれらの相互作用の量と実態の影響が理解され得る。このようなアプローチが，本章に記述されている飼育管理者と産業動物に関する研究により明らかにされている。後述されるように，畜産業におけるヒト－動物間相互作用の観察と取り扱いに関する研究から得られた事実は，ヒトに対する刺激特異的な産業動物の反応の発達を導く，ヒトと動物間の相互作用の履歴にある。つまり，条件づけを通じて，産業動物はヒトをヒト－動物相互関係時に起きる，報酬が与えられたり，罰が与えられたりするイベントと結びつけるかもしれない。同じように，飼育管理者による直接的および間接的な動物との経験が，産業動物に対する飼育管理者の態度と行動に影響力のある決定要因である。

少なくとも，他の哺乳類も私たち人間と似た情動経験を有しているようである，と一般的に認識されている（Panksepp, 2005）。また，ヒト－産業動物関係を研究する多くの研究者が，動物の生産性と福祉に対する意味からヒトに対する動物の恐怖反応に特に興味を持ってきた

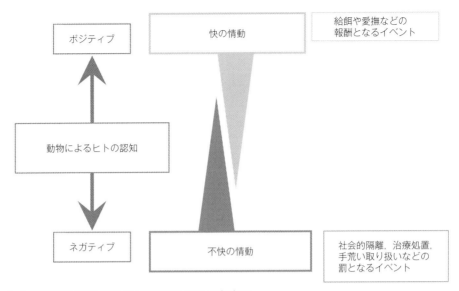

図15.1　ヒトに対する動物の反応に影響する情動の各次元

(Waiblingerら，2006を改変)

(Hemsworth, Coleman, 1998)。しかし，動物による関係の認知は，恐怖のようなネガティブな情動だけでなく，ヒトとの相互作用によって生じるポジティブな情動によっても決定されるようである。例えば，Schmiedら（2008）は，乳牛の頸の腹側部を撫でることが，乳牛の心拍数を減少させ，頸を伸ばさせることをより誘起することを見出している。ウシでは，この部位に対する社会的舐めがとても一般的であり，これらの結果は，ウシが好む部位への撫でが，ヒトによる中立的な接触よりも，ポジティブな接触としてウシに認知された可能性を示唆している。

AureliとSchaffner（2002）は，ヒトと動物の社会的関係は，動物が相手の動作や反応を予測し，それにより彼ら自身の反応を調整することを可能にするという見解を示した。Boivinら（2003）は，彼らの見解を適用拡大し，ヒトとの相互関係により生じる情動の範囲が，動物のヒトとの関係を決定するようだ，と提言している。同じように，Waiblingerら（2006）は，異なる情動と動機が，動物によるヒトの認知とヒトに対する反応に含まれており，それらがネガティブから中立を通してポジティブまで，多岐にわたる動物のヒトとの関係の強さを決定している，と示唆している（**図15.1**）。実際に，ヒトに対する動物の行動的，生理的反応は，ヒトの存在の有無によりそのような様々な情動を反映している。

さらに，Désiréら（2002）は，情動の認知理論に基づいて，ヒトと動物の相互関係時に生じる情動が相手方の特性だけでなく，関係の認知によっても，状況全体の解釈が決定されるようである，と提案している。したがって，情動は，相互関係の突発性，親和性，結合性，予測可能性，制御可能性などの基本的評価の組み合わせによって引き起こされるようである。例えば，産業動物における活動性と心拍数の増加は，新奇性と突発性が組み合わさった時に，より顕著になる（Désiréら，2006）。

ヒトとの相互作用から生じるネガティブおよびポジティブな情動が産業動物の福祉に及ぼす結果は，特に相互作用が動物に恐怖とストレスをもたらすならば明らかである。例えば，恐怖

IV部 - 解決策

図15.2　ヒトの接近に対する回避の程度を測定することで，研究者は産業動物の恐怖レベルを評価してきた

は大型の産業動物では攻撃などの防衛行動をもたらすかもしれないように，情動は動物の扱いやすさと取扱者の安全性にも影響する。

15.4　ヒト－動物関係の評価

これまでに最も研究されてきた産業動物におけるヒト－動物関係の側面は，行動と生理両面でのヒトに対する恐怖反応である（図15.2）。Waiblingerら（2006）によって総説されているように，ヒトに対する動物の反応を測定する方法は，主に次の3つ，すなわち①静止したヒトに対する反応，②動いているヒトに対する反応，③実際の取り扱いに対する反応に分類することができる。Waiblingerらは，交絡する可能性のある動因あるいは行動反応が，これらのテストの種別間で異なるかもしれない，と記している。ヒトが接近するテストでは，好奇心といった他の動因よりも容易に，恐怖反応と解釈されるかもしれない。対照的に，静止したヒトに動物が接近するテストでは，動物による接近および接触までの潜時は，ヒトに対する好奇性と魅力性の両方のレベルによって変動するかもしれない。静止したヒトに対する動物の反応を測定する試験の多くで，その動物に馴染みのある環境との類似性が，供試場所の新奇性の程度を減らす。しかし，供試場所という新しい環境に連れてこられた動物は，まずはそこを探査し，一度恐怖反応が弱まってしまうと，その環境に彼ら自身を馴染ませるように動機づけられているであろう。したがって，動物はその場所とヒトという刺激を回避，探査することの両方の動機づけがなされているかもしれないが，ヒトの接近に対しては，動物のヒトに対する恐怖が主に影響するだろう。動物の恐怖を評価するための，静止したヒトに対する反応を測定する手法は，そこで測定された行動指標と生理指標の間に相関が見出されることにより，支持される。また同時に，動物のヒトに対する恐怖に作用するよう計画された取り扱い処置が，ヒトに対する動物の行動反応に予想どおりの様々な変化を生み出すと確認されることからも，支持さ

れる（Hemsworth, Coleman, 1998）。

　畜産現場では環境条件を統一できないため，ヒト−動物関係の測定値の精度に影響する様々な変動要因がある。Hemsworthら（2009）は，動物に対する飼育管理者の行動研究との関連で，これらの要因のいくつかを総説している。観察者の存在は，日常的な取り扱い下で飼育管理者の行動を観察する眼力と同時に，観察データの有効性に影響するかもしれない。de Passilléと Rushen（2005），Waiblingerら（2006），Hemsworthら（2009）もまた，産業動物のヒトに対する反応の測定値の精度に影響するであろう，主な変動要因について総説している。ヒトの行動観察と同じように，観察者の存在は供試動物の行動に影響するかもしれない。さらに，恐怖反応の測定値の有効性は，調べられる恐怖の測定項目，好奇心や空腹といった他の動因，新奇性や日常的な取り扱いあるいは管理作業が行われる場所との位置関係といったテストの状況，動物のヒトに対する馴染みやテスト中のヒトの行動といったヒトからの刺激の特性，恐怖や他の動因に影響するテスト前の状況などに関連する農場（あるいは研究）間および動物間の変動によって影響を受けるかもしれない。そのため，畜産現場でも，実験的のいずれの状況下でも，これらのヒト−動物関係を評価するためには，標準化した手続きが必要である。

　恐怖は，これまで評価されてきた唯一の情動でもないし，ヒトに対する産業動物の反応に影響する唯一の情動でもない。前述したように，動物はヒトの存在下で，ヒトから報酬が与えられる事象と関連づけることで生じる，ポジティブあるいは快の情動を経験するかもしれない。条件づけを通じて，産業動物はヒトと給餌などの報酬が与えられる事象を結びつけ，それにより接近行動を基本としたヒトへの誘引を高める（Hemsworth, 2003）。ある種のヒトの接触もま

図15.3　種内の身繕いと同様のやり方で行われる撫でなどの，ある種のヒトの接触は，動物にポジティブな情動反応を引き起こすようである

た，産業動物におけるポジティブな情動反応を引き起こすようである。例えば，同種内での相互身繕いと同じようなやり方で行われた撫では，イヌ（McMillan, 1999），ウマ（**図15.3**；Lynchら，1974；Feh, de Maziéres, 1993；McBrideら，2004），ウシ（Schmiedら，2008），ヒツジ（Talletら，2005, 2008），ロバ（Ligoutら，2008）において，心拍数の減少を引き起こし，結果的にリラックスした姿勢やヒトへの接近の増加をもたらしている。ヒトの存在下でポジティブな情動を経験した産業動物は，ストレスがかかる状況でのストレス反応を減少させるかもしれない，という証拠がいくつかある。例えば，ヒトに対して強い親和性を示すイヌとヒツジでは，社会的隔離ストレスが減少する（Boivin

ら，2000；Topálら，2005；Palmer, Custance, 2008；Talletら，2008）。また，ポジティブな取り扱いは，ヒツジで断尾後の心拍数と唾液中コルチゾール濃度を低下させ（Tosi, Hemsworth, 2002），ウシでは直腸検査時の落ち着きのなさと心拍数を低下させる（Waiblingerら，2004）。しかし，産業動物におけるポジティブな情動については，まだ多くのことが調べられていない（Waiblingreら，2006；Boissyら，2007）。そのため，動物福祉および扱いやすさの面からも，さらなる研究が求められている。

15.5 動物－ヒト関係の発達と動物福祉上の意味

　恐怖は，通常，逃避あるいは防衛行動を引き起こす，強力な情動とみなされている。恐怖は，このような行動上の影響に合わせて，通常，自律神経系と神経内分泌系を賦活化し，両神経系はエネルギーの動員と利用，心肺機能などの調節機構に対する作用を通じて，動物が身体的あるいは情動的に対処するのをサポートする（Hemsworth, Coleman, 1998）。Gray（1987）は，恐怖が，新奇で，音や見た目が大きいなど高強度で，高さ，隔離，暗黒など進化上の特別な危険性を含み，伝播学習など社会的相互関係から生じ，以前の嫌悪経験と結びついているといった，これらの環境刺激によって引き起こされるかもしれないと認めている。

　本章でより詳細に検討するが，産業動物のヒトに対する恐怖反応は，動物のヒトとの相互関係の経歴，特にヒトの接触の性質と量によって影響を受ける，という十分な証拠がある。慣れは時間とともに生じ，動物のヒトに対する恐怖は，ヒトへの反復した曝露によって中立的に働く，つまりヒトの存在が報酬と罰のいずれの要素も与えないならば，次第に減少する。ヒトに対する経験が少ない若い家畜は時とともに，ヒトの存在に慣れ，ヒトを環境の一部で特に意味のない存在と認識するようになるかもしれない。ひどくヒトを恐れる野生のラットやシカでさえも，時間とともに，ヒトに馴れるであろう（Galef, 1970；Gatthews, 1993）。

　さらに，条件づけられた接近－回避反応が，飼育管理者と動物の取り扱いに含まれる嫌悪的および報酬的要素の連合の結果として発達する。この点は，例えば，ブタの行動に対する様々な範囲の取り扱い処置の影響を調べた研究によって例証されている（Gonyouら，1986；Hemsworthら，1981a, 1986, 1987, 1996a；Hemsworth, Barnett, 1991）。ヒトに接近したり，15～30秒続く日々の取り扱い中に，実験者を避けるのに失敗した時に，毎回平手打ちされるか，あるいは電気鞭でショックを与えられたブタは，取扱者の存在を取り扱い時の罰と連合学習する。対照的に，短時間の日々の取り扱い中に，軽く叩かれるか撫でられたブタは，その後に，ヒトへの接近の増加を示した（**図15.4**）。また，ブタが給餌という報酬を与えられる経験と取扱者を関連づけるかもしれず，この条件づけによって，ブタがヒトをあまり恐れなくなるという証拠がいくつかある（Hemsworthら，1996b）。回避行動が罰によって条件づけられるメカニズムをめぐっては論争があるが（Walker, 1987），動物が，嫌悪的事象と連合させられた条件刺激の回避を学習することはよく知られている。したがって，条件づけを通じて，ヒトに対する動物の行動反応は，ヒトとの相互関係時に生じる経験の性質によって調整されるかもしれない。

　その他の要因，例えば年齢，社会的環境，遺伝もまた，ヒトに対する動物の反応に影響する。いくつかの動物種では，取り扱い時の年齢の影響力が大きいことを示す証拠がある。例えば，イヌ（Scott, Fuller, 1959）と家禽（アヒ

図 15.4 ポジティブな取り扱いは産業動物のヒトへの恐怖反応を減少させる

ル，ニワトリ：Hess, 1959）では，発育初期における見知らぬ物体に対する恐怖反応の発達が報告されている．これらの研究は，発育初期の動物が，それ以後の時期とは対照的に，見知らぬヒトへの弱い恐怖反応を示すことを示唆している．近年のウマの研究も同じような結果を示している（Lansade ら，2007）．生涯の早い時期あるいは離乳時におけるヒトによるポジティブな関わりは，多くの産業動物でヒトへの恐怖に対して好ましい効果があると示されてきている．例えば，ウシ，ブタ，ヒツジ，ギンギツネでの研究は，生涯の初期と離乳後の両時期における，ポジティブな取り扱いが，ヒトに対する接近・回避行動に基づき評価された，その後の幼獣の恐怖反応を低下させることを示している（Pedersen, Jeppesen, 1990；Hemsworth, Barnett, 1992；Markowitz ら，1998；Boivin ら，1992, 2000；Krohn ら，2001）．しかし，ウシとブタのいくつかの研究では，初期取り扱いの効果にあまり永続性がないことを示しており（Boissy, Bouissou, 1998；Hemsworth, Barnett, 1992），産業動物は若齢での取り扱いに対して感受性があるかもしれないが，その後の取り扱いも影響が大きいことから，初期の学習効果を修飾する可能性があることを示している．げっ歯類の初期の取り扱いに関する論文は非常に広範囲に及び，ホームケージから離乳前の動物を短時間退出させ，そこでの取り扱いは，一般的に成長と発達の促進，オープンフィールドテストでの活動性と排便の減少，学習課題での成績向上，その後のストレッサーに対する生理的ストレス反応強度を低下させることを報告している（Dewsbury, 1992）．これらの初期の取り扱い研究の結果は，しばしばその直接的刺激またはいくつかの行動および生理的過程の発達速度を早める急性ストレスのいずれかの結果と解釈されてきた（Schaefer, 1968）．そのため，これらの結果は，初期の取り扱いの産業動物への効果は，ヒトに対する恐怖への効果を含め，必ずしも取り扱いそれ自体のみによるものではないことを示しているかもしれない．しかし，部分的には，生涯の初期における，母親からの分離と取り扱い処置に含まれる取り扱いの内容，取り扱い後の母親の世話，およびいくつかの研究ではおそらく早期離乳にも関連した急性ストレスの結果であるかもしれない．事実，初期のヒトへの接触が，その後における動物のヒトへの反応に永続的な効果を示した多くの研究が，人工的に給餌した動物を用いて実施されている（Boivin ら，2003 の総説参照）．その結果，若齢時の取り扱いは影響力が大きいかもしれないが（この点についてのより詳しい検討は，Rushen ら，2001 参照），その後のヒトの接触は初期学習の効果を修飾することができる．さらに，その後のヒトの接触は，おそらく初期接

触の効果を維持するうえでも必要だろう（Boivinら，2000）。2種類の学習，すなわち生涯の初期とその後の両方が，おそらくはヒトに対する産業動物の行動反応に作用する最も影響力の大きな要因である（Hemsworth, 2004）。

　社会的学習も，動物のヒトとの関係の発達に影響するように思われる。Lyonsら（1988）は，ヒトに対する子山羊の接近行動が，他のヤギの行動，特に母山羊の行動に影響を受けることを観察している。Boivinら（2002）とKrohnら（2003）は，子羊と子牛に給餌する際に関連づけて軽く叩いたり，話しかけたりすることが，その後のヒトに対する恐怖反応を減少させる効果を持つが，たとえ彼らが人工的に給餌されていたとしても，母親が存在する場合は薄れることを明らかにした。同じようなやり方で，Henryら（2005, 2007）は，母馬とその子馬のヒトに対する行動に相関があるとした。子馬がいる所で母馬に報酬を与えると，1年後まで子馬のヒトに対する逃避反応距離を短くすることを観察している。Boivinら（2009）は，ヒトに対する行動反応に基づく肉用子牛の従順スコアが，母牛の従順さと正の相関があることを観察している。これらの研究は，若齢動物とヒトとの関係が，ヒトに対する彼ら自身の経験だけではなく，母親のヒトへの反応によっても影響を受けることを示している。

　さらに，産業動物のヒトに対する行動反応は，遺伝的違いも反映しているかもしれない（Boissyら，2005による総説参照）。例えば，Murpheyら（1981）は，ウシでも *Bos indicus* と *Bos taurus* で，ヒトに対する逃避反応距離が著しく異なることを報告している。Hearnshawら（1979），BurrowとCorbet（2000）は，ブラーマン交雑牛と英国品種牛の取り扱いに対する行動が著しく異なることを見出し，ヒトがごく近くにいる追い込み柵内に拘束した時の行動反応（これはウシの気質の測定値とみなされてきた。Petherickら，2002）が，*B. indicus* では中程度に遺伝することを見出している。囲みのなかで取り扱った時の *B. taurus* の行動反応についても，同じような結果がLe Neindreら（1995），Gaulyら（2001），Phocasら（2007）によって報告されている。これらの違いは，新奇性恐怖による選抜が，彼らの特定の新奇刺激に対する反応よりも経験のない動物の一般的な恐怖性に対してより強く影響するであろうことから，ある程度は，動物の見知らぬ刺激に対する恐怖（新奇性恐怖）における違いを反映している（Price, 1984）。したがって，新奇性恐怖における違いは，経験のない動物のヒトなどの新奇刺激に対する初期反応に影響するが，時間とともに，ヒトへの経験が，その反応をある程度刺激特異的なものへと変えていくだろう。例えば，比較的ヒトとの接触に経験のないブタのヒトに対する行動反応は中程度に遺伝的であるが，その後のヒトに対する経験が反応を修飾するという証拠がある（Hemsworthら，1990）。MurphyとDuncan（1977, 1978）は2系統のニワトリを研究し，ヒトに対する行動反応に基づいて「驚きやすい」と「落ち着いている」に区分したが，初期の取り扱いが両系統のニワトリのヒトに対する行動反応に影響することを見出している。しかし，落ち着いたニワトリが，必ずしも，除糞装置や膨張する風船といった新奇刺激に対して，引き下がり反応が少ないわけではなかった（Murphy, 1976）。そのうえ，Jonesとその同僚らによる一連の研究（Jonesら，1991；Jones, Waddington, 1992）は，日々の取り扱いが主にヒトに対する鳥の行動反応に影響することを示している。これらのデータは，ヒトに対する経験が一般的な恐怖に対する効果よりも刺激特異的な効果を生み出していることを示している。

第15章 ヒトの接触

このような発達過程の結果として，学術論文中に，ある状況では，ヒトは家畜の社会的パートナーとみなされ得るとする記述がある。つまり，ヒトは動物にとって彼らの社会構造システムの一部であり，ふさわしい社会的パートナーと認識され得る。実際にこのような見方は，おそらく多くの伴侶動物（ペット）の飼い主に広まっているだろう。家畜に共通する重要な特徴はその社会性であり，ヒトと同じく産業動物も種特異的なコミュニケーションおよび社会構造システムを示す。数人の研究者は，狭義の意味の「社会」システムが種内のものと定義されているにも関わらず，ヒト－動物関係を「社会的関係」と記述している（Estep, Hetts, 1992；Scott, 1992；Rushenら, 2001）。愛着行動は社会関係を形成するうえで重要であるとみなされており（Bowlby, 1958），若齢からのイヌの社会行動上の相手としてヒトが組み込まれることを，ScottとFuller（1965）は社会化と呼んだ。Scott（1992）は，社会化を，特に生涯のなかの感受期に起きる愛着過程と群内の他のメンバーに対する調整に基づく，同種仲間およびヒトとの社会的関係の構築と定義した。Kraemer（1992）は，社会化の過程における重要な側面のひとつとして愛着とは，対象物の存在によって安心がもたらされ，対照的に対象物が取り除かれた際，苦悩を示す行動が誘起されるような情動的概念であるとした。LottとHart（1979）は，2種の動物種による社会システムとして，常に一緒に生活している，アフリカ遊牧民であるフラニ族とウシとの相互関係について調査した。イヌとウシの取扱者のための教育プログラムは，しばしば取扱者は動物に対して，友そしてリーダーとして振る舞うべきであるが，社会的グループの優位なメンバーと認識されるべきであると勧めている（Grandin, 2000；Rooneyら, 2000；Krueger, 2007；図15.5）。

しかし，どのような科学的証拠があろうとも，ヒトは社会的相手として，さらには同種仲間として認識されるのであろうか？ ガンを用いたLorenz（1935），およびイヌを用いたScottとFuller（1965）によるパイオニア的研究は，感受期における動物のヒトに対する刷り込みあるいは愛着過程を調べている。本節の前半で報告した，生涯の初期あるいは離乳時におけるヒトの接触の永続的な効果に関する研究は，産業動物のヒトに対する行動反応におけるヒトの接触に対する感受期の証拠を提供している。最近の研究は，家畜における社会的認知を調べるために，例えば，イヌ（Topálら, 1998；Palmer, Custance, 2008）とヒツジ（Boivinら, 2000；Talletら, 2008）における愛着，社会的隔離時のヒツジ（Price, Thos, 1980；Boivinら, 2000）および管理作業時のウシ（Waiblingerら, 2004）に対するヒトの効果，イヌによるヒトの合図の利用（Miklósiら, 1998；Udellら, 2008）を調べるために，ヒト－動物関係を利用している。15.4節の議論のように，同種内の身繕いと同じようなやり方で，ヒトに撫でられた時，産業動物と伴侶動物はポジティブあるいは快の情動を経験しているかもしれないという証拠がある。しかし，これらの結果は，ヒトが動物の社会的順位などの社会構造に統合されたり，あるいは群のリーダーと認識されたりすることを，必ずしも意味してはいない。オオカミの社会構造が，イヌの社会構造の一般モデルとして用いられ，何人かの研究者によってヒト－イヌ関係を含むものと拡大されてきた。しかし，Bradshawら（2008）は，イヌ間の相互関係は，群の全体的社会構造あるいは順位よりもむしろ，互いの個々の経験によってより影響を受けるかもしれないことを示唆している。そのため，単一の「社会」モデルを，イヌの観点からヒト－イヌ関係の解釈に適用することは，誤

図15.5 何名かの研究者が，ある状況においては，ヒトは産業動物の社会的パートナーであるとみなされると示唆している

(写真提供：Wageningen UR Communication Services の厚意による)

解を招くおそれがある。同じように，ウマの「円形の囲みでの調教」が，ウマに取扱者を群れの優位なメンバーと認識させる訓練方法として，何人かによって提唱されている（Roberts, 2002）。この方法は，ウマが取扱者に「服従のサイン」を示して立ち止まるまで，円形の囲みのなかをウマに強制的に走らせることを含んでいる。しかし，Krueger（2007）は，草地に群で生活しているウマによって示される社会行動に，この服従行動が般化することを観察していない。

本章の最初の部分は，理論的見地からヒト−動物関係を検討することであった。この議論は，ヒト−動物関係の発達におけるヒトの責任と重要な役割を浮き彫りにした。さらに，動物の視点と役割がこの関係において重要であるが，この決定的な要因はあまり認識されていない。実際，動物の視点と役割は動物福祉上の意味があり，動物福祉に直接影響するポジティブ，ネガティブの両方の情動は，ヒト−動物相互関係によって生み出される（Fraser, 1995）。本章の最後の部分は，産業現場と実験的状況の両方から得られた事実を用いて動物福祉に対するヒト−動物関係の質がもたらす結果，およびいかにヒトがその行動を変化させることで，実際的にまた著しく両者の関係と動物福祉の両方を向上させ得るかについて例示することにする。

15.6 動物福祉に対するヒトの接触の効果

産業動物の福祉に対するヒトの接触の意味を例示するには，3通りの道筋がある。統制された条件での取り扱いに関する研究，畜産現場での関係の観察，畜産現場でのヒトの接触を標的とした介入研究である。

● 15.6.1 取り扱いに関する研究からの事実

取り扱いに関する研究，特にブタとニワトリにおける研究では，短時間にしかし定期的に負

荷されたネガティブ，すなわち嫌悪的な取り扱いがこれらの動物のヒトに対する恐怖を高め，成長，飼料効率，繁殖性，健康性を低下させることを示している（Hemsworth, Coleman, 1998；Waiblinger ら，2006；Hemsworth ら，2009 による総説参照）。慢性的なストレス反応がこれらの生産性に対する影響に関係しているとみなされている。というのも，多くのブタの取り扱いに関する研究において（Hemsworth, Coleman, 1998），強い恐怖反応を生み出した取り扱い処置が同時に，遊離コルチゾールの基礎濃度の持続的な上昇あるいは副腎の肥大を引き起こしたからである。したがって，ネガティブな取り扱いを受けた産業動物の福祉に配慮する必要がある。恐怖は一般に，ヒトと動物の双方にとって苦悩で，望ましくない情動とみなされ（Jones, Waddington, 1992），Branbell 委員会（1965）によって英国議会に提出された重要な勧告内容のひとつが，集約的に飼育される産業動物は恐怖から解放されるべきである，というものである。ヒトへの恐怖が産業動物の福祉を減少させることには，いくつかの理由がある。ヒトを極度に恐れ，ヒトと日常的に接触する産業動物は，ヒトの存在に対する急性ストレス反応だけでなく，慢性的ストレス反応をも経験しているようである（Hemsworth, Coleman, 1998）。また恐怖を感じている動物は，日常的な観察や取り扱い中にヒトを避けようとして，より損傷を被りやすいようである。そのうえ，後述するように，ヒトの接触がネガティブとなる状況では，飼育管理者の動物に対する態度が悪く，さらに動物が直面している福祉（および生産）上の問題に関する点検への飼育管理者の関与や参加が不十分であるかもしれない。

　嫌悪的な取り扱いが生産と福祉の両方に影響することを示す証拠が，他の産業動物からも得られている。例えば，乳牛での研究は，嫌悪的な取り扱いが乳量を低下させる可能性を示している（Rushen ら，1999；Breuer, 2000；Breuer ら，2003）。Rushen ら（1999）による研究の結果は，乳汁の分泌に影響する自律神経系の影響下にある，カテコールアミンの分泌が関係しているとみなしている。Breuer ら（2003）も，ネガティブな取り扱いを受けた雌牛が慢性的ストレス状態にある証拠を見出している。

● 15.6.2　畜産現場での観察からの事実

　（ヒトに対する行動反応に基づいて評価された）ヒトへの恐怖と乳牛，ブタ，家禽の生産性との農場間での負の相関の発見（**表 15.1**）は，ヒトに対する産業動物の恐怖反応に関連した飼育管理者の特徴を特定するための畜産現場における研究を促してきた。Hemsworth ら（1989）は繁殖豚において，飼育管理者による平手打ちや叩くなどのネガティブな触覚的接触の高い割合と恐怖の評価のための標準的な接近テストによる実験者からの回避行動の増加は相関することを見い出した。放牧地で周年屋外飼育されている乳牛の研究で，Breuer ら（2000）と Hemthworth ら（2000）は，平手打ち，押し，叩きなどのネガティブな触覚的接触が高い割合で行われることが，標準的な接近テストにおける雌牛の実験者からの回避行動の増加に関連することを見出している。同じように，牛舎内の乳牛の研究でも，Waiblinger ら（2002, 2003）は，飼育管理者による話しかけ，軽い叩きやタッチといったポジティブな行動と，強い平手打ちや叩き，怒鳴りなどのネガティブな行動が，接近してくる実験者に対する雌牛の回避行動にそれぞれ負および正の相関をすることを見出している。Lensink ら（2001）は，50 軒のヴィール子牛施設で，飼育管理者と子牛を研究し，タッチ，撫で，飼育管理者の指舐めの許容といった，子牛に対する飼育管理者によるポジ

表15.1 畜産業における産業動物の恐怖と生産性との相関

種	研究	ヒトへの恐怖と生産性間の農場間相関係数[a]
ブタ	Hemsworth ら（1981b）	−0.51 *
	Hemsworth ら（1989）	−0.55 *
	Hemsworth ら（1994a）	−0.01
乳牛	Breuer ら（2000）	−0.46 *
	Hemsworth ら（2000）	−0.27
肉用鶏	Hemsworth ら（1994b）	−0.57 **
	Cransberg ら（2000）	−0.10
	Hemsworth ら（1996b）	−0.49 *
産卵鶏	Barnett ら（1992）	−0.58 **

a：$P<0.05$（*），$P<0.01$（**）での有意な相関

ティブな行動頻度が，接近してくる実験者からの回避と負の相関をすることを見出している。商業的肉用鶏における研究で，Hemsworth ら（1994b）と Cransberg ら（2000）は，飼育管理者の動きの速さが，接近してくる実験者に対する肉用鶏の回避と正の相関をすることを見出している。Edwards（2009）は，ケージ飼育の産卵鶏を調べ，飼育管理者による怒鳴りや空圧装置を使った清掃などの騒音発生が，接近してくる実験者に対する産卵鶏の回避行動の増加に関係しているとした。一方で，飼育管理者がニワトリのケージ近くで静止して立って時間を過ごすことが，接近してくる実験者からの回避行動を弱めることを見出している。

これらの飼育管理者と動物の行動に関する数多くの研究は，動物に接する際の飼育管理者の考え方から，動物に対する飼育管理者の行動を予測できることを示している。アンケート調査が，飼育管理者の行動ならびに飼育している動物の行動に関する信念に基づき，飼育管理者の考え方を評価するために使われている。総じて，酪農業（Breuer ら，2000；Hemsworth ら，2000；Waiblinger ら，2002）と養豚業（Hemsworth ら，1989；Coleman ら，1998）では，愛撫や動物を取り扱う際に言葉や物理的接触に工夫をするといったポジティブな考え方は，平手打ち，押し，叩きなどのネガティブな触覚的接触の使用と負に相関していた。また，Lensink ら（2000）はヒトの接触に対する子牛の反応へのポジティブな考え方によって，ヴィール子牛に対する飼育管理者のポジティブな行動の頻度が予測できることを見出している。一方，Edwards（2009）は，ヒトの接触に対する産卵鶏の反応へのネガティブな考え方だけでなく，管理者の産卵鶏に対するネガティブな信念が，大きな騒音，早い動き，産卵鶏の近くで静止して過ごす時間が短いことに関連していることを見出している。

● 15.6.3　畜産現場での介入研究からの事実

酪農業と養豚業における研究（Coleman ら，2000；Hemsworth ら，1994a，2002）は，飼育管理者の鍵となる考え方と行動を標的とした認知−行動訓練が，結果的に動物の恐怖と生産性に対して有益な効果を上げることで，動物に対する飼育管理者の考え方と行動を改善させ得ることを示してきた。

酪農業（Hemsworth ら，2002）と養豚業（Coleman ら，2000；Hemsworth ら，1994a）における介入研究では，雌牛とブタの恐怖反応

が相関していることが分かっており，飼育管理者の重要な考え方と行動を標的にすることで，これらの恐怖反応を減らすことができている。さらに，動物の生産性との同時改善が観察されている。つまり，乳牛の乳量向上，雌豚の繁殖成績のめざましい向上傾向が観察されている。

15.7 ヒトー動物関係の改善の機会

　前述した介入研究の結果は，飼育管理者の考え方，飼育管理者の行動，動物の恐怖と動物の生産性の関係に関する先行研究および産業動物の取り扱いに関する研究と併せて，飼育管理者と動物のこれらの変数間の因果関係に関する事実を提供する。さらに，このような研究は，飼育管理者の考え方と行動を標的とした飼育管理者訓練コースを畜産業に導入するための強力な事例となる。

　基本的に，認知－行動法は，行動（考え方）の背景にある信念と問題になっている行動の両方を標的にし，次に，修正した信念と行動を維持することで，飼育管理者を再教育することを含んでいる（Hemsworth, Coleman, 1998）。これまでに引用された介入研究は，この訓練が様々な状況で働いている広範な飼育管理者にとって実践的かつ有効であることを例証している。「ProHand Pigs」と呼ばれているブタおよび「ProHand Dairy」と呼ばれている乳牛の飼育者向けの商業的マルチメディア訓練プログラム（Animal Welfare Science Centre, 2008）が，認知－行動介入法に基づいて開発・実証され，現在ではオーストラリア，ニュージーランド，アメリカで使用されている。欧州では，ブタ，産卵鶏，乳牛，肉用牛の飼育管理者向けの「Quality Handling」と呼ばれている同様の訓練プログラムが，欧州連合第六次包括的ウェルフェアクオリティプログラムのなかで開発されてきている（例：Ruisら，2009）。

　飼育管理者は，産業動物の要求と行動の両方における基礎的知識を必要とし，さらに産業動物を効果的に世話および管理できるための広範で，先進的な飼養管理技能を持っていなければならない。したがって，動物の恐怖に影響する飼育管理者の鍵となる考え方と行動に向けた認知－行動訓練が，動物福祉を向上させるうえで重要である。その一方で，知識と技能もまた，産業動物の福祉向上にとって欠かすことができない。

　飼育管理者の選抜は，動物福祉を向上させる別の機会を提供するかもしれない。スクリーニング用の補助教材を用いて飼育管理者を選抜することの潜在的価値が，オーストラリアの養豚産業における飼育管理者の研究で例証されている（Coleman, 2001；Carlessら，2007）。雇用開始時に，未経験の飼育管理者計144名が，性格，モチベーション，離職可能性，潜在能力，ブタに対する考え方と共感性の測定値を含む，一連のコンピュータ化されたアンケート調査を受けた。就業6カ月後に，彼らのブタに対する行動，技能的知識，仕事に対するモチベーション，仕事への専念具合が直接評価され，彼らの成績と誠実性が監督者から報告された。主な成果は，雇用開始時のアンケートから得られた飼育管理者の特徴のいくつかは，就業6カ月後のアンケートの成績測定値と相関する，ということである。ブタへのポジティブな考え方は，その後のブタに対する行動および技能と知識に相関していた。動物に対する共感性は，その後の飼育管理者の行動と技能的知識と相関していた。また，仕事への信頼性と満足度の就労前測定値も仕事のモチベーション，ブタに対する行動，技能的知識のよい予測因子であることが見出されている。この研究の結果は，考え方，共感性，仕事への信頼性と満足度が，ここで研究

されたようなやり方で，よく働く飼育管理者の選抜を支援するうえで有効であるかもしれないことを示唆している。

15.8 結論

- ヒト－動物関係は互いの相手方の認知を調べることで研究できる。産業動物の視点からヒト－動物関係の質が，馴染みのある飼育管理者あるいは一般的なヒトに対する恐怖の有無を測定することで評価されてきた。

- 畜産業におけるヒト－動物関係の実態から，その相互作用の前歴が，ヒトに対する産業動物の刺激特異的反応をもたらすことを示している。この反応は，ヒトに対するポジティブ，ネガティブな情動を含む，いくつかの情動によって影響される。

- 本章は，ヒト－動物関係の発達におけるヒトの重要な役割と責任を浮き彫りにした。年齢，経験，社会的環境と遺伝などの動物側の特徴も，ヒトに対する動物の反応に影響する。

- 動物による関係の認知は，動物の福祉に直接影響するヒトとの相互関係によって動物の情動が生み出されるように，動物福祉上の意味もある。

- 飼育管理者－産業動物関係を理解することは，産業動物の福祉と生産性を向上させる意味がある。飼育管理者の考え方は変えることができるため，飼育管理者の訓練は畜産業におけるヒト－動物関係を向上させることができる。

- 産業動物に対する飼育管理者の考え方を理解することが，産業動物とヒトとの相互関係を向上させるうえで必要不可欠である（Coleman, 2004）。一方で，飼育管理者の別の特徴（動物に対する共感性，仕事満足度など）と飼育管理者の行動との関係も，畜産業におけるヒト－動物関係の向上に重要である。

参考文献

Animal Welfare Science Centre (2008) ProHand Pigs and ProHand Dairy. Available at: http://www.animalwelfare.net.au/educate/phcc.pdf (accessed 3 January 2011).

Aureli, F. and Schaffner, C.M. (2002) Relationship assessment through emotional mediation. *Behaviour* 139, 393-420.

Barnett, J.L., Hemsworth, P.H. and Newman, E.A. (1992) Fear of humans and its relationships with productivity in laying hens at commercial farms. *British Poultry Science* 33, 699-710.

Boissy, A. and Bouissou, M.F. (1988) Effects of early handling on heifer's subsequent reactivity to humans and to unfamiliar situations. *Applied Animal Behaviour Science* 20, 259-273.

Boissy, A., Bouix, J., Orgeur, P., Poindron, P., Bibé, B. and Le Neindre, P. (2005) Genetic analysis of emotional reactivity in sheep: effects of the genotypes of the lambs and of their dams. *Genetics Selection Evolution* 37, 381-401.

Boissy, A., Manteuffel, G., Jensen, M.B., Moe, R.O., Spruijt, B., Keeling, L.J., Winckler, C., Forkman, B., Dimitrov, I., Langbein, J., Bakken, M., Veissier, I. and Aubert, A. (2007) Assessment of positive emotions in animals to improve their welfare. *Physiology and Behavior* 92, 375-397.

Boivin, X., Le Neindre, P. and Chupin, J.M. (1992) Establishment of cattle-human relationships. *Applied Animal Behaviour Science* 32, 325-335.

Boivin, X., Tournadre, H. and Le Neindre, P. (2000) Hand-feeding and gentling influence early-weaned lambs' attachment responses to their stockperson. *Journal of Animal Science* 78, 879-884.

Boivin, X., Boissy, A., Nowak, R., Henry, C., Tournadre, H. and Le Neindre, P. (2002) Maternal presence limits the effects of early bottle feeding and petting on lambs' socialisation to the stockperson. *Applied Animal Behaviour Science* 77, 168-159.

Boivin, X., Lensink, J., Tallet, C. and Veissier, I. (2003) Stockmanship and farm animal welfare. *Animal Welfare* 12, 479-492.

Boivin, X., Gilard, F. and Egal, D. (2009) The effect of early human contact and the separation method from the dam on responses of beef calves to humans. *Applied Animal Behaviour Science* 120, 132–139.

Bowlby, J. (1958) The nature of the child's tie to his mother. *International Journal of Psychoanalysis* 39, 350–373.

Bradshaw, J.W.S., Blackwell, E.J. and Casey, R.A. (2008) Dominance in domestic dogs: useful construct or bad habit? In: Boyle, L., O'Connell, N. and Hanlon, A. (eds) *Proceedings of the 42nd Conference of the ISAE [International Society for Applied Ethology] 'Applied Ethology: Addressing Future Challenges in Animal Agriculture'*, University College, Dublin, Ireland, 5–9 August 2008. Wageningen Academic Publishers, Wageningen, The Netherlands, p. 4 (abstract).

Brambell Committee (1965) *Report of the Technical Committee to Enquire into the Welfare of Animal Kept under Intensive Livestock Husbandry Systems*. Command Paper 2836, Her Majesty's Stationery Office, London.

Breuer, K. (2000) Fear and productivity in dairy cattle. PhD thesis, Monash University, Victoria, Australia.

Breuer, K., Hemsworth, P.H., Barnett, J.L., Matthews, L.R. and Coleman, G.J. (2000) Behavioural response to humans and the productivity of commercial dairy cows. *Applied Animal Behaviour Science* 66, 273–288.

Breuer, K., Hemsworth, P.H. and Coleman, G.J. (2003) The effect of positive or negative handling on the behavioural responses of nonlactating heifers. *Applied Animal Behaviour Science* 84, 3–22.

Burrow, H.M. and Corbet, N.J. (2000) Genetic and environmental factors affecting temperament of zebu and zebu-derived beef cattle grazed at pasture in the tropics. *Australian Journal of Agricultural Research* 51, 155–162.

Carless, S.A., Fewings-Hall, S., Hall, M., Hay, M., Hemsworth, P. and Coleman, G.J. (2007) Selecting unskilled and semi-skilled blue-collar workers: the criterion-related validity of the PDI-Employment Inventory. *International Journal of Selection and Assessment as an Information Exchange* 15, 335–340.

Clutton-Brock, J. (1994) The unnatural world: behavioural aspects of humans and animals in the process of domestication. In: Manning, A. and Serpell, J. (eds) *Animals and Human Society: Changing Perspectives*. Routledge, London and New York, pp. 23–35.

Coleman, G.J. (2001) *Selection of stockpeople to improve productivity*. In: *Proceedings of the 4th Industrial and Organisational Psychology Conference*, Sydney, 21–24 June, p. 30.

Coleman, G.J. (2004) Personnel management in agricultural systems. In: Rollin, B.E. and Benson, J. (eds) *Maximizing Well-being and Minimizing Suffering in Farm Animals*. Iowa State University Press, Ames, Iowa, pp. 167–181.

Coleman, G.C., Hemsworth, P.H., Hay, M. and Cox, M. (1998) Predicting stockperson behaviour towards pigs from attitudinal and job-related variables and empathy. *Applied Animal Behaviour Science* 58, 63–75.

Coleman, G.J., Hemsworth, P.H., Hay, M. and Cox, M. (2000) Modifying stockperson attitudes and behaviour towards pigs at a large commercial farm. *Applied Animal Behaviour Science* 66, 11–20.

Cransberg, P.H., Hemsworth, P.H. and Coleman, G.J. (2000) Human factors affecting the behaviour and productivity of commercial broiler chickens. *British Poultry Science* 41, 272–279.

de Passillé, A.M.B. and Rushen, J. (2005) Can we measure human–animal interactions in on-farm welfare assessment? Some unresolved issues. *Applied Animal Behaviour Science* 92, 193–209.

Denis, B. (2004) Broadening concepts of domestication. *INRA Productions Animales* 17, 161–166.

Désiré, L., Boissy, A. and Veissier, I. (2002) Emotions in farm animals: a new approach to animal welfare in applied ethology. *Behavioural Processes* 60, 81–85.

Désiré, L., Veissier, I., Després, G., Delval, E., Toporenko, G. and Boissy, A. (2006) Appraisal process in sheep (*Ovis aries*): interactive effect of suddenness and unfamiliarity on cardiac and behavioral responses. *Journal of Comparative Psychology* 120, 280–287.

Dewsbury, D.A. (1992) Studies of rodent–human interactions in animal psychology. In: Davis, H. and Balfour, D. (eds) *The Inevitable Bond: Examining Scientist–Animal Interactions*. Cambridge University Press, Cambridge, UK, pp. 27–43.

Digard, J.-P. (1990) *L'Homme et les Animaux Domestiques, Anthropologie d'une Passion*. Collection: Le Temps des Sciences, Editions Fayard, Paris.

Edwards, L.E. (2009) The human–animal relationship in the laying hen. PhD thesis, University of Melbourne, Victoria, Australia.

Estep, D.Q. and Hetts, S. (1992) Interactions, relationships, and bonds: the conceptual basis for scientist–animal relations, In: Davis, H. and Balfour, A.D. (eds) *The Inevitable Bond: Examining Scientist–Animal Interactions*. Cambridge University Press, Cambridge, UK, pp. 6–26.

Feh, C. and de Mazières, J. (1993) Grooming at a preferred site reduces heart rate in horses. *Animal Behaviour* 46, 1191–1194.

Fraser, D. (1995) Science, values and animal welfare: exploring the inextricable connection. *Animal Welfare* 4, 103–117.

Galef, B.G. Jr (1970) Aggression and timidity: responses to novelty in feral Norway rats. *Journal of Comparative and Physiological Psychology* 70, 370–381.

Gauly, M., Mathiak, H., Hoffmann, K., Kraus, M. and Erhardt, G. (2001) Estimating genetic variability in temperamental traits in German Angus and Simmental cattle. *Applied Animal Behaviour Science* 74, 109-119.

Gonyou, H.W., Hemsworth, P.H. and Barnett, J.L. (1986) Effects of frequent interactions with humans on growing pigs. *Applied Animal Behaviour Science* 16, 269-278.

Grandin, T. (2000) Behavioural principles of handling cattle and other grazing animals under extensive conditions. In: Grandin, T. (ed.) *Livestock Handling and Transport*. CAB International, Wallingford, UK, pp. 63-85.

Gray J.A. (1987) *The Psychology of Fear and Stress*, 2nd edn. Cambridge University Press, Cambridge, UK.

Hale, E.B. (1969) Domestication and the evolution of behaviour. In: Hafez, E.S.E. (ed.) *The Behavior of Domestic Animals*. The Williams and Wilkins Company, Baltimore, Maryland, pp.23-42.

Hearnshaw, H., Barlow, R. and Want, G. (1979) Development of a "temperament" or "handling difficulty" score for cattle, *Proceedings of the Inaugural Conference of Australian Animal Breed Genetics* 1, 164-166.

Hemsworth, P.H. (2003) Human-animal interactions in livestock production. *Applied Animal Behaviour Science* 81, 185-198.

Hemsworth, P.H. (2004) Human-livestock interaction. In: Benson, G.J. and Rollin, B.E. (eds) *The Well-Being of Farm Animals, Challenges and Solutions*. Blackwell Publishing, Ames, Iowa, pp. 21-38.

Hemsworth, P.H. (2007) Ethical stockmanship. *Australian Veterinary Journal* 85, 194-200.

Hemsworth, P.H. and Barnett, J.L. (1991) The effects of aversively handling pigs, either individually or in groups, on their behaviour, growth and corticosteroids. *Applied Animal Behaviour Science* 30, 61-72.

Hemsworth, P.H. and Barnett, J.L. (1992) The effects of early contact with humans on the subsequent level of fear of humans by pigs. *Applied Animal Behaviour Science* 35, 83-90.

Hemsworth, P.H. and Coleman, G.J. (1998) *Human-Livestock Interactions: The Stockperson and the Productivity and Welfare of Intensively-farmed Animals*. CAB International, Wallingford, UK.

Hemsworth, P.H., Barnett, J.L. and Hansen, C. (1981a) The influence of handling by humans on the behaviour, growth and corticosteroids in the juvenile female pig. *Hormones and Behavior* 15, 396-403.

Hemsworth, P.H., Brand, A. and Willems, P.J. (1981b) The behavioural response of sows to the presence of human beings and their productivity. *Livestock Production* Science 8, 67-74.

Hemsworth, P.H., Barnett, J.L. and Hansen, C. (1986) The influence of handling by humans on the behaviour, reproduction and corticosteroids of male and female pigs. *Applied Animal Behaviour Science* 15, 303-314.

Hemsworth, P.H., Barnett, J.L. and Hansen, C. (1987) The influence of inconsistent handling by humans on the behaviour, growth and corticosteroids of young pigs. *Applied Animal Behaviour Science* 17, 245-252.

Hemsworth, P.H., Barnett, J.L., Coleman, G.J. and Hansen, C. (1989) A study of the relationships between the attitudinal and behavioural profiles of stockpersons and the level of fear of humans and reproductive performance of commercial pigs. *Applied Animal Behaviour Science* 23, 301-314.

Hemsworth, P.H., Barnett, J.L., Treacy, D. and Madgwick, P. (1990) The heritability of the trait fear of humans and the association between this trait and subsequent reproductive performance of gilts. *Applied Animal Behaviour Science* 25, 85-95.

Hemsworth, P.H., Coleman, G.J. and Barnett, J.L. (1994a) Improving the attitude and behaviour of stockpersons towards pigs and the consequences on the behaviour and reproductive performance of commercial pigs. *Applied Animal Behaviour Science* 39, 349-362.

Hemsworth, P.H., Coleman, G.J., Barnett, J.L. and Jones, R.B. (1994b) Fear of humans and the productivity of commercial broiler chickens. *Applied Animal Behaviour Science* 41, 101-114.

Hemsworth, P.H., Barnett, J.L. and Campbell, R.G. (1996a) A study of the relative aversiveness of a new daily injection procedure for pigs. *Applied Animal Behaviour Science* 49, 389-401.

Hemsworth, P.H., Coleman, G.C., Cransberg, P.H. and Barnett, J.L. (1996b) *Human Factors and the Productivity and Welfare of Commercial Broiler Chickens*. Research Report on Chicken Meat Research and Development Council Project, Attwood, Victoria, Australia.

Hemsworth, P.H., Coleman, G.J., Barnett, J.L and Borg, S. (2000) Relationships between human-animal interactions and productivity of commercial dairy cows. *Journal of Animal Science* 78, 2821-2831.

Hemsworth, P.H., Coleman, G.J., Barnett, J.L., Borg, S. and Dowling, S. (2002) The effects of cognitive behavioral intervention on the attitude and behavior of stockpersons and the behavior and productivity of commercial dairy cows. *Journal of Animal Science* 80, 68-78.

Hemsworth, P.H., Barnett, J.L. and Coleman, G.J. (2009) The integration of human-animal relations into animal welfare monitoring schemes. *Animal Welfare* 18, 335-345.

Henry, S., Hemery, D., Richard, M.-A. and Hausberger, M. (2005) Human-mare relationships and behaviour of foals toward humans. *Applied Animal Behaviour Science* 93, 341-362.

Henry, S., Briefer, S., Richard-Yris, M.A. and Hausberger, M. (2007) Are 6-month-old foals sensitive to dam's influence? *Developmental Psychobiology* 49, 514-521.

Hess, E.H. (1959) Imprinting: an effect of early experience, imprinting determines later social behavior in animals. *Science* 130, 133-141.

Hinde, R.A. (1976) Interactions, relationships and social structure. *Man* 11, 11-17.

Jones, R.B. and Waddington, D. (1992) Modification of fear in domestic chicks, *Gallus gallus domesticus* via regular handling and early environmental enrichment. *Animal Behaviour* 43, 1021-1033.

Jones, R.B., Mills, A.D. and Faure, J.M. (1991) Genetic and experimental manipulation of fear-related behaviour in Japanese quail chicks *(Coturnix coturnix japonica)*. *Journal of Comparative Psychology* 105, 15-24.

Kraemer, G.W. (1992) A psychobiological theory of attachment. *Behavioural Brain Science* 15, 493-541.

Kretchmer, K.R. and Fox, M.W. (1975) Effects of domestication on animal behaviour. *Veterinary Record* 96, 102-108.

Krohn, C.C., Jago, J.G. and Boivin, X. (2001) The effect of early handling on the socialisation of young calves to humans. *Applied Animal Behaviour Science* 74, 121-133.

Krohn, C.C., Boivin, X. and Jago, J.G. (2003) The presence of the dam during handling prevents the socialization of young calves to humans. *Applied Animal Behaviour Science* 80, 230-237.

Krueger, K. (2007) Behaviour of horses in the "Round pen technique". *Applied Animal Behaviour Science* 104, 162-170.

Lansade, L., Bouissou, M.F. and Boivin, X. (2007) Temperament in preweanling horses: development of reactions to humans and novelty, and startle responses. *Developmental Psychobiology* 49, 501-513.

Le Neindre, P., Trillat, G., Sapa, J., Ménissier, F., Bonnet, J.N. and Chupin, J.M. (1995) Individual differences in docility in Limousin cattle. *Journal of Animal Science* 73, 2249-2253.

Lensink, J., Boissy, A. and Veissier, I. (2000) The relationship between farmers' attitude and behaviour towards calves, and productivity of veal units. *Annales de Zootechnie* 49, 313-327.

Lensink, B.J., Veissier, I. and Florland, L. (2001) The farmers' influence on calves' behaviour, health and production of a veal unit. *Animal Science* 72, 105-116.

Ligout, S., Bouissou, M.F. and Boivin, X. (2008) Comparison of the effects of two different handling methods on the subsequent behaviour of Anglo-Arabian foals toward humans and handling. *Applied Animal Behaviour Science* 113, 175-188.

Lorenz, K. (1935) Der Kumpan in der Umwelt des Vogels. *Zeitschrift Ornithology* 83, 289-413.

Lott, D.F. and Hart, B.L. (1979). Applied ethology in a nomadic cattle culture. *Applied Animal Ethology* 5, 309-319.

Lynch, J.J., Fregin, G.F., Mackie, J.B. and Monroe, R.R. Jr (1974) Heart rate changes in the horse to human contact. *Psychophysiology* 11, 472-478.

Lyons, D.M., Price, E.O. and Moberg, G.P. (1988) Social modulation of pituitary-adrenal responsiveness and individual differences in behavior of young domestic goats. *Physiology and Behavior* 43, 451-458.

Markowitz, T.M., Dally, M.R., Gursky, K. and Price, E.O. (1998) Early handling increases lamb affinity for humans. *Animal Behaviour* 55, 573-587.

Matthews, L.R. (1993) Deer handling and transport. In: Grandin, T. (ed.) *Livestock Handling and Transport.* CAB International, Wallingford, UK, pp. 253-272.

McBride, S.D., Hemmings, A. and Robinson, K. (2004) A preliminary study on the effect of massage to reduce stress in the horse. *Journal of Equine Veterinary Science* 24, 76-81.

McFarland, D. (1990) *The Oxford Companion to Animal Behaviour.* Oxford University Press, Oxford, UK.

McMillan, F.D. (1999) Effects of human contact on animal health and well-being. *Journal of the American Veterinary Medical Association* 215, 1592-1598.

Miklósi, Á., Polgárdi, R., Topál, J. and Csányi, V. (1998) Use of experimenter given cues in dogs. *Animal Cognition* 1, 113-121.

Murphey, R.M., Moura Duarte, F.A. and Torres Penendo, M.C. (1981) Responses of cattle to humans in open spaces: breed comparisons and approach-avoidance relationships. *Behaviour Genetics* 2, 37-47.

Murphy, L.B., (1976) A Study of the behavioural expression of fear and exploration in two stocks of domestic fowl. PhD Dissertation, Edinburgh University, UK.

Murphy, L.B. and Duncan, L.J.H. (1977) Attempts to modify the responses of domestic fowl towards human beings. 1. The association of human contact with a food reward. *Applied Animal Ethology* 3, 321-334.

Murphy, L.B. and Duncan, L.J.H. (1978) Attempts to modify the responses of domestic fowl towards human beings. II. The effect of early experience. *Applied Animal Ethology* 4, 5-12.

Palmer, R. and Custance, D. (2008) A counterbalanced version of Ainsworth's strange situation procedure reveals secure-base effects in dog-human relationships. *Applied Animal Behaviour Science* 109, 306-319.

Panksepp, J. (2005) Affective consciousness: core emotional feelings in animals and humans. *Consciousness and Cognition* 14, 30-80.

Pedersen, V. and Jeppesen, L.L. (1990) Effects of early

handling on better behaviour and stress responses in the silver fox (*Vulpes vulpes*). *Applied Animal Behaviour Science* 26, 383-393.

Petherick, J.C., Holroyd, R.G., Doogan, V.J. and Venus, B.K. (2002) Productivity, carcass and meat quality of lot-fed *Bos indicus* cross steers grouped according to temperament. *Australian Journal of Experimental Agriculture* 42, 389-398.

Phocas, F., Boivin, X., Sapa, J., Trillat, G., Boissy, A. and Le Neindre, P. (2007) Genetic correlations between temperament and breeding traits in Limousin heifers. *Animal Science* 82, 805-811.

Price, E.O. (1984) Behavioral aspects of animal domestication. *The Quarterly Review of Biology* 59, 1-32.

Price, E.O. (1999) Behavioral development in animals undergoing domestication. *Applied Animal Behaviour Science* 65, 245-271.

Price, E.O. (2002) *Animal Domestication and Behavior.* CAB International, Wallingford, UK.

Price, E.O. and Thos, J. (1980) Behavioral responses to short-term social isolation in sheep and goats. *Applied Animal Ethology* 6, 331-339.

Roberts, M. (2002) *Horse Sense for People: The Man Who Listens to Horses Talks to People.* Penguin Group, New York.

Rooney, N.J., Bradshaw, J.W.S. and Robinson, I.H. (2000) A comparison of dog-dog and dog-human play behaviour. *Applied Animal Behaviour Science* 66, 235-248.

Ruis, M., Coleman, G.J., Waiblinger, S. and Boivin, X. (2009) A multimedia-based cognitive-behavioural intervention programme improves the attitude of stockpeople to handling pigs. In: Scientific Committee of the ISAE (eds) *Proceedings of 43rd Congress of the ISAE [International Society of Applied Ethology] 'Applied Ethnology for Contemporary Animal Issues'*, Cairns, Queensland, Australia, 6-10 July 2009. Organising Committee of the 43rd ISAE Congress, Wageningen, The Netherlands, p. 139 (abstract).

Rushen, J., de Passillé, A.M.B. and Munksgaard, L. (1999) Fear of people by cows and effects on milk yield, behaviour and heart rate at milking. *Journal of Dairy Science* 82, 720-727.

Rushen, J., de Passillé, A.M., Munksgaard, L. and Tanida, H. (2001) People as social actors in the world of farm animals. In: Keeling, L.J. and Gonyou, H.W. (eds) *Social Behaviour in Farm Animals.* CAB International, Wallingford, UK, pp. 353-372.

Schaefer, T. (1968) Some methodological implication of the research on "early handling" in the rat. In: Newton, G. and Levine, S. (eds) *Early Experience and Behaviour. The Psychobiology of Development.* Charles C. Thomas Publisher, Springfield, Illinois, pp. 102-141.

Schmied, C., Waiblinger, S., Scharl, T., Leisch, F. and Boivin, X. (2008) Stroking of different body regions by a human: effects on behaviour and heart rate of dairy cows. *Applied Animal Behaviour Science* 109, 25-38.

Scott, J.P. (1992) The phenomenon of attachment in human-non human relationships. In: Davis, H. and Balfour, A.D. (eds) *The Inevitable Bond: Examining Scientist-Animal Interactions.* Cambridge University Press, Cambridge, UK, pp. 72-92.

Scott, J.P. and Fuller, J.L. (1965) *Genetics and the Social Behavior of the Dog.* University of Chicago Press, Chicago, Illinois.

Serpell, J. (1986) *In the Company of Animals: A Study of Human-animal Relationships.* Blackwell, Oxford, UK.

Stricklin, W.R. and Mench, J.A. (1987) Social organization. In: Price, E.O. (ed.) *Farm Animal Behavior. The Veterinary Clinics of North America, Food Animal Practice, Volume 3(2).* W.B. Saunders, Philadelphia, Pennsylvania, pp. 307-322.

Tallet, C., Veissier, I. and Boivin, X. (2005) Human contact and feeding as rewards for the lamb's affinity to their stockperson. *Applied Animal Behaviour Science* 94, 59-73.

Tallet, C., Veissier, I. and Boivin, X. (2008) Temporal association between food distribution and human caregiver presence and the development of affinity to humans in lambs. *Developmental Psychobiology* 50, 147-159.

Topál, J., Miklósi, A., Csányi, V. and Doka, A. (1998) Attachment behavior in dogs (*Canis familiaris*): a new application of Ainsworth's (1969) strange situation test. *Journal of Comparative Psychology* 112, 219-229.

Topál, J., Gácsi, M., Miklósi, A., Virányi, Z., Kubinyi, E. and Csányi, V. (2005) Attachment to humans: a comparative study on hand-reared wolves and differently socialized dog puppies. *Animal Behaviour* 70, 1367-1375.

Tosi, M.V. and Hemsworth, P.H. (2002) Stockperson-husbandry interactions and animal welfare in the extensive livestock industries. In: Koene, P. and the Scientific Committee of the 36th ISAE Congress (eds) *Proceedings of the 36th Congress of the ISAE [International Society for Applied Ethology]*, Egmond aan Zee, The Netherlands, 6-10 August 2002. Scientific Committee of the 36th ISAE Congress, Wageningen, The Netherlands, p. 129 (abstract).

Udell, M.A.R., Dorey N.R. and Wynne, C.D.L. (2008) Wolves outperform dogs in following human social cues. *Animal Behaviour* 76, 1767-1773.

Waiblinger, S., Menke, C. and Coleman, G. (2002) The relationship between attitudes, personal characteristics and behavior of stockpeople and subsequent behavior and production of dairy cows. *Applied Animal*

Behaviour Science 79, 195-219.

Waiblinger, S., Menke, C. and Fölsch, D.W. (2003) Influences on the avoidance and approach behaviour of dairy cows towards 35 farms. *Applied Animal Behaviour Science* 84, 23-39.

Waiblinger, S., Menke, C., Korff, J. and Bucher, A. (2004) Previous handling and gentle interactions affect behaviour and heart rate of dairy cows during a veterinary procedure. *Applied Animal Behaviour Science* 85, 31-42.

Waiblinger, S., Boivin, X., Pedersen, V., Tosi, M.-V., Janczak, A.M., Visser, E.K. and Jones, R.B. (2006) Assessing the human-animal relationship in farmed species: a critical review. *Applied Animal Behaviour Science* 101, 185-242.

Walker, S. (1987) *Animal Learning: An Introduction.* Routledge and Kegan, London.

Zeder, M.A., Emshwiller, E., Smith, B.D. and Bradley, D.G. (2006) Documenting domestication: the intersection of genetics and archaeology. *Trends in Genetics* 22, 139-155.

IV 解決策

第16章 遺伝的選抜

概　要

　福祉は個体が受け継いだ遺伝的な性質と飼育環境に影響を受ける。本章では動物福祉に対して遺伝がどのように関わっているか，個体の福祉を改善するためにどのように利用できるかに焦点を当てる。飼育品種の遺伝的構造は，同型接合を増やすように組み合わされた初期の歴史と階層的な育種構造によって決定される。これにより近交退化や遺伝病がまん延し，生産性だけでなく健康や福祉を低下させるかもしれない。多くの産業動物において，これらは交雑によって緩和される。交雑は伴侶動物においても広く行われるべきである。多くのイヌの品種において，不注意ともいえる予期しない遺伝相関や重要な適応形質を無視し，不適切に設定された選抜基準に基づいた遺伝的選抜が行われることによって，福祉に悪い影響が生じるかもしれない。時間，潜在的形質の数，経済的形質および福祉的形質との間にある負の遺伝相関，評価や個体の選抜に要する費用，そして変わりゆく市場の需要といった多くの要因が動物育種家による選抜を制限している。遺伝的選抜により生じた遺伝的な背景を持つ福祉問題の例として，行動的問題および骨格的・生理的疾病の2つが考えられる。DNA標識，新しい電気的測定技法，改良された統計手法に基づいた動物福祉の遺伝的改良の新しい試みは，近い将来，動物福祉に対する選抜をより効率的にすると考えられる。

16.1 はじめに

　数値として測定される形質や個体の特徴とされる形質は，すべて個体が受け継いだ遺伝的な性質と飼育環境が組み合わさった効果の結果である。そして動物福祉に影響する形質も例外ではない。本章の焦点は，動物育種家による選抜操作の構造と制約，遺伝的選抜が家畜化された動物の福祉に与えてきた影響についてである。最後に，遺伝の原理を動物福祉の改善へ適用することについて，これまでの，そしてこれからの選抜がどのように飼育動物の体験を改善することができるかを，例を挙げて述べる。私たちの議論は家畜化された動物全般における福祉の遺伝的側面を考慮することになるが，実験動物もしくは形質転換動物の重要な分野については述べない。形質転換動物とは，意図的に外部由来の遺伝子をそのゲノム中に挿入，もしくはその親から組み換え遺伝子を受け継いだ動物である。形質転換は，遺伝子が有害であったり，望ましくない副作用を引き起こすかもしれないことから，個体の福祉に影響を与える望ましくない変化を生み出す可能性がある。(Bruce, Bruce, 1998)。

16.2 家畜化された品種の遺伝構造

ある品種の個体同士は，他の品種の個体よりも，明らかに互いによく似ている。この関連性は，同型接合がより大きな割合を占める，もしくは個体の父および母から受け継いだ遺伝子が共通の祖先に由来するものとして一致するという可能性によるものである。この形の近交は，毛色，行動，生産的な特徴といった観点から，ある品種を他の品種と区別するのに有用である。しかし，これは疾患の原因となる遺伝子にも影響し，近交退化として知られる現象も引き起こす。両者の例を表16.1および表16.2にそれぞれ示す。また，図16.1に2頭の雌羊の体重に対する印象的な近交退化の例を示す。

Summersら（2010）は，イギリスにおける血統種のイヌの300を超える遺伝病について総説した。これらの原因は，近交のイヌに広く分布している常染色体の劣性遺伝（71％），優性遺伝（11％），性決定遺伝子（10％）であっ

表 16.1 同じ遺伝的基礎集団からの近交 3,006 頭および非近交 1,693 頭のブタにおける劣性遺伝病の出現に対する近交の結果（％）

近交系は 25～50％の近交係数（予測される同型接合）になるように連続した世代の兄姉交配によって作出された

(Donald, 1955 より)

異常	近交	非近交
縮れ尾	4.6	2.1
骨格奇形	1.1	0.4
ヘルニア	1.5	0.4
潜在睾丸	1.3	0.7
その他	0.8	0.9
合計	9.4	4.4

表 16.2 近交（同型接合の可能性）が 10％上昇することによる産業動物の表型成績に対する影響（近交退化）

(Falconer, 1964, p.249 より)

形質	減少量	％（平均に対する）
泌乳量（ウシ）	−13.5 kg	3.2
産子数（ブタ）	−0.4 頭	4.6
体重（154 日齢，ブタ）	−1.6 kg	2.7
毛重（ヒツジ）	−0.3 kg	5.5
産卵数（ニワトリ）	−9.3 個	6.2
孵化率（ニワトリ）	−4.4％	6.4

図 16.1 10 カ月齢時のチェビオット種×ウェルシュマウンテン種のヒツジにおける近交退化
2頭のヒツジは同じ雄羊を父とする。左の雌羊は近交度 60％であり，近交ではない右の雌羊の体重の 40％である

(Wiener, Haytor, 1974 より)

た。イヌの育種家は，あるイヌの娘や孫娘とそのイヌを交配することがある。他の近親個体との交配や歴史的な近交（次の段落を参照）を無視すれば，それによって近交係数は25％および12.5％上昇することになる。近交係数は，共通祖先の劣性遺伝子が後代で同型接合して，遺伝病を引き起こす可能性の推定値である。そしてこのような交配は将来の動物の健康や福祉を損なう。

近交の有害な影響は，すべての家畜品種に当てはまる次の2つの要因によって，きわめて近親の個体同士の交配がない場合においても起きる。第一に，現在の個体の血統種を見た時に，近代品種の基礎集団における共通祖先が比較的少ない場合である。この結果，品種の基礎集団における遺伝子のサンプルはとても小さくなる可能性がある。ウマのサラブレッド種では，例えば，78％の遺伝子は27頭の種牡馬と3頭の雌馬まで辿ることができる（Cunninghamら，2001）。これはサラブレッド種以外の異なる品種との交配のみによって修正できる遺伝的な「障壁」があることを示している。

第二に，血統種は，人気のある2, 3の育種家が売ったり彼らの間で交換したりした育種素材を元とする階層的な構造を持っていることである。これらは育種ピラミッドを形成する（図16.2）。この現象の影響は，フィンランドケネルクラブの家系記録の分析によく現れている。登録された産子は，登録されたイヌのわずか10％を父親（登録産子が300を超えるものも何頭かいた）とし，20％の雌犬を母親としていた（Makiら，2001）。より近交の進んだ個体では尻と肘の形成異常が多く見られた。この育種ピラミッドの極端な例は乳牛のホルスタイン-フリージアン種である。世界の多くのホルスタイン種の先祖はアメリカのウシで，人工授精（AI）で繁殖している。乳牛でのAIの利用は育種ピラミッドの最上部から実用集団までのとても短い循環をつくり出す。人気のある雄牛の集中的な利用は，多くの近親個体を生み出す。最も優れた雄牛は次の雌後代牛評価のための雄牛作出にも用いられる。そして，同型接合を示す劣性遺伝子の可能性は増加する。したがって，遺伝的な欠陥がホルスタイン種の集団で時折見られることは驚くべきことではない。近年，奇形子牛，流産，死産，低受胎の高率での発生がアメリカのホルスタイン種集団で起きている。この病的現象は，まとめて複合型脊柱奇形（CVM）として知られ，後に劣性遺伝子が原因で起こることが示された。その原因遺伝子は，Ivanhoe Bell という雄牛とその父であるIvanhoe Star に由来する。この2頭はAIに広く用いられていた。逆説的に言えば，AIにおける比較的少数の雄牛の集中的な利用による利点のひとつは，遺伝的な検査が可能であれば問題のある遺伝子を識別し，乳牛群から取り除けることである。ホルスタイン種を例外として，産業動物の実用品種の（遺伝的に）有効な大きさは，少なくとも伝統的な血統種システム下と同じ大きさである。なぜならば，動物育種家は大きな育種集団を有し，近親との交配を避けているからである。

16.3　近交の解消

2つの品種をかけ合わせることは，異型接合を最大にし，同型接合の劣性遺伝子を原因とする疾患で個体が苦しむ機会を最小にする。交雑は近交と反対の効果があり，生存期間，繁殖機能を増加させ，多くの生産形質にプラスの効果をもたらす。繁殖性が鍵となるような動物（牛肉や豚肉生産，産卵）においては，交雑によって全体的な生産性に著しい増加が得られる。そして産業動物のほとんどは交雑種である。例え

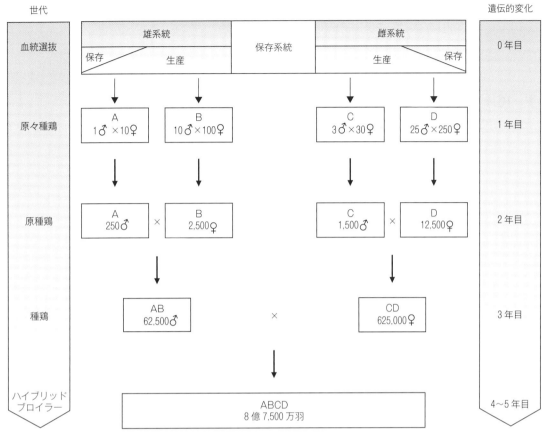

図 16.2 実用ブロイラー系統の育種ピラミッド
図の最上段のボックスは血統選抜の段階に対応しており，続いて多くの系統（左）からなる様々な繁殖（交雑）段階となる。ボックス中の数字は系統 A のニワトリの最小羽数であり，それぞれ系統 B，C，D も同様である。それらは交雑ブロイラー種鶏の作出に必要とされる。この過程によるブロイラーの数（最下段）は，比較的少ない数の原々種鶏からきわめて大きな数のブロイラーを生み出すための繁殖過程の出力が図示されている。血統種段階における（通常漸増する）遺伝的変化が実用群において現れるために必要な時間は，図の右に示している。各系統および世代における雄および雌個体の数は，実用群における雄系統，雌系統および種鶏からの雄および雌個体の数に基づく

(Hocking, McCorquodale, 2008 より)

ば，アメリカにおいて，同じ大きさと特徴を持つ肉用牛 3 品種（ショートホーン種，アンガス種，ヘレフォード種）の交雑により，離乳子牛の生体重が 30％増加する。増加した成績の多くは 2 品種の交雑雌牛に由来する（Cundiff ら，1992）。この一般的な規則に対する留意点として，純粋種のある特定の交雑による相対的な利点は予測することができず，全般的な利点ではないかもしれないということがある。交雑は乳牛において一般的に実践されていない。なぜなら，交雑種の乳生産量はホルスタイン種の純粋種よりも低く，また乳の価値がその品種の健康や繁殖性の低さの効果を相殺するという経済的観点があるためである。研究者による専門家委員会の近年の報告では，乳生産に対する過大な重みづけによる福祉への損害を減らすために，遺伝的選抜における強健性への重みづけを高めるべきであることを推奨している（Algers ら，2009）。

最後に，イヌやネコの品種においては，特定の見た目を不健全なまでに追求するため，交雑の利点は常には実現されないことを指摘してお

く。ただし，動物福祉の改善の観点からは，伴侶動物における品種交雑の利点を無視することは正当化されない。

16.4　遺伝的選抜

人間が種を変える遺伝的選抜を行う極端な例は，イヌの多様な品種によって示されている。品種ごとに異なる特徴を追求すること自体に悪意はないと考えられるかもしれない。しかし，最近の報告では，イギリス内で最も人気のある50品種の基準は，それぞれの福祉にネガティブな影響を与えていることを示している。（Asher ら，2009）。例えば，キング・チャールズ・コッカー・スパニエル種（図 16.3）はより小さい頭部を目指して育種されており，これは脳に対して頭蓋骨が小さすぎる障害を引き起こし，痛みや発作を起こす。同じように，多くのブルドッグ種は尻が小さくなるように育種され，自然分娩ができなくなり，不必要な帝王切開が行われている。このような選抜は到底受け入れられず，健康と福祉を悪化させるよりもむしろ高めるような機能的な性質を反映するように品種基準の根本的な見直しをすべきである。

遺伝的選抜は20世紀半ばから，動物の能力を大きく変化させるために，産業動物で集中的に行われるようになった。遺伝的選抜に併せ，動物の栄養状態の向上や，良質な飼育管理がなされる場合，選抜による変化によって生じる利点は経済的にも環境的にも大きくなる。例えば，ブロイラーにおける遺伝的選抜の利点は，同じ重さの鶏肉を生産するのに要する飼料（それに伴う土地と肥料の量も）が 2009 年には1959 年に比べて半分以下になったことである。しかし，収容施設と管理手法の進歩が果たした役割が認識される一方で，遺伝的選抜は産業動物の福祉にネガティブな影響を与えてきた

図16.3　キング・チャールズ・コッカー・スパニエル種
この犬種における小さい頭部に対する選抜は，脳に対して小さすぎる頭蓋骨を生み出した。脳はその適切な位置から飛び出して，脊椎を圧迫し，結果頸部に痛みが生ずる。それは脊柱側弯（ゆがんだ脊椎），肢の脆弱性，運動失調の原因となる。この品種の半数近い個体がこの障害や他の複数の疾患に苦しんでおり，それは特定の受賞犬の系統交配に関連する（例：近親の交配）。この品種は予期できない相関反応を持つ形質の選抜に関連する問題の例であり，品種の基礎となる遺伝的な「隘路」によって事態を悪化させる近交の例である
（写真提供：Dr. K. Summers の厚意による）

と広く信じられている。この後の節では，それらの問題のいくつかを取り上げて検証し，遺伝的選抜を福祉問題の解決にどのように用いるか，もしくは今までどのように用いられてきたかについて述べる。その前に，動物育種家が事業を行ううえで生じる制約と，それらが選抜計画を管理するうえでどのような影響を与えるかを簡単に説明する。

16.5　遺伝的選抜を制限する要因

選抜計画によってブロイラーの成長速度のような形質が増加する早さは，「選抜した個体が群のなかの他の個体と比べて相対的にどのくらい"よい"か？」そして「その優れた能力が次世代にどの程度伝わるか？」ということに依存

する。これはその形質の遺伝率に依存するということである。遺伝率とは形質の全分散のうち相加的に作用する遺伝子によって説明される分散の割合である（残りの分散は環境および遺伝子の相互作用によるものである）。形質の測定，交配と次世代の生産にかかる時間，選抜が早く行われ，次世代が早く生産されるほど，1年当たりの変化の速度は速くなる。近代的な育種計画では，近親からのすべての情報を用いることで，各個体の予想される育種価の正確度を改善する。極端な場合，性に限定される形質（例：卵生産もしくは泌乳量）では，雄の選抜のためのすべての情報がその娘や雌の近親に由来する。最終的に，多くの形質が選抜の決定に用いられる場合には，遺伝的変化は"希釈"される。したがって，育種家はそれぞれの集団で比較的少数の形質に焦点を合わせて選抜しようとする。実用的に重要な形質間における負の相関によって変化の速度に影響が出る場合は，他の系統で影響を受けるもう一方の形質を選抜することによってその影響を減らす。これはブタの産子数やニワトリの産卵率のような繁殖関連の形質と，成長速度や産肉量に対する手段として一般的である。異なった系統の交雑は，親系統からの遺伝的変化を組み合わせ，健康性や繁殖性に対する雑種強勢を利用した実用交雑種を生産するために行われる（図16.2）。しかし，負の遺伝相関は，それぞれの遺伝的形質の選抜ができていないことを意味しないことに留意することは重要である。負の遺伝相関の存在は，単に両者の変化の早さが単一形質の選抜に比べて相対的に遅くなるだけである。

　選抜反応は累積的で恒久的であり，費用対効果に優れている。しかし，交雑による短期的な利得と混同してはいけない。それは恒久的なものではなく，時を超えて蓄積されず，各世代において「再生産」される必要がある。実際に，動物育種家たちは，異なる系統を交雑することで，血統種の群における遺伝的変化が増幅した数多くの実用的後代を生産するために育種ピラミッド（図16.2）を用いる。遺伝的選抜（測定，評価）には費用が多くかかるため，増殖は大量の実用個体を通じて費用を分散するために必須である。これは血統種の群における遺伝的改良が実用個体に行きわたるまでに時間がかかるという結果をもたらす。

　遺伝的選抜は漸進的な過程であり，血統種と実用個体との間の時間差は，乳用種雄牛におけるAIの場合を除いて，短縮することはできない。このように選抜基準における変化は4〜5年後に効果が現れはじめ，実用個体において実質的な変化が現れるには，より多くの時間（おそらく10〜15年程度）を要するであろう。育種家は，経済や生産体系のような現場環境の変化を首尾よく予測するか，それらに備えた代替系統を作出しなければならない。例えば，過去におけるそういった変化として，量に代わって乳脂肪や乳タンパク質量に基づいた乳に対し，市場が価値を認めるようになったことや，欧州連合（EU）における産卵鶏のバタリーケージから放牧もしくはエイビアリーシステムへの飼育システムの変更が挙げられる。

　遺伝的選抜は，長い期間にわたって利益が生じるが，費用がかかり時間を要するため，同じ結果に到達するのにより早い，もしくはより簡単な方法がある場合には遺伝的選抜は実施されない。歴史的に健康性と行動形質は簡単には測定できなかった。ワクチン接種やエサのなかに抗菌薬を混ぜることは，遺伝的選抜よりもより手早く産業動物の健康と福祉を守る，より効率的な方法であると考えられていた。収容施設（例：羽つつき，羽むしり，カニバリズムを最小化するために，床の上よりもむしろケージで産卵鶏を飼うこと）や管理手法（例：尾かじり

表 16.3 育種素材の評価と選抜が数年にわたって行われてきた国におけるイヌでの股関節形成不全の発生率の変化

(Nicholas, 1987 より)

発生率		年数	国
前	後		
0.40	0.20	4	アメリカ
0.44	0.12	7	ドイツ
0.41	0.28	14	フィンランド
0.50	0.27	5	スウェーデン

の危険性を最小化するためにブタにおいて断尾すること）の変更は，選抜計画にそれらの行動的形質を含ませる価値を減少させた。

　動物育種家が直面するさらに2つの制約は，ミクロおよびマクロ経済学に関連している。形質は多くの個体について安く迅速に記録されなくてはならない。一般的に測定に数カ月要する形質，もしくは記録に多額の費用がかかる形質はほとんどない。例えば，乳牛の選抜は，実用乳牛集団の管理で用いられている泌乳量および乳質の記録に基づいている。乳用雄牛評価の唯一の追加費用は，それらの記録の統計解析と後代検定が終わるまでの雄牛の飼育費用である。動物育種家が直面する問題のひとつに，大群に用いることが可能であり，かつ記録するのに問題や困難がある形質に適している技術の開発とその利用がある（産業動物の例を16.7～16.9節に挙げる）。イヌにおける尻や肘の形成異常を例に挙げると，繁殖の決定は1歳齢時に獣医師によって撮影されるX線画像に基づいて行うことができる。これは高価であり，本当に効果的かという議論もある。しかし，効果的な繁殖計画が実施されてきたイヌの品種において股関節形成不全の減少が観察されている（**表 16.3**）。

　マクロ経済の観点からは，産業動物は，市場圧力や競争にさらされる国内経済において収益性が高くなければならない。同じ国の農家だけでなく，他の国の農家との競争も増えてきている。したがって，動物育種家は国際的な競争に必要な形質を選抜する必要がある。ある国にとっては非合法なシステムで商品が生産されていて，商品をその国に売る場合には，異なる市場に対する選抜基準間に避けられない緊張が生じるであろう。少なくとも，生産形質と福祉形質に対する選抜は懸念される（第17章参照）。

16.6 遺伝的選抜に関する問題：遺伝的解決策

　前述のように，イヌでは外貌の美しさとして望まれる形質を選抜してきた結果，生じる問題について議論されてきた（**表 16.3**）。産業動物においては，生産的な特徴に対する遺伝的選抜が，多くの種において望まないマイナスの副次的効果を引き起こしてきた。ほとんどの場合，育種家はそれらの望ましくない影響を改善するような形質を追加し，育種目標を広げることで対応してきた。しかし，実際，商業的に利用される飼養環境とは異なる環境下で行われる遺伝的選抜によって予期しない福祉的な結果が引き起こされるかもしれない。例えば，単飼ケージで飼育する産卵鶏の卵生産に対する選抜は，複数羽飼育するケージや非バタリーケージ方式で実用的に飼育される環境下にて，互いをつつき合う傾向を持つ個体と関連していることが挙げられる。血統選抜が行われる農場では高い微生物学的安全性が保たれ，病気による攪乱効果を減らすことでブロイラーやブタにおける遺伝的改良を高める。しかし，実際の現場では感染性疾患によりかかりやすい個体を作出する原因になるかもしれない。

　動物は自然選抜で進化してきており，利用可能な資源は成長，繁殖，維持，免疫などの重要な機能の間で適切に配分されている（Rauwら，1998）。人為的な選抜は資源の利用性の絶

図16.4 ハロセン麻酔によるストレス感受性遺伝子を持つブタの識別
ハロセン麻酔は赤身肉生産を増すことに加えてストレス感受性の原因となる遺伝子を伝えるブタを識別するのに用いられてきた。上図のブタは麻酔に対する通常の脱力反応を示している。下のブタは反対に肢の硬直した伸張が見られ，同型接合体の保因個体であると識別できる。原因遺伝子（*rynodine receptor 1*）の同定は，この方法による評価の必要性を低下させ，ストレス反応をまったく示さない異型接合体の保因個体の同定を可能にするDNA検査を急速に発展させた

(Webbら，1986より)

対的な増加（例：より多くの摂食量と飼料効率を通して）をもたらしたが，機能間での資源分配に不均衡を生じ，これにより福祉的問題が引き起こされたかもしれない。例えば乳牛においては，初産時の高乳量への選抜は長命性や繁殖性の低下（雌牛は産乳するために妊娠する必要がある），乳房炎などの健康問題をもたらした。多くの国において，乳牛における育種目標はこのような多くの"機能的"形質（繁殖性，乳房炎，跛行）の負の経済的影響を抑えるように設定されてきており，その形質について発生数を減らしたり，少なくとも悪化の速度を緩めたりしている（Lawrenceら，2004）。

ブタにおける成長速度と赤身肉生産性に対する選抜は，それらの性質を生み出す遺伝子を保有するブタの割合を徐々に増加させる。しかし，（望まれない副次効果として）ストレスに対する感受性を高める結果をもたらした。これは突然死や肉質低下の原因となる（**図16.4**）。

これの原因として単一遺伝子（*ryanodine receptor 1*）が同定され，ブタの育種家によって，集団から感受性の対立遺伝子を除く，もしくは少なくとも被害を出す劣性遺伝子が2つそろった状態を避けるために遺伝子型決定が通常作業として行われている。

ブロイラー種鶏は産卵開始の体重を制御するために日常的に制限給餌されている。なぜならば，無制限にエサを与えた場合，1日当たり2つもしくはそれ以上の卵子（黄身）を定期的に排卵し，その結果孵化率が低減するからである。育成期の制限給餌は，制限率は低いものの，性成熟の後までも続けられ，これによって卵生産の増加と死亡率の低下がもたらされる（**表16.4**）。これらの問題は，種鶏の後代ブロイラーにおける成長速度に対する選抜と関連している。死亡率の低下は福祉的観点から望ましい一方で，制限給餌される個体は空腹であり，実用集団で行われている制限給餌の程度によって

表16.4 孵化から60週齢までに自由摂食もしくは制限給餌をしたブロイラー種鶏の雌の体重，死亡率，卵生産数，孵化率および摂食量

(Hockingら，2002より)

形質	自由摂食	制限給餌
体重（kg）	5.3	3.7
死亡率（％）	46	4
卵生産数（個）	58	157
孵化率（％）	43	86
摂食量（g/日）		
0〜24週	163	63
24〜37週	192	157
37〜60週	142	151

はその福祉を阻害するだろう。この問題の完全な説明は本章の範囲外であるが，潜在的な解決方法について後ほど取り上げる（16.8節参照）。

遺伝的な選抜が原因と考えられる特定の福祉的な問題について，以下にいくつか例を詳しく取り上げる。しかし，他にも多くの事例が考えられる。

16.7 行動的問題

遺伝的選抜が行われず，飼育環境に関連した様々な動物福祉の問題がある場合は，適正な遺伝的選抜を行うことによっても正すことができる。問題の正確な評価という難題が克服できれば，効率的な選抜手順の開発には遺伝率（次世代に受け継がれる形質の分散の割合）の推定が必要とされる。最新の結果では，選抜は行動形質を含んだ多くの福祉形質に対して効果的であることを示唆している。

● 16.7.1 ブタにおける有害行動

見知らぬブタ同士は混群された際に闘争する。しかし，ブタ間の攻撃性には大きなバラツキが存在する。推定では，この攻撃性における変動の30〜40％は遺伝に由来することが示唆されている。攻撃行動は観察による測定に時間がかかるため，混群後の皮膚の外傷の記録を代用の測定値として用いることができる。皮膚の外傷は，攻撃者よりもむしろ，攻撃を受ける側の測定値のように思われる。これについては説明が必要である。攻撃的なブタは相手を闘争に引き込み，一方的に攻撃する。闘争では主として頭部と肩部に傷を負う。一方的な攻撃を受ける被害者は最終的に全身に皮膚の外傷を負う。このように，体前方に皮膚の外傷を持ち，他の部分に外傷が少ないブタは，攻撃の加害者として識別される。このようにして攻撃性に対する選抜が可能になる（Turnerら，2009）。

ブタにおける他の有害行動は，尾，耳および脇腹かじりである。これらは，摂食行動の転嫁と考えられ，食餌探索行動ができる対象を提供することで減少する。しかし，ブタのほとんどは，そのような対象が利用できない豚舎で飼育されており，尾かじりを減らすために日常的に断尾が行われている。断尾の利用を制限するべきという世論が増えている国の畜産企業は，このような世論の圧力下にある。したがって，尾かじりを減らす選抜は意味があることかもしれない。尾かじりはいくつかの品種においては遺伝的に発生が少ない（Breuerら，2003）。しかし，発生が散発的に勃発する傾向にあり，定期的で継続的な選抜は難しい。人工的に作られた尾のかじられる量を測定するといった，代替測定法の開発は，尾かじりの勃発を待つことなしに加害者と思われる個体を見つけ出すための検査として有益かもしれない。

● 16.7.2 産卵鶏における羽つつき，羽むしりおよびカニバリズム

羽つつきは，雌鶏が他の雌鶏の羽を傷める行動である。場合によっては羽をむしり取り，そ

れを食べてしまう。深刻な場合には，羽つつきはカニバリズムにつながる。カニバリズムでは他の雌鶏の血や組織を食べる。羽つつき，羽むしり，カニバリズムは互いに密接に関連した複雑な行動であり，発現には環境と遺伝的要因が影響している。物理的環境（照度を低く保つ，小集団にする）を制御することによって問題の拡大を抑えることができる。しかしこれはケージ飼育では実施できるが，非ケージ飼育では実施できない。若齢での断嘴（部分的なくちばしの切断）は，通常，羽つつきや特にカニバリズムを減らすために実施される。施術後も行動は続くが，出血する傷といった羽や皮膚への被害は制御される。しかしながら，断嘴はニワトリにとって苦痛であり，羽つつきの被害の発生を他の方法で防ぐことができる場合には避けるべきである。

　羽つつきおよびカニバリズムの発生には品種間で差があり，これはこの行動に遺伝的背景があることを示している。そして，この行動に対する育種は，家禽の育種家にとって選択肢となり得る。白色レグホンの産卵鶏では，遺伝的に選抜されていない対照群と比較し，高および低水準の羽つつきを示すニワトリの遺伝的選抜による系統が開発されてきた（図16.5）。選抜された系統による研究では，低水準の羽つつき系統は高水準の羽つつき系統に比べて高い産卵数と良好な飼料効率を示している（Suら，2006）。低水準の羽つつき系統におけるこの良好な飼料効率は，主として良好な羽毛の被覆によるものである。しかし，活動性が全般的に低いことによる面もある。これらの結果は，純粋に福祉形質のみに対する遺伝的選抜が生産性や飼料効率の改善もできるかを示している。もし低水準の羽つつきに対する選抜が実用系統で成功することが立証されれば，非ケージ飼育においても断嘴は不要となるだろう。

図16.5　観察によって評価された羽つつき行動が低（上段）および高（下段）に選抜された2系統の産卵鶏の雌

遺伝的選抜が福祉に関連する形質を改善できる可能性を示している（詳細はKjaerら，2001；Suら，2006参照）

● 16.7.3　ブタおよびヒツジにおける不適切な母性および新生子行動

　ある雌豚は自分の子豚が生まれてから最初の数日のうちに，子豚の上に寝そべったり踏みつけたりする行動をとり，子豚は母豚に押しつぶされて死んでしまう。分娩クレートは雌豚の動きを制限し，素早い横臥をしにくくすることで子豚の圧死を減らす。しかし，分娩クレートの設置は，母性行動の欠落した雌豚でも多くの子豚を育てることができることを意味している。この拘束方式を止めて福祉を改善しようという世論が盛んな国では，より拘束の少ない方式でもうまく子育てできるような，異なる遺伝子型を持つブタが求められている（Roeheら，2009）。

　同じように，ヒツジのスコットランド低地地方品種の多くは，人間の監視や介助のもと，屋

内で分娩してきた。これは適切な母性行動や新生子行動に対する自然淘汰の緩和を引き起こしてきた。なぜなら，立ち上がることや哺乳が遅い子羊，母羊に守ってもらえない子羊でもヒトの介入によって生き延びることができるからである（Dwyer, Lawrence, 2005）。労働費と比較して子羊を育てる経済的利点が減少するにつれて，分娩時に補助や監視をあまり必要としないヒツジの育種（もしくは既存品種の活用）に対する関心は大きくなる。

16.8 骨格的および生理的疾患

● 16.8.1 産卵鶏

産卵鶏における主な骨格的問題は，産卵期に骨の微量成分が失われることに関連し，主に骨質の脆弱化と骨折を引き起こす。骨の微量成分の損失は，直接の遺伝的成分を含んでいない骨軟化症，または骨粗しょう症の2つのうちのどちらかが原因かもしれない。後者は完全に石灰化した構造骨の量が減少することと定義され，脆弱性が増加し骨折しやすくなる。骨折は産卵期間中，飼育密度が低下した時，輸送およびと畜の過程で発生する（Gregory, Wilkins, 1992）。産卵では，卵殻形成のために骨から多量のカルシウム動員が必要であり，骨粗しょう症は，持続的な高い産卵率に対する遺伝的選抜の結果生じていると考えられる。

骨粗しょう症における有意な遺伝的成分はBishopら（2000）による白色レグホンの研究によって明らかにされ，選抜によって骨強度の改善が可能であることが証明された。脛骨強度，上腕骨強度，竜骨のX線画像密度が，中～高程度で遺伝することが明らかになり，これらの測定値は，選抜の基礎として使われた骨指数に組み込まれた。骨指数に用いられたすべての骨の特徴は，指数の高低についての高低選抜に即座に反応した。最終（第6）世代において，系統間では脛骨強度で25％，上腕骨強度で13％，竜骨のX線画像密度で19％の違いがあった。

● 16.8.2 肉用家禽

肉用鶏および七面鳥における骨格的な欠損は，増体の早さに対する選抜に関連しており，これは骨，軟骨，腱，靭帯の構造的な弱さや低い伸張強度，重い体重による機械的負荷の組み合わせによって引き起こされているのかもしれない。増体の早さは，約4週齢までに発生する損失の主要因である可能性がある。4週齢以降では，特に七面鳥において，重い体重が骨，軟骨および腱への負荷となる。増体の早さによるいくつかの問題の原因は，ビタミンD_3のような特定の栄養素を高水準で必要とすることに関連しているかもしれない。たとえ飼料のなかに適切な一般的水準の栄養素が存在する場合でさえ，不足は群のなかで最も増体の早い個体に起こり得る（Thorpら，1993）。

ブロイラーの歩行能力の客観的なスコア（歩様スコア：GS）は，ブロイラーの福祉に関連する全体評価のために開発された（第12章参照。Kestinら，1992）。歩様に問題のない個体には1，歩けない個体には5の歩様スコアがつけられる。このスコアは，脛骨軟骨異形成（TD），内反・外反奇形（VVD：内曲もしくは外曲脚），角骨奇形，捻転脚，趾曲がり，骨端虚血性壊死もしくは趾蹠皮膚炎（FPD：脚の裏の皮膚炎。以下参照）といった多くの問題点のうち，ひとつもしくはいくつかの問題が組み合わさって引き起こされる歩行能力の低下を評価している。GSの遺伝率は実用ブロイラーの種鶏の雌系統において，0.20と明らかにされている。また，実用ブロイラーの4つの系統間

で，歩行能力に大きな違いがあることが分かっている（Kestin ら，1999）。ブロイラーにおける成長速度に対する選抜は，歩行能力の減少を同時に引き起こした。そして 0.80 という高い，望ましくない表型相関が，体重と全体の歩行能力との間に認められている（Kestin ら，1999）。

TD は，移行型軟骨細胞の蓄積，増殖性軟骨細胞層下部の無血軟骨塊形成といった成長板異常の特異的な疾患で，損傷はブロイラーにおいて 2〜3 週齢，七面鳥では 9〜12 週齢で進行する。TD は数多くの遺伝的研究の対象とされた。Ducro と Sørensen（1992）は，高低選抜計画において，4 週齢での TD 測定に携帯型 X 線機器（Lixiscope）を用い，0.33 の遺伝率を報告している。高い相加的遺伝分散および Lixiscope 技術を利用した生体での TD の得点化によって，育種会社は TD に対する選抜に成功した。デンマークにおける調査では，一般的な脚の問題があるブロイラーの比率は 15% 程度まで減少し，TD はわずか 2% であったことを明らかにした（Sørensen，2004，私信）。

「捻転脚」は，VVD，角骨奇形および他の捻転による影響を含んだ語である。VVD は，末端脛末節の側部（外反）もしくは中間部の逸脱と定義される。結果として，「内膝／外足」（外反）の立ち姿勢や「外膝／内足」（内反）の立ち姿勢を起こす。VVD の発病機序は分かっていないが，ブロイラーにおける変形は連続照明下での早い成長と関連している。VVD は脚の問題で最もよく見られる原因のひとつである。欧州の実用ブロイラーにおいては，30〜50% の高率で発生すると報告されている。VVD の遺伝率は中〜高程度と推定され，小〜中程度の遺伝相関が外反および内反得点間に推定された。これは，VVD に異なる 2 つの要因があることを示している。

● 16.8.3 趾蹠皮膚炎

趾蹠皮膚炎（FPD）はブロイラーおよび七面鳥の脚足底部に影響する接触性皮膚炎のひとつである。損傷部は一般に「アンモニア焼け」と呼ばれ，敷料の湿気，高アンモニア含有量，糞層のまだ特定されていない化学的要因の組み合わせによって起こると考えられる。しかし，近年の七面鳥の研究では，糞層の高い水分含量だけで FPD が十分引き起こされることが示された。FPD の程度は家禽の福祉における重要な問題である。程度が深刻な場合，痛みにより不安定な歩行を示す。FPD に関連の深いものとして，「飛節焼け（HB）」がある。HB では飛節の皮膚がこげ茶色に変色し，深刻な場合にはかさぶたが見られる。

FPD に対する遺伝的影響についてより詳しい知見を得るために，Kjaer ら（2006）は成長が早い系統と遅い系統のブロイラー血統種を用いて研究を行った。成長が遅い系統では FPD の損傷はまったくないか，低い評価の HB 損傷がわずかに認められた。成長が早い系統では，FPD および HB の最初の兆候が 2 週齢で見られた。その後両損傷の発生は増加した。遺伝率は FPD についてはやや高く，HB については低いと推定された。両形質間の遺伝相関は低いと推定された。FPD の比較的高い遺伝率と体重との間の低い遺伝相関は，FPD への感受性に対する遺伝的選抜が増体重への負の影響なしで可能であることを示唆している。

● 16.8.4 ブロイラー種鶏の繁殖性

高い増体率に対する選抜と過排卵の発生との間に遺伝相関があることは明らかである（Hocking，2009 参照）。過排卵は，内部排卵，双子卵，孵卵できないくらい卵殻の薄い卵の形成によって，卵生産の低下を引き起こす。制限

給餌によるブロイラーとアヒルの雌系親世代の体重制御は，卵生産を通常の単卵状態に戻す。排卵制御に必要な制限給餌は程度によっては空腹な個体を生み出すことから，制限給餌に適応する能力への関心が生じる。制限給餌された個体の福祉には明らかに疑問の余地があるが，これを客観的に評価することは困難である。そして排卵率を低下する選抜によって，卵生産と競合することなく個体の福祉を充足するのに十分な量のエサを給与することができるようになる。残念ながら，生きている個体で排卵率を測定することはできない。非制限給餌個体の体重に対する割合で表される制限給餌の程度は年々増加しており，排卵率を減らす代替法の開発は急務である。可能性のあるひとつの方法は，過排卵を減らす遺伝的選抜を容易にするような，過排卵に関連する遺伝（DNA）マーカーを利用することである。

16.9 動物福祉の遺伝的改善のための新たな方法

16.9.1 単一遺伝子の欠損のためのDNAマーカー

迅速な遺伝子型判定手法の開発により，発育における障害や疾患の原因となる数多くの劣性遺伝子の識別が容易となった。いったん遺伝子が発見されれば，原因となる変異を識別し，選抜前の簡単な個体の検査方法を開発することができる。このような検査の一覧を表16.5に示した。そして間違いなく数年以内に新たな方法が追加されるだろう。すでにDNA検査によってブタのストレス感受性や低品質肉（白っぽく，やわらかく，水っぽいPSE肉）の原因となる遺伝子である *ryr1* 遺伝子の変異体の除去や遺伝的管理（異形接合体を育種する場合に限る）ができるようになってきている。

16.9.2 遺伝子全体の選抜

近年の技術の進歩によって，イヌ，ニワトリ，ブタおよびウシを含むいくつかの種を代表する個体の完全DNA情報の配列が明らかとなった（Ensembl, 2009）。ある種のDNA内には，遺伝子配列に沿って特定の位置に多くの単一塩基の変化すなわち多型（SNP）がある。同時に多くのSNP座を遺伝子型判定できる技術（SNPチップ）の利用によって，形質の標識補助選抜（MAS）に使われる特定のSNPを位置づけることができる。数十万のSNPが利用できる場合，個体はSNPと望ましい形質とこれまでに特定された関連の基礎情報に基づいて，完全もしくは部分的に選抜される（全遺伝情報選抜もしくはゲノム選抜）。この技術は，後代検定のための乳用雄子牛の選抜にすでに使われている（例：全きょうだい利用の潜在的利点に匹敵する。Seidel, 2010）。この方法は，実施が難しい，費用が多くかかる，個体に害を及ぼすような形質に対する選抜にまさに適している。例えば，病気抵抗性や行動的問題の回避，多くの福祉形質がこれに当てはまる。これらの技術の適用により，通常の選抜方法では改善が難しかった形質の着実な改善が見込める。

16.9.3 新たな測定技術

多くの形質を測定するための費用は無視できない。測定に高い費用がかかる形質の例として，ブタや家禽における飼料要求率やと体構成がある。動物育種家は，重要な経済的もしくは福祉的形質の，迅速で経済的で効率的な測定を常に探している。画像化手法は着実に改善され，安価に広く用いられるようになってきており，例えば，骨格的な疾患の評価に用いられている。ケージ飼育の産卵鶏で卵生産を記録する理由のひとつは，個体の卵記録を可能にするた

表16.5 商業的な企業研究所から入手できるいくつかの種に対する遺伝病に関する現在のDNA検査の一例
(Laboklin, 2009；Schmutz, 2009；vetGen, 2009より)

病気	遺伝子作用	種	影響する品種
α-マンノシドーシス	R	ウシ	アンガス種，ギャロウェイ種
牛リンパ球接着不全	R	ウシ	ホルスタイン種
複合脊椎形成不全症（CVM）	R	ウシ	ホルスタイン種
血小板出血障害	R	ウシ	シンメンタール種
プロトポルフィリン症	R	ウシ	リムーザン種
中心核ミオパチー	R	イヌ	ラブラドール・レトリーバー種
ピルビン酸キナーゼ欠損	R	イヌ	ウェスト・ハイランド・ホワイト・テリア種
腎嚢胞腺癌結節性皮膚線維症	D	イヌ	ジャーマン・シェパード・ドッグ種
周期性好中球減少	R	イヌ	コリー種
血友病B	X	イヌ	ブル・テリア種，ラサ・アプソ種
ネコ多嚢胞腎	D	ネコ	ペルシャ種
GM1ガングリオシドーシス	R	ネコ	コラット種，シャム種
重複合型免疫不全	R	ウマ	アラブ種
致死性白子馬症候群	R	ウマ	ペイントホース種，クォーターホース種

R：常染色体劣性遺伝，D：常染色体優性遺伝，X：性染色体

めである。しかし，電気的個体識別とその卵を産んだ産卵鶏を特定することができる巣箱の開発によって，群飼育の産卵鶏でも個々の卵生産の記録が容易となった。これは，将来実用群で用いられるであろうものと同じような群飼育下での選抜において個体の福祉の改善をもたらす。ブロイラーの個体識別と摂食量の記録方法によって個別ケージ飼育の必要がなくなり，これはよりよい福祉をもたらしてきた。新しい環境もまた，より関連のある選抜環境となっている。なぜなら，ブロイラーはケージでは飼われていない。この方法は（摂食バウト数や巣での滞在時間の記録によって）活動性の測定も可能にし，より活動的なブロイラーや産卵鶏に対する選抜の可能性を広げてきた。活動的な産卵鶏の選抜により，脚と骨格的な健康問題が改善されるかもしれない（しかし，羽つつきとカニバリズムは増えるかもしれない。Kjaer, 2009）。そして，床に卵を産むよりも巣箱を使う傾向にある産卵鶏へと改良されるかもしれない。このような技術は動物福祉の改善に利用され続けるだろう。

● 16.9.4　既存の選抜法の改善

ニワトリにおける羽毛の損壊，脱羽毛，カニバリズムや，ブタにおける攻撃性は，ケージやペンの仲間といった群構成に影響されるため，測定が難しい。このような形質については，群として記録を取る必要がある。この取り組みは産卵鶏とブタで検証されてきた。産卵鶏では，くちばしによる損傷のないニワトリの数，深刻な損傷や死をもたらす羽つつきおよびカニバリズムの発生を統合した測定値が群としての選抜の研究に用いられてきた（CraigとMuir, 1996）。群としての選抜は，それらのくちばしによる損傷の発生の低減にきわめて効果的だった。それぞれの父系を複数個体用ケージに入れ，強い光にさらした。選抜は群の生存率に基づいて行われた。2世代の選抜後，つつき行動の実現家系遺伝率は高く推定（0.65）された。致死率は第3世代において，当初の68％という受け入れられない水準から9％にまで減少し

た。このことは，集団におけるこれらの行動に主要遺伝子が含まれていることを示している。近年，Muir（2005）およびBijmaら（2007a, b）は，選抜に対する反応の予測および社会関係に影響を受ける形質を統計解析するための量的遺伝学の枠組みを発表した。ブタにおいては，成長速度のような肥育形質に対する社会的遺伝効果が，ある集団においてきわめて大きいことが認められた（Bergsmaら，2008）が，他の集団では小さかった（Chenら，2009）。社会の遺伝効果の構造化についてはさらなる開発と議論が行われている。そして，社会環境によって影響される福祉形質の改善については前途有望である。

● 16.9.5 病気抵抗力に対する選抜

最近10年で，病気抵抗力における遺伝的な変動は当然のことであり，他の適応形質と同じような遺伝率を持つことが明らかになってきた。疾患は産業動物の福祉や生産性にとって大きな脅威であり，飼料中の抗菌薬や他の薬品の利用低減，新たな疾患の出現，既存の病原体の毒性の増加，動物の健康や福祉を維持するためのワクチン戦略の無効化に伴い，病気抵抗力の重要性が高まりつつある。DNA技術に基づいた新たな遺伝的手法は実際の病気抵抗力に対する選抜を可能にし（Biscariniら，2010），重要性を増していくと思われる。

16.10 動物福祉を改善するための遺伝的選抜の負の側面

これまで遺伝的背景を持つと思われるものや遺伝的選抜によって解決できると思われる福祉的問題の多くの実例を取り上げてきた。しかしここでは，生産形質と同じように福祉に適用した選抜の負の相関反応と予期しない結果について述べる。「"何を選抜するか？"ということは"何を得るか"（Beilharzら，1993）という意味であり，選抜される形質の定義には多大な注意を払うべきだ」という警告（Millsら1997, p.225）は，動物福祉を改善するための遺伝的選抜の利用にきわめて今日的な意味を持っている。

本章で示した産業動物の例のほとんどは家禽とブタのものである。なぜなら反芻動物よりも研究がしやすいうえに繁殖率が高く，世代交代が早いためである。結果として，遺伝的選抜は他の方法よりも効果的である。それにも関わらず，福祉形質を改良する遺伝的選抜には批判がないわけではなく，また，潜在的な危険性もある。産卵鶏の骨格の状態を改善するための遺伝的選抜はうまくいくかもしれないが，それによって不適切な飼育環境が覆い隠されるかもしれないと異議を唱える者もいる。この場合，原因は骨格強度を無視した卵生産に対する遺伝的選抜であり，測定するのが難しい形質であり，それゆえ追加の選抜基準は卵生産の遺伝的改良の進捗に負の影響を与えることを示唆している。同様に，趾蹠皮膚炎を減少させる選抜は，もし成功すれば，他の福祉測定値に負の影響を与え続けるだろう劣悪な環境を隠してしまう。後者はあり得る話だが，そのような劣悪な福祉は他の福祉や生産形質にも影響するため，現実に起こるとは思えない。

羽つつきのような行動形質に対する選抜は，行動が変わる一方で，潜在する心理的な「疾患」はよりひどくなるか，単に観察されなくなるという観点から同様に批判されてきた。これは，恐怖のような情動すなわち感情の精神的寄与があるところで起こり得るといういくつかの証拠がある。一般的に成体の産卵鶏は逃避しやすく，相対的に不活発なブロイラーよりも怖がりであるとされている。しかし，両品種とも活動的な反応を含まない恐怖テストに対しては同じような反応を示す（Keer-Keerら，1996）。

さらに，初期の研究では，恐怖をもたらす出来事に対する反応として，中程度の体重（褐色系）を持つ産卵鶏の心拍数は，より体重が軽くより逃避性の強い（白色系）産卵鶏よりも多いまま持続することが示されている（Duncan, Fisher, 1980）。両系統の結果は，品種は恐怖刺激に対する反応について異なる戦略を持つことを示唆している。また，生理的観点からは，明らかに落ち着いたニワトリは逃避的なニワトリと同じくらい怯えているかもしれないことも示唆している。

他に挙げられる行動的特徴に対する選抜への批判は，ゾンビのような，無反応で心理的に「生気のない」個体を生み出すかもしれないというものである。それらの個体は，「自然らしさ」を失い，ある程度の種としての品位を失うであろう。家畜化された動物は，その野生祖先種と行動的に大きく異なるという事実を脇に置いても，そのような基礎的な変化が起こった，もしくは起こった可能性があるという証拠はない。家畜化は，それ自体，動物のヒトや拘束状態への適応にきわめて大きい遺伝的変化をつくり出してきた。

結論として，行動的変化に対する遺伝的選抜は，望ましくない選抜反応を起こさないように潜在的な生理的および心理的結果に対する適切な見通しに基づいて行われることが欠かせない。

16.11 結論

- 家畜化品種の遺伝的構造はその歴史および育種構造に影響される。それは近交の程度と遺伝病の危険性を上昇させる。交雑はほとんどの産業動物で広く実践され，適応度と健康の改善をもたらす。伴侶動物では交雑は一般的ではなく，特定の品種の交雑の利点について研究すべきである。

- 遺伝的選抜は福祉形質に直接的にネガティブな影響を与え得る。それは，多くのイヌの品種に見られるように，選抜による予期しない相関反応の結果や，適応形質を無視したような限られた選抜目標に対する過度の選抜圧の結果であり，気付かないまま動物にネガティブな影響を与える。

- 福祉改善のための選抜も可能である。今日では，選抜に反応する遺伝的要素を持つことが明らかにされた多くの福祉関連形質の例がある。

- その個体が飼育されている環境における福祉形質の評価は，遺伝子型と環境との相互作用による非効率的な選抜を避けるために特に重要である。

- 育種家に対する多くの制約は選抜計画への福祉形質の導入を制限する。これには，形質測定の難しさ，高額な測定費用，指標中の形質数の増加がそれぞれの進捗を遅らせること，形質間の負の相関，福祉形質への経済的価値の付与の難しさが含まれる。

- 近年の選抜理論，DNA技術の発展，全ゲノム選抜の潜在的可能性は，産業動物において生産効率を損なわずに福祉の遺伝的な改良をますます推進し，伴侶動物の遺伝的状態と福祉の改善に用いられるであろうことを示唆している。

謝辞

本章の筆頭著者はBBSRCからロスリン研究所への中核戦略経費による支援をいただきこれを執筆した。The Scottish Agricultural College（第2著者が所属）はスコットランド政府の支

援をいただいた。

参考文献

Algers, B., Blokhuis, H.J., Botner, A., Broom, D.M., Costa, P., Domingo, M., Greiner, M., Hartung, J., Koenen, F., Müller-Graf, C., Mohan, R., Morton, D.B., Osterhaus, A., Pfeiffer, D.U., Roberts, R., Sanaa, M., Salman, M., Sharp, J.M., Vannier, P. and Wierup, M. (2009) Scientific opinion of the panel on animal health and welfare on a request from european commission on the overall effects of farming systems on dairy cow welfare and disease. *The EFSA Journal* 1143, 1–38.

Asher, L., Diesel, G., Summers, J.F., McGreevy, P.D. and Collins, L.M. (2009) Inherited defects in pedigree dogs: 1. Disorders related to breed standards. *The Veterinary Journal*, 182, 402–422.

Beilharz, R.G., Luxford, B.G. and Wilkinson, J.L. (1993) Quantitative genetics and evolution: is our understanding of genetics sufficient to explain evolution? *Journal of Animal Breeding and Genetics* 110, 161–170.

Bergsma, R., Kanis, E., Knol, E.F. and Bijma, P. (2008) The contribution of social effects to heritable variation in finishing traits of domestic pigs (*Sus scrofa*). *Genetics* 178, 1559–1570.

Bijma, P., Muir, W.A. and Van Arendonk, J.A.M. (2007a) Multilevel selection 1: Quantitative genetics of inheritance and response to selection. *Genetics* 175, 277–288.

Bijma, P., Muir, W.M., Ellen, E.D., Wolf, J.B. and Van Arendonk, J.A.M. (2007b) Multilevel selection 2: Estimating the genetic parameters determining inheritance and response to selection. *Genetics* 175, 289–299.

Biscarini, F., Bovenhuis, H., Van Arendonk, J.A.M., Parmentier, H.K., Jungerius, A.P. and Van Der Poel, J.J. (2010) Across-line SNP association study of innate and adaptive immune response in laying hens. *Animal Genetics* 41, 26–38.

Bishop, S.C., Fleming, R.H., McCormack, H.A., Flock, D.K. and Whitehead, C.C. (2000) Inheritance of bone characteristics affecting osteoporosis in laying hens. *British Poultry Science* 41, 33–40.

Breuer, K., Sutcliffe, M.E.M., Mercer, J.T., Rance, K.A., O'Connell, N.E., Sneddon, I.A. and Edwards, S.A. (2003) Heritability of clinical tail-biting and its relation to performance traits. In: van der Honing, Y. (ed.) *Book of Abstracts of the 54th Annual Meeting of the European Association for Animal Production*, Rome, Italy, 31 August-3 September 2003. Wageningen Academic Publishers, Wageningen, The Netherlands, pp. 87–94.

Bruce, D.M. and Bruce, A. (eds) (1998) *Engineering Genesis: Ethics of Genetic Engineering in Non-Human Species*. Earthscan, London.

Chen, C.Y., Johnson, R.K., Newman, S., Kachman, S.D. and Van Vleck, L.D. (2009) Effects of social interactions on empirical responses to selection for average daily gain of boars. *Journal of Animal Science* 87, 844–849.

Craig, J.V. and Muir, W.M. (1996) Group selection for adaptation to multiple-hen cages: beak-related mortality, feathering, and body weight responses. *Poultry Science* 75, 294–302.

Cundiff, L.V., Nunezdominguez, R., Dickerson, G.E., Gregory, K.E. and Koch, R.M. (1992) Heterosis for lifetime production in Hereford, Angus, Shorthorn, and crossbred cows. *Journal of Animal Science* 70, 2397–2410.

Cunningham, E.P., Dooley, J.J., Splan, R.K. and Bradley, D.G. (2001) Microsatellite diversity, pedigree relatedness and the contributions of founder lineages to thoroughbred horses. *Animal Genetics* 32, 360–364.

Donald, H.P. (1955) Controlled heterozygosity in livestock. *Proceedings of the Royal Society of London Series B — Biological Sciences* 144, 192–203.

Ducro, B.J. and Sørensen, P. (1992) Evaluation of a selection experiment on tibial dyschondroplasia in broiler chickens. In: *Proceedings of the XIX World's Poultry Congress*, Amsterdam, The Netherlands, 20–24 September 1993, Vol. 2, p 386–389.

Duncan, I.J.H. and Filshie, J.H. (1980) The use of radio telemetry devices to measure temperature and heart rate in domestic fowl. In: Amlaner, C.J. and MacDonald, D.W. (eds) *A Handbook on Biotelemetry and Radio Tracking*. Pergamon Press, Oxford, UK, pp. 579–588.

Dwyer, C.M. and Lawrence, A.B. (2005) A review of the behavioural and physiological adaptations of hill and lowland breeds of sheep that favour lamb survival. *Applied Animal Behaviour Science* 92(3), 235–260.

Ensembl (2009) Browse a Genome — The Ensembl project produces genome databases for vertebrates and other eukaryotic species, and makes this information freely available online. Available at: http://www.ensembl.org/index.html (accessed 13 October 2009).

Falconer, D.S. (1964) *Introduction to Quantitative Genetics*. Oliver and Boyd, Edinburgh, UK.

Gregory, N.G. and Wilkins, L.J. (1992) Skeletal damage and bone defects during catching and processing. In: Whitehead, C.C. (ed.) *Bone Biology and Skeletal Disorders in Poultry: Poultry Science Symposium No. 23, 1992*. Carfax Publishing, Abingdon, UK, pp. 313–328.

Hocking, P.M. (2009) Feed restriction. In: Hocking, P.M. (ed.) *Biology of Breeding Poultry*. Poultry Science Symposium Series, CAB International, Wallingford,

UK, p 307-330.

Hocking, P.M. and McCorquodale, C.C. (2008) Similar improvements in reproductive performance of male line, female line and parent stock broiler breeders genetically selected in the UK or in South America. *British Poultry Science* 49, 282-289.

Hocking, P.M., Bernard, R. and Robertson, G.W. (2002) Effects of low dietary protein and different allocations of food during rearing and restricted feeding after peak rate of lay on egg production, fertility and hatchability in female broiler breeders. *British Poultry Science* 43, 94-103.

Keer-Keer, S., Hughes, B.O., Hocking, P. and Jones, R. (1996) Behavioural comparison of layer and broiler fowl: measuring fear responses. *Applied Animal Behaviour Science* 49, 321-333.

Kestin, S.C., Knowles, T.G., Tinch, A.E. and Gregory, N.G. (1992) Prevalence of leg weakness in broiler chickens and its relationship with genotype. *Veterinary Record* 131, 190-194.

Kestin, S.C., Su, G. and Sørensen, P. (1999) Different commercial broiler crosses have different susceptibilities to leg weakness. *Poultry Science* 78, 1085-1090.

Kestin, S.C., Gordon, S., Su, G. and Sørensen, P. (2001) Relationships in broiler chickens between lameness, liveweight, growth rate and age. *Veterinary Record* 148, 195-197.

Kjaer, J.B. (2009) Feather pecking in domestic fowl is genetically related to locomotor activity levels: implications for a hyperactivity disorder model of feather pecking. *Behavior Genetics* 39, 564-570.

Kjaer, J.B., Sørensen, P. and Su, G. (2001) Divergent selection of feather pecking behaviour in laying hens (*Gallus gallus domesticus*). *Applied Animal Behaviour Science* 71, 229-239.

Kjaer, J.B., Su, G., Nielsen, B.L. and Sørensen, P. (2006) Foot pad dermatitis and hock burn in broiler chickens and degree of inheritance. *Poultry Science* 85, 1342-1348.

Laboklin (2009) Genetic Diseases [animal genetic testing]. Available at: http://www.laboklin.co.uk/laboklin/GeneticDiseases.jsp (accessed 13 October 2009).

Lawrence, A.B., Conington, J. and Simm, G. (2004) Breeding and animal welfare: practical and theoretical advantages of multi-trait selection. *Animal Welfare* 13 (Supplement 1), 191-196.

Mäki, K., Groen, A.F., Liinamo, A.E. and Ojala, M. (2001) Population structure, inbreeding trend and their association with hip and elbow dysplasia in dogs. *Animal Science* 73, 217-228.

Mills, A.D., Beilharz, R. and Hocking, P.M. (1997) Genetic selection. In: Appleby, M.C. and Hughes, B.O. (eds) *Animal Welfare*. CAB International, Wallingford, UK, pp. 219-231.

Muir, W.M. (2005) Incorporation of competitive effects in forest tree or animal breeding programs. *Genetics* 170, 1247-1259.

Nicholas, F.W. (1987) *Veterinary Genetics*. Oxford University Press, Oxford, UK.

Rauw, W.M., Kanis, E., Noordhuizen-Stassen, E.N. and Grommers, F.J. (1998) Undesirable side effects of selection for high production efficiency in farm animals: a review. *Livestock Production Science* 56, 15-33.

Roehe, R., Shrestha, N.P., Mekkawy, W., Baxter, E.M., Knap, P.W., Smurthwaite, K.M., Jarvis, S., Lawrence, A.B. and Edwards, S.A. (2009) Genetic analyses of piglet survival and individual birth weight on first generation data of a selection experiment for piglet survival under outdoor conditions. *Livestock Science* 121, 173-181.

Sanotra, G.S., Berg, C. and Lund, J.D. (2003) A comparison between leg problems in Danish and Swedish broiler production. *Animal Welfare* 12, 677-683.

Schmutz, S. (2009) DNA tests for Cattle. Available at: http://homepage.usask.ca/~schmutz/tests.html#disease%20tests (accessed 13 October 2009).

Seidel, G.E. (2010) Brief introduction to whole-genome selection in cattle using single nucleotide polymorphisms. *Reproduction Fertility and Development* 22, 138-144.

Su, G., Kjaer, J.B. and Sørensen, P. (2006) Divergent selection on feather pecking behavior in laying hens has caused differences between lines in egg production, egg quality, and feed efficiency. *Poultry Science* 85, 191-197.

Summers, J.F., Diesel, G., Asher, L., McGreevy, P.D. and Collins, L.M. (2010) Inherited defects in pedigree dogs. Part 2: Disorders that are not related to breed standards. *The Veterinary Journal* 183, 39-45.

Thorp, B.H., Ducro, B., Whitehead, C.C., Farquharson, C. and Sørensen, P. (1993) Avian tibial dyschondroplasia — the interaction of genetic selection and dietary 1,25-dihydroxycholecalciferol. *Avian Pathology* 22, 311-324.

Turner, S.P., Roehe, R., D'Eath, R.B., Ison, S.H., Farish, M., Jack, M.C., Lundeheim, N., Rydhmer, L. and Lawrence, A.B. (2009) Genetic validation of postmixing skin injuries in pigs as an indicator of aggressiveness and the relationship with injuries under more stable social conditions. *Journal of Animal Science* 87, 3076-3082.

vetGen (2009) CNM-Centronuclear Myopathy. Available at: http://www.vetgen.com/canine-centronuclear-myopathy.html (accessed 13 October 2009).

Webb, A.J., Cameron, N.D. and Haley, C.S. (1986) Genetic research for pig improvement. In: *ABRO Report 1986*, Animal Breeding Research Organisation, Edinburgh, UK, pp. 6-8.

Wiener, G. and Haytor, S. (1974) Crossbreeding and inbreeding in sheep. *ABRO Report 1974*, Animal Breeding Research Organisation, Edinburgh, UK, pp. 19-26.

Ⅴ 実行

第17章
経済

概　要

　本章では経済学と動物福祉の研究との関係を議論する。つまり，倫理と経済学の関係を考慮し，経済学とは人間の幸福を手に入れるためのものであるということを重視している。本章では従来の，そしてそれにかわる新しい経済学的な考え方，動物福祉に関する政策決定に経済学がどれほど関係するのか，動物利用のコストと利益に関して経済学からどのような知見が得られるのかを検討する。また，分析のための経済学的な枠組み，経済学的な手法，それらが指針に与える影響の評価も併せて示した。この評価は純粋な実用主義的な考え方で生じ得る問題を明快にするのに役立つ。動物福祉に関する問題に対処するための，社会における方法や政策の選択肢も明らかにしている。経済学における調査の事例研究で，人は食用動物の福祉向上のための支出をいとわないことが示唆されている。しかし，そうした調査が実際の購買行動やその他の経済学的な行動を常に正しく予測するわけではないかもしれない。経済の観点から考慮することは動物福祉の議論の中心であり，また動物の使用に関する問題，動物福祉に関する他分野にまたがる調査の不可欠，不可避の側面をなす。

▶ 17.1　はじめに

　多くの人は，経済学はおそらく会計士の仕事，そして貨幣を考慮する重要性と同義であると考えている。実際，経済学部の新入生に経済学はどのようなものだと思うかと尋ねると，学生はまずお金を挙げる。しかし，経済学者は人の選好を測る便利なものさしとして貨幣を使用しているだけであり，会計の仕事は主に財政上の情報提示に関わっている。一方で，倫理学から派生した経済学では，社会の関心の的となっているもっと広範な問題に取り組もうとしている。実際，Sen（1987）は「どのように生きるべきか」という重大な問題に取り組むのに経済学は役立つと述べている。さらに大げさにいう

と Alfred Marshall（1947, pp.1, 22, 39）は1890年に以下のように書いている。

> 　経済学は人類による人生の普通の営みに対する研究である。経済学は，幸福になるために必要不可欠なものを手に入れ，使うことに最も緊密に関係している活動を調査するのだ。貨幣は目的のための手段であり，高尚なものであれ，低俗なものであれ，精神的なものであれ，物質的なものであれ，あらゆるものを手に入れるために求められる。このように「お金」，つまり「一般的にものを買うことのできる力」，すなわち「物質的豊かさに対する支配力」は経済学の中心である。それはお金や物質的豊かさが人間の努力の主な目的であるとみなされているからではなく，また経済学者の研究の主な主題とみなされているからでもなく，

> 貨幣は私たちの世界において，広く人の動機を測定することのできる都合のよい手段であるからなのだ。しかし，十分に注意すれば，貨幣は，人間の生活を形作る動機の大半の原動力を測る非常によい指標となる。経済学は重要な目的を皆で追求することに関わる動機に大いに関係しており，その度合いは増している。経済学はその目的として，現実的問題に新しい見方を与えなくてはいけない。

Marshall が提起した現実的な問題のひとつに，「苦難を経験するが，幸運を手に入れることができない人々」というものがあり，Marshall は「他人のためにどれほど苦しむのが正当なのだろうか」という問題を提起した。Marshall の提起は人間社会に言及したものであるが，この問題は動物福祉に関する経済学の研究の中心となっている。

しかし，動物福祉と動物の権利に関する倫理的，科学的側面はこの50年間で広く議論されてきた一方（Harrison, 1964；Singer, 1975, 1980；Regan, 1982, 1984），動物と人間の経済学的な関係については，早期に経済学的な考察がなされたにも関わらず，比較的注意が払われてこなかった。経済学の「創始者」である Adam Smith は，『Theory of Moral Sentiments（1790，Ⅱ部，Ⅲ部，1章，4段落）』において，動物と人間の経済学における関係について「動物は快楽や苦痛を生じさせるだけでなく，これらの感覚を感じることもできる」と簡潔に述べている。ほかでもない人間の幸福と経済学との関連性は，後者の事実と，Smith が以下のように書いたことを考慮すれば一層明確になる。

> どんなに人間が利己的であっても，自分がそれを目にすることで喜びを手にする以外何も得られない状況下では，他人の幸運に興味を抱き，他人の幸福を自身に必要なものへと変えてしまうという原理が人間の性質のなかにあるのだ。

Bentham は人間の動物に対する優しさや思いやりを明示的に「喜び」の分類に含めた。喜びと苦痛（利益と喜び）を比較検討するこの功利主義的な倫理は，経済学分野の根底にある。もしかしたらこれは費用便益分析，つまり応用経済学の要石でありそれ自体が「経済の道徳」といわれる分析に最もよく現れているかもしれない。

この15年間，具体的な研究はあったが，経済学者は必ずしも動物福祉を理論的，実用的な研究のテーマとしてみなしてきたわけではなかった。動物福祉と，人間がどのように動物と接するかは道徳的な問題であるという思い込みがあったことが理由のひとつかもしれない。確かに動物にとって良いことや悪いことは，獣医学的健康の相対的な状態と幸福を認識することに関する事実という問題が含まれるかもしれないが，経済学的な考慮は副次的なもの，そして無関係なものであるという認識にとどまっている。動物福祉に関するこの考え方を考慮すると，経済学的な側面を，倫理的に振る舞うという目標と対置して考えるべきだと思う者もいる。動物の苦しみに対し，どうやって価格を設定しようというのだろうか。それと同時に，もし動物福祉が倫理的問題として定義されるなら，科学に傾いた経済学者はすぐにでも動物福祉に関する研究を止めてしまうだろう。

しかし，人間による動物利用の制限が経済に影響を与えることは明らかである。こういった影響の要素を定量化するために経済学の理論を応用することは分かりやすい（もっとも，後述するように議論を呼ぶものでもあるが）。したがって，これまでにも農場における動物福祉を

向上させるための規制が経済に及ぼした影響を推定する研究がいくつかなされてきた。Bennett（1997）や，BennettとBlaney（2003）は，人々がヨーロッパの卵生産においてケージの使用を禁止する法律のためにどれだけ進んでお金を払うか見積もり，得られた結果を高次産業の生産コストと比較した。Carlssonらはと畜施設について似たような調査をスウェーデンで行った。Summerらは動物福祉を推進するカリフォルニア州の規制がどれだけ生産費用に影響を与えているかを見積もり，カリフォルニア州の農業従事者は他の州に対してもはや競争能力を喪失していると結論づけた。その研究ではさらに，生産場所が隣の州に移された場合の，カリフォルニア州の生産者の畜産物生産コストに与える影響を見積もり，そして雇用の消失と税収の減少がカリフォルニア州の経済に与える全体的な影響を調査した。2009年に発表された同様の研究では，アメリカですべての卵生産を非ケージシステムに移行するための費用を概算した。この研究は医療分野，動物園，伴侶動物の飼育，野生動物の保全に動物福祉の規制が与える影響に関する同様の研究を確実に導くことができるだろう。

前述のような研究は，一般的には方針の決定の補助となるように意図して行われている。研究で示されるコストと利益の推定値は，有権者と政策決定者が目的のために資金を使う判断をするのに役立つように提示される。経済学的観点からすると，社会における中心的な問題は，私たちは実に多くのものを要求するが，その欲求を満たすために使用できる資金には限界があるということである。社会として，要求するものすべてを手に入れることはできない。このため私たちは次に示す3つの重要で，互いに関連した判断をすることが必要となる。それは，①割り当てられた資金でどのような結果が社会に生じることを望むのか（私たちは何を望むのか），②どのように資金を分配すれば，考え得るなかで最高の結果が得られるのか（私たちはどうすべきか），③結果の便益と費用を社会においてどのように分配するのか（誰が勝ち，誰が負けるのか），である。これらの問題はすべて倫理観に基づいており，経済学の領域がこれらの問題を明らかにし，問題解決に関するデータと厳密な分析を得ようとする粘り強い試みのなかで発達してきた。

17.2 経済的分析の展望

多くの経済学者が支持するひとつの哲学的想定では，前述の問題はすべて明確な事実問題としてみなされ，そして経済学は前述の問題に含まれる現実問題を正確に説明し，評価する程度までを可能とする経験的な研究であるとみなされている。したがって，私たちが何を望むべきか（例：動物福祉の観点から）という問題は本来は倫理的なものであるが，社会の担い手（消費者など）が実際に何を望み，好むのかという問題は，そのような人々の行動を注意深く観察することで推察できる。どんな政策が取られるべきかという問題は本来は政治的なものであるが，どの政策が研究で明らかになる個人の行動と矛盾しない結果を最もよく生むかを推定することはできるかもしれない。それに加えて，政策の結果，どの団体の要望が満たされたかを特定することにより，利益を得た者と損した者の決算を求めることができるかもしれない。こうした性質を考慮すると，経済学とは社会における事実（例：動物福祉に関する選好）を経済における行動（例：「動物福祉志向」の製品に人々がいくら費やすか，動物福祉という大義のためにいくら寄付するか）の研究を通してモデル化する方法を発達させることだと理解できる。

この哲学的パラダイムの影響下で調査を行った経済学者たちは，人々の経済学的な行動から得られる事実を正確にモデル化することには限界があると注意深く言及してきた。いくつか初期の理論的モデルによって，実際の行動選択が経済主体の選好を明らかにすると推察する方法に関する怪しい仮説がつくられた。例えば，そういった仮説において，経済主体は十分な情報を得てから，合理的に振る舞うと想定されていた。しかし，動物福祉のように感情と結びつき，情報があまり知らされていなかったり，偏っている問題はこのモデルに当てはまらない可能性が高い。このように限界が認められていたにも関わらず，いくつかの要因が組み合わさることで，こういった怪しい経済学の仮説は人々にとって魅惑的なものとなっていった。民主主義国家の政治家にとって，利益を享受する個人の数を最大にするような結果につながる政策の展望はとりわけ魅力的であった。また，これらの問題を経験的に，そして科学的に志向してきたために，経済学者たちは自分たちが人間味のない権威を持つと思い込んでしまったのである。これらの影響が組み合わさり，本来は倫理的，政治的な問題に対して，不完全なことが明らかな経済モデルが，見たところ，主体的あるいは倫理的に論争可能な立場を取ることなしに，大きな影響力を持ってしまった。

しかし，怪しい（不確かな）仮説に加えて，経済における行動の研究により，一般的で新たな価値がいくつか生じた。このような価値の付加は，しばしば所有権，法的規則，体制（例：様々な種類の世間で広まっている地位）に関する蓄財の歴史に見ることができる。したがって，動物福祉を推進する規制が経済に与える影響を計算する研究は，動物の利益に対してほとんど何の法的権利や保護を想定しない経済的行動に基づくべきである。人間の奴隷を禁止する法律が経済に与える重大な（悪）影響について同様の研究がなされた場合，おそらく正確に予測できただろう。したがって，経済における行動に基づいた，一般的に科学的だとみなされる研究が，いつか慣習，法律，財産の増加，どのような体制にも内在する影響によって含意される標準以上の貢献をするのかという疑問を持つことはあり得るだろう。動物福祉の観点から言い換えると，動物福祉政策の経済学における従来的な分析やそれによって生じる結果自体は，大部分が体制の結果である（例：現在の動物と人間の関係を考える際の，制度的合意）。例えば，価格は制度的合意に大きく左右されるため，もし動物福祉に関してまったく配慮しないことが合法であれば，動物生産のコストと動物製品の値段は，動物福祉を保証する法律がある場合よりも，抑えられるだろう。

こうした状況と認識を踏まえ，Daniel Bromleyは経済学の可能性と方向性について，それまでより実用的な解釈を提案した。Bromleyの考えでは，体制はいつも公式，非公式両方の経済制度によって形成される。この場合の経済制度とは，為替，契約に関する法律，地位，富，社会的影響力が現在どういう風に分配されているか，そして慣習を反映した人々の行動様式をいう。これと関連してBromleyはどのような体制でも，社会利益の様々な観点から見れば，満足のいくように思われることもあれば，問題を抱えているように思われることもあると述べている。例えば，現在のある産業動物生産方式は農家からは一般的に受け入れられているが，消費者の一部からは拒絶されている，というようなことはあり得る。経済学は，政治行動や政策の変化が引き起こす可能性の高い影響を個人や政策決定者がよりよく知るのを手助けするという点で役に立ち得る。しかし，社会の損失や利益という大きな枠組みのなかでこうした

結果を提示することは，大変な誤解を招くことであるとBromleyは主張している。なぜならば，結果を利益や損失として特徴づけることは，大いに議論を呼ぶことになり，倫理的価値判断を示唆するためである（Bromley, 2006）。

17.3 動物福祉における経済学の展望

　従来の経済学も，経済制度に対する実用的な考え方も，どちらも動物福祉の問題に展開することができる。主流の考え方では，経済における行動を概念化することで導かれる事実のモデル化を経済学の役割としている。この見地からでは，人間以外の動物の健康や動物が認識する幸福を，自分自身の利益のために行動している経済主体の行動全体から生じる結果のひとつの側面であるとみなすことが論理的に可能である。例えば，Peter Singer の功利主義的倫理では，動物の相対的な満足や苦痛は利益と損失の実現の最適な割合と配分を配慮した結果であると想定することで，従来の経済学的手法をとらえた（Singer, 1993）。しかしながら，経済学者にとって，動物自体は具体的な経済活動は示さないと考えることの方がはるかに典型的であった。従来の典型的経済学的手法では，経済学者は動物の利益を経済学で分析する時はいつでも，その分析が人間の経済活動に反映されなくてはならないと考える。例えば，McInerney（1994, pp.13-14）は以下のように記している。

> 動物福祉は，人が自分自身の福祉をどう感じるかの一部にすぎず，動物にとっての利益とは間接的に関連があるだけである。したがって，社会の求める動物福祉の基準が社会の主要な関心事，つまり人間の福祉の結果と一致していることに驚くべきではない。経済学的観点からは，動物は人に利益をもたらす経済の過程で利用される手段にすぎない。

　Jeremy Benthamの動物は「ものの範疇に入るにすぎない」という主張（1789, XVII章, 6段落）も，この見解を思想的に支持している。この見方では，動物が人間の役に立ち，製品を生産する過程で苦痛を受けることは，生産システムの（残念な）副次的効果となる。経済学者はそういった間接的な影響を「外部性」と呼ぶ（環境汚染はそのような外部性の別の例である）。このような枠組みにおいては，人間の福祉に影響を与える動物の苦痛に対する人間の感受性まさにそのためだけに動物福祉は問題となる。したがって，動物に共感する人は，動物が不必要に苦痛状態にあること（あるいは，幸福であること）に気付き，苦痛（あるいは，喜び）を感じるかもしれない。そして，そういう人々の福祉（功利）は減少（あるいは，増加）し，コスト（あるいは，利益）が生じる。そしてそのような人々の何人かが影響を受ける場合，社会にも影響が及ぶ。

　間違いなく，動物福祉が不十分であるとする知覚はもっぱら人間が動物の苦痛を感じることにより生じ，人々が動物の行動の観点から見て測定するものをどう解釈するかは，生理的過程などによって変化する。そのため，人々の知覚はどの程度動物を擬人化して考えるかや，動物の苦痛に伴う人間の苦痛の程度に依存している可能性が高い。その知覚には動物の利用に関し，人々が必要か否か，許容か否かが関係しており，そういった判断が，今度は実現可能に思える代替案（代替生産システムや商品）に依存する。例えば，多くの人々が肉食を継続するために産業動物をと畜することは，他の選択肢がないため必要であり，許容できると感じるかもしれない（「人道的」な方法を用いても動物の苦痛は避けられないと認めながらも）。しか

し，このような人々は卵の生産において，放し飼いシステムというさらに許容できる代替案の提示により，もはやケージ飼養による卵の生産を許容できないと感じるかもしれない。産業動物を生産するシステムはすべて認められないとして，動物を使わない代替製品を消費する人もいるかもしれない。このような人の感じ方というのは，文化的に何を行っているか，生活スタイルの側面にまで及ぶ多くの要因に明らかに影響を受け，現在動物がどのように利用され，どのような代替案があるのかということに対する人間の意識を中心に展開される。

複数の点で動物福祉は問題をはらんでいることから実利的，制度的な議論が生じている。第一に，人間が動物を利用する方法の多くは動物自体に問題を与えると理解することができる。もっとも，前述のように，経済学自体はこれらの問題について知見を与える確かな根拠とはならない。しかし，現在の利用方法では動物に問題を与えるという意識をある程度持つことは，経済制度を変えることで動物の待遇が向上するかを判断するための分析時に常に重要となる。第二に，動物福祉を主張する人々の政治行動は，体制の問題と思えるような点を直接訴えている。最後に，制度を変えようという提案自体により，研究者，畜産業者，その他の動物飼育者，または動物製品の消費者にとってこれまでの方式が問題になる可能性をもたらす。実利的な考え方が意味し得るひとつの重大な考え方は，動物自体に対する結果の実際の影響と人間の好みに対する影響が異なる可能性があるということである。動物福祉を訴える人々でさえ満足のいくものだと考える結果によって，動物の環境が一層悪くなることが，少なくとも論理的には可能である。例えば，倫理的問題を背景として，アメリカではウマのと畜が禁止されたが，おそらくそのせいで不要なウマの放棄と，カナダやメキシコでと畜するために長距離輸送するという経済的動機づけが生じた。経済的観点からなされた分析は人間の感情だけに焦点を当てており，動物の利益を代弁する人はこういった可能性を発見する分析的な方法を展開できなかったのかもしれない。

17.4 経済学的観点からの分析と動物福祉：コストと利益を考察する

利益とコスト両方の価値基準として，経済学者は市場と市場価格を利用する。しかし，必ずしも社会における本当の価値を市場が反映しているわけではないため，この方法には問題があると経済学者は認識している。本当の価値を反映していない理由として，次のことが挙げられる。①市場価格は，その市場で取引されるものの価値しか反映せず，またその市場に参加している人々の選好しか反映しないため，市場価値には現れない，間接的なコストや利益があるかもしれないこと（外部性），②政府の補助金や課税など，いくつかの理由によって市場価格が影響を受けるかもしれないこと，③市場価格は限界価値を反映しているのであって，全体の価値を反映しているのではないこと，である。したがって，私たちが社会のあるものについてどれほどの価値を見出しているのかという情報を市場価格だけに頼ることはできない。つまり，利益とコストの評価において，経済学者は他の手段を利用しなければならない時があることを意味している。

動物製品や，動物によるサービスに伴う動物福祉の負の外部性（動物の苦痛）は，動物製品の市場に明らかに現れるわけではなく，隠れたコストとして存在する。こうした外部性の重要な側面として，市場で製品を購入していない人々の選好は考慮されないことがある。一例として，クレートで飼育された子牛のヴィール肉

市場（監注：ヴィールとはイタリア料理やフランス料理で使用される定番の牛肉食材。鉄分不足によるピンク色の牛肉とするため，子牛を体重150kg位までミルクのみで育てる）を考えてみる。ヴィールを消費する人々の選好は，人がどの価格でどれだけの量買おうとするのかという観点から記録される。しかし社会には，このような子牛が食用に利用されることを憂慮する人も存在し，そのような人の（人間の）福祉は減少し，人に（費用便益分析の枠組みにおいては社会に）コストが生じる。こういった人には，市場システムを通して望みを表現する手段がない。ヴィールを消費する人でさえ，その肉生産の方法に完全に満足しているわけではなく，他の方法が採用されることを好むかもしれないが，そういった人も，もっと「牛に優しい」選択肢が示されていないと想定し，ヴィールを買わないことでしか自身の気持ちは表現できない。市場において考慮の対象となるのは，社会のなかの一部の（おそらく少数の）人の選好だけであり，市場では社会全体の純利益を最大にするような方法，社会を考えた時に最善となる方法で資源を配分することができない。そして，そういった動物福祉の外部性に関連したコストを，動物の利用法について意思決定をする時に考慮すべきであると経済学的に主張されている。この問題を経済学はどう扱うのかという経済学の立場からの分析は，以前 Bennette（1995）によってなされ，彼の主な主張だけをここで提示する。

前述のように，議論は動物福祉に対する政策についていくつか重要なことを示唆している。経済学における従来の考え方では2つの大きな問題が生じる。それは，どのレベルで動物を利用するのが最適であるとどうやって推定するのか，そして，そういったレベルが実際に，確実に満たされるようにするにはどうするべきか，

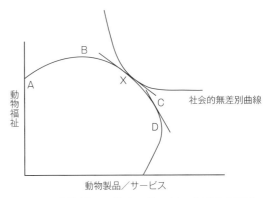

図 17.1　動物製品の生産，サービスと動物福祉との関係

点Aから点Bまでは人間も動物も相互に利益を享受する。点Bで動物福祉が最大となり，点Dで動物製品／サービスが最大となる。点Xと点Cを比較すると，動物福祉に対する絶対的な価値は点Xで高く点Cで低い。点Xにおいて社会における純利益が最大となる

(Bennette, 1995 より)

という問題である。図 17.1 では動物製品の生産や動物由来のサービス（食料品，伴侶動物，研究から得られる利益）と，動物福祉との関係性の可能性を示している。図 17.1 では，ある地点までは（点Aから点Bまで）は動物と人間はともに関わり合いから利益を享受する（もっとも，たとえペットにおいてさえも，この仮説を疑問視する人もいる）。したがって，点Bは動物の福祉が最大になるとともに，人間にもある重要な利益が生じる関係性を表している。しかし，人間の利益という観点からすると，点Bでは動物製品の生産高が最大になるわけではない。動物製品の生産高が最大になるのは点Dだが，動物福祉に対する代償を伴う。もし人間が点Dを超えて動物を搾取すれば，動物福祉に大いに悪影響を与え，動物はもはや効率的に食料，製品，サービスを提供することはできない。したがって，点Dを超えると効率が非常に悪いため，点Bから点Dまでのカーブのどの位置を取るべきか社会が決めなければならない。明らかに動物は点Bを好

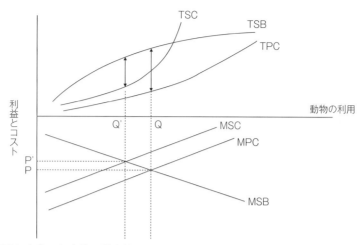

図17.2 動物を利用した際の個人的, 社会的コストと利益
TSC:総社会的コスト, TSB:総社会的利益, TPC:総個人的コスト, MSC:限界社会的コスト, MPC:限界個人的コスト, MSB:限界社会的利益, Q:個人的コストだけ(社会的コストは除く)が考慮された際の動物の利用の水準, Q':社会的費用が考慮された際の動物の利用の社会における最高の水準, P:動物を利用する水準がQの時の市場価格, P':動物を利用する水準がQ'の時の市場価格

(Bennette, 1995より)

み, (生産に影響しない限り) 動物福祉に気を払わない人間は点Dを好むだろう。おそらく, 現在私たちは点Cに位置しているのかもしれない。点Cでは動物福祉に相対的な価値(点Cの傾きのタンジェント, −pAP/pAWで現される。pAPは動物製品の絶対的価格〈price of animal product〉, pAWは動物福祉の絶対的価格〈price of animal welfare〉)が暗に与えられている。なぜなら, 点Cにいるということは, 私たちは社会として動物福祉をさらに改善するためにある動物製品をあきらめようとはしていない(逆もまた同様)ことを意味するからである。こういった種類の動物製品(例:産業動物に関しては卵, 牛乳など)は市場で取引され, 市場価値が与えられている。そして効果的なことに, 社会は動物の苦痛に対して絶対的な(金銭的な)価値を与えている。しかしながら, 点Cでは人々の動物福祉への関心を正確に反映していないと感じるかもしれないし, もし私たちが社会的無差別曲線で表される社会の本当の選好を知っているとしたら, む

しろ点Xに位置するべきであると感じるかもしれない。点Xでは点Cよりも動物製品と比較して, 動物福祉に対してより多くの絶対的価値を認めている(点Xは点Cと比較して, 動物製品の生産高の水準は低いが, 動物福祉の水準は高い)。点Xにおいては, 動物製品を生産する際の限界収益と動物福祉の限界収益の比率は, 動物製品を生産する際の限界効用(この点における社会への利益)と動物福祉の限界効用の比率に等しい。経済学の理論的見地から見ると, X点は社会に対する純利益を最大にする, (動物製品の生産と動物福祉の水準の)最善点なのである。

図17.2は社会における動物の最適な利用についての, 経済学的にもっとオーソドックスな分析である。TSB (total social benefit) と示されたグラフは, 食料を生産するためなどに動物を利用すること(動物の利用と書かれている)によって(消費から)得られる社会の利益全体を表す。動物を多く利用し, 食物や他の動物製品を消費すればするほど, 私たちの得る利

益は増大する。動物製品を消費することで得られる利益は，人々が市場で動物製品に対してどれだけのお金を出そうとするかを知ることで推定できる。TPC（total private cost）と示されたグラフは，生産／消費にかかる個人的なコストの合計を表している。すなわち，ある量の動物製品を生産するのに必要なコスト（本章の一番最初の部分で議論された研究で推定されるような，資源の貨幣価値という観点による）である。動物製品を生産する直接的なコストもまた，それらの生産に必要な手段の価値に基づいて推定することができる。この2つの違いは消費から生じる純利益であり，この差は動物の利用が点Qの水準のときに最大となる（点QのときにTSBとTPCの差が最大となる）。MSB（marginal social benefit）と書かれたグラフは，TSBに関連した限界社会利益である。実際のところ，限界社会利益とは，動物利用の水準によって表される，様々な量の動物製品に対して合計でいくら払おうとするかという，消費者の需要機能である。MPC（marginal private cost）と書かれたグラフは生産／消費と関連した私的限界費用であり，生産者による供給機能を表すMSB＝MPC，つまり2つのグラフが交わり，需要と供給が等しくなり，市場が均衡している時（生産される動物製品の量が消費者の購入量に等しい時）に純利益が最大となることが見て取れる。点Pの価格である時に，均衡がとれる。しかし，点Qにおいて動物を利用する水準は，社会において最善の水準ではない。このようになるのは，動物を利用することにより生じる外部コストを考慮に入れていないためである。仮に，こうした外部コストを考慮に入れるのなら，動物を利用することによって生じる真のコストは，TPCではなくTSC（total social cost）で表される。TSCによって点Q'で表される，点Qよりも動物の利用水準が

低い点で，純利益が最大となり，この点こそが動物利用の最善の水準であると分かる。対応するMSC（marginal social cost）の限界コスト曲線によると，動物のこの水準での利用は，市場価格がP'（先ほどの価格Pよりも高い）の時に実現される。この単純な分析から，主に次の2つのことが示唆される。第一に，動物を利用することに関連した動物福祉の様々な外部性を考慮しない限り，私たちは動物を搾取しすぎてしまい，社会における純利益を減らしてしまうだろうということである。第二に，動物利用の最善の水準を達成するためには，動物の利用と，動物製品の社会に対する本当のコストを反映した，より高い明示的な価格を得ることを保証する必要があるのかもしれない。もちろん，動物を最善の水準で利用するための方法はほかにもある。例えば，水準Q'を求める規制などである。動物福祉を向上させるための手段として政策を用いることは17.5節でより詳しく考察する。

実利的あるいは制度的観点における経済分析の目的は，究極的には制度を変えることに関する倫理的，政治的議論を知らしめることである。経済分析の目的は，最善に思われる富の分配方法を得ることではないと考え，こうした伝統のなかで研究している経済学者はより一層，経済学によって動物利用の最善の水準を求めることができるという意見に疑問を覚えるだろう。現時点での消費者の選好は，長年の習慣や，言うまでもなく実際に動物が飼育されている環境を知らないことに影響を受けている。知らないこと自体は様々なことが組み合わさった結果で，広い範囲の誤りが原因となっている。例えば，消費者の多くは畜産現場における現在の状況を理想化していて，自分自身の価値感と状況が調和していないことに気付いていない。現在飼育されている動物の苦痛を過大評価した

り，動物の代替飼育法の利益を現在の方法と比べて過大評価している人もいるかもしれない。どちらの場合でも，現在の消費者の選好は，単に財産の規則（property rule）や慣習的な行いを反映しているにすぎない。規則や歴史が異なっていれば，消費者の選好は現在とまったく異なっていたかもしれない。だからといって，消費者が動物福祉について潜在的に何を求めるのかという研究が，実利的な観点から重要でないということにはならない。市場の規則と慣習の特定の組み合わせによって現在よりも人道的方法で生産された動物製品に対価を支払ってもいいと考えている人の潜在的需要を発見し，記録することは，その機会がほとんどないとしても，問題を定義づけることに役立つ。さらにそうした研究によって，こうした潜在的選好に基づいた選択が可能となるよう政策を変化させた時の影響をより正確に予測するための基礎が分かる。経済学的分析をする理由について，従来的な見方を採用しようと，制度的な見方を採用しようと，市場に現れない商品の価値を推定する手順は同じである（Mitchell, Carson, 1989）。最も明らかな手順のひとつに，人にあるもの（経済学ではたいてい「商品」といわれる）がその人にどれほどの価値を持つのかを尋ねる，というものがある。これは仮想評価や選択実験といった方法の基礎であり，これら2つの方法は，問題となっている商品を含む仮説的な市場システムを人に示し，その商品に人がいくら支払おうとするかを明らかにする，優れた調査技術である。どの水準で動物を利用するのが社会にとって最適なのかを判断するために，従来の経済学者なら，様々な水準で利用されている動物に対して，どれだけの対価を支払う用意があるかということ（それによって人が動物福祉という外部性にどれだけの価値を見出しているかを推定する）を人から聞き出すだろう。

制度的な経済学者は同じ情報を動物福祉に対して与えられている全体的な価値として解釈するのではなく，行動を理解し予測する基礎として解釈する。動物福祉に対してどれだけの価値を与えるかという事例研究については17.6節で提示する。

　この点において，制度的な考え方ではすぐに問題に直面する。よく知られているようにアンケート調査の返答が市場における行動と一致することがほとんどないためである。アンケート調査で人が動物福祉のために対価を支払う準備があると述べたとしても，実際市場で動物福祉を考慮したとうたわれている商品が買えるようになった時に，人々が進んでそれを買おうとすることはほとんどない。考えられる理由はいくつかある。例えば，消費者が動物福祉志向と書かれたラベルを信頼していないのかもしれない。しかしながら，これらの調査結果は，消費者の選択というよりもむしろ政治経済学の分野における経済学的行動の衝動であると解釈する方がより妥当かもしれない。つまりこの調査に対する回答は，食料品店で何を買うかということよりもむしろ，選挙や他の政治的状況において，人がどのような行動をとるかということをより正確に反映している。「束縛」という現象は他の状況であれば選択できる選択肢を誰かが制限するような行動をとっている時に生じる（Elster, 1979, 2002）。このようなシナリオにおいて，消費者はもし他の状況で機会が与えられていたとしたら，行う選択と反対の政治的な活動を通じて，制度的な改革を支持する。最近の研究は，自身の選好を満足させるよりもむしろ，政治に影響を与えたいという意図で消費選択を行う人もいると示唆している（Luskら，2007）。こうした結果は，従来の経済学の枠組みに基づく想定とほとんど矛盾しており，ある経済学的な行動ですら費用便益分析を従来的に

理解するのでは完全には把握できない象徴的機能を有していることを示唆している。

17.5 動物福祉の政策手段

上記で挙げられた経済学的枠組みは動物の利用に関連した社会におけるコストを減少させるために取り得る政策における選択肢を考えるのに役立つ。産業動物に関連してBennett (1995, p.58) は以下のように記している。

> 畜産物生産と産業動物福祉における社会の福祉を最大とするような調整を可能とする主な政策的な選択肢は3つある。ひとつ目は、市場原理を利用し自身の消費する製品についてよく情報を手に入れたうえで、消費者が選択できるようにすることである。この方法が機能するためには、消費者が購入する製品の動物福祉に関する特徴や、その代替法およびそれによる製品についての情報が十分に知らされていなければならない。情報を供給するという面で、この方法では政府の介入が間違いなく必要となる。しかし、消費者側に高水準の意識が植えつけられたとしても、動物福祉にマイナスとなる外部性、とりわけ動物製品を生産することの公共悪（人々全般に対して損失を強いる負の外部性）を市場は正確に捉えることはできないだろう。こうした側面に対し、政府は2つ目、3つ目の方法で対処することができる。すなわち、2つ目の方法は、市民が好む動物福祉生産活動を保障するように、立法や業務規定を通して畜産物の生産を規制することである。3つ目の方法は、動物福祉に対して負の外部性を生み出しているものに課税し（汚染者負担の原則）、動物福祉に配慮した製品が市場によって評価されない場合には、そういった商品を生産するものに補助金を出すことである。

前述の図17.2に関連して、理論的には明らかに、市場原理は動物利用の適切な価格づけによって、動物利用を最適水準に近づけるために利用できる。つまり、動物福祉に貢献しているとされた製品や生産者に対する補助金、動物の苦痛を助長しているとされる製品や生産者に対する課税というかたちで実現することになる。別の方法として、政府は立法を通じて介入し、最適に思える水準の動物利用だけが行われるよう保証することもできるだろう。

実際には動物福祉を守り、改善するのに役立つよう利用できる多くの様々な政策手段がある。表17.1はこうした政策手段の分類であり、これらの手段が動物福祉や動物の健康にどう適用されているのかの実例と、これらの手段による利益とその限界を比較して評価したものを記載している（より詳しい情報はFAWC, 2008参照）。このような政策手段は単体でも、相互に組み合わせて用いることもできる。歴史的に、政策立案者は動物福祉を維持、向上させるための主要な政策手段として、立法を利用しがちであった（この側面については第18章においてある程度示されている）。さらに言うと、動物をどの程度利用することが理論的に最適かという観点からすると、これに対する明確な考えを得るためのデータはこれまで手に入れることができなかった。政策立案者らは、むしろ科学的証拠や道徳的信念そして政治的過程に基づき、適切だと思える水準を提案してきたのである。

McInerney (1994, p.18) は以下のように記している。

> もし経済学の分析に、動物福祉の基準に関する決断の概念的な基礎を示す図を単に描く以上のことを求めるならば、社会における最善という考え方を得ようとする場合、研究には社会における選

表 17.1　動物福祉を守り向上させる政策手段の分類（FAWC, 2008）

政策手段のタイプ	動物福祉や健康に応用された例	長所	短所
1. 法的な権利と義務	動物福祉に関するEU条約	自立	事故や非合理的な行動から生じる出来事を防止できない可能性がある
2. 命令と支配	家禽類に対する最低限のスペースの規則	法的拘束力，最低限の基準の設定，透明性	コストがかかる，柔軟性がない
3. （政府による）直接行動	福祉査察，輸出入管理	施設・設備を管理から分離できる	手荒いとみなされるおそれがある
4. 公共補填，社会保険	動物福祉の観点から殺処分される動物に対しての保証	保険によって経済的動機づけが生じる	逆の動機づけを与え得る，納税者の負担となる
5. 奨励金と課税	クロスコンプライアンス，産業動物福祉の向上に対するpillar IIの補助金（農村開発補助金；第18章参照）	規制する側の決定権が低い，適用にかかるコストが少ない，受け入れるよう経済的圧力が生じる	規則が必要，動機づけから結果を予測するのが難しい柔軟性に欠ける可能性がある
6. 制度的な取り決め	動物福祉に関するEFSA（欧州食品安全機関）小委員会	専門的な機能，説明責任	責任の所在に焦点をしぼりすぎてしまう可能性がある
7. 情報開示	届出伝染病の報告	介入の度合いが低い	情報利用者が間違う可能性がある
8. 教育と訓練	獣医学教育，国全体の指導要領のなかでの動物福祉	必要な教育と技術を社会で保証する	あまりにも杓子定規で，柔軟性がない
9. 研究	動物福祉研究に対する基金（例：Welfare Quality®プロジェクト）	政策に情報を与える	民間部門の活動と重複したり，それらの活動を不要にする
10. 個人市場を推進する			
a. 競争法	食品サプライチェーンにおける企業の市場における力と農家に対する生産コストに合致する価格	規模の経済が全般的な規則において機能する，介入の度合いが低い	産業における技術的，通商的問題を解決できる専門的な機関がない
b. フランチャイズと許可	獣医学における治療と薬，動物の施設・設備	施行する（社会的）コストが少ない	独占的な権力が生じる可能性がある
c. 契約	公共サービスを提供するために民間獣医師を雇用契約する	サービスの提供と制御を組み合わせる	規制とサービスの役割の混同
d. 取引の許可	集約畜産システムの許可（例：オランダ）	最大の富生産企業に割り当てられる許可権	運営と監視を必要とする
11. 自主規制			
a. 個人	農場の保証体系，獣医師，企業の行動規則	高い取引契約，政府のコストが低い，柔軟性がある	自己に有利，監視と強制力が弱い可能性がある
b. 強制	EU立法の加盟国に対する強制	強制することで，より強い法令遵守が徹底される	強制にバラツキが出る

> 好の構造とそれらの相対的重要度を明らかにすることが必要とされる。一方で，特定の規則を確立し，強制することで動物福祉を制度的に押しつければ，その基準は誰の価値関数を反映しているのかという問題が生じるだろう。

民主的な社会において，政府が社会を代表して動物福祉を守り，向上させることを目的として他の政策手段に手を加えたり，基準をもうけたりするためには，人の動物福祉に対する選好を知ることが必要であることを，この一節は強調している。

次節では，産業の福祉を向上させるために人々はお金をいくら進んで支払おうとするかを明らかにしようとした調査の事例研究を示す。

17.6 動物福祉に人々は「いくら支払おうとするか」：事例研究

イギリス国内の 300 人を対象とした電話によるアンケート調査により，人々の産業動物福祉に対する態度とそのためにいくら支払おうとするかを明らかにしようとした。対象は無作為に抽出されたが，人口の統計的な特徴や社会経済学的な特徴を表現するように階層化された。アンケートはその内容から大きく 4 部に分けられた。第 1 部では産業動物福祉に対する人々の態度についての質問や畜産物の消費に関する質問が含まれていた。第 2 部では 0～100 の指標で産業動物の一生を通しての福祉を測り，評価する方法についての情報を流した。この指標では，現在の法的最低基準が 40 で表され，動物福祉の可能な最高の水準が 100 で表される。したがって，例えば福祉の得点が 60 であるとしたら，法律で認められている最低基準よりもかなり高い福祉水準であるが，より一層向上する可能性があることを示している。この福祉の評価方法と得点は EU 主導した Welfare Quality® (Welfare Quality®, 2010) プロジェクトと同じものである。第 3 部では，回答者が動物福祉のためにお金を進んで払うかどうかについて一連の質問を行った。質問の一例を**ボックス 17.1** に示した。回答者には，上記の福祉の得点のうち 60 と 80 の組，70 と 90 の組についてお金を積極的に支払うかどうか質問をした。動物福祉の評価と得点の方法の説明，そしてお金を進んで支払うのかという質問の説明は，回答者があらかじめ目を通し，電話調査の際に手元に置いておけるように，電話調査の前に回答者に郵送した。このような動物福祉にお金を支払う意思についての質問に続いて，支払う簡単な理由，そして動物福祉と回答者に提示された状況に関しての回答者の態度をさらに調べる自由回答式質問をした。第 4 部では年齢，収入，家族数，教育水準などの回答者の社会経済学的な質問がなされた。積極的にお金を払おうとするかについての回答の分析は Bayesian Ordered Probit model を用いて行われた。分析の結果によると，福祉スコアが 60 点の肉に対して，人々が進んで支払おうとする平均的な金額は 1 カ月当たり 19.31 ポンド，または 1 年当たり 232 ポンド弱であった。福祉スコアが 80 点の肉に対しては，1 カ月当たり 23.63 ポンドであり，1 年当たり 284 ポンド弱であった。福祉スコアが 60～80 の範囲では福祉スコアが 1 につき，対価を支払う積極性の限界収益点（訳注：支払いたいと思う金額）は 1 年間で 2.59 ポンドであった。一方で，福祉スコアが 70～90 の範囲では，対価を支払う限界は収益点はスコア 1 につき 1.36 ポンドであり，人は動物福祉のスコアを 70 から 90 に上げるよりも，60 から 80 に上げることに価値を置くということが示唆された。このように貨幣を支払おうとする積極性の限界が福祉スコアがある地点を超えた段階から小さくなっていくことは予想できることであ

V部 - 実行

ボックス 17.1　価格上昇許容に関するアンケート調査からの抜粋

いつもの食料品店に，高い福祉スコアの肉と肉製品があるとします。もし法律で定められた最低基準の 40 より上の福祉スコアの肉を買うと毎月の食料品の出費が上がります。

もし福祉スコアが 60 だったら余分にいくらまでなら買いますか？

	必ず買う	おそらく買う	分からない	おそらく買わない	絶対に買わない
5 ポンド／月					
11 ポンド／月					
22 ポンド／月					

もし福祉スコアが 80 だったら余分にいくらまでなら買いますか？

	必ず買う	おそらく買う	分からない	おそらく買わない	絶対に買わない
8 ポンド／月					
16 ポンド／月					
32 ポンド／月					

り，実際に従来の経済学における理論でも予測されている（よく知られている，製品が多く消費されるにつれて「限界効用逓減の法則」）。

この調査で明らかとなった，動物福祉のためにどれだけ積極的に払うかという水準は，収入や態度に関する質問に関連づけてみると，妥当で合理的なものに思える。この調査はまた，動物福祉に関して気にかけていると大半の人々が述べただけでなく，動物福祉を向上させるためにお金を払う用意があると人々が述べているということを強調している。これは高水準の動物福祉に対する人々の選好を強く示唆するが，これまで議論されてきた理由のとおり，人が実際にどんな食物を買い，経済学的にどんな行動をするのかを正確に予測したり，反映したりしているわけではない可能性がある。

イギリス産業動物福祉協議会（FAWC）の勧告は，法律で定める最低基準は，動物が「生きるに値する一生」（FAWC, 2009）を得られるようにすべきであるというものである。この水準は今回のアンケート調査で用いられたように，現在の法律で定められている最低基準による福祉スコア 40（もし現在の最低基準で産業動物が生きるに値する一生を送れないとすれば，それ以上）に等しくすべきである。加えて，FAWC は，「よき一生」を手にする動物が増えることを政策の狙いとすべきであると述べている。これは例えば 60 点など，法律で認められている最低限の水準よりもかなり高い福祉スコアと等しいだろう。

17.7　結論

- 人間と動物の福祉は密接に結びついている。経済学分析でこのことは明確であり，経済学はこの 2 者の関係を考慮している。

- 経済学を単に財政上の会計作業ではなく，様々なものを倫理的に組み合わせて考慮することができ，また人間が動物をどのように利用し，人間が動物に対してどのような義務を負っているのかについてよりよい決断を下すのに役立つ情報を扱うことのできる分野としてみなすことが重要である。

- 動物福祉を守り，向上させることを意図した

様々な政策の選択肢や，政策手段の選択に関して，経済学における分析は政策立案者の役に立つ可能性がある。

- 経済を考慮することは，倫理，獣医学，その他の分野とともに動物福祉の議論の中心であり，動物を利用することに関する問題，動物福祉の多分野にまたがるすべての研究について不可欠，不可避な側面である。

参考文献

Bennett, R.M. (1995) The value of farm animal welfare. *Journal of Agricultural Economics* 46, 46–60.

Bennett, R.M. (1997) Farm animal welfare and food policy. *Food Policy* 22, 281–288.

Bennett, R.M. and Blaney, R.J.P. (2003) Estimating the benefits of farm animal welfare legislation using the contingent valuation method. *Agricultural Economics* 28, 265–278.

Bentham, J. (1789) *Introduction to the Principles of Morals and Legislation*, 1996 Imprint. Clarendon Press, Oxford, UK.

Bromley, D. (2006) *Sufficient Reason: Volitional Pragmatism and the Meaning of Economic Institutions*. Princeton University Press, Princeton, New Jersey.

Boulding, K.E. (1969) Economics as a moral science. *The American Economic Review* 59, 1–12.

Carlsson, F., Frykblom, P. and Lagerkvist, C.J. (2007) Consumer willingness to pay for farm animal welfare — transportation of farm animals to slaughter versus the use of mobile abattoirs. *European Review of Agricultural Economics* 34, 321–344.

Elster, J. (1979) *Ulysses and the Sirens*. Cambridge University Press, Cambridge, UK.

Elster, J. (2002) *Ulysses Unbound: Studies in Rationality, Precommitment and Constraint*. Cambridge University Press, Cambridge, UK.

FAWC (Farm Animal Welfare Council) (2008) *Opinion on Policy Instruments for Protecting and Improving Farm Animal Welfare*. FAWC, London.

FAWC (2009) *Farm Animal Welfare in Great Britain: Past, Present and Future*. FAWC, London.

Harrison, R. (1964) *Animal Machines*. Vincent Stuart, London.

Lusk, J.L., Nilsson, T. and Foster, K. (2007) Public preferences and private choices: effect of altruism and free riding on demand for environmentally certified pork. *Environmental and Resource Economics* 36, 499–521.

Marshall, A. (1947) *Principles of Economics*, 8th edn reprint. Macmillan, London.

Mason, G.J. and Mendl, M. (1993) Why is there no simple way of measuring animal welfare? *Animal Welfare* 2, 301–319.

McInerney, J. (1994) Animal welfare: an economic perspective. In: Bennett, R.M. (ed.) *Valuing Farm Animal Welfare*. University of Reading, Reading, UK, pp. 9–25.

Mitchell, R.C. and Carson, R.T. (1989) *Using Surveys to Value Public Goods. The Contingent Valuation Method*. Resources for the Future, Washington, DC.

PROMAR International (2009) *Impacts of Banning Cage Egg Production in the United States*. PROMAR International, Washington, DC.

Regan, T. (1982) *All That Dwell Therein: Animal Rights and Environmental Ethics*. University of California Press, Berkeley and Los Angeles, California.

Regan, T. (1984) *The Case for Animal Rights*. Routledge, London.

Sandøe, P. and Simonsen, H.B. (1992) Assessing animal welfare: where does science end and philosophy begin? *Animal Welfare* 1, 257–267.

Sen, A. (1987) *On Ethics and Economics*. Basil Blackwell, Oxford, UK.

Singer, P. (1975) *Animal Liberation*. Jonathan Cape, London.

Singer, P. (1980) Animals and the value of life. In: Regan, T. (ed.) *Matters of Life and Death: New Introductory Essays in Moral Philosophy*. Random House, New York.

Singer, P. (1993) *Practical Ethics*, 2nd edn. Cambridge University Press, Cambridge, UK.

Smith, A. (1790) *The Theory of Moral Sentiments*, revised edn. T. Cadell, London. Republished in 1975 by Oxford University Press, Oxford, UK.

Sumner, D.A., Rosen-Molina, J.T., Matthews, W.A., Mench, J.A. and Richter, K.R. (2008) *Economic Effect of Proposed Restrictions on Egg-Laying Housing in California*. University of California Agricultural Issues Center, Davis, California.

Welfare Quality® (2010) Research results. Available at: http://www.welfarequality.net/everyone/34056/5/0/22 (accessed 5 January 2011).

V 実行

第18章
インセンティブと規則

概要

実際に福祉の原則を適用するためにはいくつかの手段がある。本章のはじめではこうした手段のうちのひとつである法律を扱う。主な法的手段とは，政府間レベルにおける合意，超国家的な制定法，国内法，判例法である。国際的な協調の機運がますます高まっており，その結果共通の倫理的価値観が生じ，貿易の障害や競争のゆがみが取り払われようとしている。ここでは法律の有効性という観点における限界について議論する。例えば，そのような限界は法律を施行する際の難しさや差異，他の手段ほど柔軟に人々の要求や科学技術の発展に応じて対応させることができないことに関連している。次に，動物福祉を向上させ，自発的に動かすためのインセンティブとして機能する動物福祉基準を提起させる方法の実例を説明する。公的機関や私的団体がこういった方法を開発し，適用するようになるかもしれない。例えば，生物医学研究における非政府組織による基準の策定や，民間企業が動物製品のサプライチェーンに産業動物の福祉のある部分を組み込むことは，倫理的な責任から生じた私的活動の一例である。公的なインセンティブには，法律で定められた基準や他の基準を実行すること，人々に情報を発信するキャンペーン，教育，訓練カリキュラムに動物福祉を組み込むことにより直接支払いや農村振興支援といった方法などが含まれるかもしれない。法律，公的インセンティブ，自発的な手段は相補的なものである。動物福祉の長期的な向上のためにはこれらを適切に組み合わせることが大切である。

18.1 はじめに

動物を飼っている人や動物と触れ合う人は，特に意識しなくとも動物に優しい方法をとることができるかもしれない。しかしながら，動物の利益と相反する動機づけがあることも多々ある。例えば，経済的要因，経済力，人間の健康や安全という利益，利便性や伝統という側面，そして不十分な知識などである。どの利益を重視するかによって，ひとり一人が，例えば文化的，宗教的，職業的背景に応じて下す結論はまったく異なるものになる。

しかし，様々な利害に比重をつけることは社会的なレベルでも生じており，これが非常に大切であるとみなされると，動物福祉の一定水準を守るための基準の設定につながる。この基準が，法律（制定法）や判例（判例法）という形をとるのはよくあることである。例えば，紀元前3世紀においてさえ，北インドのマガダの仏教徒であった国王は生け贄を禁じ，王家の狩りを禁止し，人間と動物に日陰を与えるために木を植える法律をつくった（Brown, 1974）。マガタの例から1800年経った後，世界各地で動物の扱いに関する判例法が次第にできてきた。ヨーロッパにおいて制定法を確立しようとする試みは，1800年になってようやくイングランドとウェールズではじまり，動物を人道的に扱

う法的な責任を定める法律は1822年になってようやく可決された。その法律は「ウシを残酷に，不適切に扱うことを防止するため」のものであった。この法律が制定された後，世界中で非常に多くの制定法がつくられた。例えば，1838年のザクセンのドイツ王国の刑法，1850年のフランスの「Loi Grammont」，1866年のニューヨークの動物虐待法などにおいて定められたものなどがある。

歴史的に，公共の場で動物を虐待することは犯罪とされ，これは人々が残虐な行為を目撃しないようにするためであった。しかしながら徐々に，例えば，苦痛を感じるがゆえに動物は道徳的，法的な保護に値すると主張した，18世紀の功利主義的な哲学者で弁護士でもあるJeremy Benthamが表現した倫理的な見解にあわせて，動物は知覚し生きている存在として，動物自身のために法的に守られるようになってきた（第1章参照）。

20世紀において，世界に動物福祉を向上させるという機運をもたらした先駆者は，特に産業動物に関してはRuth Harrison，動物実験の分野においてはRussellとBurchであった。Harrison（1964）は『アニマル・マシーン〈Animal Machines〉』において，産卵鶏，子牛，ブタが集約的に飼育されていることを批判し，これを機に動物福祉に関する世界規模の議論がはじまった。この結果，イギリスの農業省は集約的畜産システムにおける家畜の動物福祉を調査するために，専門家委員会としてBrambell委員会を立ち上げた。1965年，この委員会によってBrambellレポートが提出され，この報告書において畜産における適正管理に関する多くの原則や，「5つの自由」（FAWC, 2009）を発展するための基礎が明確に述べられた（Brambell委員会, 1965）。RussellとBurch（1959）は動物実験において動物を保護するための有名な「3R」原則を作成し，これはreplacement（まったく動物を使わない），reduction（ひとつの動物実験当たりの動物数を少なくする），refinement（動物の苦痛を少なくする）を原則としたものである。

法律によって動物使用に関する最低基準を設けることが，福祉基準を向上させ守るための唯一の手段ではない。国によって大いに差はあるが，ここ数十年で動物に関する懸念は全般的に上昇しており，動物に対する態度が社会において変化していることを反映している。もっと具体的に言うと，従来のように動物に対する残酷さを強調することから離れ，動物福祉に関心を寄せる新しい社会倫理が誕生した（Rollin, 2004）。こうしたことから次第に，動物福祉を向上させるためのインセンティブとして大きく作用し得るさらなる手段や，自発的に作用する手段が発達してきた。こういった手段は公的機関や私的団体によって発展，適用されるかもしれない。様々な法的手段の概略や手段の実例については以下で議論する。私たちは世界中で施行，採用されている手段の完全な概観については説明しない。手段は無数にあり，そしてとりわけ法律や認証制度などは非常に早いスピードで進化し変化するものであるということから，説明は無駄であろう。ここでは現在とられている手段を用い，基本的な原則について解説する。私たちはヨーロッパや北アメリカ出身であり，視野が狭く，世界の別の地域で用いられている手段を無視していると非難されるかもしれない。こういった批判は正しく，また同じようなことは産業動物のある側面を強調する際にも問題となる。しかし，動物に関して法律の施行をどのように利用し，動物福祉を向上させることとの主導権をどのようにとっていくかは，現在これらの地域で最もよく議論され，適用されている。すでに見て取れるように，この事実は時

間の経過とともにとりわけ南アメリカやアジアにおいて，変化していくだろう。

18.2 法律

民主主義国家における法律は法的に，そして政治的に可能なものによって形成される。動物福祉の手段は人々の人権を不当に侵害してはならず（例：宗教的慣習や科学研究に関して），これらの手段は科学的事実や確立された実験に基づくべきである一方，効力を持つ手段は常に議員，政府，権威者などを含む様々な利害関係者のそれぞれ異なった考え方をある程度折衷したものである。

法律によって動物福祉の手段に影響を与えたり，実行したりするにはいくつかの異なる方法がある。主な法的方法は，政府間の合意（条約，国際協定），超国家的な制定法（例：欧州共同体〈EC〉の指令，規制），国内の制定法と判例法（それ自体が権威として，あるいは制定法を解釈するものとして）である。

● 18.2.1 国家間の合意

世界規模の貿易が増加し，取引において国境が意味をなさなくなってきたことにより，動物の利用に大きな影響が生じている。動物（繁殖やと畜するための産業動物，動物園や個人が飼育する野生動物，実験動物，売買や繁殖のための伴侶動物）の移動は増加し，それによって様々な国家の農場経営者，産業，研究者の競争は激しくなっている。生産や研究現場に制限を課し，競争を損なわせるような基準は，もし競争に参加するものすべてが等しく守らなければならないものであれば容易に受け入れられ，より効果的だろう。したがって，確かに国内のみに適応する基準の方がはるかに容易に合意に達するだろうが，動物の効果的な保護には，進展がかなり遅くなってしまったとしても国際的な協調が必要である。さらに，国家間で合意するために，十分な解釈ができる余地があるよう基準が定められることがよくある。動物福祉に対する見解の幅が国家間で広ければ広いほど，勧告や協定に使用する言葉は必然的に一般的であいまいなものとなってしまう。しかし，そういった国際的な基準は，まだ最低限の動物福祉の法律しかなかったり，あるいはそういった法律がない国々において動物福祉の考え方を促進するのに大いに役立つ。

国際的な協調は様々なレベルで生じ得る。考えられるひとつのレベルとして，協定（複数の主権国間の条約の特別な形）に基づいて設置されたある国際機関が，動物福祉を主要な仕事とはしないもののその分野で活発に活動することが挙げられる。世界動物保健機関（OIE，国際獣疫事務局。元のフランス語表記は Office Interntional des Epizooties），経済協力開発機構（Organisation for Economic Co-operation and Development, OECD）などがこれらの例である。さらに言うと，OECDの活動は動物福祉に間接的な影響を大いに与えた実例である（下記参照）。動物福祉を明示的に扱っているのは別のレベルであるが，こうした例は欧州評議会（CE）で見て取れる。他の活動と並列して，国々が条約に基づいて，参加するすべての国を拘束する，動物福祉に関する法律を制定する超国家的組織を形成する時に，最も直接的な影響が生じる。このことは欧州連合（EU）に当てはまる。こういった実例の詳細を以下に示す。

世界動物保健機関（OIE，国際獣疫事務局）

OIEは最初1924年にパリにおいて28カ国が加盟して設立された。主な任務は世界中の動物の健康向上であった（OIE, 2010a）。その後，加盟国は増加し，2010年では175カ国が

加盟している。現在は大変影響力のある組織であり，OIE の定める基準は動物の病気の分野において世界貿易機構（World Trade Organization, WTO）を通して国際的に参照されている。OIE は 2002 年には動物の疾患や，苦痛と動物福祉間の関連性を明らかにし，国際貿易に利用でき，当時動物福祉に関する法律がなかった国において法律を制定する際の基礎として役立つような動物福祉の指針作成を指示された。このような指針は科学に基づいていなければならないと OIE は主張しており，OIE の取り組みは 8 つの原則，すなわち 5 つの自由，3R，価値を想定することが動物福祉の一部であるという認識，動物福祉を比較する基礎として施設・設備の設計基準を用いるのではなく，動物に基づいた基準を利用することなどに従うものである（OIE, 2010b）。作成された動物福祉に関する OIE の動物福祉原則指針（OIE Guiding Principles on Animal Welfare）は陸生動物衛生規約（OIE Terrestrial Animal Health Code, Terrestrial Code）に 2004 年に含まれた。2005 年以来，OIE はこの規約のなかに動物福祉についての次の 6 つの指針，①陸路での動物の輸送，②海路での動物の輸送，③空路での動物の輸送，④人間の消費のためのと畜，⑤疾患制御のための殺処分，⑥野良犬個体群の制御，を定めてきた。国際統治機関が動物福祉の問題に関する指針を発表したのはこの時が初めてであった（Ransom, 2007）。OIE の今後の活動には実験動物と同様，産業動物の飼育と管理のための指針作成も含まれる（OIE, 2009）。一般原則指針から具体的な特定指針までを OIE が作成したことによって，世界の動物福祉は一歩前進したが，それに関連した限界や危険性もある。このような大きな国際機関，さらにいえば従来衛生的な手段に重きをおいてきた国際機関において合意を取りつけるためには，OIE の福祉指針は基礎的な必要性に取り組む必要があり，国家間の協定，国内での基準，さらには産業界の指針や実務規範と比べてさえ比較的低いレベルのものとなる。OIE の指針は，動物福祉の基準を現在作成している国々が達成可能な目標を示しているかもしれないが，その一方ですでに指針を満たしている国や組織のやる気を削ぐ可能性がある。基準を設定する機関自身が，自分たちの基準が一般的に受け入れられることを主張するあまり，よりレベルの高い基準を作成しようとした際に，邪魔となる可能性が高いということは，さらなる懸念をもたらす問題である。例えば，OIE は自分たちが「動物福祉と動物福祉の指針や基準を発表することにおける主要な国際機関」となったと主張し，ある国や地域でより高い動物福祉の基準を設定することで生じるかもしれない，不当な貿易障壁（OIE, 2009b）を避けることを重要な目的のひとつとして位置づけている。

経済協力開発機構（OECD）

OECD は 1961 年にパリで設立され，現在（2010 年 6 月）の加盟国は 31 カ国（19 の EU 加盟国，オーストラリア，カナダ，チリ，アイスランド，日本，韓国，メキシコ，ニュージーランド，ノルウェー，スイス，トルコ，アメリカ）である。OECD の理念には以下のように記されている（OECD, 2015）。

> OECD は，持続可能な経済成長をサポートし，雇用を増加，生活水準を向上，財政上の安定を保ち，他国の経済発展を助け，そして世界の貿易の成長に貢献するために世界中の民主主義国家と市場経済を結びつける。

この機構の目的は国内における指針と国際的な指針を同調させることである（OECD,

2010)。OECDの非常に広範で様々な活動のひとつとして，化学物質を市場に出す前の試験実施に関する指針の採択がある。この指針により，動物実験は課されるが，重複した実験にならないように，すべてのOECD加盟国に保証している。それと同時に，深刻な動物の痛みを伴う方法を別の方法に変えたり，改善しようとするゆるやかながらも重大な動きがある。標準的な方法は「GLP医薬品の安全性に関する非臨床試験の実施の基準」において定義されており，化学物質，殺虫剤，食物，そして日常品の毒性試験の方法と矛盾しないものである。

欧州評議会（Council of Europe, CE）における動物福祉に関する協定

CEは，EUとはまた別の政府間組織であり，EU自体（もしくは欧州連合理事会や欧州理事会）と混同してはならない。CEは1949年から存在している組織で，加盟国は47カ国（2010年6月）である。CEはとりわけ国内法の調整を目的とし，法的分野において活動している。人権分野や他のよく知られた活動に加えて，動物福祉に関しても5つの協定を定めている。それらは，動物の国際的輸送に関するもの（1968年，2003年に改訂），農業目的で飼育される動物に関するもの（1976年），と畜に関するもの（1979年），実験やその他の科学的目的のために飼育されている動物に関するもの（1986年），ペットに関するもの（1987年）である。この5つの協定はすべての加盟国に共通する倫理観に基づいており，動物が不必要に苦しみ傷つくことを防止し，それぞれの動物の要求に合わせた環境を与えることを目標としている。これらの協定（Council of Europe, 2011a）すべてに，枠組みのなかにおいてさらに詳細な勧告を出す仕組みが存在している。例えば，動物種ごとの各論などである。協定に署名した国は法律や行政行為を通し，自国の法律を協定の内容と矛盾しないものにしなくてはならない。もっとも，より厳格な規定を自国内で維持し適用することは可能である。しかしながら，各国を監督し，きちんと協定を遵守させる方法がこの枠組みでは欠けている。したがって，協定によって発生する義務は主として道徳的，政治的なものである。さらにいえば，協定の条項の解釈は各国で異なるかもしれない。例えば，農用目的で飼養されている動物の保護協定（Conventions for the Protection of Animals Kept for Farming Purposes）の第6条では「動物に水や飼料を与える際は，動物が不必要に苦しんだり傷つく可能性のある方法は認められず，またそういった物質を含んでいてはならない」と書かれている。その一方で，この条項に従うとフォアグラをつくるためにアヒルやガチョウを飼育することが禁止されるかについては各国の解釈によるため，その他の国ではこういった飼育は続いており，この扱いで動物が苦しんだり傷ついたりすることはないと主張している。

法律を遵守させる力は弱くても，CEの協定と勧告は法律の基礎として大切である。例えば，養殖魚や平胸類の鳥（監注：ダチョウやエミューなど）を含む13種類の産業動物を飼育する際の詳細な基準が起草され，採択時の内容はたいていの国内法より広い範囲を扱っている（Council of Europe, 2011b）。さらに，EUは伴侶動物に関するものを除くすべての協定の契約当事者であり，動物福祉に関するEUの法律はその大部分がCEの協定と勧告に基づいている。

● **18.2.2 EUにおける制定法**

現在（2010年6月），27の加盟国を持つEUは欧州連合条約（マーストリヒト条約）に基づいて1992年に設立された。しかし，その基礎

は1957年にローマ条約で設立された欧州共同体（EC）である。ヨーロッパ統合過程の次の段階は2007年にEUの首脳たちによって署名され，2009年に発効したリスボン条約である。リスボン条約によってそれまでのEUやECにおける条約は破棄されるのではなく修正された。EUの機能に関する条約の統合版第13条では以下のように述べられている。

> EUの農業，漁業，輸送業，域内市場，研究と科学技術の発達，そして宇宙利用に関しての指針を定め実行する際に，動物は感受性のある存在として，EUとその加盟国は動物福祉を最大限尊重しなくてはならず，それと同時に，法的規則，行政的規則，加盟国の慣習，とりわけ宗教上の儀式，文化的伝統，地域的な遺産に関連した慣習を尊重しなくてはならない。

EUの指針におけるいくつかの原則は，動物福祉の法律の分野における活動に一定の制限を置いている。ひとつは補助性の原則である。ここで意味するのは，国家レベルで規制できる問題はすべて加盟国の手に委ねられなくてはならないということである。反対に，もうひとつの原則では動物保護のために各国が取り得る手段に対して規制を課している。EU条約の不可欠で最も重要な点は，貿易の自由を保証すること，そして競争のゆがみを防ぐことである。したがって，例えば，自国の動物福祉の基準に従わないような方法で扱われたり生産されたりした動物や，動物製品の輸入を国が禁止することは，一般的にEU条約に反している。しかし，制限を受けるのが自国内に住んでいる者だけである場合は，加盟国に対して，動物の取り扱いや生産の方法に対する規制を禁止しているわけではない。この実例はフォアグラの生産である。フォアグラの生産は多くのEU加盟国において禁止されているが，フランス，ベルギー，ハンガリーなどの国からフォアグラを輸入することを禁止または制限することはできない。これと同じことが複数の加盟国では禁止されている，毛皮を取るために動物を飼育することについても当てはまる。

EU内における立法は欧州連合理事会において行われる。欧州連合理事会は法律の具体的なトピックに責任のある国務大臣，各国ひとりで構成される。理事会は部分的に欧州議会と立法権を分け合っている。欧州委員会（European Commission，EC）は法案を起草することに対して責任を持ち，一定の立法権はECに委託され得る。動物福祉の分野においては，欧州指令（Directive）と欧州規則（Regulation）という，拘束力のある2つのタイプのEU法が主に重要である。欧州指令は目標に関してのみ拘束力を持ち，各国に効力を有する法律や行政の取り決めの作成を要求している。明示的であるにせよ暗示的であるにせよ，加盟国は条約の制限の範囲内で（前述参照）欧州指令に含まれる条項よりも厳しいものを維持し適用してもよいと欧州指令の形式は示している。したがって，欧州指令によって，加盟国は国内の手段に関する決定についていくらか自由度が与えられている。このため，動物福祉の法律だけが元々欧州指令の形をとっていた（指令86/609/EEC，指令1999/74/EC）。

EU規則はそれ自体として拘束力があり，すべての加盟国に対して直接効力を持つ。卵（EU法〈EC〉NO.589/2008）や有機生産物（834/2007，889/2008）の市場基準など，等しく実施されることがとりわけ重要である時にEU規則は用いられる。最近の進展として，ヨーロッパの運送業が大きな役割を果たす場所において，動物福祉に関するEU規則が発効される傾向がある。と畜や殺処分同様，動物の輸

送に関する規則がEU法において現在規定されている（例：1/2005, 1099/2009）。EU法の効力が及んでいて、動物福祉に影響を与えている分野の別の例として、流し網による漁（例：809/2007）、毛皮用野生動物の捕獲法がある（例：3254/91）。

EU法には、EU内に輸入される動物や肉が、最低でもECの法律で保証されていた水準に等しい扱いを確実に受けていることをEUに加盟していない国に求める規則が部分的に含まれている（子牛やブタに関する欧州指令, 91/629/EEC, 91/630/EEC；と畜に関するEU法〈EC〉, No.1099/2009）。このような仕組みはアメリカにも存在していて、1978年のと畜に関する人道的方法の法律はすべての連邦と州の産業動物（家禽は除く）のと畜場に当てはまるだけではなく、アメリカに輸出する外国の施設にも当てはまる（Thaler, 1999）。しかしながら、一般的にそういった規則がWTOの農業協定（WTO, 2010）と一致したものであるかは疑問の余地がある。実際一致しているようには見えないし、協定が完全に守られているようにも思えない。すべてのEU法はEUR-Lex（2010）で自由に閲覧することができる。

● 18.2.3　国内制定法と国内判例法

国家レベルにおける法的手段を説明する前に、いくつかの国家間の差を分かりやすくするため、2つの異なる法体系を簡潔に議論する必要がある。ある国がコモン・ローの歴史（イギリス、アメリカ、イギリスと歴史的なつながりがある国）を歩んできたのか、それともローマ・ゲルマンの法の歴史（大抵のヨーロッパの国、ヨーロッパと歴史的なつながりがある国）を持っているのかに応じて、判例法と制定法の関係（手続きも同様）は異なる。

ローマ・ゲルマン法は古代ローマの法律と密接な関係があり、本質的には大学や法学者の手によって発達した。法律は統一的な規則にまとめ上げられ、この過程は成文化と呼ばれる。ここでは法律の文章に重点をおき、文章は判例よりも権威を持つ。

コモン・ローは、主に裁判官によって公表される、文章にはされていないが一般に同意を得ている原則に基づいている。法律とはどういうものかを判断している裁判官による具体的な判例によって、コモン・ローは発展していく。この過程を法律が変わっていくと誤解されることがあるが、そうではない。裁判官は単に、コモン・ローのよく理解された規則を新しい状況に適用しているにすぎない。大変重大な犯罪のいくつか（例：殺人）はコモン・ローにおける犯罪である。判例法は大変重要であり、制定法に影響を与え得る。特定の裁判所の判決は拘束力を持つ。例えば、イギリスにおいては国王裁判所とそれより上級の裁判所、すなわち女王座部合議法廷、控訴院、最高裁判所において、判決は拘束力を持つ。

制定法

制定法は議会による法律である。イギリスにおける貴族院と庶民院のように、多くの司法制度において上院と下院両方の合意を必要とする仕組みが存在していて、このことは連邦構造のある国に特に当てはまる。この制度の一方の院は通常連邦議会で、もう一方は州や地域の代表から構成される。下院（the House of Representative）と上院（the Senate）から成り立っているアメリカ議会（Congress）、ドイツの連邦議会（Bundestag）と連邦参議院（Bundesrat）がこれの例である。例えば、アメリカのように、各州は州内における収容施設、世話、輸送、と畜に関し、かなりの水準の自治権が持てるかもしれない（Mench, 2008）。アメリカ

の州議会はまた，制定法を可決できる。有権者は住民投票によって，具体的な発議に関して，憲法の修正をすることが許されている州もある。こうした過程は，フロリダにおける雌豚の妊娠クレートの利用，アリゾナにおける妊娠クレートとヴィール子牛のクレートの利用，カリフォルニアにおける産卵鶏のバタリーケージの利用などといった具体的な飼育行為を禁止するために利用されてきた。そういった発議とそれに関連する経費が有権者によって圧倒的に支持され，その結果，オレゴン州，コロラド州，ミシガン州など他の州において同様の法案が自発的に可決されることにつながった。

多くの国において，動物福祉に関する法律上の規則は，具体的な動物福祉の法令，動物福祉よりも広い分野を扱う規則，その他の条例から見て取ることができる。例えば，フランスでは，動物福祉の規則はCode Rural（フランスの農地および用水関係法）に含まれていて，罰則はCode Penalで規定されている。イギリスでは，動物福祉の規則は動物保護法1911-1988と1968年の農業法（雑則）で定められた。アメリカでは，1966年に議会で動物福祉法が可決された。多くの種が除外されたものの，この法律では研究で使われる動物の福祉に重点を置いている（Mench, 2008）。アメリカの連邦政府の制定法はと畜と輸送に関する産業動物福祉問題に対応している。

制定法は規制的でもあり，「授権的」，すなわち大臣に権力を委譲するものでもある。後者の方法は問題があまりに専門的でその場では決断できない場合や，必要となるかもしれない具体的な状況が予測できない場合に利用される。こうした方法によって法律は柔軟性を持ち，その結果，より効果的になる。授権的な決議のもとで制定された法律は委任立法と呼ばれる。例えば，そうした法律は規制，法的手段，議会命令，福祉規則になり得る。こういった種類の法律も同様に議会を通過するが，手続きは普通委任立法ではないものに比べて簡単である。例えば，ドイツでは，規則の施行は連邦参議院の同意のみで行われる。一方アメリカでは，法的規則や命令は下院の資料室に3週間置いておくだけでよい。もし期間中に誰も意義を唱えなければ，それらは法律となる。しかし，提出されるか，審議会の後に改訂されたイギリスの福祉規則は議会の両院で可決される必要がある。

福祉規則はヨーロッパ本土（例：フランス）の司法で用いられているような法的規則と混同してはならない。ニュージーランドとイギリスで使われている福祉規則は義務ではない。イギリスの農業法1968（雑則）では，規則違反はそれ自体は犯罪ではないが，それでも傾向として，農業法（Section3〈4〉）に基づき動物に苦痛を与えたことで告発された者の有罪を立証する証拠として使われる。実例として，法律によって確立されているが，「道路規則」自体は法律ではない。しかしながら，通常その規則に従わないことを正当化することは難しい。例えば，もし運転者が道路規則で認められていない道路を逆走したとして，それ自体は違法ではないが，もしその結果他の車と正面衝突を起こしたら，道路規則は運転者の起訴に役立つだろう。

判例法

事実上，言葉で議論の余地がない法律の枠組みをつくることはほとんど不可能なため，立法府の意図を確実なものにすることは裁判所の基本的な仕事である。裁判所は動物福祉の法律に関して，具体的な事例に即して解釈する。しかし，そういった解釈は似たような事例の際の判断において非常に重要になることがある。裁判所の判断の重要性は，司法制度に応じて国家間でバラツキがある。

コモン・ローを中心とする国においては、先例拘束性の原則が適用される。すなわち、裁判所はより上級の、そしてまた普通は同等の裁判所の判断に拘束される。外国の裁判所の判断には拘束されないものの、信頼できる根拠として参考とされ得る。これまでもイギリスにおいてはイギリス連邦やそれ以前の国家の事例が引用されてきたし、ヨーロッパの国の多くの事例が現在利用されている。先例拘束性の原則が不適切に、自動的に適用されているということはない。裁判官は事例ごとに事実のわずかな違いを見つけ出し、必要に応じて先例とは異なる事例とする専門家であるからである。つまり、事実がまったく同じ時に初めて、同様の事例に基づいた先例拘束性が力を持つ。

反対に、例えばドイツなど、ローマ・ゲルマン法制度の国では、裁判所は公式としてこれまで判断されてきた事例から独立しているとしている（例外は連邦憲法裁判所の判決である）。裁判所は他の裁判所の論理の流れを利用するかもしれないが、同じ一連の事実から、異なる判断に至ってもよい。

裁判所が直面する動物福祉の法律に関する大きな問題とは、動物の欲求や動物に苦痛をもたらすことに関して決断するための基礎について意見が分かれているということである。こういった問題に関して、多くの国は専門家の意見を仰いでいる。専門家の証言が互いに異なることもあるが、裁判所は結論を出す。

動物福祉に関する法律の内容における国家間の一致と差異

動物保護のために法的手段を採用する国はますます増えているが、それぞれ独自の方法を採用してきた。多くの制定法において、動物を苦痛や危害から守るために提供しなくてはならない生物学的要求について言及されている。そういった要求を定義し、それに基づいて動物福祉に関する賢明な判断を下すためには科学的な根拠が必要であるとみなされている。

守るべき動物の種類が（恒温の）脊椎動物であるか、それとも無脊椎動物であるか、そして野生動物か、野生化した動物か、飼育動物かという見解は国家間で一致していない。たいていの法律が伴侶動物、実験動物、産業動物に限られている国もあれば（例：スペイン）、販売目的のために生産されたり、研究で使用されたり（げっ歯類、鳥類は除く）、営利目的のために輸送されたり、展示されたりする恒温動物だけに限定されている国もある（アメリカの動物福祉法 Animal Welfare Act, 1966）。動物福祉の法律全般がすべての脊椎動物と特定の無脊椎動物に該当する（例：ノルウェー、スイス）、あるいは動物福祉の法律すべてがあらゆる動物に適用されたりすることもある（例：オーストリア、ドイツ）。しかしながら、どのような種類の動物に適用されるかには関係なく、規則の大半は、実験動物、産業動物、ペットに言及している。

一般的に規制には2つの方法がある。ひとつは明確に禁止されていないもの以外はすべて許容することである（「ネガティブリスト」方式）。もうひとつは明らかに許可されているもの以外、何でも禁止する方式である（「ポジティブリスト」方式）。例えば、1992年のオランダにおける動物の健康と福祉に関する法律（Dutch Animal Health and Welfare Act）では、議会の命令で許可されない限り、動物を飼育し殺すこと全般の禁止が定められている。ひとつの法律で2つの方式がとられていることもあり、どちらの方式についてももっともな賛成意見と反対意見がある。ポジティブリストの作成には時間がかかるが、議論全体を活性化する効果があるという利点がある。しかし、ポジ

ティブリストにおいてさえ，様々な状況に備えるための柔軟性を持たせるための表現によって解釈の余地が生じがちであり，また，ポジティブリストはネガティブリストよりも制約が強いかもしれないが，使用されている言葉が一般的なものであるかにもよって，必ずしも制約が強いとは限らない。

　前述のような問題があるために，特別に規制する必要がある分野を特定し，そういった分野の問題においては役所の認可を必要とすることにした国もある。こうした義務は野生動物種の飼育（例：スイス，イギリス，オーストリア），産業動物収容施設の建設や改造（例：スウェーデン），特定の動物を商業目的で繁殖させたり取引することや乗馬協会の運営（例：ドイツ，スウェーデン，イギリス），その他の様々な分野に適用されることもある。スイスやスウェーデンにおいては新しい畜産技術や施設・設備は，市場に出たり利用されたりする前に試験を受ける必要がある。オーストリア，ドイツ，オランダにおいては，そういった手法の導入が可能かどうかについて長年議論されている。実験やその他の科学的な目的のために使用する動物に関して，ヨーロッパと北アメリカの大半の国では，動物に苦痛を与えるかもしれない実験が認可された場合に行う手続きを確立してきた。認可に必要な水準は各々の実験の認可によって異なるが（例：ドイツ，スイス），一般的な認可の基準は，主務官庁へ実験の報告を義務とすることである（例：ベルギー，イギリス）。

　オーストリア，ベルギー，ドイツ，ルクセンブルクの動物福祉法では，原則として動物の命自体も守られている。妥当な弁解なしで動物を殺すことは犯罪であり，その際少なくとも，とりわけ「不要な動物」に関する妥当な弁解について活発な議論がなされる。

　法律を施行する手段は，規則の内容と同程度に重要である。職員の数や資格と同じように，組織の運営においても主務官庁は国家間で違ってくる。しかしながら，どこかの段階に通常獣医師が含まれる。主務官庁に関連した諮問委員会で規則がつくられることもある。例えばノルウェーでは，3～5人で構成される，地方当局の動物福祉委員会が，その地域で飼育されている動物の情報を集め，そして抜き打ちで検査することも可能とされている。

法律の限界

　法律が長期的に動物福祉を向上させるための有効な戦略となるには，法律が効果的で，施行可能で，経済的に実現可能である必要がある（Menchら，2008）。実際，動物福祉に悪影響を与えるとみなされている行為を禁止したり，最低基準を定める法的措置は，経済的に実現不可能であるという理由のために採用されないことがある。生産者が廃業してしまう，生産地が他の州や国に移転してしまうことが危惧されるためである。

　十分長い移行期間が法律内で示されていて，そのため徐々に移行することができる場合もあるが，動物福祉を向上させるためにはあまりにもコストがかかるため，公的な支払いを増やしたり，価格を高く設定することを認めるラベルを貼るといった他の手段を講じて初めて持続的な発展が行われる場合もある。それに加えて，個人的な動機づけは，法的基準と比べて，人々の需要により早く柔軟に対応でき，畜産の技術的な方法の発展が見込めるという点で，有利かもしれない。例えば，オランダをはじめとするヨーロッパの小売業者は，雄豚の去勢を無麻酔で行うことに関する人々の議論に応え，法律が修正される前に，そうした方法で去勢されたブタの販売を中止した（Fredriskinら，2009）。

こうした手段の別の利点は，利害関係者により受け入れられるようになり，それらの間で協力的な関係が容易に築けることである。一方で，利害関係者間の敵対的な関係はしばしば法的な手段を検討するなかで助長される。市場の力が限られている状況においては，動物福祉が向上するためには依然として法律が必要かもしれない。しかしながら，法律の有効性は国ごと，もしくは貿易圏ごとで異なる可能性が高く，さらに動物利用問題に関して法律を行使することや法律を実行する際の支援の難しさは文化の違いに依存する傾向がある。一般に，強制力なしに規制だけしたところで，規制が守られるということを保障することはできない。多くの国において，法律を執行するための基盤を発達させることは，法案を可決することよりも経済的にも政治的にも難しいかもしれない。例えば，法律が各農場に適用される時には，その執行には資格を持った調査員に対するコストがかかり，さらなる管理をするためのコストはかなり大きくなる。アメリカでは現在，法律を執行する際のコストにどうやって対処するかについての議論が行われている。政府による援助から，直接生産者に，結果的に，消費者にコストを転化することまで，様々なモデルが存在している。しかし，消費者は圧倒的に値段で製品を選ぶ可能性が高いため，州や地域レベルの規制では競争的ではない経済状況が生じるだろう。

法律の有効性に関する別の重要な側面は，基準が施設（例：広さ，特定の設備），管理（例：給餌，飼育密度），動物福祉という結果（例：跛行割合，特定行動の実行性）に関する一連のものを充足しているかということである。歴史的に最初の2つの基準は，動物に基づいた福祉の結果よりもはるかにコントロールしやすいということを理由のひとつとして，強調されてきた。しかしながら，様々な環境要因と動物自身の複雑な相互作用のために，施設や管理のたくさんの基準を守っているからといって，望まれるような動物福祉の結果が得られないこともある。さらに，動物福祉の様々な次元において，通常各飼育体系や飼育方法には利点と欠点の両方が存在する。これらのことから，動物福祉の評価においては，動物に基づいた方法をますます強調することが求められている（例：Blokhuisら，2003）。大規模なヨーロッパの研究プロジェクトであるWelfare Quality®（2011）では，2004〜2009年にこの方法を一層発展させた。もっとも，発展させたのは法律ではなく情報体系であった（下記参照）。方法論的な難題についても継続的に取り組むことが必要である一方で（例：Knierin, Winckler, 2009)，ヨーロッパの法律では今後動物に基づいた評価方法に関する規制が増えていくだろう。すでに，EUにおいて動物福祉の結果に基づいた方法の実例が存在している。例えば，子牛の保護に関する委員会決議（97/182/EC）には，平均血中ヘモグロビン濃度が最低4.4 mmol/Lになるように飼料に十分な鉄分を含めることを求めた規則が含まれており，ブロイラーの保護に関する指令（2007/43/EG）では，基準の死亡率を超えない場合に限り，収容密度を増やすことが許容される。

一般的に，動物福祉科学研究者の仕事のひとつは，どんな法的手段が必要で正当なものであるかを決定する際に，しっかりした科学的な論拠を提供することである。しかし，法律が発展する間，動物福祉団体や職業的あるいは趣味で動物を扱う人々などの関係団体は，しばしば相反する目的のために圧力をかけてくる。手段の目的を心に留めながら，傷つく人々をできる限り少なくするように，法律制定者は努力する。したがって，法律はいつも妥協案を示す。

18.3 インセンティブと自主的な手段

前述のように，長期的に動物福祉を向上させるためには，法律以外の国の施策，および国によるものではない手段と強制力が重要である。公的機関が定める動物の使用における動物福祉に関連した行為を変更したり保護したりする際，そのインセンティブはしばしば経済に強く影響されるが，自主的な行為の動機は自然に生じ，倫理的責任に関連づけて行われる。後者の実例としては，責任ある消費行動，自分が関わる産業動物，伴侶動物，動物園動物，実験動物の飼育と管理を向上させること，自身の動物実験を向上させることに取り組んでいる非政府組織や個人などが挙げられる。しかしながら，倫理的な責任を感じるからといって，企業が消費者の関心を商業戦略のなかに組み込んで利益を出すといった，他の可能性が排除されるわけではなく（Roe, Buller, 2008），実際に経済的な理由から，産業界が自主的な手段を採用することもあり得る。

動物福祉の分野において，自主的に行なったり，政府が先導したりする，非常に多くの多岐にわたる活動のなかから，いくつかの例を挙げて紹介する。ここではこれらの例を自主的な手段と社会的なインセンティブの2つに分類し，それぞれの分類ごとに記載した。

● 18.3.1 自主的な手段

地域，国家，および国際的な動物福祉団体によって現在取り組まれている非常に多くの活動には，シェルターの管理，野良犬や野良猫の去勢の実施，政治的活動，広報活動，情報活動などがあり，動物福祉の向上に非常に大きく貢献している。多くの動物福祉協会が毎年発表している報告書はこうした団体が素晴らしい仕事をしている証左である。

さらに，多くの獣医師は，コンサルタントとして，そして独立した有能な動物福祉専門家として重要な役割を果たす。動物福祉に関して独自の倫理的指針を展開してきた獣医団体もある。法律で最低限求められている基準以上に，飼育環境を改善しているペットショップもあり，そうしたペットショップはしばしば具体的な動物福祉の認証ラベルと関連している。イヌに関係する団体では，所有者向けにイヌの教育に関する講座や，行動の適切な発達を促すパピーパーティーの実施などを熱心に行っていることがある。現代の動物園は，法律で最低限求められている内容をはるかに超える，広く改善された飼育展示動物用の土地を有している。私的団体は，ペットショップ，動物園，シェルター，実験動物施設に収容されている動物を世話する人に対し教育的な講座を提供している。動物を輸送したり，処分したり，あるいは畜産の他分野にいる人向けに教育的な講座を開いている機関もある。大学や製薬会社といった組織は，動物実験を行う人や研究室の職員に対して講座を提供している。こういった組織は，よく自身の動物実験の企画評価に内部の倫理的委員会を組み込み，法律で最低限求められているよりも高いレベルで動物実験に関する倫理的指針を作成することもある。

生物医学研究における，政府が定めたもの以外の基準に関して，国際実験動物ケア評価認証協会（AAALAC International）からの認定は研究機関から大いに評価される。この協会の認証は，実験動物の管理と使用に関するガイドライン（米国学術研究会議，1996）におけるアメリカの基準，動物福祉に関する他の国レベル，州レベル，地方レベルのあらゆる法律に従っていることを保証している。

前述の例のいくつかは経済的な動機によるも

のでもある。動物製品の市場に対しては，この経済的な動機は議論に値する大変重要な側面である。市場要因と動物福祉に関する法律，非公的な基準と品質評価の基準の関係性は，食品サプライチェーンの広範な構造変化に影響を受ける（Thompsonら，2007）。食物製造会社，パッカー，小売業者が合併したことで，こういった要素の力関係は変化した。産業界における規制は，私的な規制が強まる方向に進んでおり，小売業者の力は劇的に増大した。それに加えて，食品サプライチェーンの一体化によって，例えば活動家の団体などによる，ある目的を持ったキャンペーンによって産業界に事実上の変化がもたらされる状況が生じた（Schweikhardt, Browne, 2001）。このため，産業動物福祉という側面が，小売業者を差別化するための企業のCSR活動（訳注：企業の会社的責任）の一部として，あるいは特別な商品やブランドと関連づけて，食品サプライチェーンにますます組み込まれるようになっている。そういった商品は，販売する時点では分からないような，基準のなかでもとりわけ高い福祉水準を必要とする特別な商品になり得るし，「放牧（フリーレンジ）」，「牧草肥育」，「有機」といった他の生産過程の質と一体となって，特別な価値が付与される認証製品になり得る。

動物福祉に重点を置いている，特別に認証された製品の例はほかにも出現している（例：イギリスの「フリーダムフード」プログラムに基づいてアメリカで行われている「Certified Humane〈人道認証〉」）。これらの多くは，公的または非公的，あるいはそれらの組み合わせである一連の具体的な基準に従った証明書が必要である。例えば，有機製品に対しては法的基準があるが（例：アメリカにおける全米有機認証基準やEUにおける規則〈EC〉no834/2007, 889/2008），有機関連機関協会が定める独自基準はしばしばこれらより高い福祉を求めている。もし商品にこの協会のラベルを貼りたいのであれば，この基準も遵守する必要がある。製造過程の保障に使われている方法はラベルごとに異なり，多くの場合第三者による監査が必要とされる（Buller, 2009）一方，単に生産者の宣誓だけを必要とする場合もある。私的な基準の発展は法律によって生産が規制されていない国で叫ばれていて，そうでない国では（例：ノルウェー）強固な動物福祉法に対してより大きな信頼が置かれている（Buller, 2009）。それにも関わらず，アメリカでは動物福祉のラベルはあまり消費者に注目されず（Menchら，2008），ヨーロッパにおいても動物福祉が食品の独立したセールスポイントとなることは滅多にない。しかしながら，サプライチェーンにおいて，福祉に対する関心や福祉基準は徐々に普及している（Buller, 2009）。

動物福祉基準の発展に影響を及ぼし，動物製品の生産方法を大きく変えた生産者の実例として，全米鶏卵生産者組合（UEP）が挙げられる。UEPは，既存の科学的論文を総括し産卵鶏の福祉を向上させるための勧告を出すことを仕事とする動物福祉の科学委員会を1990年代末に設立した。主要な勧告のひとつに，ケージ養鶏における飼育密度を減らすというものがある。こういった勧告は，UEPの組合員が用いる動物福祉の一連の指針の作成に利用された。それに加えて，指針の遵守を促進するために，UEPは第三者による監査プログラムを作成した。監査を通過すると，生産者はUEP公認というラベルを卵のパッケージに貼ることができる。

動物福祉基準をサプライチェーンに組み込んだ別の例はマクドナルドである。マクドナルドは1999年に動物福祉委員会を設立し，農場の動物福祉基準を生産者に対して定めた。数多く

の小売業者がこの先例にならい，現在では多くの企業が動物福祉基準を購買仕様書に含めている（Mench, 2003, 2008）。結果として，こういった市場に参加するために生産者組織がそうした基準を採用したり，農場で行われていることの変更を検討することは，強い経済的なインセンティブによるものである。例えば世界最大の豚肉生産会社であるスミスフィールドは，アメリカで妊娠ストールの使用を禁止すると宣言した。その際，活動家からの圧力や先導的な役割を果たしてきた法律の進展がこの決定に影響を及ぼしたことを否定し，マクドナルドやその他の取引先から寄せられた懸念に対応したものだと主張した。

直接的にであれ，間接的にであれ，動物福祉の問題に取り組むことに対する民間部門による様々な自発的な先導も，いくつか存在している。品質を保証することを目的としたものから特定の生産の方法（例：有機，放牧〈フリーレンジ〉）や動物福祉の側面までプログラムは多岐にわたる（Veissierら，2008）。国際的レベル，国家レベル，地域レベル，そして民間部門（流通と生産）レベルにおいて自主的で多様なプログラムがあるため，動物の健康，環境問題，製品の質や味といった問題と同様，動物福祉に関しても非常に様々な主張が生じた（Roeら，2005；Thompsonら，2007）。こういった主張が妥当なものであるかどうか判断することは，強力な基準と未来の可能性を発展させていくうえでますます重要になるだろう。

● 18.3.2 社会的なインセンティブ

社会的なインセンティブにはとりわけ，直接支払い補助金，（法的基準やその他の基準を満たすことに対する）振興策，消費者が商品選択時に参考となるラベルを貼るための法的な最低基準の設定，それによってラベルが義務的にも自主的にもなり得るのだが，それらが含まれているかもしれない。

国家によるインセンティブの実例として，スイスでは1993年と1996年にとりわけ動物に優しい飼育システムを自発的に取り入れている農場経営者に対して補助金が出された。反芻動物，ブタ，家禽に対する前記2つのプログラムの飼育基準は，動物保護に関する法律で最低限必要とされているものより高い水準である。例えば，この基準には動物を毎日外に出すこと（牧草地や特定の屋外場所），敷料の供給，繋留の禁止が含まれている。このプログラムが成功を収めたことは，動物に優しい農場が2008年までに増加したことからも分かる。スイスでは，ひとつのプログラム（毎日外に出すこと）の実施により直接支払補助金を受けた農場は全スイス農場の19%から73%になり，もうひとつのプログラム（動物に優しい飼育施設）では，9%から43%に増加した（農業省，2009）。

EU内では，もし動物福祉の向上を主要な目的としているのであれば，適用される国家プログラムを前提に地域振興補助金を受けることができる（規則〈EC〉No1698/2005）。例えば，動物福祉の状況を向上させるための畜産施設の近代化支援，動物福祉を強調した加工部門や市場部門，畜産物の新しい市場機会の開拓への投資支援，食物の質改善計画に農家が参加するインセンティブ補助金，これらのような計画の情報活動や宣伝活動などに対しての補助金が出る。さらに，農場経営者が厳しいEUの農場経営基準に適合できるよう補助することもある。こういった補助は，例えばドイツにおいては産卵鶏農家が法律で定められた移行期間内に集約飼育システムから代替システムへ変更する際のローンを組むために行われている。130万の産卵鶏農場がこれに基づいて建てられた（Deutscher Bundestag, 2007）。こういった手

段は現在の福祉レベルを明確に向上させることを目的としている。一方，また別のEUの仕組みも存在し，それは「クロスコンプライアンス」という（規則〈EC〉No796/2004）。この仕組みによって，動物福祉やその他のテーマに関する基本的な基準に従う農場経営者に対して直接支払補助金が可能になる。クロスコンプライアンスは，農場経営者が費用を負担しなければならない，農業環境的な手段の基準や参照する際の基準を示しており，また認められた援助が持続可能な農業の推進に貢献し，それによって市民全体の懸念に肯定的に応えることを保証することを意図している（欧州委員会，2009）。

自主的な手段に関する節（18.3.1）において，特定の動物福祉の基準と結びついた動物製品にラベルを貼るには，適用するかどうかが自主的な判断によるものだとしても，そういった基準が公共団体によって設定（制御）される必要があるかもしれないと言及した。この実例として，多くの国における有機食品のマーケティングが挙げられる。しかし，そういったラベルを使うことを，EU内における食卓卵の市場のように，義務化することも可能である。認定された義務的な生産過程に関する4種類のラベル，すなわちケージ卵，平飼い卵，放牧卵，有機卵がある（訳注：ヨーロッパでは，卵そのものに有機：0，放牧：1，平飼い：2，ケージ（改良型）：3の数字が印字されている）。こういった生産過程に対して必要とされる条件は，委員会規則（No589/2008）に明記されている。ラベルは，動物福祉について示すものだと解釈し得る情報を消費者に示している。法律が施行されて以来，ほとんどすべての加盟国で非ケージ卵の生産量が大きく上昇した（EC委員会，2009）。

さらに，公共団体は社会の情報に関して役割を果たすかもしれない。すでにEUにおいて有機製品に対して行われてきたように，動物福祉商品の市場におけるシェアを増加させるため，公共団体はヨーロッパの消費者の意識を高めるための運動をはじめるかもしれない（EC委員会，2009）。それに加え，教育や訓練の課程に対する責任をもとに，動物福祉の側面を獣医師，技術者，実験者，動物を輸送，と畜，殺処分する者と同様に，農場経営者や，動物園，ペットショップ，動物保護施設，動物実験施設において動物をに責任を持つ人々向けの教育や訓練プログラムを行うようになるかもしれない。また，公共団体は研究や教育活動に資金を提供したり，国際連合食糧農業機関（Food and Agriculture Organization of the United Nations，FAO）の畜産・動物衛生部が「Gateway to Farm Animal Welfare」といったプラットフォームを開発（FAO，2010）することによって動物福祉の向上に貢献し得る。

18.4 結論

- 国家レベルおよび国際レベルで，非常に多くの動物福祉に関する法律が制定されてきた。国と地域によって動物保護の水準や基準が運用されている程度は大きく異なっている。

- 国際的な協調の重要性がますます高まっており，その結果，共通の倫理的見解が生じ，貿易における障壁や競争のゆがみが取り払われている。

- 様々な理由から，法的手段には効果という点で多くの限界がある。

- 動物福祉を長期的に向上させるためには，法律以外の国による手段，民間の手段と影響力が重要である。法律と社会的インセンティ

ブ，そして自主的な手段とが相互に補完し合う。

参考文献

Blokhuis, H.J., Jones, R.B., Geers, R., Miele, M. and Veissier, I. (2003) Measuring and monitoring animal welfare: transparency in the food product quality chain. *Animal Welfare* 12, 445-455.

Brambell Committee (1965) *Report of the Technical Committee to Enquire into the Welfare of Animal Kept under Intensive Livestock Husbandry Systems.* Command Paper 2836, Her Majesty's Stationery Office, London.

Brown (1974) *Who Cares for Animals?* Heinemann, London.

Buller, H. (2009) What can we tell consumers and retailers? In: Butterworth, A., Blockhuis, H., Jones, B. and Veissier, I. (eds) *Proceedings Conference, Delivering Animal Welfare and Quality: Transparency in the Food Production Chain, Including the final results of the Welfare Quality® project*, 8-9 October 2009, Uppsala, Sweden, pp. 43-46. Available at: http://www.welfarequality.net/downloadattachment/43160/20099/Def_ProceedingsTotal20091012_plus%20annex.pdf (accessed 6 January 2011).

Council of Europe (2011a) Human Rights and Legal Affairs. Biological safety — use of animals by humans. Available at: http://www.coe.int/t/e/legal_affairs/legal_co-operation/biological_safety_and_use_of_animals/default.asp (accessed 25 January 2011).

Council of Europe (2011b) Human Rights and Legal Affairs. Biological safety — use of animals by humans. Texts and Documents. Available at: http://www.coe.int/t/e/legal_affairs/legal_co-operation/biological_safety_and_use_of_animals/farming/A_texts_documents.asp#TopOfPage (accessed 25 January 2011).

Deutscher Bundestag (2007) *Tierschutzbericht 2007.* Available at: http://www.bmelv.de/cae/servlet/contentblob/383104/publicationFile/22248/Tierschutzbericht_2007.pdf (accessed 23 June 2010).

EC Commission (2009) *Report from the Commission to the European Parliament, the Council, the European Economic and Social Committee and the Committee of the Regions: Options for Animal Welfare Labelling and the Establishment of a European Network of Reference Centres for the Protection and Welfare of Animals.* Brussels, 28.10.2009, COM (2009) 584 final. Available at: http://ec.europa.eu/food/animal/welfare/farm/options_animal_welfare_labelling_report_en.pdf (accessed 6 January 2011).

EUR-Lex (2010) EUR-Lex.europa.eu. Available at: http://www.eur-lex.europa.eu/ (accessed 23 June 2010).

European Commission (2009) Agriculture and Rural Development. Agriculture and the Environment. Cross Compliance. Available at: http://www.ec.europa.eu/agriculture/envir/cross_com/index_en.htm (accessed 23 June 2010).

Federal Office for Agriculture (2009) *Swiss Agriculture on the Move: The New Agricultural Act Ten Years On.* Swiss Confederation, Federal Office for Agriculture. Available at: http://www.blw.admin.ch/dokumentation/00018/00498/index.html?lang=en&download=NHzLpZeg7t,lnp6I0NTU042l2Z6ln1ad1IZn4Z2qZpnO2Yuq2Z6gpJCEdIJ9gGym162epYbg2c_JjKbNoKSn6A- (accessed 23 June 2010).

FAWC (Farm Animal Welfare Council) (2009) *Five Freedoms.* Available at: http://www.fawc.org.uk/free-doms.htm (accessed July 2010).

Food and Agriculture Organization of the United Nations (2010) Gateway to Farm Animal Welfare. Available at: http://www.fao.org/ag/againfo/programmes/animal-welfare/aw-abthegat/aw-whaistgate/en/ (accessed 23 June 2010).

Fredriksen, B., Font i Furnols, M., Lundström, K., Migdal, W., Prunier, A., Tuyttens, F.A.M. and Bonneau, M. (2009) Practice on castration of piglets in Europe. *Animal* 3, 1480-1487.

Harrison, R. (1964) *Animal Machines: The New Factory Industry.* Vincent Stuart, London.

Knierim, U. and Winckler, C. (2009) On-farm welfare assessment in cattle — validity, reliability and feasibility issues and future perspectives with special regard to the Welfare Quality® approach. *Animal Welfare* 18, 451-458.

Mench, J.A. (2003) Assessing animal welfare at the farm and group level: a United States perspective. *Animal Welfare* 12, 493-503.

Mench, J.A. (2008) Farm animal welfare in the U.S. — farming practices, research, education, regulation and assurance programs. *Applied Animal Behaviour Science* 113, 298-312.

Mench, J.A., James, H., Pajor, E.A. and Thompson, P.B. (2008) The welfare of animals in concentrated animal feeding operations. In: *Report to the Pew Commission on Industrial Farm Animal Production. Pew Commission on Industrial Farm Animal Production,* Washington, DC.

National Research Council (1996) *Guide for the Care and Use of Laboratory Animals.* National Academy Press, Washington, DC.

OECD (2010) About OECD. Available at: http://www.oecd.org (accessed 23 June 2010).

OIE (2009a) The OIE's objectives and achievements in animal welfare. Available at: http://www.oie.int/Eng/bien_etre/en_introduction.htm (accessed 23 June 2010).

OIE (2009b) Statement from the World Organisation for Animal Health (OIE). In: Butterworth, A., Blockhuis, H., Jones, B. and Veissier, I. (eds) *Proceedings Conference, Delivering Animal Welfare and Quality: Transparency in the Food Production Chain, Including the final results of the Welfare Quality® project*, 8-9 October 2009, Uppsala, Sweden, pp. 59-60. Available at: http://www.welfarequality.net/downloadattachment/43160/20099/Def_ProceedingsTotal20091012_plus%20annex.pdf (accessed 6 January 2011).

OIE (2010a) The World Organisation for Animal Health (OIE). Available at: www.oie.int (accessed 23 June 2010).

OIE (2010b) *Animal Welfare*. Available at: http://www.oie.int/eng/ressources/AW_EN.pdf (accessed 23 June 2010).

Ransom, E. (2007) The rise of agricultural animal welfare standards as understood through a neo-institutional lens. *International Journal of Sociology of Food and Agriculture* 15, 26-44.

Roe, E. and Buller, H. (2008) *Marketing Farm Animal Welfare*. Welfare Quality® Fact sheet. Welfare Quality®, Lelystad, The Netherlands. Available at: http://www.welfarequality.net/downloadattachment/41858/19515/Fact%20sheet%20Marketing%20Farm%20animal%20welfare%20final.pdf (accessed 23 June 2010).

Roe, E., Murdoch, J. and Marsden, T. (2005) The retail of welfare-friendly products: a comparative assessment of the nature of the market for welfare-friendly products in six European Countries. In: Butterworth, A. (ed.) *Science and Society Improving Animal Welfare: Welfare Quality Conference Proceedings*, 17-18 November 2005, Brussels, Belgium. Welfare Quality®, Lelystad, The Netherlands/European Economic and Social Committee, 7 pp. (unnumbered). Available at: http://www.welfarequality.net/downloadattachment/31550/15865/proceedings%20WQ%20conference%2017-18%20November%202005.pdf (accessed 23 June 2010).

Rollin, B.E. (2004) Annual Meeting Keynote Address: Animal agriculture and emerging social ethics for animals. *Journal of Animal Science* 82, 955-964.

Russell, W.M.S. and Burch, R.L. (1959) *The Principles of Humane Experimental Technique*. Methuen, London (New edition 1992, special edition of first edition of 1959. Universities Federation for Animal Welfare (UFAW), Wheathampstead, UK).

Schweikhardt, D.B., and Browne, W.P. (2001) Politics by other means: the emergence of a new politics of food in the United States. *Review of Agricultural Economics* [now *Applied Economic Perspectives and Policy*] 23, 302-318.

Thaler, A.M. (1999) The United States perspective towards poultry slaughter. *Poultry Science* 78, 298-301.

Thompson, P., Harris, C., Holt, D. and Pajor, E.A. (2007) Livestock welfare product claim: the emerging social context. *Journal of Animal Science* 85, 2354-2360.

Veissier, I., Butterworth, A., Bock, B. and Roe, E. (2008) European approaches to ensure good animal welfare. *Applied Animal Behaviour Science* 113, 279-297.

Welfare Quality® (2011) Welfare Quality®: Science and society improving animal welfare in the food quality chain EU funded project FOOD-CT-2004-506508. Available at: http://www.welfarequality.net/everyone/26536/5/0/22 (accessed 6 January 2011).

World Trade Organization (2010) Agriculture. Available at: http://www.wto.org/english/tratop_e/agric_e/agric_e.htm (accessed 23 June 2010).

Ⅴ 実行

第19章 国際的な課題

> **概 要**
>
> グローバル化および国際的な課題はすべての動物，特に経済的理由で飼養されている動物に影響を及ぼしている。これは国際主義，すなわち国際的基盤を持つ個人や団体による情報の共有を含む活動をもたらす。本章では，動物と動物製品における低コスト競争と貿易の増加が動物福祉に及ぼす影響，国際的な動物福祉基準の始動や動物の取り扱いに関する「レベルアップ」に向けた動きについて論じる。動物の輸送と食料生産のためのと畜を含む殺処分は圧倒的に多く，今後もさらに数を増すであろう主な福祉問題をもたらす取り扱いの代表である。しかし，多くの国において，人道的に動物を取り扱うことが動物と人間双方にとって有益であり，そのためには改善法の履行が重要であるという認識が増えてきている。世界中の多くの動物に関する解決すべき課題はまだ残っているものの，動物福祉に関する情報交換の増加と国際的な取り決めにおける利害関係者（市民団体も含む）の関与の拡大は，動物福祉へ有効な結果をもたらしている。

▶ 19.1 はじめに

　私たちは皆，今や世界市民といえる。中国が2002年に世界貿易機関（World Trade Organization, WTO）に加盟した影響を考察してみよう。中国には世界人口の約1/5が住み，世界のブタのほぼ半数がいる。中国は豚肉を輸出し，さらに輸出量を増やそうとしているが，口蹄疫や古典的な豚コレラといった疾病のまん延によって実現できてはいない。反対に，中国における食肉消費の増加は，欧州連合（EU），アメリカ，カナダといった主たる食肉生産国からの輸入を増加させることにより満たされている（Fullerら，2003）。これは，これらの輸出国やその他の国において，安価な豚肉生産と輸出への競争が増加していることを意味する。その結果，穀物価格や水供給などへ影響が生じている。このような変化は，あらゆる人間とすべての動物に間違いなく影響を与えるであろう。

　グローバル経済が動物福祉に及ぼす最も深刻な影響は，基本的に経済的理由で飼われている動物，特に産業動物と人間との関係に現れるが，産業動物だけでなくあらゆる動物と人間との関係にも影響する（Appleby, 2005）。野生動物との関係は，直接的には，エコツーリズム，狩猟，ジビエの確保と輸出など，間接的には生息地への負荷を通して影響を受ける。伴侶動物との関係は，外来種の入手，ペットフードの価格，外国から持ち込まれる疾病リスクといった様々な要因に影響される。実験動物の取り扱いは，創薬や食品などの検査における国際基準，あるいはそれらの欠如により影響を受ける。

　動物福祉問題とその理解に関する情報の多く

は，常に国際的ではあったが，近年，国際的状況を含めた考慮がより重要で明白になってきている。理由は，動物福祉問題が以下のような幾重にも重なる内容を含んでいるからである。

- 食品，医薬品，野生動植物，野生動植物由来製品などの貿易の増加。
- 疾病，災害，気候変動，国境に制限されないその他の懸案事項。
- 国際貿易の促進，調整，それらの課題解決に対する試み。
- 先進国と発展途上国間の差の考慮。
- 情報交換を加速するインターネットや，旅行といったその他の要因の急速な発展。

これらの要因は動物福祉に対し，ある時はポジティブな，ある時はネガティブな効果を生み出すように，複雑に絡み合っている。

19.2 国際主義

第18章では，主に1カ国内において経済的，政治的決定が行われる動物福祉に影響するいくつかの流れを概略した。少なくとも民主主義国内では，法律の採択といった意思決定をする時には世論を取り入れなければならない。ここ数十年で，生産者，流通業者，動物や動物製品の利用者，動物福祉研究者，獣医師，法律家，メディア，動物福祉問題に関する活動家など，世論やすべての利害関係者の意見を徐々に考慮するようになってきている。しかし，国際的な意思決定と世論との関係は，一般にはもっと微妙なものである。

本節では，動物に影響する意志決定に関する国際的状況について述べる。WTO参加国の通商代表や，世界動物保健機関（OIE，国際獣疫事務局）の有権者となる各国の主席獣医官が会議をする場合，彼らはある程度自国の世論を代表するが，それ以上におそらく国，産業，企業の代表という面が強い。したがって，これらの国の多様性を考えると，動物福祉への世論の採択は他の事項に比べてこれまでは全体的に弱かった。しかし，今日ではその影響は国際主義の発展によって強くなってきており，別の言い方をすれば，すべての利害関係者の関与はより徹底し，国内での様相に類似してきている。

国際主義とは，国際的基盤を持つ個人や団体による活動を意味し，多国家的あるいはグローバルな視点を持ち，他の国や政府間組織（IGOs）と連携し，国際的連携，ネットワーク，協定の利用あるいはそれらに影響する活動のことをいう。このような活動は，以下のような様々なグループにおいて見られる。

- 1カ国以上で活動する生産者。
- 国際鶏卵委員会（IEC）や国際有機農業運動連盟（IFOAM）といった生産者団体。
- チェーンレストラン企業であるマクドナルドといった多国籍企業。
- 国際的非政府組織（NGOs）。
- 国際実験動物学会議（ICLAS）のような獣医学および他の科学的な協会や委員会。
- 欧州評議会（CE）や欧州連合（EU）などの国家集団。
- 国際連合食糧農業機関（Food and Agriculture Organization of the United Nations, FAO）を含む国際連合，WTO，OIE，その他のIGOs。

特に説明責任，すなわちそれらの組織の活動と利害関係者との意思疎通において国際的課題への関心が高まってきているため，これらの組織の活動は特別となっている。

特段驚くことではないが，これらの組織は，

自分の利害関係者の関心をうまく読み取り，国際的課題にそれぞれの方法で取り組んでいる。ここでは3つの例を挙げる。ひとつ目はEUの例である。EUは市民の代表であり，一方では個人として，他方では国家の代表として活動することが期待されている。EUはこれまで，動物福祉への市民の関心と1997年のアムステルダム条約（EUR-Lex, 1997）において確立された各国家の立ち位置とのバランスを調整してきた。

> 動物が感受性を持つ存在として，動物福祉を尊重し，保護の洗練を推進することを望む志の高い締約国は，欧州共同体を成立させる条約の以下の条項に同意した。EUおよび締約国は，共同体の農業，輸送，域内流通，研究に関する政策の決定や執行にあたり，締約国自体の法的あるいは行政的条項や慣習に考慮しながらも，動物福祉の要件に十分に配慮しなければならない。

2つ目の例はマクドナルド社のもので，これは当然，商業的な取り組みである。彼らの企業責任方針（McDonald's, 2009）では，業務の運営を可能にしながらも，動物福祉の重要性を主張する文言が示されている。それには，各国で異なる決定をすることも含まれる。

> マクドナルド社は，動物の人道的取り扱いに配慮している。そして，食料品の責任ある購入者になることは，企業先導型畜産の確立に向かって原料供給業者とともに取り組むことであると認識している。当社の取り組みは，動物が「虐待，侵害，無視からの解放」を保証することを責務とする当社の動物福祉指導方針に基づいている。一般に，マクドナルド社の地域サプライチェーンの幹部は，世界共通の指導方針に基づくと同時に，各国特有のニーズに柔軟に対応し，科学的根拠，供給可能性，および地域消費者の嗜好といった要因を考慮する。

3つ目の例は，これもまた商業的な要因が強いだろうが，畜産全体における取り組みである。国際農業生産者連盟（IFAP, 2008）は以下のように記述している。

> 適正な動物福祉の実践によって，農業従事者の生産性は向上する。輸送中やと畜における場合と同じように，産業動物生産，繁殖，収容施設の設計，給餌，生産方式において福祉は守られなければならない。農業従事者は，市場の国際化の推進という点において，福祉が国際的関心事になってきていることを理解している。また，動物福祉要件の国際的に一致した最低基準を経営に取り入れ，尊重することは，畜産物に対する消費者の信頼を維持するために不可欠であると認識している。実際，福祉の準拠によって生じるコスト上昇は，国際流通の機会の増加という形で相殺されるであろう。

経済的要因ならびに前述の共通の基準に対する要請は，動物福祉に関する最も広範囲の国際的関心である貿易，輸送，と畜の3つに関わってくる。

19.3 貿易

先進国の畜産において，過去60年来の顕著な傾向は効率化の推進であり，これにより集約畜産，輸送，と畜方法といった動物福祉問題が生じた。現在，多くの発展途上国でも同じような状況となっている。低コスト生産への要請は，伴侶動物や実験動物といった他の用途の動物においては少し異なるが，必要があればこれらの動物でも同様である。この例として「パ

ピーミル」があり，ここでは販売のために，しばしば非常に劣悪な状況で，血統書つきのイヌが生産されている。一方，多くの国では動物福祉への関心が高まってきており，これによって動物福祉を阻害する方法が制限され，さらに言えば，国により大きく異なるとはいえ，保護，すなわち福祉の促進に関する基準につながってきた。しかし，畜産物の貿易と生産競争の増加により，さらにこのような基準作成に対する圧力にさらされる可能性が度々指摘されている。

農産物の貿易は確実に増えており，これは明らかに国家と農業企業の要請によるものである。WTO（1995）における農業に関する議論の目的は，農業の成長を促進することである。しかし，いわゆる自由貿易が勝手に生じることはない。すなわち，情報交換のような，生産が行われるなかで起こる情報交換による変化も同様に重要であるということが理解できるであろう。動物福祉に関する情報交換の増加は，その国際的な認知の向上に役立っている。動物に関心を持つ人は，ある種の正当性を持って，動物福祉とその保護基準に関する認知がポジティブな効果を高めることを期待している（Turner, D'Silva, 2006）。

流通は完全に自由ではなく，国際貿易に関しては特にそうである。一定の動物福祉の基準に基づき生産された各国の畜産物は，各政府の当局により助成され（例：宣伝や関税の付与など），国民はこういった畜産物を，基準自体や食の安全といった他の理由からより好むかもしれない。また，特に輸送コストや防疫上の課題から国内生産を支援するという実用的要因もある。しかし，これらは必ずしも他の要因を凌駕するわけではないため，ヨーロッパの鶏卵生産は，輸入品との競争にさらされることになる（ヨーロッパにおけるより厳しい動物福祉基準に関連したコスト高はごく一部で，労働費や飼料費が競争国よりも高いということが大部分の要因である）。このことは，ヨーロッパで生産される全卵の販売にはほとんど影響しないが，簡単に輸送，殺菌できる液卵や乾燥卵製品では影響が大きい（Fisher, Bowles, 2002）。

国際流通が規制されている国は，WTOにより直接的な保障はされないものの，各国政府当局のもとで厳しく制限される。そこで容認されている保障措置に関する慣行はよいものではない。しかし，福祉を保障する根拠はまだ確立されてきておらず，度々言及されるひとつの防波堤は，以下に示す関税および貿易に関する一般協定条項XX（WTO, 2007）である。

> この規定のいずれも，締約国が以下の措置を採用したり，実施したりすることを妨げてはならない。(a) 公衆道徳の保護に必要なもの，(b) ヒト，動物または植物の健康を保護するために必要なもの。

これを根拠として，レベルが低い福祉基準を持つ国々から製品を輸入している国は，「動物の福祉を守ることは公衆道徳上およびヒトと動物の健康上，重要である」と主張できる可能性がある。

国内的にも国際的にも流通が増加することで，動物福祉基準の作成，強化，維持が競争が少ない市場の国に比べて強まることに変わりはない。本節でこれまでに論じてきた要因と，基準の確立を強く支持する国民の意向という要因両方から，現行の基準はやがて不十分になると予測されるが，それは，自由貿易の強化という相容れない要因により起こると思われる。おそらく，自由貿易の最大の効果は，新しい基準作成により規制が弱くなる，すなわち新規に作成される基準の弱体化であろう。一例として，EUは2007年にブロイラー保護指令（Council of the European Union, 2007）を採択したが，これは以前の草案よりも弱いものであった。これは，明らかに鶏肉輸入への強い圧力に対する懸念と鳥インフルエンザが産業へ与える脅威の影響によるものだろう。したがって，国際貿易の規則は，生産者が洗練された動物福祉基準を採用する妨げとなり得る。なぜなら，より厳格な基準を定めている国の福祉政策や法律は，他の国からの輸入への非関税障壁となり得るという可能性や予測があるからである。

しかし，このような動物福祉に対する貿易圧力のネガティブな効果が，ポジティブな展開によって相殺され得る状況が2つある。ひとつ目は，特定の国における「高福祉」生産物（例：食品，衣料品，化粧品など）や，消費者が福祉改善と関連すると認識するニッチ商品（例：有機食品）に対する消費者ニーズである。これは，発展途上国を含む国々からこれらの商品を輸入する市場を形成してきた（Bowlesら，2005）。この市場は小さいが成長し，その可能性は，世界銀行グループの一部である国際金融公社（IFC）により認められてきている。その出版物である『Creating Business Opportunity Through Emproved Animal Welfare』（IFC, 2006a, p.1）では以下のように記されている。

> ビジネスの持続性は，市場傾向へのポジティブな反応や新しいチャンスの把握に依存する。世界的に食料供給における動物福祉の保証に対する消費者のニーズが増加してきている。それらのニーズに応えることは，関与する動物のためだけでなく，動物生産とビジネスの効率を大いに高める。

おそらく，今日までの最も重要な改善点は，と畜前後における動物の取り扱いであった。

2つ目は，前述したIFAPの引用のようにすべての国が認識していることであるが，動物製品の貿易増加が，世界的な動物福祉基準を制定するべきという提案を進める主な要因となっていることである。動物の健康は動物福祉に影響されるという認識のもと，OIE（2009a）はこの業務を行ってきた。2005年に，輸送ととう畜に関する最初の基準がOIE加盟国（本章執筆時に174カ国）により満場一致で同意された。OIEは現在，産業動物の飼育基準，野良犬および実験動物の取り扱いに関する基準に関して作業を進めている（訳注：野良犬の生息数制御，実験および教育における動物の利用に関する基準，産業動物の飼養基準のうち肉用牛，ブロイラーおよび乳用牛の飼育基準については2016年現在すでに作成済み。さらにブタおよび産卵鶏の飼育基準はそれぞれ2018年と2019年成立を目処に準備中である）。これらの基準のすべては，複数の加盟国，例えば世界で最も厳しいEUの産業動物指令よりもずっと基礎的である。それにも関わらず，（複数の国で実施されている）これらの基準の遵守によって多くのOIE加盟国の動物福祉は改善するであろうし，動物福祉法をすでに定めている国でも基準の低質化は起こらないだろう。そのため，動物福祉への世界的な関心の増加は，懸念されているような「レベルダウン」にはつながらず，むしろ「レベルアップ」につながると信じられる強い根拠となっている。もしWTOが，明に暗に，貿易の決定において動物福祉を考慮する国の正当性を受け入れるのであれば，次の手続きがはじまる。WTOはすでに，動物の健康に関するOIE基準を貿易摩擦の検討事項として認識している。

動物福祉の「レベルアップ」が，EUとFAOを中心に活発に進められている。EUは，欧州の多くの国とラテン・アメリカの4カ国が関わる「Welfare Quality®：高品質フードチェーンにおける動物福祉を改善する科学と社

> ボックス 19.1　産業動物の生体輸送と屠体輸送

1882年2月，帆船ダニディン号は，ロンドンに向けニュージーランドを出港した。それは，新たに設立されたベルー・コールマン機械冷凍会社のヒツジの冷屠体を運んでいた。12,000マイル，98日後，肉がロンドンに着いた時，新聞タイム誌は以下のように報告した（1982）。

> 本日，数年前までは考えもつかなかったような，物理的困難さを克服した大業績を報告しなければならない。ニュージーランドは，まるで，とある郊外のと畜場でと畜されてきたかのような，良好な状態の5,000頭分の羊肉をロンドン市場に送ってきた。

1890年，今では安全に搭載できる深さを示す船のプリムソル・ライン（満載喫水線）を定めたことで知られるSamuel Plimsollが，『Cattle ship』という本を出版した。そこには，「引き延ばされる苦痛」として，生体輸送中の状況が書かれている（p.54）。こういった問題や感染症のまん延，火災，難破といった海難事故のような他の大きな問題を考え，彼はある疑問を挙げている（p.4）。

> 膨大な量の牛肉がアメリカ，オーストラリア，ニュージーランドから冷凍状態で輸入されているのに，一体なぜ食料のためのウシが生体のまま輸出されるのか。

さらに，ロンドンの主要な肉市場であるスミスフィールド・マーケットの主任監査員はPlimsollに対し，生体で輸入された動物は輸送中に傷つき，屠体の質が落ちるので，食するに最適な牛肉は，屠体として運ばれた肉であると語った。Plimsollの声明ではさらに，悪徳業者は，生体輸入した産業動物を地域で育てた産業動物としてごまかしてきたという。このような状況は，21世紀になっても続いている。

21世紀になり，毎年600億頭以上の産業動物，さらに多くの他の動物がと畜のために輸送される。これは，ある国から他の国へ生体輸送される動物も含む。例えば毎年600万頭のヒツジがオーストラリアから中東へ生体輸送されている（Fisher, Jones, 2008）。理由は，新鮮な肉への嗜好，経営者間の支払協定，と畜に対する宗教的理由，と畜場の余裕などである。長距離輸送は産業動物へ多くの福祉問題を引き起こすという科学的事実が多くある。欧州食品安全局はこの問題を深刻にとらえている組織のひとつであり，以下のように述べている（2004, p.1）。

> 輸送は可能な限り避けるべきで，輸送時間はできる限り短くすべきである。

会」（Welfare Quality®, 2009）と称される大きなプロジェクトに資金を提供してきた。また，FAOは，発展途上国が動物福祉のグッドプラクティスを実践するための能力強化に関する議論をリードしてきた（Fraserら，2009）。そして，それに関する情報を普及するためのポータルサイトを開設した（FAO, 2009）。

19.4　輸送

動物製品の貿易は福祉に影響する。生体の貿易と輸送は福祉にさらに直接的な影響を与えるが，世界的に輸送される規模は非常に大きい。伴侶動物，実験動物，競技用動物，動物園動物，価値の高い繁殖用動物などは空輸されることが多い（特別規則による方法。IATA, 2009参照）。しかし，輸送される産業動物の数は他の動物と比較できないほど多く，毎年少なくとも600億頭以上の産業動物がと畜のために陸路あるいは海路で輸送される。生産地に近い場所でと畜し，屠体を輸送することが可能であることが多いにも関わらず，しばしば長距離輸送されている（**ボックス19.1**）。

OIEの最初の動物福祉基準が輸送（以下の記述を考慮して，まずと畜基準とともに陸路および海路輸送基準を作成した）に関してであったという事実は，輸送における過酷で頻繁な福祉問題の発生と，福祉問題と疾病との関係を反映しているのかもしれない。以下に記載する事実は広く認識されている（Knowles, Warriss, 2000, p.385）。

> 一般に輸送は動物の生涯においてストレスが格別に大きい出来事であり，しばしば動物福祉の理想的状態からかけ離れている。

図 19.1　輸送に関わる最悪の福祉問題のいくつかは，搭載時または降載時に起こる
よい搭載・降載設備とは，輸送車への移動が水平となり，足場がしっかりしている緩い傾斜路で，そして静かに移動できる通路と柵があることである

ストレスは免疫システムに悪影響を与え，病原体に対する感受性を高め，感染を増やす。さらに，輸送は動物間の接触の強度と頻度を高め，感染の拡大をもたらす（Manteca, 2008）。

輸送に関するOIE規約の基準のほとんどは，動物の行動と健康，搭載・降載設備の設計（図19.1），動物輸送に関わる者の責任と能力，輸送計画と時間についてである（OIE, 2009b）。OIEが輸送中の動物福祉を守ることを重視してきたのは，この問題が相対的に議論の余地のない課題であるからである。輸送中の動物を保護することは，生きたまま利用するためか，または畜場に連れていくためかに関わらず，到着時の動物の価値を保護することでもある。実際，産業動物の生産者も所有者も，所有者と産業動物の利益は共通するため，輸送中であろうとそれ以外の産業動物の生産の場面であろうと，福祉に関する懸念は事実無根であると主張することがある。すなわち，少なくとも，存在する課題は避けることができないに違いないという主張である。しかし，生産者と所有者の基本的な関心は群としての生産力であり，産業動物自身からすれば，自分自身（個体）の問題となる。さらに，所有者の決断は経済性に影響される。例えば，輸送方法の変更は動物の体重減少を抑える可能性があり，売却時の価格が増えると予想されるにも関わらず，実行にはコストがかかりすぎると考えるかもしれない。したがって，所有者と動物の利益は完全には一致しない。よって，動物福祉への科学的アプローチによって出る結論は，これまでの畜産学のものと異なる可能性がある。実際，経済効率を強調する旧来の方法は，目的の達成という観点からでさえも，必ずしも最善の方法とは認められない。このように，動物の行動に対する理解が収容施設の設計改善につながり，産業動物の飼養管理の効率化にもつながるという事実を確認することは，産業動物の福祉問題を減らす代替方法となる（Grandin, 2007, 図19.2）。

産業動物の取り扱いと輸送における福祉問題に関して，死亡率のような明確な問題でさえ，多くの国で記録が少ないという事実に，福祉に

図19.2 動物の行動を理解することは動物の移動中に起きる福祉問題を最小にする
例えば，ウシは一般に，立っているヒトよりもウマに乗ったヒトに対して静かに反応する。このような理解は労力の軽減につながり，と畜前の取り扱い時に応用すると，肉の量と質，食品の安全性，疾患制御，労働者の安全，そして利益の増加につながる

対する見方の違いが如実に反映されている。このことは，このような問題の防止は不可能で，経済的に問題外という産業上の暗黙の了解を示している。記録の保持は問題の科学的理解や，それにどう対処するか決断するための基本的な情報となるにも関わらず，あまり行われてこなかった。現在，理解が進み，記録とその保管はほとんどの農場保証の仕組みに取り入れられているが，輸送においては未だに実施されていない。実用的にも実験的にも，輸送中と輸送後の死亡率は，例えば，高温や低温（Knowlesら，1997；Knowles, Warriss, 2000），長時間輸送（Warrissら，1992），非常に幼弱な動物の輸送（Staples, Haugse, 1974；Knowles, 1995）で増加することが記録から明らかになってきている。

死亡の要因は，もちろん動物の重篤な福祉問題である。損傷や疾患の発生とその重篤性は直接測定でき，それらに影響する輸送の問題はほかでも総説されてきている（Applebyら，2008）。加えて，損傷や疾患の原因と影響について解剖学および生理学的レベルの両方（Flecknell, Molony, 1997；Hughes, Curtis, 1997）から，福祉への影響を加味しつつ，かなり多くのことが報告されている。例えば，FlecknellとMolony（1997, p.63）は以下のように述べている。

> 損傷は，結果として組織から生じると思われる痛みと，動物が無能力化する効果の両方から重要である。この無能力化は，空腹，渇き，隠れられる場所の探査ができないといった他の問題にもつながり得る。

と畜のための動物の長距離輸送は世界中どこ

> **ボックス 19.2　ラテンアメリカにおける産業動物の輸送**
>
> 　中央および北ラテンアメリカの国（ボリビア，コロンビア，エクアドル，ペルー，ベネズエラ）は，南アメリカの国（アルゼンチン，ブラジル，チリ，パラグアイ，ウルグアイ）に比べて，発展度が低く，福祉の優先度は低い。この地域は，世界で最も重要な牛肉輸出国の国（ブラジル，アルゼンチン）があり，さらに小規模だが重要な国（チリ，ウルグアイ）もある。国の規模，社会，経済事情，文化，気候，そして地理的条件における大きな違いが，ラテンアメリカ全体を通した輸送中の福祉の違いに反映されている（**表 19.1**）。
>
> 　輸送時間は通常 1 ～ 12 時間であるが，悪天候や貧弱な道路事情により，60 時間に及ぶこともある（Gallo, 2007）。動物製品を輸出（多くはヨーロッパへ）する国では，国の動物福祉の指針や消費者からのニーズがあるため，福祉は配慮される。その他の国では，ウシ，ヒツジ，ヤギを含む動物が様々な方法（例：歩行，トラック，ボート）で輸送され，福祉が大きく阻害される可能性がある。多くの国で見られる一般的な問題は，輸送コストを減らすために過密に収容すること，および搭載・降載時の手荒な取り扱いである（Gallo, Tadich, 2008）。
>
> 　特殊な事例として，ウルグアイは世界第 7 位の牛肉輸出国であり，人口は 300 万人だが，1,300 万頭のウシがいる。そのため，福祉と牛肉の質は重要になりつつある。ウルグアイ大学獣医学部の指導のもと，複数の機関でウシの輸送における福祉問題に関する研究が行われた。2002 年，2003 年における去勢牛（平均体重 450 kg）のと畜場へのトラック輸送は平均 5 時間，距離は 214 km であった。しかし，屠体の 50％で損傷が生じ，1 頭当たり 2 kg 以上の肉が処理過程で失われていた。毎年 200 万頭のと畜頭数であることから，少なくとも合計 4,000 t が損なわれていることが分かった。輸送用のトラックは古いがよく整備されていた。動物を移動させるためにイヌを使い，大声を出すとともに，主に杖や棒が使われていた（Huertas ら，2003）。産業動物省，ウルグアイ食肉委員会，生産者組合および学界の支援を受けた，国を挙げた 2 年間の教育訓練プログラムにより，2008 年までに屠体の損傷は半分以下に減少した（INAC, 2009）。

でも行われており，かつ地域間，とりわけオーストラリアと中東間で顕著で，現在年間 600 万頭のヒツジが貿易されている（Fisher, Jones, 2008）。実際の輸送方法の違いは，大まかにいうと当該国の経済発展の度合いに依存する。先進国では，輸送動物の福祉を守る法律が少なからず整備されているが，それらの国では，道路などの社会資本が整備されている傾向があり，それによってより体系的に，そして長距離の大量輸送が可能となっている。発展途上国では，輸送動物のための法律や点検に対する仕組みはほとんどない。また，輸送システムはあまり発達していないため，それほど動物の長距離輸送はないが，ほとんどは設備が不十分な自動車や，他の方法で輸送される（Gallo, 2008；Appleby ら，2008，**ボックス 19.2**，**表 19.1** 参照）。

　世界的な動物輸送は，大規模で多くの福祉問題が生じているが，問題の防止に関して進展が見られ，今後も進展し続けるであろうと確信できる分野でもある。情報が周知されれば，福祉に配慮する経済的有利性がより明らかになる。例えば，動物が生産される農場に近い所でと畜することによる短期的コストは，疾患のまん延や肉質の低下を回避できるという長期的な利益によって十分補うことができる。

19.5　と畜およびと畜前の取り扱い

　輸送と同様，動物がと畜される前およびと畜中の人道的な取り扱いは，動物の福祉のためだけでなく，人間の利益にとっても有利であるとする考えは誰もが認めているところである。

　もし，イヌやその他の伴侶動物を殺さなければならない場合，丁寧な取り扱いと細心の安楽死が最低でも必要で，非人道的方法で行うより，関わる人間にとって安全である。イヌやネコについては安楽死の指針が存在する（AVMA, 2007；Tasker, 2008）。

　しかし，動物を殺すという直接的な方法ではなく，動物を処置する方が最良の方法である場合は多々ある。例えば，狂犬病は主にイヌの咬傷によって感染し，世界で毎年 55,000 人以上

表 19.1 ラテンアメリカにおけるウシの輸送

「動物福祉法」の列における「なし」は，私的あるいは政府機関の指針以外の動物福祉法がないことを意味する。「一部」は，輸送およびと畜における苦痛を避ける規則があることを示す。「あり」は，福祉に関する特定の法律があることを示す。「道路状況」の列における「標準」はほとんどの道路が未舗装を意味する。「良」は，ほとんどの道路が舗装されていることを示す。「国」の列における「その他」は，主に中央アメリカの国を示す

(Gallo, 2007)

国	面積 (km²)	生産方式	ウシ頭数(×100万頭)／主要系統	肉消費量 (kg/人/年)	動物福祉法	平均輸送時間(時)	道路状況	個人教育コース
パラグアイ	406,752	ほぼ粗放	10／インディカス系	46	一部	36	標準	なし
ウルグアイ	175,215	ほぼ粗放	13／タウルス系	66	あり	5	良	あり
アルゼンチン	3,761,274	ほぼ粗放	55／タウルス系	63	一部	5〜12	標準	あり
ブラジル	8,511,965	ほぼ粗放	170／インディカス系	30	なし	12〜24	標準,許容範囲	あり
チリ	7,556,623	混在	5／タウルス系	23	一部	8〜20	標準	あり
その他	−	−	58	20	一部	−	標準,許容範囲	なし

のヒトが亡くなっているが，地方管轄官庁による一般的な対応は，射殺（Windiyaningsihら，2004）か撲殺による野良犬の殺処分である。このような計画は非人道的であるだけでなく，効率的でもない。なぜなら，これによって生存個体の繁殖や移動性が促進されることがあるからである。Help in Suffering という NGO は，インドのジャイプル市において，1996 年から代替方法を試験的に行っている。これは，$8 \times 14 \text{ km}^2$ にいるイヌの 50% 以上を人道的に捕獲，去勢，狂犬病ワクチンの接種，それ以外の健康問題に対処し，再度放つというものである（Reece, 2007）。この方法はイヌにとってよいだけでなく，この地区の病院で確認されたヒトの狂犬病発症数が，1993 年の 10 例から，2001 年と 2002 年には 0 例に減少した。一方，この地区以外では増加し続けている（Reece, Chawla, 2006）。動物に配慮することは，動物にもそれに関わる人間にもよい結果をもたらす。

反対に，福祉へ配慮することは，回避できる苦痛でもそれを終わらせるために人道的な殺処分を行うことが適切であるということを受け入れやすくする。経済協力開発機構（Organisation for Economic Co-operation and Development, OECD）加盟国間での議論の結果，化学物質の安全性試験におけるエンドポイントとして動物を殺処分することに対し，多くの国が合意してきた。そして，毒性の臨床的兆候やその他の安全に関わる問題によって，動物に苦痛を長引かせるよりも人道的に殺処分することを許容するようになってきた。さらに，Demers ら（2006, p.700）は実験動物利用の共通化に関する議論を総括し，以下のように述べている。

> それらの共同研究の成果として，化学物質試験に関する国際的に許容される共通方法を開発し，動物を利用する実験の不必要な繰り返しを減少させてきた。

産業動物に関しては，人道的取り扱いおよびと畜によって，販売できる肉の量の増加，食品安全，疾病制御，労働者保護，そしてそれらによって利益が増加するということが徐々に理解されてきている。ひとつ例を挙げるとすると，と畜場で動物を棒で叩いて移動させると損傷ができるが，旗や音を使うと福祉と肉質の両方の問題を解決することができる（Grandin, 2007, **図 19.3**）。輸送と同じように，OIE が福

図19.3 と畜場において動物を棒で叩いたり，他の暴力的な方法で移動させることは損傷の原因となり，旗や音を使うことで，動物福祉と肉質両方の問題を解消することができる

写真はウルグアイにあると畜場で，湾曲した通路によって従事者は作業しやすく，よくデザインされており，動物福祉の向上にも貢献している。動物福祉に関するグローバルコミュニケーションは，多くの国においてこのようなアイディアの導入に役立っている

祉基準の最初の議題としてと畜を選んだのは，潜在的に「win-win」の関係にあるという認識によること，時には虐待ともいえる過酷な福祉問題がと畜と関連して起こる，あるいは起こり続けることによる。ひとつの例として，アメリカ人道協会（HSUS, 2008）は，カリフォルニアのと畜場の労働者が，動物を蹴ったり，フォークリフトのブレードで押したり，目を突いたり，電気鞭を当てたりして，病気や怪我をしている乳牛をと畜場まで強制的に歩かせようとしているビデオを入手した。このような例は多くの国ではめったにないことを期待したいが，と畜前やと畜中の福祉問題は珍しいものではない。

大気調節型と畜法（Controlled Atmosphere Killing）は，食鶏処理場の設計と管理において多くの利点が挙げられてきた最近の進歩である。これはニワトリの入った輸送ケージを，通常，空気にアルゴンまたは二酸化炭素，あるいはその両方を加えたガス室を通すことでと畜を行う。Rai（1998）は，他のと畜方法が起こし得る以下に示す福祉問題について，大気調整型と畜法がそうした問題をいかに解消するかを論じた時に述べている。

> 特に生きたニワトリを逆さにしてコンベアに落とす取り扱いシステムにおける，輸送ケージから意識のあるニワトリを取り出す時のストレスと傷害。金属製のシャックルによる膝関節への圧迫といった，意識のあるニワトリをシャックルに掛ける時に必ず生じるストレス，苦痛，傷害。上下逆さまという生理的に異常な体勢でシャックルラインに懸垂される，意識あるニワトリの移動時のストレスと苦痛。気絶前の電気ショック（気絶前ショック）を受ける意識あるニワトリの苦痛。（水浴気絶器への侵入時の羽ばたきによる）ミスによって適切に気絶させられず，頚部血管切断処理過程を通過する意識のあるニワトリの苦痛とストレス。（および）不適切な気絶と不適切な頚部血管

V部 - 実行

> 切断処理過程により放血中に意識が回復した時の苦痛とストレス。

前述のリストに，脱羽毛のための熱湯浴槽に入る時にまだ意識があり，熱湯入浴による死あるいは溺死するニワトリにおける苦痛とストレス負荷を加えなければならない（Duncan, 1997）。対照的に，Duncan（1997, p.9）は大気調節型と畜法を以下のように述べている。

> 私の考えでは，大気調節型と畜法は今まで開発されたニワトリのと畜法のなかで最もストレスがなく，人道的な方法である。ニワトリは死ぬまで輸送ケージのなかにおり，と畜は素早く，苦痛なく，効率的に行われる。無意識から意識が回復する危険はない。

2004年，イギリス最大の廃用鶏と育種鶏の処理会社のひとつであるディーン・フーズは，大気調節型と畜法を採用し，ニワトリの福祉，屠体の品質，工場の効率性，労働条件における大きな有利性を報告している（Castaldo, 2004）。しかし，他の生産者や批評家は納得しておらず，様々な気絶法と畜法の有利性と不利性について議論が続いている。

国際的観点からすると，人道的なと畜法を望ましいとする最大の要因は，これもまた国際貿易であった。近年，EUは最大の農産物輸入国で，アメリカも負けず劣らず，年間100億USドル以上相当の動物や動物製品を輸入しており（Brooks, 2004），両者で世界農業貿易の1/3以上を占めている（Kelch, Normile, 2004）。EU，アメリカ，その他の先進国では，食品の衛生と質に対する厳しい要請があり，そのため食料となる動物のと畜前の取り扱いやと畜の状況に対しても厳しい要望がなされている。加えて，スーパーマーケット会社のような購買業者から，特に有機やそれ以外のニッチ市場において，と畜の状況が人道的であるべきとするニーズが高まっている。このようなニーズは，輸出用のと畜場に適用されるため，取り扱い施設の設計・管理や，と畜過程に対する注意深い配慮は，人道性や衛生性の改善，さらに労働効率，労働者の安全，肉量と肉質の改善，それらから生じる利益に様々な形でつながるということは明らかである（Grandin, 2007）。様々な形とは，意図した輸出市場を確保するという主たる目的に付加するものである。

このような対策は，先進国と同様に発展途上国でも広がってきている。これらには，ブラジル，アルゼンチンといった巨大な食肉輸出国や，中国のような巨大な食肉生産国も含まれる。例えば，世界動物保護協会（World Society for the Protection of Animals, WSPA。訳注：2014年6月からWorld Animal Protectionに名称変更）は，人道的なと畜を推進するために，ブラジルと中国両方において，と畜場や施設の設計に関する提言，「訓練者の訓練」プログラムの実行（これは，18カ月間で中国の3,000名以上のと畜場業務者に実行された），法的整備の助言（Kolesarら, 2011）に関して，管轄する政府官庁と協働している。同様な取り組みは，ナミビアのようないくつかの小国でも散見される（IFC, 2006b, p.8）。

> ナミビアの肉牛産業は，優秀な牛肉によって高い名声を得ている。これは，動物の健康と福祉，輸送と取り扱い，と畜に対応する国家認証制度，ホルモン・フリーの保証に一部よるものである。この制度によって，ナミビアの肉牛産業は他の競争国に対し有利であり，本国はアフリカ大陸におけるイギリスへの最大牛肉輸出国となっている。毎年10万t以上の牛肉が生産され，その約80％が輸出される。

しかしながら，多くの国では，未だ多くの福祉問題がと畜前の取り扱いおよびと畜中に起こり続けている。おそらく，施設の改良や訓練のための短期の小額費用負担さえ困難であることが原因となっているのであろう。いくつかの国では，廃鶏や淘汰豚といった経済的価値の低い動物のと畜において問題は長期化する。食用および疾病制御両方のための人道的殺処分方法の基準は，OIE の全加盟国により合意されてきている（OIE, 2009a）。しかしいくつかの国では，実行が遅々として進んでいないようである。

19.6 結論

- グローバル化と世界中の多くの国における社会経済的および文化的変化により，動物福祉は国際的課題となってきた。貿易，国境を越えた問題（例：疾患，災害，および気候変動），情報の増大は，先進国でも開発途上国でも，動物福祉に対してある場合はポジティブな，ある場合はネガティブな影響を大きく与えている。

- 動物製品の国際貿易の増大は競争を激化させ，福祉に悪影響をもたらし，貿易ルールは福祉基準の改正の採択を阻害し得る。しかし，ある国における高福祉生産物に対する消費者のニーズは，開発途上国を含む国々の輸出市場を形成している。したがって，貿易の推進は，国際的動物福祉基準を先導する要因ともなっている。

- 動物輸送は世界的な規模で行われ，多くの福祉問題を起こしている。このような問題を防止することに関して，かなりの進展が見られており，今後も続くと考えられる。と畜のための生体輸送に関して論議されており，可能であれば屠体の輸送に変えるべきである。

- 情報の共有化や法律，勧告，資金などの要因により，と畜前の取り扱い，と畜，および殺処分におけるグッドプラクティスが，人間と動物の福祉の双方にとって有利であることから，多くの国で採用されてきている。しかし，特に福祉改善の出費が困難な国では，動物の殺処分に関連する多くの福祉問題は続いている。

- 多くの場合，人間の福祉と動物の福祉は密に連携している。しかし多くの国で，福祉に配慮することの経済的利点は，倫理的合意よりもインパクトがあるという事実は変わらない。

- 動物管理に関わる者の訓練も含み，輸送，管理，殺処分に関する研究と，世界の人々の発展と利益をもたらす国間の貿易を推進するなかで，動物福祉を推進させ得る経済的施策に関するさらなる研究が必要とされている。

参考文献

Appleby, M.C. (2005) Human-animal relationships in a global economy. In: de Jonge, F. and van den Bos, R. (eds) *The Human-Animal Relationship*. Van Gorcum, Assen, The Netherland, pp. 279–287.

Appleby, M.C., Cussen, V., Garcés, L., Lambert, L.A. and Turner, J. (eds) (2008) *Long Distance Transport and Welfare of Farm Animals*. CAB International, Wallingford, UK.

AVMA (American Veterinary Medical Association) (2007) *AVMA Guidelines on Euthanasia (Formerly Report of the AVMA Panel on Euthanasia)*, June 2007. Available at: http://www.avma.org/issues/animal_welfare/eutha-nasia.pdf (accessed November 2009).

Bowles, D., Paskin, R., Gutiérrez, M. and Kasterine, A. (2005) Animal welfare and developing countries: opportunities for trade in high-welfare products from developing countries. *Scientific and Technical Review of the OIE* 24, 783–790.

Brooks, N. (2004) *U.S. Agricultural Trade Update*,

FAU-95, Nov. 12, 2004. Available at: http://usda.mannlib.cornell.edu/usda/ers/FAU//2000s/2004/FAU-11-12-2004.pdf (accessed August 2009).

Castaldo, D. (2004) Stunning advice: U.K. processor Deans Foods takes a new step in its animal welfare policy. Cited in: The Humane Society of the United States (HSUS) (2004) *Controlled Atmosphere Killing for Chickens and Turkeys*, September 2004 (Available at http://www.humanesociety.org/assets/pdfs/Gas_killing.pdf) as [then] available at: http://www.meatnews.com/index.cfm?fuseaction=Article&artNum=8111MeatNews.com (accessed 13 September 2004).

Council of the European Union (2007) Council Directive 2007/43/EC of 28 June 2007 laying down minimum rules for the protection of chickens kept for meat production. *Official Journal of the European Union* 12.7.2007, EN, L 182/19-28.

Demers, G., Griffin, G., De Vroey, G., Haywood, J.R., Zurlo, J. and Bédard M. (2006) Harmonization of animal care and use guidance. *Science* 312, 700-701.

Duncan, I.J.H. (1997) *Killing Methods for Poultry: A Report on the Use of Gas in the U.K. to Render Birds Unconscious Prior to Slaughter*. Campbell Centre for the Study of Animal Welfare, Guelph, Ontario.

EFSA (European Food Safety Authority) (2004) Opinion of the Scientific Panel on Animal Health and Welfare on a request from the Commission related to the welfare of animals during transport. *The EFSA Journal* 44 (The welfare of animals during transport), 1-36. Available at: http://www.efsa.europa.eu/en/efsajournal/doc/44.pdf (accessed 7 January 2011).

EUR-Lex (1997) Treaty of Amsterdam Amending The Treaty on European Union, The Treaties Establishing The European Communities and Related Acts: Protocol on Protection and Welfare of Animals. Available at: http://eur-lex.europa.eu/en/treaties/dat/11997D/htm/11997D.html#0110010013 (accessed 7 January 2011).

FAO (Food and Agriculture Organization of the United Nations) (2009) Gateway to Farm Animal Welfare. Available at: http://www.fao.org/ag/againfo/programmes/animal-welfare/en/ (accessed July 2010).

Fisher, C. and Bowles, D. (2002) *Hard-Boiled Reality: Animal Welfare-Friendly Egg Production in a Global Market*. RSPCA, Horsham, UK.

Fisher, M.W. and Jones, B.S. (2008) Australia and New Zealand. In: Appleby, M.C., Cussen, V., Garcés, L., Lambert, L.A. and Turner J. (eds) *Long Distance Transport and Welfare of Farm Animals*. CAB International, Wallingford, UK, pp. 324-354.

Flecknell, P.A. and Molony, V. (1997) Pain and injury. In: Appleby, M.C. and Hughes, B.O. (eds) *Animal Welfare*. CAB International, Wallingford, UK, pp. 63-73.

Fraser, D., Kharb, R.M., McCrindle, C., Mench, J., Paranhos da Costa, M., Promchan, K., Sundrum, A., Thornber, P., Whittington, P. and Song, W. (2009) *Capacity Building to Implement Good Animal Welfare Practices*. Report of the FAO Expert Meeting, FAO Headquarters (Rome), 30 September — 3 October 2008. Available at: ftp://ftp.fao.org/docrep/fao/011/i0483e/i0483e00.pdf (accessed July 2010).

Fuller, F., Beghin, J., de Cara, S., Fabiosa, J., Fang, C. and Matthey, H. (2003) China's accession to the World Trade Organization: What is at stake for agricultural markets? *Review of Agricultural Economics* [now *Applied Economic Perspectives and Policy*] 25, 399-414.

Gallo, C.B. (2007) Animal welfare in the Americas, Working Document, Technical Item 1. In: *1st Interamerican Meeting on Animal Welfare*, Panama city, Panama. Available at: http://www.rr-americas.oie.int/in/Novedades/bienestar_animal/documentos/WORKING%20DOCUMENT%202006_ENG.doc (accessed 7 January 2011).

Gallo, C.B. (2008) Using scientific evidence to inform public policy on the long distance transportation of animals in South America. *Veterinaria Italiana* 44, 113-120.

Gallo, C.B. and Tadich, T.A. (2008) South America. In: Appleby, M.C., Cussen, V., Garcés, L., Lambert, L.A. and Turner, J. (eds) *Long Distance Transport and Welfare of Farm Animals*. CAB International, Wallingford, UK, pp. 261-287.

Grandin, T. (ed.) (2007) *Livestock Handling and Transport*, 3rd edn. CAB International, Wallingford, UK.

Huertas, S., Gil, A., Suanes, A., Cernicchiaro, N., Zaffaroni, R., de Freitas, J. and Invernizzi, I. (2003) Estudio de los factores asociados a la presencia de lesiones traumaticas en carcasas de bovinos faenados en Uruguay. *Jornadas Chilenas de Buiatria* (Pucón, Chile) 6, 117-118.

Hughes, B.O. and Curtis, P.E. (1997) Health and disease. In: Appleby, M.C. and Hughes, B.O. (eds) *Animal Welfare*. CAB International, Wallingford, UK, pp. 109-125.

HSUS (Humane Society of the United States) (2008) Rampant Animal Cruelty at California Slaughter Plant: Undercover investigation reveals rampant animal cruelty at California slaughter plant — a major beef supplier to America's school lunch program. Available at: http://www.humanesociety.org/news/news/2008/01/undercover_investigation_013008.html (accessed June 2009).

IATA (International Air Transport Association) (2009) Live Animals Regulations (LAR). Available at: http://www.iata.org/ps/publications/live-animals.htm (accessed August 2009).

IFAP (International Federation of Agricultural Producers) (2008) *Policy Brief "Animal Welfare: Maintaining Consumer Confidence in Livestock Products is a Responsibility of Farmers," July 2008*. IFAP, Paris.

IFC (International Finance Corporation) (2006a) *Quick Note: Creating Business Opportunity through Improved Animal Welfare*. April 2006. Available at: http://www.ifc.org/ifcext/enviro.nsf/AttachmentsByTitle/p_AnimalWelfare_QuickNote/$FILE/Animal+Welfare+QN.pdf (accessed July 2009).

IFC (2006b) *Good Practice Note: Animal Welfare in Livestock Operations*. October 2006. Available at: http://www.ifc.org/ifcext/enviro.nsf/AttachmentsByTitle/p_AnimalWelfare_GPN/$FILE/AnimalWelfare_GPN.pdf (accessed August 2009).

INAC (Instituto Nacional de Carnes) (2009) Uruguay: Auditorias de la Carne. Available at: http://www.inac.gub.uy/innovaportal/v/4775/1/innova.net/auditorias_de_la_carne (accessed November 2009).

Kelch, D. and Normile, M.A. (2004) European Union adopts significant farm reform. Available at: http://www.ers.usda.gov/Amberwaves/september04/Features/europeanunion.htm (accessed August 2009).

Knowles, T.G. (1995) A review of post transport mortality among younger calves. *Veterinary Record* 137, 406–407.

Knowles, T.G. and Warriss, P.D. (2000) Stress physiology of animals during transport. In: Grandin, T. (ed.) *Livestock Handling and Transport*, 2nd edn. CAB International, Wallingford, UK, pp. 385–407.

Knowles, T.G., Warriss, P.D., Brown, S.N., Edwards, J.E., Watkins, P.E. and Phillips, A.J. (1997) Effects on calves less than one month old of feeding or not feeding them during road transport of up to 24 hours. *Veterinary Record* 140, 116–124.

Kolesar, R., Lanier, J. and Appleby, M.C. (2011) Implementing OIE animal welfare standards: WSPA's humane slaughter training programme in Brazil and China. *Scientific and Technical Review of the OIE*, in press.

Manteca, X. (2008) Physiology and disease. In: Appleby, M.C., Cussen, V., Garcés, L., Lambert, L.A. and Turner, J. (eds) *Long Distance Transport and Welfare of Farm Animals*. CAB International, Wallingford, UK, pp. 69–76.

McDonald's (2009) McDonald's Corporate Responsibility Policy. Available at: http://www.crmcdonalds.com/publish/csr/home/report/sustainable_supply_chain/animal_welfare.html (accessed August 2009).

OIE (World Organisation for Animal Health) (2009a) The OIE's objectives and achievements in animal welfare. Available at: http://www.oie.int/eng/bien_etre/en_introduction.htm (accessed August 2009).

OIE (2009b) Terrestrial Animal Health Code. Available at: http://www.oie.int/eng/normes/mcode/en_sommaire.htm (accessed November 2009).

Plimsoll, S. (1890) *Cattle Ships*. Kegan Paul, Trench and Trubner, London.

Raj, A.B.M. (1998) Untitled. In: *Proceedings, 'Inert Gas: A Workshop to Discuss the Advantages of Using Inert Gas for Stunning and Killing of Poultry*, 30 March 1998, University of Guelph, Ontario. Cited in: Humane Society of the United States (HSUS) (undated) *An HSUS Report: The Economics of Adopting Alternative Production Practices to Electrical Stunning Slaughter of Poultry*. HSUS, Washington, DC, p. 1. Available at: http://www.abolitionistapproach.com/media/pdf/econ_elecstun.pdf (accessed 7 January 2011).

Reece, J.F. (2007) Rabies in India: an ABC approach to combating the disease in street dogs. *Veterinary Record* 161, 292–293.

Reece, J.F. and Chawla, S.K. (2006) Control of rabies in Jaipur, India, by the sterilisation and vaccination of neighbourhood dogs. *Veterinary Record* 159, 379–383.

Staples, G.E. and Haugse, C.N. (1974) Losses in young calves after transportation. *British Veterinary Journal* 130, 374–378.

Tasker, L. (2008) Methods for the euthanasia of dogs and cats: comparison and recommendations. World Society for the Protection of Animals, London. Available at: http://www.icam-coalition.org/downloads/Methods%20for%20the%20euthanasia%20of%20dogs%20and%20cats-%20English.pdf (accessed 7 January 2011).

The Times (1882) To-day we have to record.... *The Times*, 27 May 1882, London.

Turner, J. and D'Silva, J. (eds) (2006) *Animals, Ethics and Trade: The Challenge of Animal Sentience*. Earthscan, London.

Warriss, P.D., Bevis, E.A., Brown, S.N. and Edwards, J.E. (1992) Longer journeys to processing plants are associated with higher mortality in broiler chickens. *British Poultry Science* 33, 201–206.

Welfare Quality® (2009) Welfare Quality®: Science and society improving animal welfare in the food quality chain. Available at: http://www.welfarequality.net/everyone (accessed November 2009).

WHO (World Health Organization) (2005) *WHO Expert Consultation on Rabies: First Report*. WHO Technical Report Series 931, Geneva, Switzerland. Available at: http://www.who.int/rabies/trs931_%2006_05.pdf (accessed 7 January 2011).

Windiyaningsih, C., Wilde, H., Meslin, F.X., Suroso, T. and Widarso, H.S. (2004) The rabies epidemic on Flores Island, Indonesia (1998–2003). *Journal of the Medical Association of Thailand* 87, 1389–1393.

WTO (World Trade Organization) (1995) Agreement on

Agriculture. WTO, Geneva, Switzerland. Available at: http://www.wto.org/english/docs_e/legal_e/14-ag.pdf (accessed 7 January 2011).

WTO (2007) WTO Analytical Index: GATT 1994. General Agreement on Tariffs and Trade 1994, Article XX. Available at: http://www.wto.org/english/res_e/booksp_e/analytic_index_e/gatt1994_07_e.htm#article20 (accessed 7 January 2011).

索 引

[あ]
遊び　*57*
アニマル・マシーン（Animal Machines）　*38, 369*
アメリカ動物園水族館協会（AZA）　*263*
アロスタシス　*210*
安楽死　*393*

[い]
威嚇　*293*
育種ピラミッド　*336*
異常行動　*192*
痛み　*96, 225*
　―の経験　*98*
　―の行動評価　*105*
　―の生理学的指標　*103*
　―の定義　*96*
　―の認識　*96, 102*
遺伝性疾患　*174*
遺伝的選抜　*307, 334*
遺伝病　*335*
遺伝率　*339*
飲水　*73*
飲水行動　*74, 85*
インセンティブ　*368, 379*

[う]
ヴィール　*38, 359*
ウイルス性疾患　*168*
飢え　*73*
飢えの生理的指標　*80*

[え]
エイビアリーシステム　*185*
鋭敏化　*120*
栄養不足　*84*
栄養不良　*84*
疫学　*175*
エソグラム　*185*

エネルギー枯渇　*227*
炎症の種類　*168*
延性　*208*
エンドポイント　*269, 394*
エンリッチドケージ　*288*
エンリッチメント　*146, 284*

[お]
欧州評議会（CE）　*372*
欧州連合（EU）　*370*
オペラント学習　*55*
オペラント反応　*245*
温熱環境ストレス　*225*

[か]
外部性　*357*
学習　*60*
隔離飼育　*295*
過剰攻撃　*293*
家畜化　*315*
角骨奇形　*344*
葛藤　*192*
カニバリズム　*195, 342*
カロリー制限（CR）　*83*
渇き　*73, 85*
環境エンリッチメント　*284*
環境設計　*276*

[き]
偽好酸球／リンパ球比　*81*
気質　*116*
擬人化　*121*
寄生虫性疾患　*169*
忌避　*247*
給餌方法　*280*
給餌用エンリッチメント　*281*
狂犬病　*393*
強度　*206*

恐怖　113, 320
　　—に関連した行動　115
　　—の評価　115
居住者‐侵入者原理　302
居住者‐侵入者試験　198
去勢　98
近交係数　336
近交退化　335
緊張性不動化反応　116

[く]
グルココルチコイド（血漿コルチゾールまたはコルチコステロン濃度：PCC）　80
クロスコンプライアンス　382

[け]
ケアの倫理　28
脛骨軟骨異形成（TD）　344
経済学　353
経済協力開発機構（OECD）　371
形質転換動物　334
契約主義　20
結果に基づく尺度（OBM）　257
血中グルコース/NEFA比　80
健康（health）　164

[こ]
交感神経‐副腎髄質システム　220
好奇動員　57
攻撃性　299
交雑　336
工場的畜産　38
硬度　206
行動欠如　140
行動指標　187
行動制限　138
行動的要求　146
行動の完全性　185
行動の自然性　80
行動要求　48
功利主義　21
刻印　98
国際実験動物ケア評価認証協会（AAALAC International）　379

国際主義　386
国際連合食糧農業機関（FAO）　382, 386
固執　196
骨粗しょう症　344
骨端虚血性壊死　344
骨軟化症　344
コモン・ロー　374
混群　299
混合（hybrid）思想　32
コントラフリーローディング（contrafreeloading）　60

[さ]
細菌性疾患　169
再野生化（dedomestication）　31
散布給餌法　280

[し]
自意識（self-consciousness）　23
刺激　53
自己報酬的行動　60
市場　358
市場価格　358
視床下部‐下垂体‐副腎皮質（HPA）軸　217
自傷行動　196
趾蹠皮膚炎（FPD）　345
施設に基づく尺度（RBM）　257
自然な行動　45
自然の尊重　30
疾患（disease）　164
質的制限　74, 79
死亡率　175
趾曲がり　344
社会集団　294
社会的エンリッチメント　293
社会的学習　308
社会的絆　296
社会的親和関係　292
社会的遊戯行動　64
収容施設の設計　276
収容密度　276
主観的感情　42
主観的経験　41
主体性（agency）　53
　　—の低下　63

―の表現　63
  ―の抑制　63
需要曲線　246
腫瘍性疾患　174
需要の弾力性　245
馴化　120
馴致　315
条件的恐怖　114
情動　41
常同行動　78, 80, 193
情動ストレス　223
情動誘発性　198
消費者余剰　247
除角　98
暑熱ストレス　283
侵害受容閾値　104
侵害受容経路　98
新奇性　53
新奇性恐怖　322
人獣非共通主義（anthropodenial）　121
浸透圧ストレス　226
人道的殺処分　172
人道的取り扱い　393

[す]
ストックマンシップ　176
ストレイン　206
ストレス　205, 209
ストレス-ストレイン曲線　207
ストレスの生理的指標　217
ストレスの原因と関連する指標　223
砂浴び　285

[せ]
性格　116
生活の質（QOL）　63
制定法　374
生理指標　205
世界動物保健機関（OIE，国際獣疫事務
　　局）　172, 370
世界動物保護協会（WSPA）　396
摂食　73
　―行動　74
　―バウト　73

セロトニン　221
選好性調査　236
潜在能力　53, 54
詮索的探査　56
先天的恐怖　114
全米鶏卵生産者組合（UEP）　380

[そ]
早期分離　296
早期離乳　296

[た・つ]
大気調節型と畜法　395
退屈　63, 138, 154
代謝的飢え　84
探査　56
断嘴　98
断尾　98
痛覚　96

[て]
ディスポパピー　23
定性的行動評価　199
定量的感覚試験（QST）　104
転位行動　142, 192
転嫁行動　293
転嫁的口唇行動　78, 80

[と]
動機づけ状態　141
動機の強さ　245
道具的学習　55
淘汰　172
疼痛管理　107
道徳的権利　24
道徳的主体　27
動物飼育マニュアル（ACM）　263
動物の権利思想　24
動物の情動　121
動物の取り扱い　282, 385
動物倫理　18
と畜　393
トレードオフ　245

[な]
内因的恐怖　114
内反・外反奇形（内曲・外曲脚：VVD）　344
難産　174

[に]
認証スキーム　266
認知的エンリッチメント　60
認知バイアス　112, 197

[ね]
ネガティブリスト　376
ネコの腱切除術　190
ネコの抜爪　190
捻転脚　344

[は]
バイオセキュリティ　171
跛行　173
バックテスト（back test）　301
羽つつき　195, 342
羽むしり　342
パピーミル　387, 388
判例法　375

[ひ]
非栄養的吸引　148
ひずみ（strain）　206
ヒト-動物関係　315
病気（illness／sickness）　164
標識補助選抜（MAS）　346
疲労　228

[ふ・へ]
ファミリーペン　298
ファーニッシュドケージ　288
複合型脊柱奇形（CVM）　336
福祉評価　257
ブタにおける有害行動　342
物理的環境　274
プライミング効果　143
プロアクティブ　225
プロラクチン　222
フロー（流れ）理論（theory of flow）　61

分娩用クレート　286
文脈的アプローチ　28
ベリーノージング　148

[ほ]
貿易　387
傍受　303
法的権利　20, 24
法律　370
保健福祉計画書　170
母子間の絆　297
ポジティブリスト　376
ボディコンディション　223
歩様スコア（GS）　188, 260, 344

[み]
水制限　85
水の生理的機能　86
ミュールシング　98, 190
ミール　73

[む・め]
群生活　294
免疫系と感染性のストレス　228

[も]
模擬闘争　58
問題解決　56

[ゆ]
輸送　282, 390
ユーストレス（eustress）　58
欲求不満　141, 192

[り]
リアクティブ　225
利益（interests）　22
罹患動物のケア　178
罹患率　175
留保価格　247
量的制限　74, 78
臨床スコア　107

[れ]
レオスタシス　*210*

[わ]
ワクチン　*168*

[A-Z]
3R　*369*
5つの自由（Five Freedoms）　*36*
Brambell 委員会　*39*
Brambell レポート　*39, 140*
CE（欧州評議会）　*372*
disease　*164*
distress　*209*
DNA マーカー　*346*
EU（欧州連合）　*372*
eustress　*209*
FAO（国際連合食糧農業機関）　*40, 382*
FPD（趾蹠皮膚炎）　*344*
gakel call　*152, 187*
HACCP（危害要因分析重要管理点）　*267*
health　*164*
HPA 軸　*217*
illness　*164*
LD50 試験　*270*
OBM（outcome-based measure）　*257*
OECD（経済協力開発機構）　*371*
OIE（世界動物保健機関，国際獣疫事務局）　*370*
PCC　*80*
QOL（生活の質）　*63*
RBM（resource-based measure）　*257*
Ruth Harrison　*38*
sickness　*164*
SNP チップ　*346*
stolba ファミリーペン　*185*
Welfare Quality® プロジェクト　*119, 121*
WSPA（世界動物保護協会）　*396*

監訳者

佐藤 衆介（さとう しゅうすけ）

帝京科学大学 生命環境学部 アニマルサイエンス学科 教授。東北大学名誉教授。農学博士。
東北大学農学部畜産学科卒業。東北大学大学院農学研究科畜産学専攻博士課程修了。宮崎大学農学部助手・助教授，東北大学農学部助教授，独立行政法人農業・生物系特定産業技術研究機構畜産草地研究所放牧管理部長，東北大学大学院農学研究科教授を経て，2015 年より現職。
主な著書は，『アニマルウェルフェア』（単著，東京大学出版会），『動物への配慮の科学』（共監訳，チクサン出版社/緑書房），『動物行動図説』（共編著，朝倉書店），『Animals and Us』（分担執筆，Wageningen Academic）など。

加隈 良枝（かくま よしえ）

帝京科学大学 生命環境学部 アニマルサイエンス学科 准教授。博士（農学）。
東京農工大学農学部環境・資源学科卒業。東京大学大学院農学生命科学研究科応用動物科学専攻博士課程修了。東京大学大学院農学特定研究員，同農学生命科学研究科学術研究支援員，帝京科学大学アニマルサイエンス学科講師を経て，2013 年より現職。
主な著書は，『動物への配慮の科学』（分担訳，チクサン出版社/緑書房），『動物福祉学』（分担執筆，インターズー），『動物福祉の現在』（分担執筆，農林統計出版）など。

動物福祉の科学

2017 年 5 月 30 日　第 1 刷発行 ©

編著者	Michael C. Appleby（ミカエル シー. アップルビー），Joy A. Mench（ジョイ エー. メンチ），I. Anna S. Olsson（アイ. アンナ エス. オルソン），Barry O. Hughes（バリー オー. ヒューズ）
監訳者	佐藤衆介，加隈良枝
発行者	森田 猛
発行所	株式会社 緑書房 〒103-0004 東京都中央区東日本橋2丁目8番3号 TEL 03-6833-0560 http://www.pet-honpo.com
日本語版編集	石井秀昌，岡本鈴子
カバーデザイン	尾田直美
印刷・製本	アイワード

ISBN978-4-89531-292-9 Printed in Japan
落丁，乱丁本は弊社送料負担にてお取り替えいたします。

本書の複写にかかる複製，上映，譲渡，公衆送信（送信可能化を含む）の各権利は株式会社 緑書房が管理の委託を受けています。

JCOPY 〈（一社）出版者著作権管理機構 委託出版物〉

本書を無断で複写複製（電子化を含む）することは，著作権法上での例外を除き，禁じられています。本書を複写される場合は，そのつど事前に，（一社）出版者著作権管理機構（電話 03-3513-6969，FAX03-3513-6979，e-mail：info @ jcopy.or.jp）の許諾を得てください。
また本書を代行業者等の第三者に依頼してスキャンやデジタル化することは，たとえ個人や家庭内の利用であっても一切認められておりません。